"十二五"普通高等教育本科国家级规划教材

iCourse·教材

理论力学

（第3版）

组　编　西北工业大学理论力学教研室
主　编　支希哲
副主编　高行山　朱西平　刘永寿
参　编　张劲夫　张　娟　李　春　高宗战　刘　伟

高等教育出版社·北京

内容提要

本书是“十二五”普通高等教育本科国家级规划教材，是在第2版的基础上进行修订的。此次修订，一是对第2版中的部分章节内容进行了改写；二是进一步完善了与相应内容有关的、自主研发的数字教学资源，读者可以通过扫描书中的二维码，观看相关的教学动画，以利于理解和领会教学内容。

本书内容分为两部分：基础部分——包括静力学、运动学、动力学；动力学专题部分——包括碰撞、机械振动基础、刚体动力学、动力学普遍方程·拉格朗日方程、哈密顿原理和正则方程。书中引申和加选内容由“*”标示，不同专业、不同学时的教学可根据实际需要进行选用。

本书可作为高等学校工科力学、机械、航空航天、航海、土木、水利和动力能源等专业理论力学课程的教材，也可供有关工程技术人员参考。

图书在版编目(CIP)数据

理论力学/西北工业大学理论力学教研室组编；支希哲主编．--3版．--北京：高等教育出版社，2021.10

ISBN 978-7-04-056385-6

Ⅰ.①理…　Ⅱ.①西…②支…　Ⅲ.①理论力学-高等学校-教材　Ⅳ.①O31

中国版本图书馆CIP数据核字(2021)第132792号

策划编辑　黄　强　　责任编辑　黄　强　　封面设计　张　志　　版式设计　童　丹
插图绘制　黄云燕　　责任校对　刘娟娟　　责任印制　赵　振

出版发行	高等教育出版社	网　址	http://www.hep.edu.cn
社　址	北京市西城区德外大街4号		http://www.hep.com.cn
邮政编码	100120	网上订购	http://www.hepmall.com.cn
印　刷	高教社（天津）印务有限公司		http://www.hepmall.com
开　本	787mm×1092mm　1/16		http://www.hepmall.cn
印　张	25.75		
字　数	600千字	版　次	2010年7月第1版
插　页	1		2021年10月第3版
购书热线	010-58581118	印　次	2021年10月第1次印刷
咨询电话	400-810-0598	定　价	53.00元

本书如有缺页、倒页、脱页等质量问题，请到所购图书销售部门联系调换

版权所有　侵权必究

物 料 号　56385-00

理论力学
（第3版）

1 计算机访问http://abook.hep.com.cn/1235436，或手机扫描二维码、下载并安装Abook应用。
2 注册并登录，进入“我的课程”。
3 输入封底数字课程账号（20位密码，刮开涂层可见），或通过Abook应用扫描封底数字课程账号二维码，完成课程绑定。
4 单击“进入课程”按钮，开始本数字课程的学习。

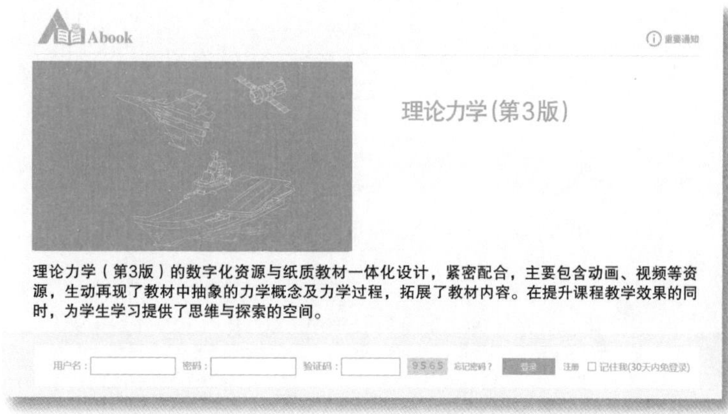
Abook
理论力学（第3版）
理论力学（第3版）的数字化资源与纸质教材一体化设计，紧密配合，主要包含动画、视频等资源，生动再现了教材中抽象的力学概念及力学过程，拓展了教材内容。在提升课程教学效果的同时，为学生学习提供了思维与探索的空间。

课程绑定后一年为数字课程使用有效期。受硬件限制，部分内容无法在手机端显示，请按提示通过计算机访问学习。

如有使用问题，请发邮件至abook@hep.com.cn。

扫描二维码
下载Abook应用

http://abook.hep.com.cn/1235436

第3版前言

本书第1版和第2版分别自2010年7月、2017年5月先后出版以来，受到广大教师和学生的欢迎，并被评为“十二五”普通高等教育本科国家级规划教材。

本书第3版的修订工作以教育部高等学校力学基础课程教学指导分委员会2019年新制定颁布的“理论力学课程教学基本要求(A类)”为依据，遵循秉承传统、完善内容、突出特色、精益求精的指导思想，坚持提升起点、优化体系、精选内容、便于自学、理论联系实际、注重能力培养的基本原则，在内容上做了如下修改。

1. 静力学部分加强了矢量的应用，理论体系从一般到特殊，起点高，表述简洁。将力对点的矩和力对轴的矩前移到第2章，力偶对刚体的作用效应以力偶矩矢加以表征。

2. 运动学部分修改较多。第8章点的合成运动，采用解析方法建立速度合成定理，推导过程逻辑性强，更为严谨简明。第9章刚体的平面运动，采用矢量法建立平面图形上点的速度关系和加速度关系。

3. 动力学修改了部分内容。第11章动量定理增删了一定数量的例题。第12章动量矩定理，建立了质点系相对于任意点的动量矩定理，将固定点和质心作为特例处理。第13章动能定理，推导了用刚体角速度矢和动量矩矢表示的刚体定轴转动、平面运动的动能表达式。

4. 第17章机械振动基础改写了部分内容。着重阐述振动的基本概念，增加了简谐振动初相位的判定方法、等效刚度计算等内容。

5. 对全书其他部分内容中的错漏和不妥之处进行了订正修改，增删了一定数量的习题。

本书分为两大部分：基础部分——包括静力学、运动学、动力学；动力学专题部分——包括碰撞、机械振动基础、刚体动力学、动力学普遍方程·拉格朗日方程、哈密顿原理和正则方程。书中引申和加选内容由“*”标出，不同专业、不同学时的课程教学可根据实际需要进行选用。

本书可作为高等学校力学、机械、航空航天、航海、土木、水利和动力能源等专业理论力学课程的教材，以及相关专业成人教育教材，也可供有关工程技术人员参考。

本书由支希哲教授任主编，高行山教授、朱西平教授、刘永寿教授任副主编。参加编写工作的有刘永寿教授(第1~4章)，李春教授(第5章)，张娟教授(第6、7章)，高宗战副教授(第8、9章)，朱西平教授、刘伟副教授(第10、14章)，高行山教授(第11~13、17章)，支希哲教授(第15、16、20章)，张劲夫教授(第18、19章)。

北京航空航天大学王琪教授审阅了全稿，并提出了许多好的建议意见，在此表示衷心的感谢。

由于编者的水平有限，书中疏误在所难免，敬请读者批评指正。

西北工业大学理论力学教研室

2021年7月

第2版前言

本书第1版自2010年7月出版以来,受到广大教师和学生的欢迎,并被评为“十二五”普通高等教育本科国家级规划教材。

本书第2版的修订工作以教育部高等学校力学教学指导委员会力学基础课程教学指导分委员会2012年制定颁布的“理论力学课程教学基本要求(A类)”为依据,遵循秉承传统、完善内容、突出特色、精益求精的指导思想,坚持提升起点、优化体系、精选内容、便于自学、理论联系实际、注重能力培养的基本原则。一是对第1版中的错漏不妥之处进行了订正修改;二是增加了与相应内容有关的、自主研发的数字教学资源,读者可以通过扫描书中的二维码,链接观看相关的教学动画,以利于理解和领会教学内容。

本书分为两大部分:基础部分——包括静力学、运动学、动力学;动力学专题部分——包括碰撞、机械振动基础、刚体动力学、动力学普遍方程·拉格朗日方程、哈密顿原理和正则方程。书中引申和加选内容由“*”标示,不同专业、不同学时的教学可根据实际需要进行选用。

本书由支希哲教授任主编,高行山教授、朱西平教授任副主编。参加编写工作的有(按章节顺序)刘永寿教授(第一~五章),张娟副教授(第六~九章),朱西平教授、刘伟副教授(第十、十四、十六章),高行山教授(第十一~十三、十七章),支希哲教授(第十五、二十章),张劲夫教授(第十八、十九章)。

由于编者的水平有限,书中疏误在所难免,敬请读者批评指正。

西北工业大学理论力学教研室

2016年12月

第1版前言

本书为普通高等教育“十一五”国家级规划教材，是2004年度国家精品课程“理论力学”主讲教材。

本书作为西北工业大学国家工科力学教学基地建设成果之一，是在西北工业大学理论力学教研室历年来编写出版的理论力学教材的基础上，为适应当前教育教学改革特点和趋势而编写完成的。

本书以教育部力学基础课程教学指导分委员会2009年制定颁布的“理论力学课程教学基本要求(A类)”为依据，优化课程体系，精选教学内容，理论联系实际，突出能力培养。

本书适应当前教学改革特点，充分利用前修课程基础，适当提升教材起点，避免课程间内容的简单重复；适度压缩篇幅，合理安排教学内容与课程体系，提高课程的教学效率，以适应课程学时减少的需要。全书叙述简明，科学严谨，注重深入浅出，突出重点与分散难点，富于启发性，便于学生自学。调整课程教学内容重点，由强调课程理论的系统性和完整性，转向更加重视对基础、应用、能力和素质的培养。注意反映本课程在现代科学技术中的应用，增加适量的联系工程实际的内容与习题。注意对工程实例的简化和分析，全书每章穿插有思考题，章末有小结，并附有与工程实际相联系的研究性学习题目，以开阔学生视野，拓宽知识面，培养学生建立力学模型的能力、分析与解决实际问题的能力，以及创新思维和创新意识。

全书分为两部分：基础部分——包括静力学、运动学、动力学普遍定理(动量定理、动量矩定理、动能定理)、达朗贝尔原理、虚位移原理等；动力学专题部分——包括碰撞、机械振动基础、刚体动力学、动力学普遍方程、拉格朗日方程和哈密顿原理等。书中引申和加选内容由“*”号标出，不同学时教学、不同类型专业可根据需要选用。

为了便于教师教学和学生学习，配合本书还编有《理论力学电子教案》和辅助教材，可供读者选用。

本书可作为高等学校工科机械、航空航天、航海、土建、机电、水利和动力能源等专业理论力学课程的教材，以及相关专业成人教育教材，也可供有关工程技术人员参考。

本书由支希哲任主编，高行山、朱西平任副主编。参加编写工作的有刘永寿(第一~五章)、张娟(第六~九章)、朱西平(第十、十四、十六章)、高行山(第十一~十三、十七章)、支希哲(第十五、二十章)、张劲夫(第十八、十九章)。

本书由北京航空航天大学王琪教授审阅，王琪教授提出了许多好的建议，在此表示衷心的感谢。

由于编者的水平有限，书中疏误在所难免，敬请读者批评指正。

西北工业大学理论力学教研室

2010年3月

目录

运 动 学

动 力 学

动力学专题

绪　论

1. 理论力学的研究内容

理论力学是研究物体机械运动一般规律的科学。

所谓机械运动,是指物体在空间的位置随时间的变化。它是人们日常生活和生产实践中最常见、最简单的一种运动。掌握物体机械运动的普遍规律,不仅能够解释许多发生在我们周围的机械运动现象,而且还能将理论力学的定律和结论广泛应用于工程技术之中。如机械和建筑结构的设计、航空与航天技术等,都以本学科的理论为基础。

本书的内容分为静力学、运动学和动力学三部分。

静力学研究力系的等效和简化,以及物体在力系作用下的平衡规律。

运动学研究物体机械运动的几何性质(如点的轨迹、速度、加速度、刚体的角速度、角加速度等),而不涉及引起物体运动的物理原因。

动力学研究物体机械运动状态的变化与作用力之间的关系。

理论力学所研究的内容是以伽利略和牛顿所总结的关于机械运动的基本定律为基础,它属于古典力学的范畴。古典力学能够成功地把来自经验的物理理论,系统地表达成数学抽象的简明形式,它是人类的财富和技术史上的伟大里程碑。实践表明,古典力学的定律有着极其广泛的适用性。这些定律就是这门课程的科学根据。

理论力学起源于物理学的一个独立分支,但它的内容大大超过了物理学中的相关内容。在 20 世纪初,由于物理学的重大发展,产生了相对论力学和量子力学,表明古典力学的应用范围是有局限性的。古典力学的规律不适用于速度接近光速的宏观物体的运动,也不适用于微观粒子的运动,前者可用相对论力学去研究,而后者可用量子力学去研究。但是,在研究速度远小于光速的宏观物体的运动,特别是研究一般工程上的力学问题时,应用古典力学分析所得的结果已经足够精确。

由于理论力学是工程技术的重要理论基础,所以,它在工科院校中是一门重要的技术基础课程。它为学习一系列后续课程提供相关基础知识。例如,材料力学、机械原理、机械设计、结构力学、流体力学和振动理论等课程都以理论力学为重要基础。在很多专业课程中,也要用到理论力学知识。因此,如果没有扎实的、足够的理论力学知识,在大学阶段很难顺利地学好一系列后续相关课程,在工作岗位上也不可能成为一个有独立解决工程实际问题能力的合格工程师。

2. 理论力学的研究方法

任何一门科学的研究方法都不能离开认识事物的客观规律。理论力学也毫不例外,它的研究方法是从实践出发,经过抽象、综合、归纳,建立一些基本概念、定律或公理,再用数学演绎和逻辑推理得到定理和结论,然后再通过实践来证明并发展这些理论。

实验是力学研究的重要手段之一。在力学的萌芽时期,建立力学的基本概念及基本定律,都是以对自然的直接观察及从生活和生产劳动中取得的经验作为出发点的。之后,系统地组织实验,就成了科学研究的重要手段。从观察和实验中所得到的感性经验上升到理性认识,必须抓住事物和现象的内部联系。这样,就需要从被观察到的现象中抽出最主要的因素和特征,而撇开其余次要的东西,这就是力学中的抽象化方法。

通过抽象化,进一步把人类在长期生产实践中通过直接观察、实验所获得的经验加以分析、综合和归纳,建立起一些最基本的定律或公理,作为整个古典力学的理论基础。这些工作已由牛顿总结完成。建立起作为理论力学依据的定律或公理后,再根据这些定律或公理,借助于严密的数学工具进行演绎推理,考虑所研究问题的具体条件,从而得出了适用于各种形式的定理和结论,揭示了各个物理量的内在联系和变化规律。力学现象之间的关系是通过数量来表示的,因此,计算技术在力学的应用和发展方面有着巨大的作用。现代电子计算机的出现,为数学在力学中的应用提供了方便,从而也促进了力学的发展。当然,数学工具的运用,决不能脱离具体的研究对象,只有将数学运算与力学现象的物理本质紧密联系,才能得出符合实际的正确结论。

在今后力学的研究中,还必须与研究对象更加深入地联系起来,以便更深入地探索力学现象的物理本质,进一步发掘事物的特征,从而建立起更符合实际的新模型和相应的力学规律。只有这样,力学的内容才能不断丰富。科学的目的不只在于认识世界,更重要的在于改造世界。实践既是认识的唯一目的,同时又是认识的唯一标准。任何科学理论,包括力学,都必须在它指导实践时加以验证,只有当它足够精确地符合客观实际时,才能被认为正确可靠,也只有这样的理论才有实际意义。

3. 学习理论力学的目的

(1) 有些工程实际问题可以直接应用理论力学的基本理论去解决。对比较复杂的问题,则需要用理论力学和其他专门知识来共同解决。学习理论力学是为解决工程问题打下一定的基础。

(2) 理论力学研究力学中最普遍、最基本的规律。很多工科专业的课程,如材料力学、机械原理、机械设计、结构力学、弹塑性力学、流体力学、飞行力学、振动理论、断裂力学等,都要以理论力学为基础,所以理论力学是学习一系列相关后续课程的重要基础。

随着现代科学技术的发展,力学的研究内容已渗入到其他科学领域,从而形成了一系列新的现代学科。例如,生物力学、电磁流体力学、物理力学、系统力学等都是力学和其他学科结合而形成的交叉学科。这些新兴学科的建立都是以理论力学知识为基础的。

(3) 理论力学是一门演绎性较强的课程。掌握理论力学的研究方法,不仅可以深入地掌握这门学科,而且有助于学习其他课程或知识,有助于培养辩证唯物主义世界观,培养正确的分析问题和解决问题的能力,提高学生的综合素质,为今后解决生产实际问题、从事科学研究工作打下基础。

4. 力学发展简史

一切科学的发展过程都是与社会生产力的发展紧密地联系着的。力学也和其他自然科学一样,是由生产实践的需要而得到发展的。由于力学所研究的机械运动是物质运动的最简单的形式,而且它在日常生活中最容易被直接觉察到,因此,力学是最早获得发展的学科之一。

自远古以来,人们在生产劳动中积累了丰富的力学知识。古代在建造各种宏伟的建筑物时(如古埃及的金字塔和我国的万里长城),当时的建筑者已具备了许多来自经验的静力学知识,已能使用一些简单的机械装置(如斜面、杠杆、滑轮等)去提升和搬运巨大的重物。在我国古代的很多书籍文献中,对于力的概念、杠杆的平衡、滚动摩阻、功的概念、乐器的振动,以及材料强度等力学知识都有相当多的记载。由此可见,我国古代勤劳勇敢的劳动人民积累了丰富的力学知识。

15世纪后半期,由于商业资本的兴起,手工业、航海工业和军事工业等都得到了空前的发展,促进了力学和其他学科的突飞猛进。16—17世纪,力学逐渐形成一门系统的、独立的学科。意大利学者伽利略(1564—1642年)首先在力学中应用了有计划的科学实验,创立了科学的研究方法。他根据观察和实验,明确地提出了惯性定律的内容,得出了真空中落体运动的正确结论,引进了加速度的概念并解决了真空弹道问题。牛顿总结了前人的成就,建立了经典力学的基本定律。

18世纪以后,工业与技术的蓬勃发展向科学提出了许多新的问题,同时由于微积分的出现,更加促进了力学的进一步发展。18—19世纪,理论力学逐渐发展成熟,相继提出了虚位移原理、达朗贝尔原理、动力学普遍方程等,于是以动力学普遍方程为基础的分析力学应运而生。19世纪上半期,由于大量机器的使用,功和能的概念在科学技术中得到了发展,这时期发现了能量守恒和转化定律,使力学的发展在许多方面和理论物理紧密地交织在一起,促进了机械运动与其他形式的运动之间的联系。

20世纪以来,由于航空工业、现代国防技术和其他新技术的需要,力学的许多分支如弹塑性理论、流体和气体力学、运动稳定性理论、非线性振动理论、陀螺力学和飞行力学等方面都有长足的发展,并取得了巨大的成就。20世纪中叶以后,航天工程的兴起又给力学提出了许多新的极为复杂的理论问题。依靠快速电子计算机的协助,已解决了宇宙火箭的发射、人造卫星轨道的计算、稳定性与控制等一系列重大问题,所有这些都充分说明了现代力学的高度发展水平。

进入21世纪以后,纳米技术、生命科学与生物技术、信息技术等,成为科技界最具吸引力与影响力的三大领域。在这样一种大的背景下,许多传统科学都面临巨大的挑战,力学由于其内在的特质及其普遍性,仍然展示出旺盛的生命力并将继续发挥巨大的作用。在研究这些高新技术问题的过程中,诞生了许多新的力学分支。如微纳米力学、化学流体力学、电磁流体力学、物理力学、生物力学、多体系统动力学、工程控制等。

在现实社会生活中,如自然环境与灾害预报及材料损伤、疲劳、破坏等对国民经济有重大影响的问题,依然有待于进一步的研究,在空间科学、空间安全、空间利用方面,力学仍然是国家需求迫切的重要学科,在各种复杂、创新、重大的工程问题中,不断对力学提出了新的更大的挑战,同时也为力学注入了长盛不衰的生命力。信息技术、生物工程、航天工程等,必将催生21世纪的力学家和一大批适应现代工程发展需要的力学工程师。

力学发展史内容极为丰富,以上仅简单地介绍了与本课程直接相关的部分。作为力学工作者,既要充分重视力学的基础理论研究,又要创造新概念、新理论,开拓新领域,同时还要充分重视力学的广泛应用,从而在解决工程实际问题的过程中不断发展、完善力学学科。

静力学

静力学是研究物体在力的作用下平衡规律的科学。

静力学研究的主要问题是:

（1）作用于刚体的力的性质及其运算（包括合成、分解和简化）方法。

（2）刚体在力系作用下维持平衡的条件及其应用。

所谓**平衡**,是指物体相对于地球处于静止或作匀速直线运动的状态。

静力学在工程上有着广泛的应用,利用平衡方程求解平衡问题的结果是材料力学、机械设计等后续课程中构件强度和刚度计算的依据。同时,在静力学里关于力的合成、分解和简化等理论,也是研究动力学的基础。

第 1 章　静力学公理和物体的受力分析

1-1　静力学的基本概念

1-1-1　力

力(force)是物体相互间的机械作用,其作用结果使受力物体的形状和运动状态发生改变。

把引起物体变形的效应称为力的内效应(internal effect),而使物体运动状态改变的效应称为外效应(external effect)。力对物体的作用效应取决于力的三要素(three elements of force),即力的作用位置或作用点、力的方向和力的大小。

作用于同一物体或物体系上的一群力称为力系(force system)。对刚体作用效果相同的两个力系称为等效力系(equivalent force system)。如果一个力系可以和一个力等效,那么把这个力称为该力系的合力(resultant force);而该力系中的各力称为其合力的各分力(component force)。维持刚体平衡的力系称为平衡力系(equilibrium force system)。

1-1-2　刚体

刚体(rigid body)是指在力的作用下形状和大小都始终保持不变的物体。或者说,在力的作用下,任意两点间距离保持不变的物体。刚体是一种理想的力学模型。实际的物体在受力作用时总是要变形的,但是,如果物体的变形很小,并不影响所研究问题的实质,就可以忽略变形,视该物体为刚体。一个物体能否被视为刚体,不仅取决于变形的大小,还和问题本身的要求有关。

1-2　静力学公理

静力学公理(axioms of statics)是力的基本性质的概括和总结,其正确性已为实践所证实。

公理 1(二力平衡公理)(equilibrium axiom of two forces)

要使刚体在两个力作用下维持平衡状态,必须也只需这两个力大小相等、方向相反、沿同一直线作用。

公理 2(加减平衡力系公理)(axiom of plus or minus equilibrium force system)

在作用于刚体的任何一个力系上加上或去掉几个互成平衡的力,不改变原力系对刚体的作用效果。

由公理 1 和公理 2 可导出下面的重要推论。

推论 1(力在刚体上的可传性)(theorem of transmissibility of a force)

作用于刚体上的力，其作用点可以沿作用线任意移动，而不改变它对该刚体的作用。

证明：设在刚体上点 A 作用着力 $\boldsymbol{F}$（图 1-1a）。根据公理 2，可以在力 $\boldsymbol{F}$ 的作用线上任意一点 B，加上两个互成平衡的力 $\boldsymbol{F}_1$ 和 $\boldsymbol{F}_2$，令 $\boldsymbol{F}_1=-\boldsymbol{F}_2=\boldsymbol{F}$。由公理 1 知，力 $\boldsymbol{F}$ 和 $\boldsymbol{F}_2$（图 1-1b）互成平衡。再根据公理 2，又可以将这两个力去掉（图 1-1c）。这样，原来的力 $\boldsymbol{F}$ 既与力系（$\boldsymbol{F}_1$，$\boldsymbol{F}_2$，$\boldsymbol{F}$）等效，也与力 $\boldsymbol{F}_1$ 等效，而力 $\boldsymbol{F}_1$ 就是原来的力 $\boldsymbol{F}$，只不过作用点已移到点 B 而已。

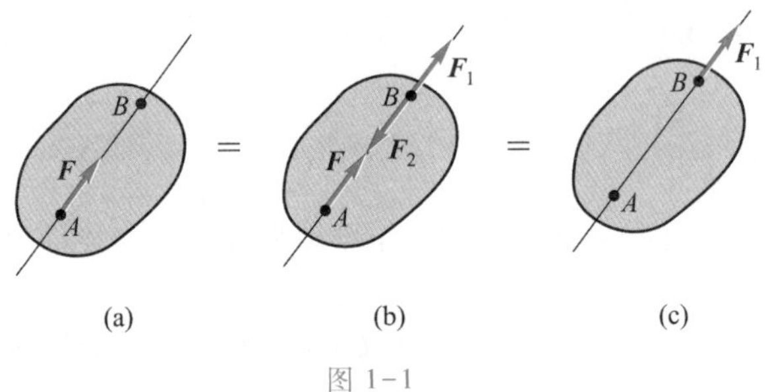

图 1-1

公理 3（力平行四边形公理）（parallelogram axiom for two forces addition）

作用于物体上同一点的两个力可以合成为一个合力。合力为原两力的矢量和，即合力矢量可以由原两力矢量为邻边而作出的力平行四边形的对角线矢量来表示（图 1-2a）。

这样，作用在点 A 的两个共点力 $\boldsymbol{F}_1$ 和 $\boldsymbol{F}_2$，其合力 $\boldsymbol{F}_R$ 的矢量表达式为

$$\boldsymbol{F}_R=\boldsymbol{F}_1+\boldsymbol{F}_2$$

力平行四边形的合成方法可以简化为如图 1-2b 和图 1-2c 所示的力三角形法。

推论 2（三力平衡汇交定理）（theorem of equilibrium of three forces）

当刚体在三个力作用下平衡时，若其中两个力的作用线相交于某一点，则第三个力的作用线必定也通过这个点且这三个力共面。

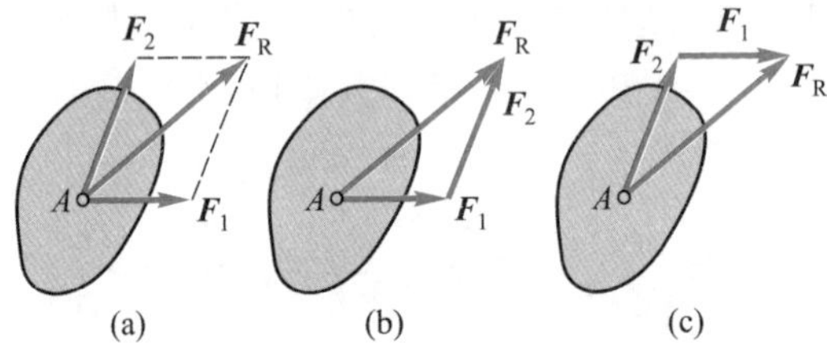

图 1-2

设在刚体上的点 A_1、A_2 和 A_3，分别作用有不平行但互成平衡的三个力 $\boldsymbol{F}_1$、$\boldsymbol{F}_2$ 和 $\boldsymbol{F}_3$（图 1-3）。已知力 $\boldsymbol{F}_1$ 和 $\boldsymbol{F}_2$ 的作用线相交于某点 A。由公理 3 可得此二力的合力 $\boldsymbol{F}$，它与力 $\boldsymbol{F}_3$ 构成平衡力系。由公理 1 可知，力 $\boldsymbol{F}$ 与 $\boldsymbol{F}_3$ 必须沿同一条直线作用，而力 $\boldsymbol{F}$ 的作用线通过点 A，故力 $\boldsymbol{F}_3$ 也一定通过点 A。

公理 4（作用和反作用公理）（axiom of action and reaction）

任何两个物体之间相互作用的一对力，总是大小相等、作用线相同，但指向相反，并同时分别作用于这两个物体上。

公理 4 也可叙述为，与任何作用相对应，总有一个和它大小相等、作用线相同而指向相反的反作用存在。

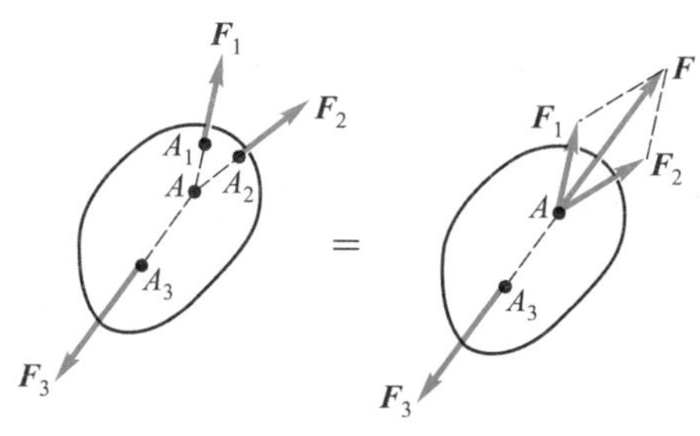

图 1-3

公理 5(刚化公理)(axiom of rigidization)

设变形体在已知力系作用下处于平衡状态,则如将这个已变形但平衡的物体换成刚体(刚化),其平衡不受影响。

公理 5 说明了在什么条件下,可以将刚体静力学的理论应用于非刚体,即变形体。这个公理在研究变形体的平衡时十分重要。

思考题:静力学公理中,哪些仅适用于刚体,哪些对刚体、变形体都适用?

1-3　工程中常见的约束和约束力

可以在空间任意运动,获得任意方向位移的物体称为自由体(free body)。多数物体由于与周围物体发生接触,不能任意运动,其某些方向的位移受到限制,这样的物体称为非自由体(nonfree body)。挂在绳子上的灯、放在桌面上的书、装在门臼上的门、插入墙内的悬臂梁等,都是非自由体的实例。绳子、桌面、门臼、墙等分别限制了灯、书、门、梁等的运动自由,使它们不可能发生某些方向的位移。

由周围物体所构成的、限制非自由体位移的条件,称为加于该非自由体的约束(constraint)。约束一般是通过非自由体周围的物体来实现的,因此将这些周围物体也称为约束。

静力学动画:柔绳约束

周围物体由于阻挡了非自由体的某些方向的位移,承受非自由体按被阻挡位移的方向传来的力。与此同时,约束也按相反方向给予该非自由体一大小相等的反作用力,这种力称为约束力(constraint force)。

约束力的方向恒与非自由体被约束所阻挡的位移方向相反。约束力以外的力统称为主动力(applied force),如重力、推力等。

静力学动画:带约束

根据一般非自由体被固定、支承或与其他物体相连接的不同方式,可以把常见的约束理想化,归纳为下列几种基本类型,并指出其约束力的某些特征。

1. 柔索类约束(包括绳索、链条、胶带等)(flexible constraints)

绳索、链条、胶带都属于柔索类约束。由于柔索只能承受拉力,因而它所给予被约束物体的约束力作用于接触点,方向沿柔索而背离被约束的物体(图 1-4a、b)。

静力学动画:光滑支承面约束

2. 光滑接触面约束(frictionless surface constraints)

光滑接触面约束只能阻挡非自由体沿接触处公法线方向压入该接触面的位移,这时接触面承受了非自由体给予它的压力。所以,光滑接触面对非自由体的约束力方向沿着接触处的公法线而指向被约束的物体(图1-5a、b、c)。

静力学动画：
光滑接触面

静力学动画：
圆柱铰结构

静力学动画：
铰链受力分析

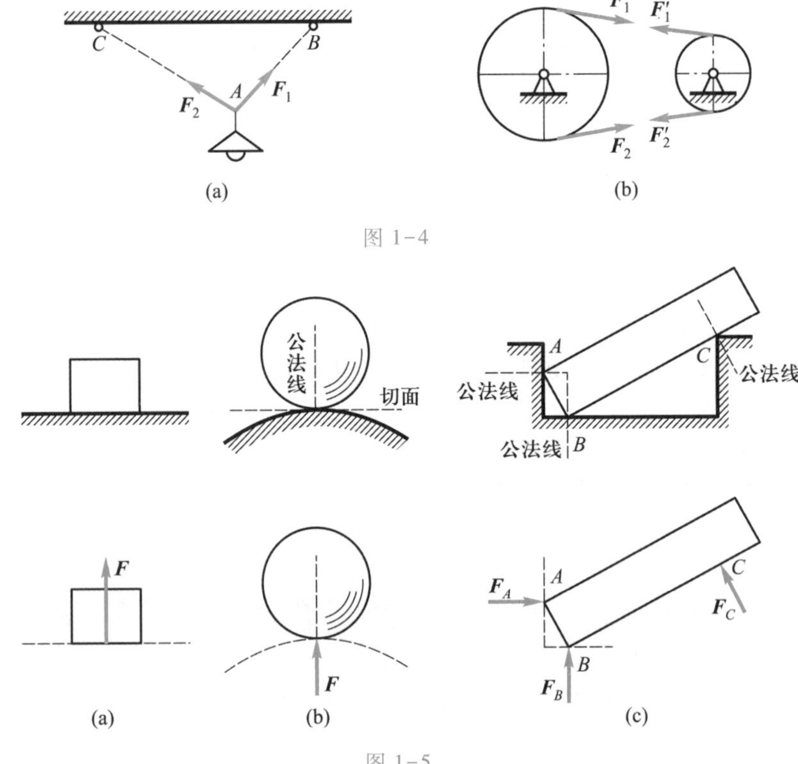

图 1-4

图 1-5

3. 光滑圆柱铰链约束(frictionless cylindrical hinge constraints)

(1) 圆柱铰链约束(cylindrical pin)

通过两个物体上的圆孔将两个物体用销钉连接起来的约束属于圆柱铰链约束(图 1-6a)。工程上,销钉也可能与其中的一个物体连接为一个整体。在光滑接触情况下,由于圆柱体销钉与圆孔之间有间隙,接触的位置随主动力而改变,其约束力大小和方向均不能确定,所以通常用两个相互垂直的分量表示。光滑圆柱铰链的构成、力学简图和约束力表示分别如图 1-6a、b、c 所示。

静力学动画：
固定铰链支座

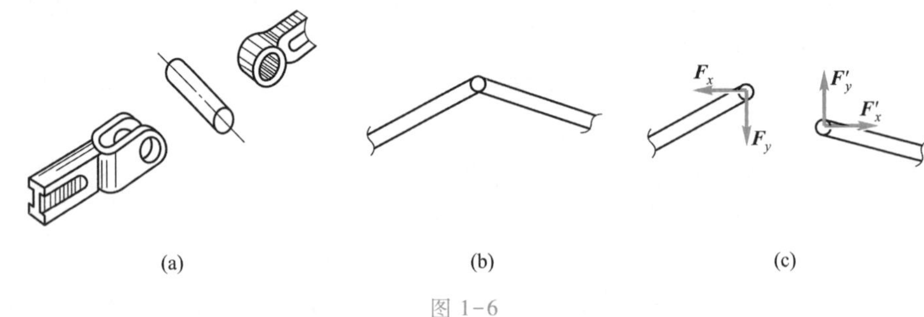

图 1-6

静力学动画：
活动铰链支座

(2) 固定铰链支座(fixed hinge)

在圆柱铰链中,如果将其中一个物体固连在基础上,则形成固定铰链支座约束,简称固定铰支(图 1-7a),力学简图如图 1-7b 所示。被约束物体可以绕销钉轴转动,但限制被约束物体垂直于销钉轴线的任何位移。由于约束力大小和方向均不能确定,所以通常用两个相互垂直的分量表示(图 1-7c)。

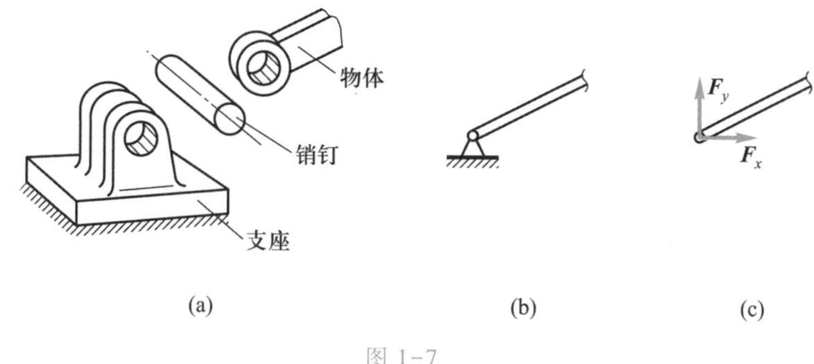

图 1-7

（3）活动铰链支座（roller support）

如果允许固定铰链支座约束中的支座沿某一方向移动，则形成一种工程上常见的活动铰链支座约束（图 1-8a），力学简图如图 1-8b 所示。支承面对被约束物体的约束力通过销钉轴线并垂直于支承面而指向被约束物体（图 1-8c）。

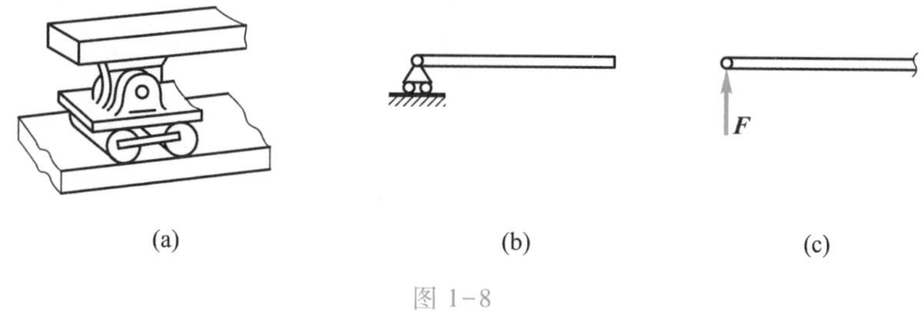

图 1-8

（4）球铰链（ball-and-socket joint）

球铰链通常由固连于物体 A 的光滑圆球嵌入物体 B 的球窝而构成。球窝上有缺口，允许物体 A 绕球心转动（图 1-9a），力学简图如图 1-9b 所示。汽车变速箱的操纵杆就利用了这种约束。球铰链不允许物体 A 沿任何方向离开球窝，而能承受物体 A 上按任何方向通过球心的力。可见，球铰链的约束力可用通过球心而大小未知的三个正交分力来表示（图 1-9c）。

静力学动画：球铰链约束

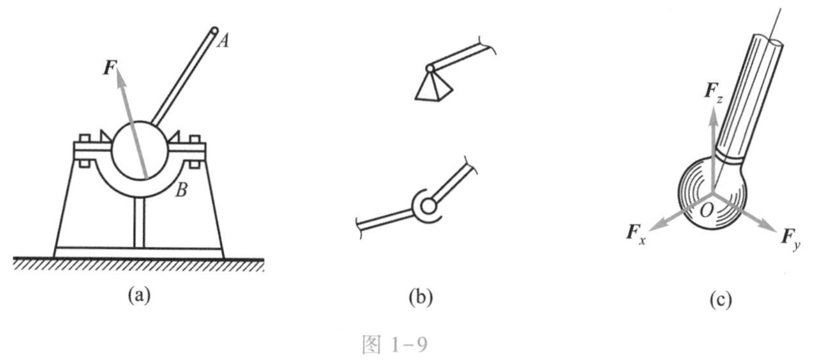

图 1-9

静力学动画：台灯

（5）向心轴承（radial bearing）

支承传动轴的向心轴承（图 1-10a）可视为一种固定铰链支座约束，力学简图如图 1-10b所示。它允许转轴转动，但限制转轴垂直于轴线的任何方向的位移。因此，其约束力可用垂直于轴线的两个相互垂直的分力来表示（图1-10c）。

静力学动画：向心轴承

（6）止推轴承（thrust bearing）

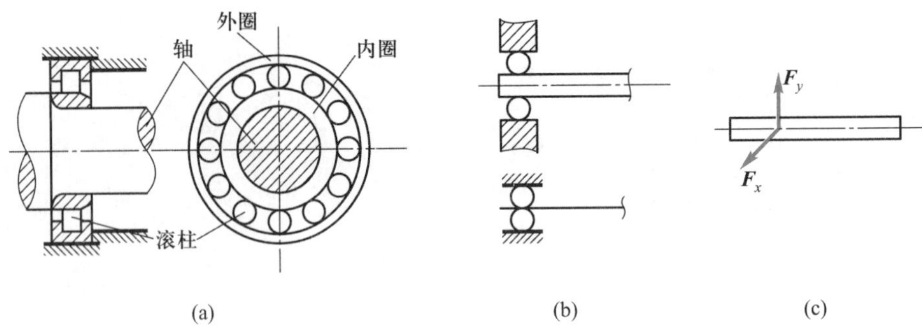

(a) (b) (c)

图 1-10

止推轴承(图 1-11a)力学简图如图 1-11b 所示,它与向心轴承不同之处是它还限制了转轴轴向的位移,因此约束力增加了沿轴向的分力(图 1-11c)。

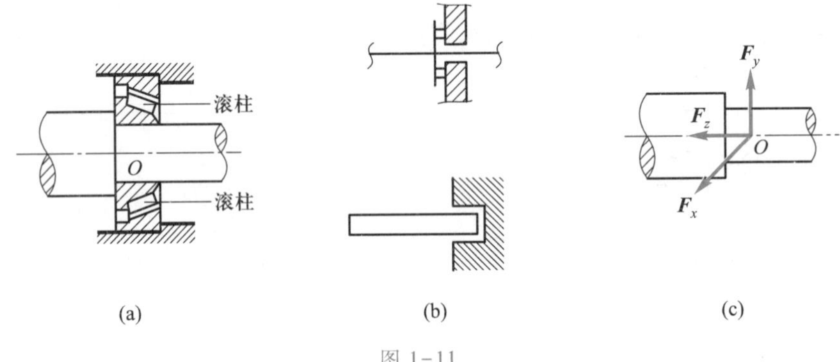

(a) (b) (c)

图 1-11

如何将实际中所遇到的约束进行抽象与简化,应该具体问题具体分析,对于工程中一般的问题,上述几种约束模型已有足够的普遍适用性。

1-4 受力分析和受力图

在应用平衡规律解答静力学问题时,一般需从所考察的平衡系统之中选取某些物体作为研究对象——即取分离体(isolated body),并分析该分离体的受力情形,找出各力之间的联系。根据约束的性质和受力情形分析约束力作用线的位置和方向,进行平衡对象的受力分析(force analysis of body)。

在研究对象(分离体)上画出作用于其上的全部力(包括主动力和约束力),得到该物体的受力图(free-body diagram)。

受力图的画法可概括为以下几个步骤:

(1) 根据题意(按指定要求)选取研究对象,并画出该研究对象的轮廓图。

(2) 画出该研究对象所受的全部主动力。

(3) 再在研究对象所受约束处(即与其他物体相联系、相接触处),按约束类型逐一画出相应的约束力,从而得到该研究对象的受力图。

例题 1-1 在图 1-12a 所示的平面系统中,匀质球 A 重 G_1,借本身重量和摩擦均不计的理想滑轮 C 及柔绳维持在倾角为 θ 的光滑斜面上,绳的另一端挂着重 G_2 的物块 B。试分析物块 B、球 A 和滑轮 C 的受力情况,并分别画出平衡时各物体的受力图。

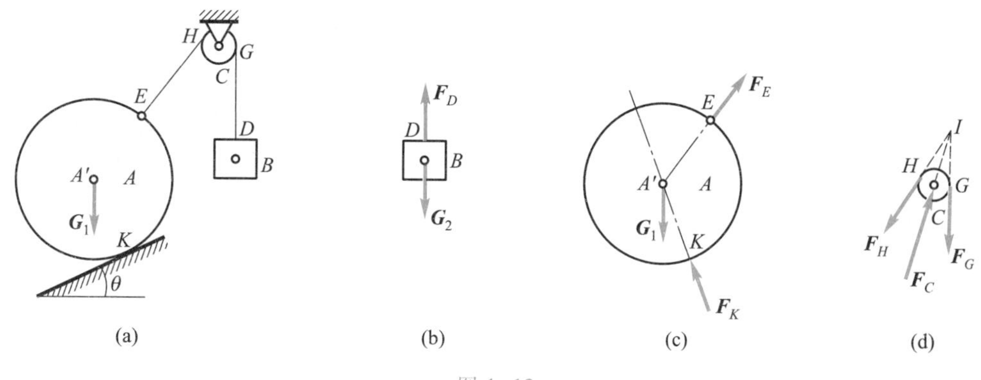

图 1-12

解：(1) 物块 B 受两个力作用：自身的重力 $\boldsymbol{G}_2$（主动力），铅直向下，作用点在物块的重心；绳子 DG 段给予它的拉力 $\boldsymbol{F}_D$（约束力），作用于物块 B 与绳子的连接点 D。根据二力平衡公理，物块 B 平衡时，$\boldsymbol{F}_D$ 和 $\boldsymbol{G}_2$ 必须共线，彼此大小相等而指向相反。物块 B 的受力如图 1-12b 所示。

(2) 球 A 受三个力作用：铅直向下的重力 $\boldsymbol{G}_1$（主动力），作用于球心 A'；绳子 EH 段的拉力 $\boldsymbol{F}_E$ 和斜面的约束力 $\boldsymbol{F}_K$。由于斜面是光滑的，故约束力 $\boldsymbol{F}_K$ 的方向垂直于此斜面并由其作用点 K（球与斜面的接触点）指向球心 A'。绳子的拉力 $\boldsymbol{F}_E$ 作用于绳的连接点 E，且沿方向 EH；由三力平衡汇交定理知，$\boldsymbol{F}_E$ 的作用线也必须通过球心 A'。可见，本系统不是在任意位置上都能平衡的，它平衡时的位置必须能使绳子 EH 段的延长线通过球心 A'。球 A 的受力如图 1-12c 所示。

(3) 作用于滑轮 C 的力有：绳子 GD 段的拉力 $\boldsymbol{F}_G$，HE 段的拉力 $\boldsymbol{F}_H$，以及滑轮轴 C（固定铰链）的约束力 $\boldsymbol{F}_C$。当滑轮平衡时，这三力的作用线必须汇交于一点。因此，设已求出力 $\boldsymbol{F}_G$ 和 $\boldsymbol{F}_H$ 作用线的交点 I，则约束力 $\boldsymbol{F}_C$ 必定沿方向 CI。图 1-12d 画出了滑轮平衡时的受力图。不难看出，滑轮的半径完全不影响约束力 $\boldsymbol{F}_C$ 的方向。改变半径，仅引起 $\boldsymbol{F}_G$ 和 $\boldsymbol{F}_H$ 作用线的交点 I 在约束力 $\boldsymbol{F}_C$ 的作用线上移动。可见，只要保持两边绳子的方位不变，理想滑轮的半径可以采用任意值，而不影响其平衡。

注意，力 $\boldsymbol{F}_D$ 和 $\boldsymbol{F}_G$ 是绳子 DG 段对两端物体的拉力，这两个力大小相等而方向相反，即有 $\boldsymbol{F}_D=-\boldsymbol{F}_G$，但两者并非作用力与反作用力的关系。力 $\boldsymbol{F}_D$ 和 $\boldsymbol{F}_G$ 的反作用力，各自作用在绳子 DG 段两端。对绳 EH 段，拉力 $\boldsymbol{F}_E$ 和 $\boldsymbol{F}_H$ 可作同理分析。可见，由于滑轮是理想的，拉力 $\boldsymbol{F}_E$ 和 $\boldsymbol{F}_D$ 的大小相等。由此可见，理想滑轮仅改变绳子的方向，而不改变绳子拉力的大小。

例题 1-2　等腰三角形构架 ABC 的顶点 A、B、C 都用铰链连接，底边 AC 固定，而 AB 边的中点 D 作用有平行于固定边 AC 的力 $\boldsymbol{F}$，如图 1-13a 所示。不计各杆重量，试分别画出平衡时杆 AB 和 BC 的受力图。

解：由于不计杆重，杆 BC 仅在两端铰链 B 和 C 处受力而平衡，它是二力体(two-force member)，根据二力平衡公理，这两个铰链给予此杆的力 $\boldsymbol{F}_B$ 和 $\boldsymbol{F}_C$ 必共线，即其方向沿两铰链中心的连线 BC。此时杆 BC 受压力，如图1-13b 所示（也可以画成杆 BC 受拉力，$\boldsymbol{F}_B$ 和 $\boldsymbol{F}_C$ 的真实指向以后将由平衡条件确定）。

杆 AB 除受主动力 $\boldsymbol{F}$ 外，在 B 端还受铰链 B 给予它的约束力 $\boldsymbol{F}'_B$，力 $\boldsymbol{F}'_B$ 与力 $\boldsymbol{F}_B$ 的大小

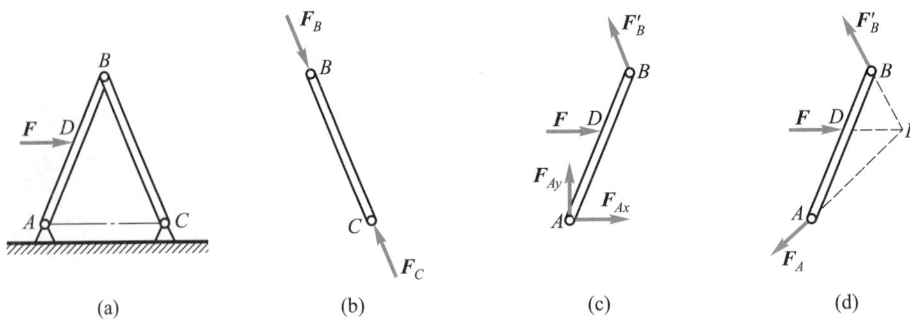

图 1-13

相等而方向相反;固定铰链 A 对杆 AB 的约束力可用两个大小未知的水平分力 $\boldsymbol{F}_{Ax}$ 和铅直分力 $\boldsymbol{F}_{Ay}$ 表示,如图 1-13c 所示。也可用一个大小和方向都未知的力 $\boldsymbol{F}_A$ 来表示铰链 A 对杆 AB 的约束力。由于杆 AB 只受不平行的三个力作用而平衡,根据三力平衡汇交定理,可确定 $\boldsymbol{F}_A$ 的作用线也通过力 $\boldsymbol{F}$ 和 $\boldsymbol{F}'_B$ 作用线的汇交点 E,如图 1-13d 所示。

思考题:什么叫二力体?二力体受力有何特点?

例题 1-3 图 1-14a 所示的结构,由杆 AB、BC、CD 与滑轮 E 铰接而成,物块重 G,用绳子挂在滑轮上,杆、滑轮及绳子的重量不计,并忽略各处的摩擦。试分别画出平衡时杆 BC、杆 CD、杆 AB、滑轮 E 和物块及整体的受力图。

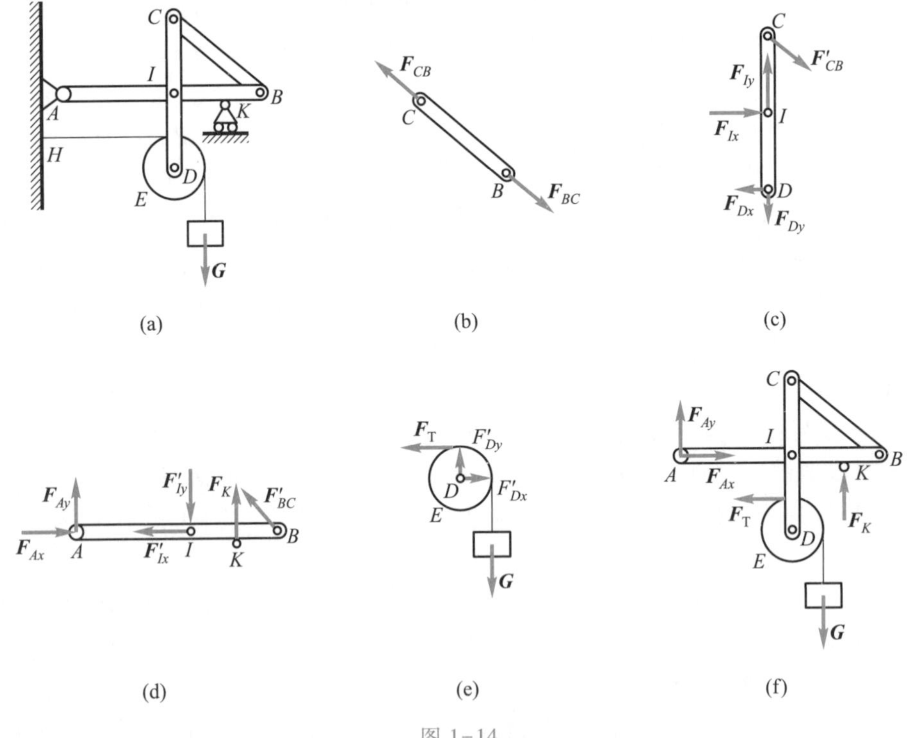

图 1-14

解:(1) 取杆 BC 为研究对象,画出分离体图。由于杆 BC 在点 B、C 两处有铰链形成的两个约束力,构成二力体,所以杆 BC 在点 B、C 两处的约束力必沿 BC 连线方向且大小相等、方向相反,画成受拉情况,如图1-14b 所示。

(2) 取杆 CD 为研究对象,画出分离体图。杆 CD 在点 I、点 D 处分别通过圆柱铰链与

杆 AB 和滑轮 E 连接，根据光滑圆柱铰链连接的约束特点，杆 CD 在点 I、点 D 处的约束力分别画成两个正交分力形式。在点 C，考虑到杆 BC 和杆 CD 的相互连接关系，杆 CD 在点 C 的约束力 $\boldsymbol{F}'_{CB}=-\boldsymbol{F}_{CB}$。杆 CD 受力如图 1-14c 所示。

(3) 取杆 AB 为研究对象，画出分离体图。在点 A 处为固定铰链支座约束，画上两个正交的约束力；在点 I 处，根据杆 AB 和杆 CD 之间约束力的作用与反作用关系，画出此处的约束力；在点 K 处为活动铰链支座约束，有铅直向上的约束力；在点 B 处，根据杆 AB 和杆 BC 之间约束力的作用与反作用关系，画出此处的约束力。杆 AB 受力如图 1-14d所示。

(4) 取滑轮 E 和物块组成的系统为研究对象，画出分离体图。在点 D 处为光滑铰链约束，画上铰链销钉对轮的约束力；在轮缘水平方向有绳子的拉力；物块受有重力 $\boldsymbol{G}$；物块和滑轮通过绳子的相互作用属于系统内力，不必画出。滑轮 E 和物块组成的系统受力如图 1-14e 所示。

(5) 取整体为研究对象，画出整体结构图。系统上所受的外力有：主动力（物块的重力）$\boldsymbol{G}$，点 A 处、点 K 处的约束力及轮缘在水平方向的绳子拉力。对整个系统来说，点 B、C、D、I 四处均受内力，不必画出。整体受力如图1-14f所示。

小　　结

1. 基本概念

(1) 力：物体相互间的机械作用，其作用效果使受力物体的形状和运动状态发生改变。

(2) 刚体：在力的作用下形状和大小都始终保持不变的物体。刚体是一种理想的力学模型。

(3) 等效力系：对物体的作用效果相同的两个力系称为等效力系。

2. 静力学公理及其两个重要推论

(1) 二力平衡公理

要使刚体在两个力作用下维持平衡状态，必须也只需这两个力大小相等、方向相反、沿同一直线作用。

(2) 加减平衡力系公理

在作用于刚体的任何一个力系上加上或去掉几个互成平衡的力，不改变原力系对刚体的作用效果。

(3) 力平行四边形公理

作用于物体上同一点的两个力可合成为一个合力。合力为原两力的矢量和，即合力矢量由原两力矢量为邻边而作出的力平行四边形的对角线矢量来表示。

(4) 作用和反作用公理

任何两个物体之间相互作用的一对力，总是大小相等、作用线相同，但指向相反，并同时分别作用于这两个物体上。

(5) 刚化公理

设变形体在已知力系作用下处于平衡状态，则如将这个已变形但平衡的物体换成刚体（刚化），其平衡不受影响。

推论 1（力在刚体上的可传性）

作用于刚体上的力，其作用点可以沿作用线任意移动，而不改变它对该刚体的作用效果。

推论 2（三力平衡汇交定理）

当刚体在三个力作用下平衡时，若其中两个力的作用线相交于某一点，则第三个力的作用线必定也通过这个点且这三个力共面。

3. 约束、约束力及物体的受力图

(1) 约束:限制物体运动的条件称为约束。

(2) 约束力:约束对被约束物体的反作用力称为约束力。

(3) 物体的受力图:表示物体所受全部外力(包括主动力和约束力)的简图。受力图是求解静力学问题的基础与依据。

习 题

假设所有接触均为光滑,图中未标出重量的物体自重均不考虑。可以应用二力平衡及三力汇交确定力线的,按确定力线画出受力图。

1-1 试画出图示各球的受力图。

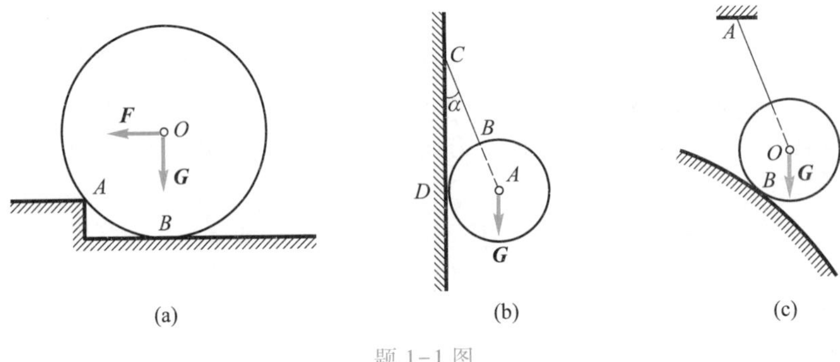

题 1-1 图

1-2 试画出图示各杆的受力图。

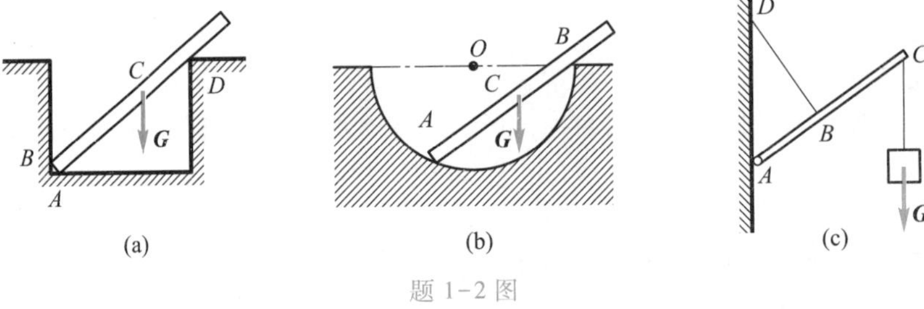

题 1-2 图

1-3 试画出图示各梁 AB 的受力图。

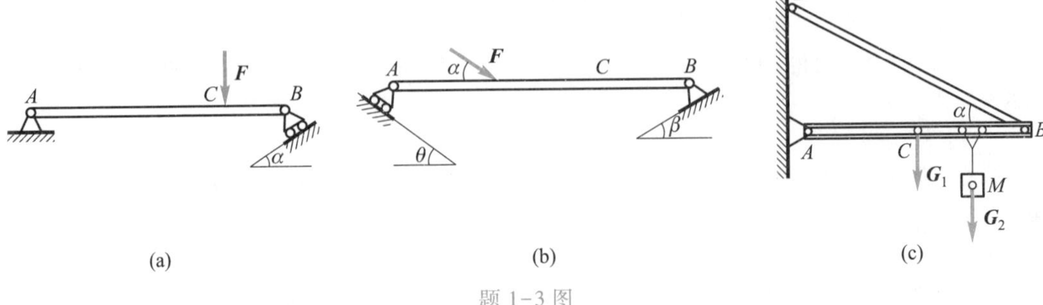

题 1-3 图

1-4 试画出图示各构件中杆件 AB、BC(或 CD)的受力图。(图 a 中假定力 $\boldsymbol{F}$ 作用在销钉 B 上;图 c 中杆 AB 和杆 CD 在 B 处铰接。)

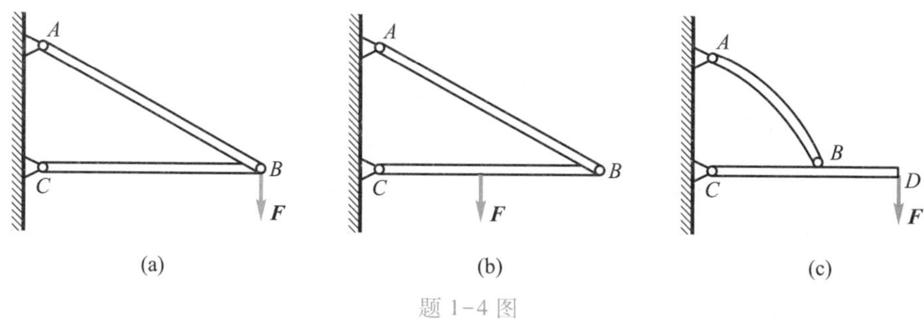

题 1-4 图

1-5　试画出图示各结构中杆 AB、BC(或 CD)的受力图。(图 b 中杆 AB 和杆 CD 在 D 处铰接,杆 CD 杆端 C 靠在光滑墙壁上。)

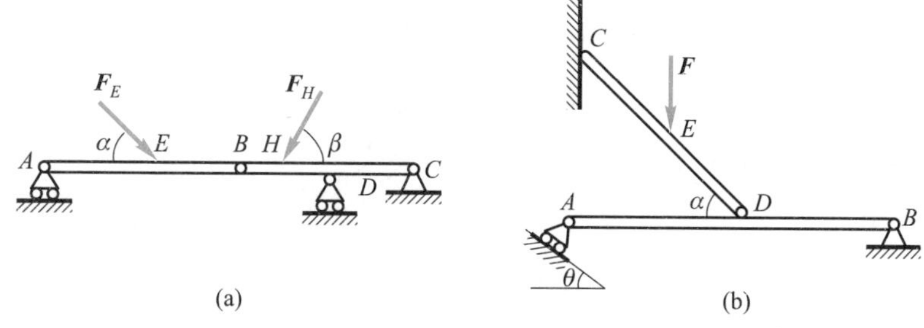

题 1-5 图

1-6　试画出图示刚架 $ABCD$ 的受力图。

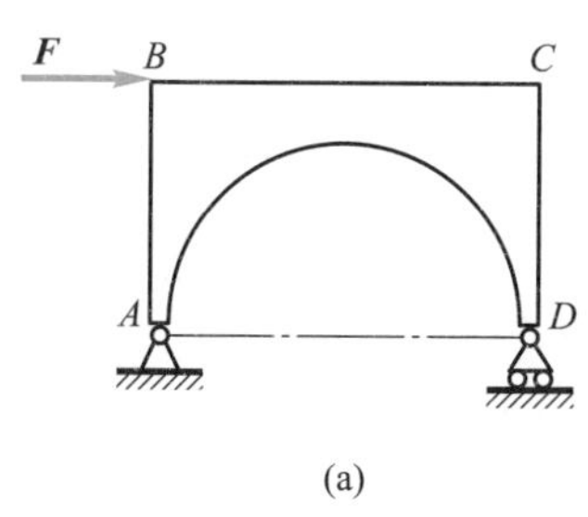

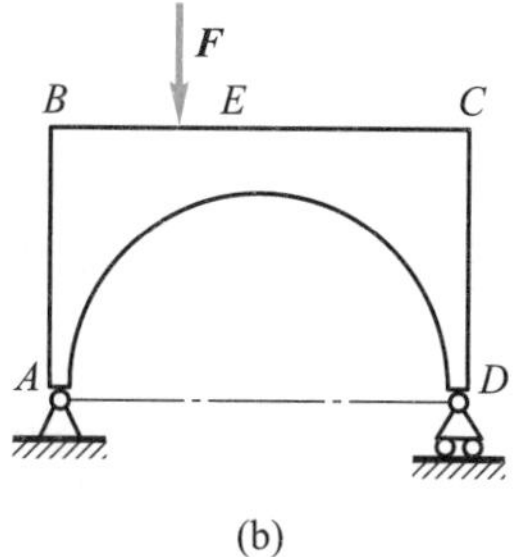

题 1-6 图

1-7　试画出图示棘轮 O 和棘爪 AB 的受力图。

1-8　试画出图示三铰拱桥左右两部分 AC 和 BC 的受力图。

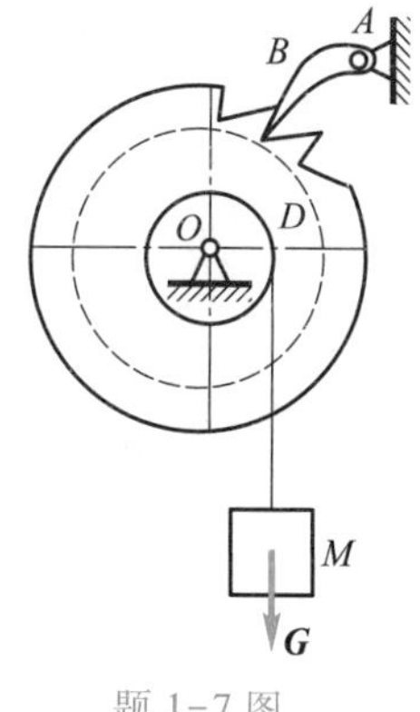

题 1-7 图

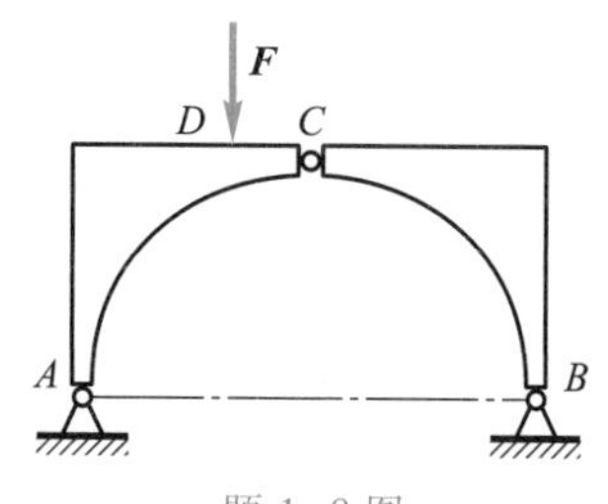

题 1-8 图

1-9　试画出图示指定结构的受力图。

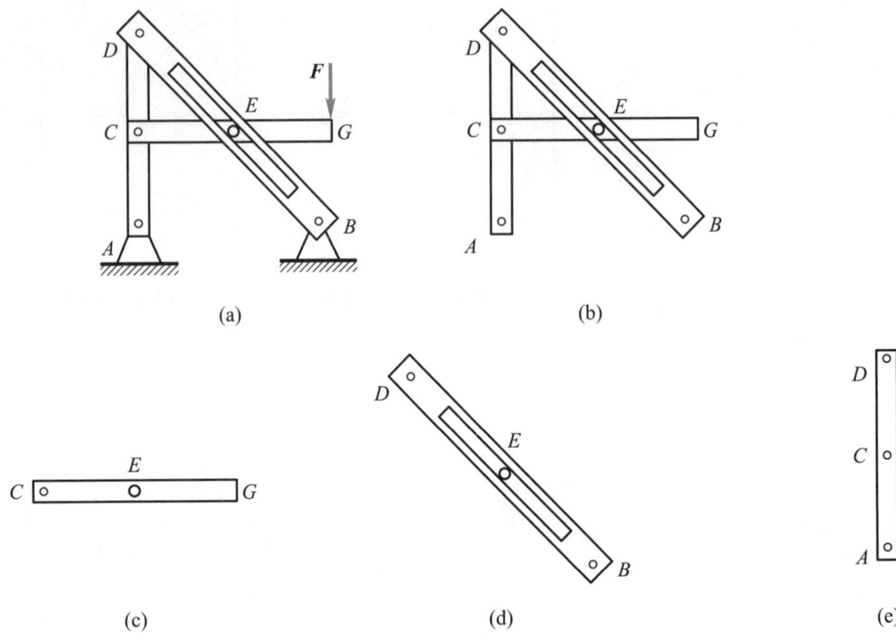

题 1-9 图

第2章　基本力系

如果作用在刚体上各个力的作用线都在同一平面内,则这种力系称为平面力系(coplanar force systems),否则称为空间力系(noncoplanar force systems)。

作用在刚体上各力的作用线,如果汇交于一点,则这种力系称为汇交力系(concurrent force systems)。由力在刚体上的可传性知,汇交力系中的各力都可在刚体内移到作用线的汇交点,这样就得到共点力系(systems of forces acting on the same point)。作用线平行、指向相反而大小相等的两个力称为力偶(couple)。由若干个力偶组成的力系称为力偶系(couple systems)。共点力系和力偶系称为基本力系(fundamental force systems)。

本章讨论基本力系的合成与平衡,以空间基本力系为重点,将平面基本力系视为空间基本力系的特例。

2-1　共点力系合成的几何法及平衡的几何条件

2-1-1　共点力系合成的几何法

以由四个力组成的共点力系合成为例,说明共点力系合成的几何法。如图 2-1a 所示,在刚体上点 O 作用着由力 $\boldsymbol{F}_1$、$\boldsymbol{F}_2$、$\boldsymbol{F}_3$、$\boldsymbol{F}_4$ 构成的共点力系,求此力系的合成结果。依据公理 3(力平行四边形公理),可用力三角形法将各已知力依次合成。先将力 $\boldsymbol{F}_1$ 和 $\boldsymbol{F}_2$ 相加,求得它们的合力 $\boldsymbol{F}_{R1}$;然后将力 $\boldsymbol{F}_{R1}$ 和 $\boldsymbol{F}_3$ 相加得合力 $\boldsymbol{F}_{R2}$;最后将力 $\boldsymbol{F}_{R2}$ 和 $\boldsymbol{F}_4$ 相加,求得总的合力 $\boldsymbol{F}_R$。$\boldsymbol{F}_R$ 就是原力系的合成结果。图 2-1b 表示了这种顺序合成的过程。

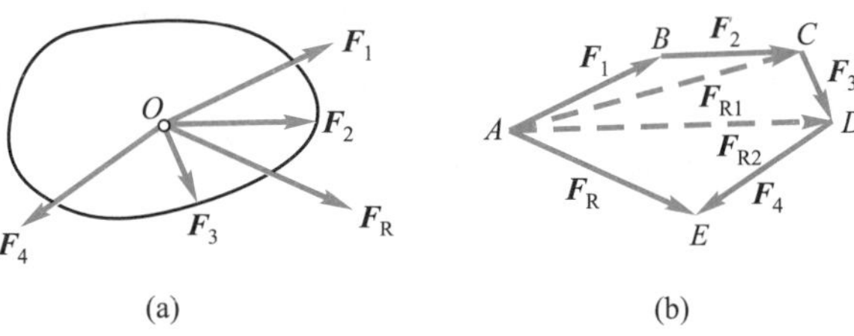

图 2-1

可以看出,为求合力 $\boldsymbol{F}_R$,只需作图如下:先从 $\boldsymbol{F}_1$ 的矢端 B 作出矢量$\overrightarrow{BC}$等于 $\boldsymbol{F}_2$;再从所作矢量的末端 C 作出矢量$\overrightarrow{CD}$等于 $\boldsymbol{F}_3$;重复这种做法,直到所有各力全部画出为止。最后,用一条直线连接全部力所形成折线的始端和末端,并在这条直线上标出自第一个力始端 A 到最后一个力末端 E 的指向。所得的矢量$\overrightarrow{AE}$表示了原力系的合力 $\boldsymbol{F}_R$。这种求合力的几何作图法,称为力多边形规则。

任意 n 个力组成的共点力系都可应用力多边形规则将其合成为一个力,合力的作用线通过力系中各力作用线的汇交点,并等于力系中各力的矢量和,或者说,可由此力系的力多边形的闭合边来表示。合力可表示为

$$\boldsymbol{F}_R=\boldsymbol{F}_1+\boldsymbol{F}_2+\cdots+\boldsymbol{F}_n=\sum\boldsymbol{F}_i \tag{2-1}$$

2-1-2 共点力系平衡的几何条件

要使刚体在共点力系作用下维持平衡,必须也只需这个力系的合成结果为零,即

$$\sum\boldsymbol{F}_i=0 \quad 或 \quad \boldsymbol{F}_R=\boldsymbol{F}_1+\boldsymbol{F}_2+\cdots+\boldsymbol{F}_n=0 \tag{2-2}$$

共点力系的合力是由力多边形的闭合边表示的,要合力等于零,则力多边形上最后一个力矢量的末端必须与第一个力矢量的始端重合,即闭合边等于零,这种情形称为力多边形自行闭合。可得结论:共点力系平衡的充要的几何条件是此力系的力多边形自行闭合,即力系中各力的矢量和等于零。

例题 2-1 水平梁 AB 中点 C 作用着力 $\boldsymbol{F}$,其大小等于 20 kN,方向与梁的轴线成 60°角,支承情况如图 2-2a 所示。试求固定铰链支座 A 和活动铰链支座 B 处的约束力。梁的自重不计。

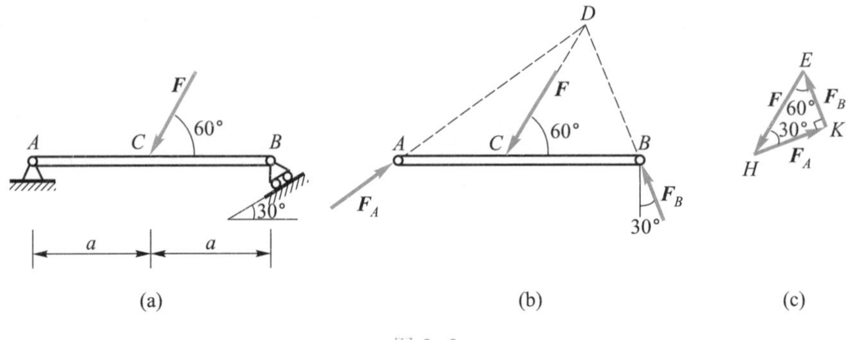

图 2-2

解:取梁 AB 作为研究对象,并画出受力图。作用在梁 AB 上的力有:主动力 $\boldsymbol{F}$;活动铰链支座 B 的约束力 $\boldsymbol{F}_B$,方向垂直于支承面;固定铰链支座 A 的约束力 $\boldsymbol{F}_A$,方向待定。由于梁 AB 只受三个力作用而平衡,故由三力平衡汇交定理可知,力 $\boldsymbol{F}_A$ 的作用线必通过力 $\boldsymbol{F}$ 和 $\boldsymbol{F}_B$ 作用线的交点 D(图2-2b),所得的力系是平面共点力系。

应用平衡条件画力 $\boldsymbol{F}$、$\boldsymbol{F}_A$ 和 $\boldsymbol{F}_B$ 的闭合力三角形(图 2-2c)。为此,先画已知力 $\boldsymbol{F}$,然后从矢量 $\boldsymbol{F}=\overrightarrow{EH}$的始端 E 和末端 H 分别画与力 $\boldsymbol{F}_B$ 和 $\boldsymbol{F}_A$ 相平行的直线,得闭合三角形 EHK。顺着 $EHKE$ 的方向标出箭头,则矢量$\overrightarrow{HK}$和$\overrightarrow{KE}$分别表示所求的力 $\boldsymbol{F}_A$ 和 $\boldsymbol{F}_B$ 的方向和大小。

由三角关系可得

$$F_A=F\cos 30°=17.3\text{ kN},\quad F_B=F\sin 30°=10\text{ kN}$$

2-2 力 的 投 影

静力学动画:
力在轴上投影

2-2-1 力在轴上的投影

在空间情形下,经常要用投影法研究力的合成和平衡。不失一般性,设力 $\boldsymbol{F}$ 和投影轴 x 不共面(图 2-3a)。为求力 $\boldsymbol{F}$ 在轴 x 上的投影,可按如下步骤进行:

过力 $\boldsymbol{F}$ 的始端 A 和终端 B 各自作垂直于轴 x 的平面,这两平行平面分别与轴 x 的交

点 a 和 b 是点 A 和 B 各自的垂足。两个垂足间的距离 ab 取适当的正负号就是力 $\boldsymbol{F}$ 在轴 x 上的投影。当由 a 到 b 的方向与轴 x 的正向一致时,投影取正值;反之,则取负值。

由于同一个力在相互平行轴上的投影彼此相等,所以可将轴 x 平移,使其通过点 A。这样,力矢量与轴 x' 共面,设它们正向间的夹角为 α,于是力 $\boldsymbol{F}$ 在轴 x(或 x')上的投影

$$F_x = F\cos\alpha \tag{2-3}$$

求力的投影时,可以把坐标系从力的始端画出(图 2-3b)。设力 $\boldsymbol{F}$ 与坐标轴 x、y、z 的正向间夹角分别为 α、β、γ,则这个力在对应轴上的投影分别为

$$F_x = F\cos\alpha,\quad F_y = F\cos\beta,\quad F_z = F\cos\gamma \tag{2-4}$$

如已知力 $\boldsymbol{F}$ 的三个投影,可以反求出这个力的大小和方向,有

$$\left.\begin{aligned} &F=\sqrt{F_x^2+F_y^2+F_z^2} \\ &\cos\alpha=\frac{F_x}{F},\quad \cos\beta=\frac{F_y}{F},\quad \cos\gamma=\frac{F_z}{F} \end{aligned}\right\} \tag{2-5}$$

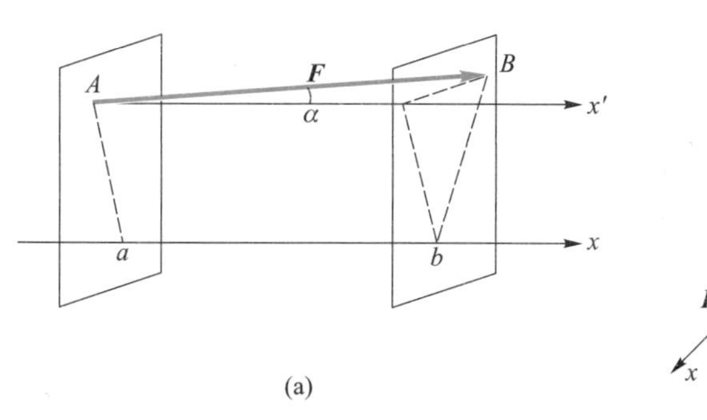

(a)

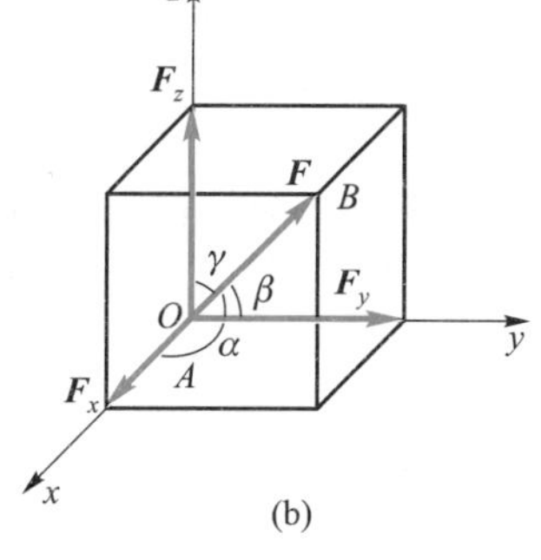

(b)

图 2-3

在平面情形下,力在轴上的投影可描述为图 2-4 所示情形。

力 $\boldsymbol{F}$ 在轴 x、轴 y 上的投影分别为

$$F_x = F\cos\alpha,\quad F_y = F\cos\beta \tag{2-6}$$

可见,力在某轴上的投影,等于力的模乘以力与该轴正向间夹角的余弦。

同样,如已知力 $\boldsymbol{F}$ 在轴上的两个投影,可以反求出这个力的大小和方向,有

图 2-4

$$\left.\begin{aligned} &F=\sqrt{F_x^2+F_y^2} \\ &\cos\alpha=\frac{F_x}{F},\quad \cos\beta=\frac{F_y}{F} \end{aligned}\right\} \tag{2-7}$$

图 2-4 还画出了力 $\boldsymbol{F}$ 沿坐标轴方向的正交分量 $\boldsymbol{F}_x$、$\boldsymbol{F}_y$。可以看出,力 $\boldsymbol{F}$ 在正交坐标轴上投影的绝对值和该力沿同一坐标轴的分量大小相等。

思考题:在任何情况下,力沿两轴分力的大小和在该两轴上的投影大小一定相等吗?

静力学动画:
力在平面投影

2-2-2 力在平面上的投影

空间情形的力 $\boldsymbol{F}$ 还可向任一平面 Oxy 投影。为此,应由力 $\boldsymbol{F}$ 的始端 A 和终端 B 向投

影面 Oxy 引垂线，由垂足 A' 指向 B' 的矢量 $\overrightarrow{A'B'}$ 就是力 $\boldsymbol{F}$ 在平面 Oxy 上的投影，记作 $\boldsymbol{F}_{xy}$，如图 2-5 所示。显然，当力和投影面相对平行移动时，并不改变力在该平面上投影的大小和方向。由力的始端 A 引出平行于投影力 $\boldsymbol{F}_{xy}$ 的直线，求出力 $\boldsymbol{F}$ 与投影线之间的夹角 θ，即得

$$F_{xy}=F\cos\theta \tag{2-8}$$

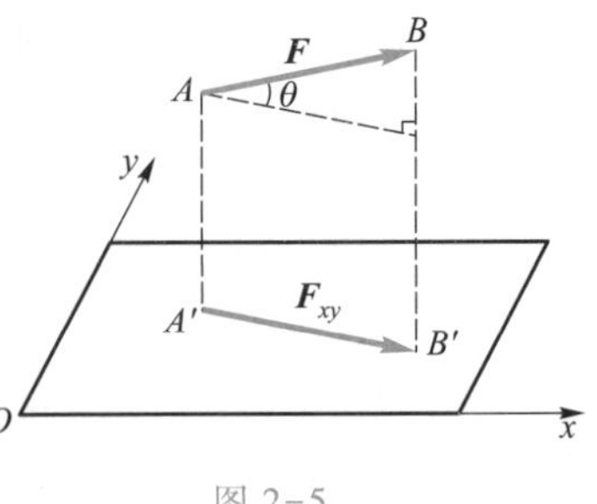

图 2-5

注意，力在平面上的投影仍是矢量，这和力在轴上的投影是代数量有所不同。

2-3 共点力系合成的解析法及平衡的解析条件

2-3-1 合力投影定理

静力学动画：合力投影定理

本节将讨论共点力系合成的解析法。应用解析法求共点力系合成的依据是合力投影定理。

图 2-6a 表示作用于刚体上点 A 的共点力系 $\boldsymbol{F}_1$、$\boldsymbol{F}_2$、$\boldsymbol{F}_3$、$\boldsymbol{F}_4$，其力多边形 $ABCDE$ 如图 2-6b所示。从各顶点分别向任取的轴 y 引垂线，得垂足 a、b、c、d、e，以及各个力的投影

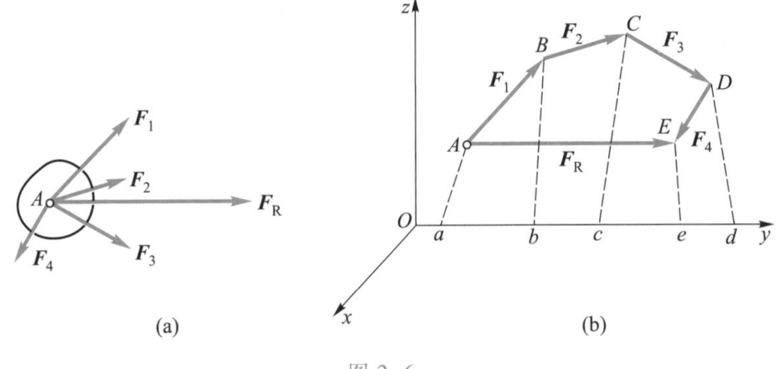

图 2-6

$$F_{1y}=ab,\quad F_{2y}=bc,\quad F_{3y}=cd,\quad F_{4y}=-ed \tag{2-9}$$

而合力 $\boldsymbol{F}_R$ 的投影则为

$$F_{Ry}=ae=ab+bc+cd-ed \tag{2-10}$$

即有

$$F_{Ry}=F_{1y}+F_{2y}+F_{3y}+F_{4y}=\sum F_{iy} \tag{2-11}$$

因此，在一般情形下，共点力系的合力在某一轴上的投影，等于力系中所有各力在同一轴上投影的代数和，这就是合力投影定理(theorem of projection of resultant force)。

2-3-2 共点力系合成的解析法

设在刚体上作用有由 n 个力 $\boldsymbol{F}_1$、$\boldsymbol{F}_2$、…、$\boldsymbol{F}_n$ 组成的共点力系，取直角坐标系 $Oxyz$。设 α、β、γ 分别代表合力 $\boldsymbol{F}_R$ 与坐标轴 x、y、z 正向间的夹角。F_{Rx}、F_{Ry}、F_{Rz} 代表合力 $\boldsymbol{F}_R$ 在坐标轴 x、y、z 上的投影。又 F_{1x}、F_{1y}、F_{1z}，F_{2x}、F_{2y}、F_{2z}，…，F_{nx}、F_{ny}、F_{nz} 分别代表各力 $\boldsymbol{F}_1$、$\boldsymbol{F}_2$、…、

$\boldsymbol{F}_n$ 在轴 x、y、z 上的投影，则由合力投影定理，可求得力系的合力在坐标轴上的投影

$$\left.\begin{aligned}F_{Rx}&=F_{1x}+F_{2x}+\cdots+F_{nx}=\sum F_{ix}\\F_{Ry}&=F_{1y}+F_{2y}+\cdots+F_{ny}=\sum F_{iy}\\F_{Rz}&=F_{1z}+F_{2z}+\cdots+F_{nz}=\sum F_{iz}\end{aligned}\right\}\tag{2-12}$$

为方便简记，$\sum F_{ix}=\sum F_x$，$\sum F_{iy}=\sum F_y$，$\sum F_{iz}=\sum F_z$，于是合力的大小

$$\begin{aligned}F_R&=\sqrt{F_{Rx}^2+F_{Ry}^2+F_{Rz}^2}\\&=\sqrt{(\sum F_x)^2+(\sum F_y)^2+(\sum F_z)^2}\end{aligned}\tag{2-13}$$

方向余弦

$$\cos\alpha=\frac{F_{Rx}}{F_R},\quad \cos\beta=\frac{F_{Ry}}{F_R},\quad \cos\gamma=\frac{F_{Rz}}{F_R}\tag{2-14}$$

从而可求出合力 $\boldsymbol{F}_R$ 与坐标轴 x、y、z 的正向夹角 α、β、γ。

2-3-3 共点力系平衡的解析条件

由前述已知，共点力系平衡的充要的几何条件是力系中各力的矢量和等于零，即$\boldsymbol{F}_R=0$。由式(2-12)可知，为此必须也只需

$$\sum F_x=0,\quad \sum F_y=0,\quad \sum F_z=0\tag{2-15}$$

可见，空间共点力系平衡的充要的解析条件是力系中各力在三个坐标轴中每一个轴上的投影之代数和分别等于零。式(2-15)称为空间共点力系的平衡方程。

对于平面共点力系，式(2-15)简化为

$$\sum F_x=0,\quad \sum F_y=0\tag{2-16}$$

式(2-16)称为平面共点力系的平衡方程。

思考题：用解析法求解共点力系平衡问题时，所选取的坐标轴是否一定要互相垂直？

例题 2-2 挂物架的点 O 为一球形铰链，不计杆重。OBC 为一水平面，且 $OB=OC$，在点 O 挂一重 $G=10$ kN 的物体(图 2-7a)。试求平衡时三根直杆的内力。

解：取球形铰链 O 为研究对象，画出球形铰链 O 的受力图(图 2-7b)。作用在球形铰链 O 的力有：杆 OA、OB 和 OC 的约束力，方向分别沿杆 OA、OB 和 OC 方向；球形铰链 O 受到重物通过绳子给它的约束力，沿绳子竖直向下，大小等于物体的重力 G。这四个力构成了空间共点力系。

在点 O 建立直角坐标系 $Oxyz$，其中轴 x 沿 CB 方向，轴 y 垂直于 CB，轴 y 竖直向上。应用共点力系平衡的解析条件，列平衡方程

$$\sum F_x=0,\quad F_B\cos 45°-F_C\cos 45°=0\tag{1}$$

$$\sum F_y=0,\quad -F_B\sin 45°-F_C\sin 45°-F_A\sin 45°=0\tag{2}$$

$$\sum F_z=0,\quad -F_A\cos 45°-G=0\tag{3}$$

联立式(1)、式(2)和式(3)三式，可解得平衡时三根直杆的内力分别为：$F_A=-7.07$ kN，F_A 为负，说明杆 OA 实际受力情况与图 2-7b 所示相反，应为压力。$F_B=F_C=3.54$ kN。

例题 2-3 如图 2-8a 所示是汽车制动机构的一部分。司机踩到制动蹬上的力 $F=212$ N，方向与水平面成 $\alpha=45°$。当平衡时，BC 水平，AD 铅直，试求拉杆 BC 所受的力。已知 $EA=24$ cm，$DE=6$ cm(点 E 为铅直线 DF 与水平线 BC 的交点)，又 B、C、D 都是光滑铰

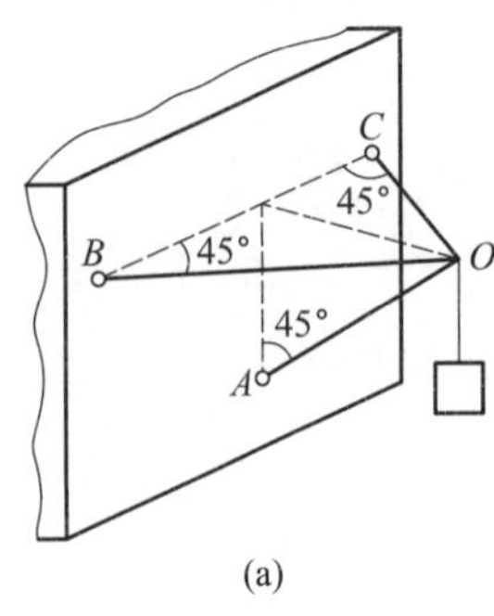

(a)

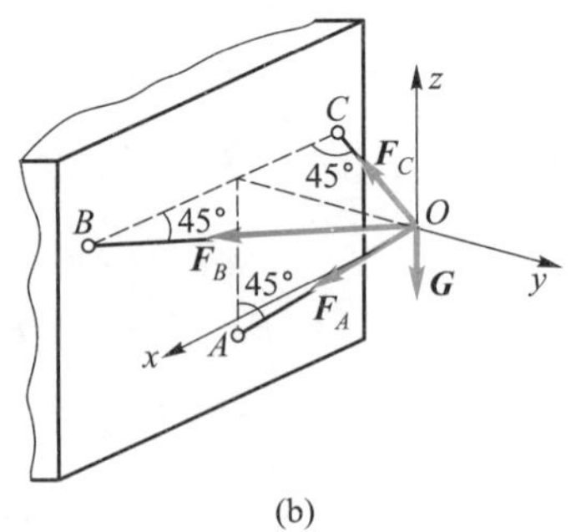

(b)

图 2-7

链，机构的自重不计。

解：几何法　取制动蹬 ABD 作为研究对象，画出制动蹬 ABD 的受力图（图 2-8b）。它在已知力 $\boldsymbol{F}$、水平拉杆的约束力 $\boldsymbol{F}_B$ 和铰链 D 的约束力 $\boldsymbol{F}_D$ 三个力作用下处于平衡。

力 $\boldsymbol{F}_B$ 的方向沿着拉杆 BC 两端铰链中心的连线，铰链 D 的约束力 $\boldsymbol{F}_D$ 的方向根据三力平衡汇交定理来确定，此力作用线必通过力 $\boldsymbol{F}$ 和 $\boldsymbol{F}_D$ 的交点 O。应用共点力系平衡的几何条件，画出由力 $\boldsymbol{F}$、$\boldsymbol{F}_B$ 和 $\boldsymbol{F}_D$ 构成的闭合力三角形（图2-8c）。由几何关系得 $\tan\varphi=\dfrac{DE}{OE}=\dfrac{6}{24}=\dfrac{1}{4}$，从而得到 $\varphi=\arctan\dfrac{1}{4}=14°2'$。由力三角形可解得拉杆 BC 所受的力 $F_B=\dfrac{\sin(180°-\alpha-\varphi)}{\sin\varphi}F$。代入数据求得 $F_B=750\ \text{N}$。

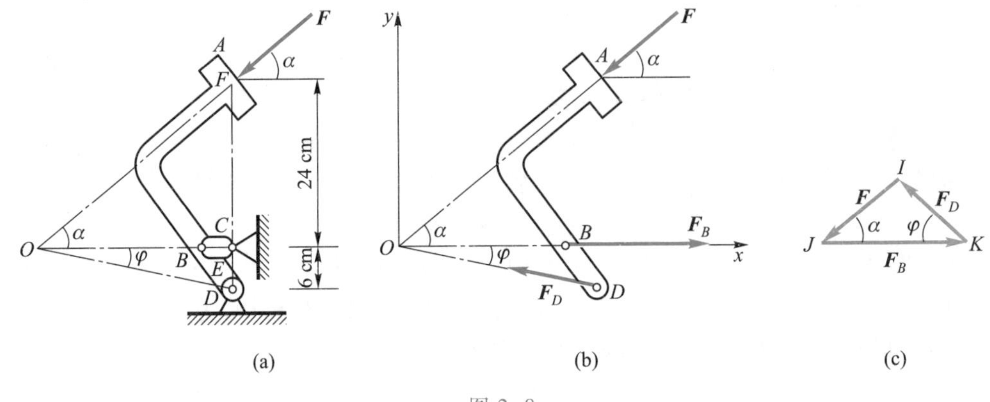

(a) (b) (c)

图 2-8

解析法　取制动蹬 ABD 作为研究对象，画出制动蹬 ABD 的受力图（图 2-8b）。应用共点力系平衡的解析条件，列平衡方程

$$\sum F_x=0,\quad F_B-F\cos 45°-F_D\cos\varphi=0 \tag{a}$$

$$\sum F_y=0,\quad F_D\sin\varphi-F\sin 45°=0 \tag{b}$$

联立式(1)、式(2)两式并将 $\varphi=14°2'$代入，可解得拉杆 BC 所受的力 $F_B=750\ \text{N}$。

用解析法解题时要注意，图 2-8b 中约束力 $\boldsymbol{F}_D$ 和 $\boldsymbol{F}_B$ 的方向是任意假定的，因此也可以开始时假定力 $\boldsymbol{F}_B$ 指向左边，但这样一来，该投影的正负号将改变，即得到解答 $F_B=-750\ \text{N}$。这个负号的出现，表示该力的假定指向与实际指向恰恰相反。

由此可见，当由平衡方程求得某一未知力值为负时，表示原先假定的该力指向与实际指向相反。

2-4　力　　矩

2-4-1　力对点的矩

静力学动画：空间力对点的矩

力使刚体绕某一点转动的效应由力对点的矩度量。以点 O 为坐标原点，建立空间直角坐标系 $Oxyz$（图 2-9a），则力 $\boldsymbol{F}$ 对点 O 的矩 $\boldsymbol{M}_O(\boldsymbol{F})$ 定义为

$$\boldsymbol{M}_O(\boldsymbol{F})=\boldsymbol{r}\times\boldsymbol{F} \tag{2-17}$$

即力对点的矩矢等于该力作用点对矩心的矢径与该力的矢量积。

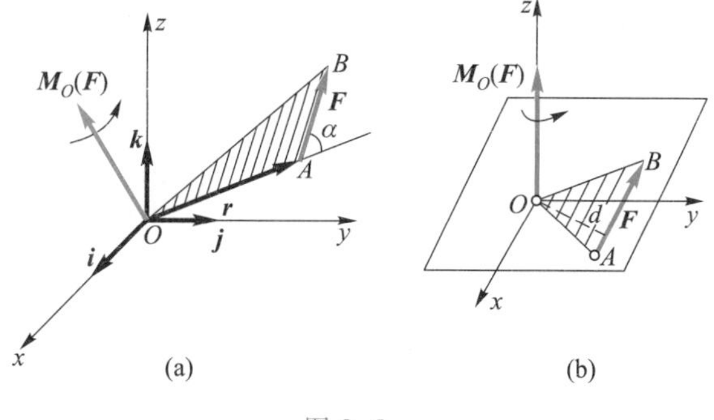

图 2-9

力矩矢的大小为

$$|\boldsymbol{M}_O(\boldsymbol{F})|=Fr\sin\alpha=Fd=2S_{\triangle OAB} \tag{2-18}$$

式中，α 为 $\boldsymbol{r}$ 与 $\boldsymbol{F}$ 之间的夹角，d 为点 O 到力 $\boldsymbol{F}$ 作用线的垂直距离，称为力臂，点 O 称为力矩中心，简称为矩心。力矩矢 $\boldsymbol{M}_O(\boldsymbol{F})$ 的方向由右手螺旋法则确定。由于力对点的矩既与力有关，又与矩心位置有关，因此，力矩矢是一个定位矢量，其始端必须是矩心 O（图 2-9b）。

若以 $\boldsymbol{i}$、$\boldsymbol{j}$、$\boldsymbol{k}$ 分别表示各坐标轴的单位矢量；F_x、F_y、F_z 分别是力 $\boldsymbol{F}$ 在三个坐标轴上的投影，点 A 的坐标设为 (x,y,z)，则

$$\boldsymbol{r}=x\boldsymbol{i}+y\boldsymbol{j}+z\boldsymbol{k},\quad \boldsymbol{F}=F_x\boldsymbol{i}+F_y\boldsymbol{j}+F_z\boldsymbol{k}$$

$$\begin{aligned}\boldsymbol{M}_O(\boldsymbol{F})=\boldsymbol{r}\times\boldsymbol{F}&=\begin{vmatrix}\boldsymbol{i}&\boldsymbol{j}&\boldsymbol{k}\\x&y&z\\F_x&F_y&F_z\end{vmatrix}\\&=(F_zy-F_yz)\boldsymbol{i}+(F_xz-F_zx)\boldsymbol{j}+(F_yx-F_xy)\boldsymbol{k}\end{aligned} \tag{2-19}$$

若力 $\boldsymbol{F}$ 的作用线在 Oxy 平面内，即 $z=0$，$F_z=0$，如图 2.9b 所示。由式（2-19）知，力 $\boldsymbol{F}$ 对此平面内任意一点 O 的力矩矢总是沿着 z 轴，要么与 z 轴同向，要么与 z 轴反向。因此，平面上的力对此平面内一点的力矩可用代数量来表示。一般规定力使物体绕矩心逆时针转动时力矩为正，反之为负。

2-4-2　力对轴的矩

力对轴的矩用来度量力使所作用刚体绕轴转动的效应。如图 2-10 所示，将作用在点 A 的一个任意方向的力 $\boldsymbol{F}$ 分解成平行于轴 z 和垂直于轴 z 的两个分力 $\boldsymbol{F}''$ 和 $\boldsymbol{F}'$。显然，平行于

静力学动画：力对轴的矩

轴 z 的分力 $\boldsymbol{F}''$不产生使刚体绕轴 z 转动的效应，而转动效应只能由分力 $\boldsymbol{F}'$引起。以点 O 表示过力 $\boldsymbol{F}$ 的作用点并垂直于轴 z 的平面与轴 z 的交点，则力 $\boldsymbol{F}$ 对轴 z 的矩等于力 $\boldsymbol{F}'$对点 O 的矩，即

$$M_z(\boldsymbol{F})=M_O(\boldsymbol{F}')=\pm F'd$$

即力对轴 z 的矩等于该力在垂直于轴 z 平面上的分力对点 O 的矩。

力对轴的矩为代数量，其正负号可以按照右手螺旋法则确定。也可以这样来判定：从轴 z 的正端看，如力使刚体逆时针方向转动，则力对轴的矩为正，反之为负。

图 2-11 中，以(x,y,z)表示力 $\boldsymbol{F}$ 作用点 A 的坐标，F_x、F_y、F_z 是力 $\boldsymbol{F}$ 在各坐标轴上的投影，可得力 $\boldsymbol{F}$ 对轴 z 的矩的解析表达式

$$M_z(\boldsymbol{F})=M_z(F_x')+M_z(F_y')=xF_y-yF_x$$

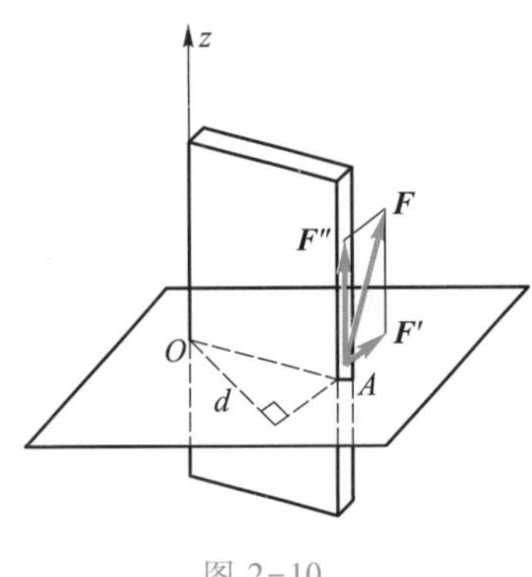

图 2-10

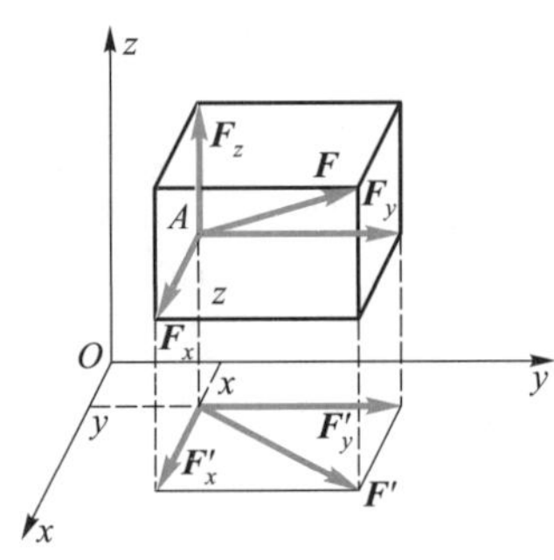

图 2-11

同理可得，力 $\boldsymbol{F}$ 对轴 x、y 的矩。综合起来有

$$\left.\begin{aligned}M_x(\boldsymbol{F})&=yF_z-zF_y\\M_y(\boldsymbol{F})&=zF_x-xF_z\\M_z(\boldsymbol{F})&=xF_y-yF_x\end{aligned}\right\}\tag{2-20}$$

式(2-20)是力对轴的矩的解析表达式。

2-4-3 力矩关系定理

比较式(2-18)和式(2-20)可得

$$\left.\begin{aligned}M_x(\boldsymbol{F})&=[\boldsymbol{M}_O(\boldsymbol{F})]_x\\M_y(\boldsymbol{F})&=[\boldsymbol{M}_O(\boldsymbol{F})]_y\\M_z(\boldsymbol{F})&=[\boldsymbol{M}_O(\boldsymbol{F})]_z\end{aligned}\right\}\tag{2-21}$$

由此得到力矩关系定理(theorem of moment relationship)：力对任一轴的矩等于该力对此轴上任何一点 O 的矩矢在此轴上的投影。

由上述定理，可用力对坐标轴的矩表示力对坐标原点 O 的矩矢，即

$$\boldsymbol{M}_O(\boldsymbol{F})=M_x(\boldsymbol{F})\boldsymbol{i}+M_y(\boldsymbol{F})\boldsymbol{j}+M_z(\boldsymbol{F})\boldsymbol{k}\tag{2-22}$$

2-5 力偶

2-5-1 力偶系和力偶矩矢

在实际应用中,经常遇到刚体上作用着大小相等的两个反向平行力的情形,例如,当汽车司机用双手转动方向盘时,常这样施力;用双手攻螺纹,或用手指旋转钥匙、水龙头时,也是这样施力,其结果是导致受力物体转动。

大小相等、方向相反且不共线的两个平行力 $\boldsymbol{F}$ 和 $\boldsymbol{F}'$ 组成的力系称为力偶(couple),如图 2-12 所示。力偶用符号($\boldsymbol{F}$,$\boldsymbol{F}'$)表示。力偶中两个力作用线之间的垂直距离 d 称为力偶臂(arm of couple),两个力的作用线所在的平面称为力偶作用面(plane of couple)。组成力偶的两个力的矢量和为零,且本身又不平衡,力偶没有合力,也不能与一个力等效。一个力偶只能用别的力偶来代替,因而也只能与别的力偶平衡。

力偶对刚体的作用效果是改变刚体的转动状态。这种作用效果用力偶对任意点的力矩来度量。设组成力偶的两力的作用点 A 和 B 的矢径分别为 $\boldsymbol{r}_A$ 和 $\boldsymbol{r}_B$,从点 A 到点 B 的矢径为 $\boldsymbol{r}_{BA}$,如图 2-13a 所示,则力偶对任意一点 O 的力矩为

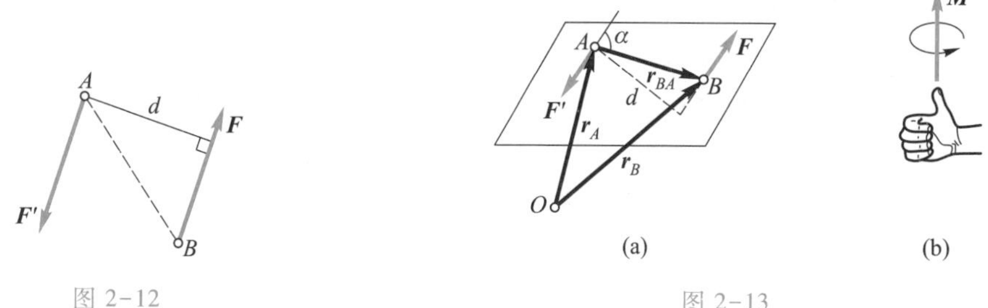

图 2-12　　图 2-13

$$\boldsymbol{M}_O(\boldsymbol{F},\boldsymbol{F}')=\boldsymbol{r}_A\times\boldsymbol{F}'+\boldsymbol{r}_B\times\boldsymbol{F}=(\boldsymbol{r}_B-\boldsymbol{r}_A)\times\boldsymbol{F}=\boldsymbol{r}_{BA}\times\boldsymbol{F} \tag{2-23}$$

式(2-23)表明,力偶对任意点的力矩恒等于 $\boldsymbol{r}_{BA}\times\boldsymbol{F}$,与矩心 O 的位置无关。将 $\boldsymbol{r}_{BA}\times\boldsymbol{F}$ 定义为力偶($\boldsymbol{F}$,$\boldsymbol{F}'$)的力偶矩矢,记作 $\boldsymbol{M}$,即

$$\boldsymbol{M}=\boldsymbol{r}_{BA}\times\boldsymbol{F} \tag{2-24}$$

由此可知,力偶对刚体的作用效果完全取决于力偶矩矢。力偶矩矢与点 O 的位置无关,是一个自由矢量。力偶矩矢的方向由右手螺旋法则确定,也可用带圆弧形箭头表示力偶在作用面内的转向,如图 2-13b 所示。力偶矩矢的大小为

$$M=Fr_{BA}\sin\alpha=Fd$$

式中,d 为力偶臂。

力偶矩矢的大小、力偶作用面的方位,以及力偶的转向决定力偶对刚体的作用效果,称为力偶的三要素。

在平面内,力偶矩矢可表示为代数量。通常规定,当力偶有使物体逆时针转动的趋势时力偶矩为正,反之为负。平面力偶的表示方法如图 2-14所示,M 为力偶矩矢的大小。

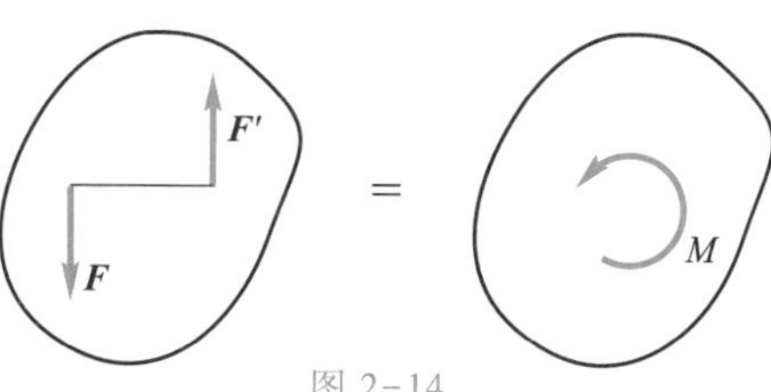

图 2-14

2-5-2 力偶等效定理

力偶对刚体的转动效应仅决定于力偶矩矢，与力偶矩矢在空间的位置无关。所以，只要力偶矩矢的大小和方向不变，它对刚体的作用效果就不变，这就是力偶等效定理。

由此可知，只要保持力偶矩矢不变，力偶可在其作用面内任意移动和转动，或同时改变力偶中力的大小和力偶臂的长短，或在平行平面内移动，而不改变其对刚体的转动效应。可见，力偶矩矢是自由矢量。

2-6 力偶系的合成与平衡条件

2-6-1 力偶系的合成方法

静力学动画：空间力偶合成

为分析力偶系的合成结果，只需讨论作用于相交平面内的力偶的合成，其他情况均可据此导出结论。

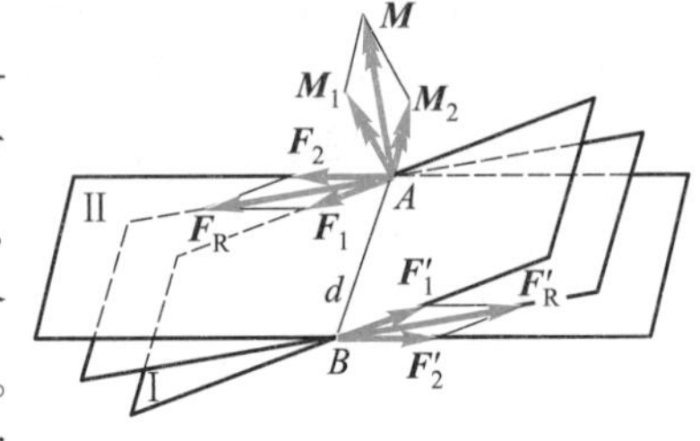

图 2-15

设已知两个力偶作用在相交平面Ⅰ和Ⅱ内（图 2-15）。在这两个平面的交线上取任意线段 $AB=d$。首先，把两个力偶转化为具有相同的力偶臂 $d=AB$；其次，利用力偶可以在其作用面内任意移转的性质，把这两个力偶在其本身作用面内移转，使力偶臂重合于线段 AB。如此，就得到如图 2-15 所示的两个力偶$(\boldsymbol{F}_1,\boldsymbol{F}_1')$和$(\boldsymbol{F}_2,\boldsymbol{F}_2')$，分别作用在平面Ⅰ和Ⅱ内。现在将作用于点 A 的力 $\boldsymbol{F}_1$ 和 $\boldsymbol{F}_2$ 合成，得合力 $\boldsymbol{F}_R$；又将作用于点 B 的力 $\boldsymbol{F}_1'$和 $\boldsymbol{F}_2'$合成，得合力 $\boldsymbol{F}_R'$。有

$$\boldsymbol{F}_R=\boldsymbol{F}_1+\boldsymbol{F}_2,\quad \boldsymbol{F}_R'=\boldsymbol{F}_1'+\boldsymbol{F}_2' \tag{2-25}$$

因 $\boldsymbol{F}_1'=-\boldsymbol{F}_1,\boldsymbol{F}_2'=-\boldsymbol{F}_2$，故

$$\boldsymbol{F}_R=-\boldsymbol{F}_R' \tag{2-26}$$

即以上两个力偶的合成结果为一个力偶$(\boldsymbol{F}_R,\boldsymbol{F}_R')$。为求合力偶的矩矢，只需将点 A 的力平行四边形按图 2-15 所示方向绕 AB 转动 90°，然后将每边乘以 $d=AB$，即得力偶矩矢平行四边形；这两个平行四边形的对应边成相等的夹角 90°。可见，矢量 $\boldsymbol{M}_1$ 和 $\boldsymbol{M}_2$ 分别表示已知力偶$(\boldsymbol{F}_1,\boldsymbol{F}_1')$和$(\boldsymbol{F}_2,\boldsymbol{F}_2')$的矩矢，而 $\boldsymbol{M}$ 则表示了合力偶$(\boldsymbol{F}_R,\boldsymbol{F}_R')$的矩矢。故有

$$\boldsymbol{M}=\boldsymbol{M}_1+\boldsymbol{M}_2 \tag{2-27}$$

由上证得：合力偶矩矢等于原两个力偶矩矢的矢量和。

上述证明过程也可推广至由 n 个力偶组成的空间力偶系，从而有结论：由 n 个力偶组成的空间力偶系，其合力偶矩矢等于力偶系中各力偶矩矢的矢量和，即

$$\boldsymbol{M}=\boldsymbol{M}_1+\boldsymbol{M}_2+\cdots+\boldsymbol{M}_n=\sum \boldsymbol{M}_i \tag{2-28}$$

合力偶矩矢的解析表达式可以写为

$$\boldsymbol{M}=M_x\boldsymbol{i}+M_y\boldsymbol{j}+M_z\boldsymbol{k} \tag{2-29}$$

将式(2-28)分别沿轴 x、y、z 投影，有

$$M_x=\sum M_{ix},\quad M_y=\sum M_{iy},\quad M_z=\sum M_{iz} \tag{2-30}$$

有结论：合力偶矩矢在坐标轴上的投影等于力偶系中各力偶矩矢在相应坐标轴上投

影的代数和。

为方便简记$\sum M_{ix}=\sum M_x$，$\sum M_{iy}=\sum M_y$，$\sum M_{iz}=\sum M_z$。由式(2-30)可以求得合力偶矩矢的大小和方向为

$$M=\sqrt{M_x^2+M_y^2+M_z^2}=\sqrt{(\sum M_x)^2+(\sum M_y)^2+(\sum M_z)^2} \tag{2-31}$$

$$\cos(\boldsymbol{M},\boldsymbol{i})=\frac{\sum M_x}{M},\quad \cos(\boldsymbol{M},\boldsymbol{j})=\frac{\sum M_y}{M},\quad \cos(\boldsymbol{M},\boldsymbol{k})=\frac{\sum M_z}{M} \tag{2-32}$$

若各力偶的作用面为同一平面，则称此力偶系为平面力偶系。对于平面力偶系，式(2-28)成为

$$M=\sum M_i \tag{2-33}$$

即平面力偶系的合力偶矩等于力偶系中各力偶的代数和。

2-6-2 力偶系的平衡条件

空间力偶系平衡的充要条件是，合力偶矩矢等于零，或者力偶系中各力偶矩矢的矢量和等于零，即

$$\boldsymbol{M}_1+\boldsymbol{M}_2+\cdots+\boldsymbol{M}_n=\sum \boldsymbol{M}_i=0 \tag{2-34}$$

写成投影方程的形式：

$$\sum M_x=0,\quad \sum M_y=0,\quad \sum M_z=0 \tag{2-35}$$

它表示各力偶矩矢在三个坐标轴中每一个轴上的投影的代数和都等于零。

对于平面力偶系，其平衡的充要条件是，各力偶矩的代数和等于零，即

$$M_1+M_2+\cdots+M_n=\sum M_i=0 \tag{2-36}$$

思考题：从力偶性质可知，力偶只能与力偶等效，一力不能与力偶平衡。图2-16所示的轮子上的矩为M的力偶是否可以理解为与重物的重力$\boldsymbol{G}$相平衡，为什么？

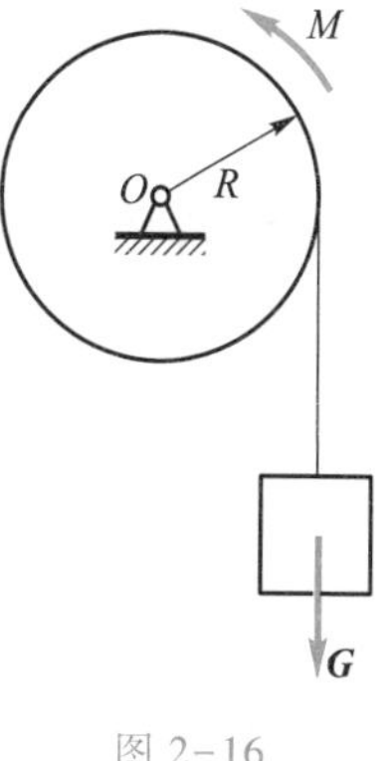

图 2-16

例题 2-4 如图2-17a所示的铰接四连杆平面机构$OABD$，在杆OA和BD上分别作用着力偶矩为M_1和M_2的力偶，而使机构在图示位置处于平衡。已知$OA=r$，$DB=2r$，$\alpha=30°$，不计杆重。试求M_1和M_2间的关系。

解：分别取AO和BD为研究对象，杆AB为二力杆，故其约束力$\boldsymbol{F}_{AB}$和$\boldsymbol{F}_{BA}$只能沿杆AB的连线。根据力偶的性质，力偶只能与力偶平衡，故支座O和D的约束力$\boldsymbol{F}_O$和$\boldsymbol{F}_D$只能分别平行于$\boldsymbol{F}_{AB}$和$\boldsymbol{F}_{BA}$，且方向相反。于是，杆AO与杆BD的受力如图2-17b、c所示。根据平面力偶系的平衡条件$\sum M_i=0$，可分别写出杆AO和BD的平衡方程

$$M_1-rF_{AB}\cos\alpha=0 \tag{a}$$

$$-M_2+2rF_{BA}\cos\alpha=0 \tag{b}$$

考虑到$F_{AB}=F_{BA}$，联立式(a)、式(b)两式可解得

$$M_2=2M_1$$

静力学动画：三角柱

例题 2-5 如图2-18a所示的三角柱刚体是正方体的一半。在其中三个侧面各自作用着

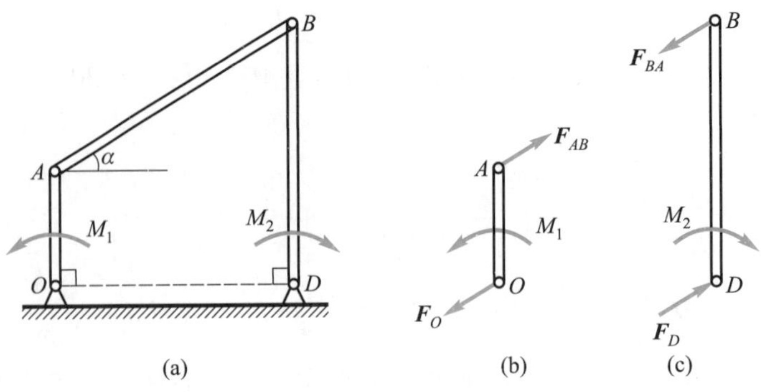

图 2-17

一个力偶。已知力偶($\boldsymbol{F}_1,\boldsymbol{F}_1'$)的矩大小 $M_1=20\ \text{N}\cdot\text{m}$;力偶($\boldsymbol{F}_2,\boldsymbol{F}_2'$)的矩大小 $M_2=10\ \text{N}\cdot\text{m}$;力偶($\boldsymbol{F}_3,\boldsymbol{F}_3'$)的矩大小 $M_3=30\ \text{N}\cdot\text{m}$。试求合力偶矩矢 $\boldsymbol{M}$。又问,为使这个刚体平衡,还需要施加怎样一个力偶?

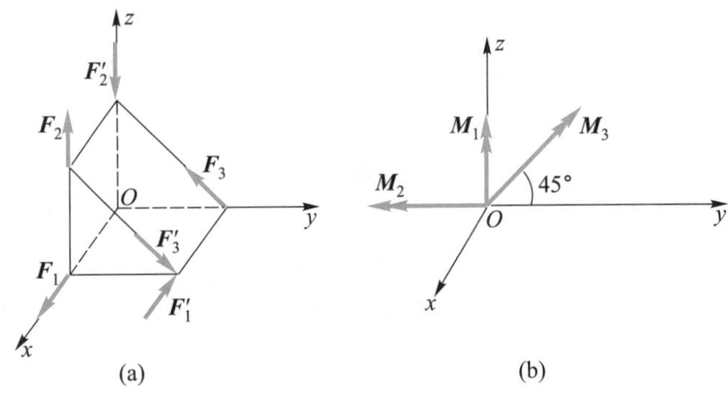

图 2-18

解:这是一个空间力偶系合成和平衡问题。根据空间力偶系合成方法,先求出合力偶矩矢 $\boldsymbol{M}$。根据三个力偶在空间的作用面不同,考虑到力偶矩矢是自由矢量,可将力偶矩矢画在坐标轴上(图 2-18b)。合力偶矩矢 $\boldsymbol{M}$ 在三个坐标轴上的投影分别为

$$M_x=M_{1x}+M_{2x}+M_{3x}=0$$

$$M_y=M_{1y}+M_{2y}+M_{3y}=(-10+30\cos 45^\circ)\ \text{N}\cdot\text{m}=11.2\ \text{N}\cdot\text{m}$$

$$M_z=M_{1z}+M_{2z}+M_{3z}=(20+30\sin 45^\circ)\ \text{N}\cdot\text{m}=41.2\ \text{N}\cdot\text{m}$$

从而求得合力偶矩矢 $\boldsymbol{M}$ 的大小和方向为

$$M=\sqrt{M_x^2+M_y^2+M_z^2}=42.7\ \text{N}\cdot\text{m}$$

$$\begin{cases}\cos(\boldsymbol{M},\boldsymbol{i})=\dfrac{M_x}{M}=0, & \angle(\boldsymbol{M},\boldsymbol{i})=90^\circ\\ \cos(\boldsymbol{M},\boldsymbol{j})=\dfrac{M_y}{M}=0.262, & \angle(\boldsymbol{M},\boldsymbol{j})=74.8^\circ\\ \cos(\boldsymbol{M},\boldsymbol{k})=\dfrac{M_z}{M}=0.965, & \angle(\boldsymbol{M},\boldsymbol{k})=15.2^\circ\end{cases}$$

式中,$\boldsymbol{i}$、$\boldsymbol{j}$、$\boldsymbol{k}$ 分别为轴 x、y、z 上的单位矢量。

根据空间力偶系平衡条件,要使这个刚体平衡,需加一力偶,其力偶矩矢为 $\boldsymbol{M}_4=-\boldsymbol{M}$。

小 结

1. 共点力系的合成方法与平衡条件

(1) 共点力系合成的几何法及平衡的几何条件

共点力系合成的几何法 任意 n 个力组成的共点力系都可应用力多边形规则将其合成为一个力，合力的作用线通过力系中各力作用线的公共点，并等于力系中各力的矢量和，或者说，可由此力系的力多边形的闭合边来表示。合力可表示为

$$\boldsymbol{F}_R=\boldsymbol{F}_1+\boldsymbol{F}_2+\cdots+\boldsymbol{F}_n=\sum\boldsymbol{F}_i$$

共点力系平衡的几何条件 空间共点力系平衡的充要的几何条件是此力系的力多边形自行闭合，也即力系中各力的矢量和等于零，可表示为

$$\sum\boldsymbol{F}_i=0 \quad \text{或} \quad \boldsymbol{F}_R=\boldsymbol{F}_1+\boldsymbol{F}_2+\cdots+\boldsymbol{F}_n=0$$

(2) 共点力系合成的解析法及平衡的解析条件

共点力系合成的解析法 由 n 个力 $\boldsymbol{F}_1$、$\boldsymbol{F}_2$、…、$\boldsymbol{F}_n$ 组成的共点力系的合力在坐标轴上的投影

$$\begin{cases} F_{Rx}=F_{1x}+F_{2x}+\cdots+F_{nx}=\sum F_x \\ F_{Ry}=F_{1y}+F_{2y}+\cdots+F_{ny}=\sum F_y \\ F_{Rz}=F_{1z}+F_{2z}+\cdots+F_{nz}=\sum F_z \end{cases}$$

合力的大小

$$\begin{aligned} F_R &=\sqrt{F_{Rx}^2+F_{Ry}^2+F_{Rz}^2} \\ &=\sqrt{(\sum F_x)^2+(\sum F_y)^2+(\sum F_z)^2} \end{aligned}$$

方向余弦

$$\cos\alpha=\frac{F_{Rx}}{F_R},\quad \cos\beta=\frac{F_{Ry}}{F_R},\quad \cos\gamma=\frac{F_{Rz}}{F_R}$$

共点力系平衡的解析条件 共点力系平衡的充要的解析条件是力系中各力在坐标系中每一坐标轴上投影的代数和分别等于零，即

$$\sum F_x=0,\quad \sum F_y=0,\quad \sum F_z=0$$

对于平面共点力系，简化为

$$\sum F_x=0,\quad \sum F_y=0$$

2. 力对点的矩和力对轴的矩

(1) 力对点的矩

力对某点 O 的矩矢等于该力作用点对矩心的矢径与该力的矢量积。

$$\boldsymbol{M}_O(\boldsymbol{F})=\boldsymbol{r}\times\boldsymbol{F}$$

(2) 力对轴的矩

力对任一轴的矩，等于该力在此轴的垂直平面上的投影对该投影面和此轴交点的矩。

3. 力偶矩矢与力偶的等效条件

(1) 力偶矩矢

力偶矩矢定义为力偶中一个力的作用点指向另一个力作用点的矢径与这个力的矢积。

(2) 力偶的等效条件

力偶矩矢相等的两个力偶是等效力偶。

作用在刚体上同一平面内或平行平面内的两个力偶，如有大小相等的力偶矩，且转向相同，即是等效力偶。

4. 力偶系的合成方法与平衡条件

（1）力偶系的合成

合力偶的矩矢 $\boldsymbol{M}$ 等于力偶系中各力偶矩矢 $\boldsymbol{M}_1$、$\boldsymbol{M}_2$、…、$\boldsymbol{M}_n$ 的矢量和，即

$$\boldsymbol{M}=\boldsymbol{M}_1+\boldsymbol{M}_2+\cdots+\boldsymbol{M}_n=\sum \boldsymbol{M}_i$$

将 $\boldsymbol{M}$ 分别沿轴 x、y、z 投影，有

$$M_x=\sum M_x,\quad M_y=\sum M_y,\quad M_z=\sum M_z$$

合力偶矩矢的大小和方向分别为

$$\begin{aligned}M&=\sqrt{M_x^2+M_y^2+M_z^2}\\&=\sqrt{(\sum M_x)^2+(\sum M_y)^2+(\sum M_z)^2}\end{aligned}$$

$$\cos(\boldsymbol{M},\boldsymbol{i})=\frac{\sum M_x}{M},\quad \cos(\boldsymbol{M},\boldsymbol{j})=\frac{\sum M_y}{M},\quad \cos(\boldsymbol{M},\boldsymbol{k})=\frac{\sum M_z}{M}$$

（2）力偶系的平衡条件

空间力偶系平衡的充要条件是，合力偶矩矢等于零，或者力偶系中各力偶矩矢的矢量和等于零，即

$$\boldsymbol{M}_1+\boldsymbol{M}_2+\cdots+\boldsymbol{M}_n=\sum \boldsymbol{M}_i=0$$

按照解析法，这个平衡条件可以写成投影方程的形式

$$\sum M_x=0,\quad \sum M_y=0,\quad \sum M_z=0$$

它表示各力偶矩矢在三个坐标轴中每一个轴上的投影的代数和都等于零。

平面力偶系平衡的充要条件是，各力偶矩的代数和等于零，即

$$M_1+M_2+\cdots+M_n=\sum M_i=0$$

习 题

2-1 结构的节点 O 上作用着 4 个共面力，各力的大小分别为 $F_1=150\ \text{N}$，$F_2=80\ \text{N}$，$F_3=140\ \text{N}$，$F_4=50\ \text{N}$，方向如题 2-1 图所示。试求各力在轴 x 和轴 y 上的投影，以及这 4 个力的合力。

2-2 如题 2-2 图所示平面图形中，在绳索 AC、BC 的节点 C 处作用有力 $\boldsymbol{F}_1$ 和 $\boldsymbol{F}_2$，BC 为水平方向，已知力 $F_2=534\ \text{N}$。试求欲使该两根绳索始终保持张紧，力 $\boldsymbol{F}_1$ 的取值范围。

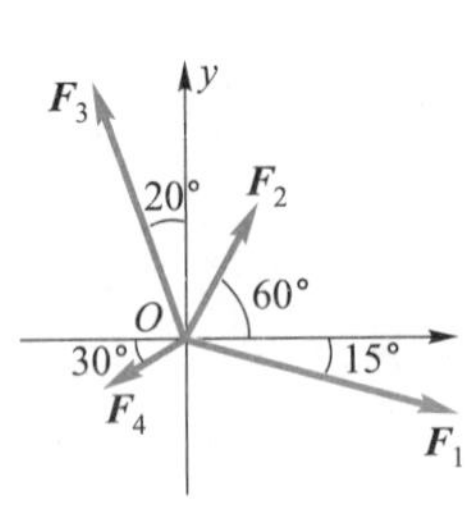

题 2-1 图

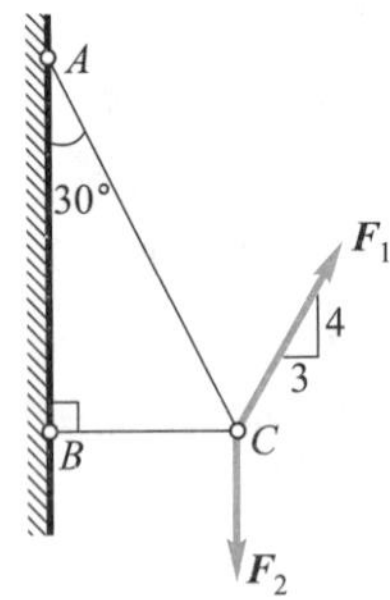

题 2-2 图

2-3 飞机沿与水平线成 θ 角的直线作匀速飞行，已知发动机的推力为 $\boldsymbol{F}_1$，飞机的重力为 $\boldsymbol{G}$。试求如题 2-3 图所示飞机的升力 $\boldsymbol{F}$ 和迎面阻力 $\boldsymbol{F}_\text{d}$ 的大小。

2-4 水平梁的 A 端为固定铰链支座，B 端为活动铰链支座，中点 C 受力 $F=20\ \text{kN}$ 的作用，方向如题 2-4 图所示。如果不计梁重，试求支座 A、B 对梁的约束力。

2-5 如题 2-5 图所示电动机重 $G=5\ \text{kN}$，放在水平梁 AB 的中点 C，梁的 A 端为固定铰链支座，另一端 B 用双铰撑杆 BD 支持。假设不计梁和杆的重量，试求撑杆 BD 和铰链 A 所受的力。

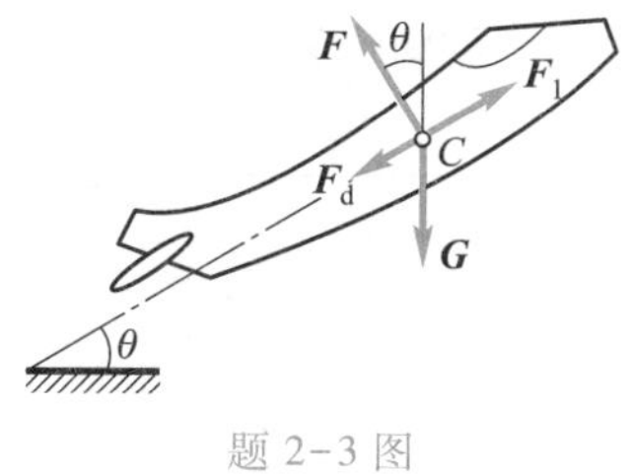

题 2-3 图

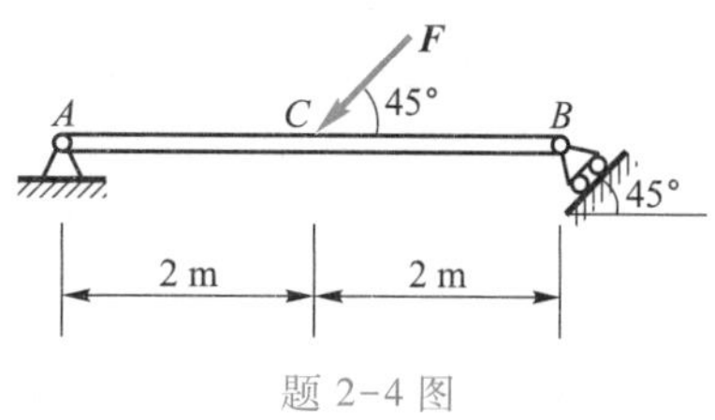

题 2-4 图

2-6 如题 2-6 图所示铅垂面内固定的铁环上套着一个重 G 的光滑小环 B，小环又用弹性线 AB 维持平衡。线的拉力大小 F 和线的伸长量 Δl 成正比，即 $F=k\Delta l$，其中 k 是比例常数。设线原长是 l_1，伸长后的长度是 l_2，试求平衡时的角 φ。

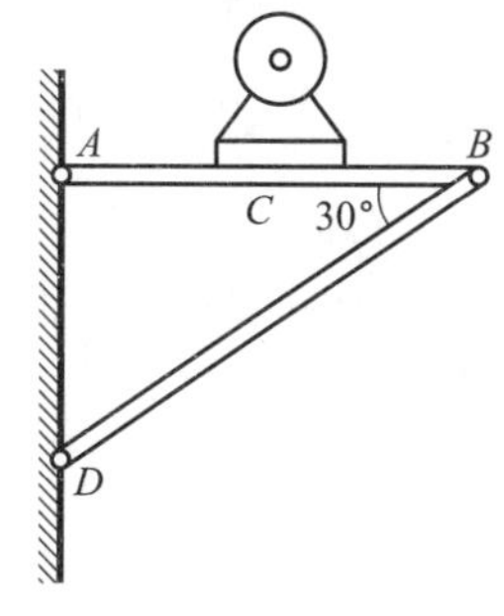

题 2-5 图

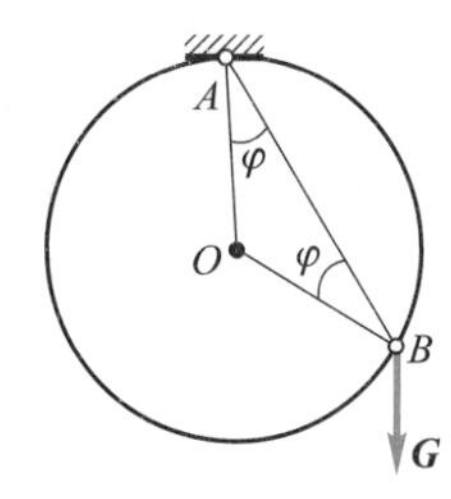

题 2-6 图

2-7 平面压榨机构如题 2-7 图所示，A 为固定铰链支座。当在铰链 B 处作用一个铅直力 $\boldsymbol{F}$ 时，可通过压块 D 挤压物体 E。如果 $F=300$ N，不计摩擦和构件重量，试求杆 AB 和 BC 所受的力及物体 E 所受的侧向压力。

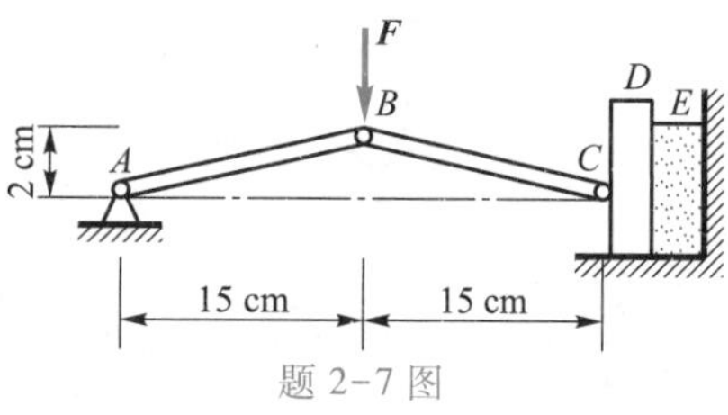

题 2-7 图

2-8 试求题 2-8 图中各力 $\boldsymbol{F}$ 对点 O 的矩。已知 $a=60$ cm，$b=20$ cm，$r=3$ cm，$F=400$ N。

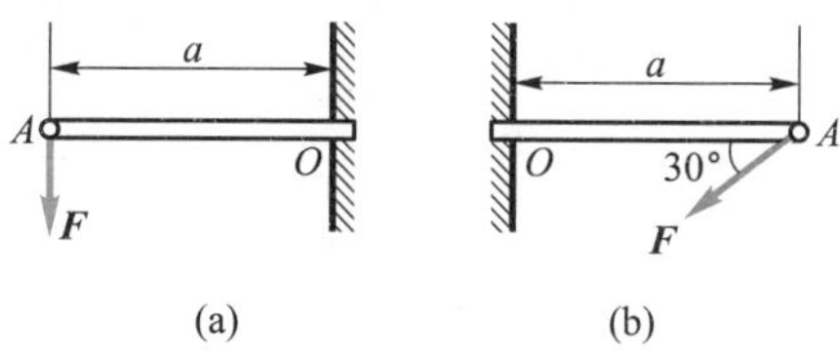

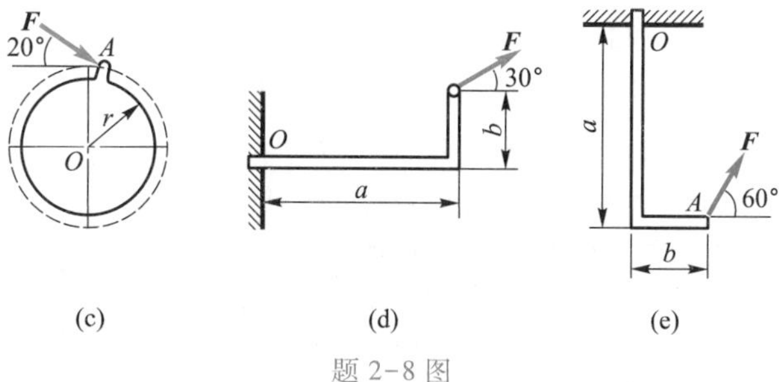

题 2-8 图

2-9 长方体的各边长和作用在该物体上各力的方向如题 2-9 图所示。各力大小分别为 $F_1=100$ N，$F_2=50$ N。$OA=4$ cm，$OB=5$ cm，$OC=3$ cm。试求 $\boldsymbol{F}_1$、$\boldsymbol{F}_2$ 分别对轴 x、y、z 的力矩。

2-10 为了把木桩从地中拔出，在题 2-10 图所示木桩的上端 A 系一绳索 AB，绳的另一端固定在点

B；然后在点 C 系另一绳索 CD，绳的另一端固定在点 D。如果体重 $G=700$ N 的人将身体压在 E 点，使绳索的 AC 段为铅直，CE 段为水平，夹角 $\theta=4°$，试求木桩所受的拉力。

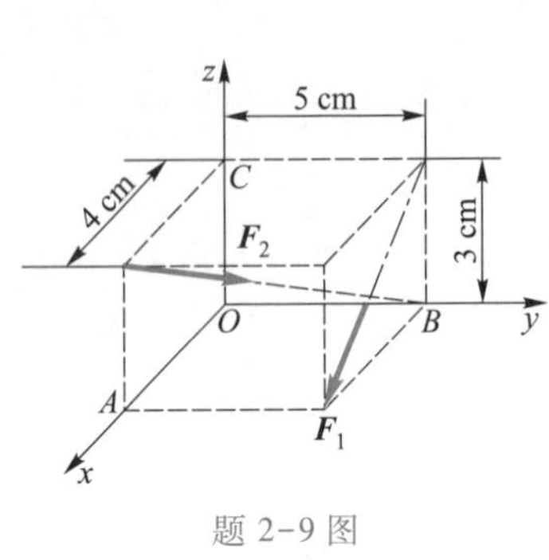

题 2-9 图

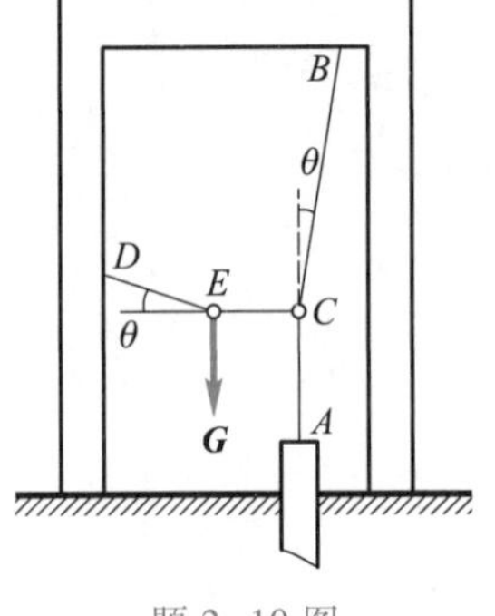

题 2-10 图

2-11 如题 2-11 图所示，在光滑斜面 OA 和 OB 间放置两个彼此接触的光滑匀质圆柱，圆柱 C_1 重 $G_1=50$ N，圆柱 C_2 重 $G_2=150$ N，各圆柱的重心位于图纸平面内。试求圆柱在图示位置平衡时，中心线 C_1C_2 与水平线的夹角 φ，并求圆柱对斜面的压力及圆柱间压力的大小。

2-12 如题 2-12 图所示，已知两力的大小和尺寸 a 及 b，梁重不计。试求外伸梁的支座约束力。

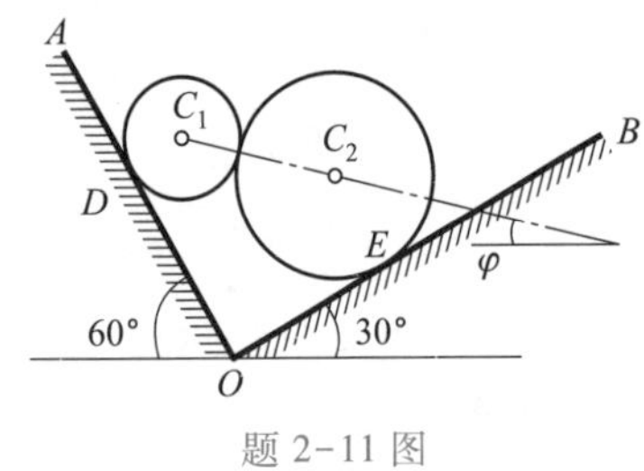

题 2-11 图

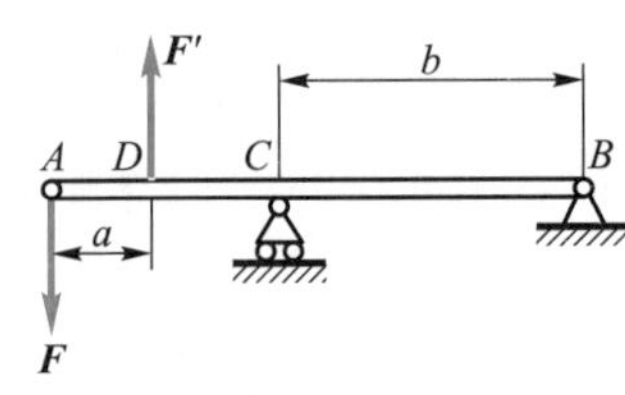

题 2-12 图

2-13 一力偶矩为 M 的力偶作用在直角曲杆 ADB 上。如果这曲杆用两种不同的方式支承，不计杆重，已知题 2-13 图中尺寸 a，试求每种支承情况下支座 A、B 对杆的约束力。

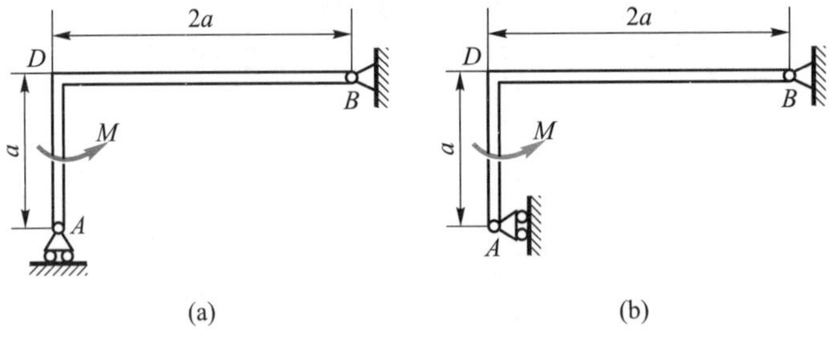

题 2-13 图

2-14 立方体的各边长和作用在该物体上各力的方向如题 2-14 图所示。各力的大小分别是 $F_1=100$ N，$F_2=50$ N。$OA=4$ cm，$OB=5$ cm，$OC=3$ cm。试求力 $\boldsymbol{F}_1$、$\boldsymbol{F}_2$ 分别在轴 x、y、z 上的投影。

2-15 如题 2-15 图所示直齿圆锥齿轮传动中，轮齿之间的作用力 $\boldsymbol{F}_n$ 是沿着齿轮的法线 AK 作用的。若已知分度圆锥角为 φ，压力角为 α，试求 $\boldsymbol{F}_n$ 沿轴向 CK 的分力 $\boldsymbol{F}_a$，沿径向 BK 的分力 $\boldsymbol{F}_r$ 和沿切向 DK 的分力 $\boldsymbol{F}_t$。

2-16 如题 2-16 图所示绳子 BC、BD 与支柱 AB 的上端 B 连接。连线 CD 在水平面内，E 是线段 CD 的中点，且 $BE=CE=ED$，平面 BCD

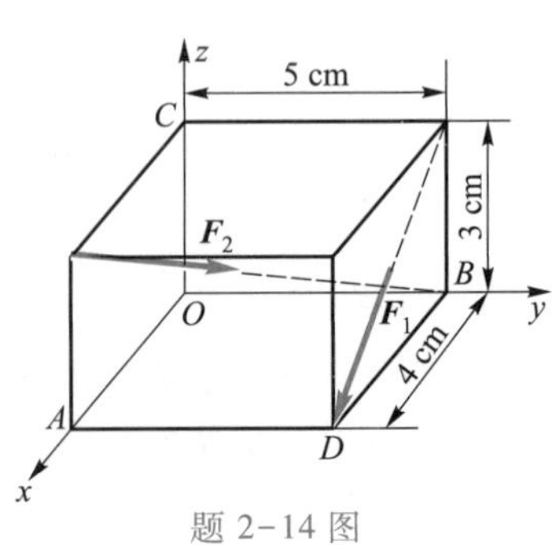

题 2-14 图

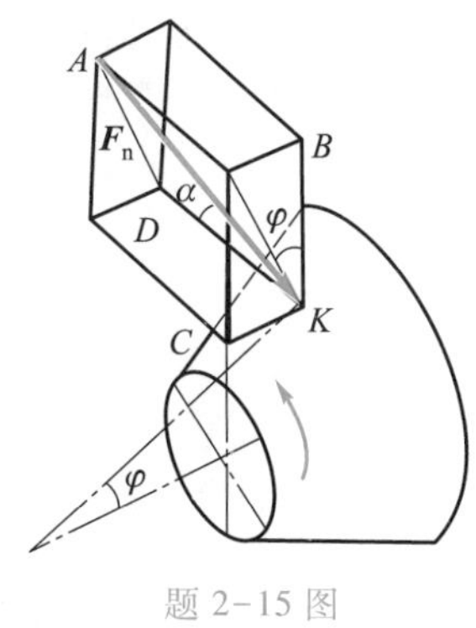

题 2-15 图

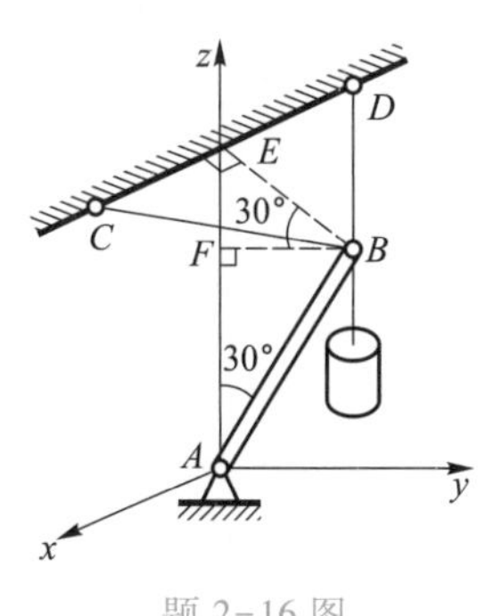

题 2-16 图

与水平面间的夹角 $\angle EBF=30°$，A 是球铰链。设重物的重量 $G=1\ \text{kN}$，不计支柱重量。试求支柱的压力和绳中的拉力。

2-17　如题 2-17 图所示为利用三脚架 $ABCD$ 和绞车 E 来提升重物的装置。三只等长的脚 AD、BD 和 CD 分别与水平面成 60°角；绳索 DE 与水平面成 40°角。绞车 E 匀速地提升重 $G=5\ \text{kN}$ 的重物。试求各脚所受的力。三脚架的自重不计。

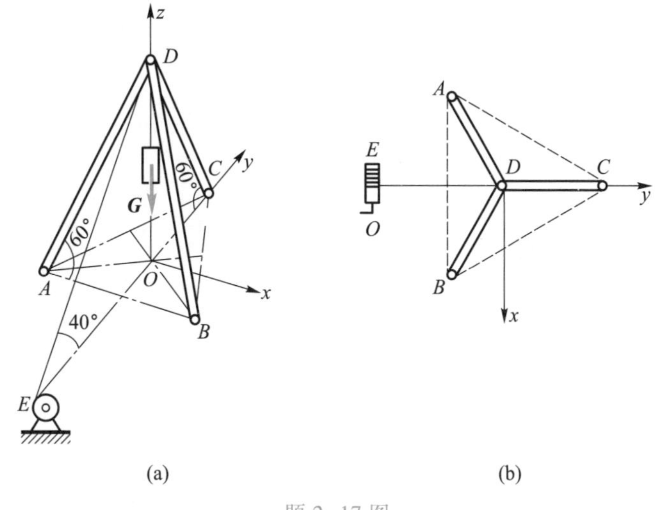

题 2-17 图

2-18　如题 2-18 图所示空间支架，由双铰刚杆 1、2、3、4、5、6 构成，铰 E、F、G、H 和 I 与地面固连。在节点 A 上作用一力 $\boldsymbol{F}$，此力在铅直对称面 $ABCD$ 内，并与铅直线成 $\theta=45°$ 角。已知距离 $AC=CE=CG=BD=DF=DI=DH$，又力 $F=5\ \text{kN}$。如果不计各杆重量，试求各杆的内力。

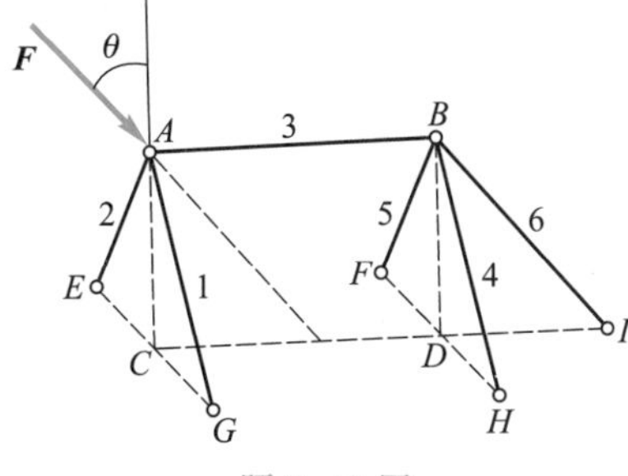

题 2-18 图

2-19 如题 2-19 图所示机构由 3 个圆盘 A、B、C 和轴组成。圆盘半径分别是 $r_A=15\ \text{cm}$，$r_B=10\ \text{cm}$，$r_C=5\ \text{cm}$。轴 OA、OB 和 OC 在同一平面内，且 $\angle BOA=90°$。在这 3 个圆盘的边缘上各自作用力偶 $(\boldsymbol{F}_1,\boldsymbol{F}_1')$、$(\boldsymbol{F}_2,\boldsymbol{F}_2')$ 和 $(\boldsymbol{F}_3,\boldsymbol{F}_3')$ 而使机构保持平衡，已知 $F_1=100\ \text{N}$，$F_2=200\ \text{N}$，不计自重。试求力 $\boldsymbol{F}_3$ 的大小和角 θ。

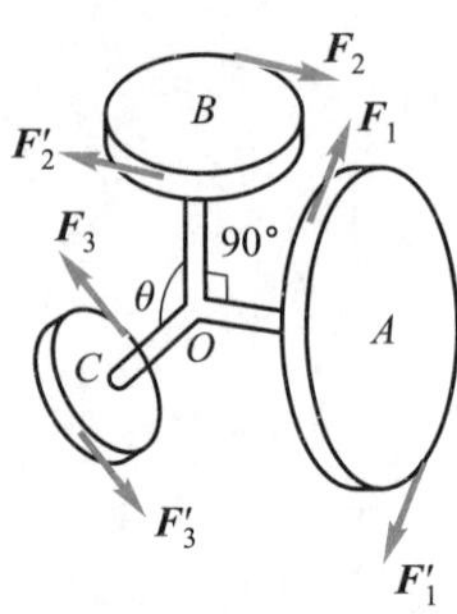

题 2-19 图

第3章 任意力系

3-1 任意力系的简化与合成

3-1-1 力线平移定理

任意力系都可通过力线平移定理简化为两个基本力系，即共点力系和力偶系。

力线平移定理(theorem of parallel transfer the line of action of a force)：将作用于刚体上的力 $\boldsymbol{F}$ 向某点 O 平移时，为不改变力 $\boldsymbol{F}$ 对刚体的作用效应，必须附加一个力偶，此附加力偶的矩矢等于原力对点 O 的矩矢。

证明：如图 3-1a 所示，在刚体上点 A 作用有力 $\boldsymbol{F}$，根据公理 2，在刚体上的点 O 可加上一对平衡力$(\boldsymbol{F}',\boldsymbol{F}'')$，并使得 $\boldsymbol{F}'=\boldsymbol{F}=-\boldsymbol{F}''$(图3-1b)。此时，力 $\boldsymbol{F}$、$\boldsymbol{F}''$组成一力偶，故原作用于点 A 的力 $\boldsymbol{F}$ 等效于作用于点 O 的力 $\boldsymbol{F}'$和附加力偶$(\boldsymbol{F},\boldsymbol{F}'')$，此附加力偶的矩矢 $\boldsymbol{M}=\boldsymbol{M}_O(\boldsymbol{F})$，$\boldsymbol{M}_O(\boldsymbol{F})$表示力 $\boldsymbol{F}$ 对新作用点 O 的矩矢(图 3-1c)。

静力学动画：空间力向点简化

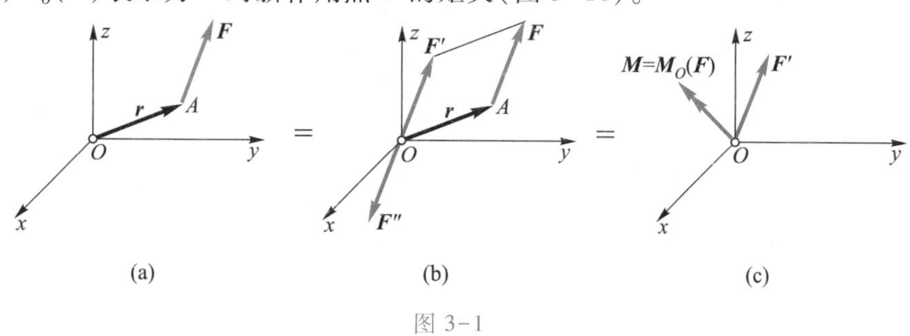

图 3-1

3-1-2 任意力系的简化·主矢和主矩

1. 空间任意力系的简化·主矢和主矩

根据力线平移定理，可将作用于点 A_1、A_2、…、A_n 的一个空间任意力系$(\boldsymbol{F}_1,\boldsymbol{F}_2,\cdots,\boldsymbol{F}_n)$(图 3-2a)中的各力向一点 O 平移，从而将原力系等效变换为一个作用于简化中心 O 的空间共点力系($\boldsymbol{F}'_1=\boldsymbol{F}_1,\boldsymbol{F}'_2=\boldsymbol{F}_2,\cdots,\boldsymbol{F}'_n=\boldsymbol{F}_n$)和一个由附加力偶组成的空间力偶系($\boldsymbol{M}_1=\boldsymbol{M}_O(\boldsymbol{F}_1),\boldsymbol{M}_2=\boldsymbol{M}_O(\boldsymbol{F}_2),\cdots,\boldsymbol{M}_n=\boldsymbol{M}_O(\boldsymbol{F}_n)$)(图 3-2b)。依据基本力系的合成方法，这个空间共点力系可合成为一个力 $\boldsymbol{F}'_R$，作用于简化中心 O，称为原力系的主矢(principal vector)；这个空间力偶系可合成为一个力偶，它的矩矢 $\boldsymbol{M}_O$ 称为原力系对简化中心 O 的主矩(principal moment)(图 3-2c)。

力系的主矢 $\boldsymbol{F}'_R$等于共点力系中各力的矢量和，即

$$\boldsymbol{F}'_R=\sum\boldsymbol{F}'_i=\sum\boldsymbol{F}_i$$

可见，空间任意力系的主矢等于力系中所有各力的矢量和。

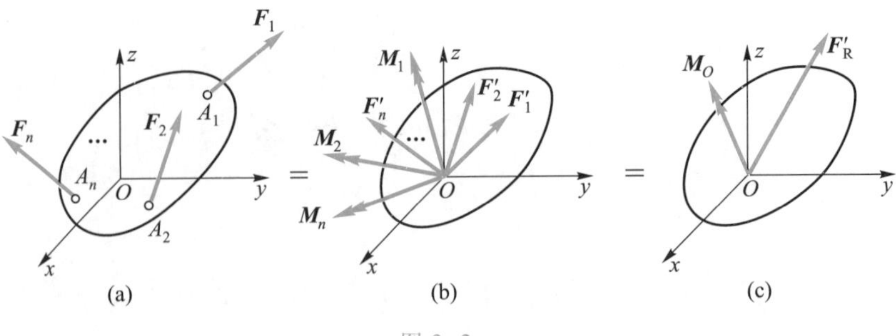

图 3-2

主矩 $\boldsymbol{M}_O$ 则等于所有附加力偶矩矢的矢量和

$$\boldsymbol{M}_O=\sum \boldsymbol{M}_O(\boldsymbol{F}_i)$$

即空间任意力系对简化中心 O 的主矩,等于力系中所有各力对该简化中心的矩的矢量和。

有结论:空间任意力系向点 O 简化的结果,是一个力和一个力偶,这个力作用于简化中心 O,它的力矢等于原力系中所有各力的矢量和,称为原力系的主矢;这个力偶的矩矢等于原力系中各力对简化中心 O 的矩矢的矢量和,称为原力系对简化中心 O 的主矩。

用 F_x、F_y、F_z 分别代表力 $\boldsymbol{F}_i$ 在空间直角坐标系的轴 x、y、z 上的投影,则主矢 $\boldsymbol{F}'_{\mathrm{R}}$在轴 x、y、z 上的投影可分别表示为

$$F'_{\mathrm{R}x}=\sum F_x,\quad F'_{\mathrm{R}y}=\sum F_y,\quad F'_{\mathrm{R}z}=\sum F_z \tag{3-1}$$

根据这些投影,可以确定主矢 $\boldsymbol{F}'_{\mathrm{R}}$的大小和方向

$$\begin{aligned}F'_{\mathrm{R}}&=\sqrt{F'^2_{\mathrm{R}x}+F'^2_{\mathrm{R}y}+F'^2_{\mathrm{R}z}}\\&=\sqrt{\left(\sum F_x\right)^2+\left(\sum F_y\right)^2+\left(\sum F_z\right)^2}\end{aligned} \tag{3-2}$$

$$\cos(\boldsymbol{F}'_{\mathrm{R}},\boldsymbol{i})=\frac{F'_{\mathrm{R}x}}{F'_{\mathrm{R}}},\quad \cos(\boldsymbol{F}'_{\mathrm{R}},\boldsymbol{j})=\frac{F'_{\mathrm{R}y}}{F'_{\mathrm{R}}},\quad \cos(\boldsymbol{F}'_{\mathrm{R}},\boldsymbol{k})=\frac{F'_{\mathrm{R}z}}{F'_{\mathrm{R}}} \tag{3-3}$$

又若主矩在空间直角坐标系的轴 x、y、z 上的投影分别为

$$\left.\begin{aligned}M_{Ox}&=\sum M_x(\boldsymbol{F})\\M_{Oy}&=\sum M_y(\boldsymbol{F})\\M_{Oz}&=\sum M_z(\boldsymbol{F})\end{aligned}\right\} \tag{3-4}$$

则可根据这些投影,确定主矩 $\boldsymbol{M}_O$ 的大小和方向,即

$$\begin{aligned}M_O&=\sqrt{M^2_{Ox}+M^2_{Oy}+M^2_{Oz}}\\&=\sqrt{\left[\sum(yF_z-zF_y)\right]^2+\left[\sum(zF_x-xF_z)\right]^2+\left[\sum(xF_y-yF_x)\right]^2}\end{aligned} \tag{3-5}$$

$$\begin{cases}\cos(\boldsymbol{M}_O,\boldsymbol{i})=\dfrac{M_{Ox}}{M_O}=\dfrac{\sum(yF_z-zF_y)}{M_O}\\[2ex]\cos(\boldsymbol{M}_O,\boldsymbol{j})=\dfrac{M_{Oy}}{M_O}=\dfrac{\sum(zF_x-xF_z)}{M_O}\\[2ex]\cos(\boldsymbol{M}_O,\boldsymbol{k})=\dfrac{M_{Oz}}{M_O}=\dfrac{\sum(xF_y-yF_x)}{M_O}\end{cases}$$

因为简化中心 O 的位置不同,各附加力偶矩矢将会发生改变,所以,空间任意力系的主矢 $\boldsymbol{F}'_{\mathrm{R}}$与简化中心的位置无关,而主矩 $\boldsymbol{M}_O$ 则一般与简化中心 O 的位置有关。因此,当

提到力系的主矩时，必须标明简化中心。

静力学动画：卡盘

2. 平面任意力系的简化・主矢和主矩

对于平面任意力系的简化，注意到在平面问题中可以将力偶矩定义为代数量，可参考空间任意力系的简化过程进行，得到以下结论：

静力学动画：机翼

平面任意力系向作用面内任一点 O 简化的结果，是一个力和一个力偶，这个力作用在简化中心 O，它的力矢等于原力系中各力的矢量和，并称为原力系的主矢；这个力偶的矩等于各附加力偶矩的代数和，称为原力系对简化中心 O 的主矩，并在数值上等于原力系中各力对简化中心 O 的力矩的代数和。

平面任意力系的主矢和主矩的计算也可参照空间任意力系主矢和主矩的计算进行。

3. 固定端约束与约束力

如果约束既限制了被约束物体的移动（平面问题为两个方向；空间问题为三个方向），又限制了被约束物体的转动，这种约束称为固定端约束（fixed end constraint）或插入端约束（图 3-3a）。固定端约束在土木建筑及机械工程中被广为采用，如机床上卡盘对工件的约束，飞机机身对机翼的约束等。

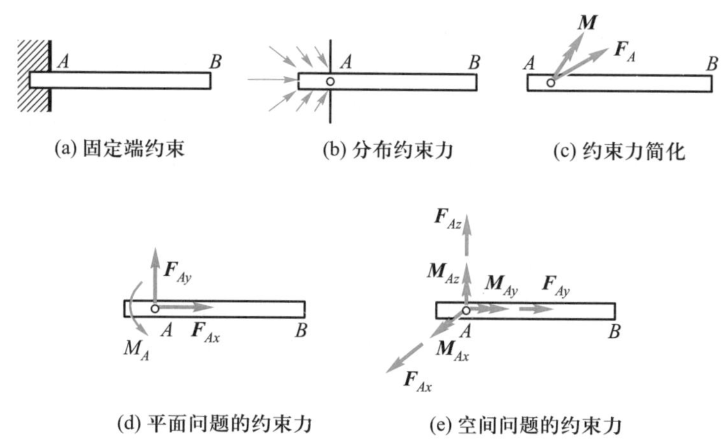

(a) 固定端约束　(b) 分布约束力　(c) 约束力简化

(d) 平面问题的约束力　(e) 空间问题的约束力

图 3-3

静力学动画：固定端受力简化

固定端约束的约束力在多数情形下呈现为复杂的分布力系（图 3-3b），为分析计算的方便，应用力系简化理论，可将固定端的约束力简化为作用在约束处的一个约束力和一个约束力偶（图 3-3c）。在平面问题中，可用约束力的两个分量和一个约束力偶表示（图 3-3d）；在空间问题中，用约束力的三个分量和约束力偶矩矢的三个分量表示（图 3-3e）。

3-1-3　任意力系的合成结果

任意力系向某一点 O 进行简化，一般得到一个主矢 $\boldsymbol{F}'_{\mathrm{R}}$ 和一个主矩 $\boldsymbol{M}_O$，在很多情形下，这并不是力系的最简单的等效形式，而力系简化的最后结果，通常称为力系的合成结果。对于空间任意力系，只要 $\boldsymbol{F}'_{\mathrm{R}}$ 和 $\boldsymbol{M}_O$ 不都等于零，则力系的合成结果可归结为三种情形。

（1）合成为合力偶

$\boldsymbol{F}'_{\mathrm{R}}=0$ 而 $\boldsymbol{M}_O\neq 0$，这表示原力系合成为一个矩为 $\boldsymbol{M}_O$ 的合力偶。因力偶对任一点的矩均等于力偶矩矢，故这种情况下力系的主矩不再随简化中心的位置而改变。

（2）合成为合力

① $\boldsymbol{F}'_{\mathrm{R}} \neq 0$，而 $\boldsymbol{M}_O=0$。这表示原力系合成为一个作用于简化中心 O 的合力 $\boldsymbol{F}_{\mathrm{R}}$，且 $\boldsymbol{F}_{\mathrm{R}}=\boldsymbol{F}'_{\mathrm{R}}$。

② $\boldsymbol{F}'_{\mathrm{R}} \neq 0$，而 $\boldsymbol{M}_O \neq 0$，且 $\boldsymbol{F}'_{\mathrm{R}} \perp \boldsymbol{M}_O$（图 3-4a）。把矩矢为 $\boldsymbol{M}_O$ 的力偶用（$\boldsymbol{F}_{\mathrm{R}}$，$\boldsymbol{F}''_{\mathrm{R}}$）表示（图 3-4b），其中 $\boldsymbol{F}_{\mathrm{R}}=-\boldsymbol{F}''_{\mathrm{R}}=\boldsymbol{F}'_{\mathrm{R}}$，则原力系简化成平面力系，它显然可以合成为作用线通过点 A 的合力 $\boldsymbol{F}_{\mathrm{R}}$，图 3-4c 中的$d=\dfrac{M_O}{F'_{\mathrm{R}}}$。

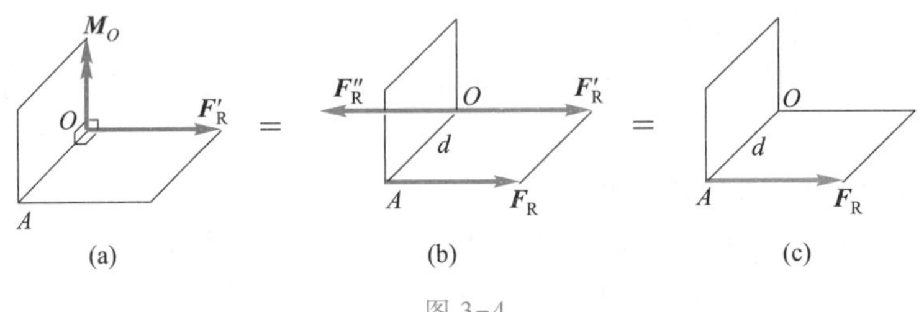

图 3-4

（3）合成为力螺旋

静力学动画：
力螺旋

① $\boldsymbol{F}'_{\mathrm{R}} \neq 0$，$\boldsymbol{M}_O \neq 0$，且 $\boldsymbol{F}'_{\mathrm{R}} /\!/ \boldsymbol{M}_O$。这时，力系合成为一个力（作用于简化中心）和一个力偶，且这个力垂直于这个力偶的作用面。这样的一个力和一个力偶的组合称为力螺旋（wrench of force system）。如果这个力和力偶矩矢的指向相同，称为右力螺旋（图 3-5a），反之，称为左力螺旋（图3-5b）。当用螺丝刀拧紧螺钉时，一面用力压螺钉，一面扭转螺丝刀，这时在螺丝刀上作用了力螺旋。

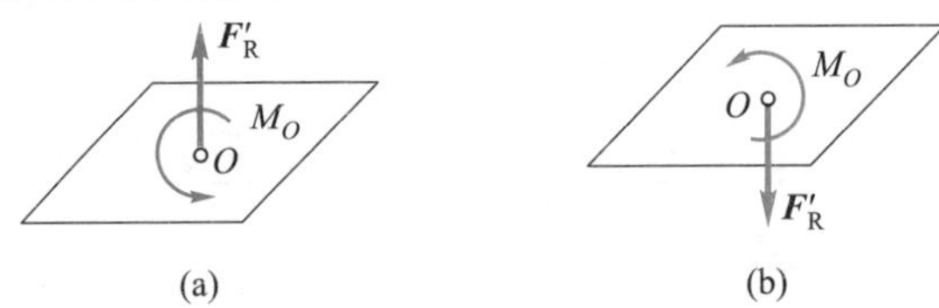

图 3-5

② $\boldsymbol{F}'_{\mathrm{R}} \neq 0$，$\boldsymbol{M}_O \neq 0$，且两者既不相互平行，又不相互垂直（图 3-6a）。这时，可以把力偶矩矢 $\boldsymbol{M}_O$ 所对应的力偶分解成两个力偶。设两者的力偶矩矢分别是 $\boldsymbol{M}_{O1}$ 和 $\boldsymbol{M}_{O2}$，且 $\boldsymbol{M}_{O1}$ 平行于力矢 $\boldsymbol{F}'_{\mathrm{R}}$，而 $\boldsymbol{M}_{O2}$ 则垂直于 $\boldsymbol{F}'_{\mathrm{R}}$。现在，原力系等效于由作用在点 O 的力 $\boldsymbol{F}'_{\mathrm{R}}$ 和这两个力偶组成的力系。作用于点 O 的力 $\boldsymbol{F}'_{\mathrm{R}}$ 和矩矢为 $\boldsymbol{M}_{O2}$ 的力偶可以合成为一个作用在某点 A 的力 $\boldsymbol{F}''_{\mathrm{R}}$（图 3-6b）。最后，这个力 $\boldsymbol{F}''_{\mathrm{R}}$ 和矩矢为 $\boldsymbol{M}_{O1}$ 的力偶一起，组成力螺旋（图 3-6c）。可见，在此情形下空间任意力系也合成为力螺旋。

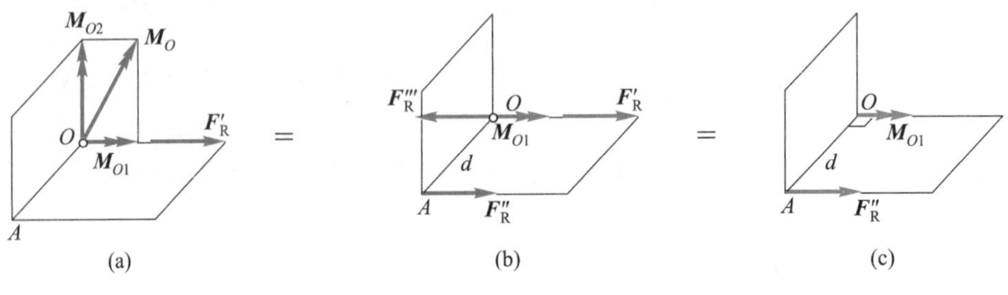

图 3-6

归纳本节所述，可得如下结论：只要主矢和主矩不同时等于零，则空间任意力系的最后合成结果可能有三种情形：

(1) 一个力偶($F'_R=0,M_O\neq 0$)；

(2) 一个力($F'_R\neq 0$，而 M_O 或等于零或垂直于 F'_R)；

(3) 一个力螺旋($F'_R\neq 0,M_O\neq 0$，且两者不相互垂直)。

对于平面任意力系，因所有力作用于同一平面内，故合成结果不可能是力螺旋。因此，只要不平衡，则平面任意力系或将合成为一个力偶，或将合成为一个力。

3-1-4　合力矩定理

依据任意力系的简化和合成，可以得到对点的合力矩定理：若力系存在合力，则合力对任一点的矩，等于力系中各分力对同一点的矩的矢量和，即

$$\boldsymbol{M}_O(\boldsymbol{F}_R)=\sum \boldsymbol{M}_O(\boldsymbol{F}) \tag{3-6}$$

由力矩关系定理，也可以得到对轴的合力矩定理：若力系存在合力，则合力对任一轴的矩，等于力系中各分力对同一轴的矩的代数和，即

$$\left.\begin{aligned} M_x(\boldsymbol{F}_R)&=\sum M_x(\boldsymbol{F})\\ M_y(\boldsymbol{F}_R)&=\sum M_y(\boldsymbol{F})\\ M_z(\boldsymbol{F}_R)&=\sum M_z(\boldsymbol{F})\end{aligned}\right\} \tag{3-7}$$

例题 3-1　在长方形平板的点 O、A、B、C 上分别作用有四个力：$F_1=1\ \text{kN}$，$F_2=2\ \text{kN}$，$F_3=F_4=3\ \text{kN}$(图 3-7a)。试求以上四个力构成的力系对点 O 的简化结果，以及该力系的最后合成结果。

解：取坐标系 Oxy 如图 3-7a 所示。此力系向点 O 简化后，可求得主矢 $\boldsymbol{F}'_R$ 和主矩 $\boldsymbol{M}_O$ 如下。

主矢 $\boldsymbol{F}'_R$ 在轴 x 和 y 上的投影分别是

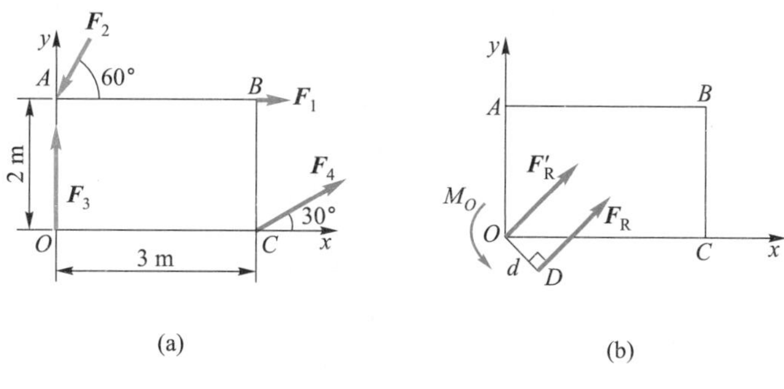

图 3-7

$$\left.\begin{aligned} F'_{Rx}&=\sum F_x=-F_2\cos 60°+F_1+F_4\cos 30°=2.598\ \text{kN}\\ F'_{Ry}&=\sum F_y=F_3-F_2\sin 60°+F_4\sin 30°=2.768\ \text{kN}\end{aligned}\right\} \tag{a}$$

主矢 $\boldsymbol{F}'_R$ 的大小

$$F'_R=\sqrt{(\sum F_x)^2+(\sum F_y)^2}=3.796\ \text{kN} \tag{b}$$

主矢 $\boldsymbol{F}'_R$ 的方向可由方向余弦确定

$$\left.\begin{aligned}\cos(\boldsymbol{F}'_{\mathrm{R}},\boldsymbol{i})&=\frac{\sum F_x}{F'_{\mathrm{R}}}=0.684\\ \cos(\boldsymbol{F}'_{\mathrm{R}},\boldsymbol{j})&=\frac{\sum F_y}{F'_{\mathrm{R}}}=0.729\end{aligned}\right.\tag{c}$$

故得$\angle(\boldsymbol{F}'_{\mathrm{R}},\boldsymbol{i})=46°50'$，$\angle(\boldsymbol{F}'_{\mathrm{R}},\boldsymbol{j})=43°10'$。

主矩大小为

$$\begin{aligned}M_O&=\sum M_O(\boldsymbol{F})=2\mathrm{m}\times F_2\cos 60°-2\mathrm{m}\times F_1+3\mathrm{m}\times F_4\sin 30°\\&=4.5\ \mathrm{kN\cdot m}(\text{逆时针方向})\end{aligned}\tag{d}$$

可见，此力系向点 O 的简化结果是作用在点 O 的一个力（其大小和方向与主矢 $\boldsymbol{F}'_{\mathrm{R}}$相同），以及矩为 M_O 的一个力偶。

由于主矢、主矩都不等于零，该力系的最后合成结果是一个合力 $\boldsymbol{F}_{\mathrm{R}}$。合力 $\boldsymbol{F}_{\mathrm{R}}$ 的大小和方向与主矢 $\boldsymbol{F}'_{\mathrm{R}}$相同，其作用线与点 O 的垂直距离为

$$d=\frac{M_O}{F'_{\mathrm{R}}}=1.19\ \mathrm{m}$$

且由 M_O 的转向可知，点 D 位于点 O 右下方（图 3-7b）。

3-2 任意力系的平衡条件和平衡方程

利用上节结论可知任意力系平衡的充要条件为

$$\boldsymbol{F}'_{\mathrm{R}}=0,\quad \boldsymbol{M}_O=0\tag{3-8}$$

这表明：任意力系平衡的充要条件是，力系的主矢和力系对任意点的主矩同时等于零。

1. 空间任意力系的平衡方程

根据空间任意力系简化为主矢、主矩的计算方法，由式（3-8）得到空间任意力系的平衡方程

$$\left.\begin{aligned}\sum F_x&=0\\ \sum F_y&=0\\ \sum F_z&=0\\ \sum M_x(\boldsymbol{F})&=0\\ \sum M_y(\boldsymbol{F})&=0\\ \sum M_z(\boldsymbol{F})&=0\end{aligned}\right\}\tag{3-9}$$

式（3-9）表明，力系中所有力在直角坐标系中各轴上投影的代数和分别等于零；力系中所有力对各坐标轴之矩的代数和也分别等于零。以上六个独立的平衡方程可以确定六个未知量。

由方程组（3-9）可以直接得出空间平行力系的平衡方程。

空间平行力系的平衡方程 取坐标轴 z 与空间平行力系中所有各力的作用线平行。于是这些力在轴 x、y 上的投影都等于零，各力对轴 z 的矩也等于零。可见，此时方程组（3-9）中的$\sum F_x=0$，$\sum F_y=0$，$\sum M_z(\boldsymbol{F})=0$ 都成为恒等式。

这样,空间平行力系的平衡方程只有如下三个:

$$\sum F_z=0,\quad \sum M_x(\boldsymbol{F})=0,\quad \sum M_y(\boldsymbol{F})=0 \tag{3-10}$$

即空间平行力系平衡的充要条件是,力系中所有各力在与之平行的轴上的投影的代数和等于零,且这些力对于任意两条与之垂直轴的矩的代数和也分别等于零。

2. 平面任意力系的平衡方程

取力系的作用面为坐标平面 Oxy,则力系中所有各力在轴 z 上的投影都等于零,这些力对作用面内的轴 x、y 的矩也都等于零。这样,方程组(3-9)中的 $\sum F_z=0$, $\sum M_x(\boldsymbol{F})=0$, $\sum M_y(\boldsymbol{F})=0$ 变为恒等式,因而平面任意力系的平衡方程也只有三个:

$$\sum F_x=0,\quad \sum F_y=0,\quad \sum M_z(\boldsymbol{F})=0 \tag{3-11}$$

因为力对与作用面垂直的某轴的矩,其代数值等于这个力对于该轴与作用面交点 O 的矩,所以上列方程组中的最后一式也可以写成

$$\sum M_O(\boldsymbol{F})=0$$

可得结论:力系中各力在作用面内两个坐标轴上的投影的代数和分别等于零,这些力对坐标原点的矩的代数和也等于零,即

$$\sum F_x=0,\quad \sum F_y=0,\quad \sum M_O(\boldsymbol{F})=0 \tag{3-12}$$

方程式(3-12)称为平面任意力系的平衡方程。这三个独立的平衡方程可以确定三个未知量。

(1) 平面任意力系平衡方程的其他形式

平面任意力系平衡方程可以有不同的形式。

设已知力系对点 A 的主矩 $M_A=\sum M_A(\boldsymbol{F})=0$。这表示该力系已不可能合成为力偶,但尚有可能合成为一个力 $\boldsymbol{F}_{\mathrm{R}}$,其作用线通过点 A。如果这个力 $F_{\mathrm{R}}=0$,该力系就平衡。

设该力系还满足条件 $M_B=\sum M_B(\boldsymbol{F})=0$。同理,可以确定,如果力系有合力 $\boldsymbol{F}_{\mathrm{R}}$,则这个力必定也通过点 B。

为了最后肯定力系确实平衡,需要第三个条件来保证 $F_{\mathrm{R}}=0$。设轴 y 不与 AB 垂直,则由合力投影定理可知,方程 $\sum F_y=0$ 肯定了这一事实,因而

$$\left.\begin{array}{c}\sum F_y=0,\quad \sum M_A(\boldsymbol{F})=0,\quad \sum M_B(\boldsymbol{F})=0\\ \text{且 } AB \text{ 不和 } y \text{ 轴垂直}\end{array}\right\} \tag{3-13}$$

这也是平面任意力系平衡的充要条件的表达形式。

第三个条件也可改用力矩方程。设点 C 不在直线 AB 上,则方程 $\sum M_C(\boldsymbol{F})=0$ 满足了这个要求。因为它表示,力系如果有合力,则这个合力势必还要通过不在 AB 上的一点 C,显然这是不可能的,故合力必须等于零。可见,方程组

$$\left.\begin{array}{c}\sum M_A(\boldsymbol{F})=0,\quad \sum M_B(\boldsymbol{F})=0,\quad \sum M_C(\boldsymbol{F})=0\\ A、B、C \text{ 三点不共线}\end{array}\right\} \tag{3-14}$$

这是平面任意力系平衡的充要条件的又一种表达形式。

(2) 平面平行力系的平衡方程

平面任意力系的平衡方程式(3-12)、式(3-13)、式(3-14)也适用于平面内的特殊力系,如共点力系、平行力系,但这时独立平衡方程的数目将减少。对于平面平行力系,平衡方程可写成

$$\sum F_i=0,\quad \sum M_O(\boldsymbol{F})=0 \tag{3-15}$$

即平面平行力系平衡的充要条件是，力系中各力的代数和等于零，这些力对任一点的矩的代数和也等于零。或对应于式(3-13)有

$$\left.\begin{array}{c}\sum M_A(\boldsymbol{F})=0,\quad \sum M_B(\boldsymbol{F})=0\\ \text{且}A\text{、}B\text{的连线不平行于力系中各力}\end{array}\right\}\tag{3-16}$$

例题 3-2　伸臂式起重机如图 3-8a 所示，均质伸臂 AB 重 $G=2\,200$ N，吊车 D、E 连同吊起重物各重 $G_D=G_E=4\,000$ N。有关尺寸：$l=4.3$ m，$a=1.5$ m，$b=0.9$ m，$c=0.15$ m，$\alpha=25°$。试求铰链 A 对臂 AB 的水平和垂直约束力，以及拉索 BF 的拉力。

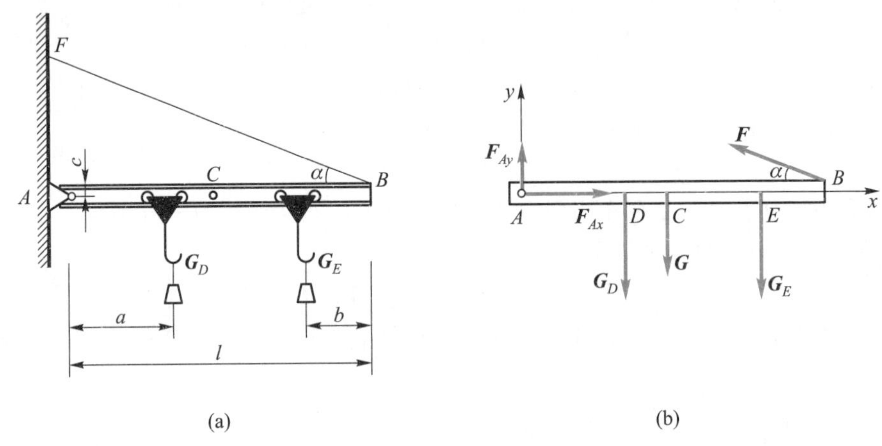

图 3-8

解：取伸臂 AB 为研究对象，受力分析如图 3-8b 所示。选如图所示坐标系，列平衡方程，有

$$\sum F_x=0,\quad F_{Ax}-F\cos\alpha=0\tag{a}$$

$$\sum F_y=0,\quad F_{Ay}-G_D-G-G_E+F\sin\alpha=0\tag{b}$$

$$\sum M_A(\boldsymbol{F})=0,\quad -G_D\times a-G\times\frac{l}{2}-G_E\times(l-b)+F\cos\alpha\times c+F\sin\alpha\times l=0\tag{c}$$

联立求解，得到

$$F=12\,456\text{ N},\quad F_{Ax}=11\,290\text{ N},\quad F_{Ay}=4\,936\text{ N}$$

例题 3-3　梁 AB 上受到一个均布荷载和一个力偶作用(图 3-9a)，已知荷载集度(即梁的每单位长度上所受的力)$q=100$ N/m，力偶矩大小 $M=500$ N · m。长度 $AB=3$ m，$DB=1$ m。试求活动铰支座 D 和固定铰支座 A 的约束力。

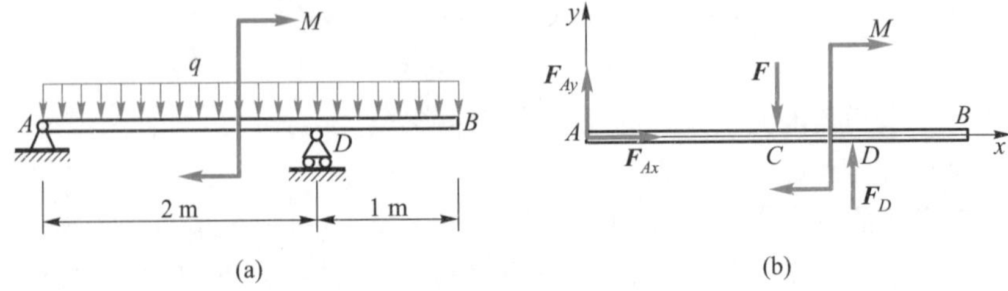

图 3-9

解：取梁 AB 为研究对象，受力分析如图 3-9b 所示。在求约束力时，可把作用在梁上

的均布荷载合成为一个合力，其大小 $F=q\times AB=100\ \text{N/m}\times 3\ \text{m}=300\ \text{N}$，方向与均布荷载相同，并作用在 AB 的中点 C。选如图所示坐标系，列平衡方程，有

$$\sum F_x=0,\quad F_{Ax}=0 \tag{a}$$

$$\sum F_y=0,\quad F_{Ay}-F+F_D=0 \tag{b}$$

$$\sum M_A(\boldsymbol{F})=0,\quad -F\times\frac{AB}{2}+F_D\times 2\ \text{m}-M=0 \tag{c}$$

联立求解，得到

$$F_D=475\ \text{N},\quad F_{Ax}=0,\quad F_{Ay}=-175\ \text{N}$$

例题 3-4 一种车载式起重机，车重 $G_1=26\ \text{kN}$，起重机伸臂重 $G_2=4.5\ \text{kN}$，起重机的旋转与固定部分共重 $G_3=31\ \text{kN}$。尺寸如图 3-10a 所示。设伸臂在起重机对称面内，且位于图示位置。试求车不致翻倒的最大起吊重量 $G_{\max}$。

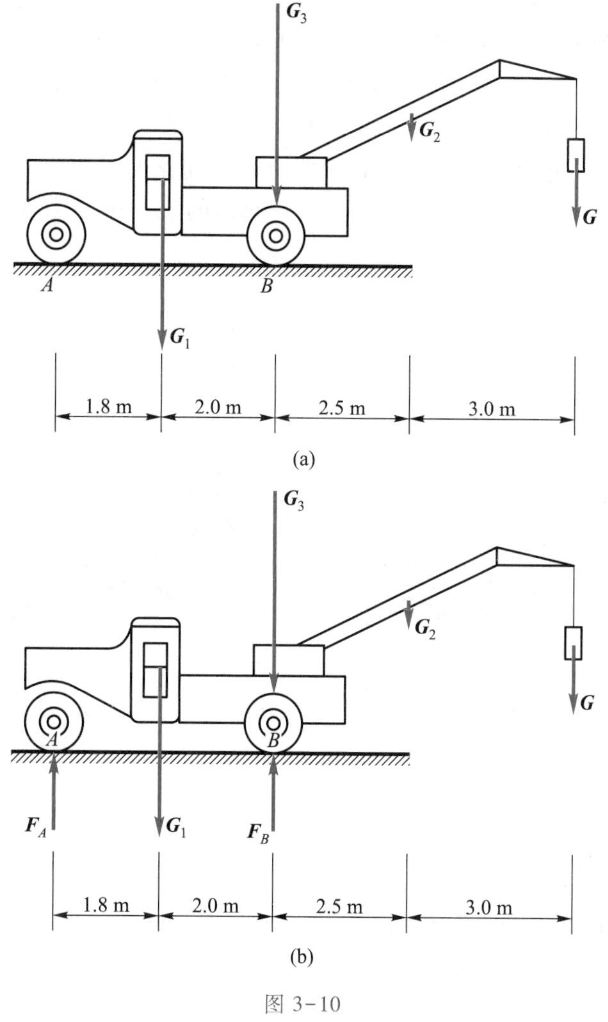

图 3-10

解：取车及起重机为研究对象，受力分析如图 3-10b 所示。当车未翻倒时，它在各部分重力 $\boldsymbol{G}_1$、$\boldsymbol{G}_2$、$\boldsymbol{G}_3$ 和吊起重物的重力 $\boldsymbol{G}$，以及地面上的铅直约束力 $\boldsymbol{F}_A$、$\boldsymbol{F}_B$ 作用下平衡，这些力组成平面平行力系。列平衡方程，有

$$\sum F=0,\quad F_A+F_B-G-G_1-G_2-G_3=0 \tag{a}$$

$$\sum M_B(\boldsymbol{F})=0,\quad -G\times(2.5\ \text{m}+3.0\ \text{m})-G_2\times2.5\ \text{m}+G_1\times2.0\ \text{m}-F_A\times(1.8\ \text{m}+2.0\ \text{m})=0 \tag{b}$$

由式(b)可解得

$$F_A=\frac{1}{3.8}\times(2G_1-2.5G_2-5.5G) \tag{c}$$

车开始翻倒的特征是前轮脱离地面,此时 $F_A=0$。由于不翻倒的条件是:$F_A\geqslant0$,所以由式(c)可得

$$G\leqslant\frac{1}{5.5}\times(2G_1-2.5G_2)=7.41\ \text{kN}$$

故车不致翻倒的最大起吊重量为 $G_{\max}=7.41\ \text{kN}$。

例题 3-5 镗刀杆的刀头在镗削工件时受到切向力 $\boldsymbol{F}_z$、径向力 $\boldsymbol{F}_y$ 和轴向力 $\boldsymbol{F}_x$ 的作用(图 3-11a)。各力的大小 $F_z=5\ 000\ \text{N}$,$F_y=1\ 500\ \text{N}$,$F_x=750\ \text{N}$,而刀尖 B 的坐标 $x=200\ \text{mm}$,$y=75\ \text{mm}$,$z=0$。如果不计刀杆的重量,试求刀杆根部 A 的约束力。

解:取镗刀杆为研究对象,受力分析如图 3-11b 所示。刀杆根部是固定端,约束力是任意分布的空间力系,通常用这个力系向根部的点 A 简化的结果表示。一般情况下表示为作用在点 A 的三个正交分力和作用在不同平面内的三个正交力偶。选如图所示坐标系,列平衡方程,有

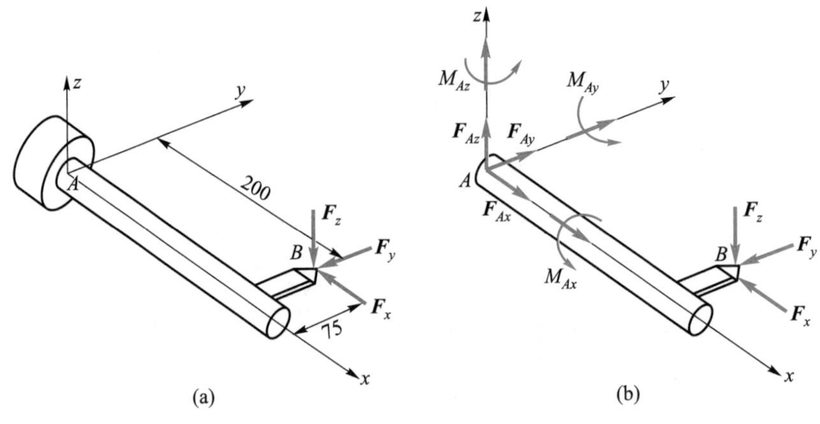

图 3-11

$$\sum F_x=0,\quad F_{Ax}-F_x=0 \tag{a}$$

$$\sum F_y=0,\quad F_{Ay}-F_y=0 \tag{b}$$

$$\sum F_z=0,\quad F_{Az}-F_z=0 \tag{c}$$

$$\sum M_x(\boldsymbol{F})=0,\quad M_{Ax}-0.075\ \text{m}\times F_z=0 \tag{d}$$

$$\sum M_y(\boldsymbol{F})=0,\quad M_{Ay}+0.2\ \text{m}\times F_z=0 \tag{e}$$

$$\sum M_z(\boldsymbol{F})=0,\quad M_{Az}+0.075\ \text{m}\times F_x-0.2\ \text{m}\times F_y=0 \tag{f}$$

联立求解,得到

$$F_{Ax}=750\ \text{N},\quad F_{Ay}=1\ 500\ \text{N},\quad F_{Az}=5\ 000\ \text{N}$$

$$M_{Ax}=375\ \text{N}\cdot\text{m},\quad M_{Ay}=-1\ 000\ \text{N}\cdot\text{m},\quad M_{Az}=243.8\ \text{N}\cdot\text{m}$$

3-3 平行力系中心·重心

3-3-1 平行力系中心

设刚体上作用有平行力系($\boldsymbol{F}_1,\boldsymbol{F}_2,\cdots,\boldsymbol{F}_n$),力系有合力 $\boldsymbol{F}=\sum\boldsymbol{F}_i$。将力系中各力保持作用点及大小不变,各力的作用线按相同的方向转过任一相同的角度,此时力系的合力记为 $\boldsymbol{F}_\alpha$,则力 $\boldsymbol{F}$ 和 $\boldsymbol{F}_\alpha$ 的作用线交于点 C,这个点称为平行力系中心(center of parallel force systems)(图 3-12)。

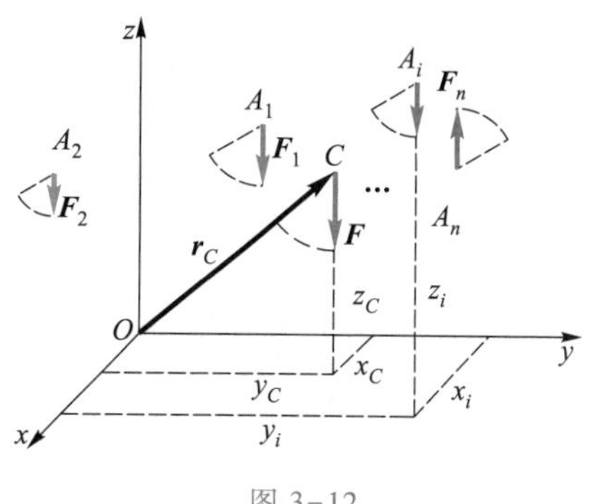

图 3-12

为得到用直角坐标表示的平行力系中心,可应用对轴 y 的合力矩定理,即

$$x_C F=\sum(x_i F_i)$$

由此求得

$$x_C=\frac{\sum(x_i F_i)}{\sum F_i}$$

类似地,对轴 x 应用合力矩定理,可以求出坐标 y_C 的表达式。再将力系转到与轴 x 平行,再应用对轴 y 的合力矩定理,即可求出 z_C。于是,平行力系中心的直角坐标表达式为

$$x_C=\frac{\sum(x_i F_i)}{\sum F_i},\quad y_C=\frac{\sum(y_i F_i)}{\sum F_i},\quad z_C=\frac{\sum(z_i F_i)}{\sum F_i} \tag{3-17}$$

3-3-2 重心

如果物体的尺寸相对于地球很小,则地球附近物体上各点的重力可足够准确地被认为是平行力系。物体的重心(center of gravity)就是各点重力构成的平行力系的中心。在日常生活和工程实际中,重心是一个很重要的概念。飞机、火箭、炮弹等在飞行时,重心的位置对它们的飞行性能(稳定性、操纵性等)有着很大的影响。因此,在整个飞行过程中,重心应严格控制在规定的区域内。车辆的重心如果位置过高,在弯道上行驶就容易翻车。机器高速旋转部分的重心必须靠近转轴,否则会引起不良后果;相反,某些激振设备的转子,却借重心偏离转轴而引起所需的振动。

可用以下两种方法确定物体的重心。

1. 积分法

应用平行力系中心的坐标公式,可以求出刚体的重心。取固连于刚体的坐标系 $Oxyz$,设想将刚体分成许多小体积微元 ΔV_i,每块的重力 $\Delta \boldsymbol{G}_i$ 可看为作用于它的中心,其坐标为 x_i、y_i、z_i(图 3-13)。于是,由式(3-17)得重心坐标的近似表达式

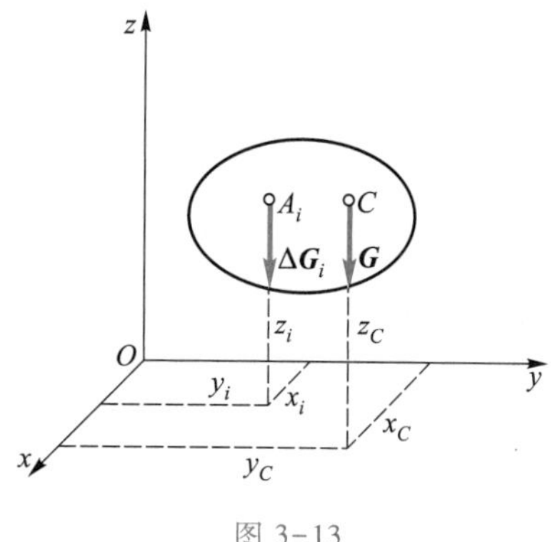

图 3-13

$$x_C=\frac{\sum(x_i\Delta G_i)}{G},\quad y_C=\frac{\sum(y_i\Delta G_i)}{G},z_C=\frac{\sum(z_i\Delta G_i)}{G} \tag{3-18}$$

式(3-18)中的求和遍及整个刚体。令 ΔV_i 趋近于零,则和式的极限就是重心坐标的准确表达式,写成积分形式,有

$$x_C=\frac{\int_G x\mathrm{d}G}{G},\quad y_C=\frac{\int_G y\mathrm{d}G}{G},\quad z_C=\frac{\int_G z\mathrm{d}G}{G} \tag{3-19}$$

通常尺寸的刚体,其上各点的重力加速度 g 可认为是相等的,则 $\mathrm{d}G=g\mathrm{d}m$,$G=Mg$,其中 m 和 M 分别表示微元和整体的质量。于是式(3-19)可写成

$$x_C=\frac{\int_M x\mathrm{d}m}{M},\quad y_C=\frac{\int_M y\mathrm{d}m}{M},\quad z_C=\frac{\int_M z\mathrm{d}m}{M} \tag{3-20}$$

式(3-20)是根据刚体质量分布状况所确定的某一点的坐标,这一点称为刚体的质量中心,简称为质心(center of mass)。对于地面上的小物体,质心重合于重心。

对于特殊质量分布、特殊形状的物体的重心均可根据式(3-19)求解。这里仅以均质物体重心求解为例加以说明。

密度 ρ 为常量的均质物体,整个物体的重量 G 可表示为密度 ρ、重力加速度 g 与其体积 V 的乘积,即 $G=\rho gV$,而 $\mathrm{d}G=\rho g\mathrm{d}V$,代入式(3-19),可得

$$x_C=\frac{\int_V x\mathrm{d}V}{V},\quad y_C=\frac{\int_V y\mathrm{d}V}{V},\quad z_C=\frac{\int_V z\mathrm{d}V}{V} \tag{3-21}$$

可见,均质物体的重心,与重量大小无关,只决定于物体的体积和形状。这时物体的重心也称为物体的形心(center of shape)。

例题 3-6 试求均质扇形薄平板的重心。已知扇形的半径为 r,圆心角为 2α(图 3-14)。

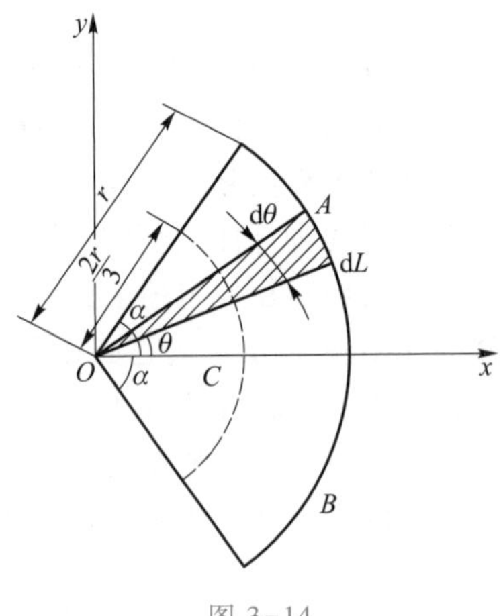

图 3-14

解:取扇形顶角的角平分线为轴 x,扇形顶点 O 为坐标原点。由于轴 x 是平板的对称轴,所以重心就在此轴上,即 $y_C=0$。下面确定 x_C。由式(3-19)知对于均质板 x_C 可写作

$$x_C=\frac{\int_S x\mathrm{d}S}{S}$$

取微小扇形(图中画阴影部分)为面积微元,并近似地看成三角形,此三角形的高为扇形的半径 r,底边长为 $r\mathrm{d}\theta$,故有 $\mathrm{d}S=\frac{1}{2}r^2\mathrm{d}\theta$,面积微元的重心与点 O 相距 $\frac{2}{3}r$,从而可知它的 x 坐标是 $x=\frac{2}{3}r\cos\theta$。由此可得

$$\int_S x\mathrm{d}S=\int_{-\alpha}^{\alpha}\frac{1}{3}r^3\cos\theta\mathrm{d}\theta=\frac{2}{3}r^3\sin\alpha$$

$$S=\int_S \mathrm{d}S=\int_{-\alpha}^{\alpha}\frac{1}{2}r^2\mathrm{d}\theta=r^2\alpha$$

将这些结果代入 x_C 表达式，即得

$$x_C=\frac{2}{3}\times\frac{r\sin\alpha}{\alpha}$$

设 $\alpha=\frac{\pi}{2}$，则扇形变成半圆形，此时 $x_C=\frac{4r}{3\pi}$。

2\. 实验法

在工程上遇到的有些物体，形状过于复杂，且各部分是用不同材料制成的，计算重心的位置常常比较复杂，且精确度也不易保证。因此，常用实验法确定重心的位置。

例如，要测定飞机的重心位置，可先将飞机水平放置，如图 3-15a 所示。让飞机前轮和后轮分别放在台秤 A 和 B 上，设秤的读数分别为 G_A 和 G_B，则整架飞机的重量为 $G=G_A+G_B$。重力 $\boldsymbol{G}$ 的作用线 $a-a$ 的位置可根据合力矩定理确定

$$G_A l=Gl_C$$

从而求得

$$l_C=\frac{G_A l}{G}$$

然后将飞机前轮抬高，如图 3-15b 所示。设秤的读数分别为 G'_A和 G'_B，则 $G=G'_A+G'_B$。此时重力 $\boldsymbol{G}$ 的作用线 $b-b$ 的位置按下式确定

$$l'_C=\frac{G'_A l'}{G}$$

假设飞机是左右对称的，重心在对称面上，故侧面投影图上所得 $a-a$ 和$b-b$ 的交点 C 就是飞机重心在投影面上的投影，由此投影点即可确定重心在对称面内的位置。

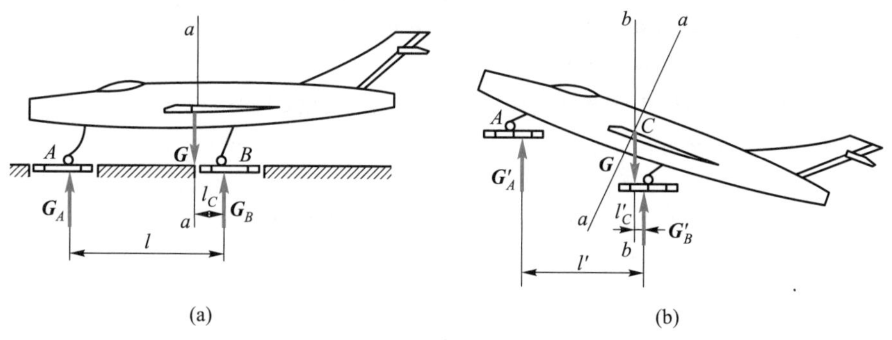

图 3-15

小 结

1\. 任意力系的简化和合成

(1) 空间任意力系的简化 · 主矢和主矩

空间任意力系向点 O 简化的结果，是一个力和一个力偶，这个力作用于简化中心 O，它的力矢等于

原力系中所有各力的矢量和，称为原力系的主矢；这个力偶的矩矢等于原力系中各力对简化中心 O 的矩矢的矢量和，称为原力系对简化中心 O 的主矩。

① 主矢 $\boldsymbol{F}'_{\mathrm{R}}$ 计算：

$$F'_{\mathrm{R}}=\sqrt{F'^2_{\mathrm{R}x}+F'^2_{\mathrm{R}y}+F'^2_{\mathrm{R}z}}=\sqrt{(\sum F_x)^2+(\sum F_y)^2+(\sum F_z)^2}$$

$$\cos(\boldsymbol{F}'_{\mathrm{R}},\boldsymbol{i})=\frac{F'_{\mathrm{R}x}}{F'_{\mathrm{R}}},\quad \cos(\boldsymbol{F}'_{\mathrm{R}},\boldsymbol{j})=\frac{F'_{\mathrm{R}y}}{F'_{\mathrm{R}}},\quad \cos(\boldsymbol{F}'_{\mathrm{R}},\boldsymbol{k})=\frac{F'_{\mathrm{R}z}}{F'_{\mathrm{R}}}$$

② 主矩 $\boldsymbol{M}_O$ 计算：

$$\begin{aligned}M_O&=\sqrt{M_{Ox}^2+M_{Oy}^2+M_{Oz}^2}\\&=\sqrt{[\sum(yF_z-zF_y)]^2+[\sum(zF_x-xF_z)]^2+[\sum(xF_y-yF_x)]^2}\end{aligned}$$

$$\begin{cases}\cos(\boldsymbol{M}_O,\boldsymbol{i})=\dfrac{M_{Ox}}{M_O}=\dfrac{\sum(yF_z-zF_y)}{M_O}\\ \cos(\boldsymbol{M}_O,\boldsymbol{j})=\dfrac{M_{Oy}}{M_O}=\dfrac{\sum(zF_x-xF_z)}{M_O}\\ \cos(\boldsymbol{M}_O,\boldsymbol{k})=\dfrac{M_{Oz}}{M_O}=\dfrac{\sum(xF_y-yF_x)}{M_O}\end{cases}$$

（2）平面任意力系的简化 · 主矢和主矩

平面任意力系向作用面内任一点 O 简化的结果，是一个力和一个力偶。这个力作用在简化中心 O，它的力矢等于原力系中各力的矢量和，并称为原力系的主矢；这个力偶的矩等于各附加力偶矩的代数和，它称为原力系对简化中心 O 的主矩，并在数值上等于原力系中各力对简化中心 O 的力矩的代数和。

（3）任意力系的合成结果

任意力系向某一点进行简化，一般得到一个主矢 $\boldsymbol{F}'_{\mathrm{R}}$ 和一个主矩 $\boldsymbol{M}_O$，只要 $\boldsymbol{F}'_{\mathrm{R}}$ 和 $\boldsymbol{M}_O$ 不都等于零，则力系的合成结果可归结为三种情形：

① 当 $\boldsymbol{F}'_{\mathrm{R}}=0,\boldsymbol{M}_O\neq 0$ 时，合成为合力偶。

② 当 $\boldsymbol{F}'_{\mathrm{R}}\neq 0,\boldsymbol{M}_O=0$ 时，或者 $\boldsymbol{F}'_{\mathrm{R}}\neq 0,\boldsymbol{M}_O\neq 0$，且 $\boldsymbol{F}'_{\mathrm{R}}\perp\boldsymbol{M}_O$ 时，合成为合力。

③ 当 $\boldsymbol{F}'_{\mathrm{R}}\neq 0,\boldsymbol{M}_O\neq 0$，且两者不相互垂直时，合成为力螺旋。

2. 任意力系的平衡条件和平衡方程

任意力系平衡的充要条件是，力系的主矢和力系对任意点的主矩同时等于零。

（1）空间任意力系的平衡方程

$$\begin{cases}\sum F_x=0,\quad \sum F_y=0,\quad \sum F_z=0\\ \sum M_x(\boldsymbol{F})=0,\quad \sum M_y(\boldsymbol{F})=0,\quad \sum M_z(\boldsymbol{F})=0\end{cases}$$

（2）平面任意力系的平衡方程

$$\begin{cases}\sum F_x=0\\ \sum F_y=0\\ \sum M_O(\boldsymbol{F})=0\end{cases}$$

3. 平行力系中心 · 重心

（1）平行力系中心

设刚体上作用有平行力系 $(\boldsymbol{F}_1,\boldsymbol{F}_2,\cdots,\boldsymbol{F}_n)$，则平行力系中心的直角坐标表达式为

$$x_C=\frac{\sum(x_iF_i)}{\sum F_i},\quad y_C=\frac{\sum(y_iF_i)}{\sum F_i},\quad z_C=\frac{\sum(z_iF_i)}{\sum F_i}$$

（2）重心

对于通常的物体，重心就是各点重力构成的平行力系的中心。可用以下两种方法确定物体的重心。

① 积分法

$$x_C=\frac{\sum(x_i\Delta G_i)}{G},\ y_C=\frac{\sum(y_i\Delta G_i)}{G},\quad z_C=\frac{\sum(z_i\Delta G_i)}{G}$$

$$x_C=\frac{\int_G x\mathrm{d}G}{G},\quad y_C=\frac{\int_G y\mathrm{d}G}{G},\quad z_C=\frac{\int_G z\mathrm{d}G}{G}$$

② 实验法

在工程上遇到的有些物体，形状过于复杂，且各部分是用不同材料制成的，计算重心的位置常常比较复杂，且精确度也不易保证。因此，常用实验法确定重心的位置。

习　题

3-1　力 $\boldsymbol{F}_1$、$\boldsymbol{F}_2$、$\boldsymbol{F}_3$ 的大小各等于 100 N，分别沿着边长为 20 cm 的等边三角形 ABC 平板的每一边作用，方向如题 3-1 图所示。试求这三个力的合成结果。

3-2　如题 3-2 图所示边长 $a=2$ m 的正方形平板 $OABC$ 的 A、B、C 三点上作用 4 个力：$F_1=3$ kN，$F_2=5$ kN，$F_3=6$ kN，$F_4=4$ kN。试求这 4 个力组成的力系向点 O 的简化结果和最后合成结果。

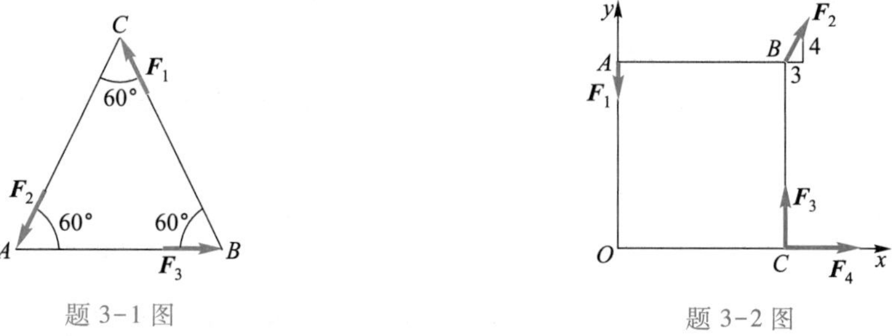

题 3-1 图　　题 3-2 图

3-3　如题 3-3 图所示，假设光滑的肱骨 H 对桡骨 C 和尺骨 A 施加的法向力分别为 $\boldsymbol{F}_C$ 和 $\boldsymbol{F}_A$。为了使重量为 20 N 的石头保持平衡，如果忽略手臂的重量，试求这些力及肱二头肌 B 施加的力 $\boldsymbol{F}_B$。石头的重心在点 G。

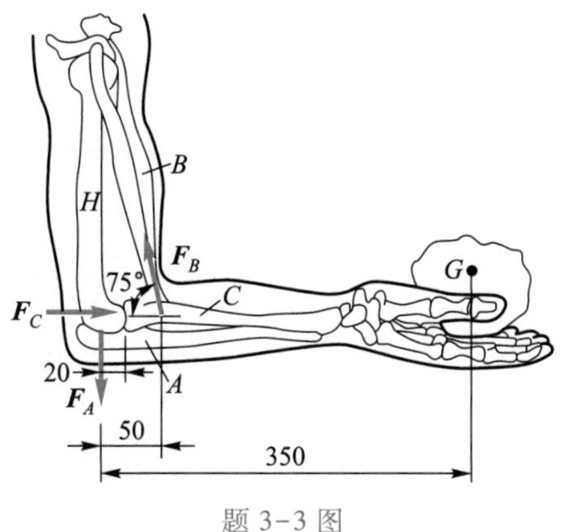

题 3-3 图

3-4　如题 3-4 图所示起重机臂 AB 长 $l=38$ m，重 $G=130$ kN，重心在中点 C；A 端用铰链固定，BD 为钢绳。试求当吊起的物体 E 重 $G_1=400$ kN 时，绳所受的力以及铰链 A 的约束力。

3-5 如题 3-5 图所示,这个设备用来保持电梯门敞开。如果弹簧的刚度系数$k=40$ N/m,并且压缩量为 0.2 m,试求在铰接点 A 处约束力的水平和垂直分量,以及在轮子支撑点 B 的合力。

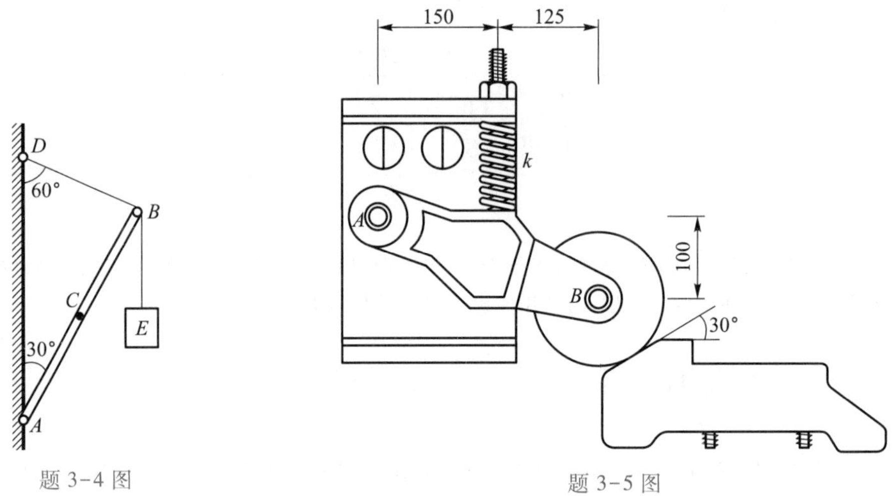

题 3-4 图　　题 3-5 图

3-6 如题 3-6 图所示简支梁 AB 上受两个力的作用,$F_1=F_2=20$ kN,不计梁的重量,试求支座 A、B 的约束力。

3-7 简支梁 AB 的支承和受力情况如题3-7图所示。已知分布荷载的集度 $q=20$ kN/m,力偶矩的大小 $M=20$ kN · m,梁的跨度 $l=4$ m,不计梁的重量。试求支座 A、B 的约束力。

题 3-6 图　　题 3-7 图

3-8 机翼可简化为水平梁 AB,它与机身的连接和受力情况如题 3-8 图所示。已知机翼重 $G=2$ kN,假设升力为均布荷载,集度 $q=2$ kN/m。试求撑杆 CD 所受的力及铰链 A 的约束力。撑杆的重量忽略不计。

3-9 如题 3-9 图所示蒸汽锅炉的安全气门 D,用杠杆 OAB 和平衡锤 E 来平衡。已知气门 D 的面积 $S=25\ \mathrm{cm}^2$;均质杠杆 OB 长 $l=40$ cm,重 $G_1=10$ N,$a=5$ cm;平衡锤 E 重 $G_2=325$ N。要使锅炉内的蒸汽压力超过 $100\ \mathrm{N/cm}^2$ 时,安全气门 D 就自动打开,试求平衡锤的悬挂位置 x。

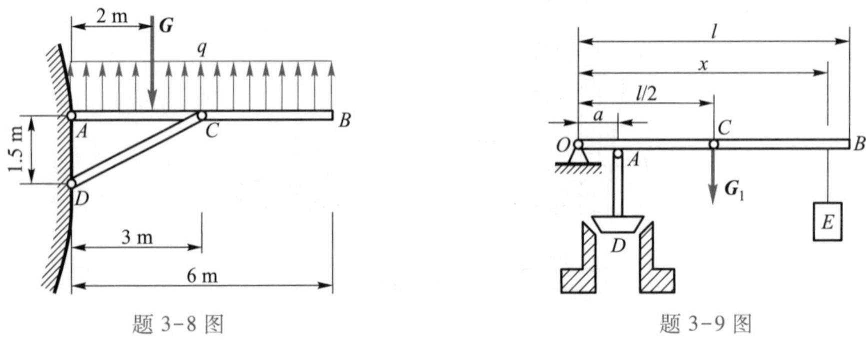

题 3-8 图　　题 3-9 图

提示:气门外面还受到 $10\ \mathrm{N/cm}^2$ 的空气压力。

3-10 试求题 3-10 图所示悬臂梁的固定端 A 的约束力和约束力偶。已知力偶矩

$M=qa^2$，q 为荷载集度，梁重不计。

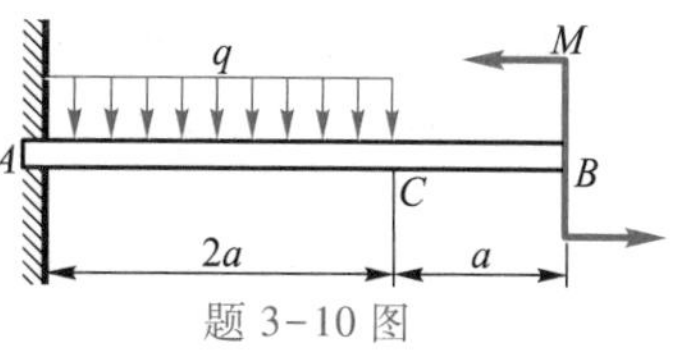

题 3-10 图

3-11　如题 3-11 图所示某机翼上安装一台动力装置，作用在机翼 OA 上的气动力按梯形分布，$q_1=600\ \mathrm{N/cm}$，$q_2=400\ \mathrm{N/cm}$，机翼重 $G_1=45\ \mathrm{kN}$，动力装置重 $G_2=20\ \mathrm{kN}$，发动机螺旋桨的反作用力偶矩的大小 $M=18\ \mathrm{kN\cdot m}$。试求机翼处于平衡状态时，机翼根部固定端 O 的约束力和约束力偶。

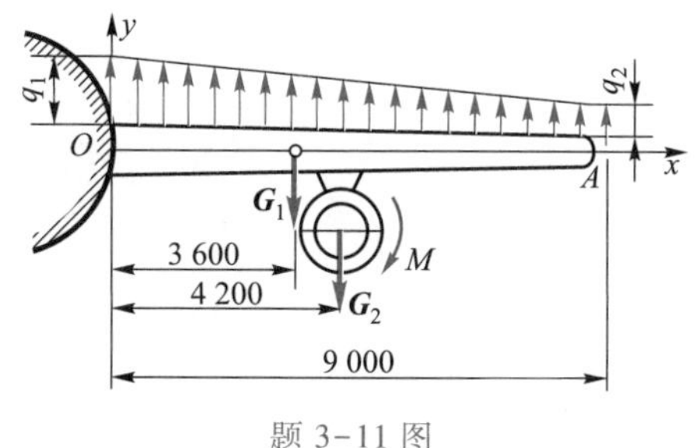

题 3-11 图

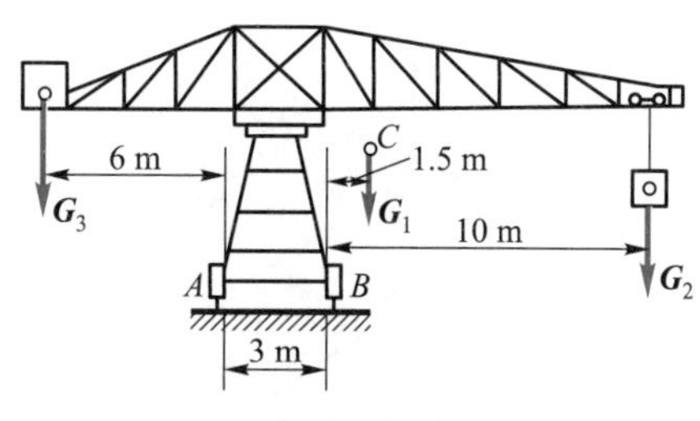

题 3-12 图

3-12　如题 3-12 图所示，在铁路式起重机中，机架重 $G_1=500\ \mathrm{kN}$，重心在点 C。起重机的最大起重量 $G_2=250\ \mathrm{kN}$，最大悬臂长度为 10 m。为了使起重机在空载和满载时都不致翻倒，试决定平衡锤重 G_3。设平衡锤的位置距左轮为 6 m。

3-13　女子的重量为 480 N（约为 48 kg 的体重），假设女子的重量都放在一只脚上，并且约束力产生如题 3-13 图所示的点 A 和点 B。当女子穿平底鞋和细跟鞋时，试比较施加在脚跟和脚尖的力。

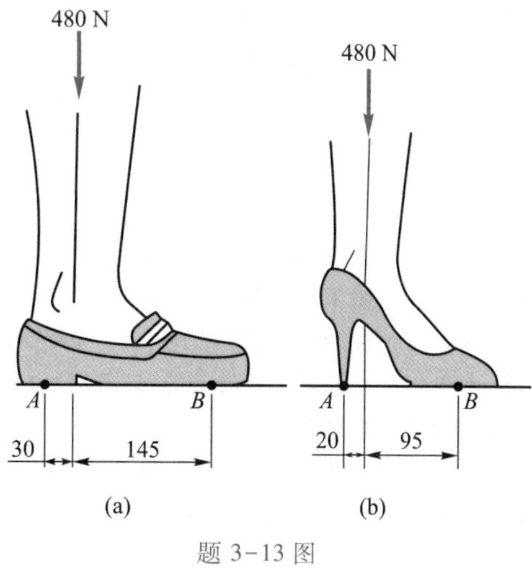

题 3-13 图

3-14　如题 3-14 图所示，转动式起重机在三轮车 ABC 上，已知 $AD=BD=1\ \mathrm{m}$，$CD=1.5\ \mathrm{m}$，$CM=1\ \mathrm{m}$，$GH=1\ \mathrm{m}$，$KL=4\ \mathrm{m}$。起重机骨架连带平衡锤共重 $G_1=100\ \mathrm{kN}$，且重心 G 在铅直平面 LMN 内，吊起货物 E 重 $G_2=30\ \mathrm{kN}$。当起重机的平面绕轴 MN 转到与 AB 平行即图示位置时，试求各车轮对轨道的压力。

3-15　如题 3-15 图所示矩形搁板 $ABCD$ 可绕轴 AB 转动，用杆 DE 撑于水平位置。撑杆 DE 两端都是铰链连接，搁板连同其上重物共重 $G=800\ \mathrm{N}$，重力作用线通过矩形的几何中心。已知 $AB=1.5\ \mathrm{m}$，$AD=0.6\ \mathrm{m}$，$AK=BM=0.25\ \mathrm{m}$，$DE=0.75\ \mathrm{m}$。试求撑杆 DE 所受力 $\boldsymbol{F}$ 及铰链 K 和 M 的约束力。杆的重量不计。

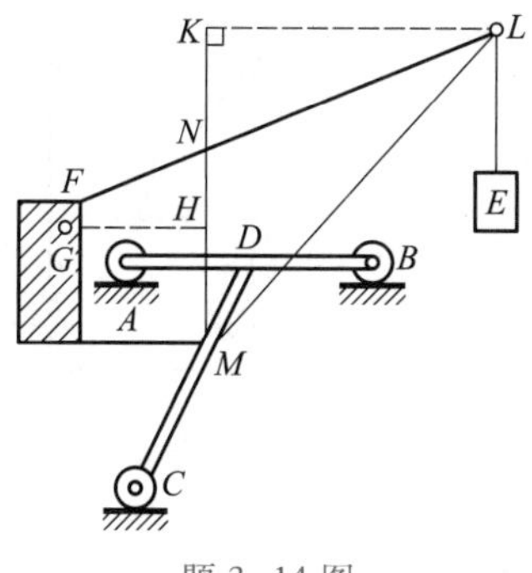

题 3-14 图

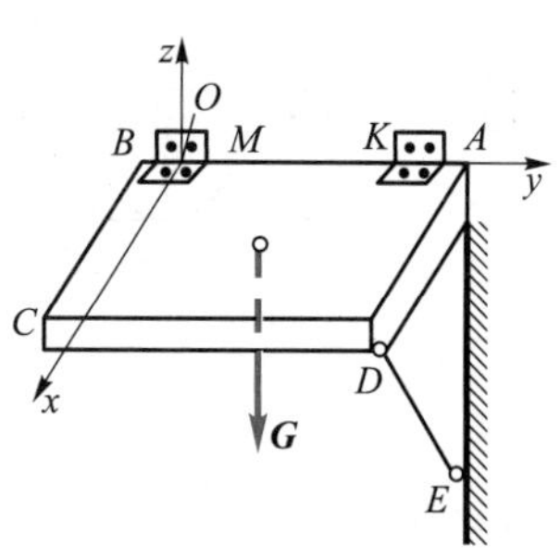

题 3-15 图

3-16 如题 3-16 图所示手摇钻由钻头 A、定心盘 B 和一个弯曲手柄组成。作用于手柄的力 $\boldsymbol{F}$ 带动钻头绕轴 AB 匀速转动而钻削工件。已知手加在手柄上力的大小 $F=150$ N，加于定心盘上的压力大小 $F_z=50$ N。试求手加于定心盘上的另外两个力 $\boldsymbol{F}_x$、$\boldsymbol{F}_y$ 和工件作用于钻头的力偶矩 M 及约束力的 3 个分量的大小。不计手摇钻的自重。

3-17 如题 3-17 图所示起重绞车的轴装在轴承 A 及轴承 B 上，已知作用在手柄上力的大小 $F=500$ N。当匀速提升重物时，试求重物的重量 G 及轴承 A、B 的约束力。其余构件的重量不计。

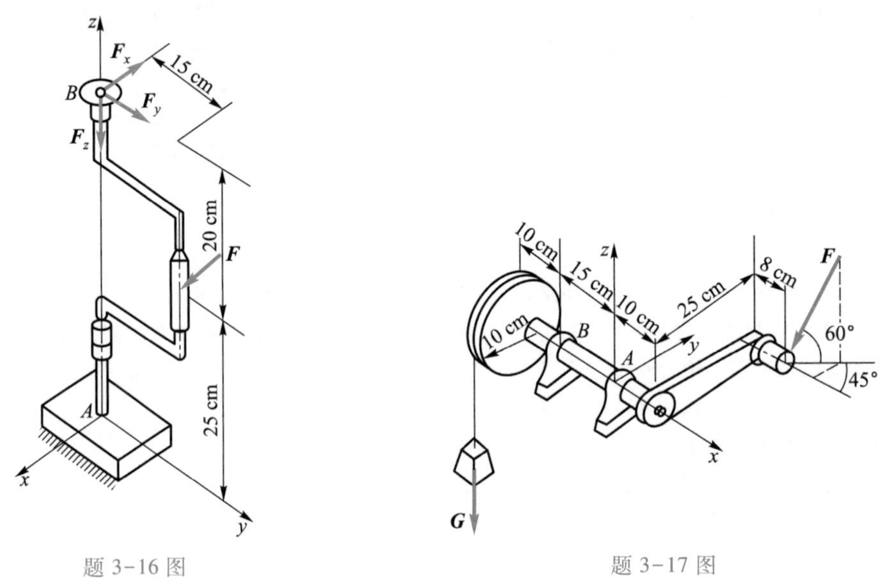

题 3-16 图　　　　题 3-17 图

3-18 如题 3-18 图所示，某拖拉机变速箱的转动轴上固定地装有圆锥直齿齿轮 C 和圆柱直齿齿轮 D，传动轴装在轴承 A 和轴承 B 上。已知作用在圆锥齿轮上互相垂直的 3 个分力的大小 $F_1=5.08$ kN，$F_2=1.10$ kN，$F_3=14.30$ kN，方向如图所示。作用点的平均半径 $r_1=50$ mm，齿轮 D 的节圆半径 $r=76$ mm，压力角 $\alpha=20°$。当传动轴匀速转动时，试求作用在齿轮 D 上的周向力 $\boldsymbol{F}_t$ 的大小及轴承 A、B 的约束力。构件重量和摩擦都忽略不计。

3-19 正方形板 $ABCD$ 由 6 根直杆支撑，结构尺寸如题 3-19 图所示。如果在板上点 A 处沿 AD 边作用一水平力 $\boldsymbol{F}$，板和各杆的重量都不计，试求各杆的内力。

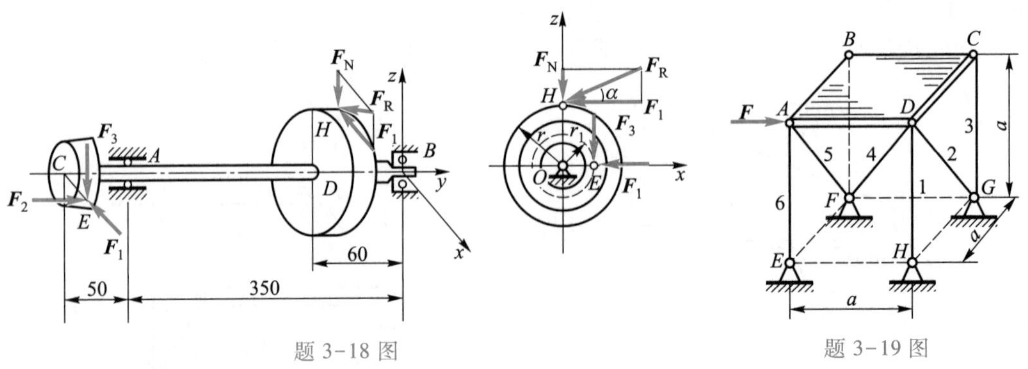

题 3-18 图　　　　题 3-19 图

3-20 试求题 3-20 图所示型材剖面的形心位置。

3-21 试求题 3-21 图所示画阴影线部分的面积的形心坐标。

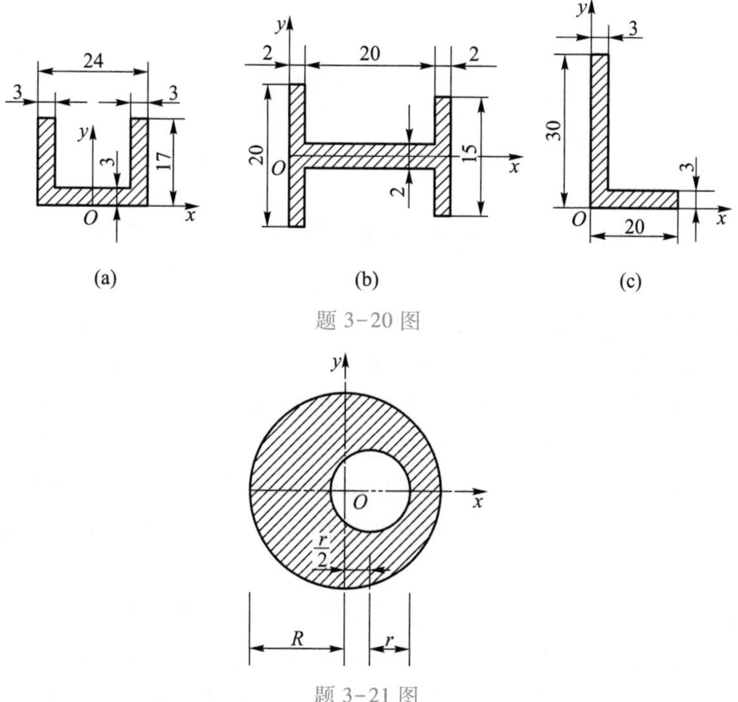

题 3-20 图

题 3-21 图

第 4 章　物体系的平衡问题

4-1　静定问题与静不定问题的概念

工程实际中所遇到的平衡问题,平衡对象往往不是一个物体,而是由若干个物体通过约束组成的系统,称为物体系。物体系平衡的问题中,不仅需要研究外界物体对整个系统所作用的力,即物体系的外力;同时还需求出系统内各物体之间相互作用的力,即系统的内力。由于内力是成对地作用于同一系统的(公理 4),因此,当研究整个系统的平衡时,不必考虑这些力(公理 5、2)。为了求得系统的内力,需要将系统的某些部分单独取为研究对象(取分离体)。系统的每一部分都在相应的外力和内力(系统内其他部分对这部分作用的力)作用下处于平衡。

设系统由 n 个物体组成,每个物体都受平面任意力系的作用,则能列出的独立平衡方程数目不多于 $3n$ 个。不可能写出更多独立平衡方程的理由是,在考虑了系统内每个物体的平衡后,若再取整个系统或一部分物体的组合为分离体,当然还可以写出另外一些平衡方程,但既然系统内每个物体已平衡了,那么,它们的任何组合当然也是平衡的,因此,对整个系统或系统内任何几个物体的组合所写出的平衡方程,已不是新的、独立的方程,它们都可以由前面那些对每个物体写出的平衡方程推导出来。

在静力学里关于物体或物体系平衡的问题中,如未知量的数目等于或少于独立平衡方程的数目,则应用刚体静力学的理论,就可以求得全部未知量。这样的问题称为静定问题(statically determinate problem)。如未知量的数目多于独立平衡方程的数目,则不能应用刚体静力学理论求出全部未知量,这种问题称为静不定问题(statically indeterminate problem)。

例如,对于图 4-1a 所示的简支梁,当其受平面任意力系作用时,求支座约束力的问题是静定问题,因为这里独立平衡方程的数目和约束力中未知量的数目都等于 3。如将梁右端的活动支座 B 改为固定支座(图4-1b),则约束力中的未知量数目增为 4 个(每个固定支座的约束力大小和方向都未知),而独立平衡方程的数目仍为 3。这就成了静不定问题。如再将梁截为两段,中间用铰链连接(图 4-1c),则问题重新变为静定的。这时,对每段梁可以写出 3 个独立的平衡方程,而未知量除在支座 A、B 中原来的 4 个约束力外,还出现铰链 C 中的 2 个约束力,因而未知量的总数等于独立平衡方程的总数。

静不定问题虽然不能应用刚体静力学的方法解决,但如果考虑到物体的变形,研究变形与作用力之间的联系,这类问题仍有可能解决。在材料力学中将讨论这类问题,这里不加叙述。

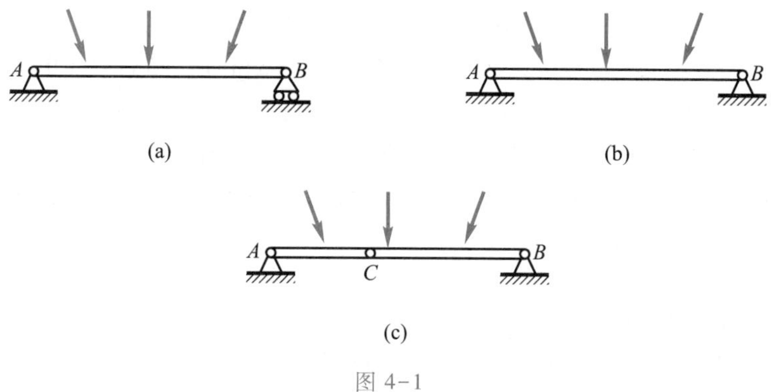

图 4-1

4-2　物体系平衡问题分析举例

求解物体系平衡问题的解题过程与单个物体在任意力系作用下的平衡问题相似,不同的是在求解物体系的静定平衡问题时,如果未知量数目大于已写出的独立平衡方程数目,还要选取物体系中其他相关物体为研究对象,画受力图,列写平衡方程等,直到写出的独立平衡方程数目足以求出全部的未知量为止。

例题 4-1　三铰拱桥如图 4-2a 所示,左右两段通过铰链 C 连接在一起,又用固定铰链支座 A、B 与基础相连接。已知每段重 $G=40$ kN,重心分别在 D、E 处,且桥面受一集中荷载 $F=10$ kN 作用。设各铰链都是光滑的,试求平衡时各铰链中的约束力。

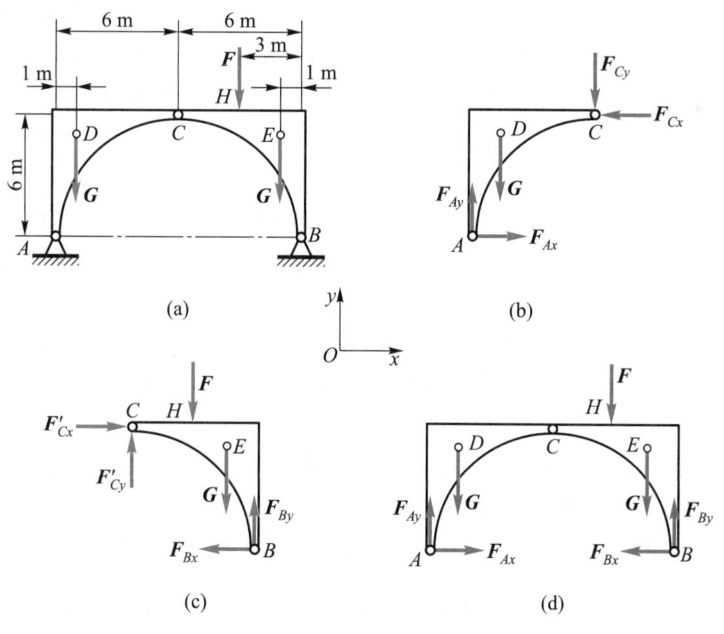

图 4-2

解: 因系统由两部分组成,未知量有 6 个,故问题是静定的,今分别研究它们的平衡。先取 AC 段为研究对象,受力如图 4-2b 所示,写出它的平衡方程

$$\sum F_x=0,\quad F_{Ax}-F_{Cx}=0 \tag{1}$$

$$\sum F_y=0,\quad F_{Ay}-F_{Cy}-G=0 \tag{2}$$

$$\sum M_C(\boldsymbol{F})=0,\quad 6\ \text{m}\times F_{Ax}-6\ \text{m}\times F_{Ay}+5\ \text{m}\times G=0 \tag{3}$$

这组方程包含4个未知量 F_{Ax}、F_{Ay}、F_{Cx}、F_{Cy}，不能解出。

再取 BC 段为研究对象，受力如图4-2c所示。值得注意的是 $\boldsymbol{F}_{Cx}$ 和 $\boldsymbol{F}'_{Cx}$，$\boldsymbol{F}_{Cy}$ 和 $\boldsymbol{F}'_{Cy}$ 是左右两段通过铰 C 而相互作用的力，根据作用与反作用公理有 $\boldsymbol{F}'_{Cx}=-\boldsymbol{F}_{Cx}$，$\boldsymbol{F}'_{Cy}=-\boldsymbol{F}_{Cy}$。写出 BC 段的3个平衡方程，有

$$\sum F_x=0,\quad F'_{Cx}-F_{Bx}=0 \tag{4}$$

$$\sum F_y=0,\quad F_{By}+F'_{Cy}-G-F=0 \tag{5}$$

$$\sum M_C(\boldsymbol{F})=0,\quad 6\ \text{m}\times F_{By}-6\ \text{m}\times F_{Bx}-5\ \text{m}\times G-3\ \text{m}\times F=0 \tag{6}$$

将这两组方程并在一起，共有6个方程，包含着6个待求量 F_{Ax}、F_{Ay}、F_{Bx}、F_{By}、F_{Cx}、F_{Cy}，联立求解这些方程，得到各铰链中的力分别为

$$F_{Ax}=F_{Bx}=F_{Cx}=9.2\ \text{kN},\quad F_{Ay}=42.5\ \text{kN}$$

$$F_{By}=47.5\ \text{kN},\quad F_{Cy}=2.5\ \text{kN}$$

讨论：为了深刻理解求解物体系问题时的一些概念，现在来研究整个拱桥的平衡。容易看出，只要将图4-2b、c合并在一起，就能得到整体的受力图（图4-2d）。值得注意的是，$\boldsymbol{F}'_{Cx}$、$\boldsymbol{F}_{Cx}$ 和 $\boldsymbol{F}'_{Cy}$、$\boldsymbol{F}_{Cy}$ 都是系统的成对内力，每对内力之间是作用力与反作用力关系，由加减平衡力系公理可知，它们对整体的平衡没有影响。在列写平衡方程时，平衡对象的内力总是互相抵消的；因此，取整体作为研究对象时，受力图上无需画出这些内力，如图4-2d所示。若对整体也写出3个平衡方程 $\sum F_x=0$，$\sum F_y=0$，$\sum M_C(\boldsymbol{F})=0$，则容易看出，这3个平衡方程对前6个平衡方程来说，已不是独立的了，而只是前6个方程相加的结果。当然，在列写各研究对象的平衡方程时，所用的投影轴及矩心都不一致时，这种相依关系就不那么明显。本题所研究的系统是由两个物体组成的，它们都在平面任意力系作用下平衡，总能而且只能写出6个独立的平衡方程。当然，不一定要按照上面那样的步骤去求解。也可以先对拱桥整体写出3个平衡方程，再对它的一个部分 AC 或 BC 写出3个平衡方程，即可联立解得6个待求的约束力。

还需指出，不独立的平衡方程可用来校核所求得的结果是否正确。例如，在本题求解完毕后，写出整体的平衡方程，用上面求出的各力之值代入这些方程，所求值必定满足这些方程。

例题4-2　组合梁 AC 和 CE 用铰链 C 相连，A 端为固定端，E 端为活动铰链支座。受力如图4-3a所示。已知 $l=8$ m，$F=10$ kN，均布荷载集度 $q=2.5$ kN/m，力偶矩的大小 $M=5$ kN·m。如果不计梁重，试求固定端 A、铰链 C 和支座 E 的约束力。

解：两段梁受约束作用平衡，未知的约束力共6个（固定端 A 处3个、铰链 C 处2个、活动铰链支座 E 处1个），故问题是静定的。

先取梁 CE 为研究对象，受力如图4-3b所示，其中 $\boldsymbol{F}_{q1}$ 是作用在 CD 段均布荷载的合力，$F_{q1}=\dfrac{1}{4}ql$，作用在 CD 段的中点 J 处。因梁 CE 受平行力系作用，故力 $\boldsymbol{F}_C$ 的作用线也只能是铅直的。写出该平面平行力系的两个平衡方程，有

$$\sum F_y=0,\qquad F_C-F_{q1}+F_E=0 \tag{1}$$

$$\sum M_C(\boldsymbol{F})=0,\quad -F_{q1}\times\frac{l}{8}-M+F_E\times\frac{l}{2}=0 \tag{2}$$

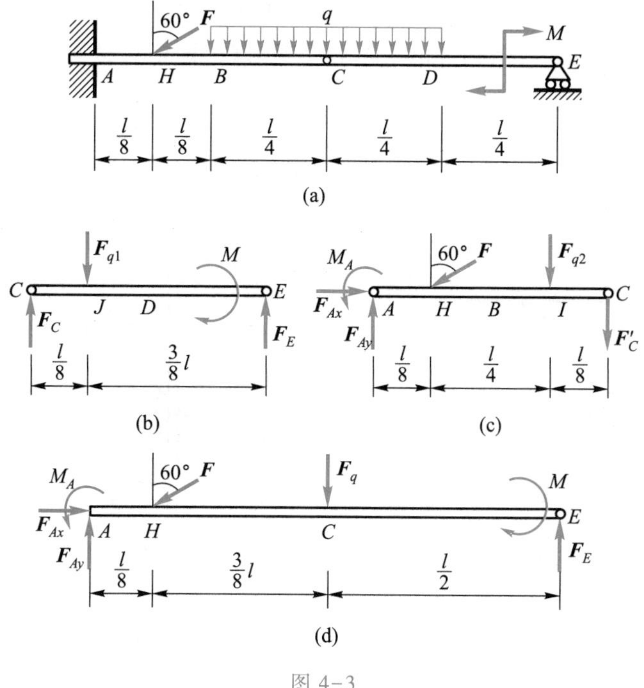

图 4-3

代入 $F_{q1}=\dfrac{1}{4}ql$ 和题设数据，解得

$$F_E=2.5\ \text{kN},\qquad F_C=2.5\ \text{kN}$$

再取 AC 段为研究对象，受力分析如图 4-3c 所示，其中固定端 A 处的约束力有两个方向的约束力 $\boldsymbol{F}_{Ax}$ 和 $\boldsymbol{F}_{Ay}$ 和矩为 M_A 的约束力偶；力 $\boldsymbol{F}'_C$ 是图 4-3b 中 $\boldsymbol{F}_C$ 的反作用力，故 $\boldsymbol{F}'_C=-\boldsymbol{F}_C$；力 F_{q2} 是作用在 BC 段均布荷载的合力，$F_{q2}=\dfrac{1}{4}ql$，作用在 BC 段的中点 I 处。梁 AC 也受平面任意力系作用，写出梁 AC 段的平衡方程，有

$$\sum F_x=0,\qquad F_{Ax}-F\sin 60°=0 \tag{3}$$

$$\sum F_y=0,\qquad F_{Ay}-F'_C-F\cos 60°-q\times\frac{l}{4}=0 \tag{4}$$

$$\sum M_A(\boldsymbol{F})=0,\qquad M_A-F\cos 60°\times\frac{l}{8}-F_{q2}\times\frac{3l}{8}-F'_C\times\frac{l}{2}=0 \tag{5}$$

代入 $F_{q2}=\dfrac{1}{4}ql$，$F'_C=F_C=2.5\ \text{kN}$ 和题设数据，解得

$$F_{Ax}=8.66\ \text{kN},\quad F_{Ay}=12.5\ \text{kN},\quad M_A=30\ \text{kN}\cdot\text{m}$$

如果取整个组合梁为研究对象，受力如图 4-3d 所示，其中 $\boldsymbol{F}_q$ 是 BD 段均布荷载的合力，$F_q=q\left(\dfrac{l}{4}+\dfrac{l}{4}\right)$，并作用于 BD 的中点 C 处。对整体写出平衡方程 $\sum F_x=0$，$\sum F_y=0$，$\sum M_A(\boldsymbol{F})=0$，显然这组方程不是独立的，可以应用它们来检验计算结果是否正确，也可用这组方程同式(1)、式(2)联立求解。

例题 4-3　图 4-4a 所示构架由杆 AB、CD、EF 和滑轮、绳索等组成，H、G、E 处为铰链

连接，固连在杆 EF 上的销钉 K 放在杆 CD 的光滑直槽中。已知物块 J 重量 G 和水平力 $\boldsymbol{F}$，尺寸如图所示。若不计其余构件的重量和摩擦，试求固定铰链支座 A 和 C 的约束力及杆 EF 上销钉 K 的约束力。

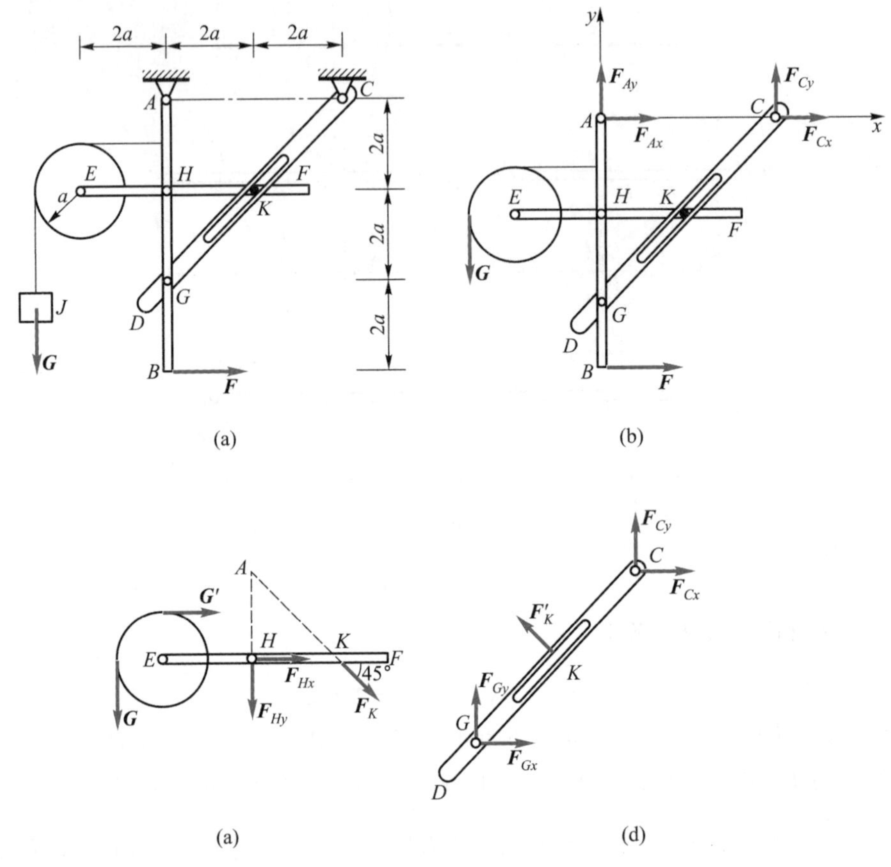

图 4-4

解：首先，取整个系统为研究对象，其受力如图 4-4b 所示，系统受平面任意力系作用，可写出 3 个平衡方程

$$\sum F_x = 0, \quad F+F_{Ax}+F_{Cx}=0 \tag{1}$$

$$\sum M_A(\boldsymbol{F}) = 0, \quad 4a\times F_{Cy}+6a\times F+3a\times G=0 \tag{2}$$

$$\sum M_C(\boldsymbol{F}) = 0, \quad -4a\times F_{Ay}+6a\times F+7a\times G=0 \tag{3}$$

故可以求得

$$F_{Cy} = -\frac{3}{4}(G+2F)$$

$$F_{Ay} = \frac{1}{4}(7G+6F)$$

这组方程包含 4 个未知量 F_{Ax}、F_{Ay}、F_{Cx}、F_{Cy}，不能全部解出。

再取杆 EF 和滑轮为研究对象，其受力如图 4-4c 所示。写出力矩平衡方程

$$\sum M_H(\boldsymbol{F}) = 0, \quad 3a\times G-a\times G'-2a\times F_K \sin 45^\circ=0 \tag{4}$$

故可以求得

$$F_K=\sqrt{2}G$$

最后，取杆 CD 为研究对象，其受力如图 4-4d 所示，其中，$\boldsymbol{F}'_K=-\boldsymbol{F}_K$。写出力矩平衡方程

$$\sum M_G(\boldsymbol{F})=0,\quad -4a\times F_{Cx}+4a\times F_{Cy}+2\sqrt{2}a\times F'_K=0 \tag{5}$$

故可以求得

$$F_{Cx}=(2F_{Cy}+\sqrt{2}F_K)/2=(G-6F)/4$$

将 F_{Cx} 值代入式(1)得

$$F_{Ax}=-F-F_{Cx}=-F-(G-6F)/4=(2F-G)/4$$

4-3　简单平面桁架的内力计算

桁架是工程中常用的一种结构，图 4-5 所示为桁架在体育场馆、输电铁塔及桥梁中的

(a) 体育场馆

(b) 输电铁塔

(c) 桥梁

图 4-5

应用。最简单的桁架是由一些细直杆连接而成的，构成一些三角形，其连接点称为**节点**(joints)。由一些直杆在两端相互连接，形成一类几何形状不变的结构称为桁架。各杆件位于同一平面内的桁架称为**平面桁架**(plane trusses)。简单平面桁架是指在一个基本三角形框架上每增加两个杆件同时增加一个节点而形成的桁架(图 4-6)。显然，在这种桁架中除去任何一个杆件，都会使桁架失去稳固性。

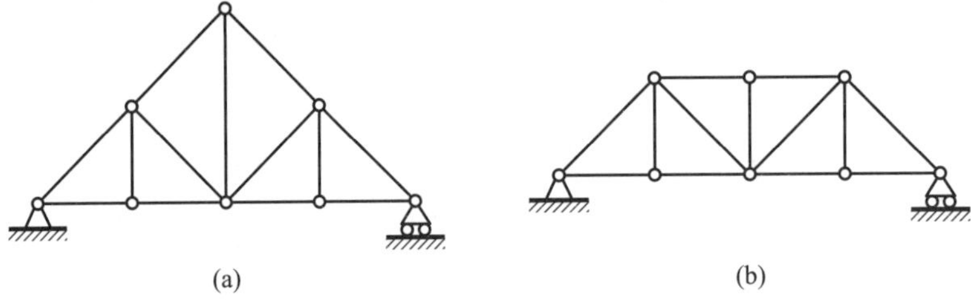

图 4-6

在设计桁架时，需计算在荷载作用下桁架各杆件所受的力(杆件的内力)。在桁架内力分析中，为了简化计算且偏安全起见，工程上一般作如下的假定：

(1) 各杆件本身的重量忽略不计，或者被作为外荷载平均分配在杆件两端节点上。

(2) 各杆件都是直杆，并用光滑铰链连接。

(3) 杆件所受的外荷载都作用在各节点上，并且各力的作用线都在桁架平面内。

在这些假设下，每一杆件都是二力杆，只在两端铰接处受力。这些力的方向只能沿杆件的轴线，既可以是拉力，也可以是压力。为便于进行系统化的分析，在受力图上，假定各杆件都受拉，即把各杆施加于其两端节点的力都画成沿杆件而背离节点。如果某个未知力求出后得到的是负值，则表明该杆承受压力。

计算桁架杆件内力的常用方法有**节点法**(method of joints)和**截面法**(method of sections)。节点法的基本思路是应用共点力系平衡条件，逐一研究桁架上每个节点的平衡。截面法的基本思路是应用平面任意力系的平衡条件，研究桁架由截面切出的某些部分的平衡。下面通过例题予以说明。

例题 4-4　如图 4-7a 所示平面桁架，试以节点法求各杆内力，以截面法求杆 FE、CE 和杆 CD 内力。已知铅垂力 $F_C=4\ \text{kN}$，水平力 $F_E=2\ \text{kN}$。

解：(1) 节点法求解各杆内力

首先，求支座约束力。取整体为研究对象，受力分析如图 4-7b 所示，列平衡方程

$$\sum F_x=0,\quad F_{Ax}+F_E=0 \tag{1}$$

$$\sum F_y=0,\quad F_B+F_{Ay}-F_C=0 \tag{2}$$

$$\sum M_A(\boldsymbol{F})=0,\quad -F_C\times a-F_E\times a+F_B\times 3a=0 \tag{3}$$

可解得

$$F_{Ax}=-2\ \text{kN},\quad F_{Ay}=2\ \text{kN},\quad F_B=2\ \text{kN}$$

然后，可逐一研究各节点的平衡。每个节点只有两个平衡方程，故应首先从两根杆相交的节点开始。先取节点 A 为研究对象，受力分析如图 4-7c 所示，列平衡方程

$$\sum F_x=0,\quad F_{Ax}+F_{AC}+F_{AF}\cos 45^\circ=0 \tag{4}$$

$$\sum F_y=0,\quad F_{Ay}+F_{AF}\cos 45^\circ=0 \tag{5}$$

解得

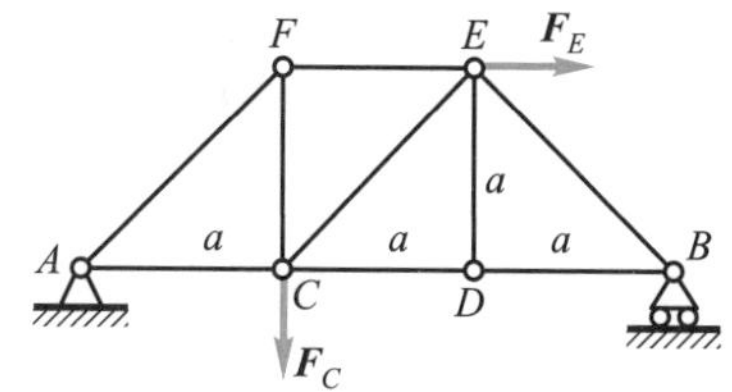

(a) 题图

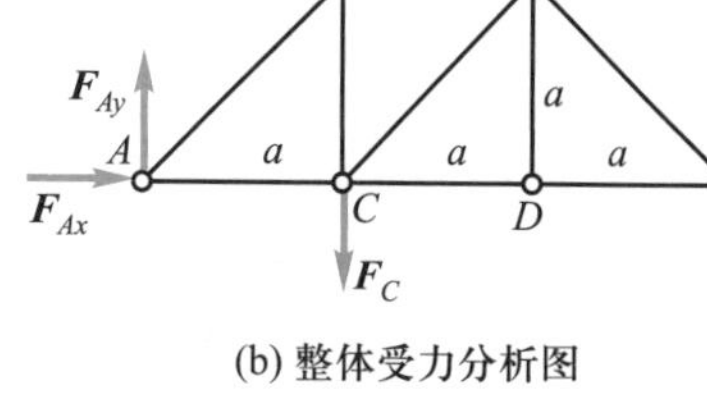

(b) 整体受力分析图

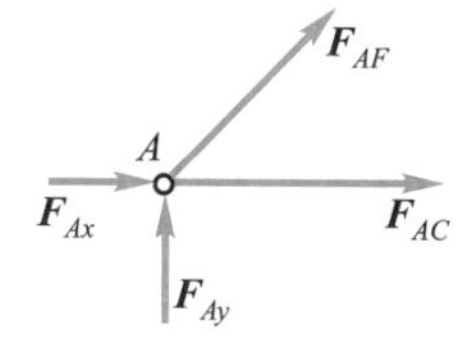

(c) 节点A的受力分析图

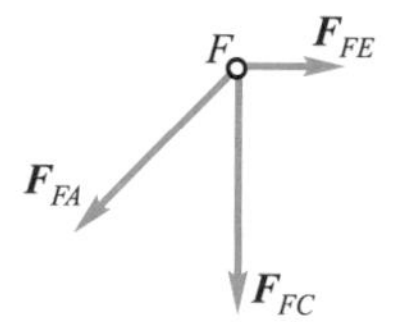

(d) 节点F的受力分析图

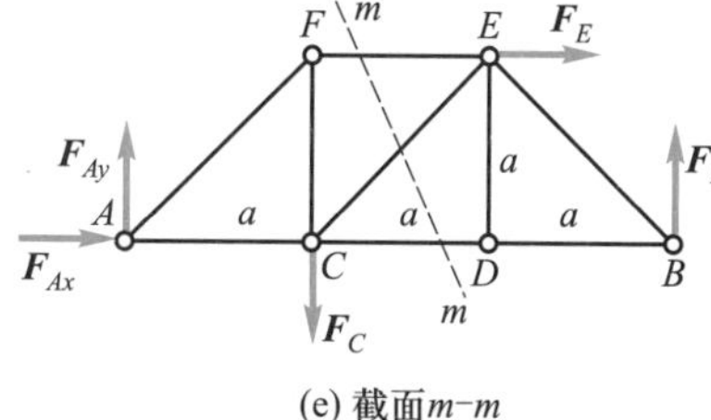

(e) 截面m-m

(f) 左半部分的受力分析图

图 4-7

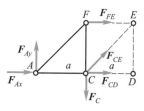

$$F_{AF}=-2\sqrt{2}\ \text{kN},\quad F_{AC}=4\ \text{kN}$$

再取节点 F 为研究对象,受力分析如图 4-7d 所示,列平衡方程

$$\sum F_x=0,\quad -F_{FE}-F_{FA}\cos 45^\circ=0 \tag{6}$$

$$\sum F_y=0,\quad F_{FC}-F_{FA}\cos 45^\circ=0 \tag{7}$$

解得

$$F_{FC}=2\ \text{kN},\quad F_{FE}=-2\ \text{kN}$$

最后,依次研究节点 C、D、B,即可求得各杆的内力。其结果为

$$F_{CE}=2\sqrt{2}\ \text{kN}\quad F_{CD}=2\ \text{kN}$$

$$F_{DB}=3\ \text{kN},\quad F_{DE}=0$$

$$F_{BD}=-2\sqrt{2}\ \text{kN},\quad F_{BE}=-2\sqrt{2}\ \text{kN}$$

其中负值表示该杆承受压力。

(2) 截面法求解杆 FE、CE 和杆 CD 内力

为求杆 FE、CE 和杆 CD 内力,作一截面 $m-m$ 将三杆截断(图4-7e),取左部分为分离体,受力分析如图 4-7f 所示,列平衡方程

$$\sum F_x=0,\quad F_{CD}+F_{Ax}+F_{FE}+F_{CE}\cos 45^\circ=0 \tag{8}$$

$$\sum F_y=0,\quad F_{Ay}-F_C+F_{CE}\cos 45^\circ=0 \tag{9}$$

$$\sum M_C(\boldsymbol{F})=0,\quad -F_{FE}\times a-F_{Ay}\times a=0 \tag{10}$$

可解得相应杆的内力

$$F_{FE}=-2\ \text{kN},\quad F_{CE}=2\sqrt{2}\ \text{kN},\quad F_{CD}=2\ \text{kN}$$

小 结

1. 静定问题与静不定问题的概念

在静力学里关于物体或物体系平衡的问题中,如未知量的数目等于或少于独立平衡方程的数目,则应用刚体静力学的理论,就可以求得全部未知量。这样的问题称为静定问题。

如未知量的数目多于独立平衡方程的数目,则不能应用刚体静力学理论求出全部未知量,这种问题称为静不定问题。

2. 物体系平衡问题分析

求解物体系平衡问题的解题步骤如下:

(1) 选取研究对象。

(2) 对研究对象进行受力分析,画出其受力图。

(3) 列写相应平衡方程。

(4) 联立求解。

对于物体系的平衡问题,通常需要多次选取研究对象才能求得全部的未知量。

3. 简单平面桁架及其内力计算

由一些直杆在两端相互连接,形成一类几何形状不变的结构称为桁架,各杆件位于同一平面内的桁架称为平面桁架。

计算桁架杆件内力的常用方法有节点法和截面法。节点法的基本思路是应用共点力系平衡条件,逐一研究桁架上每个节点的平衡。截面法的基本思路是应用平面任意力系的平衡条件,研究桁架由截面切出的某些部分的平衡。

习 题

4-1 飞机(或汽车)称重用的地秤简化如题 4-1 图所示。其中 AOB 是杠杆,可绕轴 O 转动,BCE 是整体台面。已知 $AO=b$,$BO=a$。试求平衡砝码的重量 G_1 和被称物体重量 G_2 之间的关系。其余构件的重量不计。

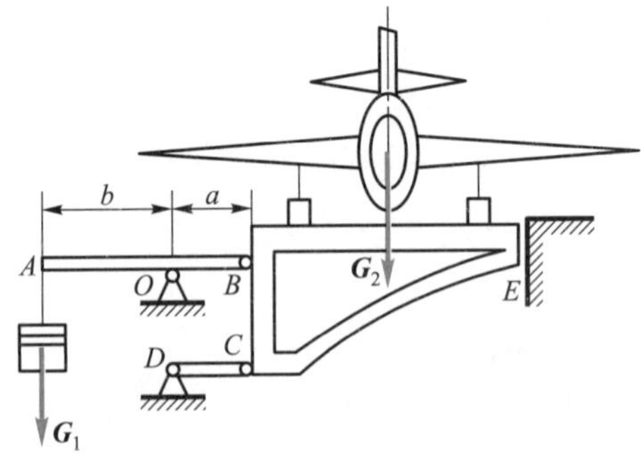

题 4-1 图

4-2 如题 4-2 图所示机构,力 $\boldsymbol{F}$ 作用在铰接夹把手处。试求作用在点 E 的垂直力。

4-3 如题 4-3 图所示火箭发动机试验台,发动机固定在台面上,测力计 H 指出绳的拉力 $\boldsymbol{F}_1$,已知工作台和发动机共重 G,重力通过 AB 的中点,$CD=2b$,$CK=h$,$AC=BD=c$,火箭推力 $\boldsymbol{F}$ 的作用线到 AB 的距离为 a。如果其余物体的重量不计,试求此推力。

4-4 带轮传动机构如题 4-4 图所示。设在轮Ⅰ上用绳索吊一重 $G=300$ N 的物体,$R=30$ cm,$r=20$ cm。

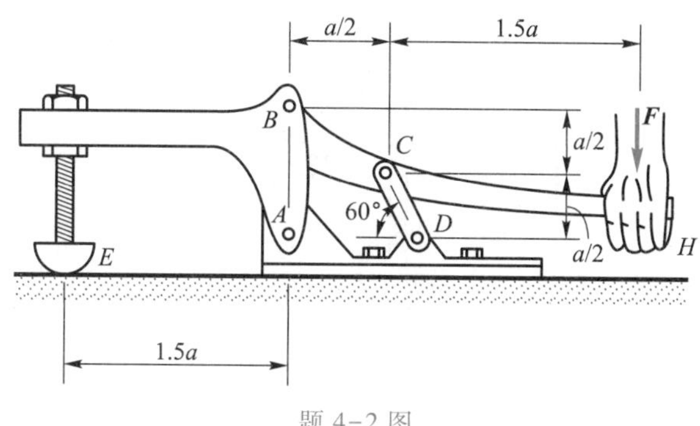

题 4-2 图

试问要使系统处于平衡,在轮 Ⅱ 上应作用力偶矩 M 为多大的力偶?轮和带的重量都忽略不计。

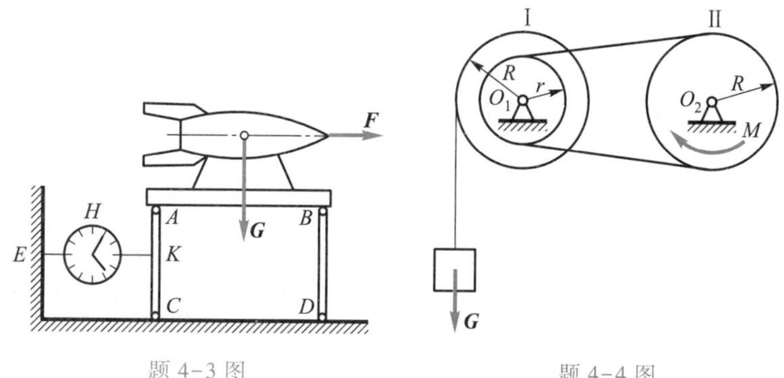

题 4-3 图　　题 4-4 图

4-5　如题 4-5 图所示支架 CDE 上受到均布荷载作用,荷载集度 $q=100$ N/m,支架的一端 E 悬挂重 $G=500$ N 的物体。尺寸如图所示,CG 为绳索。如果不计其余构件的重量,试求支座 A 的约束力及撑杆 BD 所受的压力。

4-6　如题 4-6 图所示支架由两杆 AD、CE 和滑轮等组成,B 处是铰链连接,尺寸如图所示。在滑轮上吊有重 $G=1\,000$ N 的物体。如果不计其余构件的重量,试求支座 A 和 E 的约束力。

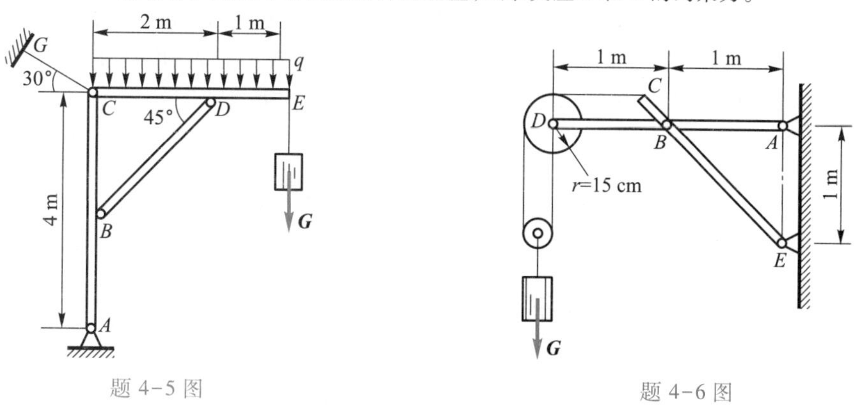

题 4-5 图　　题 4-6 图

4-7　如题 4-7 图所示支架由杆 AB、BC、CE 和滑轮等组成。尺寸如图所示,D 处是铰链连接,物体重 $G=12$ kN。如果不计其余构件的重量,试求固定铰链支座 A 和活动铰链支座 B 的约束力,以及杆 BC 的内力。

4-8　组合梁由 AC 和 CD 两段在 C 端铰接而成,支承和受力情况如题 4-8 图所示。已知均布荷载集度 $q=10$ kN/m,力偶矩的大小 $M=40$ kN · m,不计梁的重量。试求支座 A、B、D 的约束力及铰链 C 所受

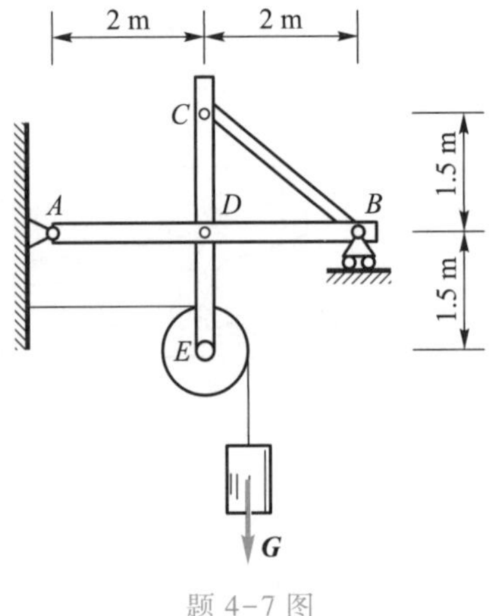

题 4-7 图

的力。

4-9 如题 4-9 图所示，起重机放于复合梁上，起吊的重物重 $G_1=10$ kN，起重机重 $G=40$ kN，其重心在铅垂线 KC 上，梁的重量不计。试求 A、B 两端支座约束力。尺寸如图所示。

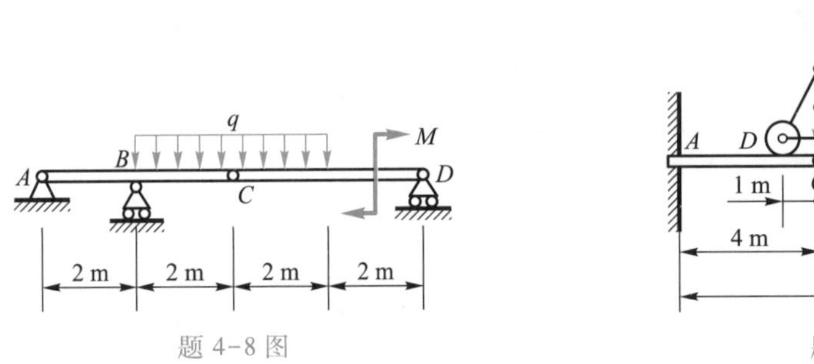

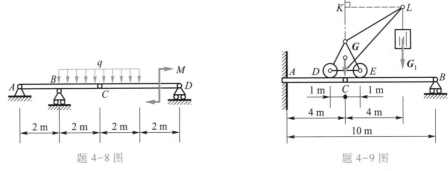

题 4-8 图　　题 4-9 图

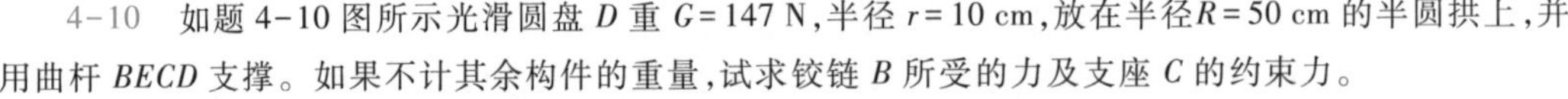

4-10 如题 4-10 图所示光滑圆盘 D 重 $G=147$ N，半径 $r=10$ cm，放在半径 $R=50$ cm 的半圆拱上，并用曲杆 $BECD$ 支撑。如果不计其余构件的重量，试求铰链 B 所受的力及支座 C 的约束力。

4-11 如题 4-11 图所示构架由杆 AB、AC 和 DH 组成，尺寸如图所示。水平杆 DH 的 D 端与杆 AB 铰接，固连在中点的销钉 E 则可在杆 AC 的光滑斜槽内滑动，而在其自由端作用着铅垂力 $\boldsymbol{F}$。如果不计各杆的重量，试求支座 B 和 C 的约束力及作用在杆 AB 上 A、D 两点的约束力。

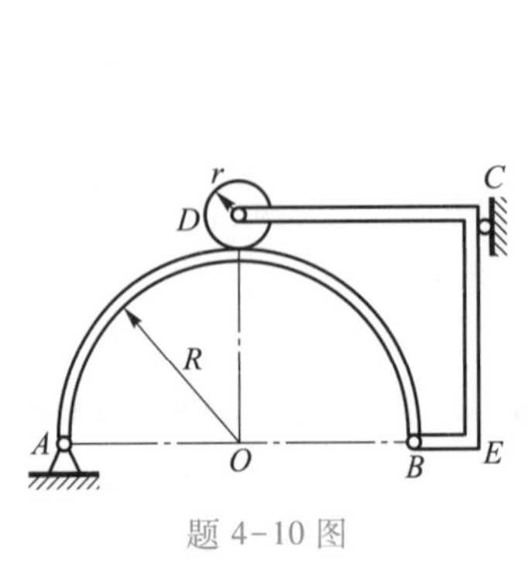

题 4-10 图

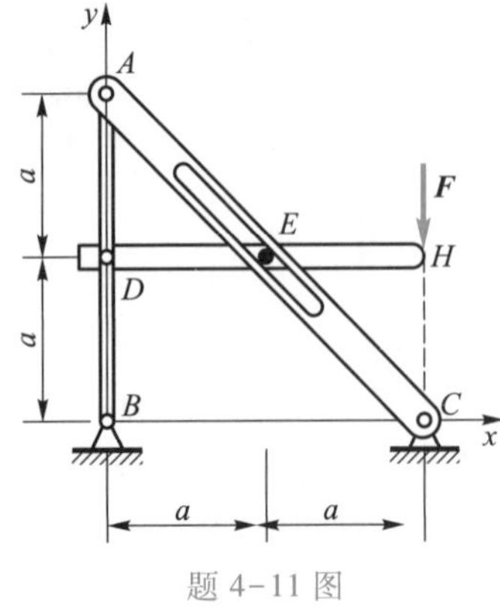

题 4-11 图

4-12 如题 4-12 图所示，如果在机械装置的把手上垂直施加力 $F_1=30$ N，各个杆件在点 A、B、C 和 D 铰接。为了保持平衡，试求力 $\boldsymbol{F}$ 的大小。

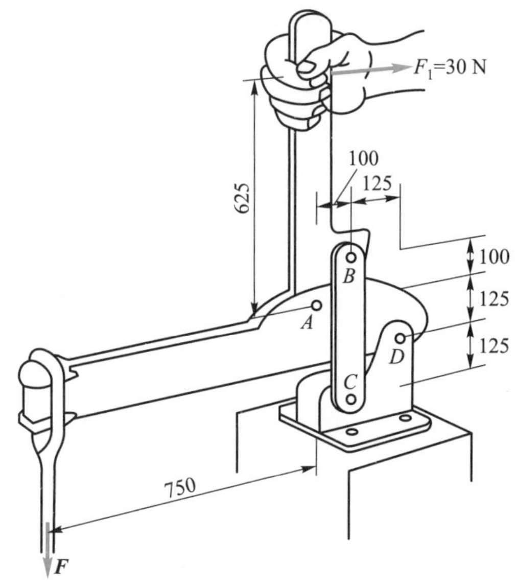

题 4-12 图

4-13　反向铲土机的铲斗和它里面土的重量为 3 000 N(质量约为 300 kg),重心在点 G,铲斗在点 E 铰接。为了使荷载保持在题 4-13 图所示的位置,试求液压气缸 AB、连杆 AC 和 AD 内的力。

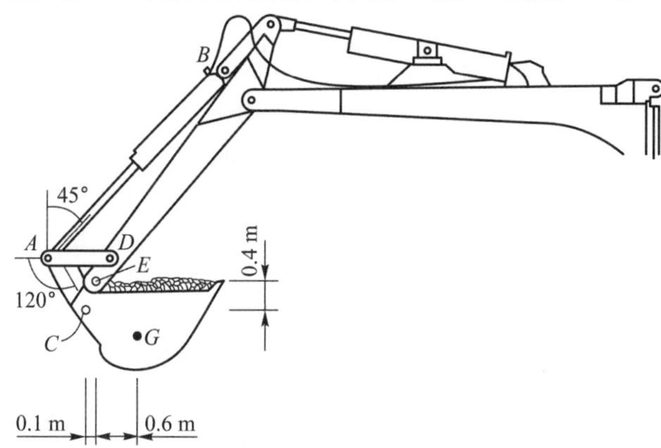

题 4-13 图

4-14　已知力 $\boldsymbol{F}$,试用节点法求题 4-14 图所示各桁架中各杆件的内力。

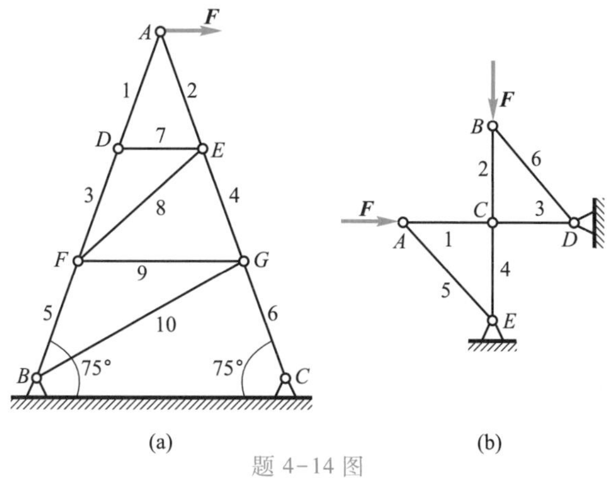

题 4-14 图

4-15 已知力 $\boldsymbol{F}$,试用截面法求题 4-15 图所示各桁架中杆 1、杆 2 和杆 3 的内力。

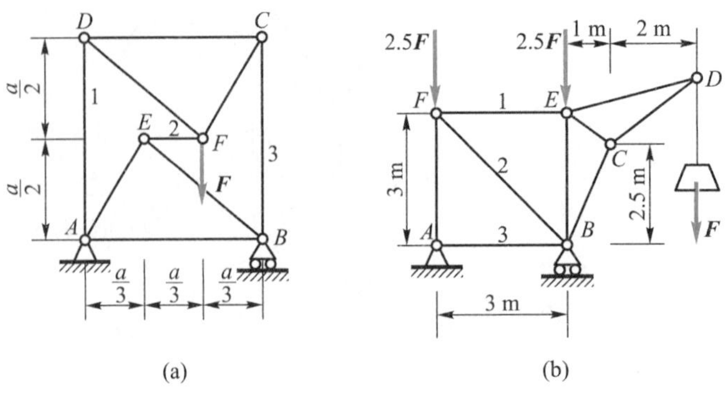

题 4-15 图

工程实际研究性题目

4-16 设计一种篱笆桩移动装置。

一个人想移走几个篱笆桩。每个桩埋入地下深度为 0.5 m,最大需要 700 N 的垂直拉力可以移走,可以用卡车施加这个力,如题 4-16 图所示。试设计一种不使篱笆桩遭到破坏而能移动篱笆桩的方法。可以用的材料只有粗绳和几个不同尺寸和长度的木桩。画出设计的草图,讨论应用它的安全性和可靠性。通过受力分析说明它是如何工作的,并且说明为什么这样移动时,对篱笆桩造成的破坏最小。

4-17 设计一个桥桁架。

具有水平上弦的桥要横跨高度任意的两个桥桩 A 和 B,要求使用铰接桁架,如题 4-17 图所示。在钢连接板上,钢杆用螺钉连接。假设桁架末端支座在点 A 固定铰接,在点 B 活动铰接。在跨中间 3 m 范围内,施加 5 kN 铅直荷载。荷载可以施加在中部的几个节点或一个节点上。风的作用和杆件的重量忽略不计。自行设计杆件的长度,每个杆件的最大拉力不超过 4.25 kN,最大压力不超过 3.5 kN,试设计可以承受这个荷载的最经济的桁架。杆件价格为35 元/m,每个连接板价格为 80 元。按比例画出桁架,对材料进行造价分析。在图上标出每个杆件是受拉还是受压,而且应该包括全部受力分析的结果。

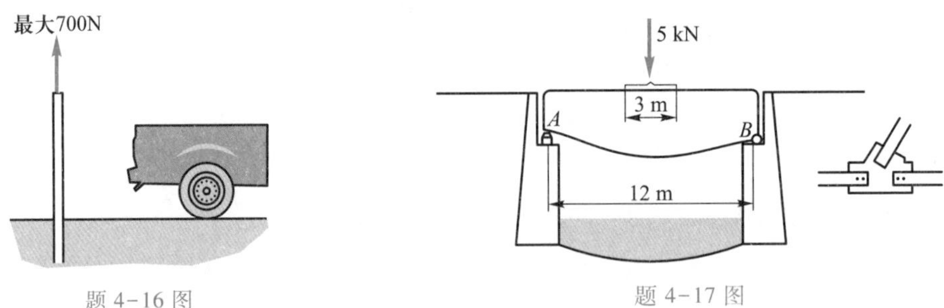

题 4-16 图　　题 4-17 图

第5章 摩 擦

摩擦是普遍存在的一种自然现象，它既可以起积极作用，又可能起消极作用。一方面，在人们的日常生活和工业生产中摩擦是不可或缺的，人类步行时脚底要与地面发生摩擦；火车在路轨上飞驰时车轮要与路轨发生摩擦；货物用传送带传输、月球车在月球上行驶等都需要摩擦。在这些情形下，摩擦是有利的，需要适当增大摩擦，发挥其积极作用。另一方面，摩擦也有其不利的一面，轮船在海里航行时船舷与水流发生的摩擦、飞机在空中飞行时气流对机翼机身产生的摩擦、机器运转时的摩擦等，都会造成能量的无益损耗和机器寿命的缩短，并降低机械效率和精度。摩擦所产生的消耗十分巨大，据不完全统计，世界上大约三分之一的能源消耗都是摩擦造成的。因此，在很多情形下，需要尽可能减小摩擦，抑制其消极作用。

两个相互接触的物体，当它们发生沿接触面的相对滑动或有相对滑动的趋势时，彼此间会产生阻碍这个运动或阻碍运动趋势的切向阻力，这个切向阻力称为滑动摩擦力(sliding friction)。摩擦发生于固体间直接接触表面之间的，称为干摩擦(dry friction)。在刚体静力学中，只研究干摩擦。

5-1 滑动摩擦

5-1-1 库仑干摩擦理论

干摩擦是一种复杂的现象，本节介绍的干摩擦理论——库仑干摩擦理论(Coulomb's theory of dry friction)是一种简化理论，在很多工程问题中可以得到满意的结果。

库仑干摩擦理论的主要内容可以用图 5-1a 中物块的受力分析加以说明。在固定水平面上放置一重为 G 的物块，在物块上作用有一大小可变的水平力 $\boldsymbol{F}$。考虑到实际水平面并非理想光滑，可画出物块的受力分析图如图 5-1b 所示。作用于物块上的力有主动力 $\boldsymbol{F}$、重力 $\boldsymbol{G}$、法向约束力 $\boldsymbol{F}_N$ 和切向的摩擦力 $\boldsymbol{F}_f$。

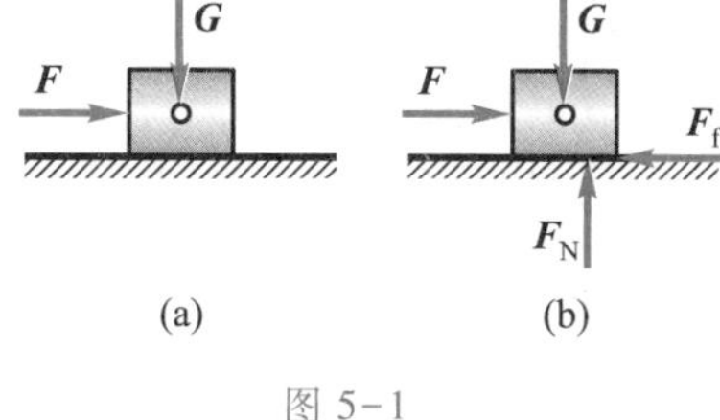

图 5-1

随着主动力 $\boldsymbol{F}$ 由零逐渐增大，摩擦力 $\boldsymbol{F}_f$ 也随之增加。在物块的平衡状态不被破坏之前，物块静止，此时的摩擦力称为静滑动摩擦力，简称为静摩擦力(static friction force)，根据平衡条件可知，$F_f=F$。主动力 $\boldsymbol{F}$ 继续增大，达到一个临界值 $\boldsymbol{F}_{max}$ 时，此后任意微小的主动力 $\boldsymbol{F}$ 的增加都将导致物体平衡的破坏，这时称物体处于临界平衡状态。此时，静摩擦力 $\boldsymbol{F}_f$ 达到一个最大值，这个值称为最大静摩擦力(maximum static friction force)，记为 $\boldsymbol{F}_{max}$。此后，主动力 $\boldsymbol{F}$ 的继续增大将导致物块相对地面发生滑动，此时的摩擦力基本保持为常值，称为动滑动摩擦力，简称为动摩擦力(dynamic friction force)记为 $\boldsymbol{F}_d$。上述主动力 $\boldsymbol{F}$ 和摩擦力 $\boldsymbol{F}_f$ 的关系曲线如图 5-2 所示。

上述分析表明，一般静摩擦力的数值在零与最大静摩擦力之间变化，即

$$0 \leqslant F_{\mathrm{f}} \leqslant F_{\max} \tag{5-1}$$

其中，最大静摩擦力方向与相对滑动趋势的方向相反，大小与支承面的正压力（或法向反作用力）F_{N} 成正比，即

$$F_{\max} = f_{\mathrm{s}} F_{\mathrm{N}} \tag{5-2}$$

式中，f_{s} 为**静摩擦因数**（static friction factor）。静摩擦因数的大小与互相接触物体的材料及其表面状况（粗糙程度、湿度、温度等）有关。静摩擦因数可由实验测定，也可在一般机械工程手册中查到。

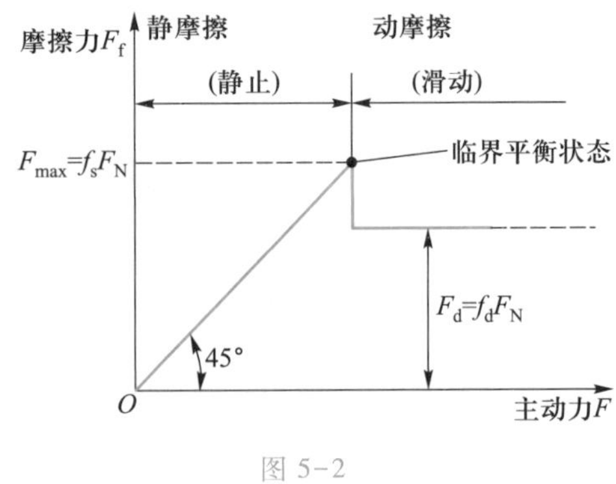

图 5-2

动摩擦力方向与两接触面的相对滑动方向相反，大小与支承面的正压力（或法向反作用力）F_{N} 成正比，即

$$F_{\mathrm{d}} = f_{\mathrm{d}} F_{\mathrm{N}} \tag{5-3}$$

式中，f_{d} 为**动摩擦因数**（kinetic friction factor）。动摩擦因数一般略小于静摩擦因数。

5-1-2 摩擦角和摩擦自锁

有摩擦时，支承面的法向约束力 $\boldsymbol{F}_{\mathrm{N}}$ 和切向约束力（即摩擦力）$\boldsymbol{F}$ 的矢量和 $\boldsymbol{F}_{\mathrm{R}} = \boldsymbol{F}_{\mathrm{N}} + \boldsymbol{F}$ 称为支承面的全约束力，全约束力对支承面在接触点的法线成某一偏角 φ。当临界平衡时，摩擦力达到极限值 $\boldsymbol{F}_{\max}$，全约束力也达到极限值 $\boldsymbol{F}_{\mathrm{Rm}}$，偏角 φ 也到达最大值 φ_{m}（图 5-3）。这个最大偏角 φ_{m} 称为**摩擦角**（angle of friction）。由图 5-3 得到

$$\tan \varphi_{\mathrm{m}} = \frac{F_{\max}}{F_{\mathrm{N}}} = f_{\mathrm{s}} \tag{5-4}$$

即摩擦角的正切等于静摩擦因数。

在临界平衡状态下，总约束力 $\boldsymbol{F}_{\mathrm{Rm}}$ 的作用线绕支承面的法线可以画出一个以接触点为顶点的锥面（图 5-4）。此锥面称为**摩擦锥**（cone of friction）。如物块与支承面间沿任何方向的摩擦因数都相同，则对应的 φ_{m} 也相同。此时摩擦锥将是一个顶角为 $2\varphi_{\mathrm{m}}$ 的圆锥。

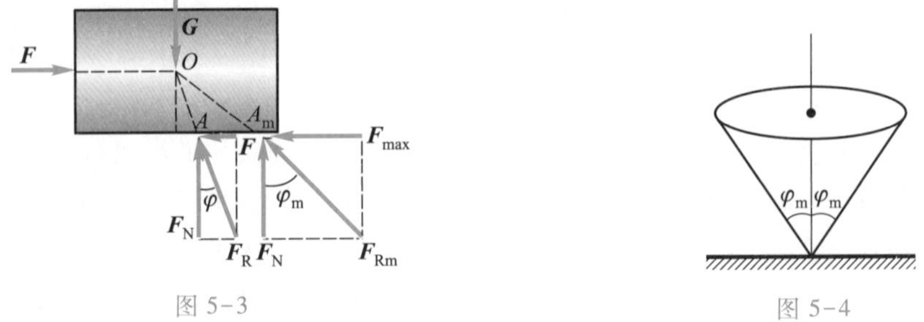

图 5-3　　图 5-4

摩擦角和摩擦锥能更形象地说明有摩擦时的平衡状态。如作用于物体的主动力的合力作用线在摩擦锥以内且方向指向接触点，则不论这个力多大，支承面总能产生约束力来和它平衡，而不能使物体运动。这种现象称为**摩擦自锁**。机器中各种靠摩擦实现的连接

件(如螺钉和螺帽)就是利用这种现象。有些活动件因摩擦过大而“卡滞”也是由于这种原因。为了避免这种“卡滞”现象,除了在设计参数上加以考虑外,还可以通过改进润滑、减小摩擦角的办法来实现。

反之,若主动力的合力作用线在摩擦锥之外,则不论这个力多小,支承面的全约束力都无法与之平衡,因而物体一定要发生运动。

思考题:一重物放在粗糙的水平面上,其接触面的摩擦角为 φ_m。现加一水平方向的推力,此力作用线显然在摩擦角之外,但当该力较小时物体仍然处于平衡状态,为什么?

5-2 滚动摩阻

当一个物体沿着另一个物体表面滚动或具有滚动的趋势时,除可能受到滑动摩擦力外,还要受到一个阻力偶的作用。这个阻力偶称为滚动摩阻(rolling resistance)。

置于粗糙水平地面重为 G 的碗子中心作用一水平力 $\boldsymbol{F}_Q$(图 5-5a),若碗子和支承面都是刚体,则两者在 A 处只能为线接触(接触线垂直于图 5-5a 的平面)。由碗子受力图 5-5a可以看出,碗子上作用的力系为不平衡力系,不论自重多大,碗子都会在力偶($\boldsymbol{F}_Q$,$\boldsymbol{F}$)的作用下滚动。这显然不符合实际情况。

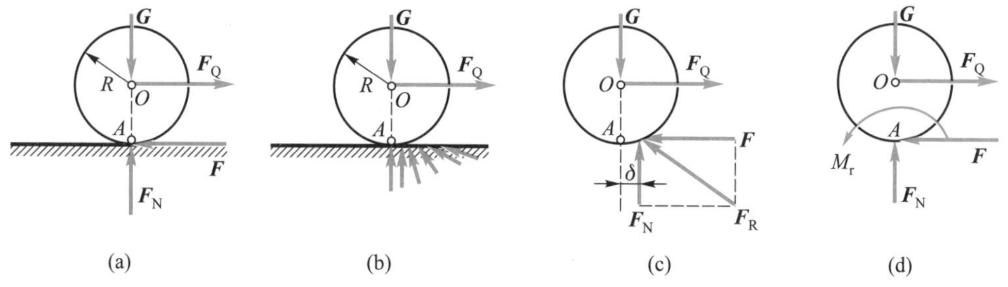

图 5-5

实际上,碗子和支承面并非刚体。当两者压紧时,接触处多少都会发生一些变形,形成小的接触面,从而碗子所受的反作用力将分布在这个小面积上(图 5-5b), 而且在力 $\boldsymbol{F}_Q$ 的作用下呈不对称分布,这些分布力的合力 $\boldsymbol{F}_R$ 如图 5-5c 所示,它的作用点不再在碗子的最低点 A,而要向前偏离一段距离。由平衡条件知,$\boldsymbol{F}_R$ 的两个分力大小为 $F=F_Q$,$F_N=G$。同时,力 $\boldsymbol{F}_Q$ 和 $\boldsymbol{F}$ 组成使碗子滚动的力偶,而 $\boldsymbol{G}$ 和 $\boldsymbol{F}_N$ 组成阻止碗子滚动的力偶,称为滚动摩阻。根据力向一点平移的理论,图 5-5c 又可表示为图5-5d 的形式,其中 M_r 就是滚动摩阻的矩。

当碗子有滚动的趋势而还没有开始运动时,滚动摩阻应当和滚动力偶互成平衡;当滚动力偶矩逐渐增大时,滚动摩阻的力偶矩也随着增大,始终和滚动力偶矩相等。这时力偶($\boldsymbol{F}_N$,$\boldsymbol{G}$)的臂在逐渐增大,即法向约束力 $\boldsymbol{F}_N$ 的作用线在逐渐偏离点 A(图 5-5c)。实验证明,在每一具体条件下,滚动摩阻的力偶矩具有极限值 M_{max},M_{max} 可由下式计算:

$$M_{max}=\delta F_N \tag{5-5}$$

式中的 δ 称为滚阻系数(coefficient of rolling resistance)。滚阻系数具有长度量纲,它与材料硬度有关。材料硬一些,受荷载后的变形就小些,因而滚阻系数较小;反之,材料软,变形大,滚阻系数大,滚动摩阻就大。例如,轮胎打足气,可以减小滚动摩阻。

应该注意,由上述分析结果,物体滚动前后,除存在滚动摩阻外,还存在滑动摩擦力。对自由滚动的车轮,滑动摩擦力不但没有害处,反而有利。如果滑动摩擦力太小,车轮就会原地打滑,这时不仅难以前进,而且还会引起磨损。因此,汽车的轮胎总是做成凹凸不平的花纹;当钢轨潮湿时,为使机车上坡时不打滑而在钢轨上撒沙,就是为了增加动摩擦因数,防止打滑。

5-3 考虑滑动摩擦时的平衡问题

考虑滑动摩擦时的平衡问题分析仍以平衡理论、平衡方程为依据。在有摩擦力的情况下,平衡包含两种状态:静止状态和临界状态。常见的摩擦问题可以归并为两类:

(1) 外力和摩擦因数已知,确定物体处于静止还是运动。此类问题的求解方法是首先通过建立包含摩擦力在内的平衡方程,求得摩擦力 $\boldsymbol{F}$ 和法向约束力 $\boldsymbol{F}_{\mathrm{N}}$(正压力)。再依据 $F_{\max}=f_s F_{\mathrm{N}}$ 解得最大静摩擦力。最后,通过比较摩擦力 $\boldsymbol{F}$ 和最大静摩擦力 $\boldsymbol{F}_{\max}$ 的大小关系确定物体的实际运动状态。

(2) 物体处于静止状态或临界状态,确定外力或静摩擦因数。此类问题的求解方法是依据物体在主动力作用下的运动趋势来判断其接触处的摩擦力方向。在一般静止状态,静摩擦力 $F\leqslant F_{\max}=f_s F_{\mathrm{N}}$,可作为补充方程。而在临界状态,摩擦力取得最大静摩擦力,将其计算公式 $F_{\max}=f_s F_{\mathrm{N}}$ 作为补充方程,与平衡方程联立可求得所需未知量。

例题 5-1 如图 5-6a 所示梯子 AB 一端靠在铅垂的墙壁上,另一端搁置在水平地面上。假设墙壁是光滑的,而地面粗糙,其静摩擦因数为 f_s,梯子重为 G,可视为均质杆,长度 $AB=l$。(1) 若梯子在倾角 α_1 的位置保持平衡,试求约束力 $\boldsymbol{F}_{\mathrm{N}A}$、$\boldsymbol{F}_{\mathrm{N}B}$ 和摩擦力 $\boldsymbol{F}_A$;(2) 若梯子不致滑倒,试求其倾角 α 的范围。

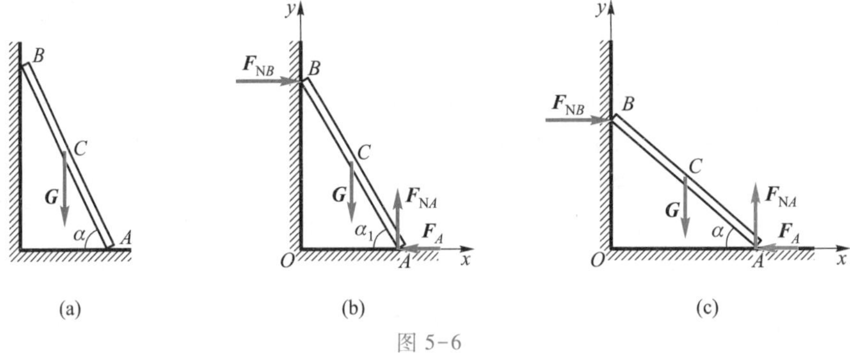

图 5-6

解:(1) 取梯子为研究对象,受力如图 5-6b 所示,其中将摩擦力 $\boldsymbol{F}_A$ 作为一般的约束力,设其方向如图所示。于是有平衡方程

$$\sum M_A(F)=0,\quad G\times\frac{l}{2}\cos\alpha_1-F_{\mathrm{N}B}\times l\sin\alpha_1=0 \tag{1}$$

$$\sum F_y=0,\quad F_{\mathrm{N}A}-G=0 \tag{2}$$

$$\sum F_x=0,\quad -F_A+F_{\mathrm{N}B}=0 \tag{3}$$

由式(1)、式(2)、式(3)三式可解得

$$F_{\mathrm{N}B}=\frac{G}{2}\frac{\cos\alpha_1}{\sin\alpha_1},\quad F_{\mathrm{N}A}=G,\quad F_A=\frac{G}{2}\cot\alpha_1$$

(2) 假设梯子处于即将滑动的临界状态，此时摩擦力 $\boldsymbol{F}_A$ 达到最大值。这种情形下，梯子的受力图如图 5-6c 所示，于是平衡方程为

$$\sum M_A(F)=0,\quad G\times\frac{l}{2}\cos\alpha-F_{NB}\times l\sin\alpha=0 \tag{4}$$

$$\sum F_y=0,\quad F_{NA}-G=0 \tag{5}$$

$$\sum F_x=0,\quad F_A-F_{NB}=0 \tag{6}$$

补充方程：

$$F_A=f_s F_{NA} \tag{7}$$

据此不仅可以解出 A、B 两处的约束力，而且可以确定保持平衡时梯子的临界倾角

$$\alpha=\operatorname{arccot}(2f_s)$$

由常识可知，α 越大，梯子越易保持平衡，故平衡时梯子对地面的倾角范围为

$$\alpha\geqslant\operatorname{arccot}(2f_s)$$

例题 5-2　如图 5-7a 所示，重量为 G 的均质木箱放在粗糙水平地面上，其上作用有力 $\boldsymbol{F}$。已知木箱高 h，宽为 $2b$，木箱与地面的静摩擦因数为 f_s，力 $\boldsymbol{F}$ 与水平线夹角为 α。试求保持木箱平衡的力 $\boldsymbol{F}$ 的最大值。

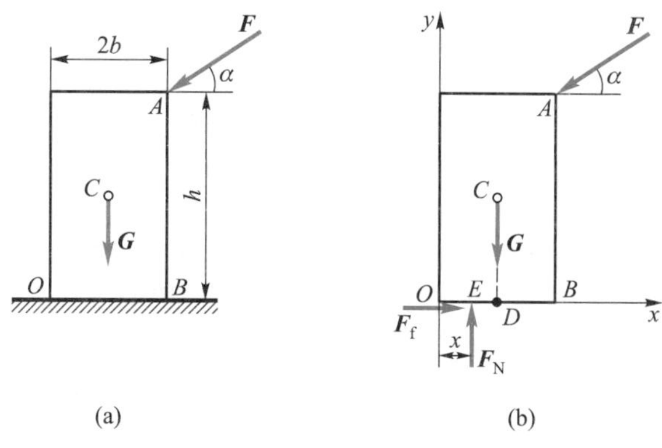

图 5-7

解：当力 $\boldsymbol{F}$ 逐渐增大时，木箱的平衡状态被破坏有两种形式，向左发生滑动或绕点 O 发生倾倒。因而必须根据木箱滑动和倾倒两种情况分别进行分析计算，将两种情况下的结果进行比较，给出结论。

一般情况下，木箱的受力如图 5-7b 所示，法向约束力 $\boldsymbol{F}_N$ 的作用点位于 OD 连线上的某一点 E 处，设 $OE=x$。根据平面任意力系的平衡方程，有

$$\sum F_x=0,\quad F_f-F\cos\alpha=0 \tag{1}$$

$$\sum F_y=0,\quad F_N-F\sin\alpha-G=0 \tag{2}$$

$$\sum M_O(\boldsymbol{F})=0,\quad x\times F_N-b\times G+h\times F\cos\alpha-2b\times F\sin\alpha=0 \tag{3}$$

假设木箱先向左滑动，则有物理条件

$$F_f=f_s F_N(\text{和 } x\neq 0) \tag{4}$$

将式(1)和式(2)代入式(4)，令此时的 $F=F_1$，得

$$F_1\cos\alpha=f_s(F_1\sin\alpha+G)$$

于是，得到使木箱发生向左滑动的力 F 的临界值为

$$F_1=\frac{f_s G}{\cos\alpha-f_s\sin\alpha} \tag{5}$$

假设木箱先绕点 O 倾倒,则有物理条件

$$x=0(\text{和 } F_f<f_s F_N) \tag{6}$$

将式(6)代入式(3),令此时的 $F=F_2$,得到木箱先绕点 O 倾倒的力 F 的临界值为

$$F_2=\frac{bG}{h\cos\alpha-2b\sin\alpha} \tag{7}$$

比较式(5)和式(7)的结果,可以得到不破坏木箱平衡状态的力 $\boldsymbol{F}$ 最大值 F_{max}应取 F_1 和 F_2 二者中的较小值,即

(1) 当 $f_s<\dfrac{b\cos\alpha}{h\cos\alpha-b\sin\alpha}$时,$F_1<F_2$,木箱先向左滑动,不破坏木箱平衡状态的力 $\boldsymbol{F}$ 最大值 $F_{max}=F_1=\dfrac{f_s G}{\cos\alpha-f_s\sin\alpha}$;

(2) 当 $f_s>\dfrac{b\cos\alpha}{h\cos\alpha-b\sin\alpha}$时,$F_1>F_2$,木箱先绕点 O 倾倒,不破坏木箱平衡状态的力 $\boldsymbol{F}$ 最大值 $F_{max}=F_2=\dfrac{bG}{h\cos\alpha-2b\sin\alpha}$;

(3) 当 $f_s=\dfrac{b\cos\alpha}{h\cos\alpha-b\sin\alpha}$时,$F_1=F_2$,木箱同时发生滑动和倾倒,不破坏木箱平衡状态的力 $\boldsymbol{F}$ 最大值 F_{max}取为 F_1 和 F_2 二者中任一个。

例题 5-3　如图 5-8a 所示,均质杆 AB 和 BC 的长均为 3 m,重量均为 100 N,通过光滑铰链 A、B 连接成如图所示机构。在杆 BC 中点 D 处作用的水平力 $\boldsymbol{F}$ 使两杆与地面的夹角均为 30°而保持平衡。若地面与杆的静摩擦因数 $f_s=0.5$,试求不破坏系统平衡的力 $\boldsymbol{F}$ 的最大值与最小值。

解:杆 BC 在 C 端与地面存在摩擦,当力 $\boldsymbol{F}$ 足够小时,在杆 BC 的重力作用下,杆 BC 有向右滑动的趋势,此时在 C 端有向左的静摩擦力,当此静摩擦力取得保持平衡的最大值时,主动力 $\boldsymbol{F}$ 取得最小值(图 5-8c);同样,当力 $\boldsymbol{F}$ 足够大时,杆 BC 有向左滑动的趋势,此时在 C 端有向右的静摩擦力,当此静摩擦力取得保持平衡的最大值时,主动力 $\boldsymbol{F}$ 取得最大值(图 5-8d)。

先取整个系统为研究对象,受力分析如图 5-8b 所示,C 处的摩擦力可能的两个方向都以虚线画出。列写平衡方程

$$\sum M_A(\boldsymbol{F})=0,\quad F_N(6\text{ m}\times\cos 30°)+F(1.5\text{ m}\times\sin 30°)-G_{AB}(1.5\text{ m}\times\cos 30°)-G_{BC}(4.5\text{ m}\times\cos 30°)=0 \tag{1}$$

再取杆 BC 为研究对象,受力分析如图 5-8c、d 所示,两图分别对应力 $\boldsymbol{F}$ 的最小和最大值的情况。列写力矩平衡方程

$$\sum M_B(\boldsymbol{F})=0,\quad F_N(3\text{ m}\times\cos 30°)-G_{BC}(1.5\text{ m}\times\sin 30°)-F(1.5\text{ m}\times\sin 30°)\pm F_C(3\text{ m}\times\sin 30°)=0 \tag{2}$$

在临界平衡状态,摩擦力取得最大值,有

$$F_C=f_s F_N \tag{3}$$

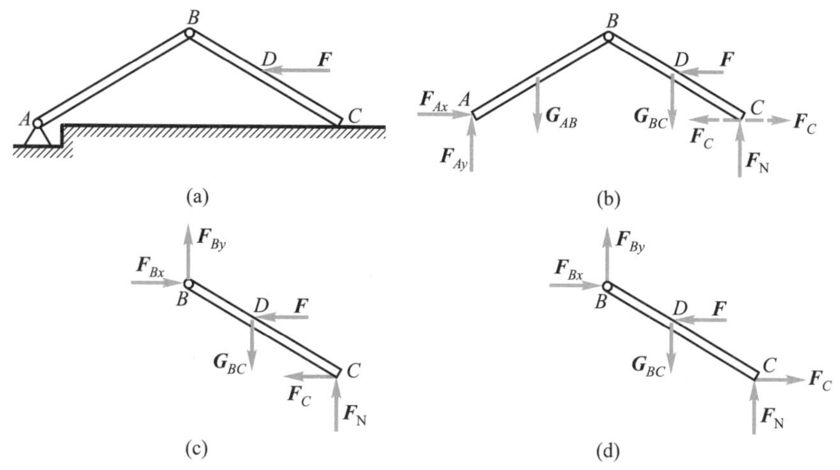

图 5-8

联立式(1)、式(2)、式(3)三式,其中式(2)F_C 项前的正号对应于力 $\boldsymbol{F}$ 的最大值,负号对应于力 $\boldsymbol{F}$ 的最小值,代入数据求解得到

$$\text{力 } \boldsymbol{F} \text{ 的最大值}: F_{\max}=1\ 630\ \mathrm{N}$$

$$\text{力 } \boldsymbol{F} \text{ 的最小值}: F_{\min}=530\ \mathrm{N}$$

例题 5-4 均质轮子的重量 $G=3\ \mathrm{kN}$,半径 $r=0.3\ \mathrm{m}$;今在轮心 O 上施加平行于斜面的拉力 $\boldsymbol{F}$,使轮子沿倾角为 $\theta=30°$的斜面匀速向上作纯滚动(图 5-9a)。已知轮子与斜面间的滚阻系数 $\delta=0.05\ \mathrm{cm}$。试求力 $\boldsymbol{F}$ 的大小。

解: 因为轮子作匀速运动,作用在轮子的力应自成平衡。轮子除受重力 $\boldsymbol{G}$、拉力 $\boldsymbol{F}$、法向约束力 $\boldsymbol{F}_N$ 和静摩擦力 $\boldsymbol{F}_f$ 以外,还受到矩为 M_m 的滚阻力偶作用(图 5-9b)。列写平衡方程

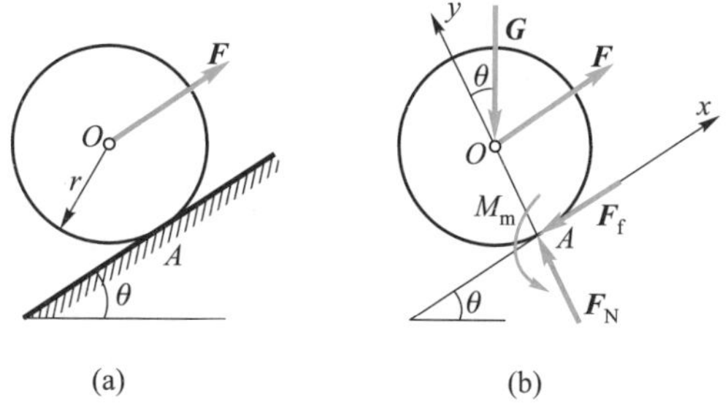

图 5-9

$$\sum F_y=0,\quad F_N-G\cos\theta=0 \tag{1}$$

$$\sum M_A(\boldsymbol{F})=0,\quad M_m+Gr\sin\theta-Fr=0 \tag{2}$$

式中

$$M_m=\delta F_N \tag{3}$$

三式联立求解得

$$F=G\left(\sin\theta+\frac{\delta}{r}\cos\theta\right)$$

代入数据得

$$F=1\ 504\ \mathrm{N}$$

小 结

1. 滑动摩擦

两个相互接触的物体,当它们发生沿接触面的相对滑动或有相对滑动的趋势时,彼此间产生阻碍这个运动的切向阻力称为滑动摩擦力。滑动摩擦力可分为3种情况:

(1) 当两物体有相对滑动的趋势,但尚未发生相对滑动时,摩擦力为静滑动摩擦力,其大小 F_f 与主动力大小有关,在零到最大静摩擦力 F_{max} 之间取值,即 $0 \leqslant F_f \leqslant F_{max}=f_s F_N$,摩擦力的方向与两物体接触处的相对滑动趋势方向相反。

(2) 当物体处于即将发生相对滑动的临界平衡状态时,摩擦力达到最大静滑动摩擦力,最大静摩擦力 $F_{max}=f_s F_N$,摩擦力的方向与两物体接触处的相对滑动趋势方向相反。

(3) 当两物体发生相对滑动时,摩擦力为动滑动摩擦力,其大小 $F_d=f_d F_N$,摩擦力的方向与两物体接触处的相对滑动方向相反。

2. 摩擦角与自锁现象

(1) 摩擦角:当临界平衡时,摩擦力达到极限值 $\boldsymbol{F}_{max}$,由最大静摩擦力 $\boldsymbol{F}_{max}$ 和法向约束力 $\boldsymbol{F}_N$ 合成的全约束力与接触处的公法线间的夹角称为摩擦角 φ_m。摩擦角的正切等于静摩擦因数,即 $\tan\varphi_m=f_s$。

(2) 摩擦自锁现象:如作用于物体的主动力的合力作用线在摩擦锥以内且方向指向接触点,则不论这个力多大,支承面总能产生约束力来和它平衡,而不能使物体运动。这种现象称为摩擦自锁。

3. 滚动摩阻

当一个物体沿着另一个物体表面滚动或具有滚动的趋势时,除可能受到滑动摩擦力外,还要受到一个阻力偶的作用。这个阻力偶称为滚动摩阻。

在每一具体条件下,滚动摩阻的力偶矩具有相应的极限值 $M_{max}=\delta F_N$,其中 δ 称为滚阻系数。

习 题

5-1 如题5-1图所示重 G 的物体,放在粗糙的水平面上,接触面之间的静摩擦因数为 f_s。试求拉动物体所需力 $\boldsymbol{F}$ 的最小值及此时的角 θ。

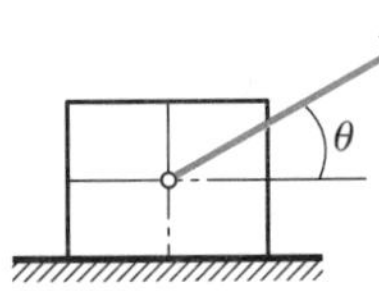

题5-1图

5-2 如题5-2图所示,置于V型槽中的棒料上作用一力偶,当力偶的矩 $M=15\ \text{N}\cdot\text{m}$ 时,刚好能转动此棒料。已知棒料重 $G=400\ \text{N}$,直径 $D=0.25\ \text{m}$,不计滚动摩阻。试求棒料与V形槽间的静摩擦因数 f_s。

5-3 如题5-3图所示梯子 AB 重 G_1,作用在梯子的中点,上端靠在光滑的墙上,下端搁在粗糙的地板上,静摩擦因数为 f_s。要想使重为 G_2 的人爬到顶点 A 而梯子不致滑动,试问倾角 θ 应为多大?

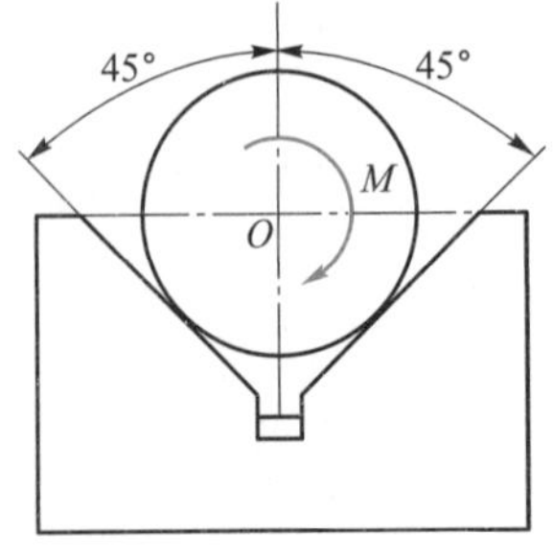

题5-2图

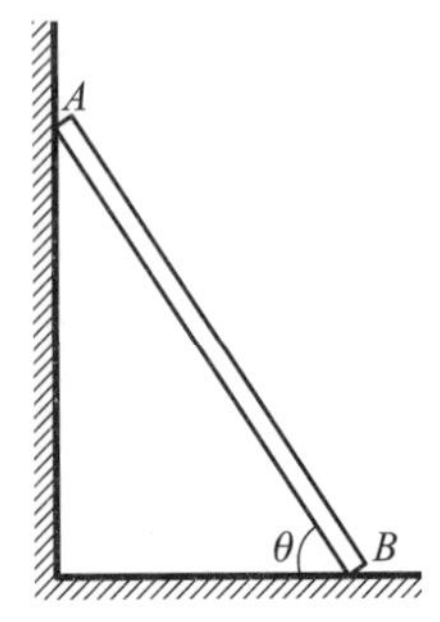

题5-3图

5-4 如题5-4图所示砖夹由曲杠杆 AOB 和 OCD 在点 O 铰接而成。工作时在点 H 加力 $\boldsymbol{F}$，H 在 AD 的中心线上。若砖夹与砖间的静摩擦因数 $f_s=0.5$，不计各杆的重量，试问距离 b 为多少才能把砖块夹起？

5-5 如题5-5图所示均质杆 AB 和 BC 在 B 端铰接，A 端铰接在墙上，C 端则靠在墙上，墙与 C 端接触处的静摩擦因数 $f_s=0.5$。试确定平衡时的最大角 θ。已知两杆长度相等，重量相同，铰链中摩擦不计。

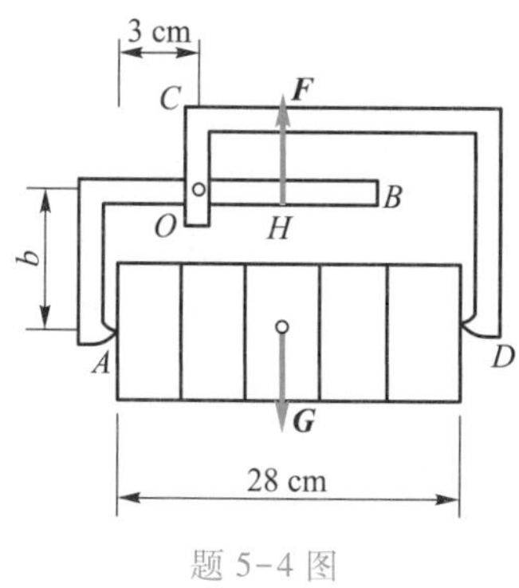

题5-4图

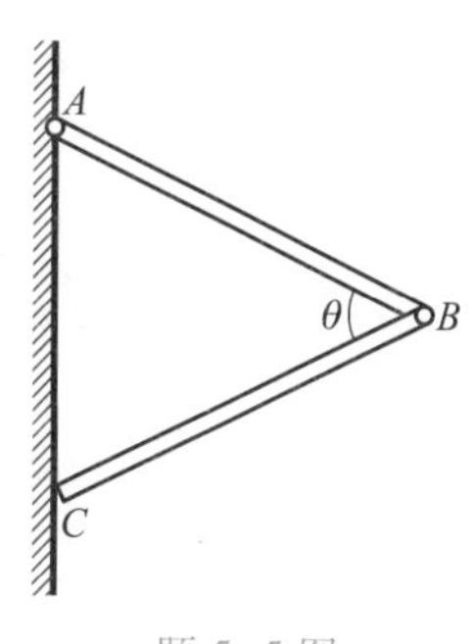

题5-5图

5-6 滑块 A、B 分别重 100 N，由题5-6图所示联动装置连接。杆 AC 平行于斜面，杆 CB 水平；C 是光滑铰链。各杆的重量和滑块的尺寸均不计，滑块与地面间的静摩擦因数都是 $f_s=0.5$。试确定不致引起滑块移动的最大铅垂力 $\boldsymbol{F}$。

5-7 如题5-7图所示，杆 AB 和 BC 在 B 处铰接，在铰链 B 上作用有铅垂力 $\boldsymbol{F}$，C 端铰接在墙上，A 端铰接在重 $G=1\ 000$ N 的均质长方体的几何中心 A。已知杆 BC 水平，长方体与水平面间的静摩擦因数为 $f_s=0.52$，杆重不计，尺寸如图所示。试确定不致破坏系统平衡的力 $\boldsymbol{F}$ 的最大值。

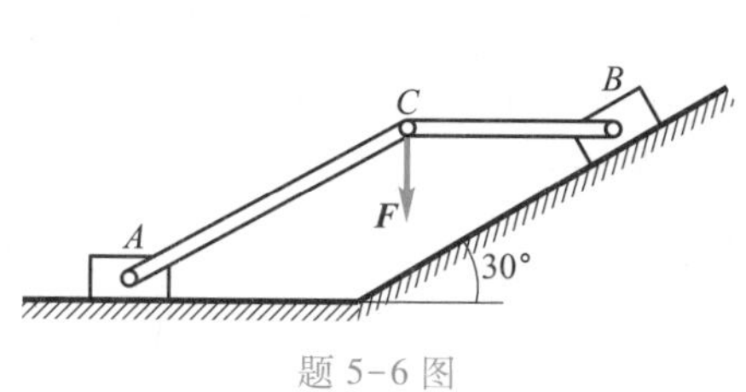

题5-6图

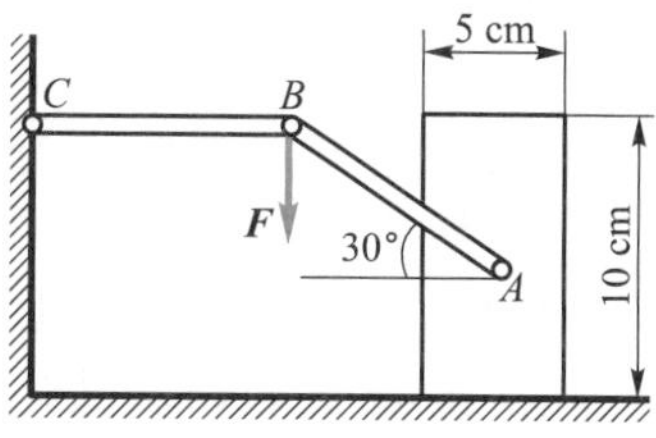

题5-7图

5-8 如题5-8图所示，靠摩擦力提举重物的夹具是由相同弯杆 ABC 和 DEF 组成，中间用杆 BE 连接，B 和 E 处都是光滑铰链。试问摩擦因数应为多大，才能保证重物 G 不致下滑？压块尺寸和各构件的重量均不计。

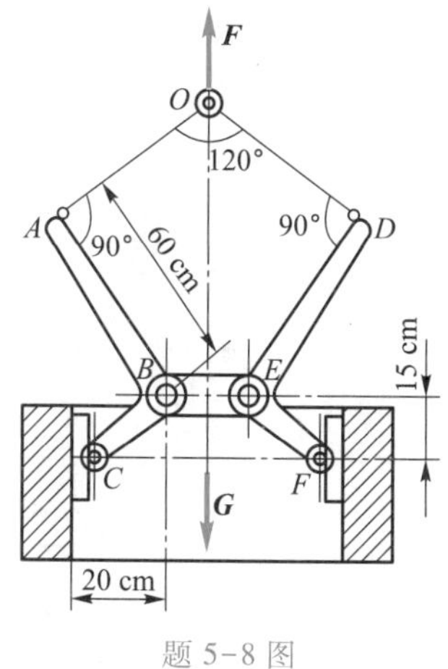

题5-8图

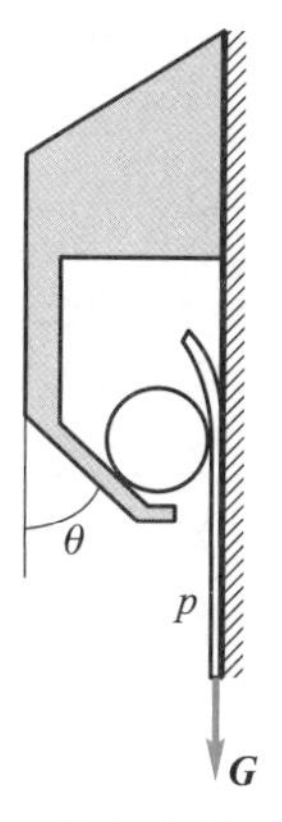

题5-9图

5-9 如题 5-9 图所示，摩擦钩由一个固定框架和一个重量可以忽略不计的圆柱体制成。在光滑的墙面和圆柱体之间放置一张纸。如果 $\theta=20°$，为使任何重量 G 的纸张都能放得住，试求各接触点的最小摩擦因数。

5-10 如题 5-10 图所示，一重为 $G=196$ N 的均质圆盘静置在斜面上，已知圆盘与斜面间的静摩擦因数 $f_s=0.2$，$R=20$ cm，$e=10$ cm，$a=40$ cm，$b=60$ cm，$c=40$ cm。杆重及滚动摩阻不计。试求作用在曲杆 AB 上而不致引起圆盘在斜面上发生滑动的最大铅垂力。

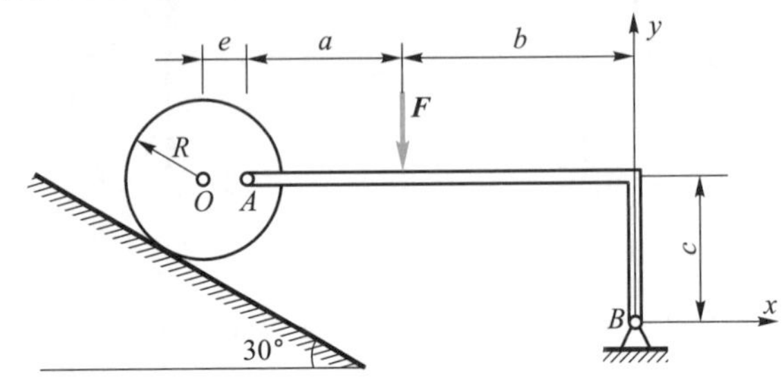

题 5-10 图

5-11 如题 5-11 图所示，均质细杆 AB 重为 $G_1=360$ N，A 端搁置在光滑水平面上，并通过柔绳绕过滑轮悬挂一重为 G 的物块 C；B 端靠在铅垂的墙面上，已知 B 端与墙间的静摩擦因数 $f_s=0.1$。试求在下述情况下 B 端受到的滑动摩擦力：(1) $G=200$ N；(2) $G=170$ N。

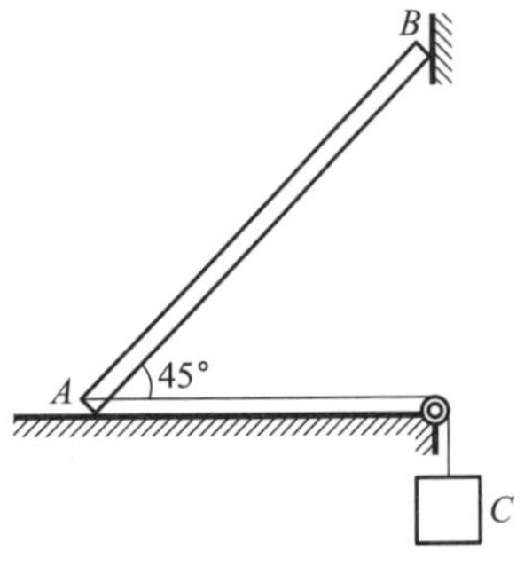

题 5-11 图

5-12 如题 5-12 图所示，圆柱的直径为 60 cm，重 3 kN，由于力 $\boldsymbol{F}$ 作用而沿水平面作匀速运动。已知滚阻系数 $\delta=0.5$ cm，而力 $\boldsymbol{F}$ 与水平面的夹角为 $\alpha=30°$。试求力 $\boldsymbol{F}$ 的大小。

5-13 如题 5-13 图所示，均质轮子的重量 $G=300$ N，由半径 $R=0.4$ m 和半径 $r=0.1$ m 两个同心圆固连而成。已知轮子与地面的滚阻系数 $\delta=0.005$ m，静摩擦因数 $f_s=0.2$。试求拉动轮子所需力 $\boldsymbol{F}$ 的最小值。

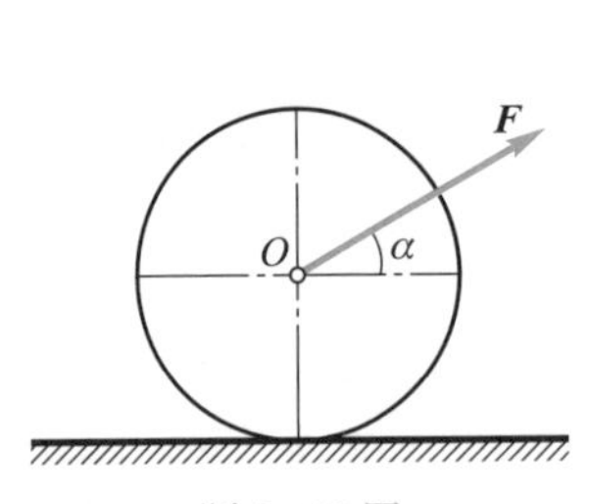

题 5-12 图

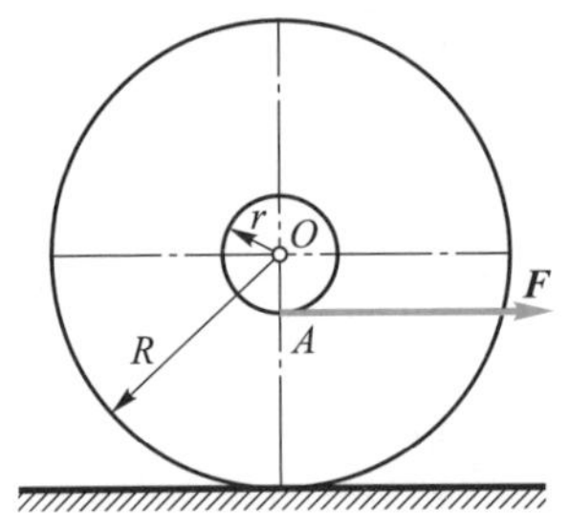

题 5-13 图

工程实际研究性题目

5-14 对于题 5-14 图所示的简单的升降机，请自我命题研究：

(1) 设想各种可能的工作状态。

(2) 分析各种工作状态下可能遇到的与摩擦有关的问题。

(3) 设定已知参数和所要求的量。

(4) 求解。

(5) 结论与讨论。

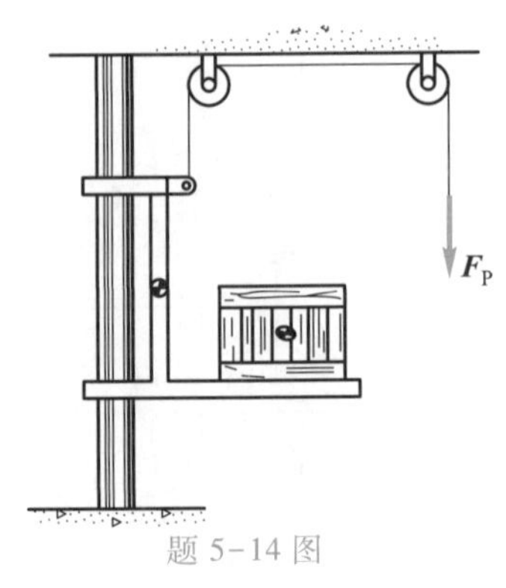

题 5-14 图

5-15 设计一个抽屉。

如题 5-15 图所示的抽屉如果忽略底部的摩擦，侧面的静摩擦因数 $f_s=0.4$。试确定尺寸 l、h、s，使得当集中力 $\boldsymbol{F}$ 作用在任一个手柄上时，都能拉开抽屉。

5-16　设计一个装置提升不锈钢管。

许多不锈钢管垂直地堆放在场地上，打算用桥式起重机将不锈钢管从一个地点吊装到另一个地点（题 5-16 图）。管子的内径范围是 100 mm≤d≤250 mm，质量最大为 500 kg。试设计一种装置与吊钩连接能够提升每一个管子。装置的材料选用钢材，夹住管子的内表面，外表面不能有划痕或损伤。假定管子与钢材间的静摩擦因数 f_s = 0.25。按比例绘制装置图，并说明工作原理。

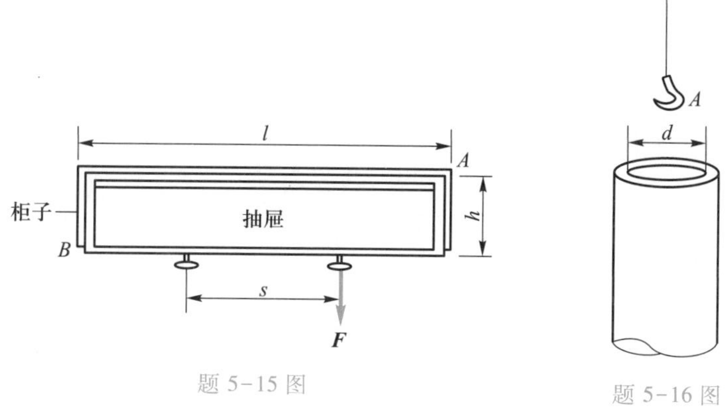

题 5-15 图　　题 5-16 图

运动学

运动学（kinematics）从几何的观点出发研究物体的机械运动规律，其任务是建立物体运动的描述方法，确定物体运动的各有关特征量，如运动方程、速度、加速度和其他运动学量及其相互关系。运动学不涉及运动产生和变化的原因，因而不需引入力和质量等物理量。

在运动学研究中，通常将物体抽象为点和刚体两种模型。所谓点是指其形状、大小可忽略不计而只在空间占有确定位置的几何点。而刚体可视为由无穷多个点组成的不变形的几何形体。当物体的形状和大小对所研究问题不产生影响时，可以将物体抽象为一个点（partical）；反之，应将物体抽象为刚体（rigid body）。如当研究人造地球卫星的轨道时，可以将其抽象为一个点。而当研究人造地球卫星的姿态运动时，就可以将其抽象为刚体。根据研究对象的不同，运动学可分为点的运动学和刚体运动学。

在运动学中，首先遇到的问题是如何确定物体在空间的位置。物体的位置只能相对描述，即只能确定一个物体对另一物体的相对位置，这时后一物体被视为确定前一物体位置的参考体。固连于参考体上的一组坐标系称为参考坐标系或参考系（reference coordinate system）。在运动学中，参考系的选择是任意的。描述同一物体的运动时，选用不同的参考系会得到不同的运动形式。例如，当车厢沿轨道行驶时，对固连于车厢的参考系，车厢里坐着的人是静止的；而对于固连于地面的参考系，乘客是随车厢一起运动的。因此，在研究物体的运动之前，必须先指明参考系。在一般工程问题中，总是选取固连于地面上的坐标系为参考系。本书中，如无特别说明，选用的参考系都固连于地面。

在运动学中经常要用到瞬时（instant）与时间间

隔（time interval）两个不同的概念。运动过程的某一时刻称为瞬时，它对应于时间轴上的一个点。两个不同瞬时之间的一段时间称为时间间隔，它对应于时间轴上两个时间点之间的一段区间。

学习运动学，一方面为学习动力学打好基础，另一方面也具有独立的工程应用意义。在工程实际中，不论设计新产品、新设备或进行技术革新，首先要求产品或设备能完成预定的各种运动。因此，必须以运动学知识为基础，对传动机构进行必要的运动分析，才能使机器完成预定的动作，并满足运动中的各种要求（如各特征点的速度、加速度、轨迹等）。

第 6 章 点的运动学

本章以点为研究对象,研究点的位置随时间的变化规律,包括点的运动轨迹、运动方程、速度和加速度等。

6-1 描述点的运动的矢量法

6-1-1 点的运动方程

运动学中常把研究的点称为动点。动点在所选参考系中位置随时间的变化规律称为动点的运动方程(equation of motion)。

动点 M 在某一参考系 $Oxyz$ 中的位置可表示如下:从参考系的坐标原点 O 向点 M 作一矢量 $\boldsymbol{r}$,$\boldsymbol{r}$ 称为点 M 相对点 O 的矢径(radius vector)。当点 M 运动时,矢径 $\boldsymbol{r}$ 的大小和方向都随时间不断改变,在每一瞬时,当矢径 $\boldsymbol{r}$ 确定时,动点 M 的空间位置可被唯一确定,如图 6-1 所示。这种用矢径确定动点位置的方法称为矢量法(vector method)。当动点运动时,矢量 $\boldsymbol{r}$ 是时间 t 的单值连续函数,即

$$\boldsymbol{r}=\boldsymbol{r}(t) \tag{6-1}$$

方程式(6-1)称为点 M 的矢量形式的运动方程。变矢量 $\boldsymbol{r}$ 的末端随时间变化的曲线简称矢端图(hodograph of radius vector),就是动点的运动轨迹(trajectory)。

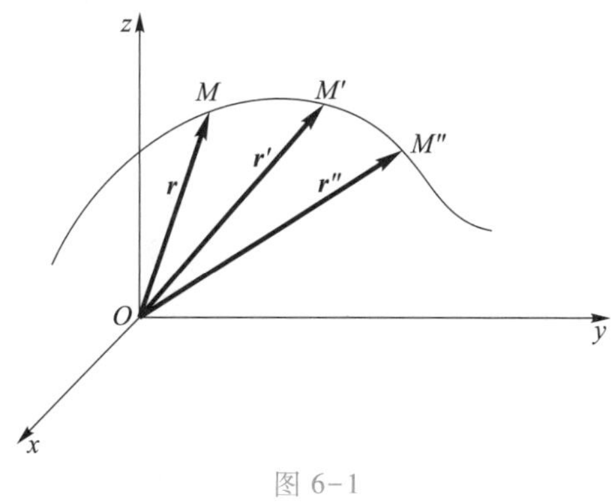

图 6-1

6-1-2 点的速度

设在某一瞬时 t,动点 M 的矢径为 $\boldsymbol{r}$,经过时间间隔 Δt 后,即在瞬时 $t+\Delta t$,动点运动到点 M',矢径变为 $\boldsymbol{r}'$,如图 6-2 所示。在时间间隔 Δt 内矢径的变化量为

$$\Delta\boldsymbol{r}=\boldsymbol{r}'-\boldsymbol{r}=\overrightarrow{MM'} \tag{6-2}$$

这里 $\Delta\boldsymbol{r}$ 表示在时间间隔 Δt 内动点位置矢量的改变,称为动点在 Δt 时间内的位移(displacement)。

动点在 Δt 时间内运动的快慢,可用比值 $\Delta \boldsymbol{r}/\Delta t$ 来描述,当 $\Delta t \to 0$ 时,该比值的极限称为动点 M 在瞬时 t 的速度(velocity),即

$$\boldsymbol{v}=\lim_{\Delta t\to 0}\frac{\Delta \boldsymbol{r}}{\Delta t}=\frac{\mathrm{d}\boldsymbol{r}}{\mathrm{d}t}=\dot{\boldsymbol{r}} \tag{6-3}$$

即动点的速度等于它的矢径对时间的一阶导数。速度 $\boldsymbol{v}$ 的方向沿运动轨迹在该点处的切线,方向与此点运动的方向一致,如图 6-2 所示。在国际单位制中,速度的单位是 m/s。

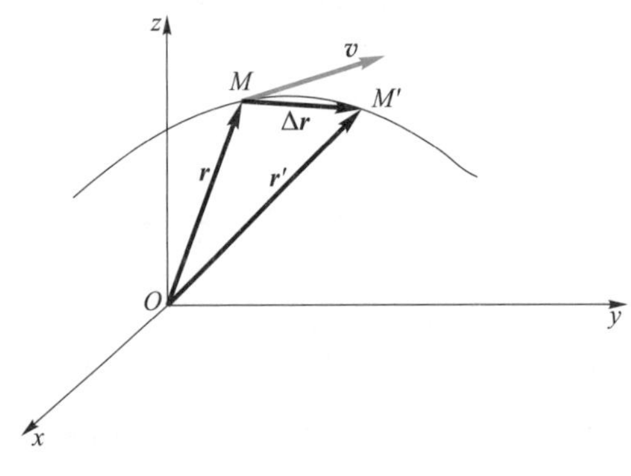

图 6-2

6-1-3 点的加速度

为了描述点的速度的变化率,现引入加速度的概念。

设动点在 t 时刻和 $t+\Delta t$ 时刻的速度分别为 $\boldsymbol{v}$ 和 $\boldsymbol{v}'$,在时间间隔 Δt 内,动点的速度改变量为 $\Delta \boldsymbol{v}=\boldsymbol{v}'-\boldsymbol{v}$,如图 6-3 所示。则比值 $\Delta \boldsymbol{v}/\Delta t$ 表示在 Δt 时间间隔内速度的变化率。当 $\Delta t \to 0$ 时,该比值的极限称为点 M 在瞬时 t 的加速度(acceleration),即

$$\boldsymbol{a}=\lim_{\Delta t\to 0}\frac{\Delta \boldsymbol{v}}{\Delta t}=\frac{\mathrm{d}\boldsymbol{v}}{\mathrm{d}t}=\frac{\mathrm{d}^2\boldsymbol{r}}{\mathrm{d}t^2}=\ddot{\boldsymbol{r}} \tag{6-4}$$

即动点的加速度等于它的速度对时间的一阶导数,或者等于其矢径对时间的二阶导数。动点在某瞬时的加速度方向沿其速度矢端图的切线,并指向速度矢端运动的方向。现将速度矢端图说明如下:

将点在不同位置的速度矢作为自由矢量由空间中同一端点 O_v 连续画出。这些速度矢端描绘出的连续曲线,称为速度矢端图(hodograph of velocities),如图 6-4 所示。速度矢端图描述了运动中点的速度矢量大小和方向的变化。引入速度矢端图的好处是可以在速度矢端图上清楚地表示出加速度的方向:沿速度矢端图在该点的切线,并指向速度矢量变化的方向。另外,速度矢端图给出了变矢量对时间的导数的几何解释。

在国际单位制中,加速度的单位是 $\mathrm{m/s^2}$。

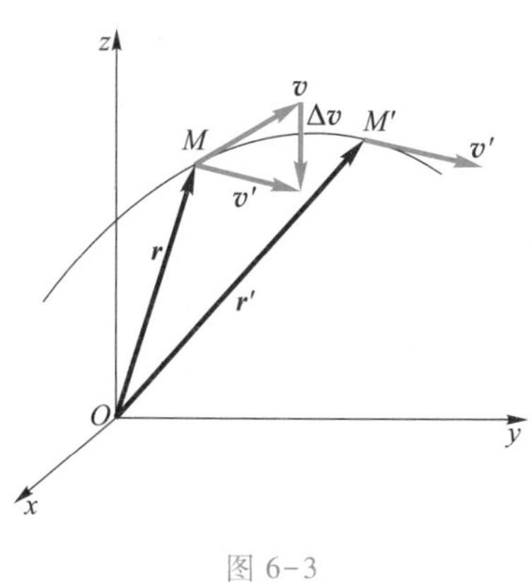

图 6-3

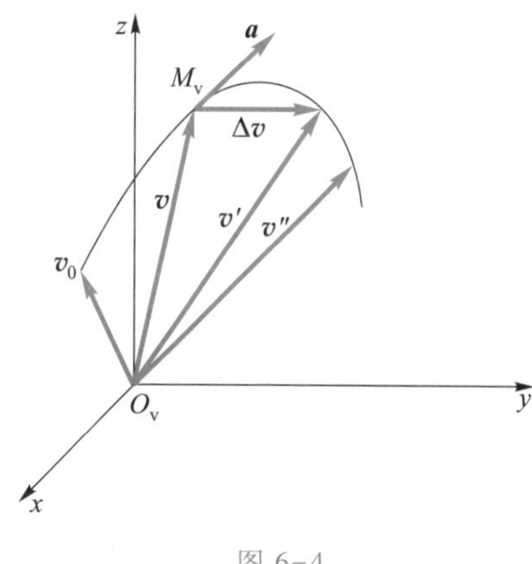

图 6-4

6-2　描述点的运动的直角坐标法

6-2-1　点的运动方程

设动点 M 作空间曲线运动(图 6-5)。建立固定直角坐标系 $Oxyz$,设在某瞬时 t,动点 M 的矢径为 $\boldsymbol{r}$,坐标为 x、y、z,则可将矢径 $\boldsymbol{r}$ 写为

$$\boldsymbol{r}=x\boldsymbol{i}+y\boldsymbol{j}+z\boldsymbol{k} \tag{6-5}$$

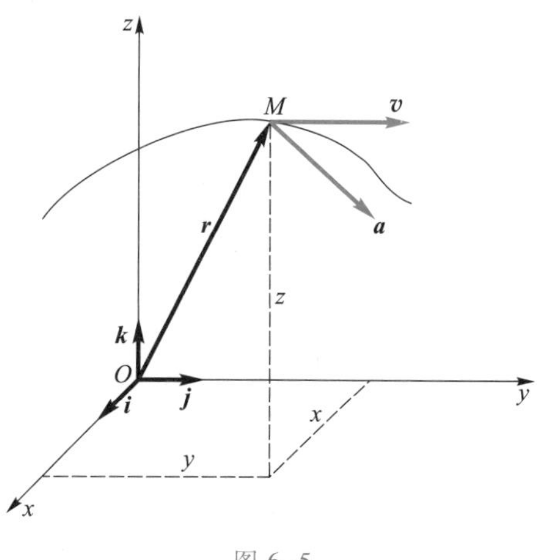

图 6-5

式中 $\boldsymbol{i}$、$\boldsymbol{j}$、$\boldsymbol{k}$ 分别为直角坐标轴 x、y、z 的单位矢量。当点 M 运动时,根据式(6-1),其运动方程可表示为矢径 $\boldsymbol{r}$ 对时间 t 的连续函数。而由式(6-5)可知,点 M 的运动方程同样可表示为其坐标对时间的单值连续函数,即

$$x=x(t),\qquad y=y(t),\qquad z=z(t) \tag{6-6}$$

式(6-6)称为动点 M 的直角坐标形式的运动方程。在式(6-6)中消去时间 t 可以得到动点 M 的轨迹方程。

6-2-2 点的速度

根据式(6-3),点的速度是其矢径对时间的一阶导数,又由式(6-5),得动点 M 的速度

$$\boldsymbol{v}=\frac{\mathrm{d}\boldsymbol{r}}{\mathrm{d}t}=\frac{\mathrm{d}}{\mathrm{d}t}(x\boldsymbol{i}+y\boldsymbol{j}+z\boldsymbol{k}) \tag{6-7}$$

考虑到固定坐标轴的单位矢量 $\boldsymbol{i}$、$\boldsymbol{j}$、$\boldsymbol{k}$ 都是常矢量,故有$\frac{\mathrm{d}\boldsymbol{i}}{\mathrm{d}t}=\frac{\mathrm{d}\boldsymbol{j}}{\mathrm{d}t}=\frac{\mathrm{d}\boldsymbol{k}}{\mathrm{d}t}=0$,则式(6-7)可写为

$$\boldsymbol{v}=\frac{\mathrm{d}\boldsymbol{r}}{\mathrm{d}t}=\frac{\mathrm{d}x}{\mathrm{d}t}\boldsymbol{i}+\frac{\mathrm{d}y}{\mathrm{d}t}\boldsymbol{j}+\frac{\mathrm{d}z}{\mathrm{d}t}\boldsymbol{k}=\dot{x}\boldsymbol{i}+\dot{y}\boldsymbol{j}+\dot{z}\boldsymbol{k} \tag{6-8}$$

而点的速度矢量$\boldsymbol{v}$也可沿三个直角坐标轴分解,若以 v_x、v_y、v_z 分别表示速度 $\boldsymbol{v}$ 在三个坐标轴上的投影,则有

$$\boldsymbol{v}=v_x\boldsymbol{i}+v_y\boldsymbol{j}+v_z\boldsymbol{k} \tag{6-9}$$

比较式(6-8)和式(6-9)得

$$v_x=\frac{\mathrm{d}x}{\mathrm{d}t}=\dot{x},\quad v_y=\frac{\mathrm{d}y}{\mathrm{d}t}=\dot{y},\quad v_z=\frac{\mathrm{d}z}{\mathrm{d}t}=\dot{z} \tag{6-10}$$

即动点的速度在固定直角坐标轴上的投影,等于该点的对应坐标对时间的一阶导数。

有了速度在三个坐标轴上的投影,就可以求得速度的大小和方向,其大小为

$$v=\sqrt{v_x^2+v_y^2+v_z^2}=\sqrt{\dot{x}^2+\dot{y}^2+\dot{z}^2} \tag{6-11}$$

速度的方向可用速度矢量 $\boldsymbol{v}$与各坐标轴正向间夹角的余弦来表示,即

$$\cos(\boldsymbol{v},\boldsymbol{i})=\frac{v_x}{v},\quad \cos(\boldsymbol{v},\boldsymbol{j})=\frac{v_y}{v},\quad \cos(\boldsymbol{v},\boldsymbol{k})=\frac{v_z}{v} \tag{6-12}$$

式中$(\boldsymbol{v},\boldsymbol{i})$、$(\boldsymbol{v},\boldsymbol{j})$、$(\boldsymbol{v},\boldsymbol{k})$分别表示速度矢量 $\boldsymbol{v}$与轴 x、y、z 正向间的夹角。

6-2-3 点的加速度

由式(6-4)及式(6-9)可得动点 M 的加速度

$$\boldsymbol{a}=\frac{\mathrm{d}\boldsymbol{v}}{\mathrm{d}t}=\frac{\mathrm{d}v_x}{\mathrm{d}t}\boldsymbol{i}+\frac{\mathrm{d}v_y}{\mathrm{d}t}\boldsymbol{j}+\frac{\mathrm{d}v_z}{\mathrm{d}t}\boldsymbol{k} \tag{6-13}$$

若将加速度 $\boldsymbol{a}$ 也投影在轴 x、y、z 上,则有 $\boldsymbol{a}=a_x\boldsymbol{i}+a_y\boldsymbol{j}+a_z\boldsymbol{k}$,式中

$$a_x=\frac{\mathrm{d}v_x}{\mathrm{d}t}=\frac{\mathrm{d}^2x}{\mathrm{d}t^2},\quad a_y=\frac{\mathrm{d}v_y}{\mathrm{d}t}=\frac{\mathrm{d}^2y}{\mathrm{d}t^2},\quad a_z=\frac{\mathrm{d}v_z}{\mathrm{d}t}=\frac{\mathrm{d}^2z}{\mathrm{d}t^2} \tag{6-14}$$

即动点的加速度在固定直角坐标轴上的投影,等于该点速度的对应投影对时间的一阶导数,也等于该点的对应坐标对时间的二阶导数。

有了加速度在三个坐标轴上的投影,就可以求得加速度的大小和方向。其大小为

$$a=\sqrt{a_x^2+a_y^2+a_z^2}=\sqrt{\dot{v}_x^2+\dot{v}_y^2+\dot{v}_z^2}=\sqrt{\ddot{x}^2+\ddot{y}^2+\ddot{z}^2} \tag{6-15}$$

加速度的方向可由加速度矢量 $\boldsymbol{a}$ 与三个坐标轴正向间夹角的方向余弦表示,即

$$\cos(\boldsymbol{a},\boldsymbol{i})=\frac{a_x}{a},\quad \cos(\boldsymbol{a},\boldsymbol{j})=\frac{a_y}{a},\quad \cos(\boldsymbol{a},\boldsymbol{k})=\frac{a_z}{a} \tag{6-16}$$

6-3　描述点的运动的自然法

6-3-1　自然轴系、曲率与曲率半径

当点沿空间曲线运动时，曲线的几何性质会影响点的运动要素。在用自然法分析点的运动速度和加速度之前，先简要回顾空间曲线的有关几何性质。

设有空间曲线 AB（图 6-6），在其上任取相邻近的两点 M 和 M'，两点间的一段弧长 MM'以 Δs 表示；点 M 和 M'处的切线分别以 MT 和 $M'T'$表示。自点 M 作 MT_1，使 MT_1 平行于 $M'T'$；MT 与 MT_1 的夹角 $\Delta\theta$ 称为邻角（adjacent angle），恒取正值，它表示点 M 和点 M'两处切线方向的变化。$\Delta\theta$ 与 Δs 的比值 $\Delta\theta/\Delta s$ 是曲线在这段弧长 Δs 内切线方向变化率的平均值。它可以用来说明曲线在 Δs 内弯曲的程度，因此称为弧段 MM'的平均曲率（average curvature）。令点 M'无限趋近于点 M，平均曲率将趋近于一极限值，这个极限值就是 M 处的曲率（curvature），用 κ 表示，即

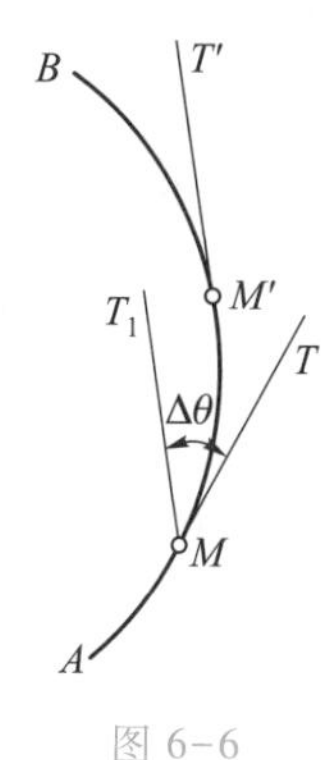

图 6-6

$$\kappa=\lim_{\Delta s\to 0}\frac{\Delta\theta}{\Delta s}=\frac{\mathrm{d}\theta}{\mathrm{d}s} \qquad (6-17)$$

曲率 κ 的倒数称为曲线在点 M 处的曲率半径（radius of curvature），用 ρ 表示，即

$$\rho=\frac{1}{\kappa} \qquad (6-18)$$

现在介绍自然轴系。在图 6-6 中，通过点 M 作一个包含 MT 和 MT_1 的平面。当点 M'向点 M 趋近时，这个平面的位置将绕切线 MT 转动。当点 M'趋于点 M，即当 Δs 趋于零时，这个平面将转到某一极限位置，这个极限位置的平面称为曲线在点 M 处的密切面（osculating plane）或曲率平面。

运动学动画：密切面的形成

通过点 M 而与切线 MT 垂直的平面称为曲线在点 M 的法面（normal plane）。法面内由点 M 作出的一切直线都和切线垂直，因而都是曲线的法线。为区别起见，规定在密切面内的法线称为曲线在点 M 处的主法线（principal normal）（图 6-7）。法面内与主法线相垂直的法线称为副法线（binormal）。这样，切线、主法线和副法线在点 M 形成正交架。

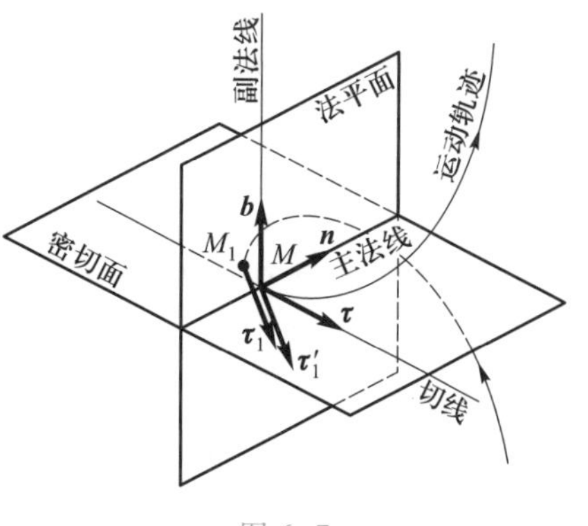

图 6-7

运动学动画：自然轴系

现在规定：切线方向的单位矢量以 $\boldsymbol{\tau}$ 表示，指向弧坐标 s（图6-8）增加的一方；主法线方向的单位矢量以 $\boldsymbol{n}$ 表示，指向曲线凹边（即指向曲率中心）；副法线方向的单位矢量以 $\boldsymbol{b}$ 表示，且有

$$\boldsymbol{b}=\boldsymbol{\tau}\times\boldsymbol{n}$$

由 $\boldsymbol{\tau}$、$\boldsymbol{n}$、$\boldsymbol{b}$ 三个单位矢量确定的正交轴系称为自然轴系(natural axes)(图 6-7)。对于曲线上的任一点,都有属于该点的一组自然轴系。当点运动时,随着点在轨迹曲线上位置的变化,其自然轴系的方位也随之而改变。所以 $\boldsymbol{\tau}$、$\boldsymbol{n}$、$\boldsymbol{b}$ 都是随着点的位置而变化的变矢量。

6-3-2　点的运动方程

设动点 M 沿已知曲线轨迹运动(图 6-8),在轨迹上任取一点 O'为参考点(原点)。为了唯一确定动点在轨迹上的位置,把轨迹的一端定为运动的正方向,另一端定为运动的负方向。点在轨迹上某瞬时 t 的位置,可由参考点 O'到点 M 的那段曲线的弧长$\overset{\frown}{O'M}$来表示,并根据动点 M 相对参考点 O'的位置加上相应的正负号。这种带正负号的弧长称为点 M 的弧坐标(path coordinate),用 s 表示。当点运动时,其弧坐标随时间不断变化,是时间 t 的单值连续函数,即

$$s=f(t) \tag{6-19}$$

方程(6-19)称为以自然法表示的动点沿轨迹的运动方程。

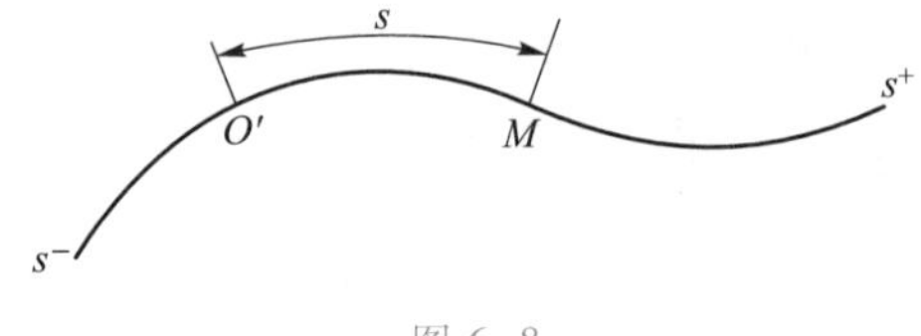

图 6-8

6-3-3　点的速度

由坐标原点画出动点 M 的矢径 $\boldsymbol{r}$,则点 M 的速度为

$$\boldsymbol{v}=\frac{\mathrm{d}\boldsymbol{r}}{\mathrm{d}t}=\frac{\mathrm{d}\boldsymbol{r}}{\mathrm{d}s}\frac{\mathrm{d}s}{\mathrm{d}t}$$

其中 $\mathrm{d}s$ 为弧坐标 s 的微分,$\frac{\mathrm{d}\boldsymbol{r}}{\mathrm{d}s}=\lim\limits_{\Delta s\to 0}\frac{\Delta\boldsymbol{r}}{\Delta s}$,如图 6-9 所示。又因为

$$\left|\frac{\mathrm{d}\boldsymbol{r}}{\mathrm{d}s}\right|=\lim_{\Delta s\to 0}\left|\frac{\Delta\boldsymbol{r}}{\Delta s}\right|=1$$

且 $\Delta\boldsymbol{r}$ 的极限方向与 $\boldsymbol{\tau}$ 方向一致,故速度

$$\boldsymbol{v}=\frac{\mathrm{d}s}{\mathrm{d}t}\frac{\mathrm{d}\boldsymbol{r}}{\mathrm{d}s}=\frac{\mathrm{d}s}{\mathrm{d}t}\boldsymbol{\tau}=\dot{s}\boldsymbol{\tau} \tag{6-20}$$

由描述点运动的矢量法知,点的速度总是沿着轨迹的切线方向(图6-9),即

$$\boldsymbol{v}=v\boldsymbol{\tau}=v_{\mathrm{t}}\boldsymbol{\tau} \tag{6-21}$$

比较式(6-20)和式(6-21)得

$$v=v_{\mathrm{t}}=\frac{\mathrm{d}s}{\mathrm{d}t}=\dot{s} \tag{6-22}$$

即动点的速度在切线上的投影,等于它的弧坐标对时间的一阶导数。

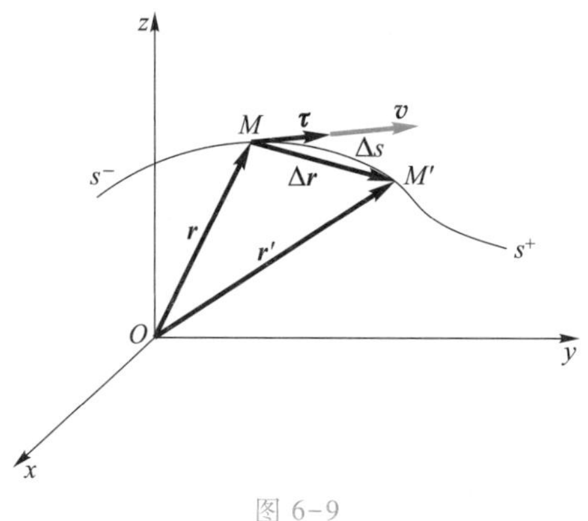

图 6-9

6-3-4　点的加速度

将式(6-21)对时间求导数,可得动点的加速度

$$\boldsymbol{a}=\frac{\mathrm{d}\boldsymbol{v}}{\mathrm{d}t}=\frac{\mathrm{d}(v\boldsymbol{\tau})}{\mathrm{d}t}=\frac{\mathrm{d}v}{\mathrm{d}t}\boldsymbol{\tau}+v\frac{\mathrm{d}\boldsymbol{\tau}}{\mathrm{d}t}$$

考虑到式(6-22),上式中

$$\frac{\mathrm{d}v}{\mathrm{d}t}=\frac{\mathrm{d}}{\mathrm{d}t}\left(\frac{\mathrm{d}s}{\mathrm{d}t}\right)=\frac{\mathrm{d}^2s}{\mathrm{d}t^2}=\ddot{s}$$

至于矢量导数$\frac{\mathrm{d}\boldsymbol{\tau}}{\mathrm{d}t}$可如下求出:如图 6-10 所示,设动点在瞬时 t 位于点 M,该点处切线方向的单位矢量为 $\boldsymbol{\tau}$。经时间间隔 Δt,动点位于点 M',该点处切线方向的单位矢量为 $\boldsymbol{\tau}'$。动点在 Δt 时间间隔内的弧位移 $\Delta s=\widehat{MM'}$,切线方向单位矢量的变化量$\Delta\boldsymbol{\tau}=\boldsymbol{\tau}'-\boldsymbol{\tau}$,其模$|\Delta\boldsymbol{\tau}|=2|\boldsymbol{\tau}|\sin\frac{\Delta\theta}{2}=2\sin\frac{\Delta\theta}{2}$,故$\frac{\mathrm{d}\boldsymbol{\tau}}{\mathrm{d}t}$的大小为

$$\left|\frac{\mathrm{d}\boldsymbol{\tau}}{\mathrm{d}t}\right|=\lim_{\Delta t\to0}\frac{|\Delta\boldsymbol{\tau}|}{\Delta t}=\lim_{\Delta t\to0}\frac{2\sin\frac{\Delta\theta}{2}}{\Delta t}=\lim_{\Delta t\to0}\left(\frac{\sin\frac{\Delta\theta}{2}}{\frac{\Delta\theta}{2}}\cdot\frac{\Delta\theta}{|\Delta s|}\cdot\frac{|\Delta s|}{\Delta t}\right)$$

$$=\lim_{\Delta\theta\to0}\frac{\sin\frac{\Delta\theta}{2}}{\frac{\Delta\theta}{2}}\cdot\lim_{\Delta s\to0}\frac{\Delta\theta}{|\Delta s|}\cdot\lim_{\Delta t\to0}\frac{|\Delta s|}{\Delta t}$$

$$=1\cdot\frac{1}{\rho}\cdot|v|=\frac{|v|}{\rho}$$

导数$\frac{\mathrm{d}\boldsymbol{\tau}}{\mathrm{d}t}$的方向与 $\Delta\boldsymbol{\tau}$ 的极限方向相同,即在密切面内,垂直于切线 MT,并与 $\boldsymbol{n}$ 的指向相同或相反。当动点朝弧坐标增加的一方运动时(图6-10a),v 为正值,矢量导数$\frac{\mathrm{d}\boldsymbol{\tau}}{\mathrm{d}t}$指向曲线的凹边即与 $\boldsymbol{n}$ 的指向相同。如速度$\boldsymbol{v}$ 朝相反的方向(图 6-10b),v 为负值,则$\frac{\mathrm{d}\boldsymbol{\tau}}{\mathrm{d}t}$指向曲线

的凸边即与 $\boldsymbol{n}$ 的指向相反。但是，无论哪种情况，矢量 $v\dfrac{\mathrm{d}\boldsymbol{\tau}}{\mathrm{d}t}$总是指向曲线的凹边即与 $\boldsymbol{n}$ 的指向相同，因而

$$v\frac{\mathrm{d}\boldsymbol{\tau}}{\mathrm{d}t}=\frac{v^2}{\rho}\boldsymbol{n}$$

故动点 M 的加速度可以表示为

$$\boldsymbol{a}=\frac{\mathrm{d}v}{\mathrm{d}t}\boldsymbol{\tau}+\frac{v^2}{\rho}\boldsymbol{n} \tag{6-23}$$

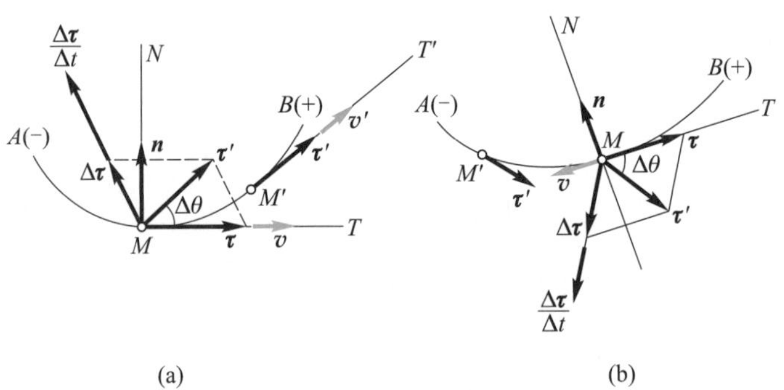

图 6-10

此公式将加速度分解为两个分量：分量$\dfrac{\mathrm{d}v}{\mathrm{d}t}\boldsymbol{\tau}$ 的方向沿着切线，大小等于 $\left|\dfrac{\mathrm{d}v}{\mathrm{d}t}\right|$，为速度大小对时间的一阶导数，它称为切向加速度（tangential components of acceleration），用 $\boldsymbol{a}_{\mathrm{t}}$ 表示，即

$$\boldsymbol{a}_{\mathrm{t}}=\frac{\mathrm{d}v}{\mathrm{d}t}\boldsymbol{\tau} \tag{6-24}$$

分量$\dfrac{v^2}{\rho}\boldsymbol{n}$ 的方向沿着主法线的正向，大小等于$\dfrac{v^2}{\rho}$，称为法向加速度（normal components of acceleration），用 $\boldsymbol{a}_{\mathrm{n}}$ 表示，即

$$\boldsymbol{a}_{\mathrm{n}}=\frac{v^2}{\rho}\boldsymbol{n} \tag{6-25}$$

因为单位矢量 $\boldsymbol{\tau}$、$\boldsymbol{n}$ 都在密切面内，所以加速度 $\boldsymbol{a}$ 也在密切面内。用 a_{t}、a_{n}、a_{b} 分别代表加速度 $\boldsymbol{a}$ 在自然轴系上的投影，则加速度 $\boldsymbol{a}$ 可表示为

$$\boldsymbol{a}=a_{\mathrm{t}}\boldsymbol{\tau}+a_{\mathrm{n}}\boldsymbol{n}+a_{\mathrm{b}}\boldsymbol{b} \tag{6-26}$$

与式（6-23）比较，得

$$a_{\mathrm{t}}=\frac{\mathrm{d}v}{\mathrm{d}t},\quad a_{\mathrm{n}}=\frac{v^2}{\rho},\quad a_{\mathrm{b}}=0 \tag{6-27}$$

即动点的加速度在切线上的投影，等于速度在切线上的投影对时间的导数；加速度在主法线上的投影，等于速度的平方除以轨迹在动点处的曲率半径；加速度在副法线上的投影恒等于零。

当速度的投影值 v 随时间增大时，$\dfrac{\mathrm{d}v}{\mathrm{d}t}=\dfrac{\mathrm{d}^2s}{\mathrm{d}t^2}>0$，因而切向加速度 $\boldsymbol{a}_{\mathrm{t}}$ 沿着 $\boldsymbol{\tau}$ 的正向（弧坐

标增大的一边),如图 6-11a 所示;反之,则沿着 $\boldsymbol{\tau}$ 的负向,如图 6-11b 所示。因为加速度的两个分量 $\boldsymbol{a}_t$ 与 $\boldsymbol{a}_n$ 是相互垂直的,故得加速度 $\boldsymbol{a}$ 的大小为

$$a=\sqrt{a_t^2+a_n^2}=\sqrt{\left(\frac{\mathrm{d}v}{\mathrm{d}t}\right)^2+\left(\frac{v^2}{\rho}\right)^2} \tag{6-28}$$

加速度 $\boldsymbol{a}$ 与主法线所成的角度 θ(恒取绝对值),由下式确定

$$\tan\theta=\frac{|a_t|}{a_n} \tag{6-29}$$

图 6-11a 中所示为 $a_t>0$ 的情形;如 $a_t<0$,则 $\boldsymbol{a}$ 将偏到切线的负向,如图 6-11b所示。

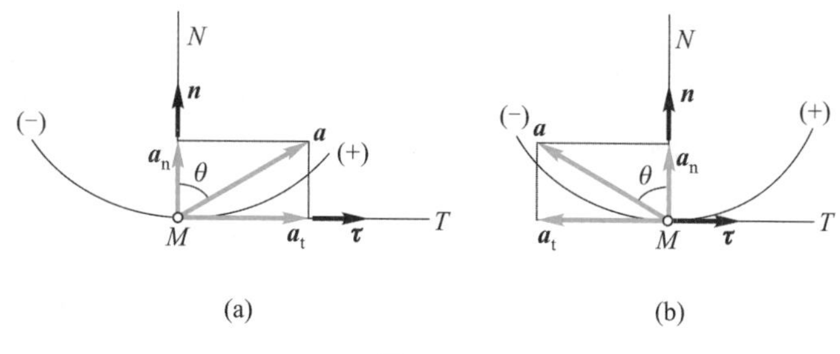

图 6-11

由以上推导过程可以看出:切向加速度反映了速度大小变化的快慢,而法向加速度则反映了速度方向变化的快慢。

现在讨论下列几种特殊情形。

(1) 匀速曲线运动:这时速度仅改变方向而不改变大小,因而切向加速度恒等于零。故总加速度 $\boldsymbol{a}=\boldsymbol{a}_n=\dfrac{v^2}{\rho}\boldsymbol{n}$(注意,在变速曲线运动中,仅在速度到达极值的瞬时才出现这种情形)。

(2) 直线运动:因直线的曲线半径 $\rho=\infty$,故在这种运动中法向加速度恒等于零,因而总加速度 $\boldsymbol{a}=\boldsymbol{a}_t=\dfrac{\mathrm{d}v}{\mathrm{d}t}\boldsymbol{\tau}$。

(3) 匀速直线运动:这时速度的大小和方向都不变,点的加速度恒等于零。

最后指出:曲线运动中的 s、v、a_t 分别与直线运动中的位移 x、速度 v、加速度 a 相对应。在曲线运动中,当 v 与 a_t 同号时,速度矢量的模随时间而增大,这时点作加速运动;反之,当 v 与 a_t 异号时,速度矢量的模随时间而减小,这时点作减速运动。通常所说的匀变速曲线运动,专指 a_t 为常数的情形,这时只要把匀速直线运动中的 x、v、a 与曲线运动中的 s、v、a_t 作对应代换,则可得匀变速曲线运动的运动学关系式:

$$v=a_0+a_t t \tag{6-30}$$

$$s=s_0+v_0 t+\frac{1}{2}a_t t^2 \tag{6-31}$$

$$v^2-v_0^2=2a_t(s-s_0) \tag{6-32}$$

这时切向加速度矢 $\boldsymbol{a}_t$ 的方向在不断变化,它仍然是一个变矢量。

思考题:以下两个等式是否正确?

（1）$\left|\dfrac{\mathrm{d}\boldsymbol{v}}{\mathrm{d}t}\right|=\left|\dfrac{\mathrm{d}v}{\mathrm{d}t}\right|$

（2）$a_{\mathrm{t}}=\dfrac{\mathrm{d}}{\mathrm{d}t}\left(\sqrt{\dot{x}^2+\dot{y}^2+\dot{z}^2}\right)$

运动学动画：
椭圆规

例题 6-1 椭圆规的曲柄 OC 可绕定轴 O 以匀角速度 ω 转动，端点 C 与规尺 AB 的中点以铰链相连，规尺的两端 A、B 分别在互相垂直的滑槽中运动（图 6-12）。已知 $OC=AC=BC=l$，$MC=r<l$；又当曲柄转动时，角 $\varphi=\omega t$。试求规尺 AB 上点 M 的运动方程、轨迹方程、速度和加速度。

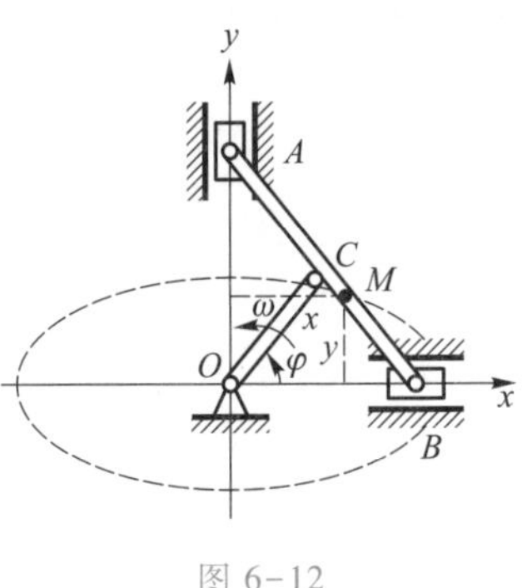

图 6-12

解： 点 M 在图示平面内运动，选取直角坐标系 Oxy 如图 6-12 所示。利用几何关系将点 M 的任意位置的坐标通过与时间 t 有关的角 φ 来表示。可得点 M 的直角坐标形式的运动方程

$$\left.\begin{aligned}x&=(OC+CM)\cos\varphi=(l+r)\cos\omega t\\y&=BM\sin\varphi=(l-r)\sin\omega t\end{aligned}\right\}\tag{1}$$

由式（1）消去时间 t，可得点 M 的轨迹方程

$$\frac{x^2}{(l+r)^2}+\frac{y^2}{(l-r)^2}=1\tag{2}$$

可见，点 M 的轨迹是椭圆，它的长轴与坐标轴 x 重合，短轴与坐标轴 y 重合。

当点 M 在 AC 段上时，椭圆的长轴将与 y 轴重合。读者可自行推证。

为求点 M 的速度，将点的坐标对时间求一阶导数，得速度在轴 x 和轴 y 上的投影分别为

$$v_x=\dot{x}=-(l+r)\omega\sin\omega t,\quad v_y=\dot{y}=(l-r)\omega\cos\omega t$$

故点 M 的速度大小为

$$\begin{aligned}v&=\sqrt{v_x^2+v_y^2}=\sqrt{(l+r)^2\omega^2\sin^2\omega t+(l-r)^2\omega^2\cos^2\omega t}\\&=\omega\sqrt{l^2+r^2-2rl\cos 2\omega t}\end{aligned}$$

其与轴 x 和轴 y 夹角的方向余弦分别为

$$\cos(\boldsymbol{v},\boldsymbol{i})=\frac{v_x}{v}=\frac{-(l+r)\sin\omega t}{\sqrt{l^2+r^2-2rl\cos 2\omega t}}$$

$$\cos(\boldsymbol{v},\boldsymbol{j})=\frac{v_y}{v}=\frac{(l-r)\cos\omega t}{\sqrt{l^2+r^2-2rl\cos 2\omega t}}$$

为求点的加速度，应将点的速度在轴 x 和轴 y 上的投影对时间求一阶导数或点的坐标对时间求二阶导数，得点的加速度在轴 x 和轴 y 上的投影分别为

$$a_x=\dot{v}_x=\ddot{x}=-(l+r)\omega^2\cos\omega t$$

$$a_y=\dot{v}_y=\ddot{y}=-(l-r)\omega^2\sin\omega t$$

故点 M 的加速度大小为

$$a=\sqrt{a_x^2+a_y^2}=\sqrt{(l+r)^2\omega^4\cos^2\omega t+(l-r)^2\omega^4\sin^2\omega t}$$

$$=\omega^2\sqrt{l^2+r^2+2rl\cos 2\omega t}$$

其与轴 x 和轴 y 的夹角的方向余弦分别为

$$\cos(\boldsymbol{a},\boldsymbol{i})=\frac{a_x}{a}=\frac{-(l+r)\cos\omega t}{\sqrt{l^2+r^2+2rl\cos 2\omega t}}$$

$$\cos(\boldsymbol{a},\boldsymbol{j})=\frac{a_y}{a}=\frac{-(l-r)\sin\omega t}{\sqrt{l^2+r^2+2rl\cos 2\omega t}}$$

例题 6-2　杆AB绕点 A 转动时，拨动套在固定圆环上的小环 M，如图 6-13a 所示。已知固定圆环的半径为 R，角 $\varphi=\omega t$（ω 为常量）。试求小环 M 的运动方程、速度和加速度。

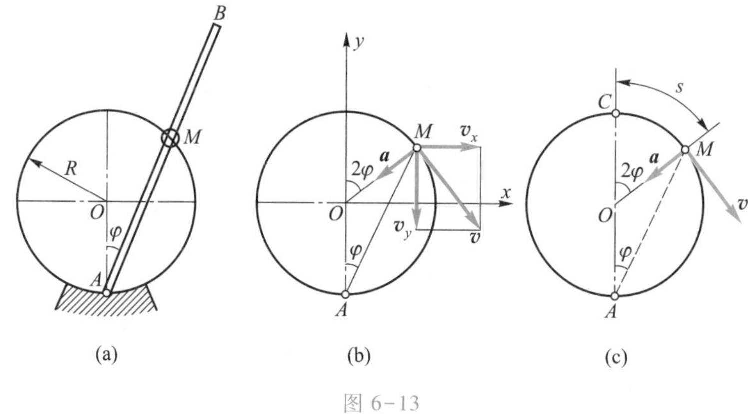

图 6-13

解：(1) 直角坐标法　建立直角坐标系 Oxy，如图 6-13b 所示。为了列出小环 M 的运动方程，应当在任意瞬时 t 考察该点的情况，图中画出了小环 M 在任意瞬时 t 的位置，其中$\triangle AOM$ 是等腰三角形，小环 M 的两个坐标可写为

$$x=OM\cdot\cos(90°-2\varphi)=R\sin(2\varphi)$$

$$y=OM\cdot\cos(2\varphi)=R\cos(2\varphi)$$

将已知条件 $\varphi=\omega t$ 代入上式，即得点 M 的直角坐标形式的运动方程

$$x=R\sin(2\omega t),\quad y=R\cos(2\omega t)\tag{1}$$

将上式对时间求一阶导数，得速度在轴 x 和轴 y 上的投影分别为

$$v_x=\dot{x}=2R\omega\cos(2\omega t)$$

$$v_y=\dot{y}=-2R\omega\sin(2\omega t)$$

所以小环 M 的速度大小，以及与轴 x 和轴 y 的夹角分别为

$$v=\sqrt{v_x^2+v_y^2}=2R\omega\tag{2}$$

$$\cos(\boldsymbol{v},\boldsymbol{i})=\frac{v_x}{v}=\cos(2\varphi)$$

$$\cos(\boldsymbol{v},\boldsymbol{j})=\frac{v_y}{v}=-\sin(2\varphi)=\cos(90°+2\varphi)$$

即

$$\angle(\boldsymbol{v},\boldsymbol{i})=2\varphi,\quad \angle(\boldsymbol{v},\boldsymbol{j})=90°+2\varphi\tag{3}$$

可见,速度的大小为 $2R\omega$,方向与半径 OM 垂直。

再由式(6-14)求加速度

$$a_x=\dot{v}_x=-4R\omega^2\sin(2\omega t)=-4\omega^2 x$$

$$a_y=\dot{v}_y=-4R\omega^2\cos(2\omega t)=-4\omega^2 y$$

所以小环 M 的速度大小,以及与轴 x 和轴 y 的夹角分别为

$$a=\sqrt{a_x^2+a_y^2}=4R\omega^2 \tag{4}$$

$$\cos(\boldsymbol{a},\boldsymbol{i})=\frac{a_x}{a}=-\sin(2\omega t)=-\sin(2\varphi)$$

$$\cos(\boldsymbol{a},\boldsymbol{j})=\frac{a_y}{a}=-\cos(2\omega t)=-\cos(2\varphi)$$

即

$$\angle(\boldsymbol{a},\boldsymbol{i})=90°+2\varphi,\ \angle(\boldsymbol{v},\boldsymbol{j})=-2\varphi \tag{5}$$

可见,加速度的大小为 $4R\omega^2$,方向由点 M 指向点 O(曲率中心)。

(2) 自然法 已知小环 M 的轨迹是半径为 R 的圆,取圆上的点 C 为起点量取弧坐标 s,并规定沿轨迹的顺时针方向为正向,如图 6-13c 所示。则小环沿轨迹的运动方程是

$$s=R(2\varphi)=2R\omega t \tag{6}$$

根据式(6-22)求得小环 M 的速度

$$v=\dot{s}=2R\omega \tag{7}$$

再由式(6-27)求得小环 M 的加速度

$$\left.\begin{aligned}a_t&=\dot{v}=0\\ a_n&=\frac{v^2}{\rho}=\frac{(2R\omega)^2}{R}=4R\omega^2\end{aligned}\right\} \tag{8}$$

$\boldsymbol{v}$、$\boldsymbol{a}$ 方向如图 6-13c 所示。

显然,两种方法求得的结果完全相同。在解题时,若动点的轨迹未知,可采用直角坐标法。本题由于已知轨迹是圆,因而应用自然法更为方便。

例题 6-3 半径为 r 的车轮在固定直线轨道上滚动而不滑动,如图 6-14 所示,已知轮心 C 的速度 $\boldsymbol{u}$ 是常矢量。试求轮缘上点 M 的轨迹、速度、加速度及轨迹的曲率半径。

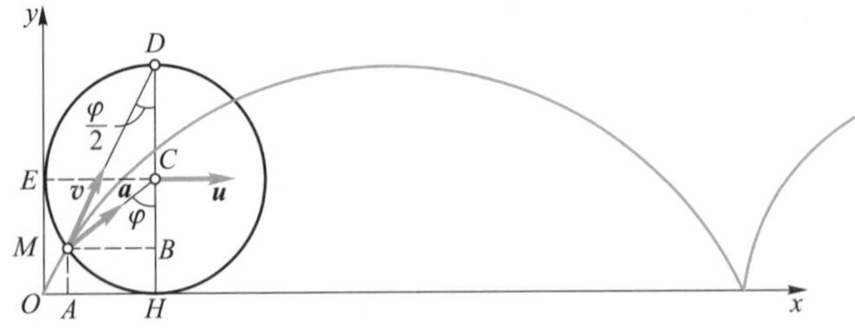

图 6-14

解: 在点 M 的运动平面内建立图示直角坐标系 Oxy。设初瞬时($t=0$)轮心在轴 Oy 上,点 M 与坐标原点 O 重合。

(1) 求运动方程 设在任意时刻 t,点 M 运动至图示位置。由于车轮滚而不滑,所以有

$$OH=\widehat{MH}=CE=ut,\quad \varphi=\frac{\widehat{MH}}{r}=\frac{ut}{r}$$

点 M 的坐标为

$$x=OA=OH-AH=\widehat{MH}-MB=ut-r\sin\varphi$$
$$y=AM=HB=CH-CB=r-r\cos\varphi$$

因此点 M 的运动方程为

$$\left.\begin{aligned}x&=ut-r\sin\frac{ut}{r}\\y&=r-r\cos\frac{ut}{r}\end{aligned}\right\}\tag{1}$$

从式(1)中消去时间 t 可得点 M 的轨迹方程,此轨迹为旋轮线(或称摆线)。

(2) 求速度　将方程式(1)对时间 t 求一阶导数,得

$$\left.\begin{aligned}v_x&=u\left(1-\cos\frac{ut}{r}\right)\\v_y&=u\sin\frac{ut}{r}\end{aligned}\right\}\tag{2}$$

运动学动画:旋轮线

由此得速度大小为

$$v=\sqrt{v_x^2+v_y^2}=2u\sin\frac{ut}{2r}\tag{3}$$

与轴 x 和轴 y 夹角的方向余弦为

$$\cos(\boldsymbol{v},\boldsymbol{i})=\frac{v_x}{v}=\sin\frac{ut}{2r}=\sin\frac{\varphi}{2}=\frac{MB}{MD}$$

$$\cos(\boldsymbol{v},\boldsymbol{j})=\frac{v_y}{v}=\cos\frac{ut}{2r}=\cos\frac{\varphi}{2}=\frac{BD}{MD}$$

可见,速度 $\boldsymbol{v}$ 恒通过车轮的最高点 D。

(3) 求加速度　将方程式(2)对时间 t 求一阶导数得

$$a_x=\frac{u^2}{r}\sin\frac{ut}{r}$$

$$a_y=\frac{u^2}{r}\cos\frac{ut}{r}$$

从而求得加速度的大小为

$$a=\sqrt{a_x^2+a_y^2}=\frac{u^2}{r}=\text{常数}\tag{4}$$

与轴 x 和轴 y 夹角的方向余弦为

$$\cos(\boldsymbol{a},\boldsymbol{i})=\frac{a_x}{a}=\sin\frac{ut}{r}=\sin\varphi=\frac{MB}{MC}$$

$$\cos(\boldsymbol{a},\boldsymbol{j})=\frac{a_y}{a}=\cos\frac{ut}{r}=\cos\varphi=\frac{BC}{MC}$$

可见,加速度 $\boldsymbol{a}$ 恒通过轮心 C。

(4) 求曲率半径　因为

$$\left.\begin{aligned} a_t &= \frac{dv}{dt} = \frac{d}{dt}\left(2u\ \sin\frac{ut}{2r}\right) = \frac{u^2}{r}\cos\frac{ut}{2r} \\ a_n &= \sqrt{a^2 - a_t^2} = \frac{u^2}{r}\ \sin\frac{ut}{2r} \end{aligned}\right. \tag{5}$$

由式(6-25),有

$$a_n = \frac{v^2}{\rho}$$

故轨迹的曲率半径为

$$\rho = \frac{v^2}{a_n} = \left(4u^2 \sin^2\frac{ut}{2r}\right) \bigg/ \left(\frac{u^2}{r}\ \sin\frac{ut}{2r}\right) = 4r\ \sin\frac{ut}{2r} \tag{6}$$

当 $ut=\pi r$(对应轨迹的最高点)时,最大曲率半径 $\rho_{max}=4r$;当 $ut=0$ 或 $ut=2\pi r$(相当于点 M 在直线轨道上)时,最小曲率半径 $\rho_{min}=0$。

例题 6-4　圆柱的半径是 r,绕铅直固定轴 z 匀速转动,每转一周所需时间为 T。动点 M 以匀速 u 沿圆柱的一条母线 NH 运动(图6-15a)。试求点 M 的轨迹、速度、加速度,并求轨迹的曲率半径。

解:因轨迹未知,故宜用直角坐标法。

(1) 点的运动方程和轨迹。取圆柱底面圆心 O 为坐标原点,设开始时点 M 在位置 M_0,取 OM_0 为轴 x,建立直角坐标系,轴 Oz 沿转轴方向,如图 6-15a 所示。N 为点 M 在平面 Oxy 上的投影,当圆柱转动时,$\angle M_0ON$ 随时间成正比地增加,在瞬时 t,它等于$\frac{2\pi}{T}t$,故点 M 的直角坐标为

运动学动画:圆柱

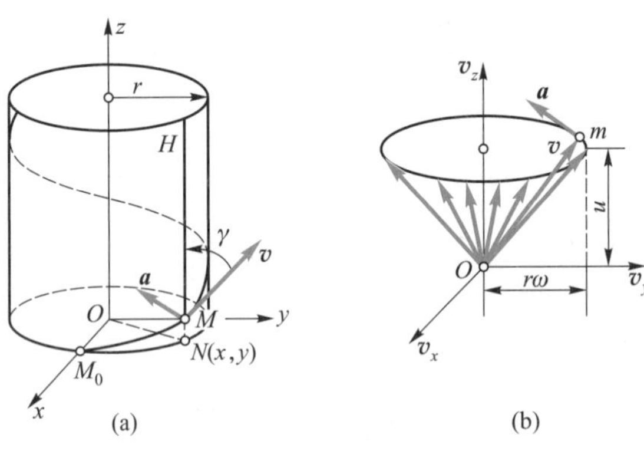

图 6-15

$$\left.\begin{aligned} x &= r\ \cos\frac{2\pi}{T}t \\ y &= r\ \sin\frac{2\pi}{T}t \\ z &= ut \end{aligned}\right\} \tag{1}$$

这就是点 M 的运动方程。

从第三式求出 $t=z/u$，代入前两式，并以 ω 代替 $2\pi/T$，即得轨迹方程

$$\left.\begin{aligned} x&=r\cos\frac{\omega z}{u}\\ y&=r\sin\frac{\omega z}{u}\end{aligned}\right\}\tag{2}$$

这是螺旋线的方程（注意，此螺旋线是点 M 在固定坐标系中的运动轨迹，而不是它在圆柱上的轨迹）。圆柱转一周，点 M 沿其母线前进的距离称为螺距，用 h 代表，显然有 $h=uT$。

（2）点 M 的速度。将运动方程式（1）对时间求导，可得点 M 的速度在各坐标轴上的投影

$$\left.\begin{aligned} v_x&=\frac{\mathrm{d}x}{\mathrm{d}t}=-r\omega\sin\omega t\\ v_y&=\frac{\mathrm{d}y}{\mathrm{d}t}=r\omega\cos\omega t\\ v_z&=\frac{\mathrm{d}z}{\mathrm{d}t}=u\end{aligned}\right\}\tag{3}$$

速度在平面 Oxy 上投影的大小等于 $\sqrt{v_x^2+v_y^2}=r\omega$，故速度的大小为

$$v=\sqrt{v_x^2+v_y^2+v_z^2}=\sqrt{r^2\omega^2+u^2}=\text{常数}\tag{4}$$

速度 $\boldsymbol{v}$ 与轴 z 或圆柱母线的交角 γ 的余弦为

$$\cos\gamma=\frac{v_z}{\sqrt{v_x^2+v_y^2+v_z^2}}=\frac{u}{\sqrt{r^2\omega^2+u^2}}\tag{5}$$

可见，速度 $\boldsymbol{v}$ 与圆柱母线的交角 γ 不变。速度矢端图是一个半径为 $r\omega$ 的圆周（图 6-15b），平行于平面 Oxy。

（3）点 M 的加速度。将速度表达式（3）对时间求导，可得点 M 的加速度在各坐标轴上的投影

$$\left.\begin{aligned} a_x&=\frac{\mathrm{d}v_x}{\mathrm{d}t}=-r\omega^2\cos\omega t\\ a_y&=\frac{\mathrm{d}v_y}{\mathrm{d}t}=-r\omega^2\sin\omega t\\ a_z&=\frac{\mathrm{d}v_z}{\mathrm{d}t}=0\end{aligned}\right\}\tag{6}$$

因 $a_z=0$，故加速度 $\boldsymbol{a}$ 垂直于轴 z，其大小为

$$a=\sqrt{a_x^2+a_y^2}=r\omega^2\tag{7}$$

不难看出，$\boldsymbol{a}$ 的方向是由点 M 指向轴 z（速度矢端图上之点 m 作匀速圆周运动）。

（4）曲率半径。轨迹的曲率半径 $\rho=v^2/a_n$。因速度大小不变，切向加速度 $a_t=0$；法向加速度 $a_n=a$。故轨迹的曲率半径为

$$\rho=\frac{v^2}{a}=\frac{r^2\omega^2+u^2}{r\omega^2}=r+\frac{u^2}{r\omega^2}\tag{8}$$

这表示螺旋线的曲率半径也是常数。

考虑到式(5),式(8)也可写为

$$\rho=\frac{r}{\sin^2\gamma} \tag{9}$$

小 结

本章主要讲述了描述点的运动的三种形式。

1. 矢量形式

运动方程

$$\boldsymbol{r}=\boldsymbol{r}(t)$$

速度

$$\boldsymbol{v}=\frac{\mathrm{d}\boldsymbol{r}}{\mathrm{d}t}$$

加速度

$$\boldsymbol{a}=\frac{\mathrm{d}\boldsymbol{v}}{\mathrm{d}t}=\frac{\mathrm{d}^2\boldsymbol{r}}{\mathrm{d}t^2}$$

2. 直角坐标形式

运动方程

$$x=x(t),\quad y=y(t),\quad z=z(t)$$

速度

$$\boldsymbol{v}=v_x\boldsymbol{i}+v_y\boldsymbol{j}+v_z\boldsymbol{k}$$

其中

$$v_x=\dot{x},\quad v_y=\dot{y},\quad v_z=\dot{z}$$

加速度

$$\boldsymbol{a}=a_x\boldsymbol{i}+a_y\boldsymbol{j}+a_z\boldsymbol{k}$$

其中

$$a_x=\dot{v}_x=\ddot{x},\quad a_y=\dot{v}_y=\ddot{y},\quad a_z=\dot{v}_z=\ddot{z}$$

3. 自然形式

运动方程

$$s=f(t)$$

速度

$$\boldsymbol{v}=v\boldsymbol{\tau},\quad v=\dot{s}$$

加速度

$$\boldsymbol{a}=\boldsymbol{a}_{\mathrm{t}}+\boldsymbol{a}_{\mathrm{n}}=a_{\mathrm{t}}\boldsymbol{\tau}+a_{\mathrm{n}}\boldsymbol{n}$$

$$a_{\mathrm{t}}=\dot{v}=\ddot{s},\quad a_{\mathrm{n}}=\frac{v^2}{\rho},\quad a=\sqrt{a_{\mathrm{t}}^2+a_{\mathrm{n}}^2}$$

习 题

6-1 (1) 动点在某瞬时的速度矢量和加速度矢量的几种情况如题 6-1 图所示,试指出哪几种是运动中可能出现的,哪几种是不可能出现的。并说明不可能的理由。(2) $\frac{\mathrm{d}\boldsymbol{v}}{\mathrm{d}t}$和$\frac{\mathrm{d}v}{\mathrm{d}t}$有何不同?请说明原因。

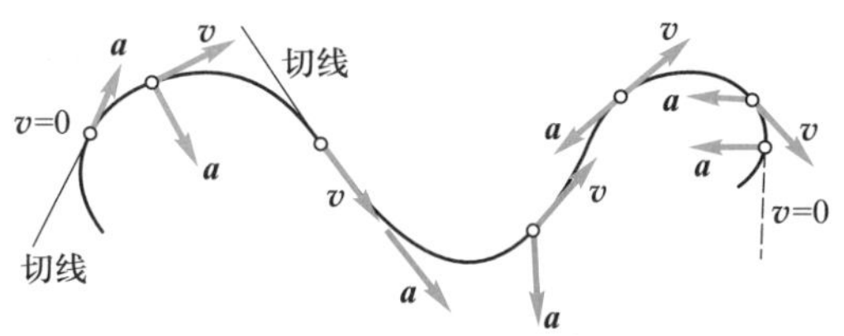

题 6-1 图

6-2　曲柄滑块机构如题 6-2 图所示。曲柄 OA 长 r，连杆 AB 长 l，滑道与曲柄轴的高度相差 h。已知曲柄按规律 $\varphi=\omega t$ 转动，且 ω 是常量。试求滑块 B 的运动方程。

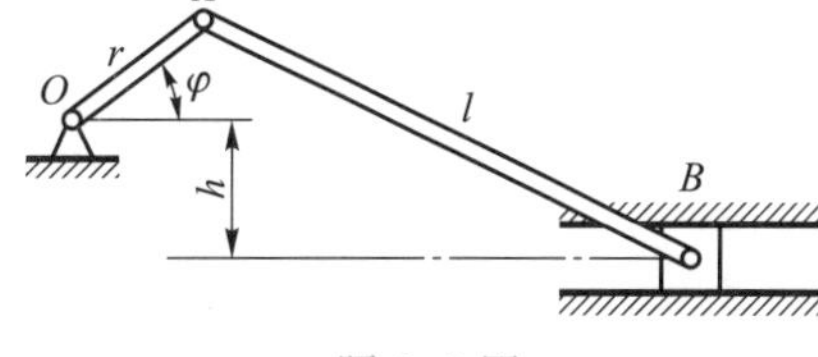

题 6-2 图

6-3　已知点 M 按 $x=20t-5t^2$ 的规律作直线运动（长度以 cm 为单位，时间以 s 为单位）。试求：

（1）运动开始时点 M 的速度与加速度；

（2）经过 3 s 时点 M 的速度和加速度。

6-4　试根据点 M 的下列运动方程求轨迹方程（时间以 s 为单位，长度以 m 为单位，角度以 rad 为单位）：

（1）$x=3\cos t$，　　$y=3-5\sin t$

（2）$x=t^3+2$，　　$y=3-t^3$

（3）$x=2\cos 2t$，　　$y=3\sin t$

（4）$x=a(\sin kt+\cos kt)$，　　$y=b(\sin kt-\cos kt)$

（5）$x=2\sin t^2$，　　$y=3\cos t^2$

6-5　如题 6-5 图所示杆 $OM=l$，可绕水平轴 Oz 转动，并插在套筒 A 中，由按规律 $\varphi=kt^2$（k 是常量，φ 以 rad 为单位，t 以 s 为单位）转动的曲柄 O_1A 带动。设 $O_1O=O_1A$，试求摇杆端点 M 在套筒滑出前的运动方程。

6-6　一铰链机构由长度都等于 a 的各杆 OA_1、OB_1、CA_4、CB_4 和长度都等于 $2l$ 并在其中点铰接的各杆 B_1A_2、A_2B_3、B_3A_4、A_3B_4、A_3B_2、A_1B_2 构成，如题 6-6 图所示。试求当铰链 C 沿轴 x 运动时铰销 A_1、A_2、A_3、A_4 的运动轨迹。

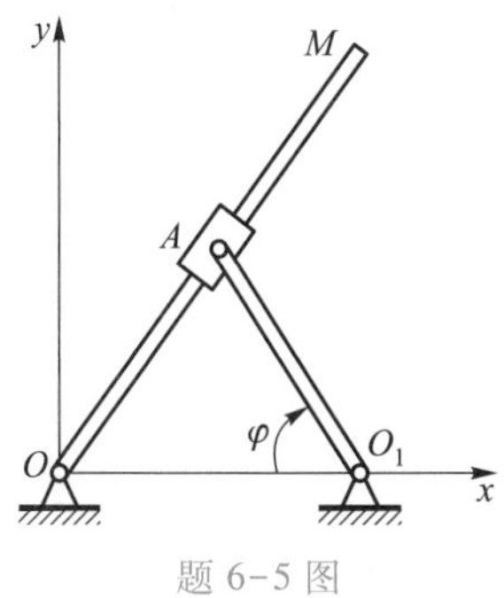

题 6-5 图

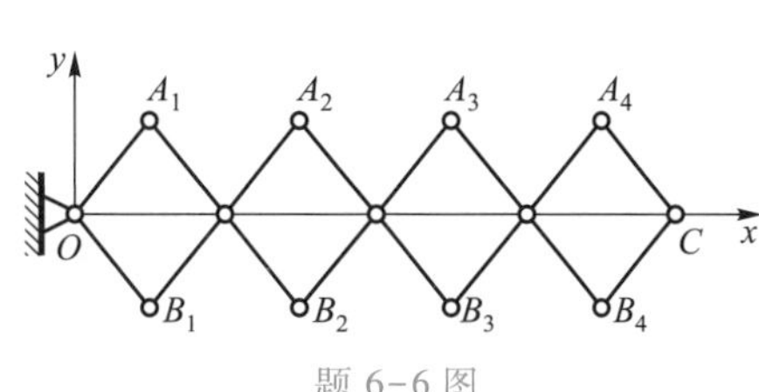

题 6-6 图

6-7　点 M 的运动方程为

$$x=l(\sin kt+\cos kt)$$
$$y=l(\sin kt-\cos kt)$$

式中，长度 l 和角频率 k 都是常数。试求点 M 的速度和加速度的大小。

6-8 连接重物 A 的绳索，其另一端绕在半径 $R=0.5$ m 的鼓轮上，如题 6-8 图所示。A 沿斜面下滑时带动鼓轮绕轴 O 转动。已知 A 的运动规律为 $s=0.6\,t^2$（ s 单位为 m，t 以 s 计）。试求 $t=1$ s 时，鼓轮轮缘最高点 M 的加速度。

6-9 如题 6-9 图所示：(1) 半径为 R 的圆形凸轮可绕轴 O 转动，带动顶杆 BC 作铅直直线运动。设凸轮的圆心在点 A，偏心距 $OA=e$，$\varphi=\omega t$（ω 为常量）。试求顶杆上一点 B 的运动方程、速度和加速度。(2) 如把上述的顶杆换成平底的物块 M，其他条件不变。试求物块上点 B 的运动方程、速度和加速度。

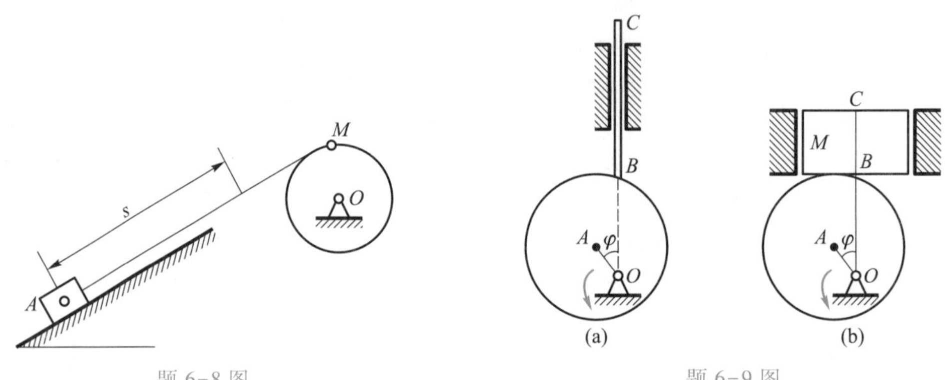

题 6-8 图　　题 6-9 图

6-10 如题 6-10 图所示，摇杆滑道机构中的滑块 M 同时在固定的圆弧槽 BC 和摇杆 OA 的滑道中滑动。如弧 BC 的半径为 R，摇杆 OA 的轴 O 在弧 BC 的圆周上。摇杆绕轴 O 以等角速度 ω 转动，当运动开始时，摇杆在水平位置。试分别用直角坐标法和自然法给出点 M 的运动方程，并求其速度和加速度。

6-11 如题 6-11 图所示，OA 和 O_1B 两杆分别绕轴 O 和 O_1 转动，用十字形滑块 D 将两杆连接。在运动过程中，两杆保持相交成直角。已知 $OO_1=a$；$\varphi=kt$，其中 k 为常数。试求滑块 D 的速度和相对于 OA 的速度。

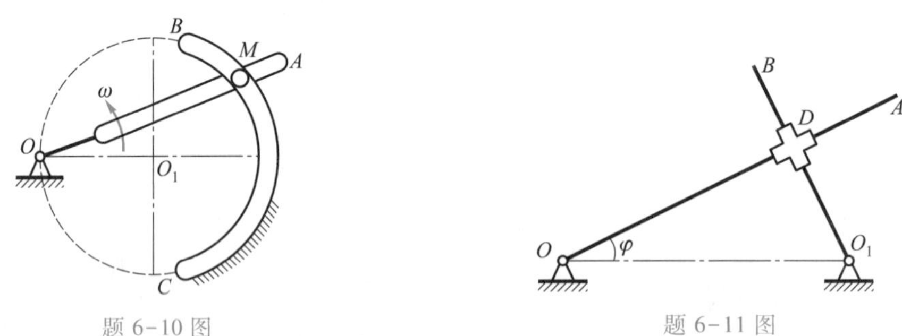

题 6-10 图　　题 6-11 图

6-12 曲柄 OA 长 r，在平面内绕轴 O 转动，如题 6-12 图所示。杆 AB 通过固定于点 N 的套筒与曲柄 OA 铰接于点 A。设 $\varphi=\omega t$，杆 AB 长 $l=2r$。试求点 B 的运动方程、速度和加速度。

6-13 如题 6-13 图所示，点沿空间曲线运动，在点 M 处其速度为 $\boldsymbol{v}=4\boldsymbol{i}+3\boldsymbol{j}$（$v$ 以 m/s 计），加速度 $\boldsymbol{a}$ 与速度 $\boldsymbol{v}$ 的夹角 $\beta=30°$，且 $a=10$ m/s^2。试求轨迹在该点密切面内的曲率半径 ρ 和切向加速度 $\boldsymbol{a}_t$。

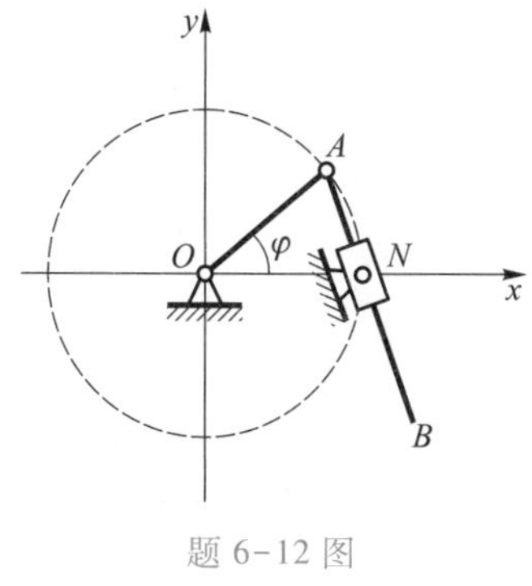

题6-12图

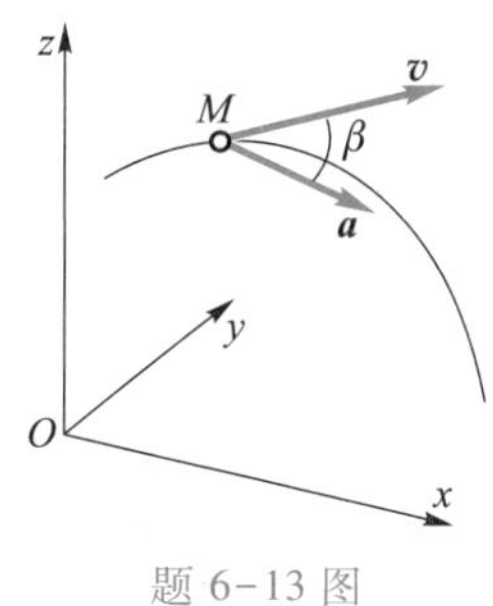

题6-13图

工程实际研究性题目

6-14　假想在平原上有一只野兔和一只猎狗，在某一时刻同时发现对方。野兔立即向洞穴跑去，猎狗也立即向野兔追去。在追击过程中，双方均尽全力奔跑，假设双方速度大小不变，方向可变。

（1）若野兔始终沿直线向洞穴跑去，试求猎狗的运动方程和运动轨迹。

（2）若野兔始终沿直线向洞穴跑去，试确定猎狗的初始位置范围，使得猎狗在这一范围内出发，总可以在野兔进洞前追上它。

（3）若猎狗已处于前述范围内，则野兔始终沿直线跑向洞穴肯定会被追上，那么野兔是否可以沿曲线安全跑进洞穴（设速度大小不变）？试画出这种情况下双方的运动轨迹。

（4）若猎狗经过训练，追击时不是直接追向野兔，而是追向野兔奔跑的前方。试给出一种计算提前量的方法，并画出双方的运动轨迹。（选自高云峰《力学小问题及全国大学生力学竞赛试题》。）

第 7 章　刚体的基本运动

运动学的两种模型，一种是点，另一种是刚体。在第 6 章，我们研究了点的运动，本章在点的运动的基础上研究刚体的两种基本运动——平行移动和定轴转动。刚体更复杂的运动总可以看成是这两种运动的合成，因此，这两种运动也称为刚体的基本运动。

7-1　刚体的平移

在运动过程中，如果刚体上任意一条直线始终平行于其初始位置，则具有这种特征的刚体运动称为刚体的平行移动，简称平移（translation）。刚体平移时，其上各点的轨迹可以是直线，也可以是曲线。如直线轨道上车厢的运动、电梯的升降、刨床工作台的移动等是前一种情况，即刚体上任一点的运动轨迹是直线；而摆式输送机中输送货物 G 的运动（图 7-1a）、火车车轮平行连杆 AB 的运动（图 7-1b）等则是后一种情况，即刚体上任一点的运动轨迹是曲线，这种曲线也可以是任意的空间曲线。

运动学动画：摆式运输机

运动学动画：火车轮

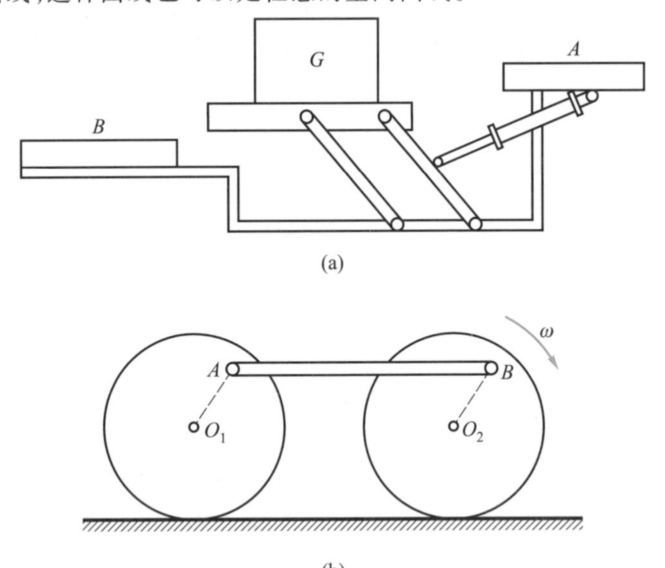

图 7-1

平移刚体上各点的运动具有如下重要特征：当刚体平移时，其上各点的运动轨迹形状完全相同且彼此平行，并且每一瞬时刚体上各点的速度、加速度均相等。

上述结论可证明如下：在平移刚体上任选两点 A、B（图 7-2），根据刚体平移的定义，线段 AB 每经过时间间隔 Δt 所处的位置 AB、A_1B_1、A_2B_2、… 都互相平行，且线段 AB 长度不变，所以 AA_1B_1B、$A_1A_2B_2B_1$、… 都是平行四边形。因此 AA_1、A_1A_2、… 与 BB_1、B_1B_2、… 分别两两平行且相等，即折线 AA_1A_2… 与 BB_1B_2… 形状完全相同且平行。而当时间间隔 Δt 趋于零时，这两条折线分别趋近于点 A 和点 B 的运动轨迹。从而证明了平移刚体内任意两点具有形状相同且位置平行的运动轨迹。

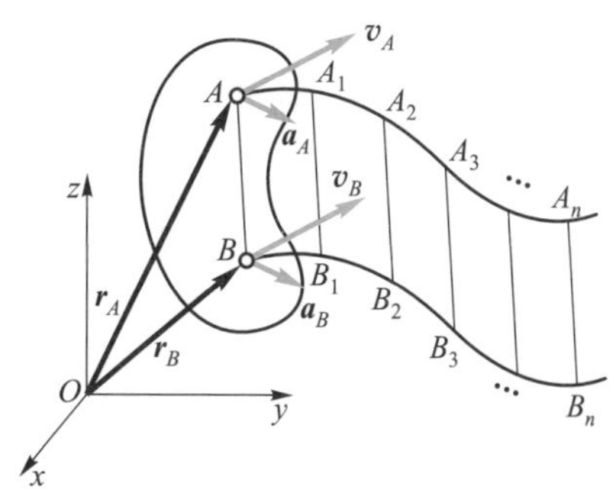

图 7-2

点 A 和点 B 的矢径有如下关系：

$$\boldsymbol{r}_A=\boldsymbol{r}_B+\overrightarrow{BA} \tag{7-1}$$

将式(7-1)两边对时间求导数，注意到刚体平移时，其上任一有向线段$\overrightarrow{BA}$的大小和方向都不变，因而$\dfrac{\mathrm{d}\,\overrightarrow{BA}}{\mathrm{d}t}=0$，故有

$$\frac{\mathrm{d}\boldsymbol{r}_A}{\mathrm{d}t}=\frac{\mathrm{d}\boldsymbol{r}_B}{\mathrm{d}t}$$

即

$$\boldsymbol{v}_A=\boldsymbol{v}_B \tag{7-2}$$

将式(7-2)两边再对时间求导数，得

$$\frac{\mathrm{d}\boldsymbol{v}_A}{\mathrm{d}t}=\frac{\mathrm{d}\boldsymbol{v}_B}{\mathrm{d}t}$$

即

$$\boldsymbol{a}_A=\boldsymbol{a}_B \tag{7-3}$$

式(7-2)和式(7-3)分别证明了平移刚体上任意两点在每一瞬时都具有相同的速度和加速度。

上述结论表明：平移刚体的运动可由其上任一点的运动来代表。这样，研究刚体的平移就可归结为研究刚体上一点的运动。

7-2　刚体的定轴转动

7-2-1　刚体的定轴转动

运动学动画：外啮合齿轮

运动学动画：电机齿轮系统

运动学动画：定轴转动

刚体运动时，如其上(或其扩展部分)有一条直线始终保持不动，则具有这种特征的刚体运动称为刚体作**定轴转动**(rotation about a fixed axis)。这条固定不动的直线称为**转轴**(axis of rotation)。工程中最常见的齿轮、机床主轴、电机转子等的运动都是定轴转动。

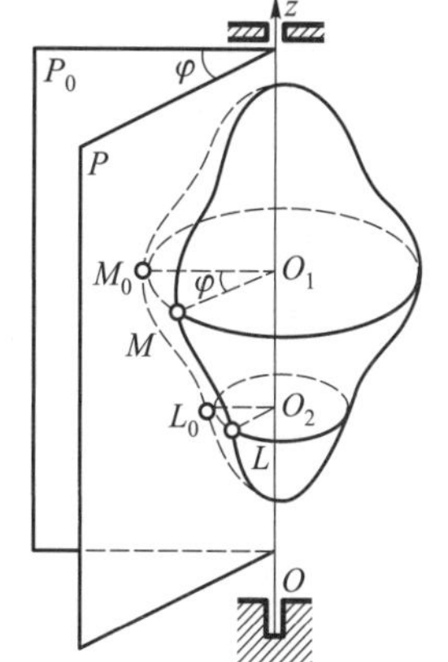

图 7-3

下面研究刚体定轴转动的转动规律。如图 7-3 所示，设刚体绕定轴 z 转动。通过转轴作固定半平面 P_0 和半平面 P，平面 P 固连于刚体并随刚体一起作定轴转动。于是，刚体的位置可由这两个平面的夹角 φ 完全确定，角 φ 称为刚体的**转角**(rotation angle)。若按右手法则规定 φ 的正负，即从轴 z 的正端向下看，由 P_0 起按逆时针方向量得的 φ 取正值，反之取负值。这样，动平面 P 的位置即刚体的转动位置可由角 φ 完全确定。因此，角 φ 也称为**角坐标**(angular position coordinate)，常用单位为弧度(rad)。转角 φ 可以表示为时间 t 的某种单值连续函数

$$\varphi = f(t) \tag{7-4}$$

上式即为刚体的定轴转动方程。如已知此方程，定轴转动刚体在任一瞬时的位置即可确定。

设由瞬时 t 到瞬时 $t+\Delta t$，角坐标由 φ 变为 $\varphi+\Delta\varphi$，$\Delta\varphi$ 称为 Δt 时间内的角位移（angular displacement）。则刚体在瞬时 t 的角速度（angular velocity）定义为

$$\omega = \lim_{\Delta t \to 0} \frac{\Delta\varphi}{\Delta t} = \frac{\mathrm{d}\varphi}{\mathrm{d}t} = \dot{\varphi} \tag{7-5}$$

即定轴转动刚体的角速度等于它的角坐标对时间的一阶导数。角速度常用单位为 rad/s。

设从瞬时 t 到瞬时 $t+\Delta t$，角速度由 ω 改变为 $\omega+\Delta\omega$，即 Δt 时间内角速度变化量为 $\Delta\omega$，则在瞬时 t 刚体转动的角加速度（angular acceleration）定义为

$$\alpha = \frac{\mathrm{d}\omega}{\mathrm{d}t} = \frac{\mathrm{d}^2\varphi}{\mathrm{d}t^2} = \ddot{\varphi} \tag{7-6}$$

即定轴转动刚体的角加速度，等于它的角速度对时间的一阶导数，也等于它的角坐标对时间的二阶导数。角加速度常用单位为 $\mathrm{rad/s^2}$。

当 α 与 ω 正负号相同时，刚体加速转动；当 α 和 ω 反号时，刚体减速转动。如果角加速度不变，刚体作匀变速转动。

对于匀变速转动，仿照点的匀变速直线运动公式，可得

$$\omega = \omega_0 + \alpha t \tag{7-7}$$

$$\varphi = \varphi_0 + \omega_0 t + \frac{1}{2}\alpha t^2 \tag{7-8}$$

$$\omega^2 - \omega_0^2 = 2\alpha(\varphi - \varphi_0) \tag{7-9}$$

式中，ω_0、φ_0 分别为 $t=0$ 时刚体的角速度和转角。工程上常用转速 n 表示刚体转动的快慢。转速 n 的常用单位为转/分（r/min）。因为一转等于 2π 弧度，所以 ω 与 n 之间的换算关系为

$$\omega = \frac{2\pi n}{60} = \frac{n\pi}{30} \tag{7-10}$$

7-2-2 定轴转动刚体上各点的速度和加速度

当刚体作定轴转动时，除了转轴上的点以外，刚体上各点都在垂直于转轴的平面内作圆周运动，圆心在该平面与转轴的交点上，圆周的半径 r 等于该点到转轴的垂直距离。设有一刚体绕 z 轴作定轴转动，角速度为 ω，角加速度为 α，如图 7-4 所示。现在研究刚体上点 M 的运动，由于点 M 作圆周运动，圆心在转轴上的 O 点，故可用自然法研究其运动规律。取 M_0 为弧坐标原点，规定角坐标增加的方向为弧坐标正向（图 7-4）。这样，点 M 在任一瞬时的弧坐标 s 就可表示为

$$s = r\varphi \tag{7-11}$$

将式（7-11）对时间求一阶导数，得点 M 的速度大小为

$$v = \frac{\mathrm{d}s}{\mathrm{d}t} = r\frac{\mathrm{d}\varphi}{\mathrm{d}t} = r\omega \tag{7-12}$$

即定轴转动刚体上任一点速度的大小，等于该点到转轴的垂直距离与刚体角速度的乘积，其方向沿该点圆周轨迹的切线，顺着 ω 的转向指向前进的一方，如图 7-4 所示。

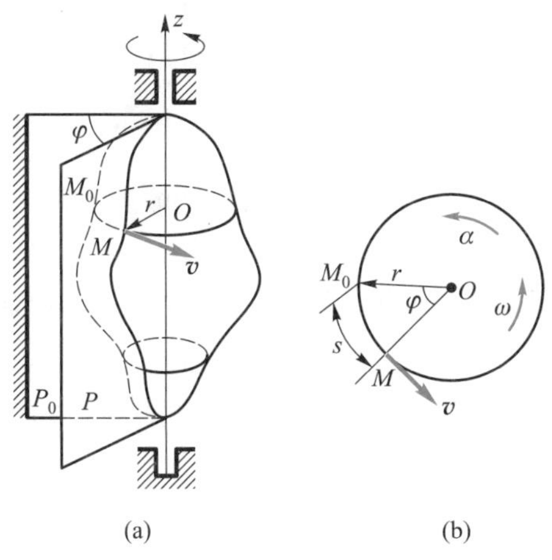

(a)　(b)

图 7-4

将式(7-12)对时间求一阶导数,得点 M 的切向加速度大小

$$a_t=\frac{\mathrm{d}v}{\mathrm{d}t}=r\frac{\mathrm{d}\omega}{\mathrm{d}t}=r\alpha \tag{7-13}$$

即定轴转动刚体上任一点的切向加速度的大小,等于该点到转轴的垂直距离与刚体的角加速度的乘积,其方向沿该点圆周轨迹的切线,顺着 α 的转向指向转动前进的一方。当加速转动即 α 和 ω 正负号相同时,点的切向加速度 $\boldsymbol{a}_t$ 和速度 $\boldsymbol{v}$ 的指向相同;当减速转动即 α 和 ω 正负号相异时,则 $\boldsymbol{a}_t$ 和 $\boldsymbol{v}$ 的指向相反(图 7-5)。

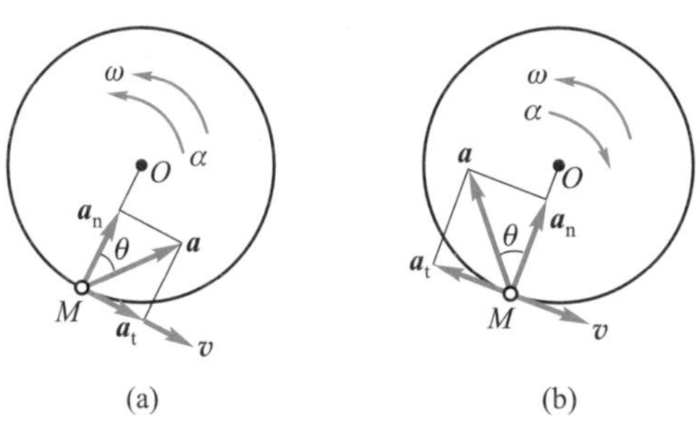

(a)　(b)

图 7-5

点 M 的法向加速度为

$$a_n=\frac{v^2}{r}=\frac{(r\omega)^2}{r}=r\omega^2 \tag{7-14}$$

即定轴转动刚体上任一点的法向加速度,等于该点到转轴的垂直距离与角速度平方的乘积;方向指向转轴。所以法向加速度也称为**向心加速度**。

点 M 的加速度的大小为

$$a=\sqrt{a_t^2+a_n^2}=r\sqrt{\alpha^2+\omega^4} \tag{7-15}$$

加速度 $\boldsymbol{a}$ 与半径 OM 的夹角 θ 可由下式决定

$$\tan\theta=\frac{|\boldsymbol{a}_t|}{a_n}=\frac{|\alpha|}{\omega^2} \tag{7-16}$$

由式(7-16)知,在每一瞬时,转动刚体内任一点加速度的大小,都与该点到转轴的垂

直距离 r 成正比,各点的全加速度 a 与 r 之间的夹角 θ 都相同,如图 7-6 所示。

例题 7-1　半径为 R 的半圆盘在 A、B 处与曲柄 O_1A 和 O_2B 铰接(图 7-7)。已知 $O_1A=O_2B=l=4\ \text{cm}$,$O_1O_2=AB$,曲柄的转动规律 $\varphi=4\sin\dfrac{\pi}{4}t$,其中 t 以 s 计。试求当 $t=0$ 和 $t=2$ s 时,半圆盘上点 M 的速度和加速度,以及半圆盘的角速度 ω_{AB}。

解:在半圆盘运动时,AB 线始终平行于其初始位置。所以半圆盘作曲线平移,其上任意一点的运动轨迹、速度、加速度均与点 A 相同,而点 A 是曲柄 O_1A 上一个点,O_1A 作定轴转动,且转动角速度为

$$\omega=\dot{\varphi}=\pi\cos\frac{\pi}{4}t \tag{1}$$

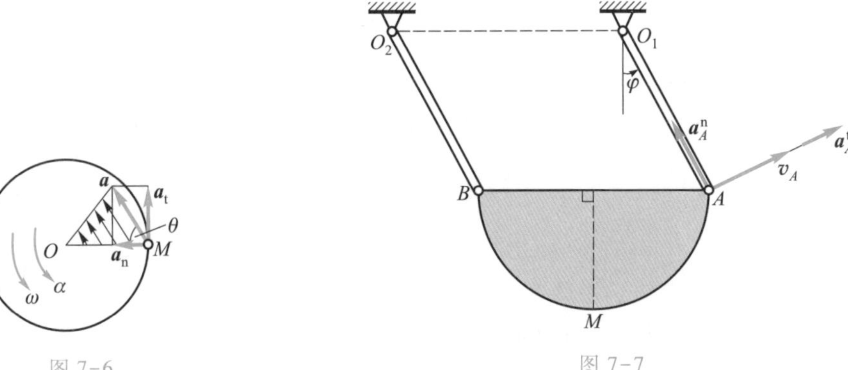

图 7-6　　图 7-7

角加速度为

$$\alpha=\dot{\omega}=\ddot{\varphi}=-\frac{\pi^2}{4}\sin\frac{\pi}{4}t \tag{2}$$

故半圆盘上点 M 的速度、加速度分别为

$$v_M=v_A=l\omega=4\pi\cos\frac{\pi}{4}t\ \text{cm/s} \tag{3}$$

$$a_M^{\text{n}}=a_A^{\text{n}}=l\omega^2=4\pi^2\cos^2\frac{\pi}{4}t\ \text{cm/s}^2 \tag{4}$$

$$a_M^{\text{t}}=a_A^{\text{t}}=l\alpha=-\pi^2\sin\frac{\pi}{4}t\ \text{cm/s}^2 \tag{5}$$

将 $t=0$ 代入式(3)、式(4)、式(5),得此瞬时

$v_M=16\pi\ \text{cm/s}$,　方向水平向右

$a_M^{\text{t}}=0$,　$a_M=a_M^{\text{n}}=4\pi^2\ \text{cm/s}^2$,　方向铅直向上

将 $t=2$ s 代入式(3)、式(4)、式(5),解得 $v_M=0$,$a_M^{\text{n}}=0$,$a_M=a_M^{\text{t}}=-\pi^2\ \text{cm/s}^2$,方向垂直于 AO_1 斜向右方(图 7-7)。

因为圆盘作平移,所以其角速度 $\omega_{AB}=0$。

例题 7-2　图 7-8a、b 分别表示一对外啮合和内啮合的圆柱齿轮。已知齿轮Ⅰ的角速度是 ω_1,角加速度是 α_1。试求齿轮Ⅱ的角速度 ω_2 和角加速度 α_2。齿轮Ⅰ和Ⅱ的节圆半径分别是 r_1 和 r_2,齿数分别是 z_1 和 z_2。

解:设两个齿轮的啮合点分别为 A 和 B,因两齿轮间没有相对滑动,所以啮合点的速

度相同,故

$$v_B = v_A$$

并且速度方向也相同。而 $v_A = r_1\omega_1$,$v_B = r_2\omega_2$,因此有

$$r_1\omega_1 = r_2\omega_2$$

或

$$\frac{\omega_1}{\omega_2} = \frac{r_2}{r_1} \tag{1}$$

由于齿轮在啮合圆上的齿距(即相邻两齿的距离)相等,它们的齿数与半径成正比,故

$$\frac{\omega_1}{\omega_2} = \frac{r_2}{r_1} = \frac{z_2}{z_1} \tag{2}$$

同理,可知啮合点的切向加速度也相同,有

$$\frac{\alpha_1}{\alpha_2} = \frac{r_2}{r_1} \tag{3}$$

由此可得传动比

$$i_{12} = \frac{\omega_1}{\omega_2} = \frac{\alpha_1}{\alpha_2} = \frac{r_2}{r_1} = \frac{z_2}{z_1} \tag{7-17}$$

式(7-17)定义的传动比是两个角速度大小的比值,与转向无关,此公式不仅适用于圆柱齿轮传动,也适用于传动轴线呈任意角的圆锥齿轮传动、摩擦轮传动。

在某些情况下,为了区分轮系中各轮的转向,规定统一的转动正向,各轮角速度视为代数量,从而 i_{12} 也取为代数量,即

$$i_{12} = \frac{\omega_1}{\omega_2} = \pm\frac{r_2}{r_1} = \pm\frac{z_2}{z_1}$$

式中,负号代表外啮合传动(图 7-8a),正号代表内啮合传动(图 7-8b)。

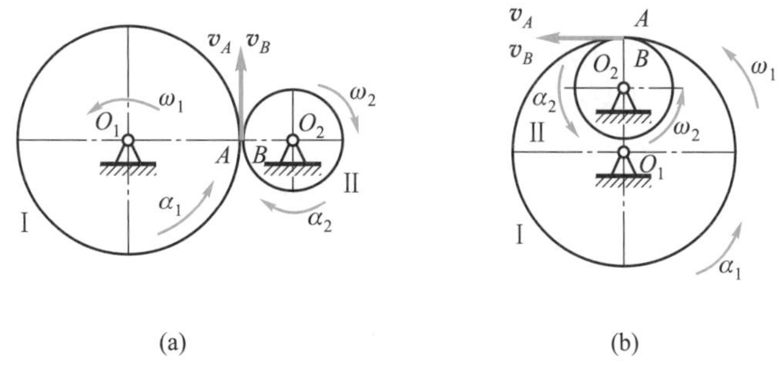

图 7-8

7-3　刚体角速度和角加速度的矢量表示·刚体内点的速度和加速度的矢积表示

7-3-1　刚体角速度和角加速度的矢量表示法

在 7-2 节中,角速度和角加速度均以标量形式给出。本节将角速度和角加速度表示

为矢量，这对以后讨论复杂问题，尤其是进行理论分析时更为方便。

首先给出角速度矢量 $\boldsymbol{\omega}=\omega\boldsymbol{k}$，其中 $\boldsymbol{k}$ 是转轴 z 上的单位矢量。$\boldsymbol{\omega}$ 的方向由右手法则判断，即从 $\boldsymbol{\omega}$ 的末端看，刚体应按逆时针方向转动。因此，当角速度 ω 的数值为正时，$\boldsymbol{\omega}$ 指向轴 z 正端（图 7-9）；反之，则指向轴 z 负端。角速度矢量 $\boldsymbol{\omega}$ 的作用线表示转轴的位置，但 $\boldsymbol{\omega}$ 是滑动矢量，它可以从转轴上的任一点画出。

运动学动画：
角速度矢量

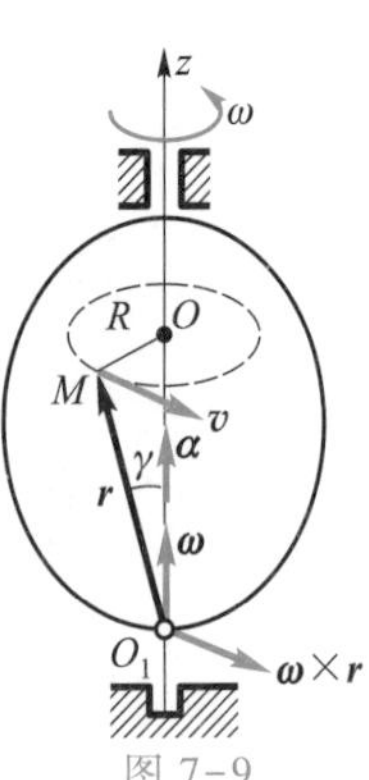

图 7-9

同样给出角加速度矢量 $\boldsymbol{\alpha}=\alpha\boldsymbol{k}$，其方向也用右手法则判断。角加速度矢量 $\boldsymbol{\alpha}$ 也是滑动矢量，沿转轴 z 画出。于是，有

$$\boldsymbol{\omega}=\omega\boldsymbol{k}=\frac{\mathrm{d}\varphi}{\mathrm{d}t}\boldsymbol{k} \tag{7-18}$$

$$\boldsymbol{\alpha}=\alpha\boldsymbol{k}=\frac{\mathrm{d}\omega}{\mathrm{d}t}\boldsymbol{k}=\frac{\mathrm{d}\boldsymbol{\omega}}{\mathrm{d}t} \tag{7-19}$$

7-3-2 刚体内各点速度、加速度的矢积表示法

刚体的角速度和角加速度用矢量表示以后，就可以将刚体上任一点的速度和加速度用 $\boldsymbol{\omega}$ 和 $\boldsymbol{\alpha}$ 表示成矢量积的形式。

设点 M 是定轴转动刚体上任意一点，其半径 $OM=R$。以转轴上任一点 O_1 为坐标原点画出角速度矢量 $\boldsymbol{\omega}$，点 M 的矢径为$\overrightarrow{O_1M}=\boldsymbol{r}$，设 $\boldsymbol{r}$ 与转轴的夹角为 γ。现考虑矢积 $\boldsymbol{\omega}\times\boldsymbol{r}$。先考虑其模

$$|\boldsymbol{\omega}\times\boldsymbol{r}|=|\boldsymbol{\omega}|\times|\boldsymbol{r}|\ \sin\gamma=|\omega|R=|\boldsymbol{v}|$$

又由右手法则知矢积 $\boldsymbol{\omega}\times\boldsymbol{r}$ 的方向垂直于由 $\boldsymbol{\omega}$ 和 $\boldsymbol{r}$ 所决定的平面，即垂直于由转轴 z 和半径 R 所决定的平面，如图 7-10a 所示，即 $\boldsymbol{\omega}\times\boldsymbol{r}$ 的方向与点 M 的速度$\boldsymbol{v}$ 的方向相同。

由上述可知，点 M 的速度可表示为

$$\boldsymbol{v}=\boldsymbol{\omega}\times\boldsymbol{r} \tag{7-20}$$

即定轴转动刚体内任意一点的速度矢量，等于刚体的角速度矢量与该点矢径的矢积。

将式(7-20)两边对时间求一阶导数，得

$$\frac{\mathrm{d}\boldsymbol{v}}{\mathrm{d}t}=\frac{\mathrm{d}}{\mathrm{d}t}(\boldsymbol{\omega}\times\boldsymbol{r})=\frac{\mathrm{d}\boldsymbol{\omega}}{\mathrm{d}t}\times\boldsymbol{r}+\boldsymbol{\omega}\times\frac{\mathrm{d}\boldsymbol{r}}{\mathrm{d}t}=\boldsymbol{\alpha}\times\boldsymbol{r}+\boldsymbol{\omega}\times\boldsymbol{v} \tag{7-21}$$

上式中第一个矢积 $\boldsymbol{\alpha}\times\boldsymbol{r}$ 的模为

$$|\boldsymbol{\alpha}\times\boldsymbol{r}|=|\boldsymbol{\alpha}|r\ \sin\gamma=R|\alpha|=|\boldsymbol{a}_{\mathrm{t}}|$$

该矢积的方向垂直于由转轴 z 和半径 OM 决定的平面 O_1OM（图 7-10a）。可见，矢积 $\boldsymbol{\alpha}\times\boldsymbol{r}$ 的大小和方向都与点 M 的切向加速度 $\boldsymbol{a}_{\mathrm{t}}$ 相同。故有矢积表达式

$$\boldsymbol{a}_{\mathrm{t}}=\boldsymbol{\alpha}\times\boldsymbol{r} \tag{7-22}$$

式(7-20)中第二个矢积 $\boldsymbol{\omega}\times\boldsymbol{v}$ 的模为

$$|\boldsymbol{\omega}\times\boldsymbol{v}|=\omega v\ \sin 90^\circ=R\omega^2=|\boldsymbol{a}_{\mathrm{n}}|$$

由右手法则知，其方向垂直于刚体的转轴 z（或 $\boldsymbol{\omega}$）与点 M 的速度$\boldsymbol{v}$ 所组成的平面，即沿点 M 的半径 R 而指向轴心 O（图 7-10b）。可见，矢积 $\boldsymbol{\omega}\times\boldsymbol{v}$ 表示点 M 的法向加速度 $\boldsymbol{a}_{\mathrm{n}}$，即

$$\boldsymbol{a}_{\mathrm{n}}=\boldsymbol{\omega}\times\boldsymbol{v} \tag{7-23}$$

由式(7-21)、式(7-22)和式(7-23)知,点 M 的加速度的矢积表达式为

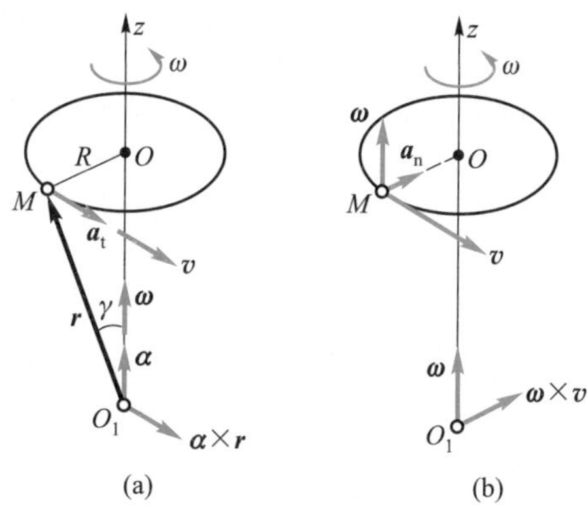

图 7-10

$$\boldsymbol{a}=\boldsymbol{a}_{\mathrm{t}}+\boldsymbol{a}_{\mathrm{n}}=\boldsymbol{\alpha}\times\boldsymbol{r}+\boldsymbol{\omega}\times\boldsymbol{v} \tag{7-24}$$

即定轴转动刚体上任一点的加速度由两部分组成,其切向加速度等于刚体的角加速度矢量与该点矢径的矢积;法向加速度等于刚体的角速度矢量与该点速度的矢积。

7-3-3　泊松公式

设刚体以角速度 $\boldsymbol{\omega}$ 绕定轴 z 转动,取动坐标系 $O'x'y'z'$ 固连于刚体,随刚体一起作定轴转动,且动系坐标原点与定系坐标原点重合。动系各轴的单位矢量分别为 $\boldsymbol{i}'$、$\boldsymbol{j}'$、$\boldsymbol{k}'$,各单位矢量的端点分别为 A、B、C,如图 7-11所示。
现在考察刚体上与 A、B、C 相重合的三点的速度。

显然,点 A 的矢径就是 $\boldsymbol{i}'$,故

$$\boldsymbol{v}_A=\frac{\mathrm{d}\boldsymbol{i}'}{\mathrm{d}t}$$

又由式(7-20)知

$$\boldsymbol{v}_A=\boldsymbol{\omega}\times\boldsymbol{i}'$$

比较以上两式可得

$$\frac{\mathrm{d}\boldsymbol{i}'}{\mathrm{d}t}=\boldsymbol{\omega}\times\boldsymbol{i}'$$

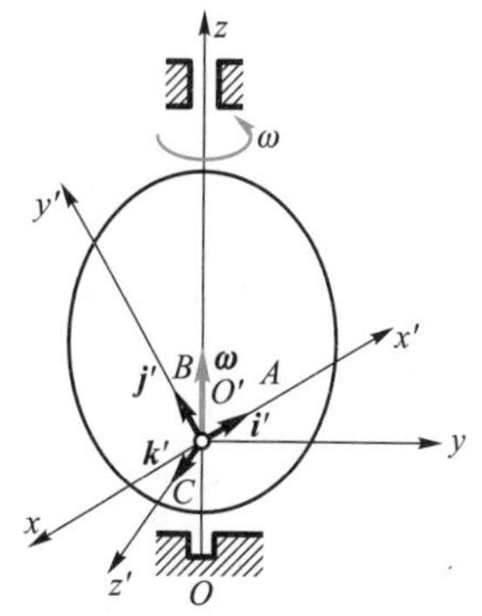

图 7-11

同理,分别考察点 B、C 的速度,可得两个类似的公式。归结起来,有

$$\frac{\mathrm{d}\boldsymbol{i}'}{\mathrm{d}t}=\boldsymbol{\omega}\times\boldsymbol{i}',\quad \frac{\mathrm{d}\boldsymbol{j}'}{\mathrm{d}t}=\boldsymbol{\omega}\times\boldsymbol{j}',\quad \frac{\mathrm{d}\boldsymbol{k}'}{\mathrm{d}t}=\boldsymbol{\omega}\times\boldsymbol{k}' \tag{7-25}$$

上式称为泊松公式(Poisson formula)。可以证明,当动系坐标原点不与定系坐标原点重合,甚至当动系坐标原点不在转轴上时,式(7-25)仍然成立。

思考题:试证明当固连于定轴转动刚体的动系坐标原点不在转轴上时,式(7-25)仍成立。

小 结

平行移动和定轴转动是刚体的两种最简单的运动形式，所以称为刚体的基本运动。刚体的复杂运动都可分解为这两种基本运动。

1. 刚体的平行移动

(1) 定义：刚体在运动过程中，其上任一直线始终与它的初始位置相平行，具有这种特征的刚体运动称为刚体的平行移动或平移。

(2) 平移的运动特征：刚体作平移时，刚体上各点的运动轨迹形状相同且彼此平行，每一瞬时刚体上各点的速度、加速度大小相等，方向相同。因此，平移刚体的运动可由其上任一点的运动来代表。

2. 刚体的定轴转动

(1) 定义：刚体运动时，其上（或其延伸部分）有一直线始终保持不动，具有这种特征的刚体运动称为刚体的定轴转动。

(2) 定轴转动刚体的运动特征

转动方程

$$\varphi=f(t)$$

角速度

$$\omega=\frac{\mathrm{d}\varphi}{\mathrm{d}t}$$

矢量表示式

$$\boldsymbol{\omega}=\omega\boldsymbol{k}=\dot{\varphi}\boldsymbol{k}$$

角加速度

$$\alpha=\frac{\mathrm{d}\omega}{\mathrm{d}t}=\frac{\mathrm{d}^2\varphi}{\mathrm{d}t^2}$$

矢量表示式

$$\boldsymbol{\alpha}=\alpha\boldsymbol{k}=\frac{\mathrm{d}\boldsymbol{\omega}}{\mathrm{d}t}$$

(3) 定轴转动刚体上各点的运动

定轴转动刚体上各点都绕转轴作圆周运动。

速度

$$\boldsymbol{v}=\boldsymbol{\omega}\times\boldsymbol{r},\quad v=R\omega$$

加速度

$$\boldsymbol{a}=\boldsymbol{a}_{\mathrm{t}}+\boldsymbol{a}_{\mathrm{n}}=\boldsymbol{\alpha}\times\boldsymbol{r}+\boldsymbol{\omega}\times\boldsymbol{v},\quad a_{\mathrm{t}}=R\alpha,\quad a_{\mathrm{n}}=R\omega^2$$

习 题

7-1 在输送散粒的摆动式运输机中，摆杆长 $OA=O_1B=l$，且 $OO_1=AB$。已知当摆杆与铅直线成 θ 角时的角速度和角加速度分别是 ω_0 和 α_0（转向如题 7-1 图所示）。试求运输槽上任一点 M 的速度和加速度的大小。

7-2 如题 7-2 图所示带轮轮缘上一点 A 的速度 $v_A=50$ cm/s，和点 A 在同一半径上的点 B 的速度 $v_B=10$ cm/s，距离 $AB=20$ cm。试求带轮的角速度及其直径。

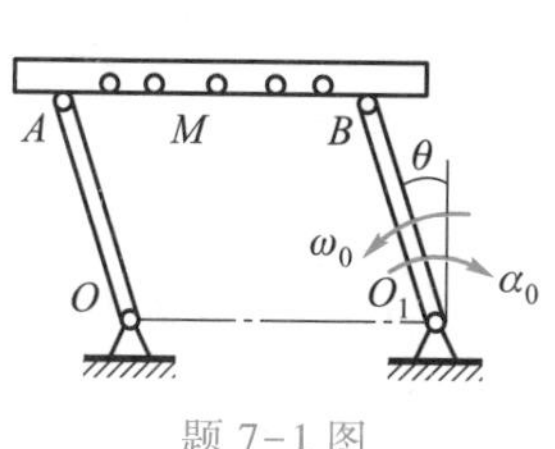

题 7-1 图

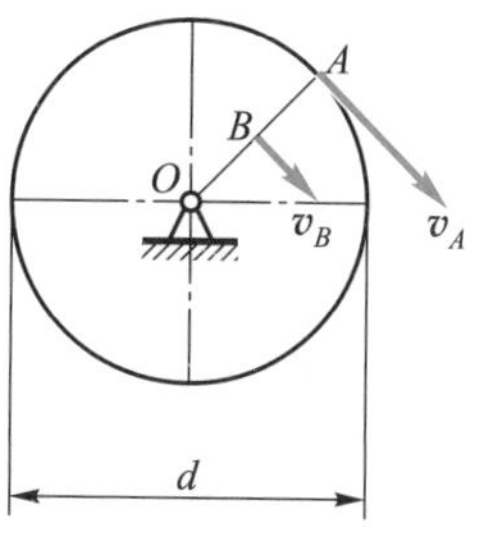

题 7-2 图

7-3　如题 7-3 图所示，摩擦传动机构的主动轴 Ⅰ 的转速为 $n=600$ r/min。轴 Ⅰ 的轮盘与轴 Ⅱ 的轮盘接触，接触点按箭头 A 所示的方向移动。距离 d 的变化规律为 $d=100-5t$，其中 d 以 mm 计，t 以 s 计。已知 $r=50$ mm，$R=150$ mm。试求：

（1）以距离 d 表示轴 Ⅱ 的角加速度；

（2）当 $d=r$ 时，轮 B 边缘上一点的加速度。

7-4　车床的传动装置如题 7-4 图所示。已知各齿轮的齿数分别为：$z_1=40$，$z_2=84$，$z_3=28$，$z_4=80$；带动刀具的丝杠的螺距为 $h_4=12$ mm。试求车刀切削工件的螺距 h_1。

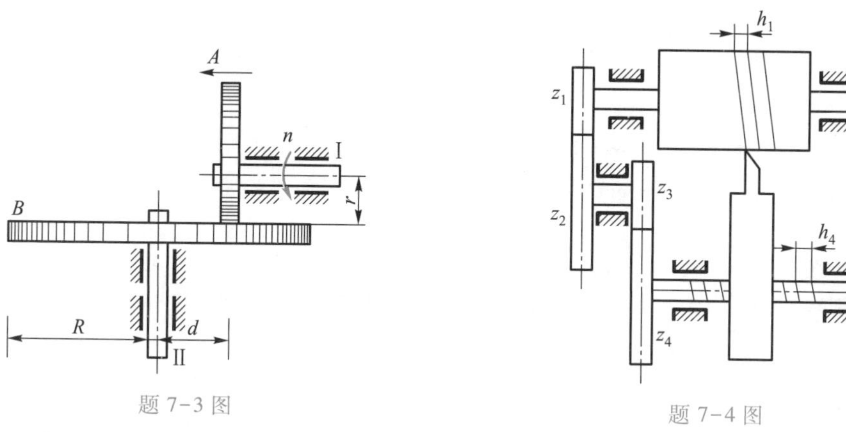

题 7-3 图　　题 7-4 图

7-5　如题 7-5 图所示纸盘由厚度为 a 的纸条卷成，令纸盘的中心不动，而以等速 v 拉纸条。试求纸盘的角加速度（以半径 r 的函数表示）。

7-6　如题 7-6 图所示机构中齿轮 1 紧固在杆 AC 上，$AB=O_1O_2$，齿轮 1 和半径为 r_2 的齿轮 2 啮合，齿轮 2 可绕轴 O_2 转动且和曲柄 O_2B 没有联系。设 $O_1A=O_2B=l$，$\varphi=b\sin\omega t$。试确定 $t=\dfrac{\pi}{2\omega}$ 时，轮 2 的角速度和角加速度。

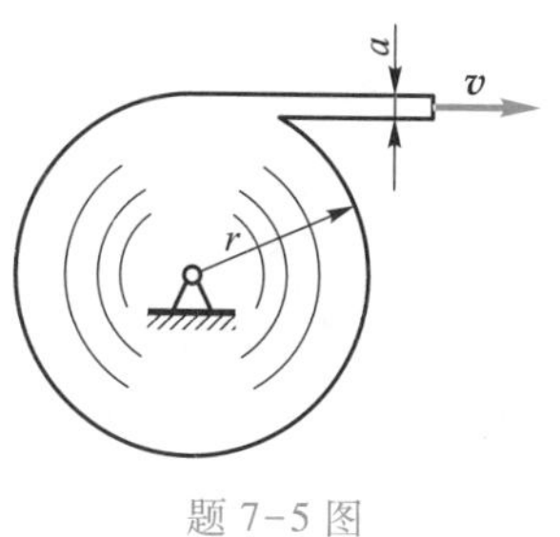

题 7-5 图

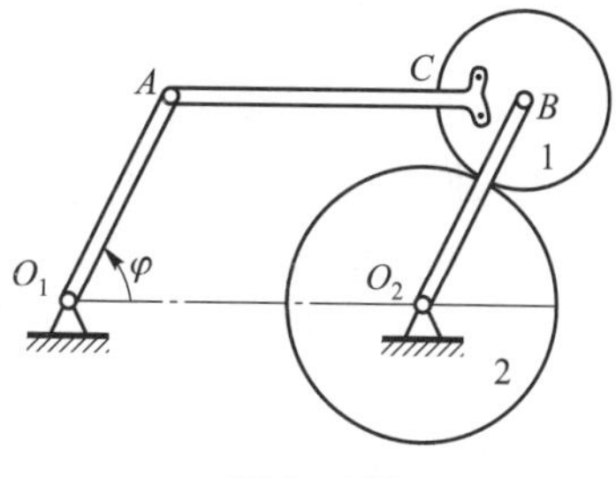

题 7-6 图

7-7 在题 7-6 图中，设机构从静止开始转动，轮 2 的角加速度为常量 α_2。试求曲柄 O_1A 的转动规律。

7-8 杆 AB 在铅垂方向以恒速 $\boldsymbol{v}$ 向下运动，并由 B 端的小轮带着半径为 R 的圆弧杆 OC 绕轴 O 转动，如题 7-8 图所示。设运动开始时，$\varphi=\dfrac{\pi}{4}$，试求此后任意瞬时 t 杆 OC 的角速度 ω 和点 C 的速度。

7-9 如题 7-9 图所示，一飞轮绕固定轴 O 转动，其轮缘上任一点的加速度在某段运动过程中与轮半径的交角恒为 60°。当运动开始时，其转角 φ_0 等于零，角速度为 ω_0。试求飞轮的转动方程及角速度与转角的关系。

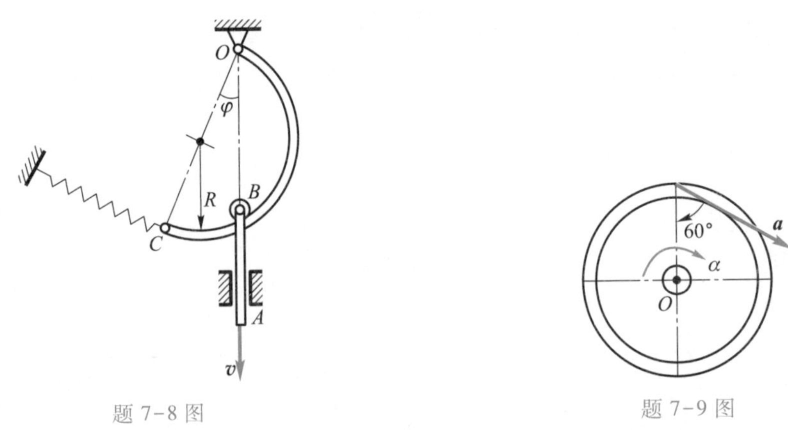

题 7-8 图　　题 7-9 图

7-10 如题 7-10 图所示半径 $r_1=10$ cm 的锥齿轮 O_1 由半径 $r_2=15$ cm 的锥齿轮 O_2 带动。已知齿轮 O_2 由静止开始以角加速度 4π rad/s^2 转动。试问经过多少时间锥齿轮 O_1 到达 $n_1=4\ 320$ r/min 的转速？

7-11 如题 7-11 图所示电动绞车由带轮Ⅰ、Ⅱ和鼓轮Ⅲ组成，鼓轮Ⅲ和带轮Ⅱ固连在同一轴上。各轮半径分别是 $r_1=30$ cm，$r_2=75$ cm 和 $r_3=40$ cm。试求当带轮Ⅰ的转速 $n_1=100$ r/min时重物 A 上升的速度。

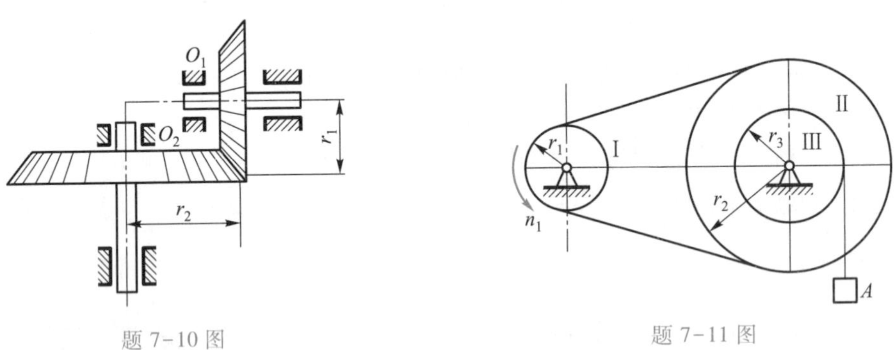

题 7-10 图　　题 7-11 图

7-12 在如题 7-12 图所示仪表结构中，齿轮 1、2、3、4 的齿数分别为 $z_1=6$，$z_2=24$，$z_3=8$，$z_4=32$；齿轮 5 的半径为 5 cm。如齿条 B 移动 1 cm，试求指针 A 所转过的角度 φ。

7-13 如题 7-13 图所示绞车通过主动轴Ⅰ上小齿轮和从动轴Ⅱ上大齿轮相互啮合，使鼓轮转动而提升重物。设小齿轮的齿数为 z_1，大齿轮的齿数为 z_2，鼓轮半径为 r，并已知主动轴Ⅰ的转动方程 $\varphi_1=2\pi t^2$，其中 φ_1 以 rad 计，t 以 s 计。试求重物 A 的运动方程、速度和加速度。

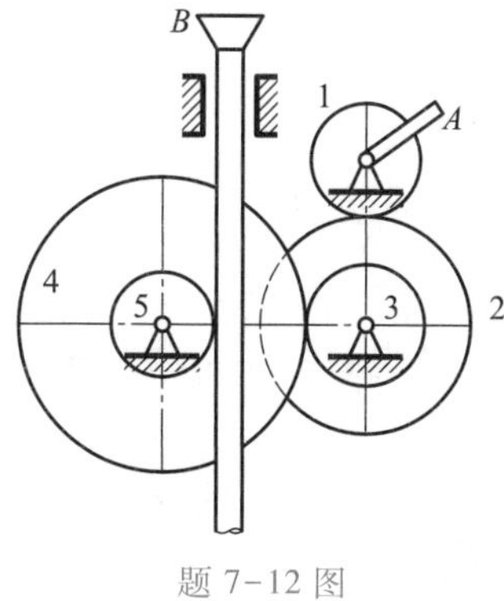

题 7-12 图

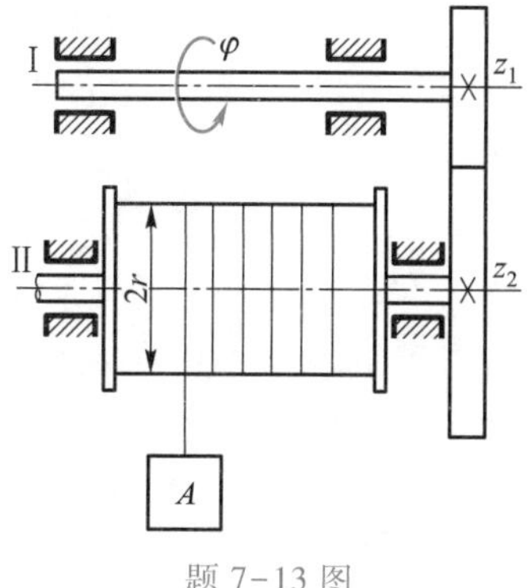

题 7-13 图

第 8 章　点的合成运动

本章将研究在不同参考系中所观察同一点的运动之间的联系和差异，从而建立起点在不同参考系中速度和加速度之间的关系。

8-1　合成运动的基本概念

同一物体的运动在不同参考系中观察的结果往往是不同的。例如，如图 8-1 所示，车辆沿直线轨道行驶，在地面上观察，轮缘上点 M 作曲线运动，轨迹为旋轮线；而在车厢上观察车轮，车轮绕轮轴作定轴转动，车轮上各点绕轮心作圆周运动。又如图 8-2 所示，匀速铅直下降的直升机，研究螺旋桨上点 M，点 M 相对固连于直升机上的参考系作圆周运动，轨迹为圆；而点 M 相对固连于地面的参考系作螺旋线运动，轨迹为空间螺旋曲线。显然，相对于不同参考系，同一点的运动轨迹、点的速度、加速度往往是不同的。下面就来分析它们的差异所在。为此，首先介绍几个基本概念。

运动学动画：直升机

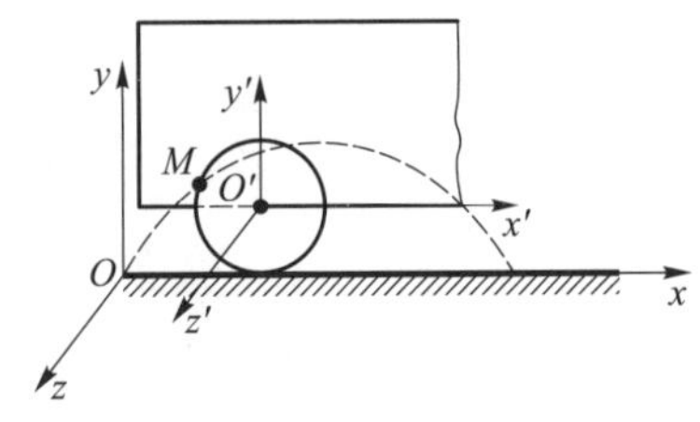

图 8-1

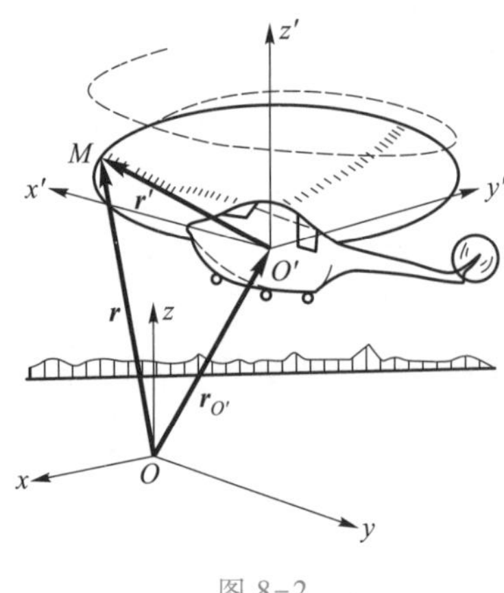

图 8-2

8-1-1　两种参考系

本章将在两种参考系下研究点的运动。一种是在分析问题中认定不动的参考系，称为**固定参考系**(fixed reference system)，简称**定系**。若无特别说明，本书常取固连于地球的参考系为定系，用 $Oxyz$ 表示，如图 8-1 和图 8-2 所示固连于地面的坐标系 $Oxyz$。另一种是相对于定系作某种运动的参考系，称为**动参考系**(moving reference system)，简称为**动系**，用 $O'x'y'z'$表示，如图 8-1 所示固连于车轮平移轮轴上的坐标系 $O'x'y'z'$，以及图 8-2 中固连于直升机机身上的坐标系 $O'x'y'z'$。

8-1-2　三种运动

研究点在两种参考系中的运动，建立不同参考系中运动量间的关系时，需要明确区分和定义三种运动。

动点相对于定系的运动称为绝对运动(absolute motion),动点在定系中的运动轨迹称为动点的绝对运动轨迹(absolute motion path)。例如,在地面观察车轮轮缘上点 M 的运动,在地面上观察直升机螺旋桨上点 M 的运动,这些都是动点 M 的绝对运动。动点相对于动系的运动称为相对运动(relative motion),动点在动系中的运动轨迹称为动点的相对运动轨迹(relative motion path)。例如,在车厢上观察车轮轮缘上点 M 的运动,在直升机上观察螺旋桨上点 M 的运动,这些都是动点 M 的相对运动。动系相对于定系的运动称为牵连运动(convected motion)。例如,在地面观察车厢的平移运动,在地面观察直升机的下降运动,这些都是牵连运动。

由上述可见,物体的绝对运动可以看成是其相对运动和牵连运动的合成结果,因此绝对运动也称为复合运动或合成运动(resultant motion)。需要指出,动点的绝对运动和相对运动都是点的运动,可以用点的运动学方法来描述,而牵连运动是指动系(刚体)的运动,可作平移运动、定轴转动或其他更复杂的运动,需用刚体运动学方法来描述。

8-1-3　三种速度、三种加速度

动点相对于定系的速度和加速度分别称为绝对速度(absolute velocity)和绝对加速度(absolute acceleration),用$\boldsymbol{v}_a$和 $\boldsymbol{a}_a$ 表示。动点相对于动系的速度和加速度分别称为相对速度(relative velocity)和相对加速度(relative acceleration),用$\boldsymbol{v}_r$和 $\boldsymbol{a}_r$ 表示。由于动系通过其上某瞬时与动点位置重合点的运动影响或联系动点的运动,将动系上某瞬时与动点位置重合的点称为动点的牵连点(convected point)。动点相对于动系运动,不同时刻,牵连点不同。如图 8-3 所示,乘客在行驶的列车车厢上跑动,如将乘客脚底作为动点,动系固连于车厢,定系固连于地面。则运动过程中,乘客脚底与车厢重合点(图中圆点)为每一时刻的牵连点。由此可知牵连点具有瞬时性。牵连点相对定系的速度、加速度分别称为动点的牵连速度(convected velocity)和牵连加速度(convected acceleration),用$\boldsymbol{v}_e$和 $\boldsymbol{a}_e$ 表示。

运动学动画:
牵连点

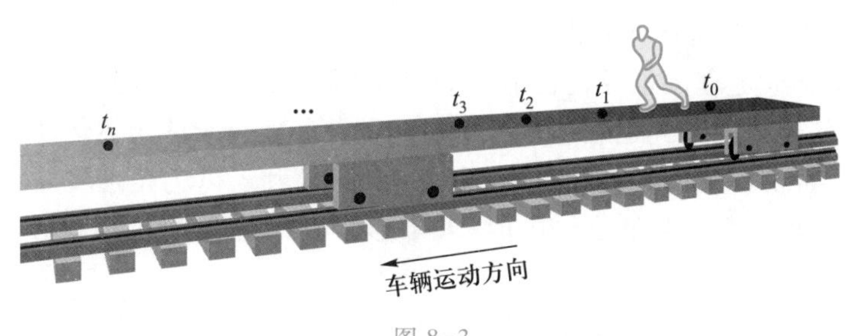

图 8-3

8-2　点的速度合成定理

本节研究点的绝对速度、相对速度与牵连速度之间的关系。

设有一小球 M 沿着弯管 AB 运动,而弯管 AB 又相对定系作某种运动,如图 8-4 所示。在某瞬时 t,弯管位于 AB 处,小球位于点 M。取小球为动点,动系固连于弯管 AB。在瞬时 t 动点与动系上的点 m 重合(点 m 即为此时动点的牵连点)。经过 Δt 时间间隔后,弯管运

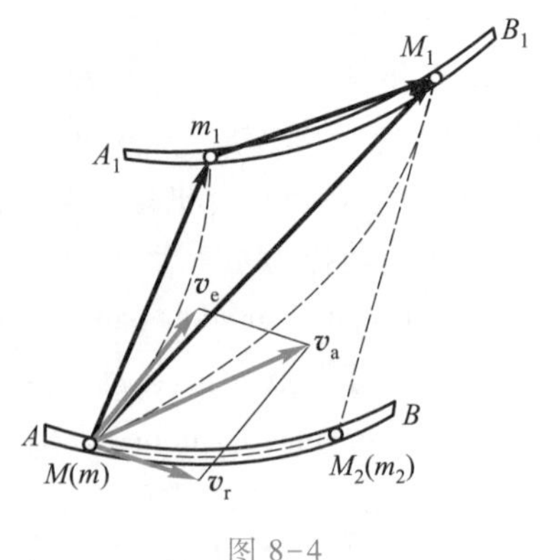

图 8-4

动到 A_1B_1 处，与此同时小球运动到点 M_1，动系上的点 m 运动到了 m_1 处。小球的运动可以看成这两个运动的合成，首先让小球相对弯管静止，将弯管从初始位置 AB 移动到末了位置 A_1B_1，即动点将随动系 AB 沿轨迹 $\widehat{mm_1}$ 运动到点 m_1，则 $\overrightarrow{mm_1}$ 就是动点 M 在瞬时 t 的牵连点 m 的位移。然后让弯管不动，将小球由初位置点 m_1 移动到末位置点 M_1，则 $\overrightarrow{m_1M_1}$ 就是动点的相对位移。而动点 M 的绝对位移是 $\overrightarrow{MM_1}$，如图 8-4 所示。由图中各矢量关系可知

运动学动画：速度合成

$$\overrightarrow{MM_1}=\overrightarrow{mm_1}+\overrightarrow{m_1M_1}$$

上式两端各项都除以 Δt，并取 $\Delta t\to 0$ 的极限，有

$$\lim_{\Delta t\to 0}\frac{\overrightarrow{MM_1}}{\Delta t}=\lim_{\Delta t\to 0}\frac{\overrightarrow{mm_1}}{\Delta t}+\lim_{\Delta t\to 0}\frac{\overrightarrow{m_1M_1}}{\Delta t}$$

其中 $\lim\limits_{\Delta t\to 0}\dfrac{\overrightarrow{MM_1}}{\Delta t}=\boldsymbol{v}_a$，即动点 M 在瞬时 t 的绝对速度，方向沿绝对轨迹 $\widehat{MM_1}$ 在点 M 的切线。$\lim\limits_{\Delta t\to 0}\dfrac{\overrightarrow{mm_1}}{\Delta t}=\boldsymbol{v}_e$ 是动系 AB 弯管上点 m 的绝对速度，即点 M 在瞬时 t 的牵连速度，方向沿曲线 $\widehat{mm_1}$ 在点 M 的切线。$\lim\limits_{\Delta t\to 0}\dfrac{\overrightarrow{m_1M_1}}{\Delta t}=\boldsymbol{v}_r$ 是点 M 在瞬时 t 的相对速度，其方向沿相对轨迹 AB 在点 M 的切线。于是，有关系式

$$\boldsymbol{v}_a=\boldsymbol{v}_e+\boldsymbol{v}_r \tag{8-1}$$

由此得点的速度合成定理：动点在任一瞬时的绝对速度等于其牵连速度和相对速度的矢量和。式(8-1)是一个矢量方程，由其可以得到两个代数方程，因此可以求出三种速度的大小和方向中任意两个未知量。

在上述速度合成定理的推导过程中，并未对动系的运动(即牵连运动)加以限制。因此，该定理对任何形式的牵连运动(平移、定轴转动及其他复杂的刚体运动)均成立。

例题 8-1　如图 8-5 所示正弦机构，曲柄 OA 长度为 r，以匀角速度 ω 绕水平轴 O 转动，当曲柄 OA 与水平线间夹角 $\varphi=30°$ 时，求 T 形杆 BCD 的速度及滑块 A 相对于杆 BCD 的速度。

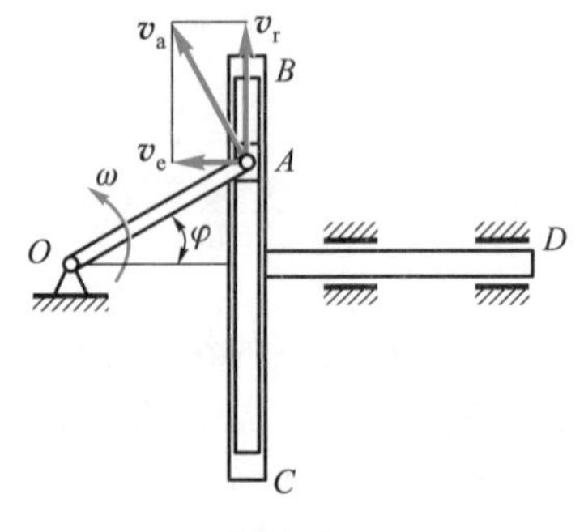

图 8-5

解：选滑块 A 为动点(一般是指滑块 A 与曲柄 OA 的铰接点)，动系固连于 T 形杆 BCD 上，定系固连于机座。

(1) 运动分析

绝对运动：点 A 以 O 为圆心、以 OA 为半径作圆周运动；

相对运动：点 A 沿 T 形杆滑道 BC 作直线运动；

牵连运动：动系随 T 形杆 BCD 作水平平移。

(2) 速度分析

绝对速度$\boldsymbol{v}_a$的方向垂直于杆 OA，指向与角速度 ω 转向一致，大小为 ωr；牵连速度$\boldsymbol{v}_e$方向水平向左；相对速度$\boldsymbol{v}_r$铅直向上；速度矢量关系如图 8-5 所示。

应用速度合成定理，有

$$\boldsymbol{v}_a=\boldsymbol{v}_e+\boldsymbol{v}_r$$

由图示速度平行四边形，求得 $v_r=v_a\cos\varphi=\dfrac{\sqrt{3}}{2}\omega r$，$v_e=v_a\sin\varphi=\dfrac{1}{2}\omega r$。即 T 形杆 BCD 的速度大小为$\dfrac{1}{2}\omega r$，方向水平向左；滑块 A 相对于杆 BCD 的速度大小为$\dfrac{\sqrt{3}}{2}\omega r$，方向铅直向上。

例题 8-2　如图 8-6 所示曲柄摇杆机构，曲柄 OA 以匀角速度 ω 绕水平轴 O 转动，带动摇杆 O_1C 绕水平轴 O_1 转动，已知 OA 长度为 l，OO_1 距离为$\sqrt{3}l$。图示瞬时 $OA\perp OO_1$，试求该瞬时摇杆 O_1C 的角速度和套筒 A 相对于摇杆 O_1C 的速度。

运动学动画：曲柄摇杆

解：选套筒 A 为动点，动系固连于摇杆 O_1C 上，定系固连于机座。

(1) 运动分析

绝对运动：点 A 以 O 为圆心、以 OA 为半径作圆周运动；

相对运动：点 A 沿摇杆 O_1C 作直线运动；

牵连运动：动系随摇杆 O_1C 作定轴转动。

(2) 速度分析

绝对速度$\boldsymbol{v}_a$的方向垂直于杆 OA，指向与角速度 ω 转向一致，大小为 ωl；牵连速度$\boldsymbol{v}_e$方向垂直于杆 O_1C 指向与杆 O_1C 角速度 ω_{O_1C}转向一致；相对速度$\boldsymbol{v}_r$方向沿杆 O_1C 斜着向上；速度矢量关系如图 8-6 所示。

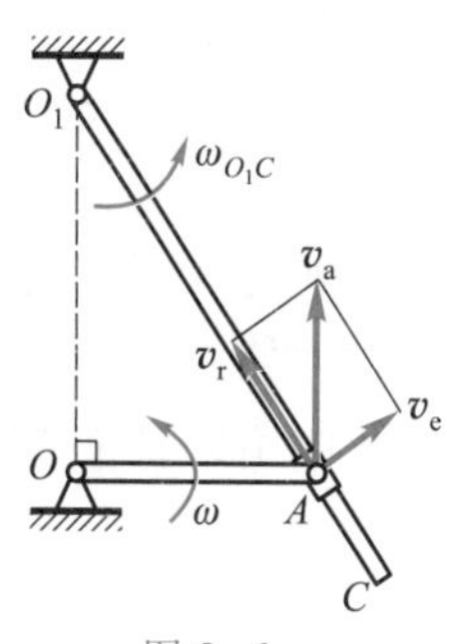

图 8-6

应用速度合成定理，有

$$\boldsymbol{v}_a=\boldsymbol{v}_e+\boldsymbol{v}_r$$

由图示速度平行四边形，注意到 $\tan\varphi=\dfrac{OA}{OO_1}=\dfrac{\sqrt{3}}{3}$，$\varphi=30°$，求得$v_r=v_a\cos\varphi=\dfrac{\sqrt{3}}{2}\omega l$，$v_e=v_a\sin\varphi=\dfrac{1}{2}\omega l$。从而知摇杆 O_1C 的角速度大小为 $\omega_{O_1C}=\dfrac{\boldsymbol{v}_e}{O_1C}=\dfrac{\omega}{4}$，转向为逆时针方向；套筒 A 相对于摇杆 O_1C 的速度大小为$\dfrac{\sqrt{3}}{2}\omega l$，方向沿 AO_1 方向。

例题 8-3　平底顶杆凸轮机构如图 8-7a 所示，顶杆 AB 可沿导槽上下移动，偏心凸轮绕水平轴 O 转动，轴 O 位于顶杆轴线上。工作时顶杆的平底始终接触凸轮表面。已知凸轮半径为 R，偏心距 $OC=e$，凸轮绕轴 O 转动的角速度为 ω，OC 与水平线夹角为 φ。试求当 $\varphi=30°$时，顶杆 AB 的速度。

解：选圆凸轮中心点 C 为动点，动系固连于顶杆 AB 上，定系固连于机座。

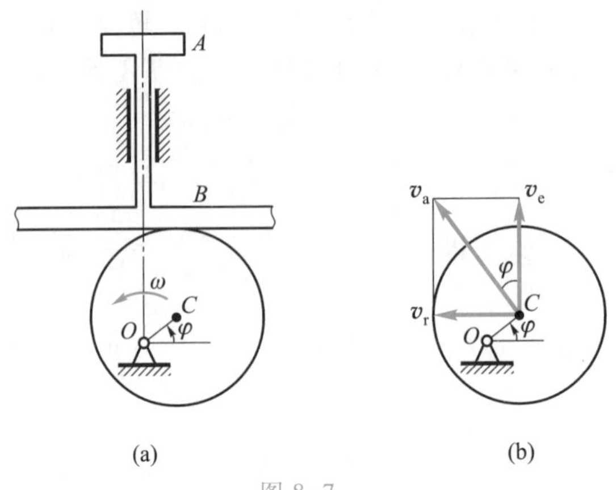

图 8-7

(1) 运动分析

绝对运动:点 C 以 O 为圆心、以 OC 为半径作圆周运动;

相对运动:点 C 平行顶杆下沿作直线运动;

牵连运动:动系随顶杆 AB 作铅直方向的平移。

(2) 速度分析

绝对速度$\boldsymbol{v}_a$ 的方向垂直于连线 OC,指向与角速度 ω 转向一致,大小为 ωe;牵连速度 $\boldsymbol{v}_e$ 方向铅垂向上;相对速度水平向左;速度矢量关系如图 8-7b 所示。

应用速度合成定理,有

$$\boldsymbol{v}_a=\boldsymbol{v}_r+\boldsymbol{v}_e$$

由图示速度平行四边形,求得$v_r=v_a\sin\varphi=\dfrac{1}{2}\omega e$,$v_e=v_a\cos\varphi=\dfrac{\sqrt{3}}{2}\omega e$。故顶杆 AB 的速度大小为$\dfrac{\sqrt{3}}{2}\omega e$,方向铅直向上。

由上面几个例题可总结出分析点的合成运动的速度问题的求解步骤如下:

(1) 选取动点、动系和定系。应注意所选动点相对动系要有相对运动,另外,应尽可能使动点的相对运动轨迹比较明确。

(2) 分析点的三种运动和三种速度。应注意此章所说的绝对运动和相对运动都是指点的运动,而牵连运动是指刚体的运动。

(3) 应用速度合成定理,作出速度平行四边形。应注意,作图时要使绝对速度成为平行四边形的对角线。

(4) 根据速度合成定理或速度平行四边形求解未知速度参数。

8-3 点的加速度合成定理

在研究了点作合成运动的速度合成问题后,本节研究点的加速度合成问题。

如图 8-8 所示,动点 M 相对于动系 $O'x'y'z'$沿曲线 AB 运动,动系相对定系 $Oxyz$ 绕轴 z 作定轴转动,转动的角速度矢为 $\boldsymbol{\omega}$,角加速度矢为 $\boldsymbol{\alpha}$。

动点 M 对动系的矢径即相对矢径

$$\boldsymbol{r}'=x'\boldsymbol{i}'+y'\boldsymbol{j}'+z'\boldsymbol{k}'$$

其中 x'、y'、z'是动点相对动系的坐标，$\boldsymbol{i}'$、$\boldsymbol{j}'$、$\boldsymbol{k}'$是动系相应坐标轴的单位矢量。则动点 M 的相对速度和相对加速度分别为

$$\boldsymbol{v}_{\mathrm{r}}=\dot{x}'\boldsymbol{i}'+\dot{y}'\boldsymbol{j}'+\dot{z}'\boldsymbol{k}' \tag{8-2}$$

$$\boldsymbol{a}_{\mathrm{r}}=\ddot{x}'\boldsymbol{i}'+\ddot{y}'\boldsymbol{j}'+\ddot{z}'\boldsymbol{k}' \tag{8-3}$$

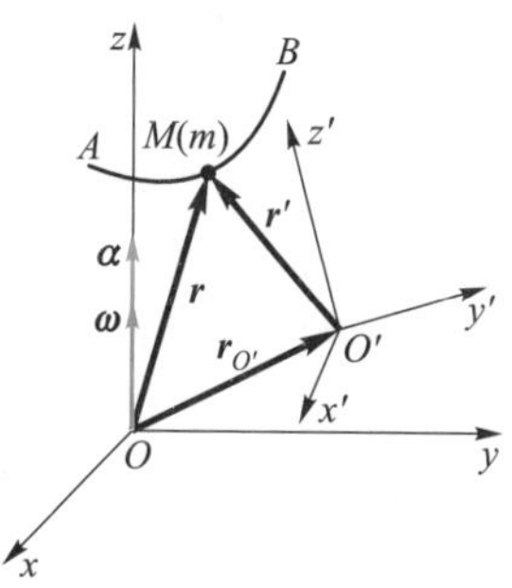

图 8-8

动点 M 的牵连速度和牵连加速度，分别等于动系上在该瞬时与动点 M 相重合之点 m 对于定系的速度和加速度，考虑到动系作定轴转动，故有

$$\boldsymbol{v}_{\mathrm{e}}=\boldsymbol{v}_{m}=\boldsymbol{\omega}\times\boldsymbol{r}$$

$$\boldsymbol{a}_{\mathrm{e}}=\boldsymbol{a}_{m}=\boldsymbol{\alpha}\times\boldsymbol{r}+\boldsymbol{\omega}\times\boldsymbol{v}_{\mathrm{e}} \tag{8-4}$$

由点的速度合成定理

$$\boldsymbol{v}_{\mathrm{a}}=\boldsymbol{v}_{\mathrm{e}}+\boldsymbol{v}_{\mathrm{r}}$$

在定系中对上式两边求时间 t 的导数，得

$$\boldsymbol{a}_{\mathrm{a}}=\frac{\mathrm{d}\boldsymbol{v}_{\mathrm{a}}}{\mathrm{d}t}=\frac{\mathrm{d}\boldsymbol{v}_{\mathrm{e}}}{\mathrm{d}t}+\frac{\mathrm{d}\boldsymbol{v}_{\mathrm{r}}}{\mathrm{d}t} \tag{8-5}$$

因为

$$\begin{aligned}\frac{\mathrm{d}\boldsymbol{v}_{\mathrm{e}}}{\mathrm{d}t}&=\frac{\mathrm{d}}{\mathrm{d}t}(\boldsymbol{\omega}\times\boldsymbol{r})=\frac{\mathrm{d}\boldsymbol{\omega}}{\mathrm{d}t}\times\boldsymbol{r}+\boldsymbol{\omega}\times\frac{\mathrm{d}\boldsymbol{r}}{\mathrm{d}t}=\boldsymbol{\alpha}\times\boldsymbol{r}+\boldsymbol{\omega}\times\boldsymbol{v}_{\mathrm{a}}\\&=\boldsymbol{\alpha}\times\boldsymbol{r}+\boldsymbol{\omega}\times(\boldsymbol{v}_{\mathrm{e}}+\boldsymbol{v}_{\mathrm{r}})\\&=\boldsymbol{\alpha}\times\boldsymbol{r}+\boldsymbol{\omega}\times\boldsymbol{v}_{\mathrm{e}}+\boldsymbol{\omega}\times\boldsymbol{v}_{\mathrm{r}}\end{aligned}$$

考虑到式(8-4)，故有

$$\frac{\mathrm{d}\boldsymbol{v}_{\mathrm{e}}}{\mathrm{d}t}=\boldsymbol{a}_{\mathrm{e}}+\boldsymbol{\omega}\times\boldsymbol{v}_{\mathrm{r}} \tag{8-6}$$

可见，当牵连运动为转动时，$\boldsymbol{v}_{\mathrm{e}}$对时间的一阶导并不等于 $\boldsymbol{a}_{\mathrm{e}}$，而多了附加项 $\boldsymbol{\omega}\times\boldsymbol{v}_{\mathrm{r}}$，这一附加项是由于相对运动引起牵连速度发生变化而产生的。又因为

$$\frac{\mathrm{d}\boldsymbol{v}_{\mathrm{r}}}{\mathrm{d}t}=\frac{\mathrm{d}}{\mathrm{d}t}(\dot{x}'\boldsymbol{i}'+\dot{y}'\boldsymbol{j}'+\dot{z}'\boldsymbol{k}')=(\ddot{x}'\boldsymbol{i}'+\ddot{y}'\boldsymbol{j}'+\ddot{z}'\boldsymbol{k}')+\left(\dot{x}'\frac{\mathrm{d}\boldsymbol{i}'}{\mathrm{d}t}+\dot{y}'\frac{\mathrm{d}\boldsymbol{j}'}{\mathrm{d}t}+\dot{z}'\frac{\mathrm{d}\boldsymbol{k}'}{\mathrm{d}t}\right)$$

利用泊松公式

$$\frac{\mathrm{d}\boldsymbol{i}'}{\mathrm{d}t}=\boldsymbol{\omega}\times\boldsymbol{i}',\quad\frac{\mathrm{d}\boldsymbol{j}'}{\mathrm{d}t}=\boldsymbol{\omega}\times\boldsymbol{j}',\quad\frac{\mathrm{d}\boldsymbol{k}'}{\mathrm{d}t}=\boldsymbol{\omega}\times\boldsymbol{k}'$$

有

$$\begin{aligned}\frac{\mathrm{d}\boldsymbol{v}_{\mathrm{r}}}{\mathrm{d}t}&=(\ddot{x}'\boldsymbol{i}'+\ddot{y}'\boldsymbol{j}'+\ddot{z}'\boldsymbol{k}')+\dot{x}'(\boldsymbol{\omega}\times\boldsymbol{i}')+\dot{y}'(\boldsymbol{\omega}\times\boldsymbol{j}')+\dot{z}'(\boldsymbol{\omega}\times\boldsymbol{k}')\\&=(\ddot{x}'\boldsymbol{i}'+\ddot{y}'\boldsymbol{j}'+\ddot{z}'\boldsymbol{k}')+\boldsymbol{\omega}\times(\dot{x}'\boldsymbol{i}'+\dot{y}'\boldsymbol{j}'+\dot{z}'\boldsymbol{k}')\end{aligned}$$

考虑到式(8-2)及式(8-3)，故有

$$\frac{\mathrm{d}\boldsymbol{v}_{\mathrm{r}}}{\mathrm{d}t}=\boldsymbol{a}_{\mathrm{r}}+\boldsymbol{\omega}\times\boldsymbol{v}_{\mathrm{r}} \tag{8-7}$$

可见，当牵连运动为转动时，$\boldsymbol{v}_{\mathrm{r}}$对时间的一阶导也并不等于 $\boldsymbol{a}_{\mathrm{r}}$，也多了附加项 $\boldsymbol{\omega}\times\boldsymbol{v}_{\mathrm{r}}$，这一附加项是由于牵连运动引起相对速度发生变化而产生的。

将式(8-6)和式(8-7)代入式(8-5)得

$$\boldsymbol{a}_{\mathrm{a}}=\boldsymbol{a}_{\mathrm{e}}+\boldsymbol{a}_{\mathrm{r}}+2\boldsymbol{\omega}\times\boldsymbol{v}_{\mathrm{r}}$$

令 $\boldsymbol{a}_{\mathrm{C}}=2\boldsymbol{\omega}\times\boldsymbol{v}_{\mathrm{r}}$，称为科里奥利加速度，简称科氏加速度(Coriolis acceleration)。于是有

$$\boldsymbol{a}_{\mathrm{a}}=\boldsymbol{a}_{\mathrm{e}}+\boldsymbol{a}_{\mathrm{r}}+\boldsymbol{a}_{\mathrm{C}} \tag{8-8}$$

由此得点的加速度合成定理：动点在某一瞬时的绝对加速度等于其牵连加速度、相对加速度与科氏加速度的矢量和。

可以证明：当牵连运动为任意运动时，式(8-8)都成立，它是点的加速度合成定理的普遍形式。

现在讨论科氏加速度的大小和方向。根据矢积运算规则，科氏加速度大小为

$$a_{\mathrm{C}}=2\omega v_{\mathrm{r}}\sin\theta \tag{8-9}$$

式中，θ 是矢量 $\boldsymbol{\omega}$ 和$\boldsymbol{v}_{\mathrm{r}}$间小于 π 的夹角。科氏加速度的方向垂直于 $\boldsymbol{\omega}$ 和$\boldsymbol{v}_{\mathrm{r}}$，指向按右手法则确定，如图 8-9 所示。

当 $\boldsymbol{\omega}\perp\boldsymbol{v}_{\mathrm{r}}$时，$a_{\mathrm{C}}=2\omega v_{\mathrm{r}}$；当 $\boldsymbol{\omega}/\!/\boldsymbol{v}_{\mathrm{r}}$时，$a_{\mathrm{C}}=0$。

当牵连运动为平移时，动系的角速度 $\omega=0$，因此 $a_{\mathrm{C}}=0$，此时有

$$\boldsymbol{a}_{\mathrm{a}}=\boldsymbol{a}_{\mathrm{e}}+\boldsymbol{a}_{\mathrm{r}} \tag{8-10}$$

即当牵连运动为平移时，动点在某瞬时的绝对加速度等于该瞬时它的牵连加速度与相对加速度的矢量和。

图 8-9

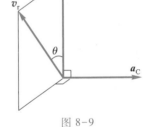

例题 8-4 半径为 r 的半圆形凸轮沿水平直线向左移动，从而推动顶杆 AB 沿铅垂导轨上下滑动，如图 8-10a 所示。在图示位置时，$\varphi=60°$，凸轮具有向左的速度$\boldsymbol{v}$ 和加速度 $\boldsymbol{a}$。试求该瞬时顶杆 AB 的速度和加速度的大小。

运动学动画：凸轮

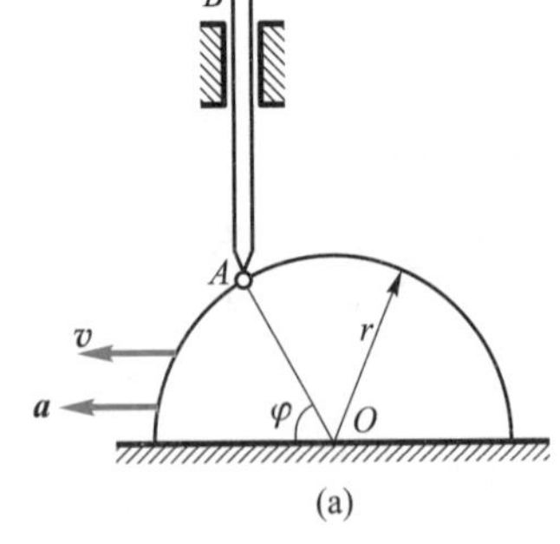

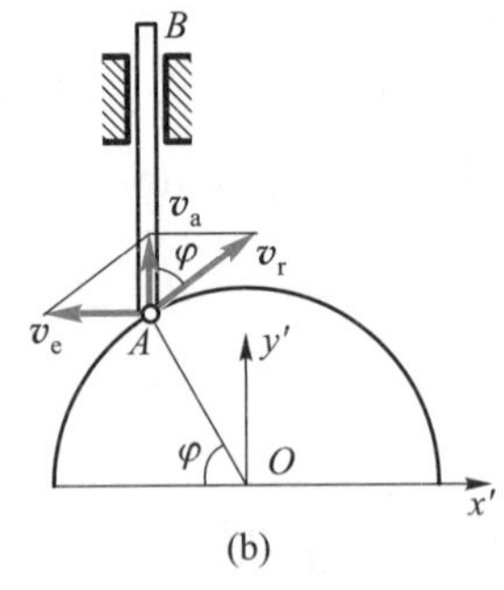

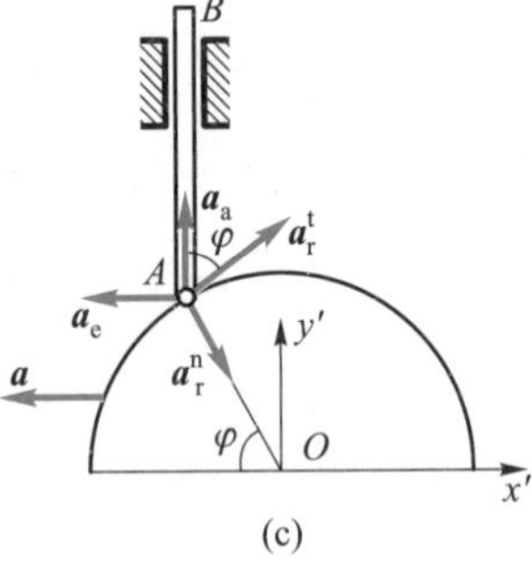

图 8-10

解：(1) 运动分析。选杆端 A 为动点，动系固连于凸轮，定系固连于底座。因而有

绝对运动：点 A 沿铅垂导轨的直线运动；

相对运动：点 A 沿凸轮表面的圆弧运动；

牵连运动：动系随凸轮的水平直线平移。

(2) 速度分析和计算。根据点的速度合成定理有

$$\boldsymbol{v}_a=\boldsymbol{v}_e+\boldsymbol{v}_r$$

式中各量分析如下：

速度	$\boldsymbol{v}_a$	$\boldsymbol{v}_e$	$\boldsymbol{v}_r$
大小	未知	v	未知
方向	铅垂	水平向左	$\perp AO$

由此可得速度平行四边形如图 8-10b 所示，据此求得顶杆 AB 的速度大小

$$v_a=v_e\cot\varphi=v\cot 60^\circ=\frac{\sqrt{3}}{3}v$$

方向铅垂向上。相对速度的大小

$$v_r=\frac{v_e}{\sin\varphi}=\frac{v_e}{\sin 60^\circ}=\frac{2\sqrt{3}}{3}v$$

方向如图 8-10b 所示。

(3) 加速度分析和计算。由于相对运动为圆弧运动，所以

$$\boldsymbol{a}_r=\boldsymbol{a}_r^t+\boldsymbol{a}_r^n$$

牵连运动为平移，根据点的加速度合成定理式(8-10)，有

$$\boldsymbol{a}_a=\boldsymbol{a}_e+\boldsymbol{a}_r^t+\boldsymbol{a}_r^n$$

式中各量分析如下：

加速度	$\boldsymbol{a}_a$	$\boldsymbol{a}_e$	$\boldsymbol{a}_r^t$	$\boldsymbol{a}_r^n$
大小	未知	a	未知	v_r^2/r
方向	铅垂	水平向左	$\perp AO$	由点 A 指向点 O

未知加速度矢量 $\boldsymbol{a}_a$ 和 $\boldsymbol{a}_r^t$ 的指向暂假设如图 8-10c 所示。

为使不需求的未知量 $\boldsymbol{a}_r^t$ 在方程中不出现，将上式投影到与 $\boldsymbol{a}_r^t$ 相垂直的 OA 方向上，设由点 O 指向点 A 为投影的正向。由上式和图 8-10c 可得

$$a_a\sin\varphi=a_e\cos\varphi-a_r^n=a\cos\varphi-\frac{v_r^2}{r}$$

故可得顶杆 AB 的加速度大小

$$a_a=a\cot\varphi-\frac{v_r^2}{r\sin\varphi}=\frac{\sqrt{3}}{3}\left(a-\frac{8v^2}{3r}\right)$$

例题 8-5　偏心凸轮以匀角速度 ω 绕过点 O 的固定轴逆时针转动，如图 8-11a 所示，使顶杆 AB 沿铅垂槽上下移动，点 O 在滑槽的轴线上，偏心距 $OC=e$，凸轮半径 $r=\sqrt{3}e$。试求 $\angle OCA=\pi/2$ 的图示位置时，顶杆 AB 的速度和加速度。

运动学动画：偏心凸轮

解：(1) 运动分析。选杆端 A 为动点，动系固连于凸轮，定系固连于固定机座。因而有

绝对运动：点 A 沿铅垂导轨的直线运动；

相对运动：点 A 沿凸轮表面的圆弧运动；

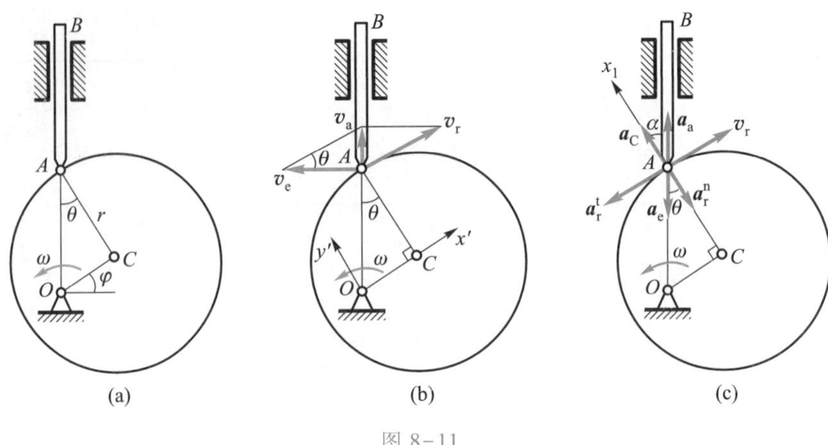

图 8-11

牵连运动:动系随凸轮绕过点 O 的固定轴的定轴转动。

(2) 速度分析和计算。根据点的速度合成定理有

$$\boldsymbol{v}_a=\boldsymbol{v}_e+\boldsymbol{v}_r \tag{1}$$

式中各量分析如下:

速度	$\boldsymbol{v}_a$	$\boldsymbol{v}_e$	$\boldsymbol{v}_r$
大小	未知	$OA\times\omega$	未知
方向	铅垂	水平向左	$\perp AC$

作出速度平行四边形如图 8-11b 所示,可得顶杆 AB 的速度大小

$$v_a=v_e\tan\theta=\frac{2\sqrt{3}e\omega}{3}$$

其方向为铅垂向上。相对速度的大小

$$v_r=\frac{v_e}{\cos\theta}=\frac{4\sqrt{3}}{3}e\omega$$

其方向如图 8-11b 所示。

(3) 加速度分析和计算。根据牵连运动是定轴转动时点的加速度合成定理,有

$$\boldsymbol{a}_a=\boldsymbol{a}_e+\boldsymbol{a}_r^t+\boldsymbol{a}_r^n+\boldsymbol{a}_C \tag{2}$$

式中各量分析如下:

加速度	$\boldsymbol{a}_a$	$\boldsymbol{a}_e$	$\boldsymbol{a}_r^t$	$\boldsymbol{a}_r^n$	$\boldsymbol{a}_C$
大小	未知	$OA\times\omega^2$	未知	v_r^2/r	$2\omega v_r$
方向	铅垂	铅垂	$\perp AC$	由点 A 指向点 C	沿 CA

把式(2)投影到与不需求的未知量 $\boldsymbol{a}_r^t$ 相垂直的轴 x_1 上,如图 8-11c 所示,得

$$a_a\cos\theta=-a_e\cos\theta-a_r^n+a_C$$

故顶杆 AB 的加速度为

$$a_a=-a_e-\frac{a_r^n-a_C}{\cos\theta}=-\frac{2e\omega^2}{9}$$

可见,$\boldsymbol{a}_a$ 的真实方向应该是铅垂向下。

例题 8-6　如图 8-12a 所示偏心轮摇杆机构，摇杆 O_1A 借助弹簧压在半径为 R 的偏心轮 C 上。偏心轮 C 以匀角速度 ω 绕轴 O 往复摆动，从而带动摇杆 O_1A 绕轴 O_1 摆动。图示瞬时 $OC \perp O_1O$，角 $\theta=60°$。试求该瞬时摇杆 O_1A 的角速度 ω_1 和角加速度 α_1。

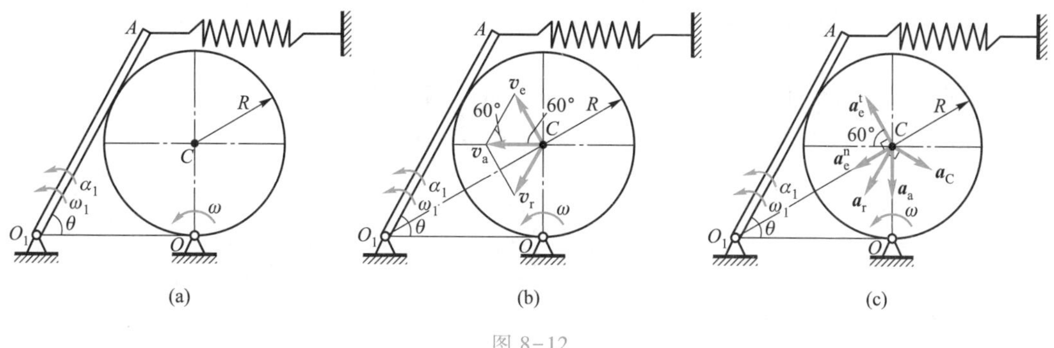

图 8-12

解：(1) 运动分析。机构运动过程中，偏心轮与摇杆的接触点随时间变化，故不能选择接触点为动点。

选偏心轮中心点 C 为动点，动系固连于摇杆 O_1A，定系固连于机座。因而有

绝对运动：点 C 以 O 为圆心、以 R 为半径的圆弧运动；

相对运动：点 C 沿平行于摇杆 O_1A 并与摇杆相距为 R 的直线运动；

牵连运动：动系随摇杆 O_1A 绕轴 O_1 的定轴转动。

(2) 速度分析和计算。根据点的速度合成定理，有

$$\boldsymbol{v}_a=\boldsymbol{v}_e+\boldsymbol{v}_r$$

式中各量分析如下：

速度	$\boldsymbol{v}_a$	$\boldsymbol{v}_e$	$\boldsymbol{v}_r$
大小	ωR	未知	未知
方向	$\perp OC$	$\perp O_1C$	$/\!/ O_1A$

由此可得速度平行四边形如图 8-12b 所示，据此求得

$$v_r=v_a=\omega R,\quad v_e=v_a=\omega R$$

故可得摇杆 O_1A 的角速度大小

$$\omega_1=\frac{v_e}{O_1C}=\frac{\omega}{2}$$

转向为逆时针。

(3) 加速度分析和计算。由于牵连运动为摇杆 O_1A 绕轴 O_1 的定轴转动，所以牵连加速度 $\boldsymbol{a}_e$ 有两个分量 $\boldsymbol{a}_e^t$ 和 $\boldsymbol{a}_e^n$，方向如图 8-12c 所示，大小为

$$a_e^n=\omega_1^2 \cdot O_1C=\frac{1}{2}\omega^2 R,\qquad a_e^t=\alpha_1 \cdot O_1C=2R\alpha_1$$

根据牵连运动为定轴转动时点的加速度合成定理，有

$$\boldsymbol{a}_a=\boldsymbol{a}_e^t+\boldsymbol{a}_e^n+\boldsymbol{a}_r+\boldsymbol{a}_C$$

式中各量分析如下：

速度	$\boldsymbol{a}_a$	$\boldsymbol{a}_e^t$	$\boldsymbol{a}_e^n$	$\boldsymbol{a}_r$	$\boldsymbol{a}_C$
大小	$\omega^2 R$	$2R\alpha_1$（未知）	$\omega^2 R/2$	未知	$2\omega_1 v_r=\omega^2 R$
方向	由点 C 指向点 O	$\perp O_1C$	由点 C 指向点 O_1	$/\!/ O_1A$	$\perp O_1A$

加速度矢量图如图 8-12c 所示。将上式沿 $\boldsymbol{a}_C$ 方向投影，得

$$a_a\cos 60^\circ=-a_e^t\sin 60^\circ-a_e^n\cos 60^\circ+a_C$$

由此求得

$$\alpha_e^t=\frac{\sqrt{3}}{6}\omega^2 R$$

故可得摇杆 O_1A 的角加速度大小

$$\alpha_1=\frac{\alpha_e^t}{O_1C}=\frac{\sqrt{3}}{12}\omega^2$$

转向为逆时针。

小　　结

1. 基本概念

两种参考系：在分析问题过程中认定不动的参考系称为固定参考系（简称为定系），一般常将固连于地球的参考系取为定系。相对于定系运动的参考系称为动参考系（简称为动系）。

三种运动：动点相对于定系的运动称为绝对运动；动点相对于动系的运动称为相对运动；动系相对于定系的运动称为牵连运动。

三种速度与加速度：动点相对于定系的速度和加速度分别称为绝对速度和绝对加速度，记为$\boldsymbol{v}_a$和$\boldsymbol{a}_a$；动点相对于动系的速度和加速度分别称为相对速度和相对加速度，记为$\boldsymbol{v}_r$和 $\boldsymbol{a}_r$；某瞬时动系上与动点相重合的点（动点的牵连点）相对于定系的速度和加速度分别称为动点的牵连速度和牵连加速度，记为$\boldsymbol{v}_e$和 $\boldsymbol{a}_e$。

2. 点的速度合成定理

$$\boldsymbol{v}_a=\boldsymbol{v}_e+\boldsymbol{v}_r$$

3. 点的加速度合成定理

当牵连运动为平移时有

$$\boldsymbol{a}_a=\boldsymbol{a}_e+\boldsymbol{a}_r$$

当牵连运动为定轴转动时有

$$\boldsymbol{a}_a=\boldsymbol{a}_e+\boldsymbol{a}_r+\boldsymbol{a}_C$$

式中，科氏加速度 $\boldsymbol{a}_C=2\boldsymbol{\omega}\times\boldsymbol{v}_r$。

习　　题

8-1　试用合成运动的概念分析题 8-1 图中点 M 的运动。在图 a 中，小环M 为动点；图 b 中，滑块 M 为动点；图 c 中，轮缘上点 M 为动点；图 d 中，脚踏板 M 为动点。试先确定动系和定系，并说明绝对运动、相对运动和牵连运动，画出速度矢量合成图。

8-2　如题 8-2 图所示为裁纸板机构的简图。纸板 $ABCD$ 放在传送带上（图中未画出传送带），并以

匀速 $v_1=0.05\ \mathrm{m/s}$ 随传送带一起运动。裁纸刀固定在刀架 K 上，刀架 K 以匀速 $v_2=0.13\ \mathrm{m/s}$ 沿固定导杆 EF 运动。试问导杆 EF 的安装角 θ 应取何值才能使切割下的纸板成矩形？

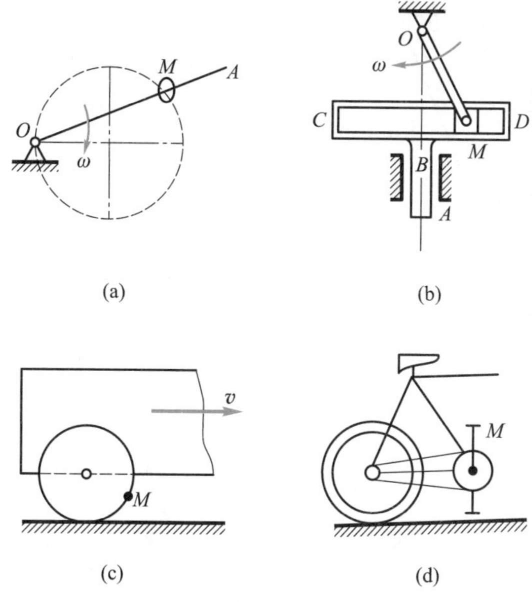

题 8-1 图

8-3　水流在水轮机工作轮入口处的绝对速度 $v_a=15\ \mathrm{m/s}$，并与直径成 60°角，如题 8-3 图所示。工作轮的外缘半径 $R=2\ \mathrm{m}$，转速 $n=30\ \mathrm{r/min}$。为避免水流与工作轮叶片相冲击，叶片应恰当地安装，以使水流对工作轮的相对速度与叶片相切。试求在工作轮外缘处水流对工作轮的相对速度的大小和方向。

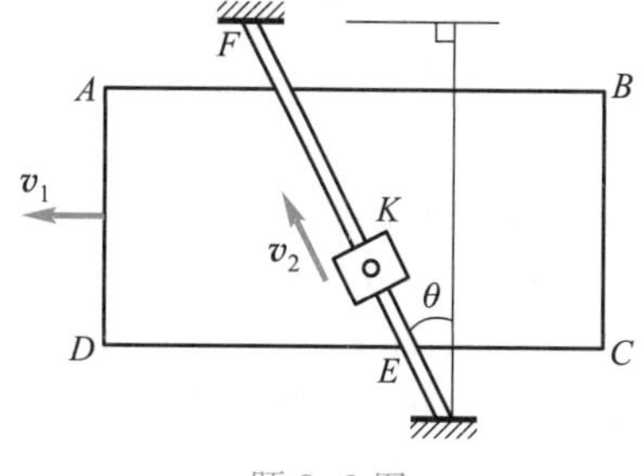

题 8-2 图

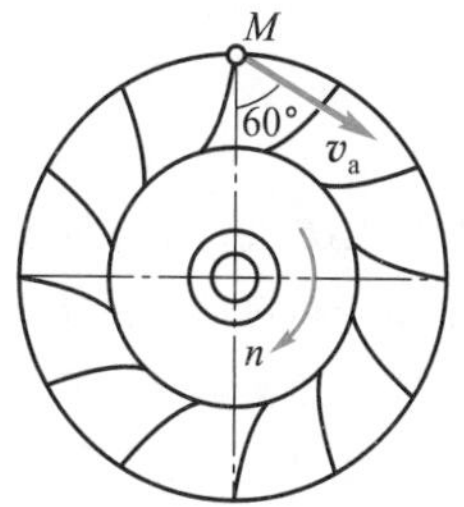

题 8-3 图

8-4　如题 8-4 图所示，瓦特离心调速器以角速度 ω 绕铅垂轴转动。由于机器负荷的变化，调速器重球以角速度 ω_1 向外张开。如 $\omega=10\ \mathrm{rad/s}$，$\omega_1=1.2\ \mathrm{rad/s}$，球柄长 $l=500\ \mathrm{mm}$，悬挂球柄的支点到铅垂轴的距离为 $e=50\ \mathrm{mm}$，球柄与铅垂轴间所成的交角 $\beta=30°$。试求此时重球的绝对速度。

8-5　如题 8-5 图所示是两种不同的滑道摇杆机构。已知 $O_1O=20\ \mathrm{cm}$。试求当 $\theta=20°$，$\varphi=27°$，且 $\omega_1=6\ \mathrm{rad/s}$（逆时针方向）时这两种机构中的摇杆 O_1A 和 O_1B 的角速度 ω_2。

8-6　如题 8-6 图所示曲柄滑道机构，曲柄长 $OA=r$，以匀角速度 ω 绕过点 O 的固定轴转动，固连在水平杆上的滑槽 DE 与水平线成 60°角。试求当曲柄与水平线的交角分别为 $\varphi=0°$、30°和 60°时，杆 BC 的速度。

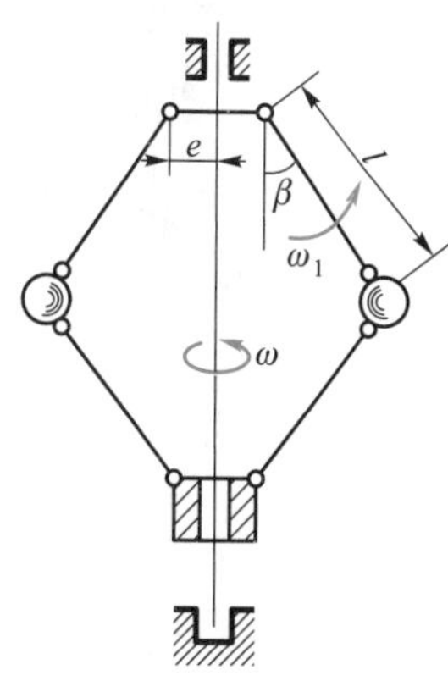

题 8-4 图

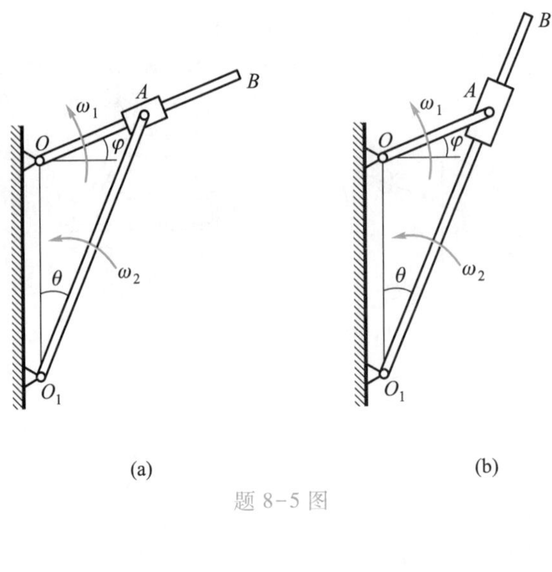

题 8-5 图

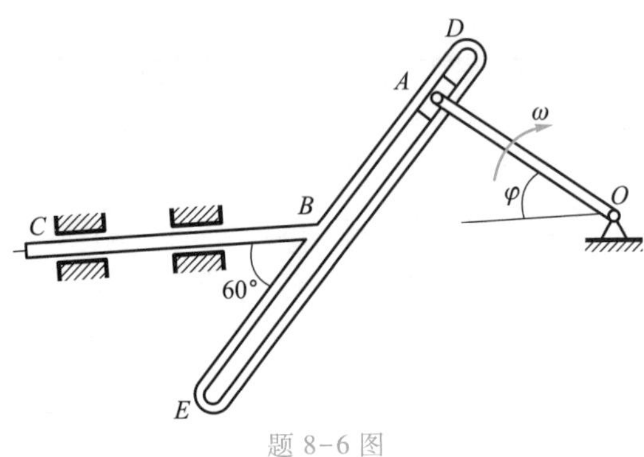

题 8-6 图

8-7 L 形杆 OAB 以匀角速度 ω 绕过点 O 的固定轴沿逆时针方向转动，$OA=l$，$OA\perp AB$，通过滑套 C 推动杆 CD 沿铅垂导槽运动。在题 8-7 图示位置，$\angle AOC=\varphi$，试求此时杆 CD 的速度。

8-8 如题 8-8 图所示摆杆滑道机构的曲柄 $OA=r$，以转速 n(r/min)绕过点 O 的固定轴转动。曲柄通过套筒 A 带动摆杆 O_1D 绕过点 O_1 的固定轴转动，摆杆再通过套筒 B 带动杆 BC 沿铅垂导轨运动。设在图示位置时，$O_1A=AB=2r$，$\angle OAO_1=\varphi$，$\angle O_1BC=\beta$，试求此瞬时杆 BC 的速度。

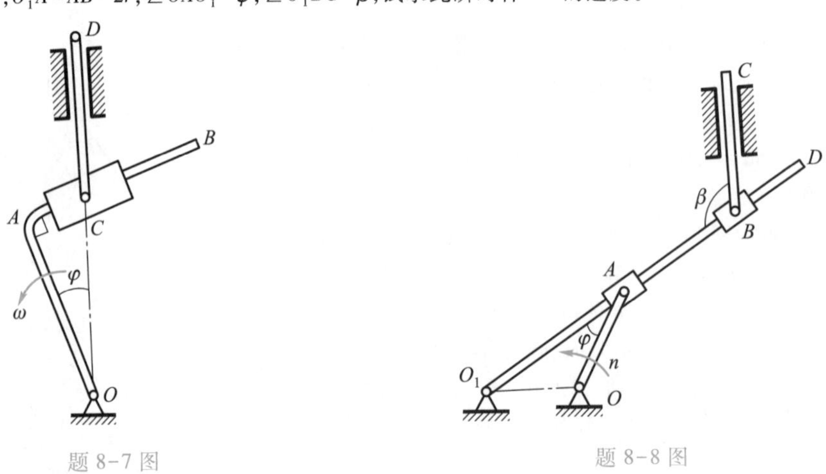

题 8-7 图

题 8-8 图

8-9　杆 OC 绕过点 O 的固定轴往复摆动，杆上有一套筒 A 带动铅垂杆 AB 上下运动，如题 8-9 图所示。已知 $l=30$ cm，当 $\theta=30°$时，$\omega=2$ rad/s，试求此时杆 AB 的速度和套筒 A 在杆 OC 上相对滑动的速度。

8-10　如题 8-10 图所示铰接四边形机构，$O_1A=O_2B=10$ cm，$O_1O_2=AB$。杆 O_1A 以匀角速度 $\omega=2$ rad/s绕过点 O_1 的固定轴转动。杆 AB 上有一套筒 C，套筒与杆 CD 铰接，机构各构件都在同一铅垂平面内。试求当 $\varphi=60°$时杆 CD 的速度。

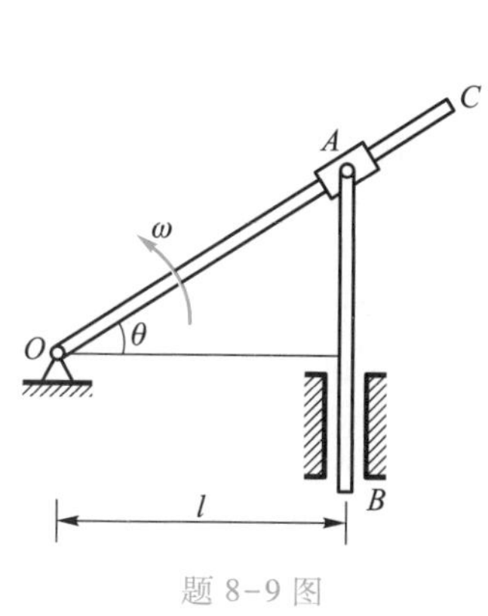

题 8-9 图

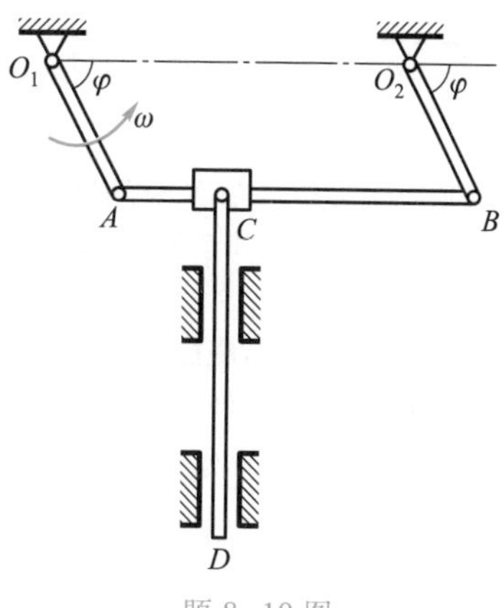

题 8-10 图

8-11　摇杆 OC 带动齿条 AB 上下移动，齿条又带动半径是 10 cm 的齿轮绕过点 O_1 的固定轴转动。在题 8-11 图示位置时，杆 OC 的角速度 $\omega_0=0.5$ rad/s。试求这时齿轮的角速度。

8-12　杆 OA 长为 l，由曲杆 BCD 推动而在如题8-12 图所示平面内绕过点 O 的轴转动。假设曲杆的速度 $\boldsymbol{u}$ 向左，弯头的长度是 b。试求当 $OC=x$ 时，杆端 A 的速度大小（表示为距离 x 的函数）。

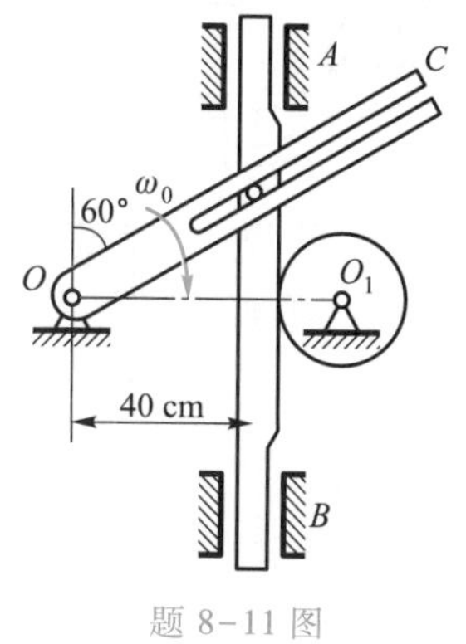

题 8-11 图

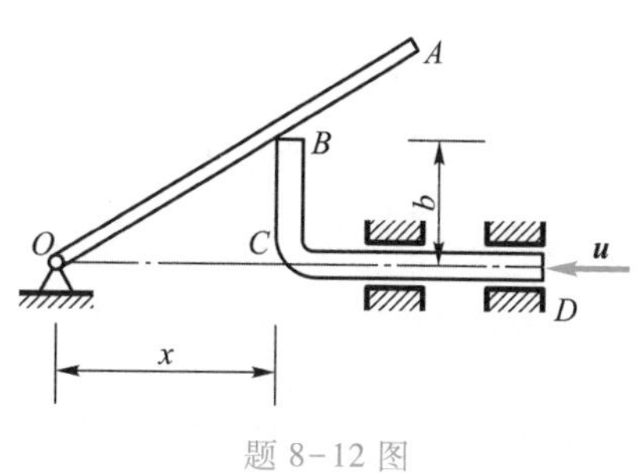

题 8-12 图

8-13　如题 8-13 图所示曲柄滑道机构，T 形杆的 BC 水平，DE 铅垂。曲柄 $OA=10$ cm，并以匀角速度$\omega=20$ rad/s 绕过点 O 的轴转动，通过套筒 A 使 T 形杆作往复运动。试求当曲柄与水平线的交角 $\varphi=0°$、$30°$、$90°$时，T 形杆的速度。

8-14　如题 8-14 图所示水平直杆 AB 在半径为 r 的固定圆平面上以匀速 $\boldsymbol{u}$ 铅垂地落下。试求套在此直杆和圆周交点处的小环 M 的速度。

8-15　如题 8-15 图所示曲杆 OBC 以匀角速度 $\omega=0.5$ rad/s 绕过点 O 的轴转动，使套在其上的小环 M 沿固定直杆 OA 滑动。已知 $OB=10$ cm，且 OB 与 BC 垂直。试求当 $\varphi=60°$时小环 M 的速度。

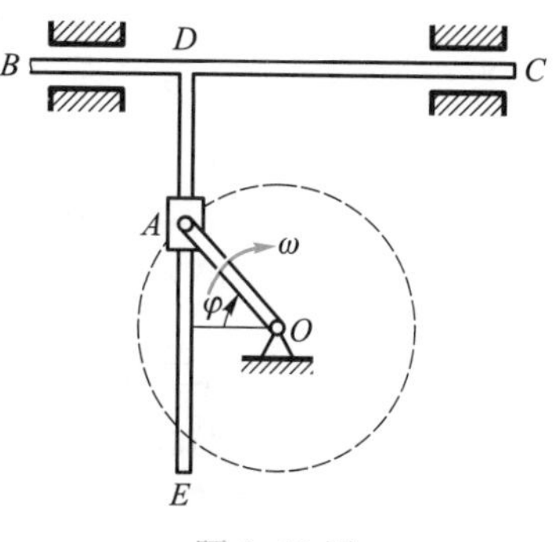

题 8-13 图

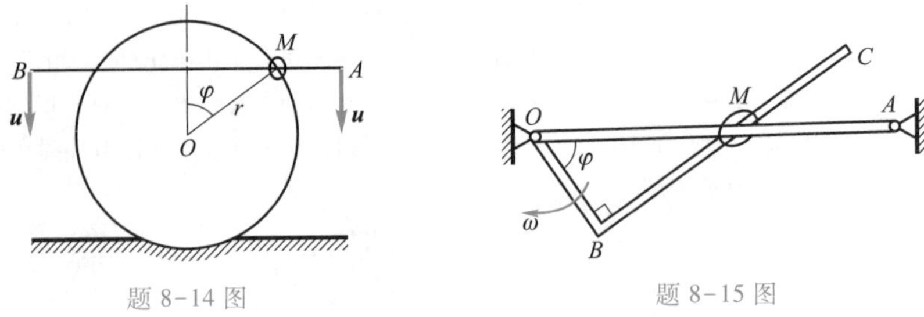

题 8-14 图　　题 8-15 图

8-16　绕轴 O 转动的圆盘及直杆 OA 上均有一导槽，两导槽间有一活动销子 M，如题图 8-16 所示，$b=0.1$ m。设在图示位置时，圆盘及直杆的角速度分别为 $\omega_1=9$ rad/s 和 $\omega_2=3$ rad/s。试求此瞬时销子 M 的速度。

8-17　在题 8-17 图所示曲柄滑道机构中，圆弧形滑道的半径 $r=OA=10$ cm。已知曲柄 OA 绕过点 O 的轴以匀转速 $n=120$ r/min 转动，试求当 $\varphi=30°$ 时滑道 BCD 的速度和加速度的大小（注：这种机构用来使滑道获得间隙的往复运动）。

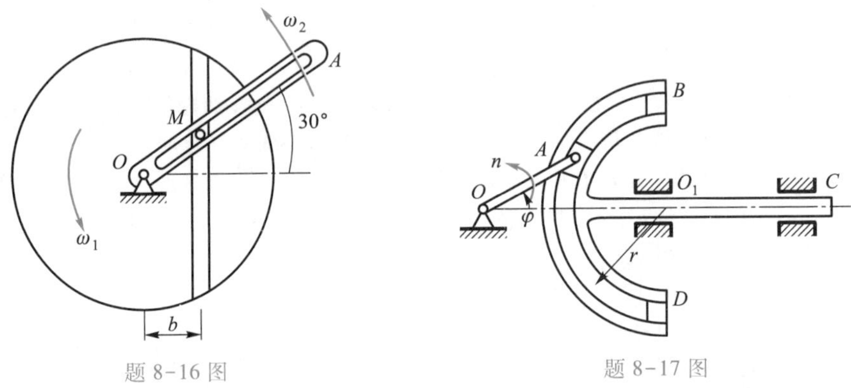

题 8-16 图　　题 8-17 图

8-18　如题 8-18 图所示小车以加速度 $a=49.2\ \text{cm/s}^2$ 向右运动。在小车上有一轮绕过点 O 的轴转动，转动的规律为 $\varphi=\dfrac{\pi}{6}t^2$，其中 t 以 s 为单位，φ 以 rad 为单位。当 $t=1$ s 时，轮缘上点 A 的位置如图所示，$\varphi=30°$。若轮的半径 $r=18$ cm，试求此时点 A 的绝对加速度的大小。

8-19　如题 8-19 图所示，曲柄 OA 长 0.4 m，以等角速度 $\omega=0.5$ rad/s 绕轴 O 逆时针方向转动。由于曲柄的 A 端推动水平板 B，而使滑杆 C 沿铅垂方向上升。试求当曲柄与水平线间的夹角 $\theta=30°$ 时，滑杆 C 的速度和加速度。

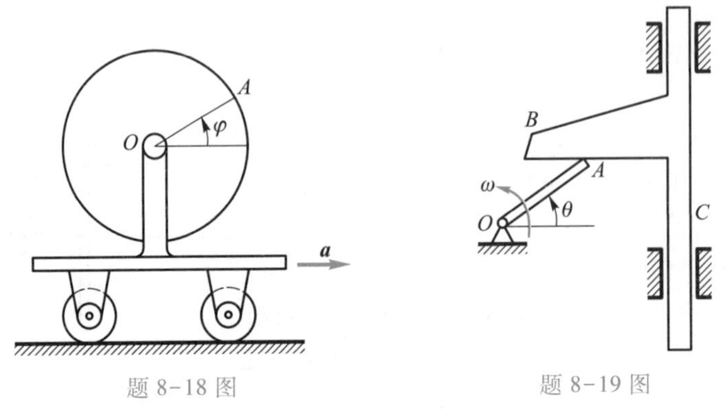

题 8-18 图　　题 8-19 图

8-20　如题 8-20 图所示点 M 以大小不变的相对速度 v_r 沿管子运动。管子中部弯成半径等于 r 的半圆周，并绕半圆周直径上的固定轴 AB 以匀角速度转动，在点 M 由 C 运动到 D 的时间内，弯管绕轴 AB 转过半圈。试求点 M 的绝对加速度的大小（表示为角 φ 的函数）。

8-21　半径等于 1 m 的圆盘在自身平面内以匀角速度 ω 绕过圆周上点 O 的轴转动；点 M 沿圆周作匀速相对运动，在圆盘转一圈的时间内绕过两周。已知当 $\varphi=90°$ 时点 M 的绝对加速度等于 $\sqrt{82}$ m/s^2。试求圆盘的角速度大小。点的运动方向和圆盘的转动方向如题 8-21 图所示。

8-22　如题 8-22 图所示圆盘以变角速度 $\omega=2t$（ω 以 rad/s 计，t 以 s 计）绕轴 O_1O_2 转动。点 M 沿圆盘的半径 OA 离圆心作相对运动，其运动规律为 $OM=4t^2$（长度以 cm 为单位，时间以 s 为单位）。半径 OA 与轴 O_1O_2 成夹角 60°。试求当 $t=1$ s 时点 M 的绝对加速度的大小。

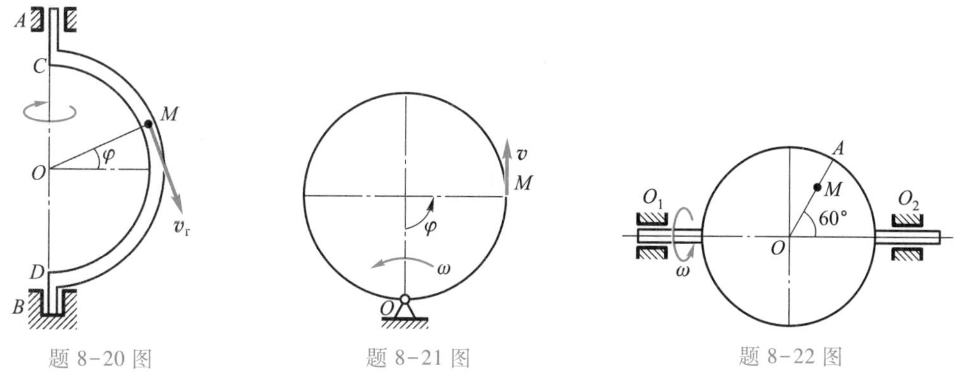

题 8-20 图　　题 8-21 图　　题 8-22 图

8-23　如题 8-23 图所示点 M 以匀相对速率 v_r 沿顶角是 2β 的圆锥体母线 OB 运动，在 $t=0$ 时距离 $OM=b$。圆锥以匀角速度 ω 绕固定轴 OA 转动。试求点 M 的绝对加速度的大小。

8-24　如题 8-24 图所示瞬时直升机以速度 $v_H=1.22$ m/s 和加速度 $a_H=2$ m/s^2 向上运动。此时，机身（不是旋翼）绕铅垂轴 z 以匀角速度 $\omega_H=0.9$ rad/s 转动。若尾翼相对机身转动的角速度 $\omega=180$ rad/s，试求该瞬时位于图示尾翼叶片顶端 P 的速度和加速度。

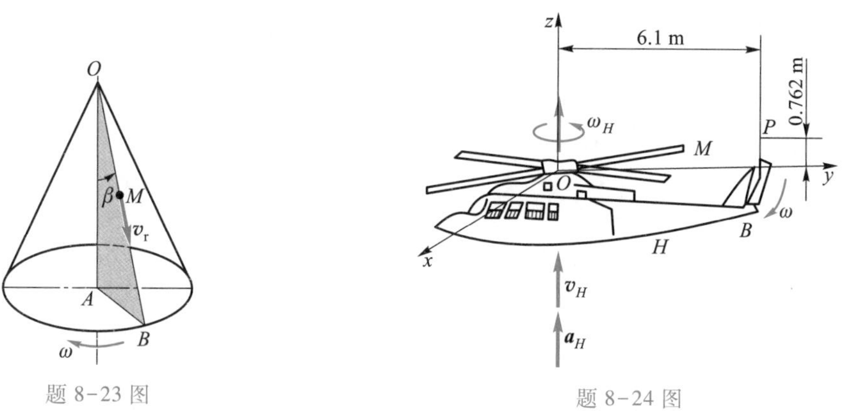

题 8-23 图　　题 8-24 图

工程实际研究性题目

8-25　出人意料的交线。（第六届全国周培源大学生力学竞赛初赛试题。）

设 $Oxyz$ 是固定坐标系。系统由三根不计半径的细杆构成，初始时刻杆 CD 沿轴 z；杆 OB 长为 a，沿轴 x 正方向；杆 AB 长为 l，开始时先与轴 z 平行，绕轴 x 负方向转动 β 角后，把这三根杆件焊成一个整体，如题 8-25 图所示。

假设在平面 yz 内有一张纸存在，为了能让系统持续地绕轴 z 以匀角速度 ω 转动，需要在纸上挖出某种形状的空隙让杆 AB 通过（这里只考虑杆 AB）。

(1) 如果 $a=0$,试求空隙的函数表达式 Γ_0,并画出示意图。

(2) 如果 $a>0$,试求空隙的函数表达式 Γ_a,并画出示意图。Γ_0 与 Γ_a 有何关系?

(3) 当 $a>0$ 时,设点 P 是杆 AB 与平面 yz 的交点,当点 P 位于杆 AB 中点且 $y_P>0$ 时,如果要求点 P 的速度和加速度,你如何考虑?取 $a=1$ m,$l=4$ m,$\beta=\frac{1}{6}\pi$,$\omega=1$ rad/s,速度和加速度是多少?

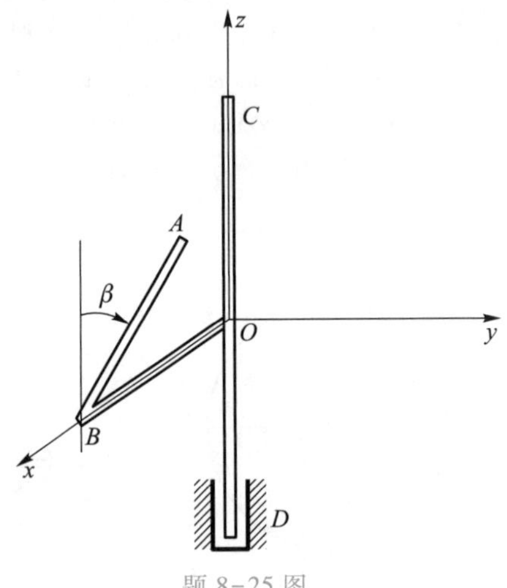

题 8-25 图

第 9 章　刚体的平面运动

在第 7 章刚体的平移和定轴转动的基础上，本章将进一步研究刚体的一种较为复杂的运动——平面运动。若刚体在运动过程中，其上任意一点到某一固定平面的距离始终保持不变，刚体的这种运动称为刚体的平面运动(planar motion of a rigid body)。平面运动刚体上各点都在平行于某一固定平面的平面内运动。例如，火车沿直线轨道行驶时车轮的运动(图 9-1a)，椭圆规机构中连杆 AB 的运动(图 9-1b)，均是平面运动。

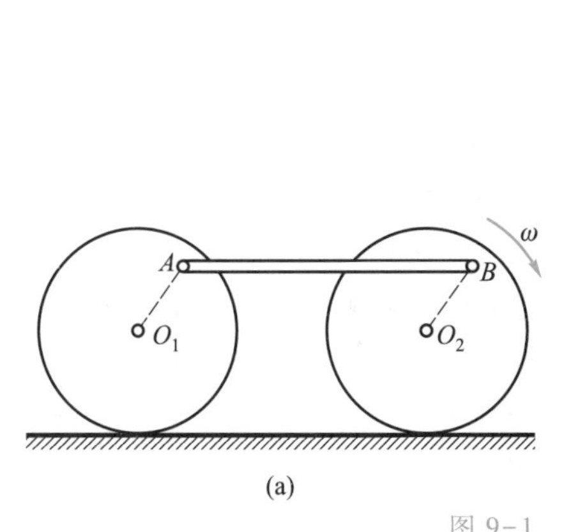

运动学动画：
火车轮

运动学动画：
椭圆规机构

(a)　(b)

图 9-1

9-1　刚体平面运动的运动方程

9-1-1　刚体平面运动的简化

设刚体平行于某固定平面Ⅰ作平面运动，以平行于平面Ⅰ的另一平面Ⅱ截割此刚体，截出平面图形 S(图 9-2)，由刚体平面运动的定义可知，在刚体平面运动的过程中，平面图形 S 将始终保持在平面Ⅱ内运动。而刚体内与平面图形 S 相垂直的任一条线段 A_1A_2 则始终平行于自身而平移，所以线段 A_1A_2 的运动可由它与平面图形 S 的交点 A 的运动来代表，同理，刚体内与图形 S 相垂直的所有线段的运动均可由它们与平面图形 S 的交点的运动来代表，因此，平面图形 S 的运动就代表了整个平面运动刚体的运动。由此可见，刚体的平面运动，可以简化为平面图形在其自身平面内的运动。

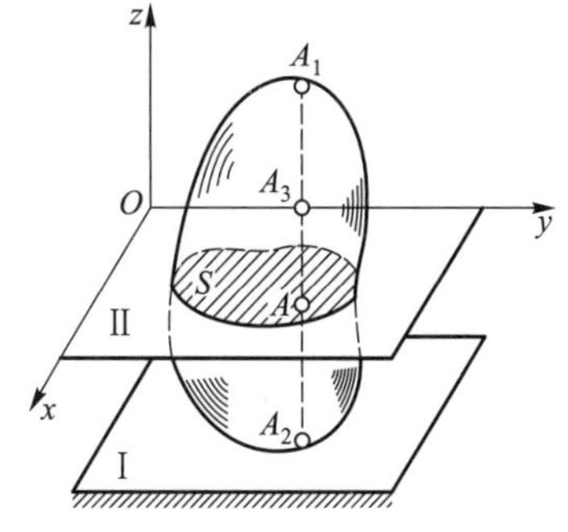

图 9-2

运动学动画：
平面运动简化

9-1-2 刚体平面运动的运动方程

平面图形 S 在自身所在平面内的位置完全可以由图形内的任一线段 $O'A$ 的位置来确定。建立如图 9-3 所示固定直角坐标系，令坐标平面 Oxy 与平面Ⅱ重合，此时，线段 $O'A$ 的位置则可以由其上任一点 O' 的两个直角坐标 $x_{O'}$、$y_{O'}$，以及线段与 x 轴的夹角 φ 来确定，点 O' 称为基点。当图形 S 在 Oxy 平面内运动时，坐标 $x_{O'}$、$y_{O'}$ 和角 φ 都随时间而变化，并且均为时间 t 的单值连续函数，即

$$x_{O'}=f_1(t),\qquad y_{O'}=f_2(t),\qquad \varphi=f_3(t) \tag{9-1}$$

如果 $f_1(t)$、$f_2(t)$、$f_3(t)$ 已知，则平面图形 S 以至整个平面运动刚体在每一瞬时 t 的位置就可以确定。因此，方程式(9-1)称为平面图形的运动方程，即刚体平面运动的运动方程。

9-2 刚体平面运动的分解

由刚体的平面运动方程式(9-1)和图 9-3 可知，若 $x_{O'}$ 和 $y_{O'}$ 不变，即基点 O' 固定不动，则刚体作定轴转动；而若角 φ 不变，即线段 $O'A$ 的方位保持不变，则刚体作平移运动。由此可见刚体的平面运动是由平移和转动合成而得。

如图 9-4 所示，在平面图形上任选一点 O' 为基点，并以点 O' 为原点作出平移坐标系 $O'x'y'$。设平面图形在初始时刻 t 位于Ⅰ位置，Δt 时间间隔后运动到Ⅱ位置。运用第 8 章合成运动的知识，该运动可看成两种运动的合成：首先可将平面图形绕点 O' 旋转角 φ 到位置Ⅲ，然后再从位置Ⅲ平移至位置Ⅱ；或者，可先让其从位置Ⅰ平移至位置Ⅳ，然后再绕点 O' 旋转 φ 角至位置Ⅱ。

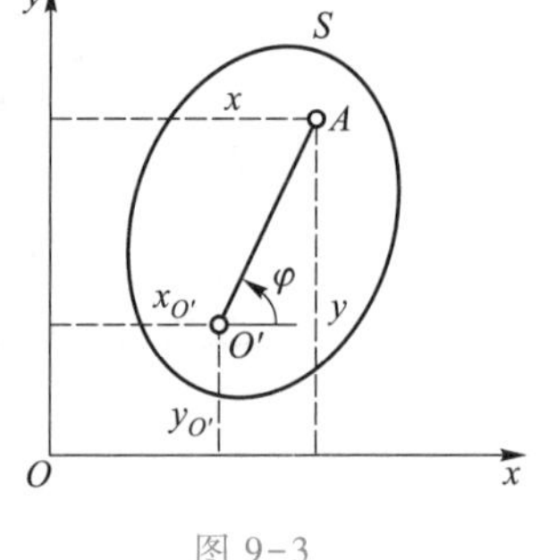

图 9-3

由此可见平面图形的运动可以看成为一方面随同基点 O' 处的平移坐标系 $O'x'y'$ 的平移（牵连运动），另一方面又绕基点 O' 相对于平移坐标系 $O'x'y'$ 作定轴转动（相对运动）。因此，有结论：平面图形的运动（即平面运动刚体的运动）可以分解成随基点的平移和绕基点的转动。

运动学动画：运动分解 1

运动学动画：运动分解 2

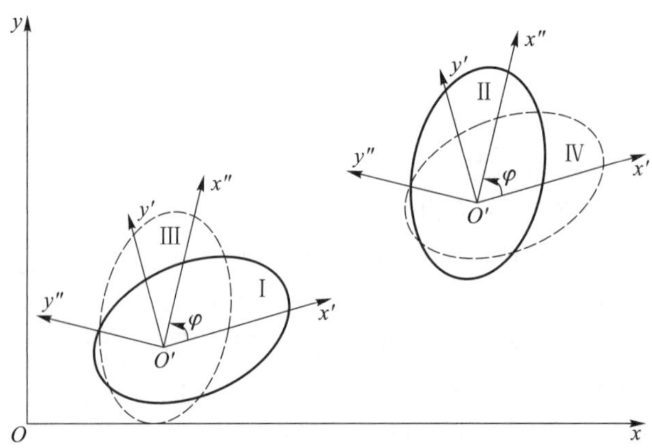

图 9-4

应该指出，上述运动的分解，基点的选择是任意的，显然选择不同的基点，平面图形牵连平移的速度和加速度是不同的。可见，平面图形牵连平移的速度和加速度与基点的选择有关。

但是，平面图形绕基点转动的角速度、角加速度均与基点的选择无关。这个结论可由图 9-5 予以说明。

设在平面图形上任意选择两点 A 和 B 作为基点，平面图形相对点 A、B 两个基点转过的角度分别为 φ_A 和 φ_B，如图 9-5 所示。在平面图形运动过程中，任一时刻都有

$$\varphi_B=\varphi_A+\theta$$

且夹角 θ 为常量。上式两端对时间求导数，一阶导数即为平面图形的角速度 ω，二阶导数即为平面图形的角加速度 α，则有

$$\omega=\frac{\mathrm{d}\varphi_B}{\mathrm{d}t}=\frac{\mathrm{d}\varphi_A}{\mathrm{d}t};\qquad \alpha=\frac{\mathrm{d}^2\varphi_B}{\mathrm{d}t^2}=\frac{\mathrm{d}^2\varphi_A}{\mathrm{d}t^2}$$

由此可知，平面图形绕任意基点转动的角速度和角加速度是相同的，所以，平面图形的角速度和角加速度与基点的选择无关。应该注意：这里所说绕任意基点的转动，实际上是指绕随基点运动的平移参考系的转动。因此，以后只提平面图形的角速度和角加速度，而无必要说明相对哪个基点而言。

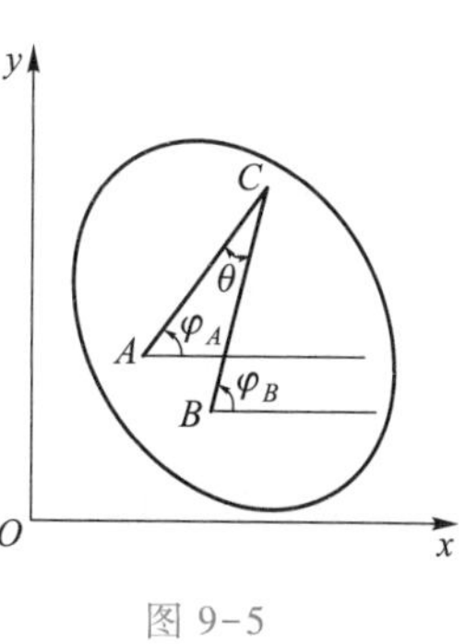

图 9-5

9-3　平面图形上各点的速度

下面研究平面图形上各点的速度。

9-3-1　基点法

由上一节的分析可知，平面图形的运动可以看成是随基点的平移（牵连运动）和相对于基点的转动（相对运动）的合成，因此可以应用上一章点的合成运动的知识分析平面运动刚体上各点的速度。

设平面图形在某瞬时的角速度为 ω，图形上点 O 的速度为 $\boldsymbol{v}_O$，则图形上任一点 M 的速度（图 9-6）可由下述方法予以分析：

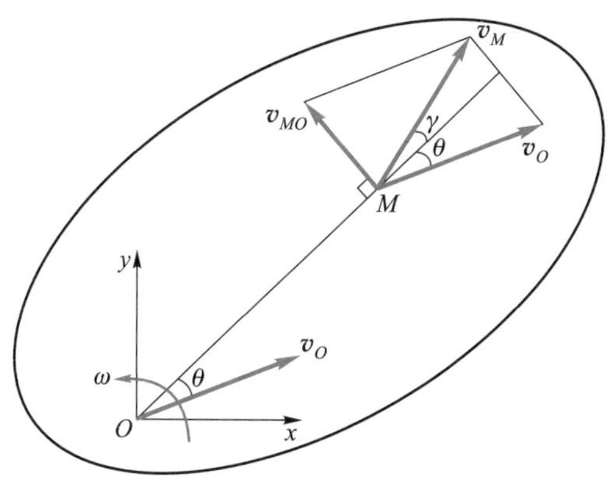

图 9-6

取点 O 为基点，点 M 作合成运动，其牵连运动是随基点 O 的平移，所以牵连速度$\boldsymbol{v}_e=\boldsymbol{v}_O$。相对运动是点 M 绕基点 O 的圆周运动，所以相对速度 $v_r=v_{MO}=\boldsymbol{\omega}\times MO$，一般称其为点 M 绕基点 O 转动的速度，方向垂直于 OM，指向与 ω 一致。则根据点的合成运动的速度合成定理$\boldsymbol{v}_a=\boldsymbol{v}_e+\boldsymbol{v}_r$，得点 M 的绝对速度

$$\boldsymbol{v}_M=\boldsymbol{v}_O+\boldsymbol{v}_{MO} \tag{9-2}$$

即平面图形上任意一点的速度等于基点的速度与该点绕基点转动的速度之矢量和。利用式(9-2)求解平面图形上任意一点速度的方法称为基点法(method of base point)。

表达式(9-2)是一个平面矢量方程，因而可以求解出两个速度未知量。

9-3-2 投影法

将式(9-2)向$\overrightarrow{OM}$方向投影(图 9-6)，由于$\boldsymbol{v}_{MO}\perp\overrightarrow{OM}$，故可得

$$[\boldsymbol{v}_O]_{OM}=[\boldsymbol{v}_M]_{OM} \tag{9-3}$$

或

$$\boldsymbol{v}_O\cos\theta=\boldsymbol{v}_M\cos\gamma \tag{9-4}$$

其中，θ 和 γ 分别是$\boldsymbol{v}_O$和$\boldsymbol{v}_M$与$\overrightarrow{OM}$的夹角。上式表明点 O 和点 M 的速度在它们连线的投影相等。此即速度投影定理：平面图形上任意两点的速度在它们连线上的投影相等。该定理正好说明了刚体上任意两点之间的距离不变的特性。利用式(9-3)或式(9-4)求解平面图形上某一点速度的方法称为投影法(method of projection)。

思考题：平面图形上任意两点的速度方向能否任意假定？

例题 9-1 在图 9-7a 所示的曲柄滑块机构中，曲柄长 $OA=r$，以匀角速度 ω 转动；连杆长 $AB=l$。试求当曲柄与 O、B 连线的夹角为 $\varphi=\omega t$ 时，滑块 B 的速度 v_B 和连杆 AB 的角速度 ω_{AB}。

运动学动画：曲柄滑块

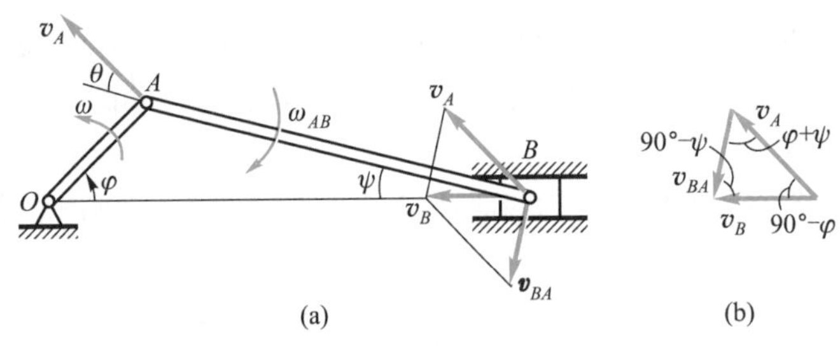

图 9-7

解：(1) 基点法：在此机构中，曲柄 OA 绕过点 O 的固定轴转动，滑块 B 作水平直线平移，连杆 AB 作平面运动。铰链 A 是曲柄上一点，也是连杆 AB 上的一点，它的速度大小 $v_A=r\omega$，方向垂直于曲柄 OA，指向与 ω 转向一致。

取点 A 为基点，根据基点法的式(9-2)，滑块 B 的速度可表示为

$$\boldsymbol{v}_B=\boldsymbol{v}_A+\boldsymbol{v}_{BA}$$

式中，点 B 的速度$\boldsymbol{v}_B$的方位已知，沿 OB 直线；$\boldsymbol{v}_A$为已知量，点 B 绕基点 A 转动的速度$\boldsymbol{v}_{BA}$的大小 $v_{BA}=l\omega_{AB}$是未知量，其方位垂直于杆 AB。按矢量方程作速度平行四边形，由$\boldsymbol{v}_A$的指向可确定$\boldsymbol{v}_B$和$\boldsymbol{v}_{BA}$的指向，如图 9-7a 所示。

由图 9-7b 的矢量三角形，根据正弦定理，有

$$\frac{v_{BA}}{\sin(90°-\varphi)}=\frac{v_B}{\sin(\varphi+\psi)}=\frac{v_A}{\sin(90°-\psi)}$$

从而可得滑块 B 的速度和点 B 绕基点 A 转动的速度大小分别为

$$v_B=\frac{\sin(\varphi+\psi)}{\sin(90°-\psi)}v_A=\frac{\sin(\varphi+\psi)}{\cos\psi}r\omega$$

$$v_{BA}=\frac{\sin(90°-\varphi)}{\sin(90°-\psi)}v_A=\frac{\cos\varphi}{\cos\psi}r\omega$$

因为

$$v_{BA}=AB\times\omega_{AB}=l\omega_{AB}$$

可得连杆 AB 的角速度

$$\omega_{AB}=\frac{v_{BA}}{l}=\frac{r}{l}\frac{\cos\varphi}{\cos\psi}\omega$$

ω_{AB}的转向应与$\boldsymbol{v}_{BA}$的指向一致，故应为顺时针方向。式中角 ψ 的值可由$\triangle OAB$ 的几何关系求得，由正弦定理得

$$\sin\psi=\frac{r}{l}\sin\varphi$$

则

$$\psi=\arcsin\left(\frac{r}{l}\sin\varphi\right)$$

（2）投影法：本例已知点 A 的速度$\boldsymbol{v}_A$的大小和方向，以及点 B 的速度$\boldsymbol{v}_B$的方向，因而可应用速度投影定理方便地求出点 B 的速度$\boldsymbol{v}_B$的大小。设$\boldsymbol{v}_A$与 AB 线的夹角为 θ，由图 9-7a 中的几何关系知

$$\theta=90°-(\varphi+\psi)$$

由式(9-3)有

$$v_B\cos\psi=v_A\cos[90°-(\varphi+\psi)]$$

而

$$v_A=r\omega$$

所以

$$v_B=\frac{\sin(\varphi+\psi)}{\cos\psi}r\omega$$

显然，计算结果与基点法完全相同。但若要求杆 AB 的角速度 ω_{AB}，则无法由速度投影定理解出。

例题 9-2　如图 9-8 所示平面铰接机构。已知杆 O_1A 的角速度是 ω_1，杆 O_2B 的角速度是 ω_2，转向如图所示，且在图示瞬时，杆 O_1A 铅垂，杆 AC 和 O_2B 水平，而杆 BC 与铅垂线成偏角 30°；又 $O_2B=b$，$O_1A=\sqrt{3}b$。试求在此瞬时点 C 的速度。

解：杆 AC 和 BC 均作平面运动。先求出点 A 和点 B 的速度，有

$$v_A=\omega_1\times O_1A=\sqrt{3}\omega_1 b$$

$$v_B=\omega_2\times O_2B=\omega_2 b$$

且$\boldsymbol{v}_A$和$\boldsymbol{v}_B$的方向如图所示。

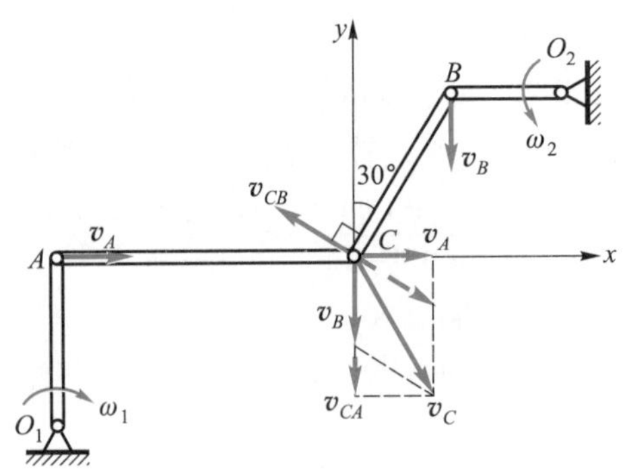

图 9-8

现在应用基点法求点 C 的速度。把点 C 看成属于杆 AC,并以点 A 为基点,则由基点法有

$$\boldsymbol{v}_C=\boldsymbol{v}_A+\boldsymbol{v}_{CA} \tag{1}$$

同样, 也可以把点 C 看成属于杆 BC,并以点 B 作为基点,于是有

$$\boldsymbol{v}_C=\boldsymbol{v}_B+\boldsymbol{v}_{CB} \tag{2}$$

比较以上两式,有

$$\boldsymbol{v}_A+\boldsymbol{v}_{CA}=\boldsymbol{v}_B+\boldsymbol{v}_{CB} \tag{3}$$

上式中$\boldsymbol{v}_A$、$\boldsymbol{v}_B$都已求出;$\boldsymbol{v}_{CA}\perp CA$,$\boldsymbol{v}_{CB}\perp CB$,但指向和大小都未知。利用矢量等式可以求出这两个未知量。

假定$\boldsymbol{v}_{CB}$是偏向上方的,把式(3)投影到和$\boldsymbol{v}_{CA}$相垂直的方向,其目的是要使另一个未知量$\boldsymbol{v}_{CA}$的投影等于零,以便直接求得$\boldsymbol{v}_{CB}$。有投影式

$$v_A=-v_{CB}\cos 30°$$

从而

$$v_{CB}=-\frac{v_A}{\cos 30°}=-2\omega_1 b$$

上式为负值,表示$\boldsymbol{v}_{CB}$与图设方向相反,是偏向下方的。

现在可以利用式(2)来求点 C 的速度$\boldsymbol{v}_C$。为此把式(2)投影到轴 x、y 上,有

$$v_{Cx}=v_{Bx}+v_{CBx}=0+v_{CB}\cos 150°=(-2\omega_1 b)\times\left(-\frac{\sqrt{3}}{2}\right)=\sqrt{3}\,\omega_1 b$$

$$\begin{aligned}v_{Cy}&=v_{By}+v_{CBy}=-v_B+v_{CB}\sin 30°=-\omega_2 b+(-2\omega_1 b)\times\frac{1}{2}\\&=-(\omega_1+\omega_2)b\end{aligned}$$

于是得点 C 速度的大小

$$v_C=\sqrt{v_{Cx}^2+v_{Cy}^2}=b\sqrt{3\omega_1^2+(\omega_1+\omega_2)^2}=b\sqrt{4\omega_1^2+2\omega_1\omega_2+\omega_2^2}$$

点 C 的速度与 x 轴夹角的正切

$$\tan(v_C,x)=\frac{v_{Cy}}{v_{Cx}}=\frac{-(\omega_1+\omega_2)}{\sqrt{3}\,\omega_1}$$

在上面的计算中,$\boldsymbol{v}_{CB}$自始至终都应取所假定的值,由于所假定的指向是错误的,故 v_{CB} 为负值。这是解析法的特点,在解题实践中务必注意。

例题 9-3　如图 9-9a 所示,半径 $r=75$ cm 的圆轮以匀角速度 $\omega=2\pi$ rad/s 沿直线在地面滚动而无滑动(即作纯滚动)。试求其中心点 O 和轮缘上 B、A 两点的速度。

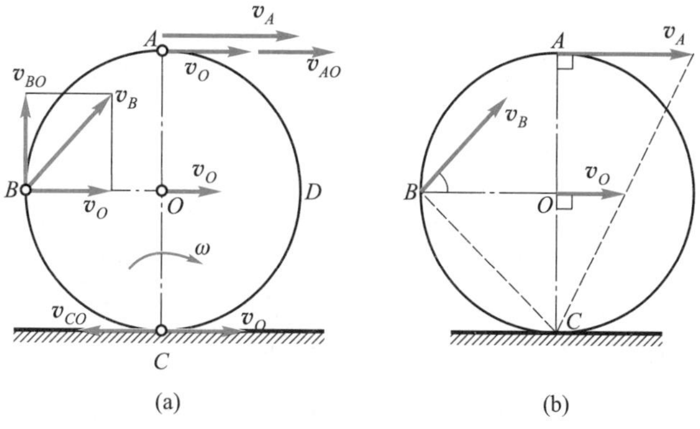

图 9-9

解: 圆轮作平面运动,由于轮子在地面无滑动滚动,所以轮与地面的一对接触点应具有相同的速度。因地面上的点的速度为零,故轮与地面的接触点 C 的速度 v_C 也为零,因此,可通过点 C 的速度求得点 O 的速度。

取点 O 为基点,由式(9-2)知轮上 C 点的速度为

$$\boldsymbol{v}_C=\boldsymbol{v}_O+\boldsymbol{v}_{CO}$$

式中,$\boldsymbol{v}_{CO}$ 是点 C 绕基点 O 转动的速度,其大小为

$$v_{CO}=CO\times\omega=r\omega=2\pi r=471\ \text{cm/s}$$

方向垂直于 CO,指向由 ω 的转向确定,即水平向左。

由于 $v_C=0$,由上面矢量方程可知,$\boldsymbol{v}_O=-\boldsymbol{v}_{CO}$,所以轮心点 O 的速度大小为

$$v_O=v_{CO}=471\ \text{cm/s}$$

方向为水平向右。

同理,仍取点 O 为基点,轮缘上点 B 的速度为

$$\boldsymbol{v}_B=\boldsymbol{v}_O+\boldsymbol{v}_{BO}$$

式中,$\boldsymbol{v}_O$ 的大小和方向为已知,而 $\boldsymbol{v}_{BO}$ 的大小为

$$v_{BO}=BO\times\omega=r\omega$$

方向垂直于 BO,指向由 ω 的转向确定,即铅垂向上。

在点 B 作速度平行四边形,由 $\boldsymbol{v}_O$ 和 $\boldsymbol{v}_{BO}$ 可确定 $\boldsymbol{v}_B$ 的大小及方向,即

$$v_B=\sqrt{v_O^2+v_{BO}^2}=\sqrt{2}\,v_O=666\ \text{cm/s}$$

方向与水平线成 45°角,指向右上方。

至于轮缘上最高点 A 的速度,以点 O 为基点知 $\boldsymbol{v}_O$ 和 $\boldsymbol{v}_{AO}$ 平行且指向相同,故

$$v_A=v_O+v_{AO}=v_O+r\omega=942\ \text{cm/s}$$

方向为水平向右。

讨论: 因为圆轮作纯滚动,故其与地面接触点 C 的速度为零,现以圆轮上点 C 为基点,点 B 和点 A 的速度分别为

$$\boldsymbol{v}_B=\boldsymbol{v}_C+\boldsymbol{v}_{BC}=\boldsymbol{v}_{BC},\qquad \boldsymbol{v}_A=\boldsymbol{v}_C+\boldsymbol{v}_{AC}=\boldsymbol{v}_{AC}$$

其大小

$$v_B = v_{BC} = BC \times \omega = \sqrt{2} r\omega = 666 \text{ cm/s}$$ （方向垂直于 BC，如图 9-9b 所示）

$$v_A = v_{AC} = AC \times \omega = 2r\omega = 942 \text{ cm/s}$$ （方向垂直于 AC）

由以上讨论可见，若能在平面图形上找到速度为零的一点，以此点为基点，则平面图形上其他点的速度就等于其绕基点转动的速度。这就是下面要介绍的速度瞬心法。

9-3-3 瞬心法

应用基点法求平面图形上任一点的速度时，基点是可以任意选取的。如果选取图形上瞬时速度等于零的点作为基点，将使计算大为简化。这时图形上任一点的速度只等于该点绕瞬时速度为零的基点转动的速度。平面图形上某瞬时速度为零的点称为平面图形在该瞬时的瞬时速度中心（instantaneous center of velocity），简称速度瞬心。问题在于是否在任意时刻平面图形上都存在速度为零的一点？下面就来证明速度瞬心的存在性。

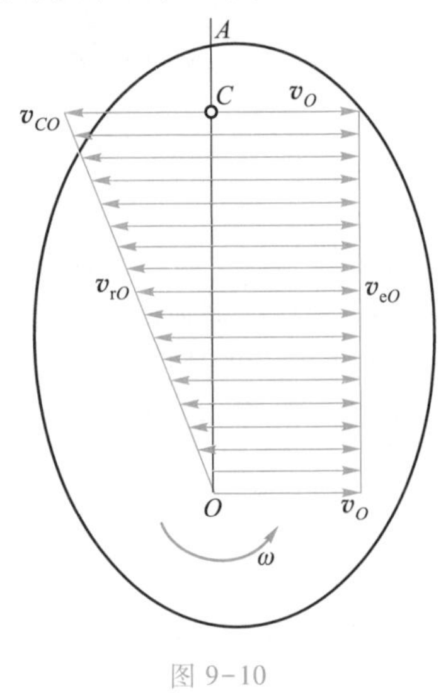

图 9-10

设在某一瞬时，平面图形上某点 O 的速度是 $\boldsymbol{v}_O$，图形的角速度是 ω（图 9-10）。选取点 O 为基点，过点 O 把 $\boldsymbol{v}_O$ 沿角速度 ω 的转向转过 90° 作一条半直线 OA，在 OA 上所有各点随基点 O 平移的速度 $\boldsymbol{v}_{eO}$ 与相对基点 O 转动的速度 $\boldsymbol{v}_{rO}$ 方向都相反，而对于 OA 上各点都有 $\boldsymbol{v}_{eO} = \boldsymbol{v}_O$，且 $\boldsymbol{v}_{rO}$ 的大小正比于该点到基点的距离。因此，其中必有一点 C，它相对基点转动的速度和随基点平移的速度大小相等而方向相反，因而该点的绝对速度等于零。由此可见，只要平面图形的角速度 ω 不等于零，则在该瞬时图形上（或其延伸部分）总有速度等于零的一个点，这一点就是该瞬时平面图形的速度瞬心。至此速度瞬心的存在性就得以证明。

速度瞬心 C 到 O 点的距离可这样计算，根据基点法有 $\boldsymbol{v}_C = \boldsymbol{v}_O + \boldsymbol{v}_{CO} = 0$，又 $v_{CO} = CO \times \omega$，故 $CO = \dfrac{v_O}{\omega}$。如果取速度瞬心 C 为基点，则平面图形上任一点 M 的速度为

$$\boldsymbol{v}_M = \boldsymbol{v}_C + \boldsymbol{v}_{MC} = \boldsymbol{v}_{MC}$$

式中，$v_M = MC \times \omega$，方向垂直于 MC，指向与 ω 转动方向一致。

确定出速度瞬心的位置后，根据平面图形的转动角速度，就可以求得平面图形上各个点的速度，这种计算速度的方法称为瞬时速度中心法（method of instantaneous center of velocity），简称速度瞬心法或瞬心法。有结论：平面图形内各点的速度大小与该点至速度瞬心的距离成正比，方向垂直于该点与速度瞬心的连线，指向转动前进一方。图形上各点的速度分布与图形在该瞬时以角速度 ω 绕速度瞬心 C 转动时一样（图 9-11）。

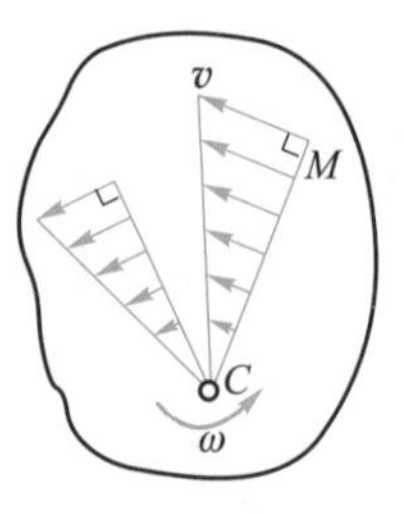

图 9-11

应该指出的是，在每一瞬时，平面图形上或其延展部分必有一点成为速度瞬心；而在不同瞬时，速度瞬心在图形上的位置是不同的。

综上所述，若已知平面图形在某一瞬时的角速度及其速度瞬心的位置，则平面图形上

任一点的速度的大小和方向都可求得。那么下面要解决的问题就是如何确定平面图形的速度瞬心，通常有如下几种常用方法。

（1）已知图形上某一点的速度$\boldsymbol{v}_O$以及图形的角速度 ω（大小和转向）。这种情况在上面论证速度瞬心的存在性时已给出，即此时速度瞬心 C 必定在过点 O 并垂直于$\boldsymbol{v}_O$的线段上，速度瞬心 C 至点 O 的距离 $CO=\dfrac{v_O}{\omega}$（图 9-10）。

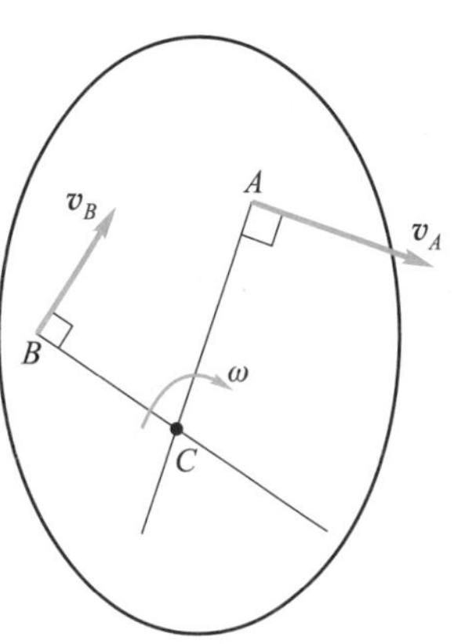

图 9-12

（2）已知平面图形上 A、B 两点的速度方位，且$\boldsymbol{v}_A$和$\boldsymbol{v}_B$不平行。分别过 A、B 两点作$\boldsymbol{v}_A$和$\boldsymbol{v}_B$的垂线，两条垂线的交点就是图形在该瞬时的速度瞬心（图 9-12）。此时图形角速度

$$\omega=\frac{v_A}{CA}=\frac{v_B}{CB}$$

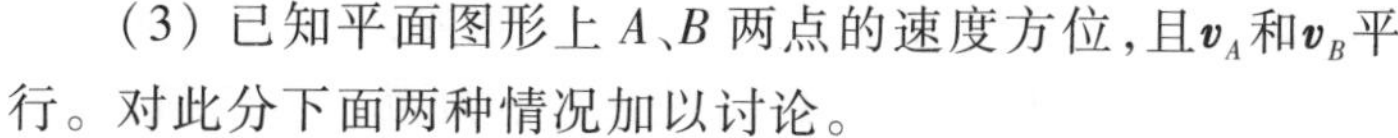

（3）已知平面图形上 A、B 两点的速度方位，且$\boldsymbol{v}_A$和$\boldsymbol{v}_B$平行。对此分下面两种情况加以讨论。

① 若这两个速度矢量同时垂直于这两点的连线，且速度大小不等（图 9-13a）或指向相反（图 9-13b），其速度瞬心 C 必在连接 AB 与速度矢量$\boldsymbol{v}_A$和$\boldsymbol{v}_B$末端点连线的交点上。此时图形的角速度

$$\omega=\frac{v_A}{CA}=\frac{v_B}{CB}$$

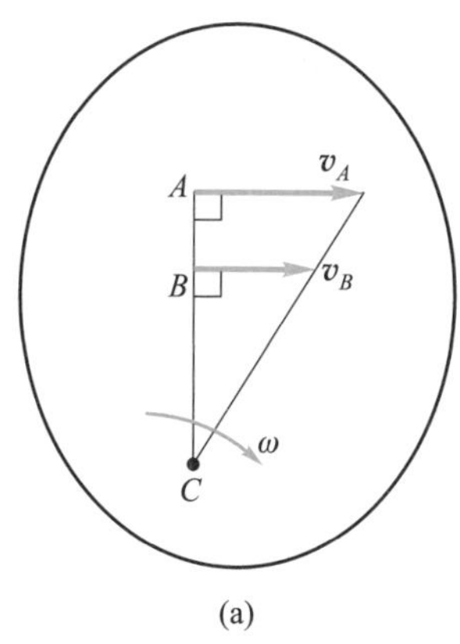

(a)

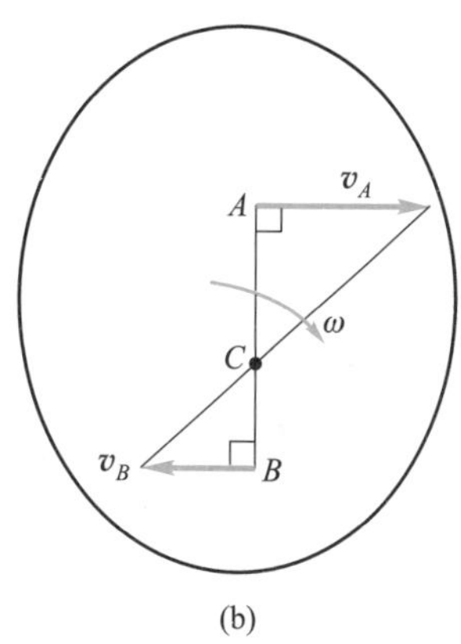

(b)

图 9-13

② 若这两个速度矢量与连线 AB 不垂直（图 9-14a）。这时速度瞬心在无穷远处，因而在该瞬时平面图形的角速度 $\omega=0$。应用速度投影定理可以证明此时 $v_A=v_B$。该瞬时图形上各点的速度都相同，其速度分布情况与刚体平移时一样，这种特定瞬时状态下图形的运动称为瞬时平移（instantaneous translation）。若已知 $v_A=v_B$，并且两个速度同时垂直于连线 AB（图 9-14b）。这时图形也作瞬时平移。（注意：瞬时平移时图形上各点的速度相等，但各点的加速度未必相等，因为图形的角加速度一般不为零。）

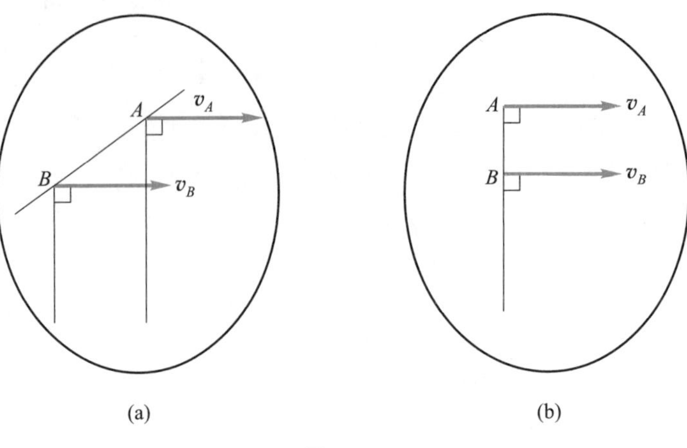

图 9-14

(4) 平面图形沿某一固定表面作无滑动滚动时,其与固定面的接触点 C 就是速度瞬心。因为在此瞬时,C 点相对固定表面的速度为零,所以它的绝对速度就为零。例如,图 9-15所示的车轮,在不同的瞬时,轮缘上的点相继与地面接触而成为各瞬时车轮的速度瞬心。

思考题:平面图形的速度瞬心具有唯一性吗?

例题 9-4 试用速度瞬心法求例题 9-1 中滑块 B 的速度和连杆 AB 的角速度 ω_{AB}。

解:连杆 AB 作平面运动,A、B 两点速度的方位都已知。通过 A、B 两点分别作出$\boldsymbol{v}_A$、$\boldsymbol{v}_B$的垂线,两者的交点 C 就是连杆 AB 的速度瞬心(图 9-16)。

由于点 A 是曲柄 OA 和连杆 AB 的连接点,故点 A 的速度$\boldsymbol{v}_A$应同时满足这两构件的运动情况,即

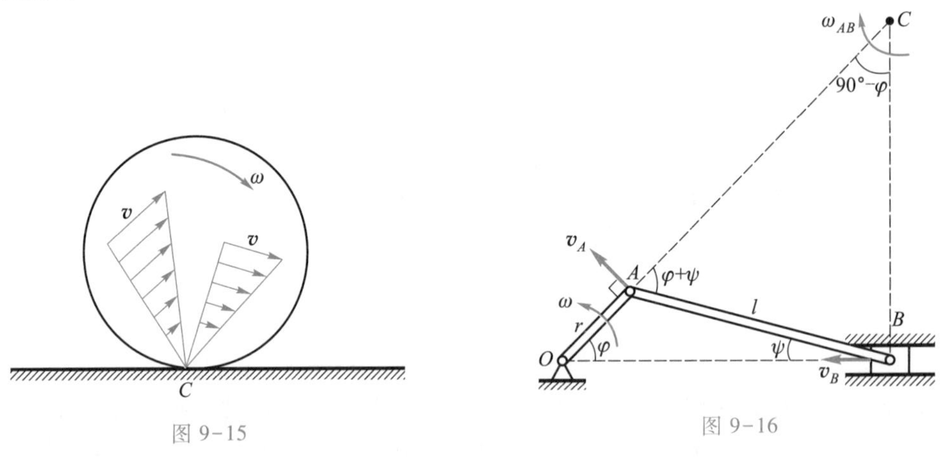

图 9-15　　图 9-16

$$v_A = OA\times\omega = AC\times\omega_{AB}$$

所以求得连杆 AB 的角速度

$$\omega_{AB} = \frac{v_A}{AC} = \frac{r\omega}{AC} \tag{1}$$

点 B 是连杆与滑块的连接点,因此点 B 的速度为

$$v_B = BC\times\omega_{AB} \tag{2}$$

在图 9-16 的△ABC 中,有

$$\frac{AB}{\sin(90°-\varphi)}=\frac{AC}{\sin(90°-\psi)}=\frac{BC}{\sin(\varphi+\psi)}$$

所以

$$AC=\frac{\sin(90°-\psi)}{\sin(90°-\varphi)}AB=\frac{\cos\psi}{\cos\varphi}l$$

$$BC=\frac{\sin(\varphi+\psi)}{\sin(90°-\varphi)}AB=\frac{\sin(\varphi+\psi)}{\cos\varphi}l$$

将 AC 之值代入式(1)得连杆 AB 的角速度

$$\omega_{AB}=\frac{\cos\varphi}{\cos\psi}\times\frac{r}{l}\omega$$

式中,$\psi=\arcsin\left(\frac{r}{l}\sin\varphi\right)$。由$\boldsymbol{v}_A$的指向可知 ω_{AB}是顺时针方向的。

将 BC 和 ω_{AB}之值代入式(2),得滑块 B 的速度

$$v_B=\frac{\sin(\varphi+\psi)}{\cos\psi}r\omega$$

由 ω_{AB}的转向可知,$\boldsymbol{v}_B$的指向如图 9-16 所示。

例题 9-5　半径为 r 的火车轮沿直线轨道作无滑动的滚动,如图9-17所示。已知轮心速度为$\boldsymbol{v}_O$,车轮凸缘的半径为 R,试求凸缘边上 A、B、C、D 各点的速度。

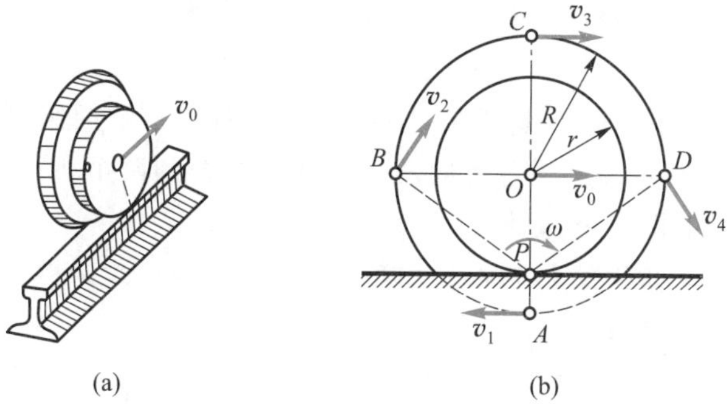

图 9-17

解: 车轮沿轨道作无滑动的滚动,故车轮与轨道的接触点 P 就是其速度瞬心。设车轮的角速度为 ω,由 $v_O=r\omega$,可得

$$\omega=\frac{v_O}{r}$$

其转向如图所示。

进一步不难求出各点的速度分别为

$$v_1=\omega\times AP=\frac{R-r}{r}v_O$$

$$v_2=\omega\times BP=\frac{\sqrt{R^2+r^2}}{r}v_O$$

$$v_3=\omega\times CP=\frac{R+r}{r}v_O$$

$$v_4=\omega\times DP=\frac{\sqrt{R^2+r^2}}{r}v_O$$

其方向分别垂直于各点到速度瞬心的连线，如图 9-17 所示。

9-4 平面图形上各点的加速度

如前所述，刚体的平面运动可分解为随基点的平移（牵连运动）与相对于基点的转动（相对运动）。设已知平面图形上某点 O 的加速度 $\boldsymbol{a}_O$，以及图形的角速度 ω，角加速度 α，如图 9-18 所示。现取点 O 为基点，以基点 O 为原点建立平移坐标系，则根据点的合成运动中牵连运动是平移时点的加速度合成定理，图形上任一点 M 的加速度为

$$\boldsymbol{a}_M=\boldsymbol{a}_{\mathrm{a}}=\boldsymbol{a}_{\mathrm{e}}+\boldsymbol{a}_{\mathrm{r}}$$

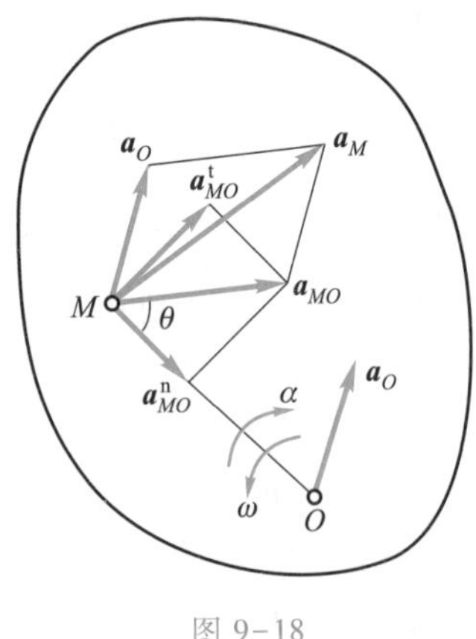

图 9-18

式中，牵连加速度 $\boldsymbol{a}_{\mathrm{e}}=\boldsymbol{a}_O$；相对加速度 $\boldsymbol{a}_{\mathrm{r}}$ 就是点 M 相对基点 O 作圆周运动的加速度 $\boldsymbol{a}_{MO}$（也称为绕基点转动的加速度），可分解为相对切向加速度 $\boldsymbol{a}^{\mathrm{t}}_{MO}$ 和相对法向加速度 $\boldsymbol{a}^{\mathrm{n}}_{MO}$，如图 9-18 所示。则点 M 的加速度可表示为

$$\boldsymbol{a}_M=\boldsymbol{a}_O+\boldsymbol{a}^{\mathrm{t}}_{MO}+\boldsymbol{a}^{\mathrm{n}}_{MO} \tag{9-5}$$

式中，$a^{\mathrm{t}}_{MO}=MO\times\alpha$，$a^{\mathrm{n}}_{MO}=MO\times\omega^2$。即平面图形上任一点的

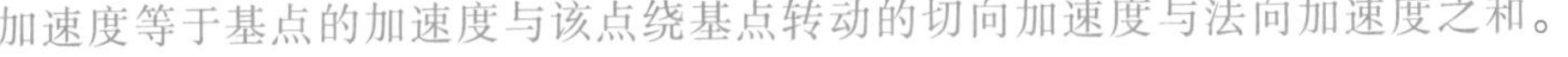

加速度等于基点的加速度与该点绕基点转动的切向加速度与法向加速度之和。

利用式(9-5)计算平面图形上某点加速度的方法称为求解加速度问题的基点法。

式(9-5)是一个矢量方程，通常可向两个方向投影得到两个相互独立的代数方程，用以求解加速度问题中的两个未知量。

思考题：(1) 平面图形有没有加速度瞬心？怎样找加速度瞬心？如何应用加速度瞬心求解平面图形上任一点的加速度？

(2) 一般情况下，有没有加速度的投影法？即平面图形上任意两点的加速度在其连线上的投影始终相等吗？

(3) 对加速度合成公式作投影计算与对力系平衡方程式的计算有何区别？

例题 9-6 如图 9-19 所示，在椭圆规的机构中，曲柄 OD 以匀角速度 ω 绕轴 O 转动，$OD=AD=BD=l$。试求当 $\varphi=60°$ 时，尺 AB 的角加速度和点 A 的加速度。

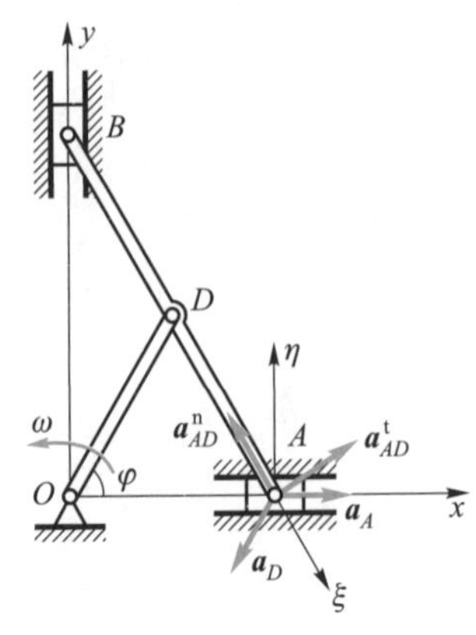

图 9-19

解：曲柄 OD 绕轴 O 作定轴转动，尺 AB 作平面运动。

取尺 AB 上的点 D 为基点，因为曲柄 OD 匀角速转动，所以，点 D 加速度

$$a_D=l\omega^2$$

方向沿 DO 指向点 O。

根据加速度分析基点法式(9-5)，点 A 的加速度为

$$\boldsymbol{a}_A=\boldsymbol{a}_D+\boldsymbol{a}^{\mathrm{t}}_{AD}+\boldsymbol{a}^{\mathrm{n}}_{AD}$$

式中各加速度的大小和方向分别如下：

加速度	$\boldsymbol{a}_A$	$\boldsymbol{a}_D$	$\boldsymbol{a}_{AD}^{t}$	$\boldsymbol{a}_{AD}^{n}$
大小	待求	$l\omega^2$	$AD\times\alpha_{AB}$(待求)	$\omega_{AB}^2\times AD$
方向	水平	沿 DO 指向点 O	$\perp AD$	沿 AD

其中，ω_{AB}为尺 AB 的角速度，可用基点法或瞬心法求得

$$\omega_{AB}=\omega$$

则

$$a_{AD}^{n}=\omega^2\times AD=l\omega^2$$

现在求两个未知量 $\boldsymbol{a}_A$ 和 $\boldsymbol{a}_{AD}^{t}$的大小。取轴 ξ 垂直于 $\boldsymbol{a}_{AD}^{t}$，取轴 η 垂直于 $\boldsymbol{a}_A$，η 和 ξ 的正方向如图所示。将上述加速度合成公式分别沿轴 ξ 和 η 投影，得

$$a_A\cos\varphi=a_D\cos(\pi-2\varphi)-a_{AD}^{n}$$

$$0=-a_D\sin\varphi+a_{AD}^{t}\cos\varphi+a_{AD}^{n}\sin\varphi$$

解得

$$a_A=\frac{a_D\cos(\pi-2\varphi)-a_{AD}^{n}}{\cos\varphi}=\frac{\omega^2 l\cos 60°-\omega^2 l}{\cos 60°}=-l\omega^2$$

$$a_{AD}^{t}=\frac{a_D\sin\varphi-a_{AD}^{n}\sin\varphi}{\cos\varphi}=\frac{(\omega^2 l-\omega^2 l)\sin\varphi}{\cos\varphi}=0$$

于是可得尺 AB 的角加速度

$$\alpha_{AB}=\frac{a_{AD}^{t}}{AD}=0$$

由于 a_A 为负值，故 $\boldsymbol{a}_A$ 的实际方向与假设的方向相反。

例题 9-7　外啮合行星齿轮机构如图 9-20a 所示。曲柄 OA 绕过点 O 的轴作定轴转动，带动齿轮Ⅱ沿固定齿轮Ⅰ的齿面滚动。已知定齿轮Ⅰ和动齿轮Ⅱ的节圆半径分别是 r_1 和 r_2，曲柄 OA 在某瞬时的角速度为 ω_O，角加速度为 α_O。试求该瞬时齿轮Ⅱ上的速度瞬心 C 和节圆上点 M 的加速度。

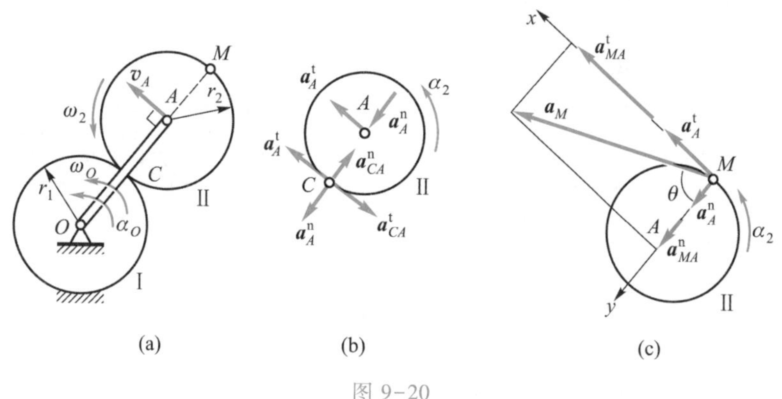

图 9-20

解： 齿轮Ⅱ作平面运动，它与固定齿轮Ⅰ的啮合点 C 是速度瞬心。轮心 A 的速度$\boldsymbol{v}_A$ 的大小为

$$v_A=(r_1+r_2)\omega_O$$

方向垂直于 OA 并与 ω_O 的转向一致。点 A 加速度的切向分量 $\boldsymbol{a}_A^{\mathrm{t}}$ 和法向分量 $\boldsymbol{a}_A^{\mathrm{n}}$ 的大小分别为

$$a_A^{\mathrm{t}}=(r_1+r_2)\alpha_O,\qquad a_A^{\mathrm{n}}=(r_1+r_2)\omega_O^2$$

齿轮Ⅱ的角速度可表示为

$$\omega_2=\frac{v_A}{r_2}=\frac{r_1+r_2}{r_2}\omega_O \tag{1}$$

因为上式在任一瞬时都成立，所以对时间求导可得轮Ⅱ的角加速度为

$$\alpha_2=\frac{\mathrm{d}\omega_2}{\mathrm{d}t}=\frac{r_1+r_2}{r_2}\times\frac{\mathrm{d}\omega_O}{\mathrm{d}t}=\frac{r_1+r_2}{r_2}\alpha_O$$

式中，$\alpha_O=\dfrac{\mathrm{d}\omega_O}{\mathrm{d}t}$ 是曲柄的角加速度。

选轮心 A 为基点，则由加速度分析基点法式(9-5)，点 C 的加速度为

$$\boldsymbol{a}_C=\boldsymbol{a}_A^{\mathrm{t}}+\boldsymbol{a}_A^{\mathrm{n}}+\boldsymbol{a}_{CA}^{\mathrm{t}}+\boldsymbol{a}_{CA}^{\mathrm{n}} \tag{2}$$

式中，点 C 对于基点 A 转动的切向加速度分量 $\boldsymbol{a}_{CA}^{\mathrm{t}}$ 和法向加速度 $\boldsymbol{a}_{CA}^{\mathrm{n}}$ 的大小分别为

$$a_{CA}^{\mathrm{t}}=r_2\alpha_2=(r_1+r_2)\alpha_O$$

$$a_{CA}^{\mathrm{n}}=r_2\omega_2^2=\frac{(r_1+r_2)^2}{r_2}\omega_O^2$$

两者的方向分别如图 9-20b 所示。由上式分析可知，$\boldsymbol{a}_A^{\mathrm{t}}=-\boldsymbol{a}_{CA}^{\mathrm{t}}$，$\boldsymbol{a}_A^{\mathrm{n}}$ 与 $\boldsymbol{a}_{CA}^{\mathrm{n}}$ 的方向相反，故速度瞬心 C 的加速度 $\boldsymbol{a}_C$ 大小为

$$a_C=a_{CA}^{\mathrm{n}}-a_A^{\mathrm{n}}=\frac{(r_1+r_2)^2}{r_2}\omega_O^2-(r_1+r_2)\omega_O^2=\frac{r_1}{r_2}(r_1+r_2)\omega_O^2$$

方向沿 CA。可见速度瞬心的加速度一般不等于零。

同理，以轮心 A 为基点可得点 M 的加速度为

$$\boldsymbol{a}_M=\boldsymbol{a}_A^{\mathrm{t}}+\boldsymbol{a}_A^{\mathrm{n}}+\boldsymbol{a}_{MA}^{\mathrm{t}}+\boldsymbol{a}_{MA}^{\mathrm{n}} \tag{3}$$

式中，各加速度的大小和方向分别如下：

加速度	$\boldsymbol{a}_M$	$\boldsymbol{a}_A^{\mathrm{t}}$	$\boldsymbol{a}_A^{\mathrm{n}}$	$\boldsymbol{a}_{MA}^{\mathrm{t}}$	$\boldsymbol{a}_{MA}^{\mathrm{n}}$
大小	待求	$(r_1+r_2)\alpha_O$	$(r_1+r_2)\omega_O^2$	$r_2\alpha_2$	$r_2\omega_2^2$
方向	待求	$\perp OA$，偏左上	沿 AO	$\perp MA$，偏左上	沿 MA

将式(3)分别投影到轴 x、y 上，得

$$a_{Mx}=a_A^{\mathrm{t}}+a_{MA}^{\mathrm{t}}=(r_1+r_2)\alpha_O+r_2\,\frac{r_1+r_2}{r_2}\alpha_O=2(r_1+r_2)\alpha_O$$

$$a_{My}=a_A^{\mathrm{n}}+a_{MA}^{\mathrm{n}}=(r_1+r_2)\omega_O^2+r_2\left(\frac{r_1+r_2}{r_2}\omega_O\right)^2=(r_1+r_2)\frac{r_1+2r_2}{r_2}\omega_O^2$$

从而求得点 M 加速度的大小

$$a_M=\sqrt{a_{Mx}^2+a_{My}^2}=(r_1+r_2)\sqrt{4\alpha_O^2+\left(\frac{r_1+2r_2}{r_2}\right)^2\omega_O^4}$$

而 $\boldsymbol{a}_M$ 对 MA 的偏角 θ 由下式决定，即

$$\tan\ \theta=\frac{a_{Mx}}{a_{My}}=\frac{2r_2\alpha_O}{(r_1+2r_2)\omega_O^2}$$

例题 9-8　如图 9-21a 所示半径为 R 的卷筒沿固定水平面滚动而不滑动，卷筒上固连有半径为 r 的同轴鼓轮，缠在鼓轮上的绳子由下边水平伸出，绕过定滑轮，并在下端悬有重物 M。设在已知瞬时重物具有向下的速度 $\boldsymbol{v}$ 和加速度 $\boldsymbol{a}$。试求该瞬时卷筒铅直直径两端点 C 和 B 的加速度大小。

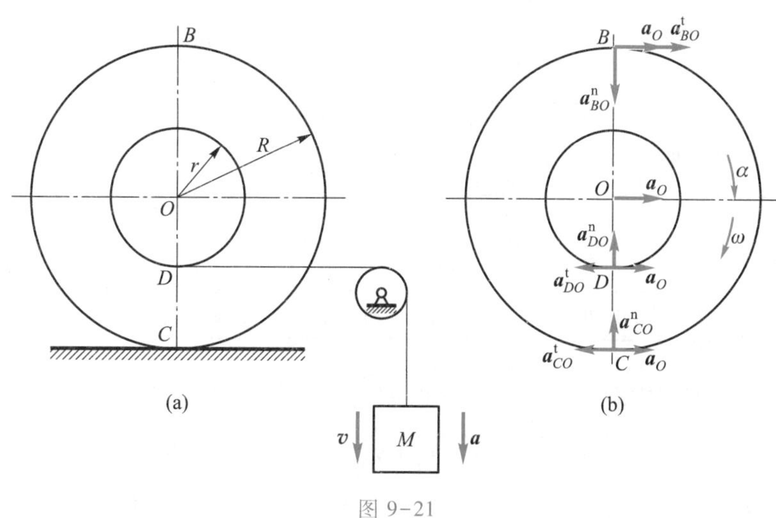

图 9-21

解：(1) 因为卷筒沿固定面滚动而不滑动，作平面运动，它与固定面的接触点 C 是速度瞬心，故卷筒的角速度

$$\omega=\frac{v}{CD}=\frac{v}{R-r}\qquad（顺时针方向）$$

角加速度

$$\alpha=\frac{\mathrm{d}\omega}{\mathrm{d}t}=\frac{1}{R-r}\ \frac{\mathrm{d}v}{\mathrm{d}t}=\frac{a}{R-r}\qquad（顺时针方向）$$

又卷筒中心 O 作直线运动，其速度

$$v_O=R\omega\qquad（水平向右）$$

故卷筒中心 O 的加速度 $\boldsymbol{a}_O$ 大小为

$$a_O=\frac{\mathrm{d}v_O}{\mathrm{d}t}=\frac{\mathrm{d}}{\mathrm{d}t}(R\omega)=R\alpha=\frac{Ra}{R-r}\qquad（水平向右）$$

(2) 加速度分析和计算。用基点法求点 C 和点 B 的加速度（图9-21b）。取点 O 为基点，则点 C 的加速度为

$$\boldsymbol{a}_C=\boldsymbol{a}_O+\boldsymbol{a}_{CO}^{\mathrm{t}}+\boldsymbol{a}_{CO}^{\mathrm{n}}\tag{1}$$

式中，各加速度分析如下：

加速度	$\boldsymbol{a}_C$	$\boldsymbol{a}_O$	$\boldsymbol{a}_{CO}^{\mathrm{t}}$	$\boldsymbol{a}_{CO}^{\mathrm{n}}$
大小	未知	$Ra/(R-r)$	$R\alpha$	$R\omega^2$
方向	未知	水平向右	水平向左	铅垂向上

由于 $\boldsymbol{a}_O=-\boldsymbol{a}_{CO}^{\mathrm{t}}$,故点 C 的加速度为

$$a_C=a_{CO}^{\mathrm{n}}=R\omega^2=\frac{Rv^2}{(R-r)^2}$$

方向铅垂向上,指向筒心 O。

再取点 O 为基点,则点 B 的加速度为

$$\boldsymbol{a}_B=\boldsymbol{a}_O+\boldsymbol{a}_{BO}^{\mathrm{t}}+\boldsymbol{a}_{BO}^{\mathrm{n}} \tag{2}$$

式中,各加速度分析如下:

加速度	$\boldsymbol{a}_B$	$\boldsymbol{a}_O$	$\boldsymbol{a}_{BO}^{\mathrm{t}}$	$\boldsymbol{a}_{BO}^{\mathrm{n}}$
大小	未知	$Ra/(R-r)$	$R\alpha$	$R\omega^2$
方向	未知	水平向右	$\perp OB$,向右	沿 $B\to O$

在图 9-21b 所示的加速度矢量图中,点 B 的加速度大小为

$$a_B=\sqrt{(a_O+a_{BO}^{\mathrm{t}})^2+(a_{BO}^{\mathrm{n}})^2}=R\sqrt{4a^2(R-r)^2+v^2}/(R-r)^2$$

讨论:卷筒上点 D 的加速度 $\boldsymbol{a}_D\neq\boldsymbol{a}$,而应以点 O 为基点,分析有

$$\boldsymbol{a}_D=\boldsymbol{a}_O+\boldsymbol{a}_{DO}^{\mathrm{t}}+\boldsymbol{a}_{DO}^{\mathrm{n}} \tag{3}$$

如图 9-21b 所示,其中

$$a_{DO}^{\mathrm{t}}=OD\times\alpha=\frac{ra}{R-r}$$

$$a_{DO}^{\mathrm{n}}=OD\times\omega^2=\frac{rv^2}{(R-r)^2}$$

将式(3)沿水平方向投影,有

$$a_{Dx}=a_O-a_{DO}^{\mathrm{t}}=a$$

可见重物下落的加速度 $\boldsymbol{a}$ 仅与卷筒上点 D 的加速度在水平方向的投影的大小相同,而点 D 的加速度在铅垂方向的投影 $a_{Dy}=a_{DO}^{\mathrm{n}}$,故卷筒上点 D 的总加速度的大小

$$a_D=\sqrt{a_{Dx}^2+a_{Dy}^2}=\sqrt{a^2+\frac{r^2v^4}{(R-r)^4}}$$

9-5 运动学综合问题分析

在运动学部分,已研究了点的运动、刚体的基本运动、点的合成运动和刚体的平面运动。在同一工程问题中,往往既涉及点的运动又涉及刚体的运动,既包含点的合成运动,又包含刚体的平面运动等。对于这类综合应用问题,应该从最基本的概念、原理出发,对其进行分析,寻找适当的方法进行求解。下面通过例题说明运动学综合问题的分析。

例题 9-9　半径 $r=1$ m 的轮子，沿水平固定轨道滚动而不滑动，轮心具有匀加速度 $a_O=0.5\ \mathrm{m/s^2}$，借助于铰接在轮缘点 A 上的套筒，带动杆 O_1B 绕垂直于图面的轴 O_1 转动。在初瞬时（$t=0$）轮处于静止状态，当 $t=3$ s时机构的位置如图 9-22a 所示。试求杆 O_1B 在该瞬时的角速度和角加速度。

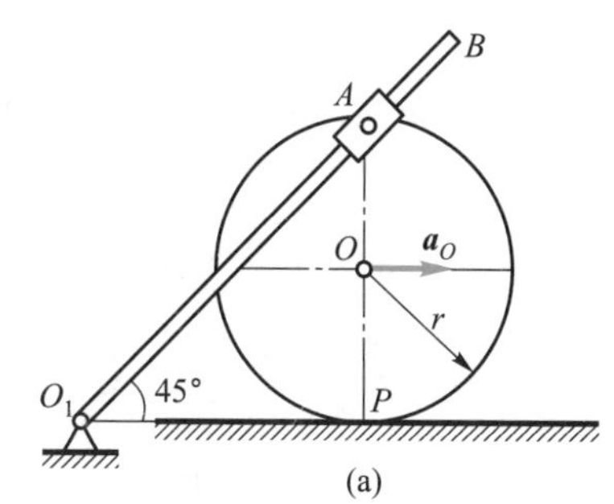

(a)

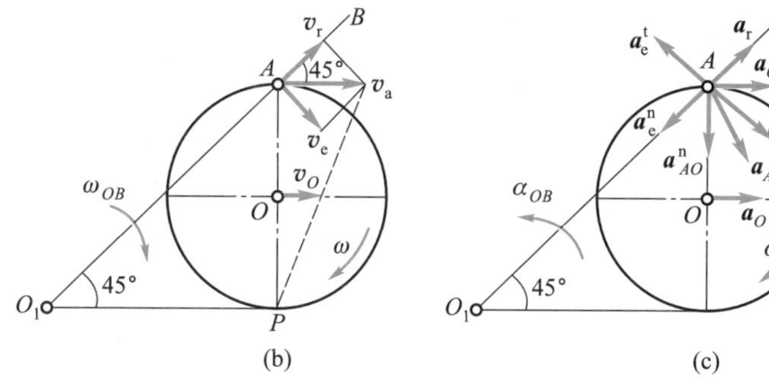

(b)　(c)

图 9-22

解：（1）速度分析和计算（图 9-22b）

当 $t=3$ s 时，轮心 O 的速度大小

$$v_O=a_Ot=0.5\times3\ \mathrm{m/s}=1.5\ \mathrm{m/s}$$

由于轮子作纯滚动，故它与地面的接触点 P 为其速度瞬心，由速度瞬心法可得

$$v_A=AP\times\omega=2r\times\omega=2v_O=3\ \mathrm{m/s}$$

方向水平向右。

取套筒 A 为动点，动系固连于杆 O_1B 上，定系固连于地面，则有

绝对运动：轮缘点 A 的滚轮线运动；

相对运动：沿杆 O_1B 的直线运动；

牵连运动：随杆 O_1B 绕轴 O_1 的定轴转动。

根据点的速度合成定理，套筒 A 的绝对速度为

$$\boldsymbol{v}_a=\boldsymbol{v}_A=\boldsymbol{v}_e+\boldsymbol{v}_r \tag{1}$$

式中，各速度分析如下：

速度	$\boldsymbol{v}_a$	$\boldsymbol{v}_e$	$\boldsymbol{v}_r$
大小	$2v_O$	$O_1A\times\omega_{O_1B}$（未知）	未知
方向	水平向右	$\perp O_1A$	沿 O_1B

由图 9-22b 的速度平行四边形得

$$v_{a}\cos 45° = v_{e} = v_{r}$$

故

$$v_{e} = v_{r} = 1.5\sqrt{2}\ \mathrm{m/s}$$

于是，杆 O_1B 的角速度

$$\omega_{O_1B} = \frac{v_{e}}{O_1A} = 0.75\ \mathrm{rad/s} \qquad （顺时针方向）$$

（2）加速度分析和计算（图 9-22c）

轮子作平面运动，用基点法求点 A 的加速度。取点 O 为基点，有

$$\boldsymbol{a}_A = \boldsymbol{a}_O + \boldsymbol{a}_{AO}^{t} + \boldsymbol{a}_{AO}^{n} \tag{2}$$

式中，各加速度分析如下：

加速度	$\boldsymbol{a}_A$	$\boldsymbol{a}_O$	$\boldsymbol{a}_{AO}^{t}$	$\boldsymbol{a}_{AO}^{n}$
大小	未知	a_O	$r\alpha = a_O$	$r\omega^2$
方向	未知	水平向右	水平向右	由 $A\to O$

套筒作合成运动，根据牵连运动为定轴转动时点的加速度合成定理，套筒 A 的绝对加速度可表示为

$$\boldsymbol{a}_{a} = \boldsymbol{a}_A = \boldsymbol{a}_{e}^{t} + \boldsymbol{a}_{e}^{n} + \boldsymbol{a}_{r} + \boldsymbol{a}_{C} \tag{3}$$

式中，各加速度分析如下：

加速度	$\boldsymbol{a}_{a}$	$\boldsymbol{a}_{e}^{t}$	$\boldsymbol{a}_{e}^{n}$	$\boldsymbol{a}_{r}$	$\boldsymbol{a}_{C}$
大小	未知	$O_1A\times\alpha_{O_1B}$（未知）	$O_1A\times\omega_{O_1B}^2$	未知	$2\omega_{O_1B}v_{r}$
方向	未知	$\perp O_1B$	由 $A\to O_1$	沿 O_1B	$\perp O_1B$

由式（2）和式（3）得

$$\boldsymbol{a}_O + \boldsymbol{a}_{AO}^{t} + \boldsymbol{a}_{AO}^{n} = \boldsymbol{a}_{e}^{t} + \boldsymbol{a}_{e}^{n} + \boldsymbol{a}_{r} + \boldsymbol{a}_{C} \tag{4}$$

将式（4）投影到与 $\boldsymbol{a}_{r}$ 相垂直的轴 x 上，有

$$(a_O + a_{AO}^{t} + a_{AO}^{n})\cos 45° = -a_{e}^{t} + a_{C}$$

从而求得

$$a_{e}^{t} = a_{C} - (a_O + a_{AO}^{t} + a_{AO}^{n})\cos 45° = 0.88\ \mathrm{m/s^2}$$

于是，杆 O_1B 的角加速度

$$\alpha_{O_1B} = \frac{a_{e}^{t}}{O_1A} = 0.31\ \mathrm{rad/s^2} \qquad （逆时针方向）$$

例题 9-10 如图 9-23a 所示的平面机构中，曲柄 OA 长为 r，以匀角速度 ω 绕轴 O 逆时针转动，曲柄 OA 和连杆 AB、连杆 AB 和连杆 BE 分别在 A、B 处铰接。已知 $AB=BE=2r$，杆 CD 与套筒 C 铰接，套筒 C 可沿连杆 BE 滑动。在图示瞬时，$AB\perp BE$，$OA\perp OB$，$BC=CE$，试求该瞬时连杆 BE 的角速度和角加速度，以及杆 CD 沿水平导槽滑动的速度和加速度。

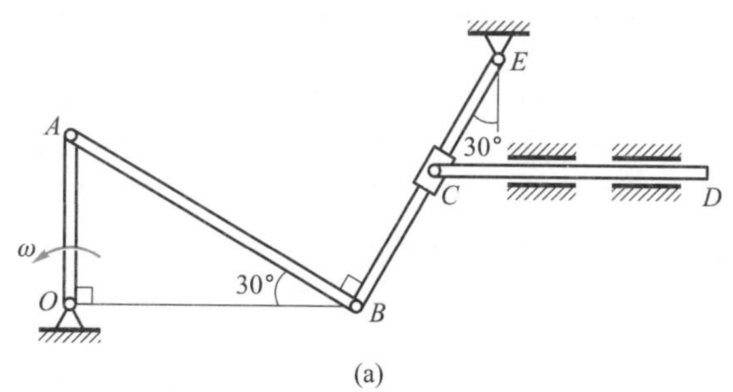

(a)

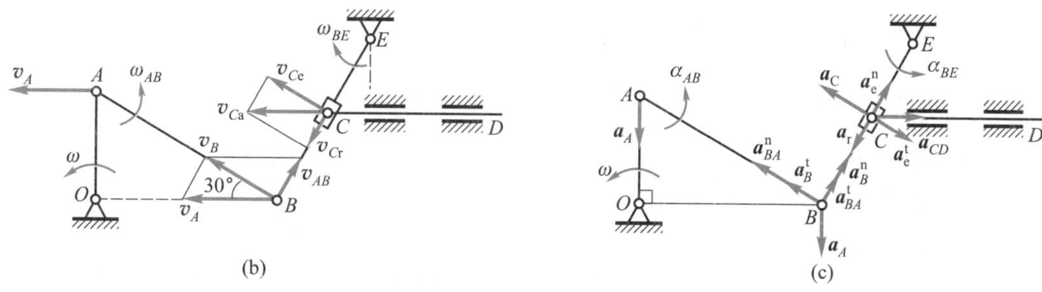

(b)　　(c)

图 9-23

解：(1) 速度分析和计算

① 计算连杆 AB 的角速度

杆 OA 绕轴 O 作定轴转动，角速度为 ω，故杆 OA 的端点 A 的速度大小为 $v_A=\omega r$。杆 AB 作平面运动，速度分析如图 9-23b 所示。

以点 A 为基点有

$$\boldsymbol{v}_B=\boldsymbol{v}_A+\boldsymbol{v}_{BA} \tag{1}$$

式中，各速度分析如下：

速度	$\boldsymbol{v}_B$	$\boldsymbol{v}_A$	$\boldsymbol{v}_{BA}$
大小	未知	ωr	未知
方向	$\perp BE$	$\perp OA$	$\perp AB$

可得

$$v_{BA}=v_A\sin 30°=\frac{1}{2}\omega r,\quad v_B=v_A\cos 30°=\frac{\sqrt{3}}{2}\omega r$$

所以求得连杆 AB 和 BE 的角速度大小分别为

$$\omega_{AB}=\frac{v_{BA}}{BA}=\frac{\omega}{4},\qquad \omega_{BE}=\frac{v_B}{BE}=\frac{\sqrt{3}}{4}\omega$$

转向如图 9-23b 所示。

② 计算杆 CD 的滑动速度

铰接于杆 CD 的套筒 C 作合成运动，选取套筒 C 为动点，动系固连于杆 BE，定系固连于机座。根据点作合成运动的速度合成定理，套筒 C 的绝对速度为

$$\boldsymbol{v}_{Ca}=\boldsymbol{v}_{Ce}+\boldsymbol{v}_{Cr} \tag{2}$$

式中，各速度分析如下：

速度	$\boldsymbol{v}_{Ca}$	$\boldsymbol{v}_{Ce}$	$\boldsymbol{v}_{Cr}$
大小	未知	$CE\times\omega_{BE}$	未知
方向	水平	$\perp CE$	沿 EB

由对应的速度平行四边形(图 9-23b),得套筒 C 即杆 CD 速度的大小

$$v_{CD}=v_{Ca}=\frac{v_{Ce}}{\cos 30^\circ}=\frac{CE\times\omega_{BE}}{\cos 30^\circ}=\frac{1}{2}r\omega$$

方向水平向左。

相对速度大小

$$v_{Cr}=v_{Ca}\sin 30^\circ=\frac{1}{4}r\omega$$

方向沿 EB 向下。

(2) 加速度分析和计算

① 计算连杆 BE 的角加速度

连杆 AB 作平面运动,以点 A 为基点,分析点 B 的加速度(图 9-23c)。根据平面运动加速度分析的基点法,则点 B 的加速度

$$\boldsymbol{a}_B=\boldsymbol{a}_B^{t}+\boldsymbol{a}_B^{n}=\boldsymbol{a}_A+\boldsymbol{a}_{BA}^{t}+\boldsymbol{a}_{BA}^{n} \tag{3}$$

式中,各加速度分析如下:

加速度	$\boldsymbol{a}_B^{t}$	$\boldsymbol{a}_B^{n}$	$\boldsymbol{a}_A$	$\boldsymbol{a}_{BA}^{t}$	$\boldsymbol{a}_{BA}^{n}$
大小	$BE\times\alpha_{BE}$未知	$BE\times\omega_{BE}^2$	$r\omega^2$	未知	$AB\times\omega_{AB}^2$
方向	$\perp BE$	$B\to E$	$A\to O$	$\perp AB$	$B\to A$

将式(3)投影到 $\boldsymbol{a}_{BA}^{t}$ 方向,有

$$a_B^{t}=a_{BA}^{n}-a_A\sin 30^\circ=-\frac{3}{8}r\omega^2$$

从而求得连杆 BE 的角加速度

$$\alpha_{BE}=\frac{a_B^{t}}{BE}=-\frac{3}{16}\omega^2 \qquad \text{(逆时针方向)}$$

② 计算杆 CD 的滑动加速度

利用点的合成运动分析,铰接于杆 CD 的套筒 C 作合成运动,动点、动系和定系的选取与前面速度分析的选取相同。加速度分析图如图 9-23c 所示。根据点作合成运动的加速度合成定理,套筒 C 的绝对加速度为

$$\boldsymbol{a}_a=\boldsymbol{a}_e^{t}+\boldsymbol{a}_e^{n}+\boldsymbol{a}_r+\boldsymbol{a}_C \tag{4}$$

式中,各加速度分析如下:

加速度	$\boldsymbol{a}_a$	$\boldsymbol{a}_e^{t}$	$\boldsymbol{a}_e^{n}$	$\boldsymbol{a}_r$	$\boldsymbol{a}_C$
大小	a_{CD}	$CE\times\alpha_{BE}$	$CE\times\omega_{BE}^2$	未知	$2\omega_{BE}^2\times v_r$
方向	水平	$\perp CE$	$C\to E$	沿 CE	$\perp CE$

将式(4)投影到 $\boldsymbol{a}_r$ 的垂直方向,有

$$a_{CD}\cdot\cos 30°=a_e^t-a_C$$

从而求得连杆 CD 的加速度

$$a_{CD}=\frac{\sqrt{3}-2}{8}r\omega^2$$

方向水平向左。

例题 9-11　在图 9-24a 所示的平面机构中,已知曲柄 OA 长为 r,以匀角速度 ω 绕轴 O 逆时针转动,摇杆 $BD=2r$,连杆 $BC=4r$。在图示瞬时,套筒 A 位于 BC 中点,滑块 C 与 D 位于同一铅垂线上,OA 与 BD 均位于水平位置。试求:(1) 该瞬时滑块 C 的速度和摇杆 BD 的角速度;(2) 连杆 BC 的角加速度。

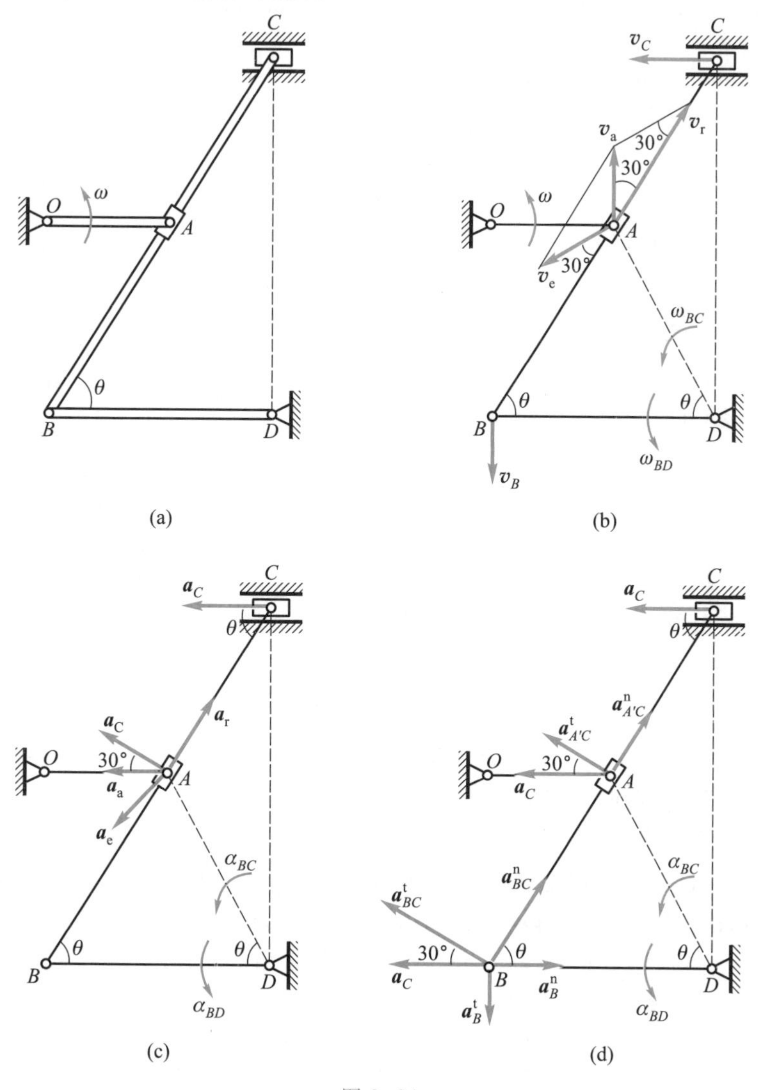

图 9-24

解: 曲柄 OA 和摇杆 BD 作定轴转动,连杆 BC 作平面运动。

(1) 速度分析和计算

应用点的合成运动理论分析套筒 A 的速度。取套筒 A 为动点,动系固连于连杆 BC,

定系固连于机座。由题设尺寸知 $\theta=60°$，又由点 B、C 的速度方向可知，点 D 为连杆 BC 在题设瞬时的速度中心，如图 9-24b 所示。

应用点的速度合成定理，注意到牵连运动为连杆 BC 的平面运动，套筒 A 的绝对速度为

$$\boldsymbol{v}_a=\boldsymbol{v}_e+\boldsymbol{v}_r \tag{1}$$

式中，各速度分析如下：

速度	$\boldsymbol{v}_a$	$\boldsymbol{v}_e$	$\boldsymbol{v}_r$
大小	$r\omega$	$AD\times\omega_{BC}$ 未知	未知
方向	$\perp OA$	$\perp AD$	沿 BC

将式(1)沿垂直于 BC 的方向投影，有

$$v_e\sin 30°=v_a\sin 30°$$

故

$$v_e=v_a=r\omega$$

将式(1)沿 BC 的方向投影，有

$$v_a\cos 30°=v_r-v_e\cos 30°$$

可得套筒 A 的相对速度

$$v_r=\sqrt{3}r\omega$$

于是，连杆 BC 的角速度和点 B 的速度分别为

$$\omega_{BC}=\frac{v_e}{AD}=\frac{r\omega}{2r}=\frac{\omega}{2}$$

$$v_B=BD\times\omega_{BC}=r\omega$$

ω_{BC} 转向为逆时针，$\boldsymbol{v}_B$ 方向为铅垂向下。

摇杆 BD 的角速度和滑块 C 的速度分别为

$$\omega_{BD}=\frac{v_B}{BD}=\frac{r\omega}{2r}=\frac{\omega}{2}$$

$$v_C=CD\times\omega_{BC}=\sqrt{3}r\omega$$

ω_{BD} 转向为逆时针，$\boldsymbol{v}_C$ 方向水平向左。

（2）加速度分析和计算

① 应用点的合成运动理论分析套筒 A 的加速度，动点、动系和定系的选取同前所述，加速度分析如图 9-24c 所示，由牵连运动为平面运动时的加速度合成定理（与牵连运动为定轴转动情形相同），注意到牵连运动为连杆 BC 的平面运动，有套筒 A 的绝对加速度

$$\boldsymbol{a}_a=\boldsymbol{a}_a^n=\boldsymbol{a}_e+\boldsymbol{a}_r+\boldsymbol{a}_C \tag{2}$$

式中，$\boldsymbol{a}_C$ 为科氏加速度，各加速度分析如下：

加速度	$\boldsymbol{a}_a^n$	$\boldsymbol{a}_e$	$\boldsymbol{a}_r$	$\boldsymbol{a}_C$
大小	$\omega^2\times OA$	未知	未知	$2\omega_{BC}\times v_r$
方向	$A\to O$	未知	沿 AC 方向	$\perp AC$

式(2)矢量式中有三个未知要素,无法求解。所以再分析连杆 BC 的运动。

② 连杆 BC 作平面运动。以点 C 为基点,根据加速度分析的基点法,则连杆 BC 上与套筒 A 重合点 A'的加速度,也即式(2)中套筒 A 的牵连加速度为

$$\boldsymbol{a}_{e}=\boldsymbol{a}_{A'}=\boldsymbol{a}_{C}+\boldsymbol{a}_{A'C}^{t}+\boldsymbol{a}_{A'C}^{n} \tag{3}$$

加速度图如图 9-24d 所示。式中,各加速度分析如下:

加速度	$\boldsymbol{a}_{e}=\boldsymbol{a}_{A'}$	$\boldsymbol{a}_{C}$	$\boldsymbol{a}_{A'C}^{t}$	$\boldsymbol{a}_{A'C}^{n}$
大小	未知	未知	$A'C\times\alpha_{BC}$未知	$A'C\times\omega_{BC}^{2}$
方向	未知	水平向左	$\perp A'C$	$A'\to C$

式(3)矢量式中又增加了两个未知要素。

联立式(2)、式(3)有

$$\boldsymbol{a}_{a}=\boldsymbol{a}_{a}^{n}=\boldsymbol{a}_{C}+\boldsymbol{a}_{A'C}^{t}+\boldsymbol{a}_{A'C}^{n}+\boldsymbol{a}_{r}+\boldsymbol{a}_{\mathrm{C}} \tag{4}$$

式中,各加速度分析如下:

加速度	$\boldsymbol{a}_{a}^{n}$	$\boldsymbol{a}_{C}$	$\boldsymbol{a}_{A'C}^{t}$	$\boldsymbol{a}_{A'C}^{n}$	$\boldsymbol{a}_{r}$	$\boldsymbol{a}_{\mathrm{C}}$
大小	$\omega^{2}\times OA$	未知	$A'C\times\alpha_{BC}$	$A'C\times\omega_{BC}^{2}$	未知	$2\omega_{BC}\times v_{r}$
方向	$A\to O$	水平向左	$\perp A'C$	$A'\to C$	沿 AC 方向	$\perp AC$

将式(4)沿 $\boldsymbol{a}_{A'C}^{t}$方向投影,得

$$a_{a}^{n}\cos 30^{\circ}=a_{C}\cos 30^{\circ}+a_{A'C}^{t}+a_{\mathrm{C}}$$

整理,得

$$-\sqrt{3}\,\omega^{2}r=\sqrt{3}\,a_{C}+4r\cdot\alpha_{BC} \tag{5}$$

③ 再对作平面运动的连杆 BC 进行加速度分析。以点 C 为基点,根据加速度分析的基点法,则点 B 的加速度

$$\boldsymbol{a}_{B}=\boldsymbol{a}_{B}^{t}+\boldsymbol{a}_{B}^{n}=\boldsymbol{a}_{C}+\boldsymbol{a}_{BC}^{t}+\boldsymbol{a}_{BC}^{n} \tag{6}$$

加速度图如图 9-24d 所示。式中,各加速度分析如下:

加速度	$\boldsymbol{a}_{B}^{t}$	$\boldsymbol{a}_{B}^{n}$	$\boldsymbol{a}_{C}$	$\boldsymbol{a}_{BC}^{t}$	$\boldsymbol{a}_{BC}^{n}$
大小	$BD\times\alpha_{BD}$ 未知	$BD\times\omega_{BD}^{2}$	未知	$BC\times\alpha_{BC}$ 未知	$BC\times\omega_{BC}^{2}$
方向	$\perp BD$	$B\to D$	水平向左	$\perp BC$	$B\to C$

沿 $\boldsymbol{a}_{B}^{n}$ 方向投影式(6),得

$$a_{B}^{n}=-a_{C}-a_{BC}^{t}\cos 30^{\circ}+a_{BC}^{n}\sin 30^{\circ}$$

整理,得

$$a_C+2\sqrt{3}r\cdot\alpha_{BC}=0 \tag{7}$$

联立式(5)和式(7)可求得连杆 BC 的角加速度为

$$\alpha_{BC}=\frac{\sqrt{3}}{2}\omega^2$$

转向为顺时针方向

小 结

1. 基本概念

(1) 刚体平面运动定义

刚体在运动过程中,其上任一点到某固定平面的距离保持不变,具有这种特征的刚体运动称为刚体的平面运动。

(2) 刚体平面运动的运动方程

以点 A 为基点,刚体平面运动的运动方程为

$$\begin{cases}x_A=f_1(t)\\y_A=f_2(t)\\\varphi=f_3(t)\end{cases}$$

2. 平面图形上点的速度分析

(1) 基点法

以点 A 为基点,则平面图形上点 B 的速度为

$$\boldsymbol{v}_B=\boldsymbol{v}_A+\boldsymbol{v}_{BA}$$

式中,$v_{BA}=AB\cdot\omega$,$v_{BA}\perp AB$。

(2) 速度投影法

刚体运动时,其上任意两点 A、B 的速度在它们连线上的投影相等,即

$$[\boldsymbol{v}_A]_{AB}=[\boldsymbol{v}_B]_{AB}$$

(3) 速度瞬心法

平面图形上任一瞬时速度为零的点 C 称为速度瞬心。若某瞬时平面图形的角速度为 ω,则图形上任一点 M 的速度为

$$v_M=MC\cdot\omega$$

3. 平面图形上点的加速度分析

加速度分析主要用基点法。取点 A 为基点,则平面图形上点 B 的加速度为

$$\boldsymbol{a}_B=\boldsymbol{a}_A+\boldsymbol{a}_{BA}^{\mathrm{t}}+\boldsymbol{a}_{BA}^{\mathrm{n}}$$

式中,$a_{BA}^{\mathrm{t}}=AB\cdot\alpha$,$a_{BA}^{\mathrm{n}}=AB\cdot\omega^2$,方向沿 BA 指向基点 A。其中,ω 和 α 分别为该瞬时平面图形的角速度与角加速度。

习 题

9-1 如题 9-1 图所示,平面图形上两点 A、B 的速度方向可能是这样的吗?为什么?

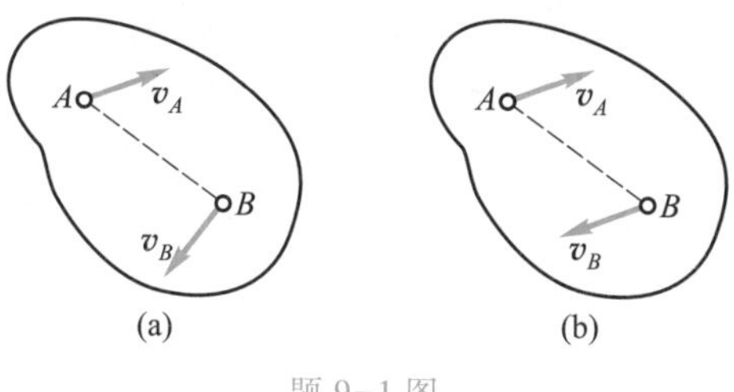

题 9-1 图

9-2　如题 9-2 图所示，已知 $v_A=\omega_1\times O_1A$，方向如图所示，$\boldsymbol{v}_D$垂直于 O_2D。于是可确定速度瞬心 C 的位置，求得

$$v_D=\frac{v_A}{AC}\times CD,\quad \omega_2=\frac{v_D}{O_2D}=\frac{v_A}{AC}\times\frac{CD}{O_2D}$$

这样做对吗？为什么？

9-3　椭圆规尺 AB 由曲柄 OC 带动，曲柄以角速度 ω_O 绕 O 轴匀速转动，如题9-3图所示。如 $OC=BC=AC=r$，并取 C 为基点，试求椭圆规尺 AB 的平面运动方程。

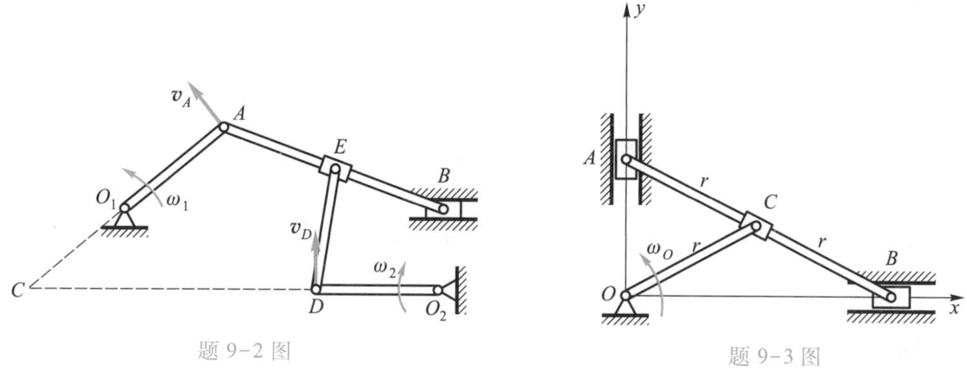

题 9-2 图　　题 9-3 图

9-4　如题 9-4 图所示，圆柱 A 缠以细绳，绳的 B 端固定在天花板上。圆柱自静止落下，其轴心的速度为 $v=\frac{2}{3}\sqrt{3gh}$，其中 g 为常量，h 为圆柱轴心到初始位置的距离。如圆柱半径为 r，试求圆柱的平面运动方程。

9-5　曲柄摆杆机构如题 9-5 图所示，已知曲柄 $OA=20$ cm，匀转速 $n=50$ r/min，摆杆 $BO_1=40$ cm，试求在图示位置时，摆杆 BO_1 和连杆 AB 的角速度。

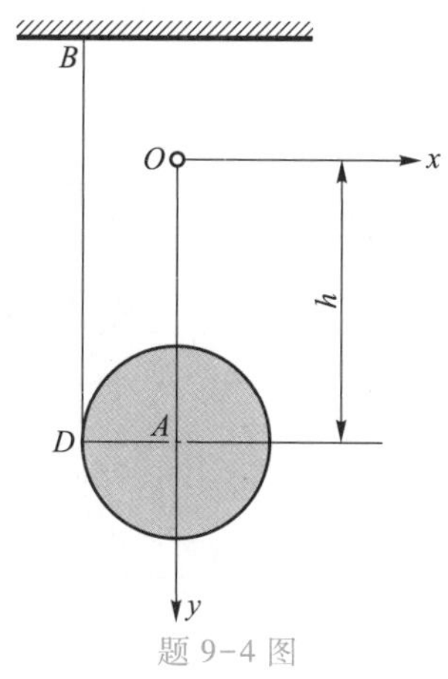

题 9-4 图

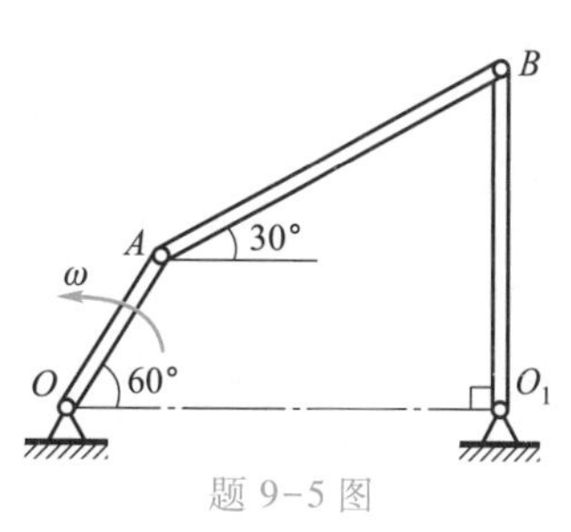

题 9-5 图

9-6 如题 9-6 图所示的滑块 A 以速度 $v_A=30$ m/s 沿水平导槽向右运动，滑块 B 在铅垂槽中运动，已知杆 AB 长 $l=24$ cm，在图示瞬时杆 AB 与水平线成角 $\varphi=45°$。试求此时杆 AB 中点 C 的速度大小及杆 AB 的角速度。

9-7 在题 9-7 图所示机构中，曲柄 OA 绕过点 O 的轴转动，通过齿条 AB 带动齿轮 I 绕过点 O_1 的轴摆动。已知曲柄 $OA=r$，以匀角速度 ω_O 作顺时针方向转动，$O_1C=0.5r$。试求当 $\varphi=60°$时齿轮 I 的角速度 ω_1。

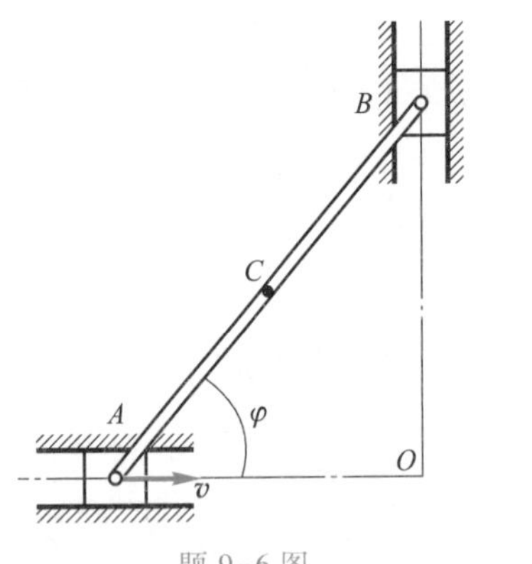

题 9-6 图

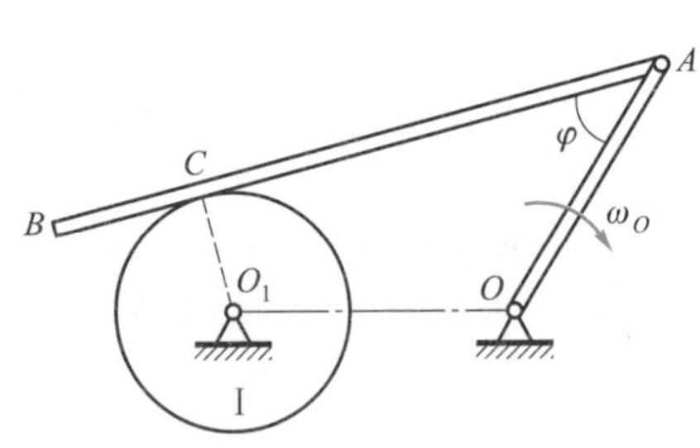

题 9-7 图

9-8 如题 9-8 图所示曲柄 OA 长 $r=20$ cm，绕过点 O 的轴以匀角速度 $\omega_O=10$ rad/s 转动，连杆 AB 长 $l=100$ cm。当曲柄与连杆相垂直并分别与水平线成角 φ 和 β，且 $\varphi=\beta=45°$时，试求连杆 AB 的角速度以及滑块 B 的速度。

9-9 如题 9-9 图所示四连杆机构中，曲柄 OA 以匀角速度 ω_O 绕过点 O 的轴转动，且 $OA=O_1B=r$。当 $\angle AOO_1=90°$，$\angle BAO=\angle BO_1O=45°$时，试求曲柄 O_1B 的角速度。

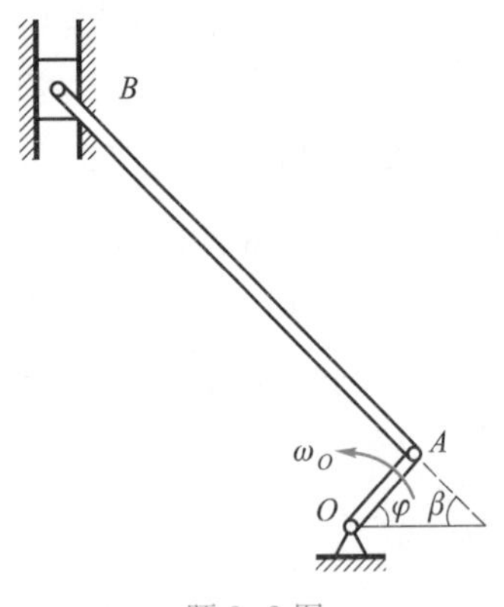

题 9-8 图

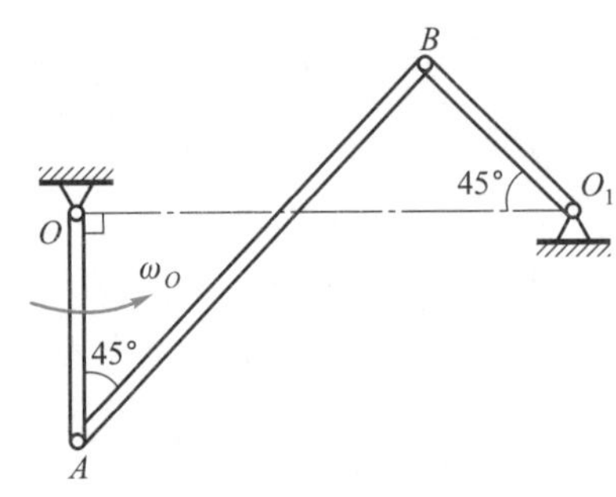

题 9-9 图

9-10 鳄板式轧碎机的四连杆机构 $OABC$ 如题9-10图所示。已知曲柄 $OA=10$ cm，以角速度 $\omega=4$ rad/s 顺时针方向转动；连杆 $AB=20$ cm，$BC=23$ cm。试求在图示位置时，点 B 的速度和杆 BC 的角速度。

9-11 试找出题 9-11 图中，作平面运动刚体在图示位置的速度瞬心，并确定角速度的转向以及点 M 的速度方向。

9-12 如题 9-12 图所示双曲柄连杆机构的滑块 B 和 E 用杆 BE 连接。主动曲柄 OA 和从动曲柄 OD 都绕轴 O 转动。主动曲柄 OA 以等角速度 $\omega_O=12$ rad/s 转动。已知机构的尺寸为：$OA=0.1$ m，$OD=0.12$ m，$AB=0.26$ m，$BE=0.12$ m，$DE=0.12\sqrt{3}$ m。试求当曲柄 OA 垂直于滑块的导轨方向时，从动曲柄 OD 和连杆 DE 的角速度。

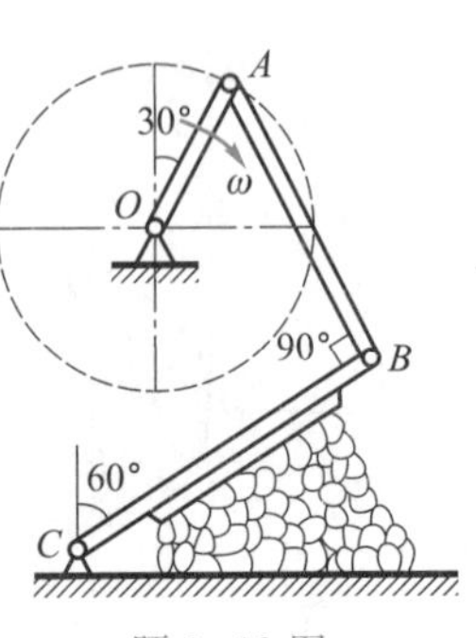

题 9-10 图

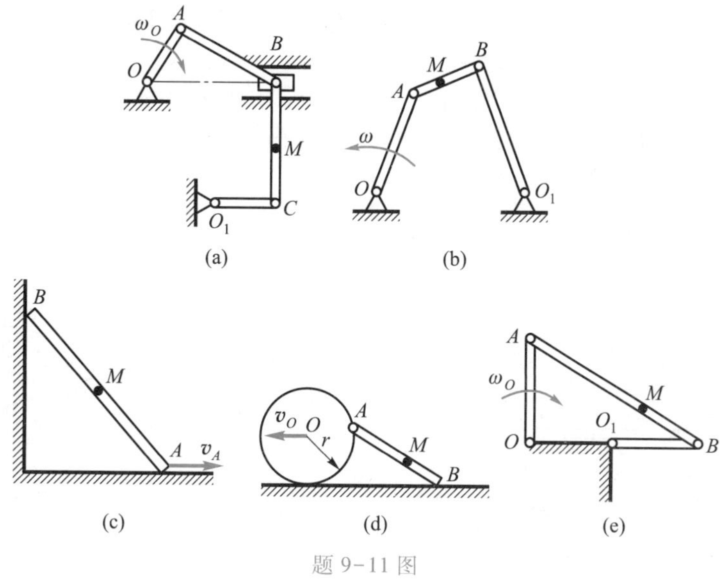

题 9-11 图

9-13　如题 9-13 图所示机构中，已知：$OA=0.1\ \mathrm{m}$，$BD=0.1\ \mathrm{m}$，$DE=0.1\ \mathrm{m}$，$EF=\dfrac{\sqrt{3}}{10}\ \mathrm{m}$；曲柄 OA 的角速度 $\omega=4\ \mathrm{rad/s}$。在图示位置时，曲柄 OA 与水平线 OB 垂直；且 B、D 和 F 在同一铅垂线上，又 DE 垂直于 EF，$CD\perp DE$。试求点 F 的速度和杆 EF 的角速度。

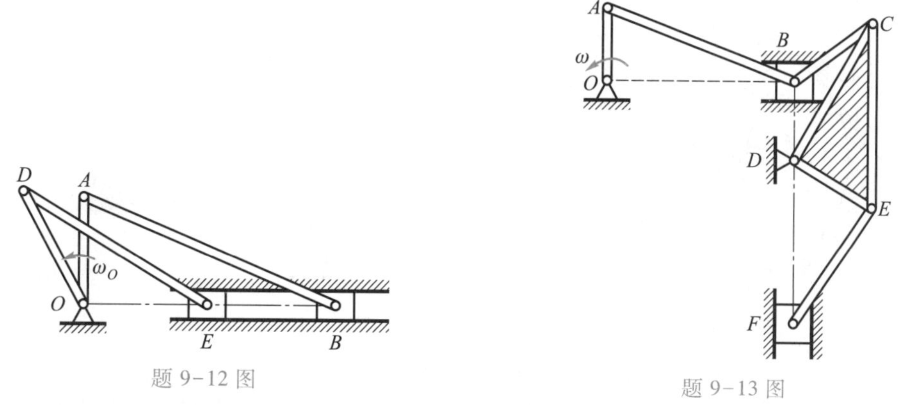

题 9-12 图　　题 9-13 图

9-14　如题 9-14 图所示配汽机构中，曲柄 OA 的角速度 $\omega=20\ \mathrm{rad/s}$ 为常量。已知 $OA=0.4\ \mathrm{m}$，$AC=BC=\dfrac{\sqrt{37}}{5}\ \mathrm{m}$。试求当曲柄 OA 在两铅垂线位置和两水平位置时，配汽机构中气阀推杆 DE 的速度。

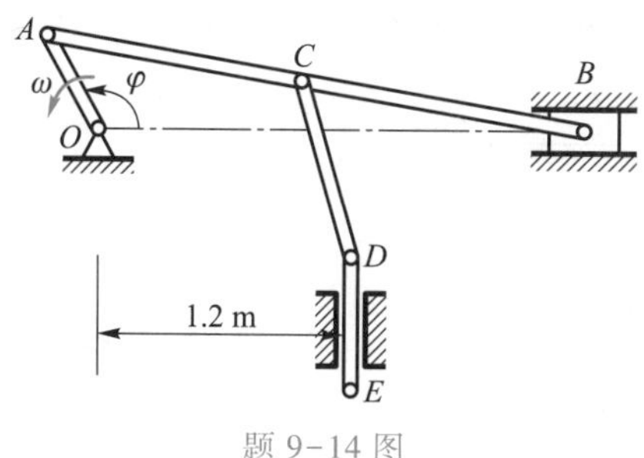

题 9-14 图

9-15 在题 9-15 图所示机构中，曲柄 OA 长 r，绕过点 O 的轴以匀角速度 ω 转动。已知 $AB=6r$，$BC=3\sqrt{3}r$。当 $\theta=60°$、$\beta=90°$时，试求滑块 C 的速度。

9-16 如题 9-16 图所示滚压机构的滚子沿水平面滚动而不滑动。曲柄 OA 的半径$r_1=10$ cm，并以匀角速度 $\omega_O=\pi$ rad/s 绕过点 O 的轴逆时针方向转动。如滚子半径 $r=10$ cm，当曲柄与水平线的交角 $\beta=60°$，OA 与 AB 垂直时，试求滚子和杆 AB 的角速度。

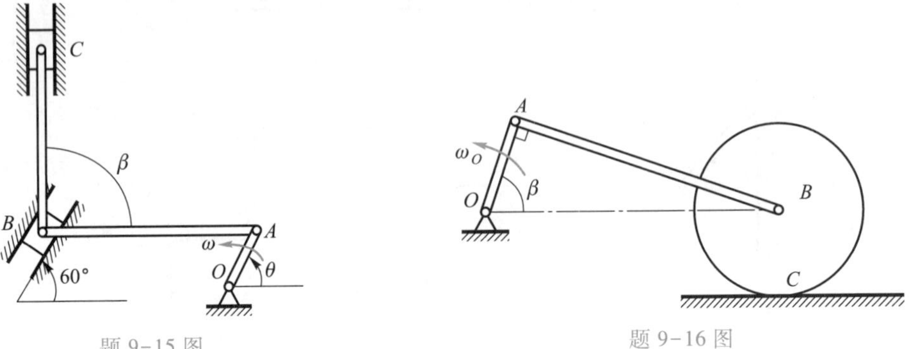

题 9-15 图　　题 9-16 图

9-17 如题 9-17 图所示，齿轮Ⅰ在齿轮Ⅱ内滚动，其半径分别为 r 和 $R=2r$。曲柄 OO_1 绕轴 O 以等角速度 ω_O 转动，并带动行星齿轮Ⅰ。试求该瞬时轮Ⅰ上瞬时速度中心 C 的加速度。

9-18 如题 9-18 图所示曲柄 OA 以恒定的角速度 $\omega=2$ rad/s 绕轴 O 转动，并借助连杆 AB 驱动半径为 r 的轮子在半径为 R 的圆弧槽中作无滑动的滚动。设 $OA=AB=R=2r=1$ m，试求图示瞬时点 B 和点 C 的速度与加速度。

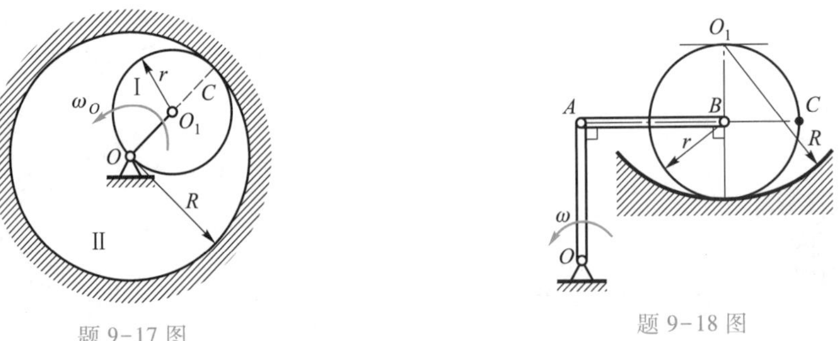

题 9-17 图　　题 9-18 图

9-19 在曲柄齿轮椭圆规中，齿轮 A 和曲柄 O_1A 固结为一体，齿轮 C 和齿轮 A 的半径均为 r 并互相啮合，如题 9-19 图所示。图中 $AB=O_1O_2$，$O_1A=O_2B=0.4$ m。O_1A 以恒定的角速度 ω 绕轴 O_1 转动，$\omega=0.2$ rad/s。M 为轮 C 上一点，$CM=0.1$ m。在图示瞬时，CM 为铅垂，试求此时点 M 的速度和加速度。

9-20 在题 9-20 图所示曲柄连杆机构中，曲柄 OA 绕轴 O 转动，其角速度为 ω_O，角加速度为 α_O。在某瞬时曲柄与水平线间成 60°角，而连杆 AB 与曲柄 OA 垂直。滑块 B 在圆形槽内滑动，此时半径 O_1B 与连杆 AB 间成 30°角。如 $OA=r$，$AB=2\sqrt{3}r$，$O_1B=2r$，试求在该瞬时，滑块 B 的切向和法向加速度。

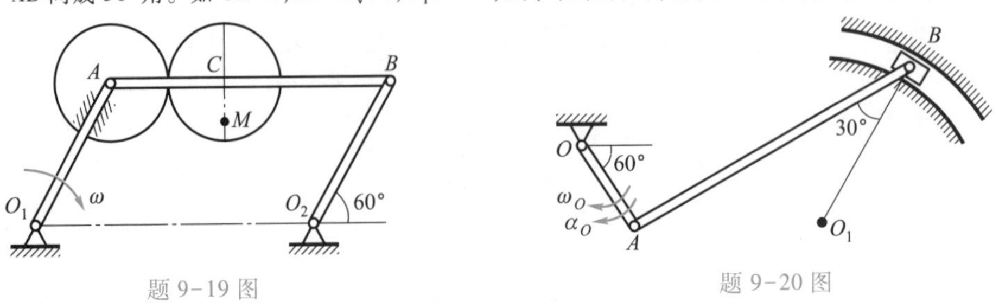

题 9-19 图　　题 9-20 图

9-21　在题 9-21 图所示机构中，曲柄 OA 长为 r，绕轴 O 以等角速度 ω_O 转动，$AB=6r$，$BC=3\sqrt{3}r$。试求图示位置时，滑块 C 的速度和加速度。

9-22　如题 9-22 图所示曲柄 OA 通过连杆 ABD 带动滑道摇杆 O_1C 绕固定轴 O_1 摆动，摇杆轴 O_1、曲柄轴 O 以及滑块 B 在同一水平线上，且 $OA=r=5$ cm，$AB=BD=l=13$ cm。设曲柄具有逆时针方向匀角速度 $\omega=10$ rad/s。当曲柄在铅垂向上位置时，滑道与 O_1O 成 60°角。试求此瞬时摇杆 O_1C 的角速度和滑块 B 的加速度大小。

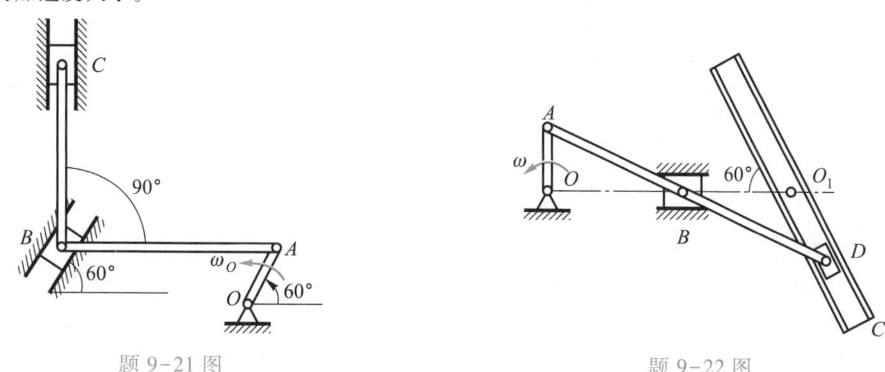

题 9-21 图　　题 9-22 图

9-23　在题 9-23 图所示的平面机构中，曲柄 O_1A 长为 r，以匀角速度 ω_1 绕水平固定轴 O_1 转动，通过长为 l 的连杆 AB，带动滑块 B 在水平导轨内滑动。在连杆 AB 的中点用铰链连接一滑块 M，它可带动滑道摇杆 O_2D 绕水平固定轴 O_2 转动，且 O_1、O_2、B 在同一水平线上。试求当 O_1A 和 O_2D 处于图示铅垂位置时摇杆 O_2D 的角速度 ω_2 和角加速度 α_2。

9-24　平面机构的曲柄 OA 长为 $2l$，以匀角速度 ω_O 绕轴 O 转动。在题 9-24 图所示位置时，$AB=BO$，并且 $\angle OAD=90°$。试求此时套筒 D 相对于杆 BC 的速度和加速度。

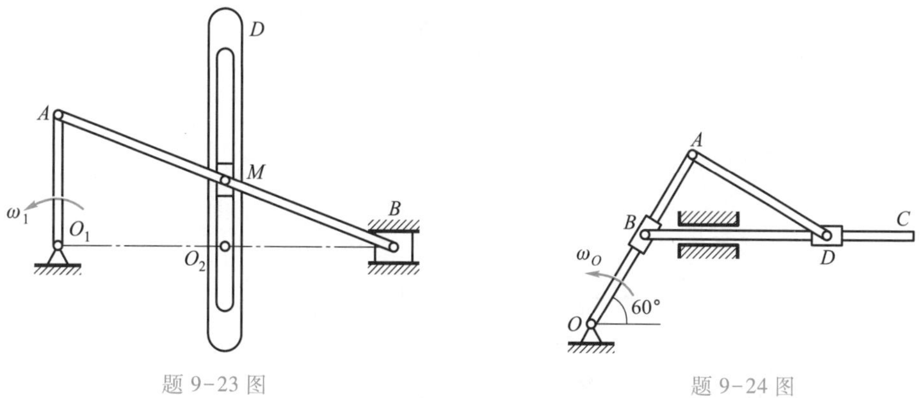

题 9-23 图　　题 9-24 图

9-25　轻型杠杆式推钢机，曲柄 OA 借连杆 AB 带动摇杆 O_1B 绕轴 O_1 摆动，杆 EC 以铰链与滑块 C 相连，滑块 C 可沿杆 O_1B 滑动；摇杆摆动时带动杆 EC 推动钢材，如题 9-25 图所示。已知 $OA=r$，$AB=\sqrt{3}r$，$O_1B=\frac{2}{3}l$，$r=0.2$ m，$l=1$ m，$\omega_{OA}=\frac{1}{2}$ rad/s，$\alpha_{OA}=0$。在图示瞬时，$BC=\frac{4}{3}l$。试求：

（1）滑块 C 的绝对速度和相对于摇杆 O_1B 的速度；

（2）滑块 C 的绝对加速度和相对于摇杆 O_1B 的加速度。

9-26　如题 9-26 图所示平面机构中，杆 AB 以不变的速度 $\boldsymbol{v}$ 沿水平方向运动，套筒 B 与杆 AB 的端点铰接，并套在绕轴 O 转动的杆 OC 上，可沿该杆滑动。已知 AB 和 OE 两平行线间的垂直距离为 b。试求在图示位置（$\gamma=60°$，$\beta=30°$，$OD=BD$）时，杆 OC 的角速度和角加速度、滑块 E 的速度和加速度。

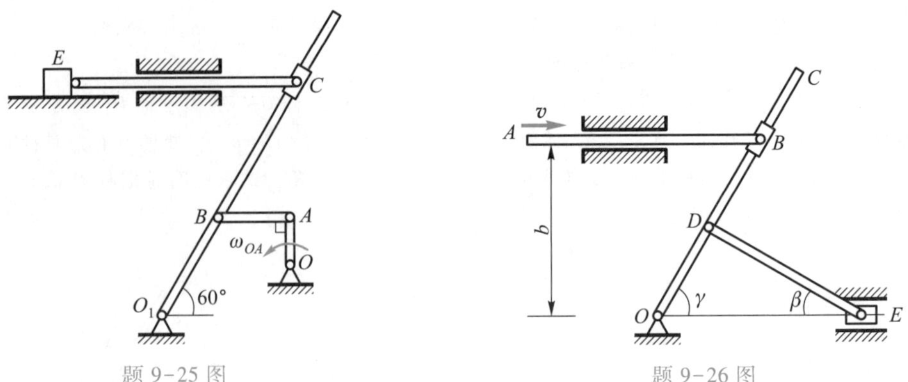

题 9-25 图　　　　题 9-26 图

工程实际研究性题目

9-27　设计一个可以收回的飞机起落装置(题 9-27 图)。

小型飞机的前轮和构件 AB 相连,AB 和飞机在 B 点铰接。设计一个装置,可以使轮子向前完全收回,也就是说在 $t \leqslant 4$ s 里,构件 AB 能够顺时针旋转 90°。利用一个液压活塞,它压缩时的长度为 0.5 m,需要全部伸出时的长度为 0.8 m。试画出与角坐标为 $0° \leqslant \theta \leqslant 90°$ 相对应时 AB 的角速度和角加速度图。

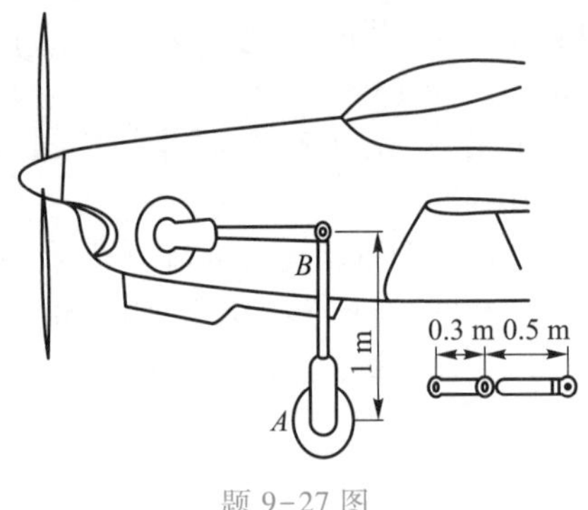

题 9-27 图

9-28　设计一个线性长锯(题 9-28 图)。

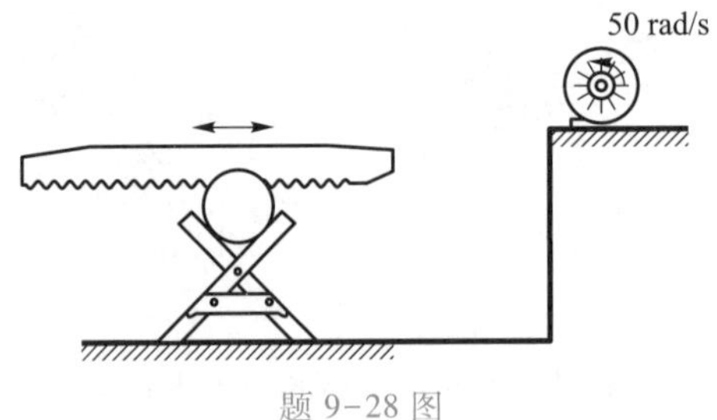

题 9-28 图

锯木场里的长锯需要保持在水平位置,并且在 2 s 内完成向前和向后的一个运动。电动机转速为 50 rad/s,可以放在任何位置。试设计一个装置可以把电动机的转动传递给长锯,画出设计图纸。并且计算长锯的运动,画出长锯的速度和加速度图,它们是长锯水平位置的函数。注意,为了能够锯木头,长锯必须可以在木头里随意地向上、向下、向前或向后运动。

动力学

在静力学里，我们研究了力系的简化与合成，以及物体在力系作用下的平衡条件及其应用，而没有涉及受不平衡力系作用的物体将如何运动的问题。运动学只从几何观点描述了物体的运动过程，而未涉及引起物体运动的物理原因。动力学将综合运用静力学里的受力分析和运动学里的运动分析方法，研究作用力与物体运动状态变化之间的关系，建立物体机械运动的普遍规律。

在动力学中经常用到的两种力学模型是质点和质点系。所谓**质点**是指具有一定质量的几何点。所谓**质点系**是指许多（有限多的或无限多的）相互联系着的质点所组成的系统。在实际问题中，并不是所有的物体都可以抽象为单个的质点。当物体不能抽象为单个质点时，可把它看成由许多质点所组成的系统。刚体可以看作是由无数个质点组成，且其中任意两质点间的距离都保持不变的系统，称为不变质点系。机构、流体（包括液体和气体）等则称为可变质点系。

动力学包括两个方面的基本内容，即**牛顿力学**（Newton's mechanics）和**分析力学**（analytical mechanics）。在牛顿定律基础上建立的动力学称为牛顿力学。它由牛顿定律出发，推导出动力学普遍定理，即动能定理、动量定理和动量矩定理。用牛顿力学的方法建立受约束系统运动的动力学方程，不可避免地要出现约束力，有时不便于求解。而分析力学则是以虚位移原理和达朗贝尔原理为基础，通过引入标量形式的广义坐标，采用分析方法，建立受约束系统的动力学普遍方程，从而推导出拉格朗日方程。

第 10 章　质点动力学

10-1　质点运动微分方程

设质点 A 的质量为 m，受合力 $\boldsymbol{F}$ 作用，对固定点 O 的矢径为 $\boldsymbol{r}$（图10-1），由运动学知，加速度 $\boldsymbol{a}=\ddot{\boldsymbol{r}}$，则牛顿第二定律（Newton's second law）$m\boldsymbol{a}=\boldsymbol{F}$ 可写成

$$m\ddot{\boldsymbol{r}}=\boldsymbol{F} \tag{10-1}$$

这就是质点运动微分方程的矢量形式。

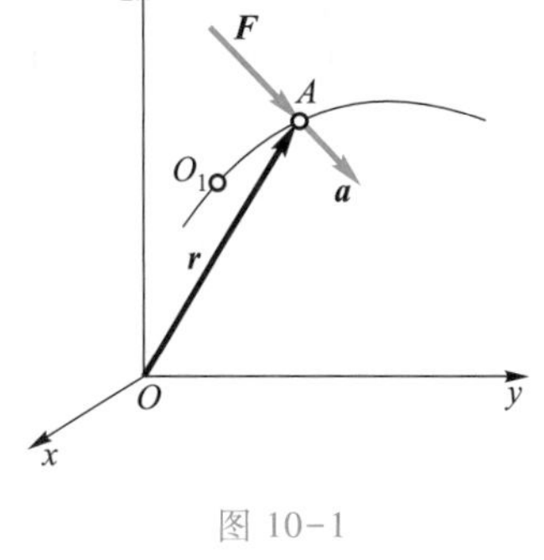

图 10-1

具体计算时，需根据各问题的特点选择适当的坐标系，列写相应的投影式。

将式（10-1）投影到固定直角坐标系 $Oxyz$ 各轴上，得到质点运动微分方程的直角坐标形式

$$\left.\begin{aligned} m\ddot{x} &= F_x \\ m\ddot{y} &= F_y \\ m\ddot{z} &= F_z \end{aligned}\right\} \tag{10-2}$$

将式（10-1）投影到自然轴系 $Atnb$ 的各轴上，得到质点运动微分方程的自然形式，即

$$\left.\begin{aligned} m\ddot{s} &= F_{\mathrm{t}} \\ m\frac{v^2}{\rho} &= F_{\mathrm{n}} \\ 0 &= F_{\mathrm{b}} \end{aligned}\right\} \tag{10-3}$$

式（10-3）说明作用于质点的合力与加速度 $\boldsymbol{a}$ 一样，恒在密切面内。

类似地可得到式（10-1）在极坐标系、柱坐标系和球坐标系各轴上的投影形式。

思考题：（1）牛顿第二定律适用于任何参考系吗？

（2）质点的运动方向是否就是作用于质点上的合力方向？

10-2　质点动力学的基本问题

由质点运动微分方程研究质点动力学的基本问题，通常分为两类：第一类，已知质点的运动求作用于质点上的力；第二类，已知作用于质点上的力求质点的运动。

对于第一类问题，即已知质点的运动方程或者质点在任意瞬时的速度或加速度，欲求作用于质点上的未知力。这一类问题可归结为数学中的微分问题（因为需要求导计算获得加速度），求解起来较为简单。求解这类问题的步骤大致归纳如下：

(1) 选取研究对象,一般将对象简化为质点模型,并取其在某个一般位置进行分析。

(2) 画质点的受力分析图,包括所有的主动力和约束力。

(3) 运动分析,根据给定的条件,分析某瞬时的运动情况,结合必要的求导运算,获得相应加速度。

(4)选择合适的坐标系(直角坐标形式或者自然轴系形式等),采用相应形式的质点动力学微分方程,列出对应的投影方程,然后直接求解未知量。

思考题:在 100 m 赛跑时,裁判员的发令枪刚响的瞬时,运动员是否应该具有速度和加速度?

例题 10-1 设质点 D 在固定平面 Oxy 内运动(图 10-2),已知质点的质量为 m,运动方程

$$x = A\cos kt$$
$$y = B\sin kt$$

式中,A、B、k 都是常量。试求作用于质点 D 上的力 $\boldsymbol{F}$。

解:本例属于第一类问题。由运动方程求导得到质点的加速度在固定坐标轴 x、y 上的投影,即

$$a_x = \ddot{x} = -k^2A\cos kt = -k^2x$$
$$a_y = \ddot{y} = -k^2A\sin kt = -k^2y$$

代入方程式(10-2),得

$$F_x = -mk^2x, \quad F_y = -mk^2y$$

于是,作用于质点 D 上的力 $\boldsymbol{F}$ 可表示成

$$\boldsymbol{F} = F_x\boldsymbol{i} + F_y\boldsymbol{j} = -mk^2(x\boldsymbol{i} + y\boldsymbol{j}) = -mk^2\boldsymbol{r}$$

将质点置于固定坐标系 Oxy 的一般位置,其分析如图 10-2 所示。可见力 $\boldsymbol{F}$ 与点 D 的矢径 $\boldsymbol{r}$ 方向相反,恒指向固定点 O。这种作用线恒通过固定点的力称为有心力,这个固定点称为力心。

例题 10-2 小车载着质量为 m 的物体以加速度 $\boldsymbol{a}$ 沿着倾角为 φ 的斜坡上行,如图 10-3a 所示。如果物体不捆扎,也不至于掉下,物体与小车接触面的静摩擦因数 f_s 至少应为多少?

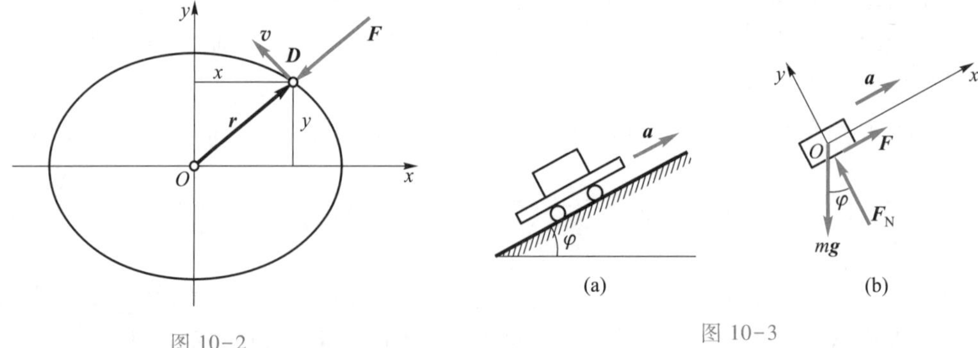

图 10-2

图 10-3

解:取小车上的物体为研究对象,受力分析如图 10-3b 所示,其中 $\boldsymbol{F}$ 为摩擦力,$\boldsymbol{F}_N$ 为小车对物体的法向支持力。

建立图示坐标系,将质点动力学方程

$$m\boldsymbol{a}=\boldsymbol{F}$$

投影至轴 x,y 方向,有

$$ma=F-mg\sin\varphi$$

$$0=F_{\mathrm{N}}-mg\cos\varphi$$

解得

$$F=mg\left(\frac{a}{g}+\sin\varphi\right)$$

$$F_{\mathrm{N}}=mg\cos\varphi$$

要保证物体不下滑,摩擦力应小于最大静摩擦力,有

$$F\leqslant F_{\max}=f_{\mathrm{s}}F_{\mathrm{N}}$$

即

$$mg\left(\frac{a}{g}+\sin\varphi\right)\leqslant f_{\mathrm{s}}mg\cos\varphi$$

所以物体与小车接触面的静摩擦因数至少应为

$$f_{\mathrm{smin}}=\frac{\frac{a}{g}+\sin\varphi}{\cos\varphi}$$

对于质点动力学第二类基本问题:即已知作用于质点上的力,求质点的运动规律(例如,运动方程、轨迹或者速度等)。这一类问题的方法和步骤,基本上与第一类问题相同。即首先对质点进行受力分析和运动分析,然后列出其对应形式的质点动力学微分方程,求解未知的运动规律时,需要运用数学中的积分方法,其中的积分常数需要根据运动的初始条件(即 $t=0$ 时刻的位置或速度)来确定。

例题 10-3　由地球上空某点沿铅垂方向发射宇宙飞船。试求飞船能够脱离地球引力所需的最小初速度(图 10-4)。不计空气阻力和不考虑地球自转。

解: 这是第二类问题。取宇宙飞船 D 作为质点。设飞船以初速度 $\boldsymbol{v}_0$ 铅垂向上运动,地球对飞船的作用力 $\boldsymbol{F}$ 可由万有引力公式求得,即

$$F=\mu\frac{m}{x^2}$$

式中,m 是飞船的质量;地心引力常数 $\mu=3.986\times10^5\ \mathrm{km^3/s^2}$;$x$ 是飞船到地心 O 的距离。

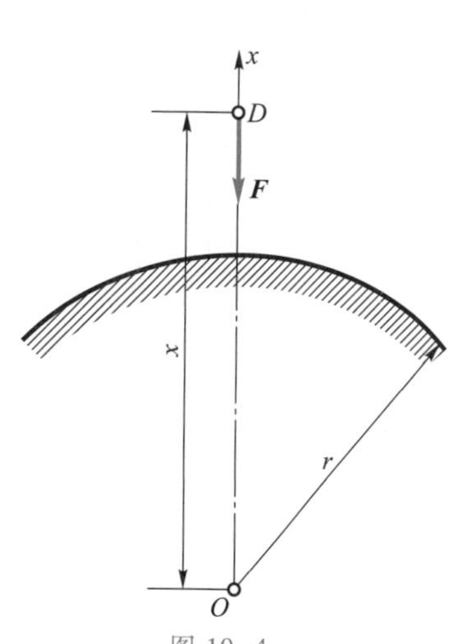

图 10-4

因为不计空气阻力,飞船只受地球引力 $\boldsymbol{F}$ 的作用,且这个力的方向沿轴 x 的负向,飞船的运动微分方程为

$$m\frac{\mathrm{d}v}{\mathrm{d}t}=-\frac{\mu m}{x^2}$$

上式中,力是位移 x 的函数,考虑到 $\frac{\mathrm{d}v}{\mathrm{d}t}=\frac{\mathrm{d}v}{\mathrm{d}x}\frac{\mathrm{d}x}{\mathrm{d}t}=\frac{v\mathrm{d}v}{\mathrm{d}x}$,上式可改写为

$$m\frac{v\mathrm{d}v}{\mathrm{d}x}=-\frac{\mu m}{x^2}$$

分离变量，并求定积分，有

$$\int_{v_0}^{v} mv\mathrm{d}v = -\int_{x_0}^{x}\frac{\mu m}{x^2}\mathrm{d}x$$

式中，v_0是发射速度；x_0是发射点的坐标，积分后得

$$\frac{1}{2}mv^2 - \frac{1}{2}mv_0^2 = \frac{\mu m}{x} - \frac{\mu m}{x_0}$$

从而得

$$v_0 = \sqrt{v^2 + 2\mu\left(\frac{1}{x_0} - \frac{1}{x}\right)} \tag{1}$$

要使飞船脱离地球引力场，达到 $x\to\infty$，应使 $v\geqslant 0$。令该速度等于零，最后求得飞船所需的最小发射速度

$$v_{0\min} = \sqrt{\frac{2\mu}{x_0}} \tag{2}$$

这个速度称为在距离地心 O 为 x_0 处的脱离速度。如果在地面上发射，则 $x_0=r=6\ 371\ \mathrm{km}$。又因为这时飞船所受的地心引力等于重力，即$\frac{\mu m}{r^2}=mg$，从而有$\mu=gr^2$。在 $x_0=r$ 处的脱离速度称为地面处的第二宇宙速度 v_{II}，由式(2)得

$$v_{\mathrm{II}} = \sqrt{\frac{2\mu}{r}} = \sqrt{2gr} \tag{3}$$

代入数据得，$v_{\mathrm{II}}=11.2\ \mathrm{km/s}$。

例题 10-4　质量是 m 的物体 A 在均匀重力场中沿铅垂线由静止落下，受到空气阻力的作用。假定阻力 F_{d}与速度平方成比例，即 $F_{\mathrm{d}}=cv^2$，阻力系数 c 的单位取 kg/m，数值由实验测定。试求物体 A 的运动规律。

解：本例属第二类问题。物体 A 的初速为零，受重力和阻力作用，沿铅垂方向作直线运动，所以取固定坐标轴 Ox 铅垂向下，如图 10-5a 所示，原点 O 为物体的初始位置。将物体置于轴 Ox 正向的一般位置进行受力分析和运动分析，则由牛顿第二定律知物体的运动微分方程为

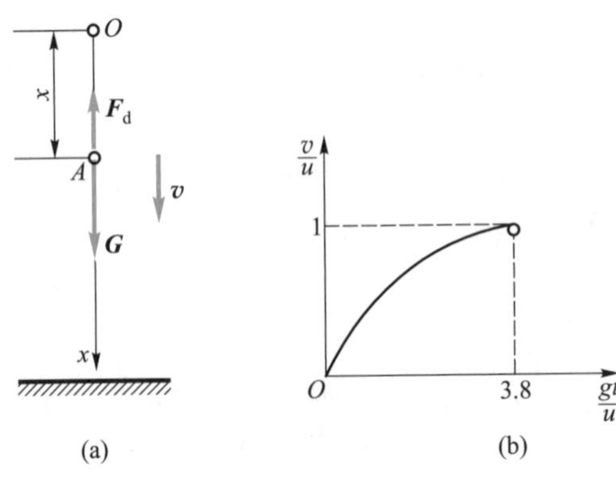

图 10-5

$$m\dot{\boldsymbol{v}} = \boldsymbol{G} - \boldsymbol{F}_{\mathrm{d}}$$

投影到轴 Ox 上，有

$$m\dot{v}=mg-cv^2 \tag{1}$$

由式(1)可知，当 $v=\sqrt{\dfrac{mg}{c}}=u$ 时，加速度变成零，这个 u 就是物体的极限速度。以 m 除式(1)两端，并代入 u 的值，得

$$\frac{\mathrm{d}v}{\mathrm{d}t}=\frac{g}{u^2}(u^2-v^2)$$

考虑到运动初始条件，当 $t=0$ 时，$x_0=0$，$v_0=0$。上式中，力是速度的函数，分离变量，并取定积分，有

$$\int_0^v \frac{u\mathrm{d}v}{u^2-v^2}=\int_0^t \frac{g}{u}\mathrm{d}t$$

式中，$\dfrac{1}{u^2-v^2}=\dfrac{1}{2u}\left(\dfrac{1}{u-v}+\dfrac{1}{u+v}\right)$，由上式求出积分

$$\frac{1}{2}\ln\left(\frac{u+v}{u-v}\right)=\frac{g}{u}t$$

即

$$\frac{u+v}{u-v}=\mathrm{e}^{(2g/u)t}$$

由此求得速度

$$v=u\frac{\mathrm{e}^{(2g/u)t}-1}{\mathrm{e}^{(2g/u)t}+1}=u\frac{\mathrm{e}^{(g/u)t}-\mathrm{e}^{-(g/u)t}}{\mathrm{e}^{(g/u)t}+\mathrm{e}^{-(g/u)t}} \tag{2}$$

利用双曲函数，式(2)可表示成

$$v=u\tanh\frac{g}{u}t \tag{3}$$

这就是物体 A 的速度随时间变化的规律(图 10-5b)，其中 $\tanh\dfrac{g}{u}t$ 是双曲正切。

为求出物体的运动规律 $x(t)$，需把式(2)再积分一次，有

$$\int_0^x \mathrm{d}x=\int_0^t \frac{u^2}{g}\frac{\mathrm{d}[\mathrm{e}^{(g/u)t}+\mathrm{e}^{-(g/u)t}]}{\mathrm{e}^{(g/u)t}+\mathrm{e}^{-(g/u)t}}$$

于是得

$$x=\frac{u^2}{g}\ln\frac{\mathrm{e}^{(g/u)t}+\mathrm{e}^{-(g/u)t}}{2}=\frac{u^2}{g}\ln\left(\cosh\frac{gt}{u}\right)$$

这就是物体 A 的运动方程。由式(3)知，当 $t\to\infty$ 时，v 趋近于极限速度 u。实际上，当 t 增大时，$\tanh\dfrac{gt}{u}$很快接近于 1。如当 $t=3.8\dfrac{u}{g}=\dfrac{3.8}{g}\sqrt{\dfrac{mg}{c}}$时，$\tanh\dfrac{gt}{u}=0.999$，这时质点的速度 v 与极限速度 u 相差仅 0.1%。可见，如阻力系数 c 较大或物体较轻，则不需要多久，物体速度就十分接近于极限速度，以后物体基本上作匀速运动。

不难证明，若物体的初速度超过 u，最后的极限速度仍然变成 u。

本例具有重要的实际意义。例如，跳伞者自飞行器跳出后，为了较快地降落，起初并

不张伞，这时空气阻力系数 c_1 较小，因而下落速度的稳定值（即对应于 c_1 的极限速度）较大（一般可达到 50~60 m/s）。张伞后，阻力系数骤然增到 c_2，而重量不变，因而速度将减小，迅速趋向新的稳定值，并以比较小的速度落到地面。由于安全的要求，落地速度一般不超过4~5 m/s。

例题 10-5　单摆的摆锤 A 重 G，绳长 l，悬于固定点 O，绳的质量不计。设开始时绳与铅垂线成偏角 $\varphi_0 \leqslant \frac{\pi}{2}$，并被无初速地释放（图 10-6a）。试求绳中拉力及其最大值。

动力学动画：
单摆

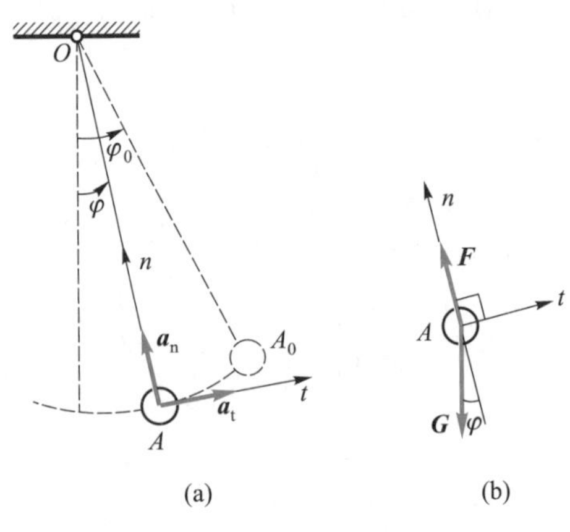

图 10-6

解：取摆锤 A 为研究对象，其轨迹为圆弧，所以选取角坐标 φ 及自然轴系 Atn。摆锤 A 置于角坐标为 φ 的一般位置上进行受力分析和运动分析，如图 10-6b 所示。其加速度沿切向、法向的投影为

$$a_t = l\ddot{\varphi}, \quad a_n = l\dot{\varphi}^2$$

将摆锤 A 的运动微分方程

$$m\boldsymbol{a} = \boldsymbol{G} + \boldsymbol{F}$$

投影于自然轴系的两轴上，有

$$ma_t = \frac{G}{g} l\ddot{\varphi} = -G\sin\varphi \tag{1}$$

$$ma_n = \frac{G}{g} l\dot{\varphi}^2 = F - G\cos\varphi \tag{2}$$

这是关于 φ 的一组非线性常微分方程。式(1)中不包含未知力 $\boldsymbol{F}$，且为角坐标 φ 的函数，可先求解。为此，常采用循环求导的方法，把式(1)变换成易于求积分的形式。利用变换式

$$\ddot{\varphi} = \frac{d\dot{\varphi}}{dt} = \frac{d\dot{\varphi}}{d\varphi}\frac{d\varphi}{dt} = \frac{1}{2}\frac{d\dot{\varphi}^2}{d\varphi} \tag{3}$$

将式(1)化成

$$\frac{1}{2}\frac{d\dot{\varphi}^2}{d\varphi} = -\frac{g}{l}\sin\varphi$$

即

$$d\dot{\varphi}^2 = -\frac{2g}{l}\sin\varphi d\varphi$$

考虑到运动初始条件,当 $t=0$ 时,$\varphi=\varphi_0$,$\dot{\varphi}=0$,对上式取定积分,有

$$\int_0^{\dot{\varphi}} \mathrm{d}\dot{\varphi}^2 = \int_{\varphi_0}^{\varphi} \left(-\frac{2g}{l}\sin\varphi\right)\mathrm{d}\varphi$$

从而得

$$\dot{\varphi}^2 = \frac{2g}{l}(\cos\varphi - \cos\varphi_0) \tag{4}$$

如欲求出运动规律 $\varphi(t)$,需对上式再积分一次[值得注意的是,式(4)的再次积分,数学上已不是一个简单问题]。

为求约束力 $\boldsymbol{F}$,把式(4)的 $\dot{\varphi}$ 值代入式(2),有

$$\frac{G}{g}l \times \frac{2g}{l}(\cos\varphi - \cos\varphi_0) = F - G\cos\varphi$$

从而求得绳中拉力为

$$F = G(3\cos\varphi - 2\cos\varphi_0)$$

显然,当摆锤 A 到达最低位置 $\varphi=0$ 时,F 有最大值,且为

$$F_{\max} = G(3 - 2\cos\varphi_0)$$

当 $\varphi_0=\dfrac{\pi}{2}$,即绳由水平位置无初速释放时,绳中的最大拉力 $F_{\max}=3G$。

例题 10-4 和例题 10-5 都通过分离变量的办法求出解析形式的解。但实际问题中,多数问题不能得到解析形式的解,而采用数值解法。以下为求解的基本步骤。

假设质点直线运动微分方程为

$$m\ddot{x} = F_x(x,\dot{x},t)$$

已知瞬时 t_0的位置 x_0与速度 v_0,由上式可知加速度 a_0为

$$a_0 = \frac{1}{m}F_x(x_0,v_0,t_0)$$

取微小的时间间隔 Δt,可近似地表示 $t_0+\Delta t$ 时刻的位置与速度为

$$t_1 = t_0 + \Delta t,\quad x_1 = x_0 + v_0 t,\quad v_1 = v_0 + a_0\Delta t$$

依次重复计算,可得到 $t=t_0+n\Delta t$ 时刻的 x 和 v,即

$$x_n = x_{n-1} + v_{n-1}\Delta t,\quad v_n = v_{n-1} + a_{n-1}\Delta t$$

这就是运动微分方程的数值解。对实际中遇到的各种力 $F_x(x,\dot{x},t)$,总可以求出运动微分方程的唯一解。

思考题:某人用枪瞄准了空中一悬挂的靶体,如果在子弹射出的同时靶体开始自由下落,不计空气阻力,试问子弹能否击中靶体?

10-3　非惯性参考系中的质点动力学基本方程

牛顿第一定律和第二定律仅在惯性参考系中成立,对于非惯性参考系已不适用,然而在实际问题中,往往需要研究物体在非惯性参考系中的动力学问题。例如,研究物体在非匀速直线平移的车辆、舰船、飞行器等中的运动,研究水流沿水轮机叶片的运动等均属此类问题。

本节将建立非惯性参考系中的质点动力学基本方程。

设有一质量为 m 的质点 M,在力 $\boldsymbol{F}$ 作用下相对于非惯性参考系 $O'x'y'z'$(选定为动系)运动,而此参考系又相对于惯性参考系 $Oxyz$(选定为定系)运动,如图 10-7 所示。在惯性参考系中,根据牛顿第二定律,有

$$m\boldsymbol{a}_a=\boldsymbol{F}$$

式中,$\boldsymbol{a}_a$表示质点 M 的绝对加速度。

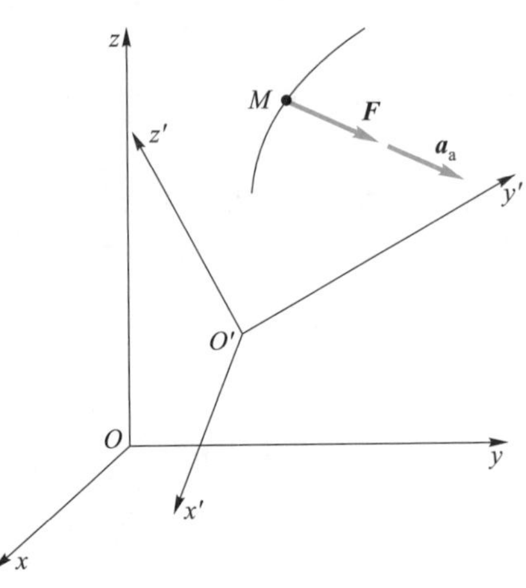

图 10-7

由运动学中点的加速度合成定理

$$\boldsymbol{a}_a=\boldsymbol{a}_e+\boldsymbol{a}_r+\boldsymbol{a}_C$$

式中,$\boldsymbol{a}_e$、$\boldsymbol{a}_r$和 $\boldsymbol{a}_C$分别为质点 M 的牵连加速度、相对加速度和科氏加速度。代入牛顿第二定律表达式整理后得

$$m\boldsymbol{a}_r=\boldsymbol{F}+(-m\boldsymbol{a}_e)+(-m\boldsymbol{a}_C)$$

令

$$\boldsymbol{F}_{Ie}=-m\boldsymbol{a}_e,\quad \boldsymbol{F}_{IC}=-m\boldsymbol{a}_C$$

于是上式可写成与牛顿第二定律相类似的形式,即

$$m\boldsymbol{a}_r=\boldsymbol{F}+\boldsymbol{F}_{Ie}+\boldsymbol{F}_{IC} \tag{10-4}$$

式(10-4)称为非惯性参考系中的质点动力学基本方程,或质点相对运动动力学基本方程。其中 $\boldsymbol{F}_{Ie}$称为牵连惯性力,$\boldsymbol{F}_{IC}$称为科氏惯性力。按照牛顿力学的观点,$\boldsymbol{F}_{Ie}$和 $\boldsymbol{F}_{IC}$由于随坐标系的不同选择而变化,因而它们不同于真实的作用力,是假想的虚拟力,但在质点相对运动中所起的作用却与真实力完全一样,并可以像真实力一样进行分解、合成与简化等处理,被视为在非惯性参考系中对牛顿第二定律的修正项。

下面讨论几种特殊情况。

(1) 当非惯性参考系作平移时,因为有 $\boldsymbol{a}_C=0$,则 $\boldsymbol{F}_{IC}=0$。于是式(10-4)简化为

$$m\boldsymbol{a}_r=\boldsymbol{F}+\boldsymbol{F}_{Ie} \tag{10-5}$$

(2) 当非惯性参考系作匀速直线平移时,因为有 $\boldsymbol{a}_C=\boldsymbol{a}_e=0$,则 $\boldsymbol{F}_{IC}=\boldsymbol{F}_{Ie}=0$,于是式(10-4)简化为

$$m\boldsymbol{a}_r=\boldsymbol{F}$$

可见此时相对运动动力学基本方程与相对于惯性参考系的动力学基本方程形式相同,从而说明,对于这样的非惯性参考系牛顿定律也是适用的。因此所有相对于惯性参考系作匀速直线平移的参考系都是惯性参考系。在惯性参考系中所发生的任何力学现象,都无助于确定该参考系本身的运动情况,这就是古典力学中的伽利略-牛顿相对性原理。

(3) 当质点相对于非惯性参考系作匀速直线运动时,因为有 $\boldsymbol{a}_r=0$,于是式(10-4)成为

$$\boldsymbol{F}+\boldsymbol{F}_{Ie}+\boldsymbol{F}_{IC}=0 \tag{10-6}$$

式(10-6)称为质点的相对平衡方程,即当质点在非惯性参考系中处于相对平衡时,作用在质点上的力与质点的牵连惯性力、科氏惯性力组成平衡力系。

(4) 当质点相对于非惯性参考系静止时,因为有$\boldsymbol{v}_r=0$,$a_r=0$,则 $F_{IC}=0$,于是式(10-4)成为

$$\boldsymbol{F}+\boldsymbol{F}_{\mathrm{Ie}}=0 \tag{10-7}$$

式(10-7)称为质点的相对静止平衡方程,即当质点在非惯性参考系中保持相对静止时,作用在质点上的力与质点的牵连惯性力组成平衡力系。可见,在非惯性参考系中,质点相对静止与作匀速直线运动,二者的平衡条件是不相同的。

例题 10-6　设飞机爬高时以匀加速度 $\boldsymbol{a}$ 作直线平移,与水平面成仰角 β,如图 10-8a 所示。已知挂在飞机上的单摆的悬线与铅垂线的偏角是 θ,摆锤 A 重 G。试求此时飞机的加速度 $\boldsymbol{a}$ 和悬线的拉力 $\boldsymbol{F}$。

解: 本题是质点相对运动动力学的相对静止问题。取动坐标系 Ax_1y_1 固连于飞机,随飞机作平移,且单摆处于相对静止状态。摆锤所受重力 $\boldsymbol{G}$、约束力 $\boldsymbol{F}$ 和摆锤的牵连惯性 $\boldsymbol{F}_{\mathrm{Ie}}$ 如图 10-8b 所示,科氏惯性力 $\boldsymbol{F}_{\mathrm{IC}}=0$。其中

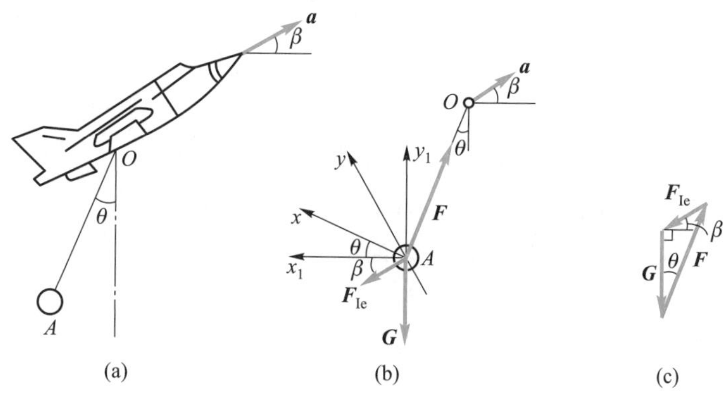

图 10-8

$$\boldsymbol{F}_{\mathrm{Ie}}=-\frac{G}{g}\boldsymbol{a} \tag{1}$$

由相对静止平衡方程式(10-7),得

$$0=\boldsymbol{G}+\boldsymbol{F}+\boldsymbol{F}_{\mathrm{Ie}} \tag{2}$$

为了求加速度 $\boldsymbol{a}$,可把式(2)投影到与未知力 $\boldsymbol{F}$ 相垂直的轴 x 上,得

$$0=-G\sin\theta+\frac{Ga}{g}\cos(\theta+\beta) \tag{3}$$

为了求拉力 $\boldsymbol{F}$,可把式(2)投影到与牵连惯性力 $\boldsymbol{F}_{\mathrm{Ie}}$ 相垂直的轴 y 上,得

$$0=-G\cos\beta+F\cos(\theta+\beta) \tag{4}$$

由式(3),得飞机的加速度

$$a=\frac{\sin\theta}{\cos(\theta+\beta)}g$$

由式(4),得悬线的拉力

$$F=\frac{\cos\beta}{\cos(\theta+\beta)}G$$

讨论:

(1) 在写投影方程时,宜选投影轴与未知量相垂直,尽量使一个投影方程中只含一个

未知数。如果将式(2)投影在轴 x_1 和 y_1 上,如图 10-8b 所示,将得到两个二元一次方程,增加计算工作量。

(2) 本题也可以通过作力三角形求解,如图 10-8c 所示。这时有

$$\frac{F_{\mathrm{Ie}}}{\sin\theta}=\frac{F}{\sin(90^\circ+\beta)}=\frac{G}{\sin(90^\circ-\theta-\beta)}$$

同样,可解得以上结果。

例题 10-7 质量为 m 的小环 A 套在半径为 r 的光滑圆环上,并可沿大圆环滑动。大圆环在水平面内以匀角速度 ω 绕过点 O 的铅垂轴转动,如图 10-9 所示。初瞬时小环位于 A_0 处,$\varphi=0$,$\dot{\varphi}=2\omega$。试求小环 A 相对大圆环的运动微分方程,以及大圆环对小环的法向约束力。

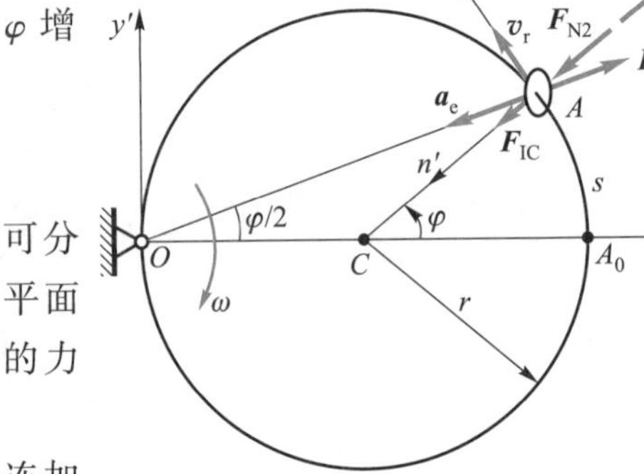

图 10-9

解:取动系 $Ox'y'z'$ 与大圆环固连。小环的相对位置用弧坐标 s 表示,A_0 为原点,正方向与 φ 增加方向一致,则

$$s=\overset{\frown}{A_0A}=r\varphi$$

作用于小环的力有重力 $m\boldsymbol{g}$,大圆环的约束力可分为沿铅垂线方向的铅垂约束力 $\boldsymbol{F}_{\mathrm{N1}}$ 和在 $Ox'y'$ 平面内的法向约束力 $\boldsymbol{F}_{\mathrm{N2}}$。图中未画出铅垂方向的力 $m\boldsymbol{g}$ 和 $\boldsymbol{F}_{\mathrm{N1}}$。

动系以匀角速度 ω 转动,则小环 A 的牵连加速度 $\boldsymbol{a}_{\mathrm{e}}$ 的大小

$$a_{\mathrm{e}}=2r\omega^2\cos\frac{\varphi}{2}$$

其方向沿 $\overrightarrow{AO}$。小环的科氏加速度 $\boldsymbol{a}_{\mathrm{C}}=2\boldsymbol{\omega}\times\boldsymbol{v}_{\mathrm{r}}$,其大小

$$a_{\mathrm{C}}=2\omega r\dot{\varphi}$$

其方向沿 $\overrightarrow{CA}$。故小环的牵连惯性力的大小

$$F_{\mathrm{Ie}}=2\,mr\omega^2\cos\frac{\varphi}{2}$$

科氏惯性力的大小

$$F_{\mathrm{IC}}=2\,m\omega r\dot{\varphi}$$

其方向分别与 $\boldsymbol{a}_{\mathrm{e}}$、$\boldsymbol{a}_{\mathrm{C}}$ 方向相反。

将小环 A 的相对运动的动力学基本方程

$$m\boldsymbol{a}_{\mathrm{r}}=m\boldsymbol{g}+\boldsymbol{F}_{\mathrm{N1}}+\boldsymbol{F}_{\mathrm{N2}}+\boldsymbol{F}_{\mathrm{Ie}}+\boldsymbol{F}_{\mathrm{IC}}$$

向轴 $\boldsymbol{\tau}'$ 和 n' 上投影,得

$$mr\ddot{\varphi}=-F_{\mathrm{Ie}}\sin\frac{\varphi}{2} \tag{1}$$

$$mr\dot{\varphi}^2=F_{\mathrm{N2}}+F_{\mathrm{IC}}-F_{\mathrm{Ie}}\cos\frac{\varphi}{2} \tag{2}$$

由式(1)得

$$\ddot{\varphi} = -\omega^2 \sin\varphi \tag{3}$$

这就是小环相对大圆环的运动微分方程。

将循环变换 $\ddot{\varphi}=\dot{\varphi}\dfrac{\mathrm{d}\dot{\varphi}}{\mathrm{d}\varphi}$代入式(3),并利用初始条件进行积分,则有

$$\int_{2\omega}^{\dot{\varphi}} \dot{\varphi}\mathrm{d}\dot{\varphi} = \int_0^{\varphi} -\omega^2 \sin\varphi \mathrm{d}\varphi$$

于是有

$$\dot{\varphi}^2 = 2\omega^2(1+\cos\varphi)$$

将 $\dot{\varphi}^2$代入式(2)得

$$F_{N2} = 2mr\omega^2(1+\cos\varphi) - F_{IC} + F_{Ie}\cos\frac{\varphi}{2}$$

由于

$$F_{IC} = 2m\omega r\sqrt{2\omega^2(1+\cos\varphi)} = 4mr\omega^2\cos\frac{\varphi}{2}$$

最后得法向约束力

$$F_{N2} = mr\omega^2\left[3(1+\cos\varphi) - 4\cos\frac{\varphi}{2}\right] \tag{4}$$

例题 10-8　细管 AB 以匀角速度 ω 绕铅垂轴 $O'z'$转动,管内放一质量为 m 的光滑小球 D(图 10-10),欲使小球在管内任何位置处于相对静止,或沿管作匀速相对运动,则细管应在铅垂面 $O'y'z'$内弯成何种曲线?

解: 设细管弯成图 10-10 所示形状。小球 D 处在细管内任一位置时的坐标是(y',z')。实际作用于小球的力有重力 $\boldsymbol{G}$ 和管壁的法向约束力 $\boldsymbol{F}_N$。

当小球沿管匀速相对运动时,牵连加速度 $a_e=\omega^2 y'$,科氏加速度 $\boldsymbol{a}_C$的方向垂直于$O'y'z'$平面,沿轴 x'的负向。牵连惯性力的大小为 $F_{Ie}=m\omega^2 y'$,方向水平向右。科氏惯性力 $\boldsymbol{F}_{IC}$方向也垂直于 $O'y'z'$平面,沿轴 x'正向,相应有与 $\boldsymbol{F}_{IC}$方向相反的管壁的约束力 $\boldsymbol{F}_{Nb}$。小球的相对加速度 $\boldsymbol{a}_r$方向垂直于细管曲线的切线。

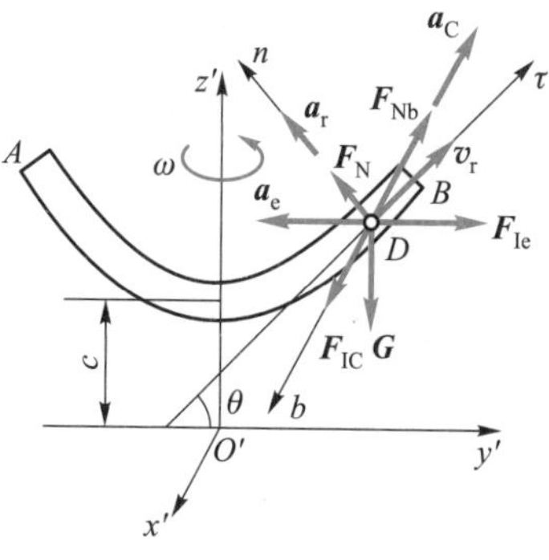

图 10-10

动力学动画:
细管 a

动力学动画:
细管 b

将相对运动的动力学基本方程

$$m\boldsymbol{a}_r = \boldsymbol{G}+\boldsymbol{F}_N+\boldsymbol{F}_{Nb}+\boldsymbol{F}_{Ie}+\boldsymbol{F}_{IC}$$

投影到细管曲线的切线方向,注意 $\boldsymbol{a}_r$、$\boldsymbol{F}_N$、$\boldsymbol{F}_{Nb}$和 $\boldsymbol{F}_{IC}$都垂直于切线,得

$$F_{Ie}^t - G_t = 0 \tag{1}$$

小球相对静止时 $v_r=0$,则 $F_{IC}=0$,$F_{Ie}=m\omega^2 y'$,$F_{Nb}=0$ 且 $a_r=0$。由式(10-7)有

$$\boldsymbol{G}+\boldsymbol{F}_N+\boldsymbol{F}_{Ie}=0$$

仍投影到细管曲线切线方向,有

$$F_{Ie}^t - G_t = 0 \tag{2}$$

可见式(2)与式(1)完全相同,即

$$my'\omega^2\cos\theta - mg\sin\theta = 0$$

式中,θ 是切线对轴 $O'y'$的倾角,由此得切线的斜率

$$\tan\theta = \frac{\mathrm{d}z'}{\mathrm{d}y'} = \frac{\omega^2}{g}y'$$

求出积分,并确定积分常量,得

$$z' = \frac{\omega^2}{2g}y'^2 + c$$

式中,c 为细管最低点的纵坐标。可见,细管应弯成抛物线形状。

本例的结论也适用于绕铅垂轴转动的容器中自由液面的相对平衡情况。

小 结

1. 质点动力学的基本方程

$$m\ddot{\boldsymbol{r}} = \boldsymbol{F}$$

应用时取投影形式。

直角坐标形式

$$m\frac{\mathrm{d}^2x}{\mathrm{d}t^2} = F_x,\quad m\frac{\mathrm{d}^2y}{\mathrm{d}t^2} = F_y,\quad m\frac{\mathrm{d}^2z}{\mathrm{d}t^2} = F_z$$

自然坐标形式

$$m\frac{\mathrm{d}^2s}{\mathrm{d}t^2} = F_t,\quad m\frac{v^2}{\rho} = F_n,\quad 0 = F_b$$

2. 质点动力学可分为两类基本问题

(1) 已知质点的运动,求作用于质点上的力;

(2) 已知作用于质点上的力,求质点的运动。

求解动力学第一类问题,一般只需进行微分运算;而求解第二类问题,一般要进行积分运算,属于微分方程的积分问题。

3. 非惯性系中质点动力学基本方程

$$m\boldsymbol{a}_r = \boldsymbol{F} + \boldsymbol{F}_{Ie} + \boldsymbol{F}_{IC}$$

应用时取投影形式。

习 题

10-1 如题 10-1 图所示,重 $G=9.8$ N 的小球 M 系结在长 $l=30$ cm 的线上,线的另一端结在固定点 O。小球 M 在水平面内作匀速圆周运动,呈一圆锥摆形状,已知线与铅垂线间的夹角 $\alpha=30°$。试求小球 M 的速度 $\boldsymbol{v}$和线的拉力 $\boldsymbol{F}$ 的大小。

10-2 物块 A、B 的质量分别是 $m_A=20$ kg,$m_B=40$ kg,两物块用弹簧连接如题 10-2 图所示。已知物块 A 的铅垂运动规律 $y=\sin 8\pi t$,其中 y 以 cm 为单位,t 以 s 为单位。试求物块 B 对支承面 CD 的压力,并求此力的极大值和极小值。弹簧质量忽略不计。

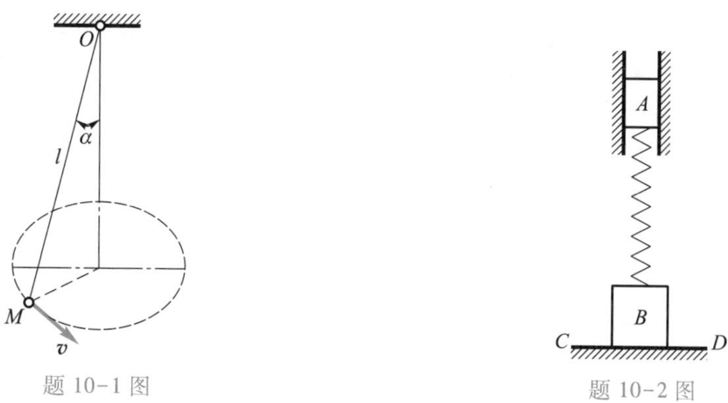

题 10-1 图　　题 10-2 图

10-3　研磨细矿石所用的球磨机可简化为如题 10-3 图所示。圆筒绕过点 O 的水平纵轴转动，带动筒内的许多钢球一起运动。当钢球转到一定角度 α 时，钢球开始和筒壁脱离并沿抛物线落下打击矿石。打击力与角 α 有关，且已测知当 $\alpha=45°40'$ 时，可以得到最大打击力。设圆筒内径 $d=3.2$ m，试问圆筒转动的转速 n 应为多少？

10-4　为了使列车对铁轨的压力垂直于路基，在铁道弯曲部分的外轨要比内轨稍提高。如题 10-4 图所示，轨道的曲率半径为 $\rho=300$ m，列车的速度为 $v=12$ m/s，内外轨道间的距离为 $b=1.6$ m。试求外轨高于内轨的高度 h。

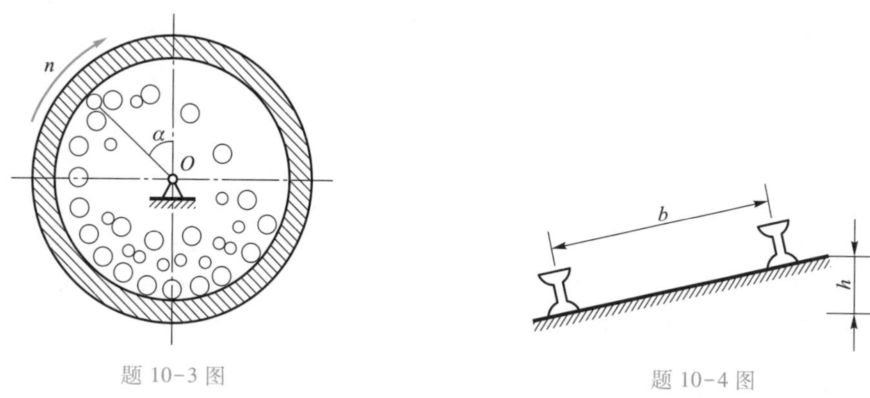

题 10-3 图　　题 10-4 图

10-5　潜水器中的加速度测量仪如题 10-5 图所示。当潜水器加速下沉时，指针对水平线有一极小的偏角 φ。已知为使弹簧伸缩，单位长度需加力 k（单位为 N）。球 A 的质量是 m，距离 $OA=l$，平衡时指针在水平位置。不计弹簧和指针的质量，试求潜水器的下沉加速度。

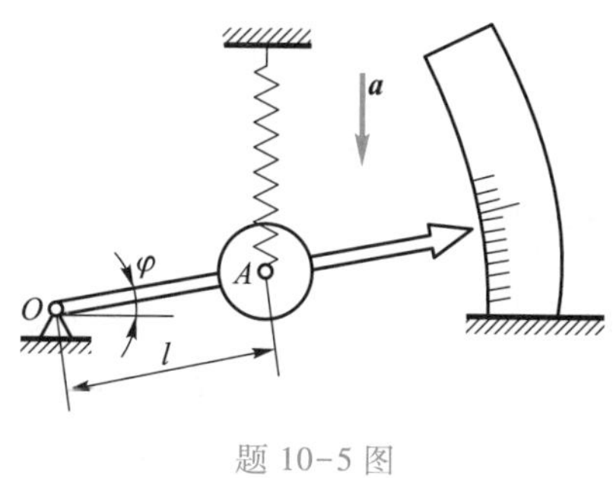

题 10-5 图

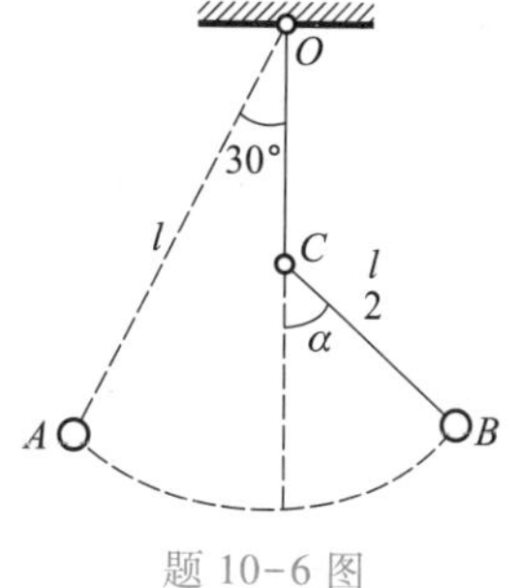

题 10-6 图

10-6 如题 10-6 图所示单摆的悬绳长为 l,摆锤质量是 m。单摆由偏离铅垂线 30°的位置 OA 无初速地释放,当摆到铅垂位置时,绳的中点被木钉 C 挡住,只有下半段继续摆动。试求当摆绳升到与铅垂线成 α 角时摆锤的速度以及绳中的拉力。

10-7 物体自地球表面以速度$\boldsymbol{v}_0$铅垂上抛。试求该物体返回地面时的速度$\boldsymbol{v}_1$。假定空气阻力 $R=mkv^2$,其中 k 是比例常量,按数值它等于单位质量在单位速度时所受的阻力,m 是物体质量,v 是物体速度,重力加速度认为不变。

10-8 如题 10-8 图所示静止中心 O 以引力 $\boldsymbol{F}=-k^2m\boldsymbol{r}$ 吸引质量是 m 的质点 M,其中 k 是比例常量,$\boldsymbol{r}=\overrightarrow{OM}$是点 M 的矢径。运动开始时 $OM_0=b$,初速度是$\boldsymbol{v}_0$并与$\overrightarrow{OM_0}$成夹角 α。试求质点 M 的运动方程。

10-9 如题 10-9 图所示,蹦极跳者重 888.9 N。弹性带的原长为 18.3 m,刚度系数 $k=0.204$ N/mm。当运动员从距河 39.6 m 高的桥上跳下,弹性带拉力使其减速为零时,试求运动员距河面的高度,以及弹性带作用于运动员的最大力。

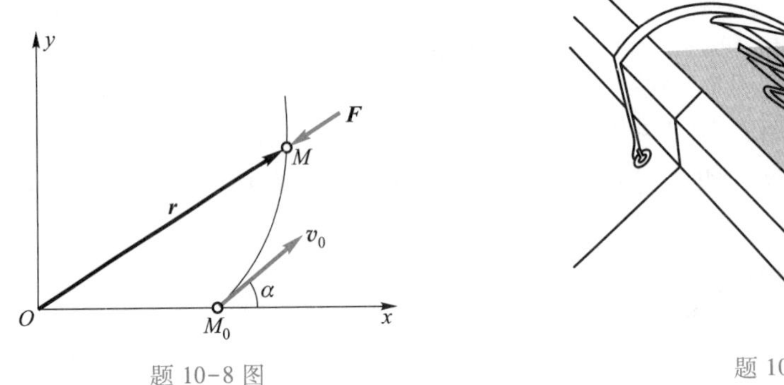

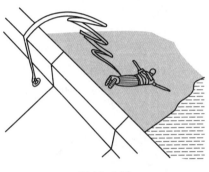

题 10-8 图　　　　题 10-9 图

10-10 消防人员为了扑灭高 21 m 仓库屋顶平台上的火灾,把水龙头置于离仓库墙基 15 m、距地面高 1 m 处,如题 10-10 图所示。水柱的初速度 $v_0=25$ m/s,若欲使水柱正好能越过屋顶边缘到达屋顶平台,且不计空气阻力,试求水龙头的仰角 θ 及水柱射到屋顶平台上的水平距离 s。

10-11 如题 10-11 图所示单摆 M 的悬线长 l,摆重 G,支点 B 具有水平向左的匀加速度 $\boldsymbol{a}$。如将摆在 $\theta=0$ 处无初速释放,试确定悬线的张力 $\boldsymbol{F}$(表示成 θ 的函数)。

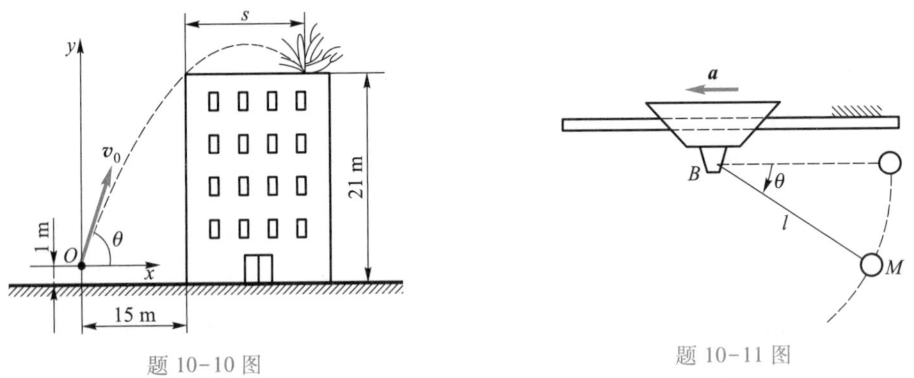

题 10-10 图　　　　题 10-11 图

10-12 如题 10-12 图所示一重为 G 的重物 A,沿与水平面成角 α 的棱柱的斜面下滑。棱注沿水平面以加速度 $\boldsymbol{a}$ 向右运动。试求重物相对于棱柱的加速度和重物对棱柱斜面的压力。假定重物对棱柱斜面的静摩擦因数为 f_s。

10-13 如题 10-13 图所示水平面内弯成任意形状的细管以匀角速度 ω 绕过点 O 的铅垂轴转动。光滑小球 M 在管内可自由运动。设初瞬时小球在 M_0处,$OM_0=r_0$,相对初速度 $v_{r0}=0$,试求小球相对速度大小 v_r与极径 r 间的关系。

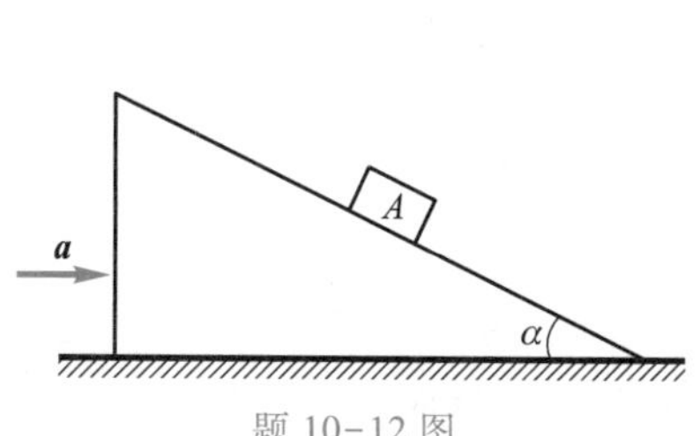

题 10-12 图

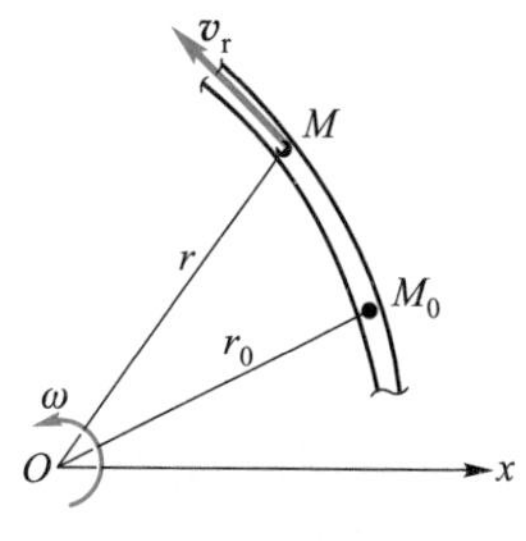

题 10-13 图

10-14　如题 10-14 图所示质量为 m 的质点 M 被限制在光滑水平板上运动，平板以匀角速度 ω 绕铅垂固定轴 Oz 转动。质点 M 受到平板轴心 O 的吸引，引力的大小 $F=m\omega^2 r$，r 代表距离 OM。试证明在任何初始条件下，质点 M 相对于平板的运动轨迹是圆周，环绕此圆周的角速度是 2ω。

10-15　半径为 r 的圆形管以匀角速度 ω 绕铅垂轴 z 转动，质量为 m 的小球 M 在管内的最高位置（$\theta=0°$）处受到微小扰动后，由静止开始沿管运动，如题 10-15 图所示。试求小球在任意位置 θ 时相对管子的速度和对管壁的压力，摩擦不计。

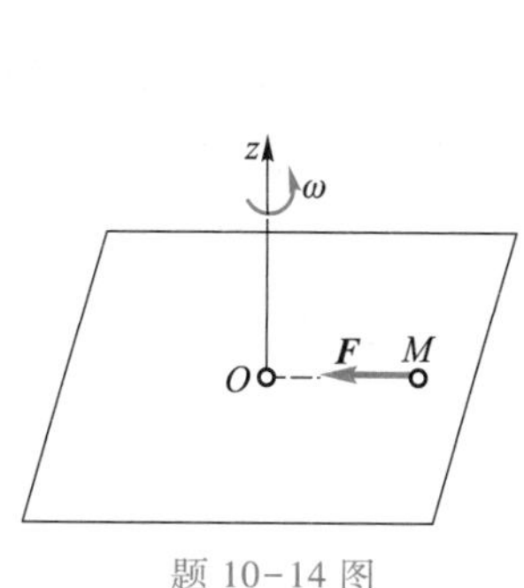

题 10-14 图

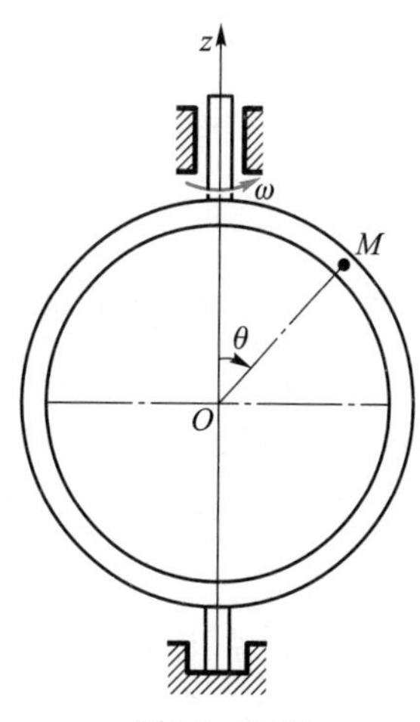

题 10-15 图

10-16　一河流由北向南流动，在北纬 30°处，河面宽 500 m，流速为 5 m/s，试问东西两岸的水面高度相差多少？（地球自转角速度 $\omega=7.29\times10^{-5}\ \text{s}^{-1}$。提示：水面应垂直于重力和科氏惯性力矢量和的方向。）

第11章　动量定理

质点系动力学问题的分析求解，仍以牛顿定律为基础。原则上讲，可以写出质点系中每一个质点的运动微分方程，构成一个联立的微分方程组。然而，其求解十分复杂，且无必要。从本章开始，将讲述动力学问题求解的其他理论，其基本思路是通过对质点系运动微分方程组的变换，表示出整个质点系运动特征量（动量、动量矩、动能等）的变化与机械作用量（力、力矩、功等）之间的关系。这些关系统称为质点系动力学普遍定理，它们包括动量定理、动量矩定理和动能定理等。本章先介绍动量定理。动量定理建立了质点系动量的变化与作用在质点系上的外力系的主矢之间的关系。

11-1　动量与冲量

11-1-1　动量

质点的质量 m 与速度$\boldsymbol{v}$ 的乘积 $m\boldsymbol{v}$ 称为质点的动量（momentum）。动量是矢量，其方向与质点的速度方向一致。质点的动量是质点在某瞬时机械运动的一种度量。在国际单位制中，动量的单位为 kg · m · s^{-1}。

质点系内各质点动量的矢量和称为质点系的动量，用 $\boldsymbol{p}$ 表示，即

$$\boldsymbol{p}=\sum m_i\boldsymbol{v}_i \tag{11-1}$$

式中，m_i 为第 i 个质点的质量，$\boldsymbol{v}_i$为第 i 个质点的速度。

将式（11-1）投影到固定直角坐标系的各坐标轴上，可得

$$p_x=\sum m_i v_{ix}, \qquad p_y=\sum m_i v_{iy}, \qquad p_z=\sum m_i v_{iz}$$

式中，p_x、p_y和 p_z分别表示质点系的动量在坐标轴 x、y 和 z 上的投影。

质点系的动量还可以写成更简捷的表达式。因为质点系的质量中心（简称为质心）C 的矢径可写为

$$\boldsymbol{r}_C=\frac{\sum m_i\boldsymbol{r}_i}{m} \tag{11-2}$$

式中，$m=\sum m_i$为质点系的总质量，$\boldsymbol{r}_i$ 为第 i 个质点的位置矢径。

当质点系运动时，各质点的矢径 $\boldsymbol{r}_i$ 和质心矢径 $\boldsymbol{r}_C$ 都是时间的函数，将式（11-2）两端乘以 m，并对时间求导数，注意到 $\dot{\boldsymbol{r}}_C=\boldsymbol{v}_C$，$\dot{\boldsymbol{r}}_i=\boldsymbol{v}_i$，得

$$m\boldsymbol{v}_C=\sum m_i\boldsymbol{v}_i \tag{11-3}$$

比较式（11-1）和式（11-3），得

$$\boldsymbol{p}=\sum m_i\boldsymbol{v}_i=m\,\boldsymbol{v}_C \tag{11-4}$$

可见，质点系的动量等于质点系的总质量与质心速度的乘积。

将式（11-4）投影到固定直角坐标系各坐标轴上，有

$$\left.\begin{aligned}p_x&=\sum m_i v_{ix}=mv_{Cx}\\p_y&=\sum m_i v_{iy}=mv_{Cy}\\p_z&=\sum m_i v_{iz}=mv_{Cz}\end{aligned}\right\}\tag{11-5}$$

在计算刚体或刚体系的动量时，应用式(11-4)或式(11-5)特别简捷。

例题 11-1　椭圆规机构由均质的曲柄 OA、规尺 BD 以及滑块 B 和 D 组成(图 11-1)，曲柄与规尺的中点 A 铰接。已知规尺长 $2l$，质量是 $2m_1$；两滑块的质量都是 m_2；曲柄长 l，质量是 m_1，并以角速度 ω 绕定轴 O 转动。试求当曲柄 OA 与水平成角 φ 时整个机构的动量。

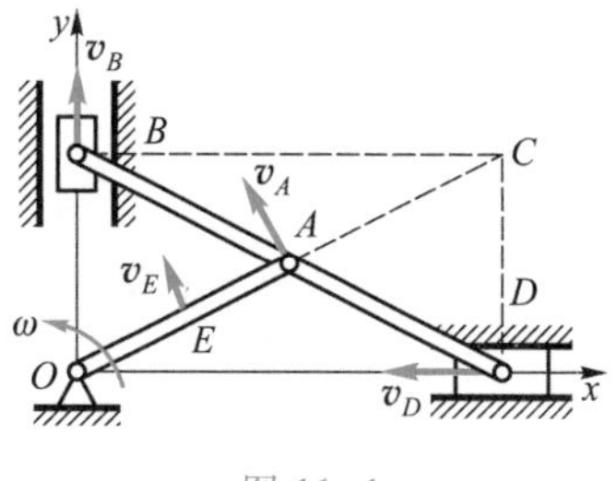

图 11-1

解：整个机构的动量等于曲柄 OA、规尺 BD、滑块 B 和 D 的动量的矢量和，即

$$\boldsymbol{p}=\boldsymbol{p}_{OA}+\boldsymbol{p}_{BD}+\boldsymbol{p}_B+\boldsymbol{p}_D$$

注意到规尺 BD 作平面运动，其速度瞬心在点 C，所以，系统的动量在坐标轴 x、y 上的投影分别为

$$\begin{aligned}p_x&=-m_1v_E\sin\varphi-(2m_1)v_A\sin\varphi-m_2v_D\\&=-m_1\times\frac{l}{2}\omega\sin\varphi-(2m_1)l\omega\sin\varphi-m_2\times2l\omega\sin\varphi\\&=-\left(\frac{5}{2}m_1+2m_2\right)l\omega\sin\varphi\end{aligned}$$

$$\begin{aligned}p_y&=m_1v_E\cos\varphi+(2m_1)v_A\cos\varphi+m_2v_B\\&=m_1\times\frac{l}{2}\omega\cos\varphi+(2m_1)l\omega\cos\varphi+m_2\times2l\omega\cos\varphi\\&=\left(\frac{5}{2}m_1+2m_2\right)l\omega\cos\varphi\end{aligned}$$

所以，系统的动量大小为

$$p=\sqrt{p_x^2+p_y^2}=\frac{1}{2}(5m_1+4m_2)\,l\omega$$

方向余弦为

$$\cos(\boldsymbol{p},\boldsymbol{i})=\frac{p_x}{p},\qquad\cos(\boldsymbol{p},\boldsymbol{j})=\frac{p_y}{p}$$

式中，$\boldsymbol{i}$、$\boldsymbol{j}$ 分别为轴 x、轴 y 的单位矢量。

11-1-2　冲量

物体在力的作用下引起的运动变化，不仅与力的大小和方向有关，还与力作用的时间长短有关。例如，用手推动车子时，用较大的力可以在较短的时间内达到一定的速度，若用较小的力，要达到同样的速度，就需要作用的时间长一些。因此，可以用力与力作用时间的乘积来度量力在这段时间内对物体运动所产生的累积效应。常力 $\boldsymbol{F}$ 与其作用时间 t 的乘积称为常力的冲量(impulse)，用 $\boldsymbol{I}$ 表示，即

$$\boldsymbol{I}=\boldsymbol{F}t\tag{11-6}$$

冲量是矢量，其方向与作用力的方向一致。在国际单位制中，冲量的单位是 N·s。

如果作用力 $\boldsymbol{F}$ 是变量，将力的作用时间分成无数微小的时间间隔，在微小时间间隔 $\mathrm{d}t$ 内，作用力可视为不变量。在 $\mathrm{d}t$ 内，力 $\boldsymbol{F}$ 的冲量称为元冲量，即

$$\mathrm{d}\boldsymbol{I}=\boldsymbol{F}\mathrm{d}t \tag{11-7}$$

而力 $\boldsymbol{F}$ 在 t_1 至 t_2 作用时间内的冲量为

$$\boldsymbol{I}=\int_{t_1}^{t_2}\boldsymbol{F}\mathrm{d}t \tag{11-8}$$

11-2 动量定理

11-2-1 质点系动量定理

设质点系有 n 个质点，第 i 个质点的质量为 m_i，速度为 $\boldsymbol{v}_i$。将质点系的动量 $\boldsymbol{p}=\sum m_i\boldsymbol{v}_i$ 两端对时间 t 求导数，得

$$\frac{\mathrm{d}\boldsymbol{p}}{\mathrm{d}t}=\sum\frac{\mathrm{d}(m_i\boldsymbol{v}_i)}{\mathrm{d}t}=\sum m_i\boldsymbol{a}_i=\sum\boldsymbol{F}_i \tag{11-9}$$

若作用于第 i 个质点的外力的合力为 $\boldsymbol{F}_i^{(\mathrm{e})}$，内力的合力为 $\boldsymbol{F}_i^{(\mathrm{i})}$，则有

$$\sum\boldsymbol{F}_i=\sum\boldsymbol{F}_i^{(\mathrm{i})}+\sum\boldsymbol{F}_i^{(\mathrm{e})}$$

因为质点系内部各质点间的相互作用力总是大小相等、方向相反地成对出现，相互抵消，所以 $\sum\boldsymbol{F}_i^{(\mathrm{i})}=0$。因此得

$$\frac{\mathrm{d}\boldsymbol{p}}{\mathrm{d}t}=\sum\boldsymbol{F}_i^{(\mathrm{e})}=\sum\boldsymbol{F}_{\mathrm{R}}^{(\mathrm{e})} \tag{11-10}$$

其中，$\boldsymbol{F}_{\mathrm{R}}^{(\mathrm{e})}$ 表示作用于质点系所有外力的矢量和。可见，质点系的动量对时间的一阶导数等于作用于质点系的所有外力的矢量和（即外力系的主矢），这就是质点系的动量定理。式（11-10）也可表示为

$$\mathrm{d}\boldsymbol{p}=\sum\boldsymbol{F}_i^{(\mathrm{e})}\mathrm{d}t \tag{11-11}$$

即质点系动量的微分等于作用于质点系外力元冲量的矢量和，这有时称为质点系动量定理的微分形式。

将式（11-10）向固定直角坐标系各坐标轴投影，得

$$\left.\begin{aligned}\frac{\mathrm{d}p_x}{\mathrm{d}t}&=\sum F_{ix}^{(\mathrm{e})}\\\frac{\mathrm{d}p_y}{\mathrm{d}t}&=\sum F_{iy}^{(\mathrm{e})}\\\frac{\mathrm{d}p_z}{\mathrm{d}t}&=\sum F_{iz}^{(\mathrm{e})}\end{aligned}\right\} \tag{11-12}$$

即质点系的动量在固定轴上的投影对时间的导数，等于作用于该质点系的所有外力在同一轴上投影的代数和。

设在 t_1 和 t_2 两个时刻，质点系的动量分别为 $\boldsymbol{p}_1$ 和 $\boldsymbol{p}_2$，将式（11-11）积分，得

$$\boldsymbol{p}_2-\boldsymbol{p}_1=\sum\int_{t_1}^{t_2}\boldsymbol{F}_i^{(\mathrm{e})}\mathrm{d}t=\sum\boldsymbol{I}_i \tag{11-13}$$

式中，$\sum \boldsymbol{I}_i$ 表示作用于质点系外力冲量的矢量和。式(11-13)称为质点系动量定理的积分形式(即冲量定理)。即质点系的动量在某段时间内的改变量，等于作用于质点系的所有外力在相应时间间隔内的冲量的矢量和。它描述了某一有限时间间隔内，质点系动量的改变量与外力系主矢及其作用时间之间的关系。

将式(11-13)向固定直角坐标系的各坐标轴投影，得

$$\left.\begin{aligned} p_{2x}-p_{1x}&=\sum\int_{t_1}^{t_2}F_{ix}^{(e)}\,\mathrm{d}t=\sum I_{ix}\\ p_{2y}-p_{1y}&=\sum\int_{t_1}^{t_2}F_{iy}^{(e)}\,\mathrm{d}t=\sum I_{iy}\\ p_{2z}-p_{1z}&=\sum\int_{t_1}^{t_2}F_{iz}^{(e)}\,\mathrm{d}t=\sum I_{iz}\end{aligned}\right\}\tag{11-14}$$

即质点系动量在某固定轴上投影的改变量，等于作用于质点系的外力在对应时间间隔内冲量在该轴上投影的代数和。

11-2-2　质点系动量守恒定理

现在讨论动量守恒的情形。

(1) 如果 $\sum \boldsymbol{F}_i^{(e)}\equiv 0$，由式(11-10)可知，$\dfrac{\mathrm{d}\boldsymbol{p}}{\mathrm{d}t}=0$，则有

$$\boldsymbol{p}=\text{常矢量}$$

即如果作用于质点系的所有外力的矢量和恒为零，则质点系的动量保持不变。

(2) 如果 $\sum F_{iz}^{(e)}\equiv 0$，由式(11-12)可知，$\dfrac{\mathrm{d}p_z}{\mathrm{d}t}=0$，于是有

$$p_z=\text{常量}$$

即如果作用于质点系的所有外力的矢量和在某一固定轴上的投影恒等于零，则质点系的动量在该轴上的投影保持不变。

上述结论称为质点系的动量守恒定理。应用动量守恒定理，可以解释很多力学现象，下面举例说明。

(1) 炮车反座

将炮车和炮弹看成一个质点系，则在发射炮弹时，弹药(其质量忽略不计)爆炸所产生的气体压力是内力，它不能改变整个质点系的总动量。但是，爆炸力一方面使炮弹获得一个向前的动量，同时使炮车沿反方向获得同样大小的向后动量。炮车的后退现象称为反座。

(2)螺旋推进器(螺旋桨)的作用

螺旋桨会驱使某部分流体(空气或水等)沿螺旋轴向后运动。如果把飞机(或轮船)和被推动向后运动的流体看成一个质点系，则螺旋桨与流体之间的作用力是内力，它不能改变整个质点系的总动量。假设这个质点系是从静止开始运动的，则在保持动量主矢为零的情况下，利用流体的向后运动，能使飞机(或轮船)获得相应的前进速度。

(3) 喷气推进

在火箭喷气推进时，发动机的燃气以高速向后喷出。将火箭和喷出的燃气作为一个

质点系,则火箭和燃气之间的相互作用力是内力,它不能改变整个质点系的总动量。因而在燃气向后喷射的同时,必使火箭获得相应的前进速度。

由以上分析可知,安装螺旋桨发动机的飞机,是靠螺旋桨向后驱动空气而使飞机前进的。在空气非常稀薄的高空,这种飞机不能正常飞行。而火箭是靠本身的发动机以高速向后喷气而获得向前速度的,因此在空间技术中,火箭是目前唯一能采用的运输工具。由上述三个实例可以看出,内力虽不改变整个质点系的总动量,但是可改变质点系中各质点的动量。

例题 11-2 质量为 m_1 的小棱柱体 A 在重力作用下沿着质量为 m_1 的大棱柱 B 的斜面滑下,设两柱体间的接触是光滑的,其倾角均为 θ,如图 11-2a 所示。若开始时,系统处于静止,不计水平地面的摩擦。试求运动时棱柱体 B 的加速度 $\boldsymbol{a}_B$。

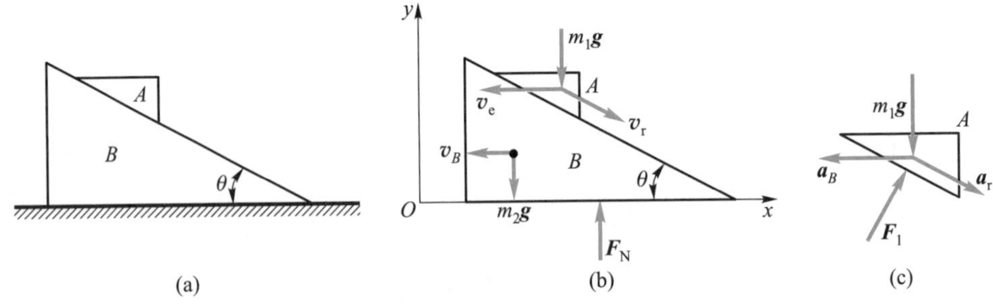

图 11-2

解: 取整体为研究对象,受力如图 11-2b 所示。由动量定理得

$$\frac{\mathrm{d}p_x}{\mathrm{d}t}=\sum F_x \tag{1}$$

式中,$p_x=m_1(v_r\cos\theta-v_B)-m_2v_B$, $\sum F_x=0$,将其代入式(1),有

$$m_1(a_r\cos\theta-a_B)-m_2a_B=0 \tag{2}$$

式(2)中还包含一个未知量 a_r,因此需要再建立一个方程。

取小棱柱体 A 为研究对象,受力如图 11-2c 所示。

列牛顿第二定理在斜面方向的投影式,得

$$m_1(a_r-a_B\cos\theta)=m_1g\sin\theta \tag{3}$$

由式(2)、式(3)解得,棱柱体 B 的加速度大小为

$$a_B=\frac{m_1g\cos\theta\sin\theta}{m_1\sin^2\theta+m_2}=\frac{m_1g\sin 2\theta}{2(m_1\sin^2\theta+m_2)}$$

方向水平向左。

例题 11-3 图 11-3 所示为一段弯管示意图。设管内流体不可压缩,流量 q_V(单位时间内流进或流出管子的流体体积,称为体积流量,单位为 $\mathrm{m^3\cdot s^{-1}}$)为常量,密度为 ρ。流体流过弯管时,在截面 AB 和 CD 处的平均流速分别为 $\boldsymbol{v}_1$、$\boldsymbol{v}_2$。求流体对弯管的作用力。

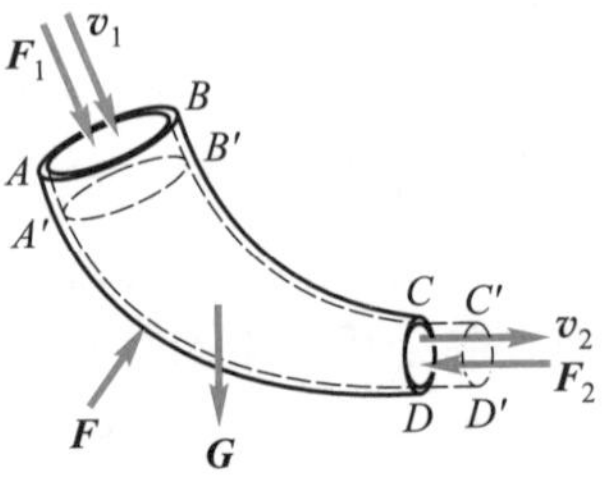

图 11-3

解: 在 t 瞬时截取任意一段流体 $ABCD$ 为研究对象,受力图如图11-3所示。在 $t+\Delta t$ 瞬时,这段流体运动到位置 $A'B'C'D'$。

因为管内流动是定常的，故 $A'B'CD$ 段流体的动量不变，设为 $\boldsymbol{p}_0$。Δt 时间内流体动量的变化等于它在 $A'B'C'D'$时的动量 $\boldsymbol{p}_{A'D'}$减去它在 $ABCD$ 时的动量 $\boldsymbol{p}_{AD}$。因此有

$$\Delta\boldsymbol{p}=\boldsymbol{p}_{A'D'}-\boldsymbol{p}_{AD}=(\boldsymbol{p}_0+\boldsymbol{p}_{CC'})-(\boldsymbol{p}_{AA'}+\boldsymbol{p}_0)=\boldsymbol{p}_{CC'}-\boldsymbol{p}_{AA'}$$

因 Δt 很小，可认为在进口截面 AB 与 $A'B'$之间各质点的速度均为$\boldsymbol{v}_1$，出口截面 CD 与 $C'D'$ 之间各质点的速度均为$\boldsymbol{v}_2$。于是，Δt 时间内流体动量的变化为

$$\Delta\boldsymbol{p}=q_V\rho\Delta t\,\boldsymbol{v}_2-q_V\rho\Delta t\,\boldsymbol{v}_1 \tag{1}$$

将式(1)两边除以 Δt，当 $\Delta t\to0$，取极限得

$$\frac{\mathrm{d}\boldsymbol{p}}{\mathrm{d}t}=q_V\rho(\boldsymbol{v}_2-\boldsymbol{v}_1)$$

作用在 $ABCD$ 段流体的外力有重力 $\boldsymbol{G}$，管壁对此质点系的作用力 $\boldsymbol{F}$，截面 AB 和 CD 上受到的相邻流体的压力 $\boldsymbol{F}_1$ 和 $\boldsymbol{F}_2$。

由动量定理式(11-9)，得

$$q_V\rho(\boldsymbol{v}_2-\boldsymbol{v}_1)=\boldsymbol{G}+\boldsymbol{F}_1+\boldsymbol{F}_2+\boldsymbol{F} \tag{2}$$

这就是管道内定常流动流体的动力学方程。可以用式(2)来计算定常流体所受约束力的主矢，即

$$\boldsymbol{F}=q_V\rho(\boldsymbol{v}_2-\boldsymbol{v}_1)-\boldsymbol{G}-\boldsymbol{F}_1-\boldsymbol{F}_2 \tag{3}$$

流体对管壁的作用力大小等于 F，方向与其相反。如果将 $\boldsymbol{F}$ 分为不考虑流体动量改变时管壁的静约束力 $\boldsymbol{F}_\mathrm{s}$ 与由于流体的动量发生变化而产生的附加动约束力 $\boldsymbol{F}_\mathrm{D}$，则静约束力 $\boldsymbol{F}_\mathrm{s}$ 为

$$\boldsymbol{F}_\mathrm{s}=\boldsymbol{G}+\boldsymbol{F}_1+\boldsymbol{F}_2$$

附加动约束力 $\boldsymbol{F}_\mathrm{D}$ 为

$$\boldsymbol{F}_\mathrm{D}=q_V\rho(\boldsymbol{v}_2-\boldsymbol{v}_1)$$

设截面 AB 和 CD 的面积分别为 S_1 与 S_2，由不可压缩流体的连续性定律可知

$$q_V=S_1\boldsymbol{v}_1=S_2\boldsymbol{v}_2$$

因此，只要知道流速和曲管的尺寸，即可求出附加动约束力。

11-3 质心运动定理

质心运动定理建立了质点系质心的加速度与作用在质点系上的外力之间的关系。

11-3-1 质心运动定理

对于质量不变的质点系，将质点系动量的表达式 $\boldsymbol{p}=m\boldsymbol{v}_C$代入式(11-10)，得

$$\frac{\mathrm{d}\boldsymbol{p}}{\mathrm{d}t}=\frac{\mathrm{d}}{\mathrm{d}t}(m\,\boldsymbol{v}_C)=\sum\boldsymbol{F}_i^{(\mathrm{e})}$$

由于质心加速度 $\boldsymbol{a}_C=\dfrac{\mathrm{d}\boldsymbol{v}_C}{\mathrm{d}t}$，因此有

$$m\boldsymbol{a}_C=\sum\boldsymbol{F}_i^{(\mathrm{e})} \tag{11-15}$$

式(11-15)表明，质点系的总质量与其质心加速度的乘积等于作用在质点系上所有外力的矢量和(即外力系的主矢)。这个结论称为质心运动定理。

质心运动定理在固定直角坐标系各坐标轴上的投影式为

$$\left.\begin{aligned}m\ddot{x}_C&=\sum F_{ix}^{(e)}\\m\ddot{y}_C&=\sum F_{iy}^{(e)}\\m\ddot{z}_C&=\sum F_{iz}^{(e)}\end{aligned}\right\}\tag{11-16}$$

式中，x_C、y_C 和 z_C 为质点系质心 C 的直角坐标。式(11-15)表明，质点系质心的运动完全决定于质点系的外力，而与质点系的内力无关。这一性质对于解决实际问题极为重要。举例说明如下。

(1) 人在水平地面上行走时，全靠地面作用于鞋底的摩擦力，它使质心获得水平方向的加速度。摩擦力在这里起着有利的作用，它是作用于人体的外力，方向由人自己控制。在光滑的水平面上，人不可能靠内力改变其质心的水平速度。

(2)汽车启动时，发动机中的燃气压力(内力)通过传动机构使主动轮(假设为后轮驱动)相对车身转动(图 11-4)，于是地面对后轮有向前摩擦力 $\boldsymbol{F}_1$ 的作用。这就是驱动汽车运动的外力，称为驱动力，它起着有利作用。车轮的外胎做成各种花纹，就是为了使车轮与地面的摩擦因数增大，从而增大驱动力。汽车的前轮假设为被动轮，不带传动机构，只是靠轮轴推动才向前滚动。当汽车加速时，地面对前轮作用向后的摩擦力 $\boldsymbol{F}_2$，它和空气阻力 $\boldsymbol{F}$ 一样，起着有害作用。欲使汽车启动或加速向前行驶，必须$F_1>F_2+F$。

动力学动画：
太空拔河

(3) 土建水利工程中采用定向爆破的施工方法，要求一次爆破就将大量土石抛掷到指定的地方。因为爆破出来的土石块运动各不相同，情况比较复杂，但就它们的整体来说，若不计空气阻力，爆破后就只受重力作用，根据质心运动定理，它们质心的运动就像一个质点在重力作用下作抛射体运动一样。因此，只要控制好质心的初速度，使质心的运动轨迹通过指定区域内的适当位置，就可能使大部分土石块落在该区域内，达到预期效果，如图 11-5 所示。

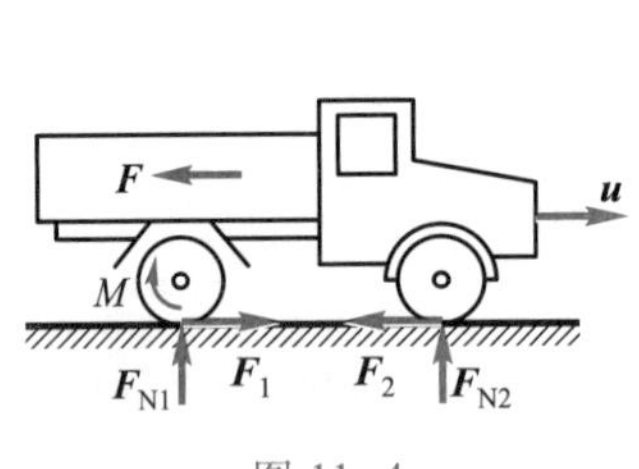

图 11-4

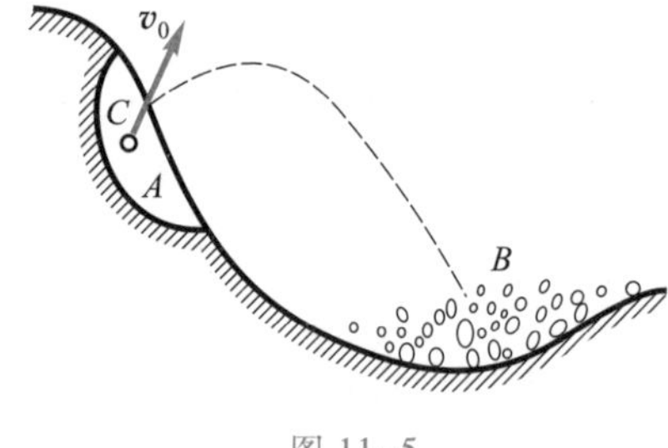

图 11-5

(4) 太空拔河。宇航员 A、B 的质量分别为 m_A、m_B，二人在太空拔河，如图 11-6a 所示。开始时二人在太空保持静止，然后分别抓住绳子的两端使尽全力相互对拉，其中 A 的力气大于 B，若不计绳子的质量，则拔河胜负如何？

首先考察由二人与绳子组成的质点系。由于系统所受外力为零，所以其动量守恒，即

$$m_A\boldsymbol{v}_A+m_B\boldsymbol{v}_B=(m_A+m_B)\boldsymbol{v}_C=0$$

式中，$\boldsymbol{v}_A$和$\boldsymbol{v}_B$分别为宇航员 A 和 B 在拔河中的速度，$\boldsymbol{v}_C$为系统的质心 C 的速度。上式表明，拔河中二人同时相互被对方拉动。拉动时二速度方向相反，大小与质量成反比，系统的质心速度为零，即点 C 不动，二人拔河不分胜负。

分别以 A 和 B 以及绳子作为考察对象，画出三者的受力图如图 11-6b 所示。由于不

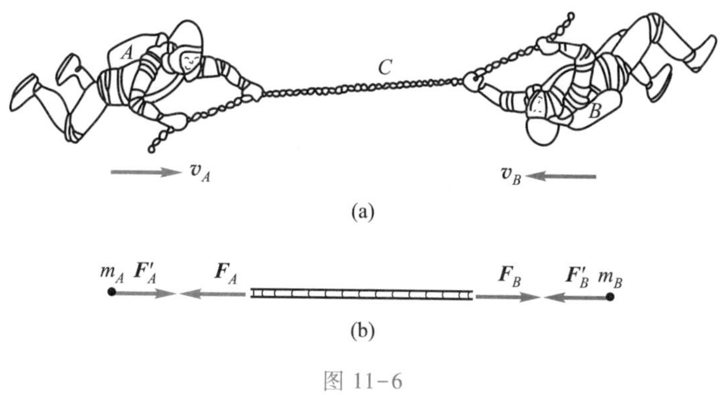

图 11-6

计绳子质量,则有

$$F_A = F_B, \qquad F'_A = F'_B$$

即二人受力相等。

11-3-2 质心运动守恒定律

下面讨论质心运动守恒的情形。由式(11-15)和式(11-16)知:

(1) 如果作用于质点系的所有外力的矢量和恒为零,即 $\sum \boldsymbol{F}_i^{(e)} \equiv 0$,则质点系的质心作惯性运动。如果在初瞬时质心处于静止,则质心位置始终保持不变。

(2) 如果作用于质点系的所有外力在某一固定轴上投影的代数和恒为零,则质心速度在该轴上的投影是常量。若初瞬时质心速度在某轴上的投影也等于零,则质心沿该轴的坐标保持不变。

以上结论,称为**质心运动守恒定理**。

思考题: 试用质心运动定理分析图 11-7 所示跳高运动员的三种过杆姿势(跨越式、俯卧式、背越式)中的最佳方式。

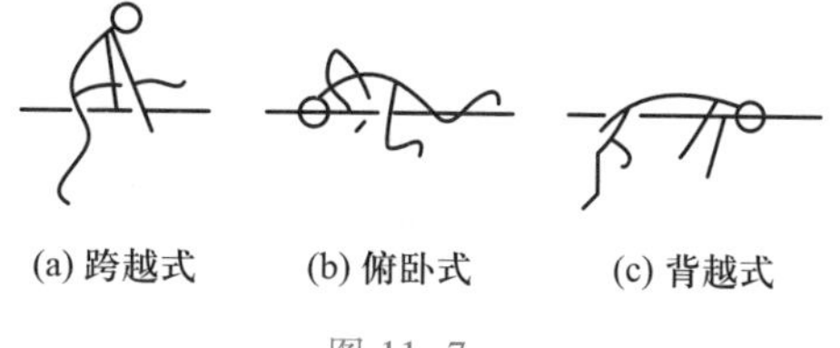

(a) 跨越式 (b) 俯卧式 (c) 背越式

图 11-7

例题 11-4 如图 11-8 所示,在静止的小船上,一人自船头走到船尾,设人的质量为 m_2,船的质量为 m_1,船长为 l,水的阻力不计。试求小船的位移。

解: 取人与小船为研究对象。坐标系如图 11-8 所示。因不计水的阻力,故外力在水平方向的投影之和等于零,即 $\sum F_{ix}^{(e)} = 0$。由质心运动定理式(11-16),有

$$\dot{x}_C = \dot{x}_{C0} \tag{1}$$

又因系统初瞬时静止,因此,人与小船所组成系统的质心坐标在水平方向保持不变,即

$$x_C = x_{C0} \tag{2}$$

在人走动前,系统质心的 x 坐标为

$$x_{C0} = \frac{m_2 a + m_1 b}{m_2 + m_1} \tag{3}$$

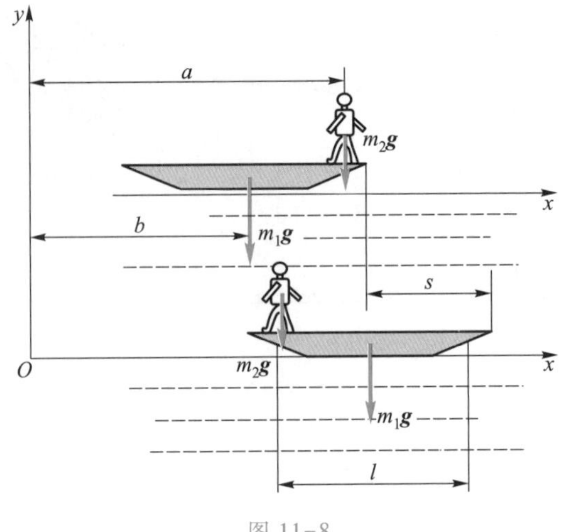

图 11-8

人走到船尾时,小船移动的距离为 s,则系统质心的 x 坐标为

$$x_C=\frac{m_2(a-l+s)+m_1(b+s)}{m_2+m_1} \tag{4}$$

将式(3)和式(4)代入式(2),求得小船移动的位移为

$$s=\frac{m_2 l}{m_2+m_1}$$

讨论:(1) 质点系的内力(人的鞋底与小船间的摩擦力)虽不能改变系统质心的运动,但能改变系统中各部分(人与船)的运动。

(2) 靠码头的小船会因人上岸而离岸后退,为防止小船后退,应在岸上将小船拴住。

例题 11-5 电动机的外壳用螺栓固定在水平基础上,定子的质量是 m_1,转子的质量是 m_2,转子的轴线通过定子的质心 O_1。制造和安装的误差,使转子的质心 O_2对它的轴线有一个很小的偏心距 e(图 11-9 中有意夸张)。试求转子以匀角速度 ω 转动时,电动机所受的总水平约束力和铅直约束力。

动力学动画:
偏心转子 a

动力学动画:
偏心转子 b

动力学动画:
偏心转子 c

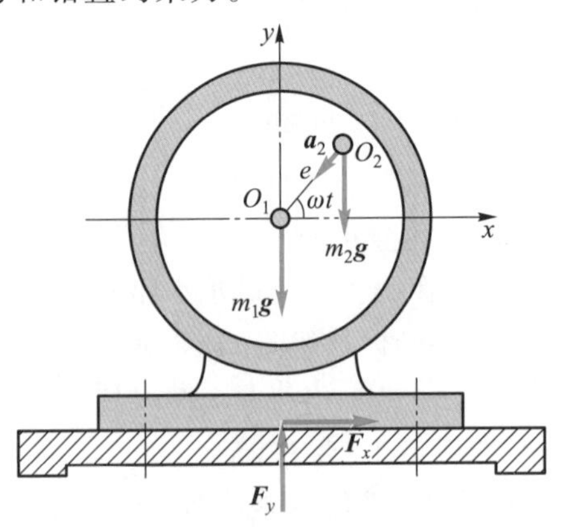

图 11-9

解:取整个电动机(包括定子和转子)作为研究对象。

由质心运动定理有

$$-m_2a_2\cos\omega t=F_x \tag{1}$$

$$-m_2a_2\sin\omega t=F_y-m_1g-m_2g \tag{2}$$

由此求得电动机所受的总水平约束力和铅直约束力为

$$F_x=-m_2e\omega^2\cos\omega t$$

$$F_y=(m_1+m_2)g-m_2e\omega^2\sin\omega t$$

思考题：若例题 11-5 中电动机没有用螺栓固定，各处摩擦不计，初始时电动机静止。试求：(1) 转子以匀角速 ω 转动时电动机外壳在水平方向的运动方程；(2) 电动机是否会起跳？起跳的条件是什么？

例题 11-6 复摆由可绕水平轴转动的刚体构成（图 11-10）。已知复摆的质量是 m，重心 C 到转轴 O 的距离 $OC=b$，复摆对转轴 O 的转动惯量是 J_O，在图示偏角为 φ 的位置，复摆的角速度和角加速度分别为 $\dot{\varphi}$、$\ddot{\varphi}$。不计轴承摩擦和空气阻力，试求此瞬时轴承 O 处的约束力。

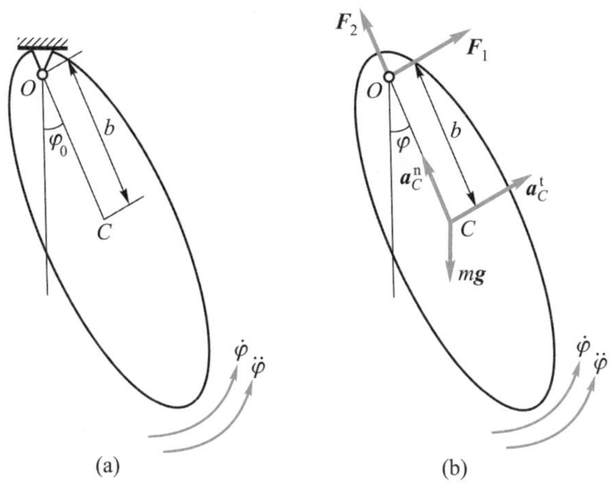

图 11-10

解：复摆在任意位置时，所受的外力有重力 $m\boldsymbol{g}$ 和轴承 O 的约束力。为便于计算，将轴承约束力沿质心轨迹的切线和法线方向分解成两个分力 $\boldsymbol{F}_1$ 和 $\boldsymbol{F}_2$。复摆质心 C 的切向加速度和法向加速度分别为

$$a_C^{\mathrm{t}}=b\ddot{\varphi},\qquad a_C^{\mathrm{n}}=b\dot{\varphi}^2$$

根据质心运动定理

$$m\boldsymbol{a}_C=\sum\boldsymbol{F}_i^{(\mathrm{e})}$$

有

$$ma_C^{\mathrm{t}}=mb\ddot{\varphi}=F_1-mg\sin\varphi$$

$$ma_C^{\mathrm{n}}=mb\dot{\varphi}^2=F_2-mg\cos\varphi$$

所以，求得轴承 O 处的约束力

$$F_1=mb\ddot{\varphi}+mg\sin\varphi$$

$$F_2=mb\dot{\varphi}^2+mg\cos\varphi$$

小　　结

1. 动量定理

动量定理建立了质点系动量的变化与作用在质点系上的外力系合力之间的关系。

质点的动量

$$\boldsymbol{p}=m\boldsymbol{v}$$

质点系的动量

$$\boldsymbol{p}=\sum m_i\boldsymbol{v}_i$$

力的冲量

$$\boldsymbol{I}=\int_{t_1}^{t_2}\boldsymbol{F}\mathrm{d}t$$

质点系的动量定理

$$\frac{\mathrm{d}\boldsymbol{p}}{\mathrm{d}t}=\sum\boldsymbol{F}_i^{(\mathrm{e})}=\boldsymbol{F}^{(\mathrm{e})}$$

质点系动量定理的微分形式

$$\mathrm{d}\boldsymbol{p}=\sum\boldsymbol{F}_i^{(\mathrm{e})}\mathrm{d}t$$

质点系动量定理的积分形式(也称为冲量定理)

$$\boldsymbol{p}_2-\boldsymbol{p}_1=\sum\int_{t_1}^{t_2}\boldsymbol{F}_i^{(\mathrm{e})}\mathrm{d}t=\sum\boldsymbol{I}_i$$

质点系动量守恒定律

当$\sum\boldsymbol{F}_i^{(\mathrm{e})}\equiv0$时,$\boldsymbol{p}=$常矢量;当$\sum F_{iz}^{(\mathrm{e})}\equiv0$,$p_z=$常量。

2. 质心运动定理

质心运动定理建立了质点系质心的加速度与作用在质点系上的外力之间的关系。

质心运动定理

$$m\boldsymbol{a}_C=\sum\boldsymbol{F}_i^{(\mathrm{e})}$$

质心运动守恒定律

当$\sum\boldsymbol{F}_i^{(\mathrm{e})}\equiv0$,$\boldsymbol{v}_C=$常矢量,如果$\sum F_{ix}\equiv0$,$v_{Cx}=$常量。

习　　题

11-1　题 11-1 图 a、b、c 中的各均质物体分别绕定轴 O 转动,图 d 中的均质圆盘在水平面上滚动而不滑动。设各物体的质量都是 m,物体的角速度是 ω。杆的长度是 l,圆盘的半径是 r。试分别计算各物体的动量。

11-2　试求下列各物体的动量:

(1) 物体 A 和 B 分别重 G_A 和 G_B,且 $G_A>G_B$;滑轮重 G,并可看作半径为 r 的均质圆盘(题 11-2 图 a)。不计绳索的质量,试求物体 A 的速度是 $\boldsymbol{v}$ 时整个系统的动量。

(2) 正方形框架 $ABCD$ 的质量是 m_1,边长为 l,以角速度 ω_1绕定轴转动;均质圆盘的质量是 m_2,半径是 r,以角速度 ω_2绕重合于框架的对角线 BD 的中心轴转动(题11-2图 b)。试求此物体系的动量。

(3) 已知曲柄 OA 长为 l,角速度为 ω,$GF=DE$,$\angle BAO=90°$。试求杆 BC 的动量(题 11-2 图 c)。其他各杆质量均忽略。

(4) 已知 $OA\underline{\mathbin{/\!/}}BO_1$,$O_3M=r$,杆 O_3G 绕 O_3转动的角速度为 ω,试求杆 MD 的动量(题 11-2 图 d)。

11-3　试求题 11-3 图中各质点系的动量。各物体均为均质体。

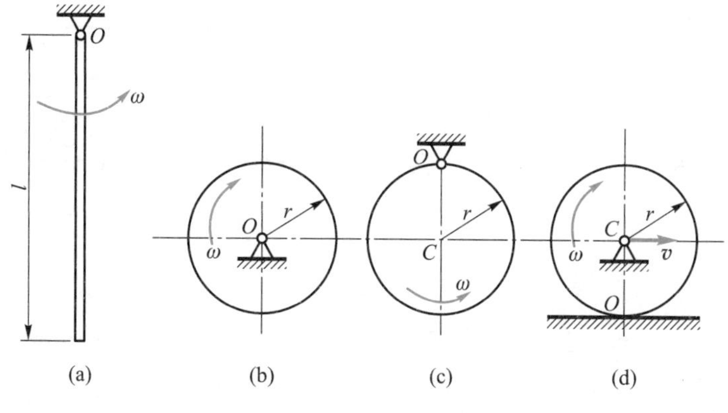

题 11-1 图

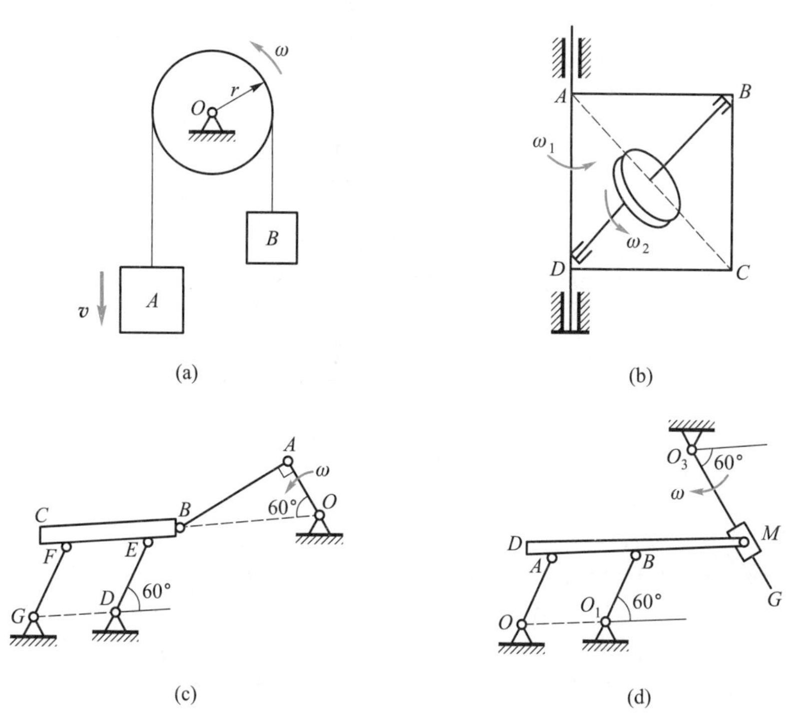

题 11-2 图

11-4　试求题 11-4 图所示两均质杆的动量,设两杆的质量均为 m。

11-5　汽车以 36 km/h 的速度在平直道路上行驶。设车轮在制动后立即停止转动。试问车轮与地面的动摩擦因数 f 应为多大方能使汽车在制动后 6 s 停止。

11-6　如题 11-6 图所示,自动传送带运煤量恒为 20 kg/s,传送带速度为 1.5 m/s。试确定在匀速传送时,带作用于煤块的总水平推力。

11-7　如题 11-7 图所示平台车质量 $m_1 = 500$ kg,可沿水平轨道运动。平台车上站有一人,质量 $m_2 = 70$ kg,车与人以共同速度 $\boldsymbol{v}_0$ 向右运动。如人相对平台车以速度 $v_r = 2$ m/s 向左跳出,不计平台车水平方向的阻力及摩擦,试问平台车速度增加了多少?

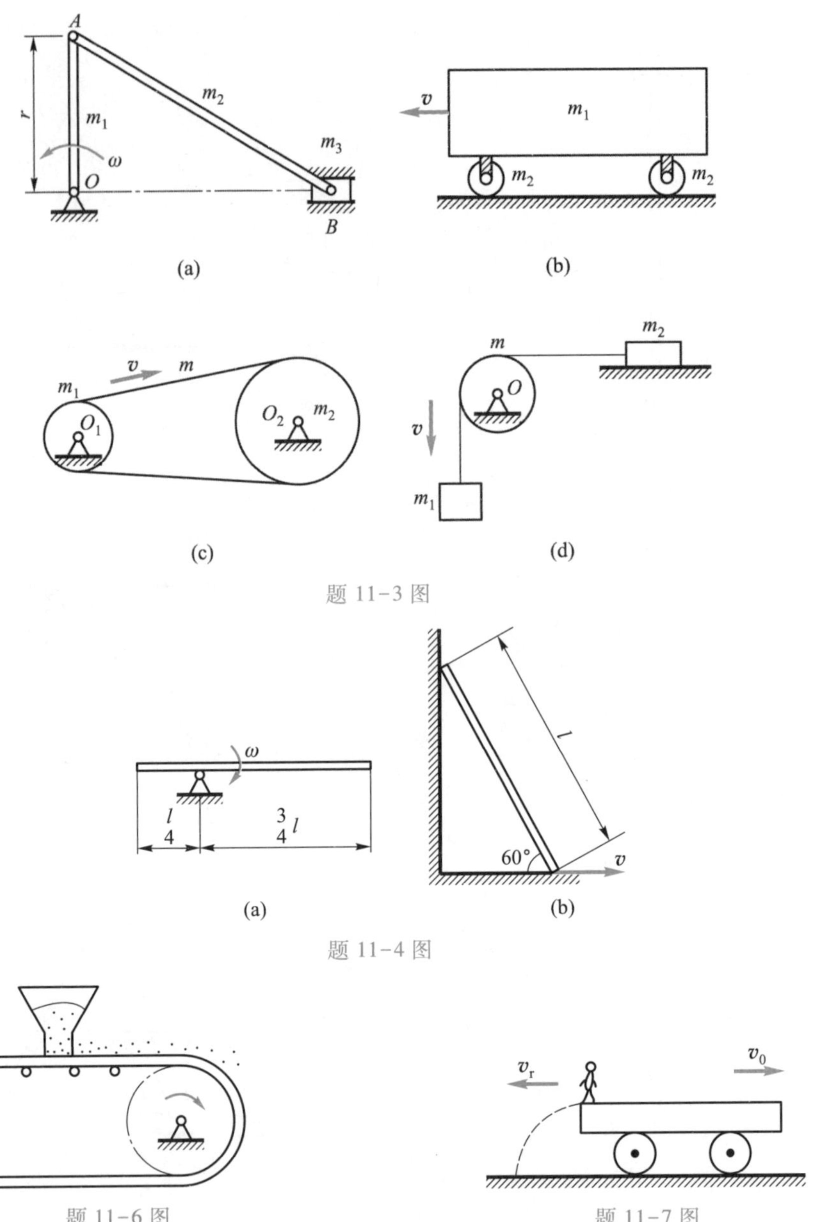

题 11-3 图

题 11-4 图

题 11-6 图

题 11-7 图

11-8　如题 11-8 图所示胶带输送机的胶带以匀速 $v=2$ m/s 将质量为 $m_1=20$ kg的重物 A 送入小车。已知小车质量为 $m_2=50$ kg，开始处于静止。试求 A 进入小车后，小车与重物 A 共同的速度 u。如人用手挡住小车，A 进入小车后，经过 0.2 s 而停止运动，试求小车作用于人手的平均水平力。假定地面的摩擦可以不计。

11-9　跳伞者质量为 60 kg，自停留在高空中的直升机中跳出，落下 100 m 后，将降落伞打开。设开伞前的空气阻力略去不计，伞重不计，开伞后所受的阻力不变，经 5 s 后跳伞者的速度减为 4.3 m/s。试求阻力的大小。

11-10　如题 11-10 图所示水平面上放一均质三棱柱 A，在其斜面上又放一均质三棱柱 B。两三棱柱的横截面均为直角三角形。三棱柱 A 的质量 m_A 为三棱柱 B 质量 m_B 的 3 倍，其尺寸如图所示。设各处摩擦不计，初始时系统静止。试求当三棱柱 B 沿三棱柱 A 滑下接触到水平面时，三棱柱 A 移动的距离。

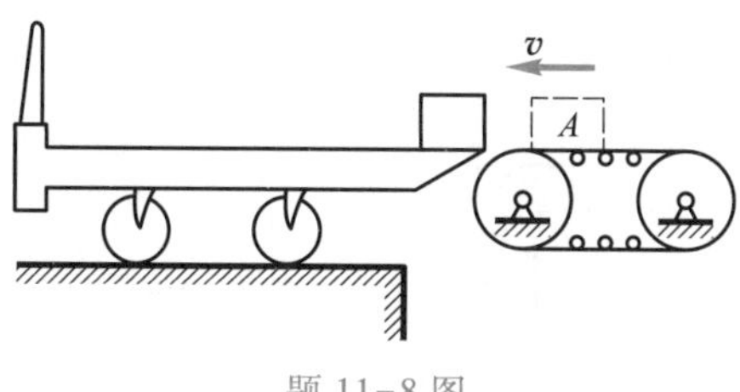

题 11-8 图

11-11　如题 11-11 图所示,均质杆 AB 长 l,直立在光滑的水平面上。试求它从铅垂位置无初速地倒下时,端点 A 相对图示坐标系的轨迹。

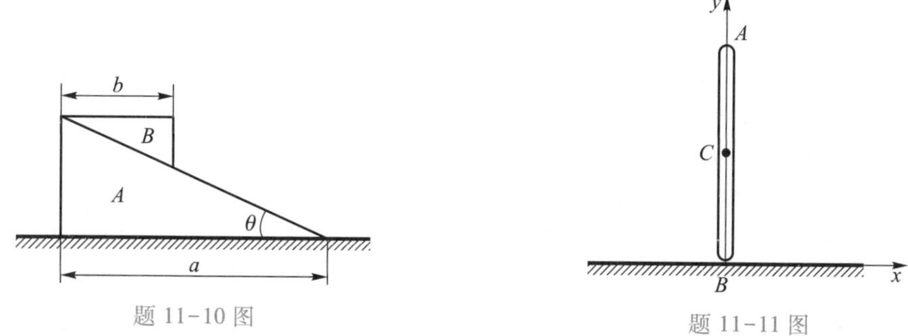

题 11-10 图　　题 11-11 图

11-12　如题 11-12 图所示,质量为 m_1 的平台 AB,放于水平面上,平台与水平面间的动摩擦因数为 f。质量为 m_2 的小车 D,由绞车拖动,相对于平台的运动规律为 $s=\frac{1}{2}bt^2$,其中 b 为已知常数。不计绞车的质量,试求平台的加速度。

11-13　如题 11-13 图所示,质量为 m 的滑块 A,可以在水平光滑槽中运动,具有刚度系数为 k 的弹簧一端与滑块相连接,另一端固定。杆 AB 长度为 l,质量忽略不计,A 端与滑块 A 铰接,B 端装有质量为 m_1 的小球,在铅垂平面内可绕点 A 旋转。设在力偶 M 作用下转动角速度 ω 为常数。试求滑块 A 的运动微分方程。

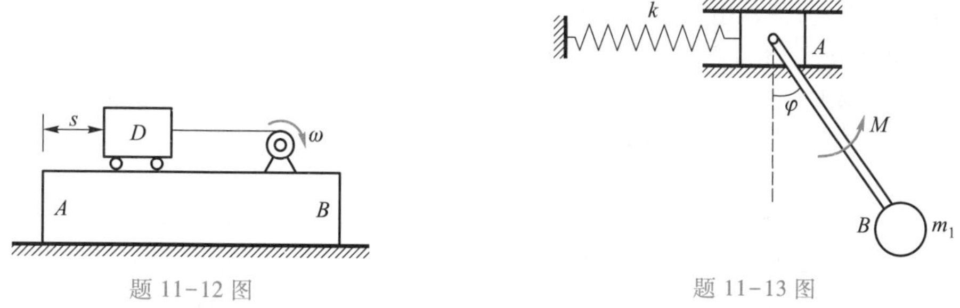

题 11-12 图　　题 11-13 图

11-14　三个物块的质量分别为 $m_1=20$ kg,$m_2=15$ kg,$m_3=10$ kg,由一绕过两个定滑轮 M 与 N 的绳子相连接,放在质量 $m_4=100$ kg 的截头锥 $ABED$ 上,如题11-14图所示。当物块 m_1 下降时,物块 m_2 在截头锥 $ABED$ 的上面向右移动,而物块 m_3 则沿斜面上升。如略去一切摩擦和绳子的质量,试求当重物 m_1 下降 1 m 时,截头锥相对地面的位移。

11-15　如题 11-15 图所示滑轮中,两重物 A 和 B 的重量分别为 G_1 和 G_2。如物 A 以加速度 $\boldsymbol{a}$ 下降,不计滑轮质量,试求支座 O 的约束力。

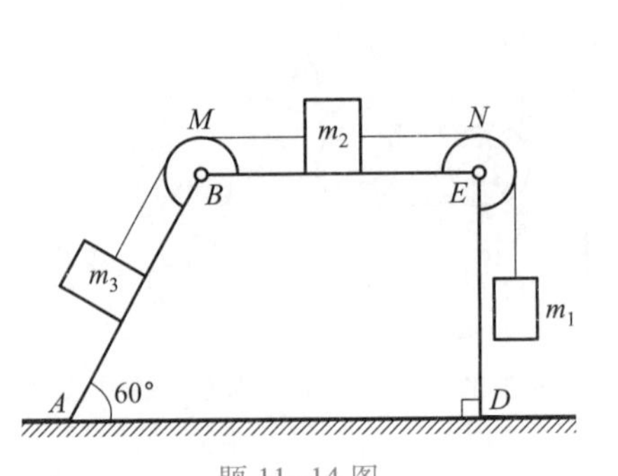

题 11-14 图

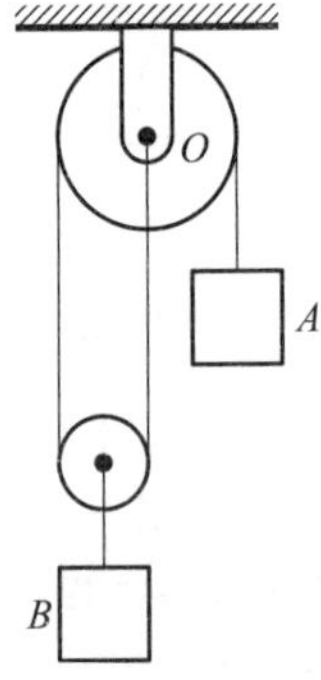

题 11-15 图

11-16 物体 A 和 B 的质量分别是 m_1 和 m_2，借一绕过滑轮 C 的不可伸长的绳索相连，这两个物体可沿直角三棱柱的光滑斜面滑动，而三棱柱的底面 DE 则放在光滑水平面上（题 11-16 图）。试求当物体 A 落下高度 $h=10\ \text{cm}$ 时，三棱柱沿水平面的位移。设三棱柱的质量 $m=4\,m_1=16m_2$，绳索和滑轮的质量都不计。初瞬时系统处于静止。

11-17 如题 11-17 图所示机构中，鼓轮 A 质量为 m_1，转轴 O 为其质心。重物 B 的质量为 m_2，重物 C 的质量为 m_3。斜面光滑，倾角为 θ。已知物 B 的加速度为 $\boldsymbol{a}$，试求轴承 O 处的约束力。

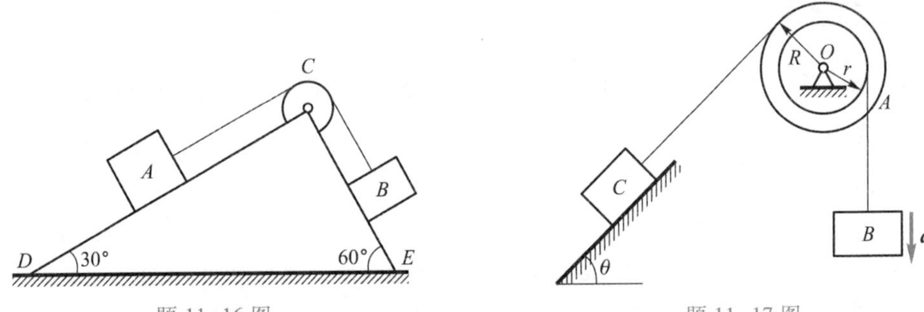

题 11-16 图　　题 11-17 图

11-18 均质曲柄 OA 重 G_1，长 r，受力偶作用以角度 ω 转动，并带动总重 G_2 的滑槽、连杆和活塞 B 作水平往复运动（题 11-18 图）。已知机构在铅直面内，在活塞上作用着水平常力 $\boldsymbol{F}$。试求作用在曲柄 O 上的最大水平分力。滑块质量和摩擦都不计。

11-19 如题 11-19 图所示均质杆 OA 长 $2l$，重 G，绕通过 O 端的水平轴在竖直水平面内转动。设杆 OA 转动到与水平成 φ 角时，其角速度与角加速度分别为 ω 及 α。试求该瞬时杆 O 端的约束力。

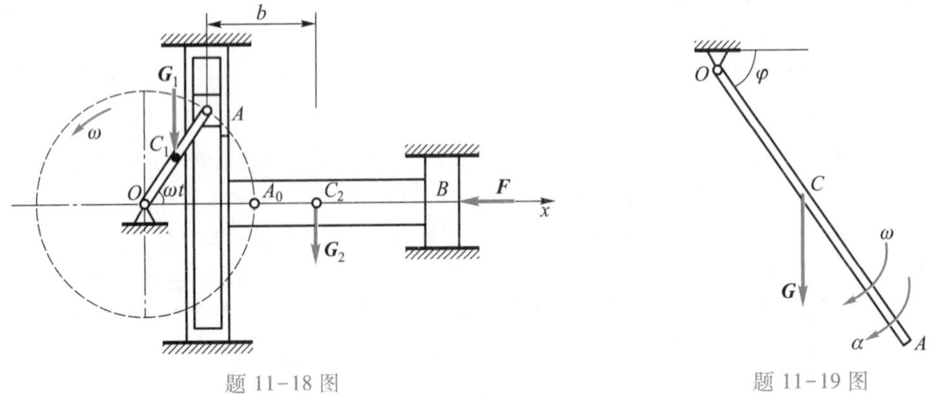

题 11-18 图　　题 11-19 图

工程实际研究性题目

11-20 两人在光滑的冰面上拔河,胜负如何?

(1) 设定已知参数和所要求的量。

(2) 设想各种可能的运动状态。

(3) 分析各种运动状态下可能遇到的有关的问题。

(4) 求解。

(5) 结论与讨论。

11-21 分析蛤蟆夯的运动

蛤蟆夯(题 11-21 图)是土木建筑工地上使用的一种小型施工机械,其作用是夯实地面。在电动机启动后,固结在转子轴 1 上的小带轮便通过大带轮以角速度 ω 绕轴 2 转动。由于大带轮与安装偏心块的飞轮相固结,因而二者运动相同。夯体可绕轴 3 转动,同时又套在轴 2 上。工作时夯体在偏心飞轮带动下不断地跳起再落下,像蛤蟆一样自动地一跳一跳向前运动,从而不断地夯实新的地面。请对它作动力学分析。

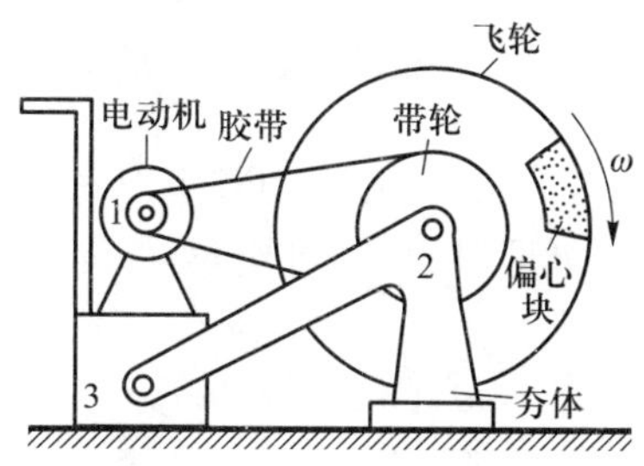

题 11-21 图

第 12 章　动量矩定理

上一章动量定理建立了质点系动量的变化与外力系主矢之间的关系，而质心运动定理则确定了质点系质心的运动。但是，质心的运动并不能完全代表整个质点系的运动，动量也不能反映质点系相对于质心的运动。本章讲述另一个动力学普遍定理——动量矩定理，该定理将建立质点系动量矩的变化与作用的外力主矩之间的关系。

12-1　动　量　矩

12-1-1　质点的动量矩

如图 12-1 所示，设质点 A 的质量为 m，它相对于固定参考系 $Oxyz$ 的速度为$\boldsymbol{v}$，其矢径为 $\boldsymbol{r}$。则称 $\boldsymbol{r}\times m\boldsymbol{v}$ 为质点 A 的动量对点 O 的**动量矩**（moment of momentum），记为 $\boldsymbol{M}_O(m\boldsymbol{v})$，即

$$\boldsymbol{M}_O(m\boldsymbol{v})=\boldsymbol{r}\times m\boldsymbol{v} \tag{12-1}$$

从式（12-1）可知，$\boldsymbol{M}_O(m\boldsymbol{v})$ 垂直于矢径 $\boldsymbol{r}$ 和动量 $m\boldsymbol{v}$ 所决定的平面，其指向由右手规则来确定，$\boldsymbol{M}_O(m\boldsymbol{v})$ 按规定由矩心 O 画出。

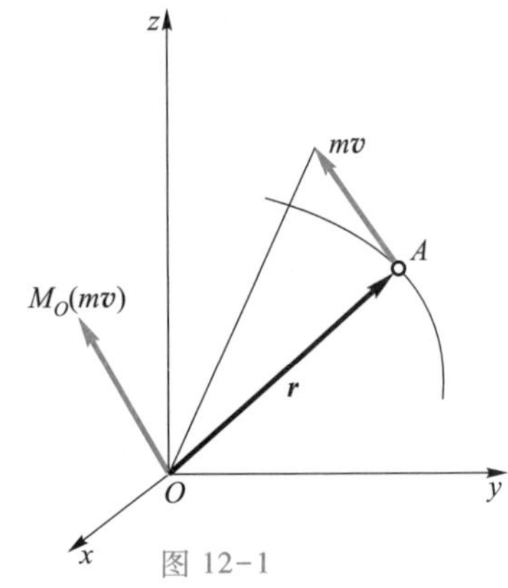

图 12-1

将式（12-1）投影到各坐标轴可得动量 $m\boldsymbol{v}$ 对各坐标轴的矩

$$\left.\begin{aligned}M_x(m\boldsymbol{v})&=ymv_z-zmv_y\\M_y(m\boldsymbol{v})&=zmv_x-xmv_z\\M_z(m\boldsymbol{v})&=xmv_y-ymv_x\end{aligned}\right\} \tag{12-2}$$

对点的动量矩是矢量，而对轴的动量矩是代数量。在国际单位制中，动量矩的常用单位是N · m · s。

12-1-2　质点系的动量矩

质点系内各质点对某点 O 的动量矩的矢量和，称为此质点系对该点 $\boldsymbol{O}$ 的动量主矩或动量矩，用 $\boldsymbol{L}_O$ 表示，有

$$\boldsymbol{L}_O=\sum\boldsymbol{M}_O(m_i\boldsymbol{v}_i)=\sum(\boldsymbol{r}_i\times m_i\boldsymbol{v}_i) \tag{12-3}$$

其中，$\boldsymbol{r}_i$、m_i、$\boldsymbol{v}_i$分别为第 i 个质点的位置矢径、质量和速度。

将式（12-3）投影到各坐标轴，可得质点系对各坐标轴的动量矩为

$$\left.\begin{aligned}L_x&=\sum M_x(m_iv_i)\\L_y&=\sum M_y(m_iv_i)\\L_z&=\sum M_z(m_iv_i)\end{aligned}\right\} \tag{12-4}$$

即质点系对某点 O 的动量矩在通过该点的轴上的投影就等于质点系对此轴的动量矩。

容易证明,质点系对不同点 A 和 O 的动量矩的关系为

$$\boldsymbol{L}_O=\boldsymbol{L}_A+\boldsymbol{r}_A\times\boldsymbol{p} \tag{12-5}$$

式中,$\boldsymbol{r}_A$ 为点 A 相对于点 O 的矢径,$\boldsymbol{p}$ 为质点系的动量。式(12-5)表明,质点系对点 O 的动量矩,等于质点系对另一点 A 的动量矩与质点系的动量矢位于点 A 时对点 O 之矩的矢量和。

作为例子,现在导出定轴转动刚体对其转轴的动量矩表达式。设刚体以角速度 ω 绕固定轴 z 转动(图 12-2),刚体内任一质点 A 的转动半径是 r_z,则该点的速度大小是 $v=r_z\omega$,方向同时垂直于轴 z 和转动半径 r_z,且指向转动前进的一方。若用 m 表示该质点的质量,则其动量对转轴 z 的动量矩为

$$M_z(m\boldsymbol{v})=r_z\times mr_z\omega=mr_z^2\omega$$

从而整个刚体对轴 z 的动量矩为

$$L_z=\sum M_z(m_i\boldsymbol{v}_i)=\omega\sum(m_ir_{iz}^2)=J_z\omega$$

其中,$J_z=\sum(m_ir_{iz}^2)$是刚体对转轴 z 的转动惯量。可见,定轴转动的刚体对转轴的动量矩,等于刚体对转轴的转动惯量与角速度的乘积。

思考题:一半径为 R、质量为 m_1 的均质圆盘与一长为 l、质量为 m_2 的均质细杆相固连,以角速度 ω 在铅直面内绕轴 O 转动(图 12-3)。则该系统对轴 O 的动量矩如何计算?

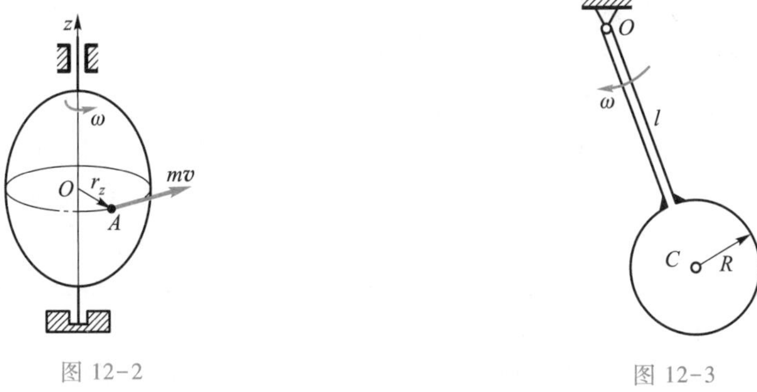

图 12-2　　图 12-3

12-2　动量矩定理

对式(12-3)两边求时间的导数,注意到当点 O 为固定点时,有$\dfrac{\mathrm{d}\boldsymbol{r}_i}{\mathrm{d}t}=\boldsymbol{v}_i$,又$\dfrac{\mathrm{d}\boldsymbol{v}_i}{\mathrm{d}t}=\boldsymbol{a}_i$,其中,$\boldsymbol{a}_i$ 为第 i 个质点的加速度,则

$$\begin{aligned}\frac{\mathrm{d}\boldsymbol{L}_O}{\mathrm{d}t}&=\frac{\mathrm{d}}{\mathrm{d}t}\left[\sum(\boldsymbol{r}_i\times m_i\boldsymbol{v}_i)\right]=\sum\left(\frac{\mathrm{d}\boldsymbol{r}_i}{\mathrm{d}t}\times m_i\boldsymbol{v}_i+\boldsymbol{r}_i\times m_i\frac{\mathrm{d}\boldsymbol{v}_i}{\mathrm{d}t}\right)\\&=\sum(\boldsymbol{v}_i\times m_i\boldsymbol{v}_i+\boldsymbol{r}_i\times m_i\boldsymbol{a}_i)\end{aligned}$$

又因为$\boldsymbol{v}_i\times m_i\boldsymbol{v}_i=0$,$m_i\boldsymbol{a}_i=\boldsymbol{F}_i$,其中,$\boldsymbol{F}_i$ 为作用于第 i 个质点上的所有力的合力,力 $\boldsymbol{F}_i$ 对点 O 的力矩记为 $\boldsymbol{M}_O(\boldsymbol{F}_i)=\boldsymbol{r}_i\times\boldsymbol{F}_i$,则有

$$\frac{\mathrm{d}\boldsymbol{L}_O}{\mathrm{d}t}=\sum(\boldsymbol{r}_i\times\boldsymbol{F}_i)=\sum\boldsymbol{M}_O(\boldsymbol{F}_i)=\sum\boldsymbol{M}_O(\boldsymbol{F}_i^{(\mathrm{e})})+\sum\boldsymbol{M}_O(\boldsymbol{F}_i^{(\mathrm{i})})$$

其中，$\sum \boldsymbol{M}_O(\boldsymbol{F}_i^{(e)})$ 和 $\sum \boldsymbol{M}_O(\boldsymbol{F}_i^{(i)})$ 分别表示作用于质点系的外力和内力对点 O 的矩之和。由于内力总是成对地作用于质点系的，每一对内力对任一点的矩之矢量和恒等于零，因而质点系全部内力对任一点之矩的总和也恒等于零，即有 $\sum \boldsymbol{M}_O(\boldsymbol{F}_i^{(i)}) \equiv 0$，所以，上式可简化成

$$\frac{\mathrm{d}\boldsymbol{L}_O}{\mathrm{d}t} = \sum \boldsymbol{M}_O(\boldsymbol{F}_i^{(e)}) \tag{12-6}$$

将上式投影到固定坐标系各坐标轴上，则得

$$\left.\begin{aligned}\frac{\mathrm{d}L_x}{\mathrm{d}t} &= \sum M_x(\boldsymbol{F}_i^{(e)}) = M_x \\ \frac{\mathrm{d}L_y}{\mathrm{d}t} &= \sum M_y(\boldsymbol{F}_i^{(e)}) = M_y \\ \frac{\mathrm{d}L_z}{\mathrm{d}t} &= \sum M_z(\boldsymbol{F}_i^{(e)}) = M_z\end{aligned}\right\} \tag{12-7}$$

可见，质点系对某固定点（或某固定轴）的动量矩随时间的变化率，等于作用于质点系的全部外力对同一点（或同一轴）的矩的矢量和（或代数和）。这就是**质点系对定点（或定轴）的动量矩定理**。

由上述质点系动量矩定理可知，质点系的内力不能改变质点系的动量矩，只有外力才能使质点系的动量矩发生变化。

下面讨论动量矩守恒的情形：

（1）如果 $\sum \boldsymbol{M}_O(\boldsymbol{F}_i^{(e)}) \equiv 0$，则由式（12-6）可知，$\boldsymbol{L}_O$ = 常矢量。

（2）如果 $\sum M_z(\boldsymbol{F}_i^{(e)}) \equiv 0$，则由式（12-7）可知，$L_z$ = 常量。

可见，在运动过程中，如果作用于质点系的所有外力对某固定点（或固定轴）的主矩始终等于零，则质点系对该点（或该轴）的动量矩保持不变。这就是**质点系的动量矩守恒定理**。

思考题：两猴进行爬绳比赛（图 12-4）。已知猴 A、B 质量相同，$m_A = m_B = m$。猴 A 比猴 B 爬得快。两猴分别抓住缠绕在定滑轮上的软绳两端，在同一高度从静止开始同时往上爬。不计绳子与滑轮的质量及轴承的摩擦，试分析比赛结果。

例题 12-1 试用动量矩定理导出单摆（数学摆）的运动微分方程（图12-5）。

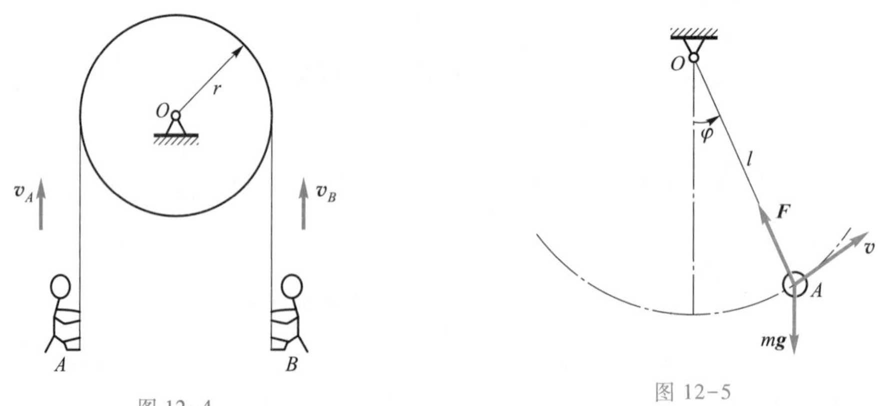

图 12-4　　图 12-5

解：把单摆的摆锤看成一个在圆弧上运动的质点 A，设其质量为 m，摆线长 l。又设在任一瞬时质点 A 具有速度 $\boldsymbol{v}$，摆线 OA 与铅垂线的夹角是 φ。

取通过悬点 O 而垂直于运动平面的固定轴 z 作为矩轴，对此轴应用动量矩定理，有

$$\frac{\mathrm{d}}{\mathrm{d}t}[M_z(m\boldsymbol{v})]=\sum M_z(\boldsymbol{F}_i^{(e)})$$

由于对轴 z 的动量矩和力矩分别为

$$M_z(m\boldsymbol{v})=mvl=m(l\omega)l=ml^2\frac{\mathrm{d}\varphi}{\mathrm{d}t}$$

$$\sum M_z(\boldsymbol{F}_i^{(e)})=-mgl\sin\varphi$$

从而可得

$$\frac{\mathrm{d}}{\mathrm{d}t}\left(ml^2\frac{\mathrm{d}\varphi}{\mathrm{d}t}\right)=-mgl\sin\varphi$$

化简即得单摆的运动微分方程

$$\frac{\mathrm{d}^2\varphi}{\mathrm{d}t^2}+\frac{g}{l}\sin\varphi=0$$

例题 12-2　图 12-6a 所示均质圆轮半径为 R、质量为 m。圆轮在重物 P 带动下绕固定轴 O 转动，已知重物重量为 G。试求重物下落的加速度。

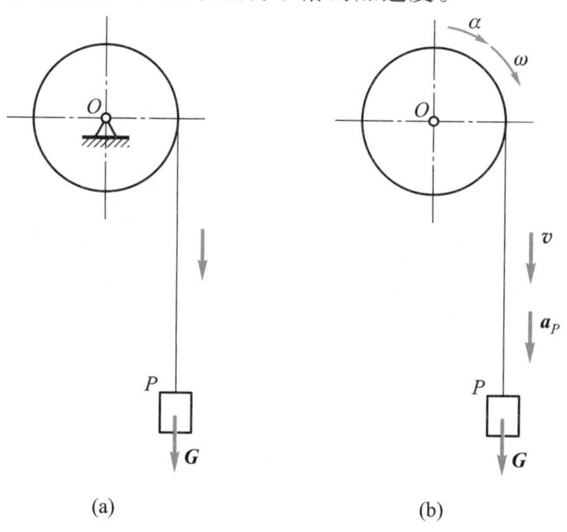

图 12-6

解：以整个系统为研究对象。设圆轮的角速度和角加速度分别为 ω 和 α，重物的加速度为 $\boldsymbol{a}_P$。圆轮对轴 O 的动量矩为

$$L_{O1}=J_O\omega=\frac{1}{2}mR^2\omega\text{（顺时针方向）}$$

重物对轴 O 的动量矩

$$L_{O2}=mvR=\frac{G}{g}vR\text{（顺时针方向）}$$

系统对轴 O 的总动量矩

$$L_O=L_{O1}+L_{O2}=\frac{1}{2}mR^2\omega+\frac{G}{g}vR\text{（顺时针方向）}$$

应用对定轴 O 的动量矩定理

$$\frac{\mathrm{d}L_O}{\mathrm{d}t}=M_O$$

有

$$\frac{\mathrm{d}}{\mathrm{d}t}\left(\frac{1}{2}mR^2\omega+\frac{G}{g}vR\right)=GR$$

得

$$\frac{1}{2}mR^2\alpha+\frac{G}{g}a_PR=GR$$

式中，$a_P=R\alpha$。

所以求得重物下落的加速度大小为

$$a_P=\frac{G}{\frac{m}{2}+\frac{G}{g}}$$

例题 12-3 两个鼓轮固连在一起，其总质量是 m，对水平转轴 O 的转动惯量是 J_O。鼓轮的半径是 r_1 和 r_2。绳端悬挂的重物 A 和 B 的质量分别是 m_1 和 m_2（图 12-7a），且 $m_1>m_2$。试求鼓轮的角加速度。

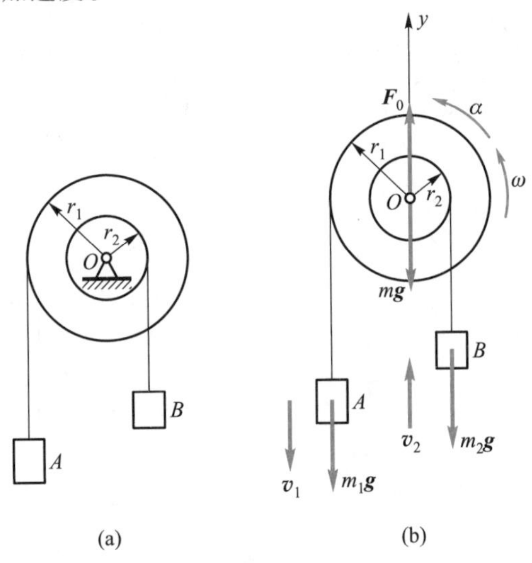

图 12-7

解：取鼓轮，重物 A、B 和绳索为研究对象（图 12-7b）。对鼓轮的转轴 z（垂直于图面，指向读者）应用动量矩定理，有

$$\frac{\mathrm{d}L_{Oz}}{\mathrm{d}t}=M_{Oz} \tag{1}$$

系统对轴 Oz 的动量矩由三部分组成，即

$$L_{Oz}=J_O\omega+m_1v_1r_1+m_2v_2r_2$$

考虑到 $v_1=r_1\omega$，$v_2=r_2\omega$，则有

$$L_{Oz}=(J_O+m_1r_1^2+m_2r_2^2)\omega \tag{2}$$

外力对轴 Oz 的总力矩

$$M_{Oz}=(m_1r_1-m_2r_2)g \tag{3}$$

将式(2)和式(3)代入式(1),得

$$(J_O+m_1r_1^2+m_2r_2^2)\frac{d\omega}{dt}=(m_1r_1-m_2r_2)g$$

从而求出鼓轮的角加速度

$$\alpha=\frac{d\omega}{dt}=\frac{m_1r_1-m_2r_2}{J_O+m_1r_1^2+m_2r_2^2}g$$

方向为逆时针方向。

12-3　刚体的定轴转动微分方程

设刚体在主动力 $\boldsymbol{F}_1$、$\boldsymbol{F}_2$、…、$\boldsymbol{F}_n$ 作用下绕定轴 z 转动(图 12-8)。轴承约束力为 $\boldsymbol{F}_{Ax}$、$\boldsymbol{F}_{Ay}$、$\boldsymbol{F}_{Bx}$、$\boldsymbol{F}_{By}$、$\boldsymbol{F}_{Bz}$。用 $M_z=\sum M_z(\boldsymbol{F}_i)$ 表示作用在刚体上的外力对转轴 z 的主矩。

刚体对转轴 z 的动量矩 $L_z=J_z\omega$。于是,根据对定轴的质点系动量矩定理式(12-7),可得

$$J_z\frac{d\omega}{dt}=M_z$$

考虑到 $\alpha=\frac{d\omega}{dt}=\frac{d^2\varphi}{dt^2}$,则上式可写成

$$J_z\frac{d^2\varphi}{dt^2}=\sum M_z(\boldsymbol{F}_i^{(e)})$$

或

$$J_z\ddot{\varphi}=M_z \tag{12-8}$$

可见,定轴转动刚体对转轴的转动惯量与角加速度的乘积,等于作用于刚体的外力对转轴的主矩。这就是**刚体的定轴转动微分方程**(differential equations of rotation of rigid body with a fixed axis)。

当不同的转动刚体受同样的外力矩 M_z 作用时,刚体对轴的转动惯量 J_z 越大,则它所获得的角加速度 $\ddot{\varphi}$ 越小。由此可知,转动惯量表达了刚体转动时的惯性度量。

思考题: 如图 12-9 所示,在什么条件下,跨过定滑轮两边的绳子的拉力 $F_1=F_2$?

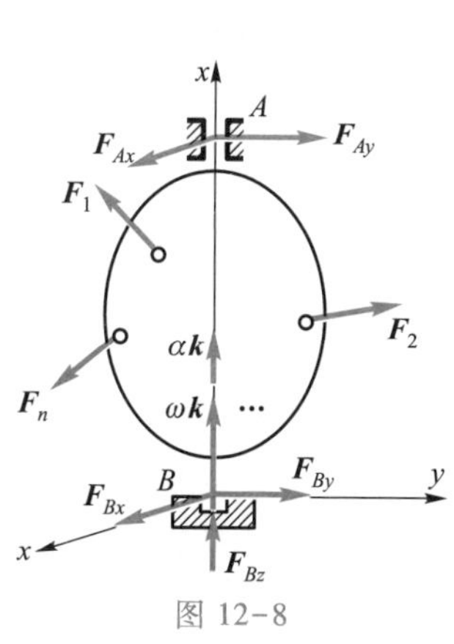

图 12-8

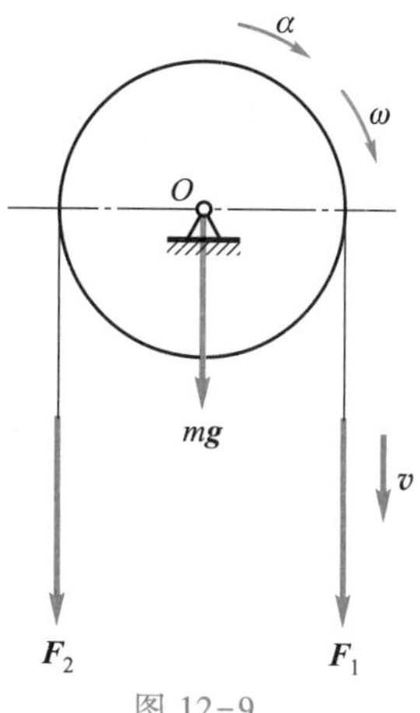

图 12-9

例题 12-4 复摆由可绕水平轴转动的刚体构成(图 12-10a)。已知复摆的质量是 m,重心 C 到转轴 O 的距离 $OC=b$,复摆对转轴 O 的转动惯量是 J_O,设摆动开始时 OC 与铅直线的偏角是 φ_0,且复摆的初角速度为零。试求复摆的微幅摆动规律。轴承摩擦和空气阻力不计。

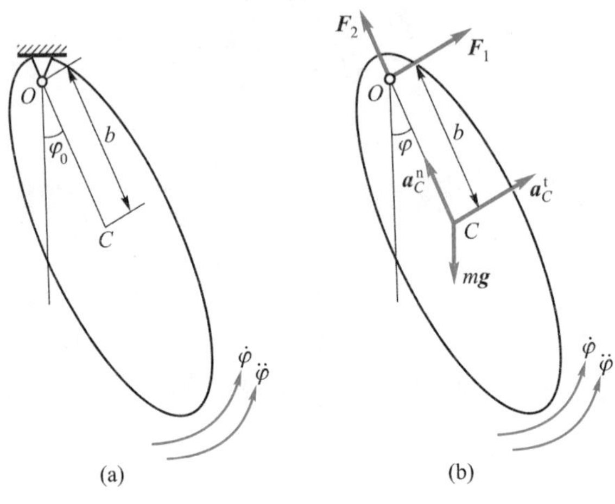

图 12-10

解:复摆在任意位置时,作用于复摆的力有重力 $m\boldsymbol{g}$ 和轴承 O 的约束力 $\boldsymbol{F}_1$ 和 $\boldsymbol{F}_2$,如图 12-10b 所示。

根据刚体定轴转动微分方程

$$J_z\ddot{\varphi}=M_z$$

有

$$J_O\frac{\mathrm{d}^2\varphi}{\mathrm{d}t^2}=-mgb\ \sin\ \varphi$$

即

$$\frac{\mathrm{d}^2\varphi}{\mathrm{d}t^2}+\frac{mgb}{J_O}\sin\ \varphi=0$$

当复摆作微幅摆动时,有 $\sin\ \varphi\approx\varphi$,于是复摆微幅摆动的微分方程可简化为

$$\ddot{\varphi}+\frac{mgb}{J_O}\varphi=0$$

可见复摆的微幅振动也是简谐运动。考虑到复摆运动的初始条件:当 $t=0$ 时,有

$$\varphi=\varphi_0,\quad \dot{\varphi}=0$$

则复摆运动规律可写成

$$\varphi=\varphi_0\cos\left(\sqrt{\frac{mgb}{J_O}}t\right)\tag{1}$$

摆动的频率 ω_0 和周期 T 分别为

$$\omega_0=\sqrt{\frac{mgb}{J_O}}\tag{2}$$

$$T=\frac{2\pi}{\omega_0}=2\pi\sqrt{\frac{J_O}{mgb}}\tag{3}$$

工程上常利用关系式(3)测定形状不规则刚体的转动惯量。为此,把刚体做成复摆并用试验测出它的摆动周期 T,然后由式(3)求得转动惯量

$$J_O=\frac{mgbT^2}{4\pi^2} \tag{4}$$

12-4　相对质心的动量矩定理

前面给出的动量矩定理只适用于定点或定轴,但在分析质点系动力学问题时,若将矩心或矩轴选为质点系的质心或质心轴,常常较为方便。下面就给出质点系相对于质心和质心轴的动量矩定理。

过定点 O 建立固定直角坐标系 $Oxyz$,以质点系的质心 C 为原点,取平移坐标系 $Cx'y'z'$,如图 12-11所示。

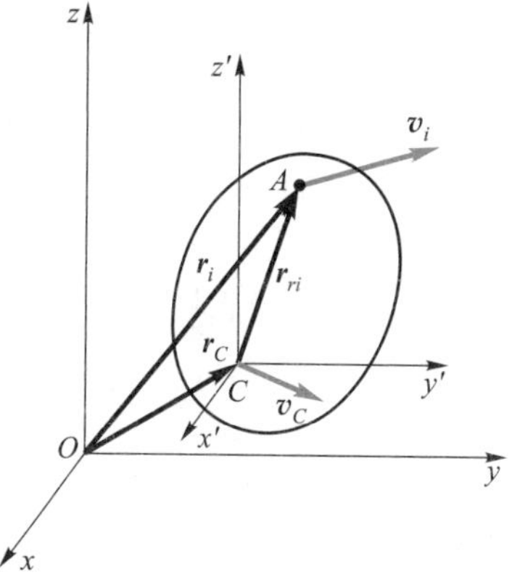

图 12-11

设质心 C 的速度为$\boldsymbol{v}_C$,任一质点 A 的质量为 m_i,绝对速度为$\boldsymbol{v}_i$,相对速度为$\boldsymbol{v}_{ri}$。质点系对定点 O 的动量矩

$$\begin{aligned}\boldsymbol{L}_O&=\sum(\boldsymbol{r}_i\times m_i\boldsymbol{v}_i)=\sum[(\boldsymbol{r}_C+\boldsymbol{r}_{ri})\times m_i(\boldsymbol{v}_C+\boldsymbol{v}_{ri})]\\&=\sum(\boldsymbol{r}_C\times m_i\boldsymbol{v}_C)+\sum(\boldsymbol{r}_C\times m_i\boldsymbol{v}_{ri})+\sum(\boldsymbol{r}_{ri}\times m_i\boldsymbol{v}_C)+\\&\quad\sum(\boldsymbol{r}_{ri}\times m_i\boldsymbol{v}_{ri})\end{aligned}$$

由于

$$\sum(\boldsymbol{r}_C\times m_i\boldsymbol{v}_C)=\boldsymbol{r}_C\times(\sum m_i)\boldsymbol{v}_C=\boldsymbol{r}_C\times m\,\boldsymbol{v}_C$$

$$\sum(\boldsymbol{r}_C\times m_i\boldsymbol{v}_{ri})=\boldsymbol{r}_C\times\sum(m_i\boldsymbol{v}_{ri})=\boldsymbol{r}_C\times m\,\boldsymbol{v}_{rC}=0$$

$$\sum(\boldsymbol{r}_{ri}\times m_i\boldsymbol{v}_C)=\sum(m_i\boldsymbol{r}_{ri})\times\boldsymbol{v}_C=m\boldsymbol{r}_{rC}\times\boldsymbol{v}_C=0$$

所以

$$\boldsymbol{L}_O=\boldsymbol{r}_C\times m\,\boldsymbol{v}_C+\sum(\boldsymbol{r}_{ri}\times m_i\boldsymbol{v}_{ri})=\boldsymbol{r}_C\times m\,\boldsymbol{v}_C+\boldsymbol{L}_C \tag{12-9}$$

其中 $\boldsymbol{L}_C$为质点系对质心 C 的动量矩。可以证明,在动系为质心平移坐标系的情况下

$$\boldsymbol{L}_C=\sum(\boldsymbol{r}_{ri}\times m_i\boldsymbol{v}_{ri})=\sum(\boldsymbol{r}_{ri}\times m_i\boldsymbol{v}_i)$$

即质点系的绝对动量对质心 C 的动量矩就等于其相对动量对质心 C 的动量矩(读者可自行证明)。

将式(12-9)代入对定点 O 的动量矩定理表达式(12-6),有

$$\frac{\mathrm{d}}{\mathrm{d}t}(\boldsymbol{r}_C\times m\boldsymbol{v}_C+\boldsymbol{L}_C)=\sum(\boldsymbol{r}_i\times\boldsymbol{F}_i^{(e)})$$

上式左端

$$\begin{aligned}\frac{\mathrm{d}}{\mathrm{d}t}(\boldsymbol{r}_C\times m\boldsymbol{v}_C+\boldsymbol{L}_C)&=\frac{\mathrm{d}\boldsymbol{r}_C}{\mathrm{d}t}\times m\boldsymbol{v}_C+\boldsymbol{r}_C\times m\,\frac{\mathrm{d}\boldsymbol{v}_C}{\mathrm{d}t}+\frac{\mathrm{d}\boldsymbol{L}_C}{\mathrm{d}t}\\&=\boldsymbol{v}_C\times m\boldsymbol{v}_C+\boldsymbol{r}_C\times m\boldsymbol{a}_C+\frac{\mathrm{d}\boldsymbol{L}_C}{\mathrm{d}t}\\&=\boldsymbol{r}_C\times m\boldsymbol{a}_C+\frac{\mathrm{d}\boldsymbol{L}_C}{\mathrm{d}t}\end{aligned}$$

上式右端

$$\sum(\boldsymbol{r}_i\times\boldsymbol{F}_i^{(e)})=\sum[(\boldsymbol{r}_C+\boldsymbol{r}_{ri})\times\boldsymbol{F}_i^{(e)}]=\sum(\boldsymbol{r}_C\times\boldsymbol{F}_i^{(e)})+\sum(\boldsymbol{r}_{ri}\times\boldsymbol{F}_i^{(e)})$$

从而有

$$\boldsymbol{r}_C\times m\boldsymbol{a}_C+\frac{\mathrm{d}\boldsymbol{L}_C}{\mathrm{d}t}=\sum(\boldsymbol{r}_C\times\boldsymbol{F}_i^{(e)})+\sum(\boldsymbol{r}_{ri}\times\boldsymbol{F}_i^{(e)})$$

注意到由质点系质心运动定理有

$$m\boldsymbol{a}_C=\sum\boldsymbol{F}_i^{(e)}$$

所以得

$$\frac{\mathrm{d}\boldsymbol{L}_C}{\mathrm{d}t}=\sum(\boldsymbol{r}_{ri}\times\boldsymbol{F}_i^{(e)})=\sum M_C(\boldsymbol{F}_i^{(e)})=\boldsymbol{M}_C \tag{12-10}$$

即质点系在相对于以质心速度作平移的坐标系中运动时，质点系对质心的动量矩对时间的导数，等于作用于质点系的外力对质心的矩的矢量和。这就是质点系相对于质心的动量矩定理。该定理在形式上与质点系对于固定点的动量矩定理完全一样。

将式（12-10）投影到图 12-11 中的质心轴 Cz'，有

$$\frac{\mathrm{d}L_{Cz'}}{\mathrm{d}t}=\sum M_{Cz'}(F_i^{(e)})=M_{Cz'}$$

即质点系相对于质心轴的动量矩对时间的导数，等于作用于质点系的外力对该轴的矩的代数和。显然，当外力对质心（或质心轴）的主矩之和恒等于零时，质点系对质心（或质心轴）的动量矩保持不变，此结论称为**质点系相对质心（或质心轴）的动量矩守恒定理**。

相对于质心（或质心轴）的动量矩守恒定理可以说明许多现象。例如，花样跳水运动员，离开跳板时脚蹬跳板以便获得初角速度，以后由于作用的外力只有重力，它对质心的矩恒等于零，运动员对质心的动量矩守恒。因此，运动员如欲获得较快的转速，必须蜷曲四肢而使他的转动惯量减小。直升机飞行时，其升力将不断克服空气阻力偶，此力偶能引起机身绕质心轴的转动。为了避免由此产生的转动，必须有产生反向力偶的设备，通常采用反向转动的尾桨。

动力学动画：直升机

由相对质心的动量矩定理可知，质点系相对质心的运动仅与外力系对质心的主矩有关，而与内力无关。也就是说，内力不能改变质点系相对质心的运动。例如，轮船靠舵才能转弯。当轮船要转弯时，可转动舵使其有一偏角，以使水流冲击舵面，该水流压力为外力，它对轮船铅垂质心轴的主矩，使轮船对质心轴的动量矩发生变化，产生转弯的角加速度，从而使轮船转弯。

思考题：图 12-12 所示长度为 l，质量不计的杆 OA 与半径为 R、质量为 m 的均质圆盘 B 在 A 处铰接，杆 OA 有角速度 ω，圆盘 B 有相对杆 OA 的角速度 ω（逆时针方向）。则圆盘对轴 O 的动量矩如何计算？

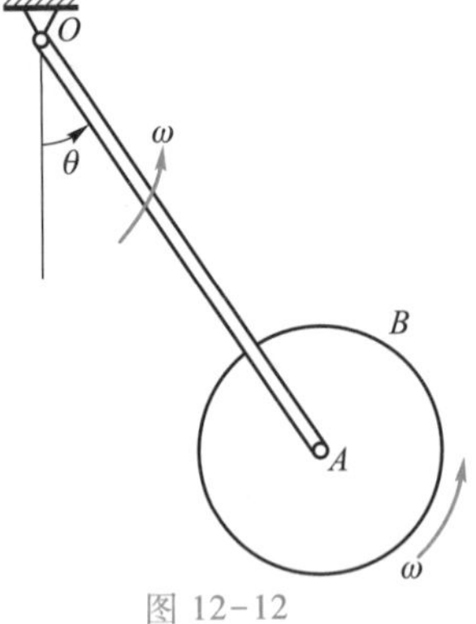

图 12-12

12-5　刚体的平面运动微分方程

如图 12-13 所示，设坐标系 $Oxyz$ 为定系，刚体在外力 $\boldsymbol{F}_1$、$\boldsymbol{F}_2$、…、$\boldsymbol{F}_n$ 的作用下作平行于坐标平面 Oxy 的运动，且质心 C 在此平面内，取质心平移坐标系为 $Cx'y'z'$。

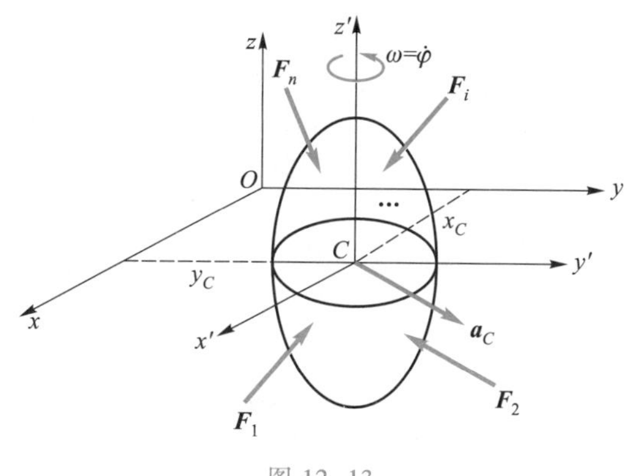

图 12-13

由运动学知,刚体的平面运动可分解成随质心 C 的平移和绕质心轴 Cz'的相对转动。前一运动规律可由质心运动定理来确定,而后一运动规律则可由相对于质心的动量矩定理来确定。于是,有

$$m\boldsymbol{a}_C=\sum \boldsymbol{F}_i^{(e)} \tag{12-11}$$

$$\frac{\mathrm{d}\boldsymbol{L}_C}{\mathrm{d}t}=\boldsymbol{M}_C \tag{12-12}$$

将式(12-11)分别沿轴 x 和 y 投影,得

$$ma_{Cx}=\sum F_{ix}^{(e)},\quad ma_{Cy}=\sum F_{iy}^{(e)} \tag{12-13}$$

将式(12-12)沿质心轴 Cz'投影,得

$$\frac{\mathrm{d}L_{Cz'}}{\mathrm{d}t}=M_{Cz'} \tag{12-14}$$

若用(x_C,y_C)表示质心 C 在固定直角坐标系中的坐标,φ 表示刚体对质心轴 Cz'的相对转角,则有运动学关系 $a_{Cx}=\dfrac{\mathrm{d}^2x_C}{\mathrm{d}t^2},a_{Cy}=\dfrac{\mathrm{d}^2y_C}{\mathrm{d}t^2},\omega=\dfrac{\mathrm{d}\varphi}{\mathrm{d}t}$。再考虑相对质心轴 Cz'的动量矩 $L_{Cz'}=J_{Cz'}\omega=J_{Cz'}\dfrac{\mathrm{d}\varphi}{\mathrm{d}t}$,式中,$J_{Cz'}$表示刚体对轴$Cz'$的转动惯量,则有

$$\left.\begin{aligned}m\ddot{x}_C&=\sum F_{ix}^{(e)}\\ m\ddot{y}_C&=\sum F_{iy}^{(e)}\\ J_{Cz'}\ddot{\varphi}&=M_{Cz'}\end{aligned}\right\} \tag{12-15}$$

这就是**刚体的平面运动微分方程**(differential equations of planar motion of rigid body)。可以应用它求解刚体作平面运动的动力学问题。

有必要指出,上述质心运动定理在轴 z 上的投影方程,以及相对质心的动量矩定理在轴 Cx'、Cy'上的投影方程,它们只是给出了维持刚体作平面运动的条件。

例题 12-5　图 12-14 所示均质圆柱的质量是 m,半径是 r,从静止开始沿倾角是 φ 的固定斜面向下滚动而不滑动,斜面与圆柱间的静摩擦因数是 f_s。试求圆柱质心 C 的加速度,以及保证圆柱滚动而不滑动的条件。

解: 以圆柱为研究对象,圆柱作平面运动,受力及运动分析如图所示。由刚体平面运动微分方程,有

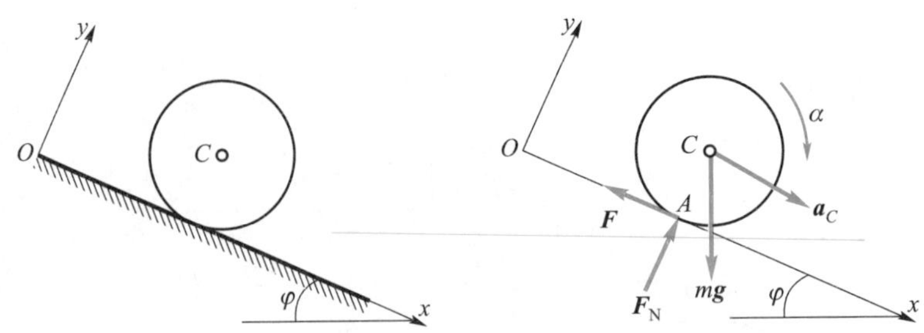

图 12-14

$$ma_C = mg\sin\varphi - F \tag{1}$$

$$0 = F_N - mg\cos\varphi \tag{2}$$

$$J_C\alpha = Fr \tag{3}$$

由于圆柱只滚不滑，故有运动学关系

$$a_C = r\alpha \tag{4}$$

联立求解以上四个方程，并考虑到 $J_C = \dfrac{mr^2}{2}$，得到

$$a_C = \frac{2}{3}g\sin\varphi,\quad F = \frac{1}{3}mg\sin\varphi,\quad F_N = mg\cos\varphi$$

由保证圆柱滚动而不滑动的静力学条件

$$F \leqslant f_s F_N$$

代入求出的 F 和 F_N，则得

$$\frac{1}{3}mg\sin\varphi \leqslant f_s mg\cos\varphi$$

从而求得圆柱滚动而不滑动的条件

$$\tan\varphi \leqslant 3f_s$$

讨论：若 $\tan\varphi \leqslant 3f_s$ 不成立，即圆柱有滑动，故运动学关系 $a_C = r\alpha$ 不成立，则应用关系 $F = f_s F_N$ 作为补充方程。

动力学动画：直杆

例题 12-6 均质细杆 AB 质量为 m，长度为 $2l$，B 端搁在光滑的水平地面上，A 端靠在光滑墙壁上，A、B 均在垂直于地面的同一铅直面内，如图 12-15 所示。初瞬时，杆与墙壁的夹角为 φ_0，杆由静止开始运动。试求杆沿铅直墙壁下滑时的角速度和角加速度，以及杆开始脱离墙壁时它与墙壁的夹角。

图 12-15

解：取杆 AB 为研究对象。在 A 端脱离墙壁以前，受力情况如图12-15所示。杆作平面运动，取坐标系 Oxy，则由刚体平面运动微分方程有

$$m\ddot{x}_C = F_A \tag{1}$$

$$m\ddot{y}_C = F_B - mg \tag{2}$$

$$J_C\ddot{\varphi} = F_B l\sin\varphi - F_A l\cos\varphi \tag{3}$$

由几何关系知

$$x_C = l\sin\varphi \tag{4}$$

$$y_C = l\cos\varphi \tag{5}$$

将式(4)和式(5)对时间求二阶导数，得

$$\ddot{x}_C = l\ddot{\varphi}\cos\varphi - l\dot{\varphi}^2\sin\varphi \tag{6}$$

$$\ddot{y}_C = -l\ddot{\varphi}\sin\varphi - l\dot{\varphi}^2\cos\varphi \tag{7}$$

把式(6)和式(7)分别代入式(1)和式(2)，再把 F_A 和 F_B 的值以及 $J_C = \frac{1}{12}m(2l)^2 = \frac{1}{3}ml^2$ 代入式(3)，求得杆 AB 的角加速度

$$\ddot{\varphi} = \frac{3g}{4l}\sin\varphi \tag{8}$$

利用关系

$$\ddot{\varphi} = \frac{\mathrm{d}\dot{\varphi}}{\mathrm{d}t}\frac{\mathrm{d}\varphi}{\mathrm{d}\varphi} = \frac{\dot{\varphi}\mathrm{d}\dot{\varphi}}{\mathrm{d}\varphi}$$

对式(8)求积分

$$\int_0^{\dot{\varphi}} \dot{\varphi}\mathrm{d}\dot{\varphi} = \frac{3g}{4l}\int_{\varphi_0}^{\varphi}\sin\varphi\mathrm{d}\varphi$$

求得杆 AB 的角速度

$$\dot{\varphi} = \sqrt{\frac{3g}{2l}(\cos\varphi_0 - \cos\varphi)} \tag{9}$$

将式(6)、式(8)和式(9)代入式(1)，求得

$$F_A = \frac{3}{4}mg\sin\varphi(3\cos\varphi - 2\cos\varphi_0)$$

当杆即将脱离墙壁时，$F_A \to 0$。以 $F_A = 0$ 代入上式，求得杆开始脱离墙壁时它与墙壁所成的夹角

$$\varphi_1 = \arccos\left(\frac{2}{3}\cos\varphi_0\right)$$

小　结

1. 动量矩

质点系对于某点 O 的动量矩等于各质点的动量对点 O 的矩的矢量和，即

$$\boldsymbol{L}_O = \sum \boldsymbol{M}_O(m_i\boldsymbol{v}_i) = \sum(\boldsymbol{r}_i \times m_i\boldsymbol{v}_i)$$

质点系对于某轴 z 的动量矩等于各质点的动量对轴 z 的矩的代数和，即

$$L_z = \sum M_z(m_i\boldsymbol{v}_i)$$

质点系对于不同点 A 和 O 的动量矩之间的关系为

$$\boldsymbol{L}_O = \boldsymbol{L}_A + \boldsymbol{r}_A \times \boldsymbol{p}$$

2. 动量矩定理

对定点 O 的动量矩定理

$$\frac{\mathrm{d}\boldsymbol{L}_O}{\mathrm{d}t} = \sum \boldsymbol{M}_O(\boldsymbol{F}_i^{(e)})$$

对定轴 z 的动量矩定理

$$\frac{\mathrm{d}L_z}{\mathrm{d}t}=\sum M_z(\boldsymbol{F}_i^{(e)})$$

对质心 C 和质心轴 Cz' 的动量矩定理

$$\frac{\mathrm{d}\boldsymbol{L}_C}{\mathrm{d}t}=\sum \boldsymbol{M}_C(\boldsymbol{F}_i^{(e)}),\quad \frac{\mathrm{d}L_{Cz}}{\mathrm{d}t}=\sum M_{Cz'}(\boldsymbol{F}_i^{(e)})$$

3. 刚体平面运动微分方程

$$\begin{cases} m\ddot{x}_C=\sum F_{ix}^{(e)} \\ m\ddot{y}_C=\sum F_{iy}^{(e)} \\ J_{Cz'}\ddot{\varphi}=M_{Cz'} \end{cases}$$

习 题

12-1 如题 12-1 图所示刚体其已知条件和动量定理习题中 11-1 相同。试分别计算各物体对通过点 O 并与图平面垂直的轴的动量矩。设图 d 中圆盘和水平面的接触点是点 O。

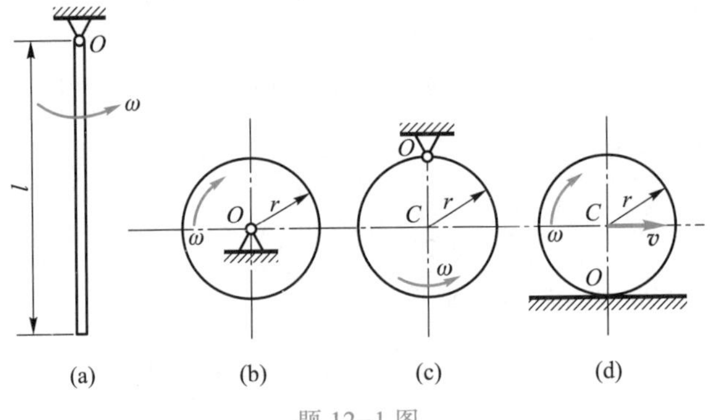

题 12-1 图

12-2 如题 12-2 图所示，轮的质量 $m=100$ kg，半径 $r=1$ m，可以看成均质圆盘。当轮以转速 $n=120$ r/min绕定轴 C 转动时，在杆上点 A 垂直地施加常力 $\boldsymbol{F}$，经过 10 s 轮停止转动。设轮与闸块间的动摩擦因数 $f'=0.1$，试求力 $\boldsymbol{F}$ 的大小。轴承摩擦和闸块的厚度都忽略不计。

12-3 如题 12-3 图所示鼓轮的质量 $m_1=1\ 800$ kg，半径 $r=0.25$ m，对转轴 O 的转动惯量 $J_O=85.3$ kg · m^2。现在鼓轮上作用驱动转矩 $M_O=7.43$ kN · m，来提升质量 $m_2=2\ 700$ kg的物体 A。试求物体 A 上升的加速度、绳索的拉力以及轴承 O 的约束力。绳索的质量和轴承的摩擦都忽略不计。

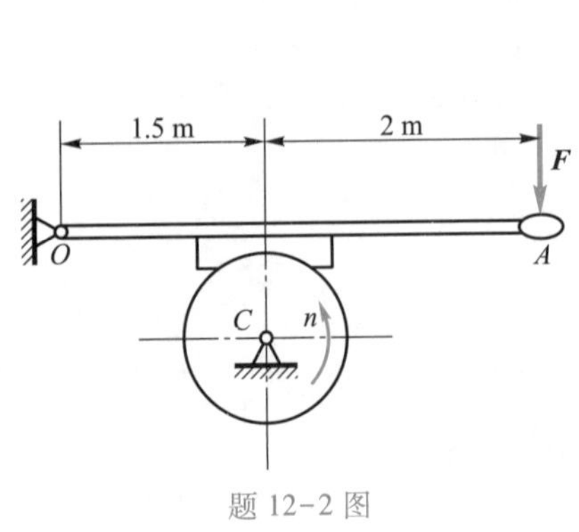

题 12-2 图

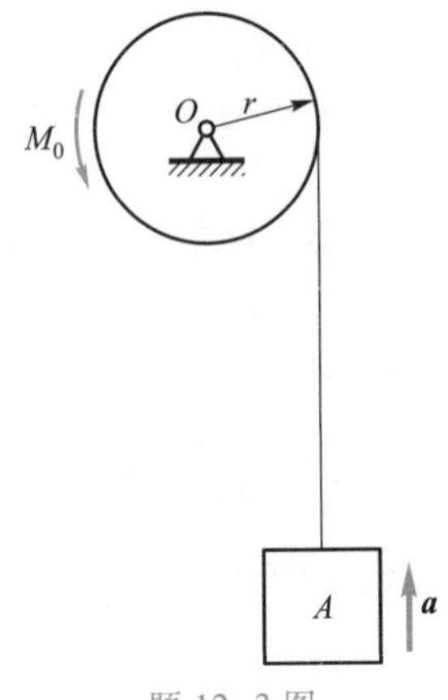

题 12-3 图

12-4　物体 D 被装在转动惯量测定器的水平轴 AB 上，该轴上还固连着半径是 r 的鼓轮 E；缠在鼓轮上细绳的下端挂着质量为 m 的物体 C(题 12-4 图)。已知物体 C 被无初速地释放后，经过时间 τ 落下的距离是 h。试求被测物体对转轴的转动惯量。已知轴 AB 连同鼓轮对自身轴线的转动惯量是 J_0。物体 D 的质心在轴线 AB 上，摩擦和空气阻力都忽略不计。

12-5　如题 12-5 图所示均质轮半径是 r，重量是 G，在水平面上滚动而不滑动，不计滚阻。试问在下列两种情况下，轮心 C 的加速度是否相等？接触点 A 的滑动摩擦力是否相等？(a) 轮上作用一个顺时针方向的力偶矩 M_0 为常值的力偶；(b) 轮心 C 上作用一个水平向右的常力，其大小 $F=\dfrac{M_0}{r}$。

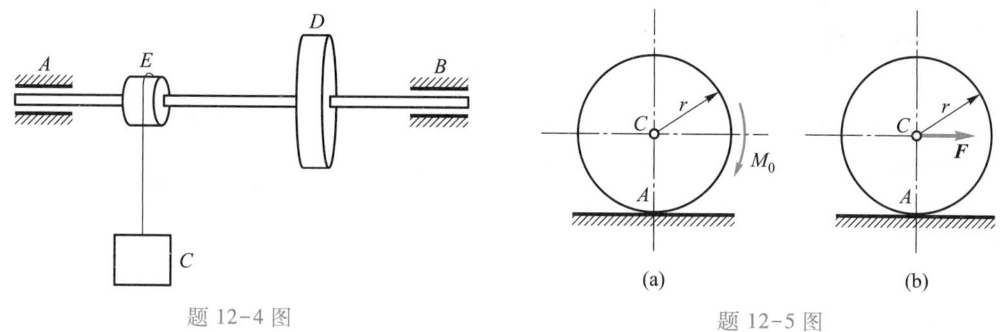

题 12-4 图　　题 12-5 图

12-6　如题 12-6 图所示均质圆盘半径是 r，在铅直面内沿水平直线轨道运动。假设初瞬时圆盘具有水平向右的平动速度 $\boldsymbol{v}_0$。已知圆盘与轨道间的静摩擦因数是 f_s。试求圆盘开始沿轨道作无滑动的滚动所需的时间 t_1，以及此后盘心 C 的速度。

12-7　如题 12-7 图所示均质滚子质量是 M，半径是 r，对中心轴的回转半径是 ρ。滚子轴颈的半径是 r_0，轴颈上绕着绳子，绳端作用着与水平面成角 α 的常力 $\boldsymbol{F}$，设滚子沿水平面作无滑动的滚动。试求滚子质心的加速度，以及保证滚动而不滑动的条件。

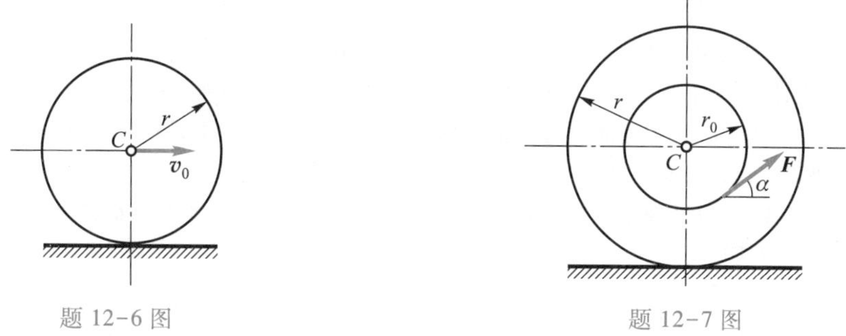

题 12-6 图　　题 12-7 图

12-8　如题 12-8 图所示均质杆 AB 长 l，质量是 m。杆的一端系在绳索 BD 上，另一端搁在光滑水平面上。当绳沿铅直而杆静止时，杆与水平面的倾角 $\varphi=45°$。现在绳索突然断掉，试求在刚断后的瞬时杆端 A 的约束力。

12-9　如题 12-9 图所示均质圆盘质量是 m，半径是 r，可绕通过边缘 O 点且垂直于盘面的水平轴转动。设圆盘从最高位置无初速地开始绕轴 O 转动，试求当圆盘中心 C 和轴 O 的连线经过水平位置的瞬时，轴承 O 处的总约束力大小。

12-10　如题 12-10 图所示均质圆柱的质量是 m，半径是 r。试求当此圆柱沿半径是 r_1 的圆槽滚动而不滑动时圆槽对圆柱的法向约束力和摩擦力，并求保证圆柱不滑所需的最小动摩擦因数 f。假设开始时 OC_0 线对铅直线所成偏角 $\varphi_0=60°$，且圆柱被无初速地释放。

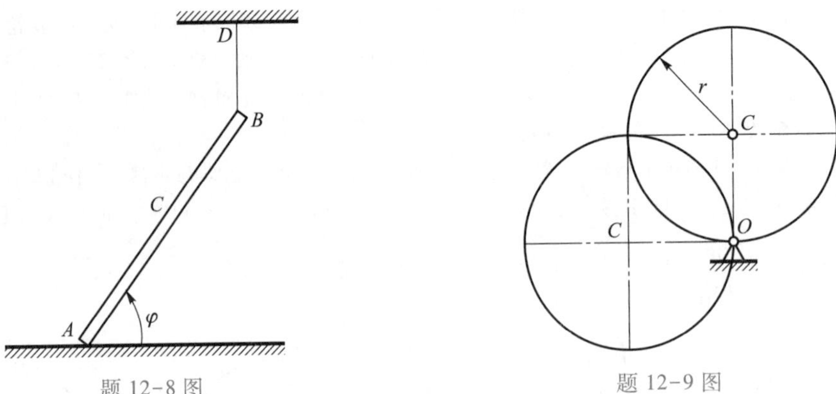

题 12-8 图　　题 12-9 图

12-11　如题 12-11 图所示均质圆柱体的质量是 m,在其中部绕有细绳,绳的上端 B 固定不动。现在把圆柱体由静止释放,试求下落高度 h 时,质心的速度、加速度以及绳索的拉力 $\boldsymbol{F}$。

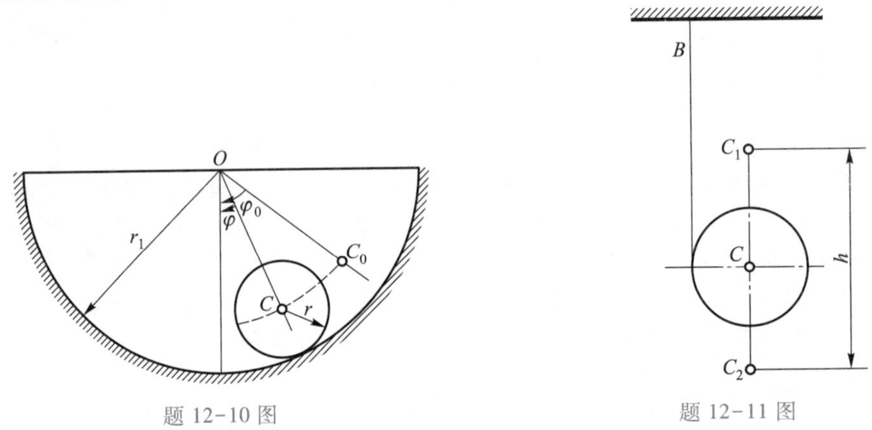

题 12-10 图　　题 12-11 图

12-12　两个均质轮 A 和 B,质量分别是 m_1和 m_2,半径分别是 r_1 和 r_2,用细绳连接如题 12-12 图所示,轮 A 绕固定轴 O 转动。试求轮 B 下落时质心 C 的加速度 $\boldsymbol{a}_C$ 和细绳的拉力 $\boldsymbol{F}$。

12-13　如题 12-13 图所示跨过定滑轮 D 的细绳,一端缠绕在均质圆柱体 A 上,另一端系在光滑水平面上的物块 B 上。已知圆柱 A 的半径是 r,质量是 m_1,物块 B 的质量 m_2。试求物块 B 的加速度 $\boldsymbol{a}_B$、圆柱质心 C 的加速度 $\boldsymbol{a}_C$ 以及绳索的拉力 $\boldsymbol{F}$。滑轮和细绳的质量,以及轴承摩擦都忽略不计。

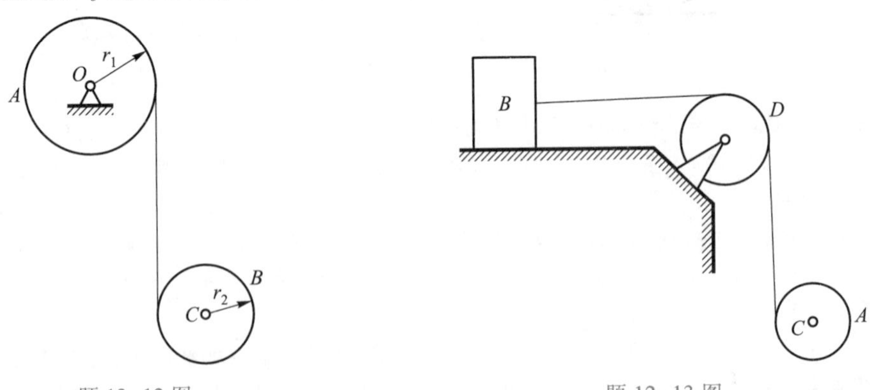

题 12-12 图　　题 12-13 图

12-14　长为 l、质量为 m 的均质杆 AB 和 BC 用铰链 B 连接,并用铰链 A 固定,位于平衡位置(题 12-14图)。今在 C 端作用一水平力 $\boldsymbol{F}$,试求此瞬时两杆的角加速度。

12-15　平板质量为 m_1,受水平力 $\boldsymbol{F}$ 作用而沿水平面运动(题 12-15 图),板与水平面间的动摩擦因

数为 f,平板上放一质量为 m_2 的均质圆柱,它相对平板只滚动不滑动,试求平板的加速度。

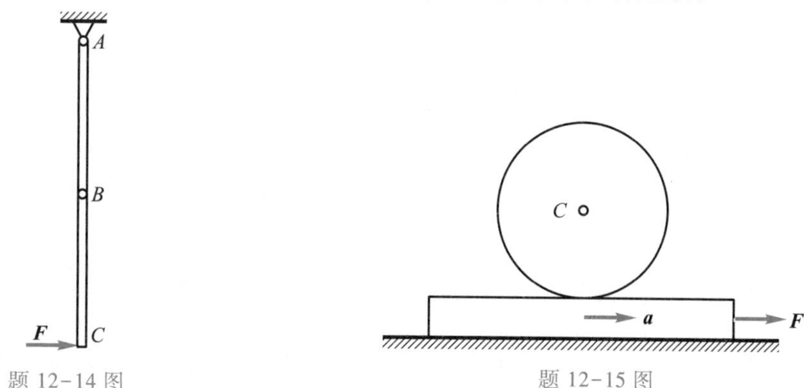

题 12-14 图　　　　题 12-15 图

工程实际研究性题目

12-16　荡秋千分析

(1) 在不用另外的人推或拉的情况下,如何把秋千荡起来?怎样才能越荡越高?说明其力学原理。

(2) 坐在秋千的踏板上的情况下,如何把秋千荡起来?

(3) 试举例说明生活和工程中另外一些不同形式的“秋千”,并说明其间的联系。

12-17　艺术体操运动员将均质圆环沿粗糙的水平地面向前抛出,不久圆环又自动返回到运动员身前。

(1) 试分析圆环能自己滚回来的条件是什么?

(2) 分析在此过程中圆环的各种运动情况。

(3) 自己设定参数。

(4) 求解。

(5) 结论与讨论。

12-18　魔术师的表演

魔术师要表演一个节目。其中一个道具是边长为 a 的不透明立方体箱子,质量为 m_1;另一个道具是长为 l 的均质刚性板 AB,质量为 m_2,可绕光滑的 A 铰转动;最后一个道具是半径为 R 的刚性球,质量为 m_3,放在刚性的水平面上。魔术师首先把刚性板 AB 水平放置在圆球上,板和圆球都可以保持平衡,且球心 O 和接触点 B 的连线与垂线夹角为 φ。然后魔术师又把箱子固定在 AB 板的中间位置,系统仍可以保持平衡,如题 12-18 图所示。

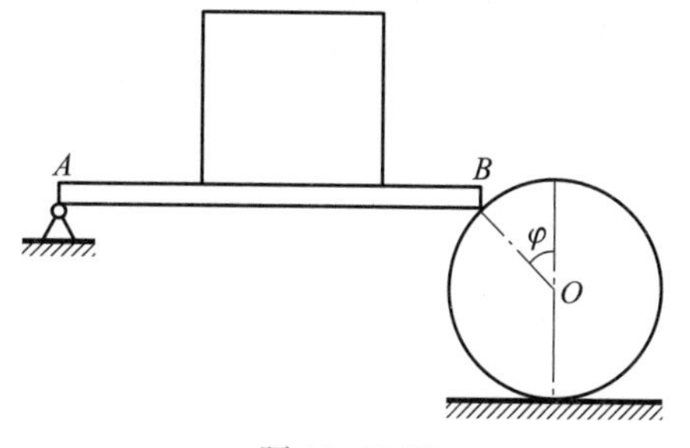

题 12-18 图

魔术师用魔棒轻轻向右推了一下圆球,竟然轻易地就把圆球推开了。更令人惊讶的是,当圆球离开 AB 板后,AB 板及其箱子仍能在水平位置保持平衡。

(1) 为什么在 AB 板上加很重的箱子不会把圆球挤压出去,而魔术师用很小的力却可以推开圆球?这其中涉及什么力学原理?

(2) 根据上述介绍,你能否求出 AB 板与圆球之间的摩擦因数要满足的关系?

(3) AB 板只在 A 处受支撑却仍能在水平位置保持平衡。魔术师让观众来检查,证明这时平板有且只有 A 点与地面接触,排除了看不见的支承或悬挂等情况。你认为这可能吗?请指出其中可能涉及的奥秘,并分析其中可能涉及的参数。

第 13 章　动能定理· 动力学综合问题分析

动能定理建立了质点或质点系动能的变化与作用力所做的功之间的关系。

13-1　力　的　功

力的功(work of force)是力在一段路程中对物体作用累积效应的度量,其结果引起能量的改变和转化。下面讨论力的功的计算方法。

1. 常力在直线路程中的功

设物体 $\boldsymbol{A}$ 在常力(大小和方向都不变的力)$\boldsymbol{F}$ 作用下沿直线轨迹运动(图 13-1),物体上一点由 A_1 运动到 A_2,路程是 s。以 α 表示力 $\boldsymbol{F}$ 与运动方向间的不变夹角。于是,力 $\boldsymbol{F}$ 在路程 s 中所做的功为

$$W = F\cos\alpha \times s \tag{13-1}$$

其中 $F\cos\alpha$ 为力 $\boldsymbol{F}$ 在运动方向的投影,可正可负。可见力的功是代数量。

功的单位在国际单位制中采用焦耳,用 J 表示,1 J=1 N · m。

2. 元功 · 变力在曲线路程中的功

设在质点 A 上作用着大小和方向均可变化的变力 $\boldsymbol{F}$,其作用点的轨迹是任意曲线 A_1A_2(图 13-2)。为了计算变力 $\boldsymbol{F}$ 在曲线路程 A_1A_2 中的功,需将此段曲线 A_1A_2 分成许多微小弧段,使得每个元弧段 ds(即元路程)可视为直线段。在元路程 ds 中力 $\boldsymbol{F}$ 则可视为常力,于是可应用式(13-1)来计算力 $\boldsymbol{F}$ 在每个元路程 ds 中的功,称它为元功(elementary work),用 $\mathrm{d}'W$ 表示,则有

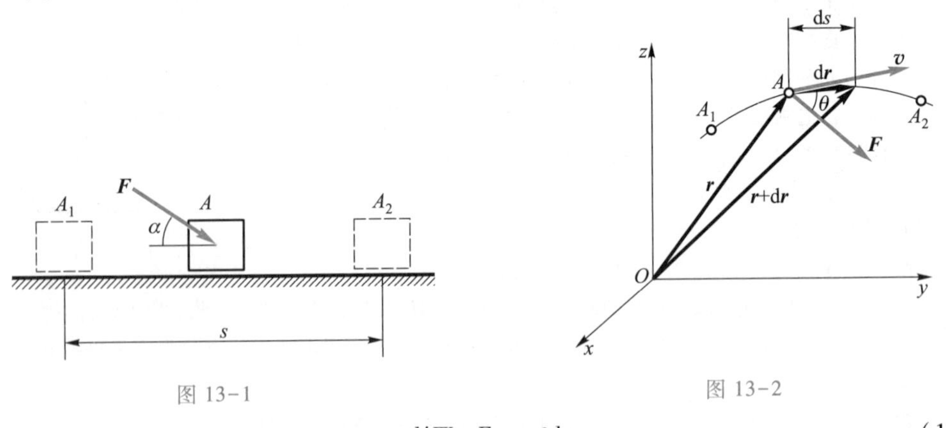

图 13-1　　图 13-2

$$\mathrm{d}'W = F\cos\theta\mathrm{d}s \tag{13-2}$$

式中,θ 是力 $\boldsymbol{F}$ 与速度$\boldsymbol{v}$ 间的可变夹角。若元路程 ds 对应的元位移为 $\mathrm{d}\boldsymbol{r}$,则上式可以改写成

$$\mathrm{d}'W = \boldsymbol{F}\cdot\mathrm{d}\boldsymbol{r} = \boldsymbol{F}\cdot\boldsymbol{v}\mathrm{d}t \tag{13-3}$$

因为 $\boldsymbol{F}=F_x\boldsymbol{i}+F_y\boldsymbol{j}+F_z\boldsymbol{k}$，$\mathrm{d}\boldsymbol{r}=\mathrm{d}x\boldsymbol{i}+\mathrm{d}y\boldsymbol{j}+\mathrm{d}z\boldsymbol{k}$，所以式(13-3)还可改写成

$$\mathrm{d}'W=F_x\mathrm{d}x+F_y\mathrm{d}y+F_z\mathrm{d}z \tag{13-4}$$

这就是元功的解析表达式。

力 $\boldsymbol{F}$ 在有限路程 A_1A_2 中的总功 W，是该力在这段路程中全部元功的代数和，可表示成曲线积分

$$W=\int_{A_1A_2}F\cos\theta\mathrm{d}s=\int_{A_1A_2}(F_x\mathrm{d}x+F_y\mathrm{d}y+F_z\mathrm{d}z) \tag{13-5}$$

如在质点上同时作用着多个力，则由合力投影定理可以推知，合力在某一路程上的功，等于各分力分别在该路程中的功的代数和。

3. 几种特殊力的功

(1) 重力的功

设物体的重心 A 沿某一曲线由 A_1 运动到 A_2(图 13-3)。取固定坐标系 $Oxyz$，令轴 z 铅直向上，则物体的重力 $\boldsymbol{G}$ 在坐标系各轴上的投影分别为

$$F_x=F_y=0,\quad F_z=-G$$

由式(13-4)得重力的元功

$$\mathrm{d}'W=-G\mathrm{d}z$$

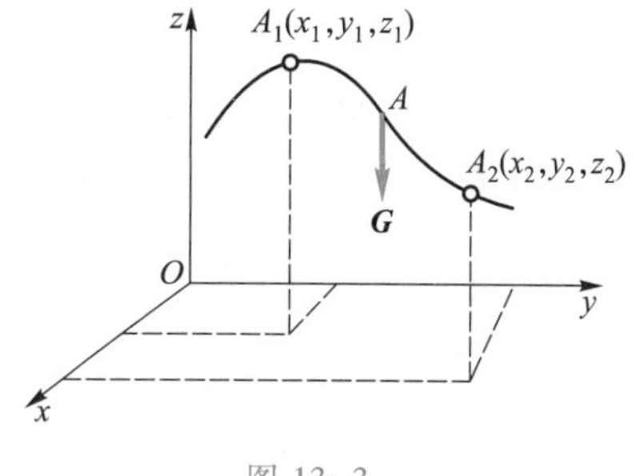

图 13-3

故重力在曲线路程 A_1A_2 上的功为

$$W=-\int_{z_1}^{z_2}G\mathrm{d}z=G(z_1-z_2)=Gh \tag{13-6}$$

式中，$h=z_1-z_2$ 是物体重心始末位置的高度差。可见，重力的功等于重力与物体重心始末位置高度差的乘积。如果重心下降，重力做正功；重心上移，则重力做负功。显然，重力所做的功仅与重心的始末位置有关，而与重心的运动路径无关。

(2) 弹性力的功

如图 13-4 所示，弹簧未变形时长度是 l_0，刚度系数是 k，弹簧的一端 O 固定，而另一端 A 同物体相连接。设点 A 沿任意路径由 A_1 运动到 A_2，则在该运动过程中任意位置点 A 处弹簧作用于物体上的弹性力为

图 13-4

$$\boldsymbol{F}=-k(r-l_0)\frac{\boldsymbol{r}}{r}$$

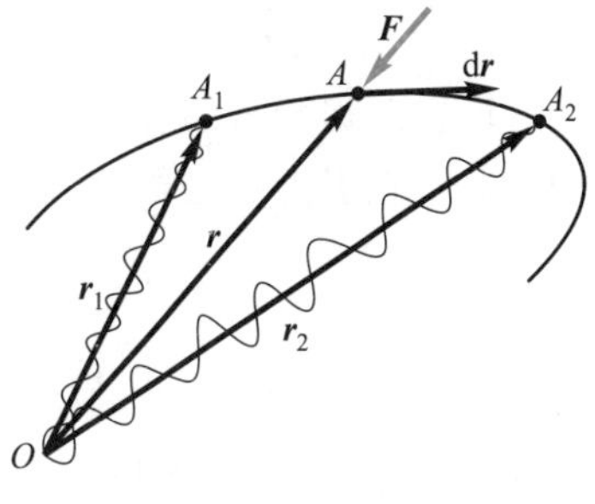

式中，$\dfrac{\boldsymbol{r}}{r}$是矢径方向的单位矢量。由式(13-3)得弹性力 $\boldsymbol{F}$ 的元功为

$$\mathrm{d}'W=\boldsymbol{F}\cdot\mathrm{d}\boldsymbol{r}=-k(r-l_0)\left(\boldsymbol{r}\cdot\frac{\mathrm{d}\boldsymbol{r}}{r}\right)$$

考虑到 $\boldsymbol{r}\cdot\mathrm{d}\boldsymbol{r}=\dfrac{\mathrm{d}(\boldsymbol{r}\cdot\boldsymbol{r})}{2}=\dfrac{\mathrm{d}r^2}{2}=r\mathrm{d}r=r\mathrm{d}(r-l_0)$，即得 $\mathrm{d}'W=-k(r-l_0)\mathrm{d}(r-l_0)$。从而得弹性力 $\boldsymbol{F}$ 在曲线路程 A_1A_2 中所做的功

$$W=\int_{A_1A_2}\mathrm{d}'W=-k\int_{r_1}^{r_2}(r-l_0)\mathrm{d}(r-l_0)=\frac{k}{2}[(r_1-l_0)^2-(r_2-l_0)^2]$$

以 $\lambda_1=r_1-l_0$ 和 $\lambda_2=r_2-l_0$ 分别表示路程始末端 A_1 和 A_2 处弹簧的变形量，则上式写成

$$W=\frac{k}{2}(\lambda_1^2-\lambda_2^2) \tag{13-7}$$

由式(13-7)可见，弹性力的功，等于弹簧初变形的平方与末变形的平方之差与弹簧刚度系数乘积的一半。当弹簧的变形量减小，即 $\lambda_1>\lambda_2$ 时，弹性力做正功；反之，当弹簧的变形量增大，即 $\lambda_1<\lambda_2$ 时，弹性力做负功。显然，弹性力所做的功也仅与物体的始末位置有关，而与物体的运动路径无关。

(3) 牛顿引力的功

由牛顿万有引力定律知，若两个质点的质量分别是 m_1 和 m_2，相互间的距离是 r，则其相互间的引力 $\boldsymbol{F}$ 和 $\boldsymbol{F}'$ 的大小等于

$$F=f\frac{m_1m_2}{r^2}$$

式中的引力常量 $f=6.673\times10^{-11}\,\mathrm{N\cdot m^2/kg^2}$。

设质量为 m_1 的质点固定在 O 处（固定引力中心），而质量为 m_2 的质点 A 沿其运动轨迹 $\widehat{A_1A_2}$ 运动（图13-5）。于是，引力 $\boldsymbol{F}$ 及其元功可分别写为

$$\boldsymbol{F}=-f\frac{m_1m_2}{r^2}\left(\frac{\boldsymbol{r}}{r}\right)$$

$$\begin{aligned}\mathrm{d}'W&=\boldsymbol{F}\cdot\mathrm{d}\boldsymbol{r}=-f\frac{m_1m_2}{r^3}(\boldsymbol{r}\cdot\mathrm{d}\boldsymbol{r})\\&=-f\frac{m_1m_2}{r^3}(r\mathrm{d}r)=-f\frac{m_1m_2}{r^2}\mathrm{d}r\end{aligned}$$

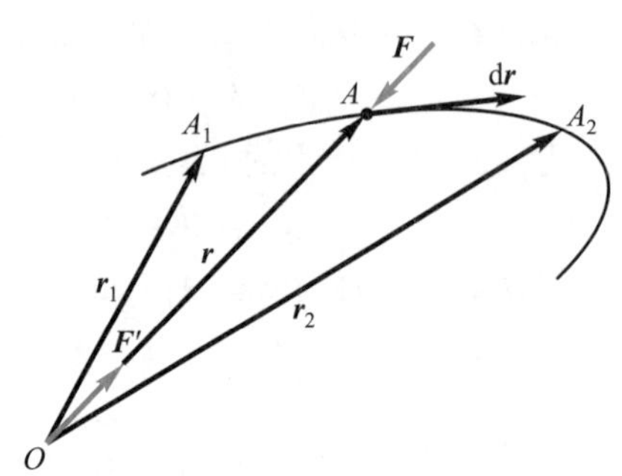

图 13-5

设在路程始末端质点 A 到力心 O 的距离（称为极径），分别为 r_1 和 r_2，于是得 m_1、m_2 间一对牛顿引力在这段路程中的功

$$W=-\int_{r_1}^{r_2}f\frac{m_1m_2}{r^2}\mathrm{d}r=fm_1m_2\left(\frac{1}{r_2}-\frac{1}{r_1}\right) \tag{13-8}$$

一般来说，力的功与路径（包括力作用点的路线形状和路程长短）有关。摩擦力的功就是一例。但以上所述的几种特殊力的功却与路径无关，仅决定于作用点的起始和终了位置。

4. 作用于质点系上的力系的功

下面分别讨论质点系的外力、内力的功，以及约束力的功等于零的情形。

(1) 定轴转动刚体上外力的功

设刚体绕定轴 z 转动，角速度矢量 $\boldsymbol{\omega}=\omega\boldsymbol{k}$（图13-6）。刚体上点 A 的矢径是 $\boldsymbol{r}$，速度 $\boldsymbol{v}=\boldsymbol{\omega}\times\boldsymbol{r}$，作用着力 $\boldsymbol{F}$。当刚体有一微小转角 $\mathrm{d}\varphi$ 时，力 $\boldsymbol{F}$ 的元功为

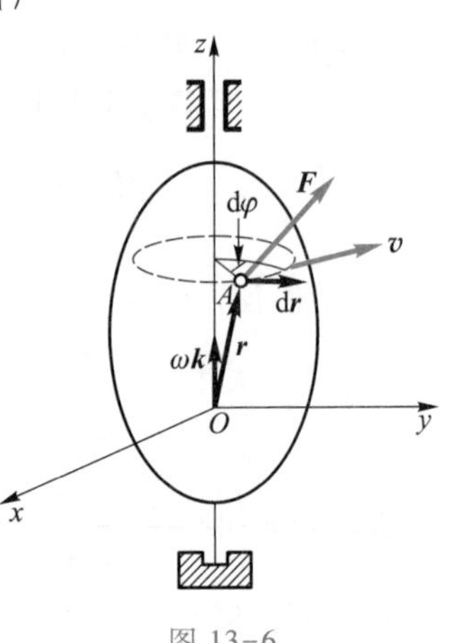

图 13-6

$$\mathrm{d}'W=\boldsymbol{F}\cdot\mathrm{d}\boldsymbol{r}=\boldsymbol{F}\cdot\boldsymbol{v}\mathrm{d}t=\boldsymbol{F}\cdot(\boldsymbol{\omega}\times\boldsymbol{r})\mathrm{d}t$$

由静力学知，力 $\boldsymbol{F}$ 对点 O 的矩矢 $\boldsymbol{M}_O(\boldsymbol{F})=\boldsymbol{r}\times\boldsymbol{F}$，而力 $\boldsymbol{F}$ 对轴 z 的矩 $M_z(\boldsymbol{F})$ 等于 $\boldsymbol{M}_O(\boldsymbol{F})$ 在轴 z 上的投影，即

$$M_z(\boldsymbol{F})=\boldsymbol{M}_O(\boldsymbol{F})\cdot\boldsymbol{k}$$

所以，混合积 $\boldsymbol{F}\cdot(\boldsymbol{\omega}\times\boldsymbol{r})=\boldsymbol{\omega}\cdot(\boldsymbol{r}\times\boldsymbol{F})=\omega\boldsymbol{k}\cdot\boldsymbol{M}_O(\boldsymbol{F})=\omega M_z(\boldsymbol{F})$。因此有

$$\mathrm{d}'W=M_z(\boldsymbol{F})\omega\mathrm{d}t=M_z(\boldsymbol{F})\mathrm{d}\varphi \tag{13-9}$$

在刚体由角 φ_1 转到角 φ_2 的过程中，力 $\boldsymbol{F}$ 所做的功为

$$W=\int_{\varphi_1}^{\varphi_2}M_z(\boldsymbol{F})\mathrm{d}\varphi \tag{13-10}$$

即作用于定轴转动刚体上的力的功等于该力对转轴的矩与刚体微小转角的乘积的积分。

若力矩 $M_z(\boldsymbol{F})$ 是常量，则力 $\boldsymbol{F}$ 在上述过程中所做的功为

$$W=M_z(\boldsymbol{F})(\varphi_2-\varphi_1) \tag{13-11}$$

如果作用在刚体上的是力偶，则以上结论仍然成立。但这时式(13-11)中的力矩 $M_z(\boldsymbol{F})$ 应是力偶矩矢在转轴 z 上的投影。而当力偶的作用面垂直于转轴时，$M_z(\boldsymbol{F})$ 就等于力偶矩(代数值)。

(2) 平面运动刚体上力系的功

设刚体在力系 $\boldsymbol{F}_1,\boldsymbol{F}_2,\cdots,\boldsymbol{F}_n$ 作用下做平面运动(图 13-7)。在 $\mathrm{d}t$ 时间间隔内，刚体质心位移为 $\mathrm{d}\boldsymbol{r}_C$，转角为 $\mathrm{d}\varphi$，则刚体上任一点 M 的位移为

$$\mathrm{d}\boldsymbol{r}_i=\mathrm{d}\boldsymbol{r}_C+\mathrm{d}\boldsymbol{r}_{MC}$$

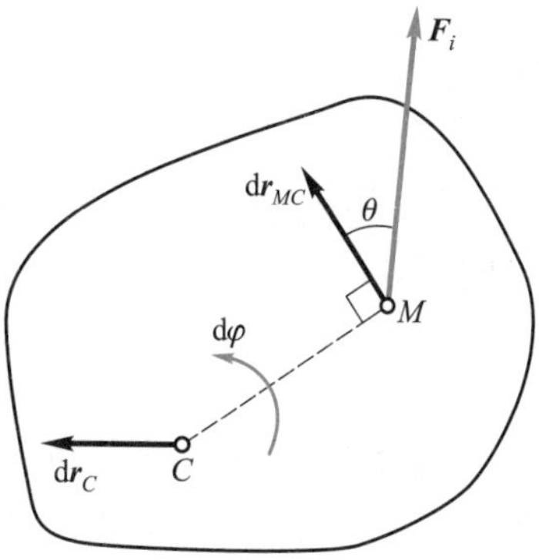

图 13-7

点 M 上作用力 $\boldsymbol{F}_i$ 的元功

$$\mathrm{d}'W_i=\boldsymbol{F}_i\cdot\mathrm{d}\boldsymbol{r}_i=\boldsymbol{F}_i\cdot\mathrm{d}\boldsymbol{r}_C+\boldsymbol{F}_i\cdot\mathrm{d}\boldsymbol{r}_{MC}$$

$$\boldsymbol{F}_i\cdot\mathrm{d}\boldsymbol{r}_{MC}=F_i\cos\theta\times MC\cdot\mathrm{d}\varphi=M_C(\boldsymbol{F}_i)\mathrm{d}\varphi$$

所以平面运动刚体上力系的元功之和为

$$\sum\mathrm{d}'W_i=\sum(\boldsymbol{F}_i\cdot\mathrm{d}\boldsymbol{r}_C)+\sum M_C(\boldsymbol{F}_i)\mathrm{d}\varphi \tag{13-12}$$

(3) 质点系和刚体内力的功

虽然质点系所有内力的矢量和恒等于零，但是，质点系所有内力的功之和却不一定等于零。如人从地面跳起，炸弹爆炸等都是靠内力做功。

现在来给出内力做功的具体表达式。设质点系内任意两质点 A_1 和 A_2，相互间作用着内力 $\boldsymbol{F}_1$ 和 $\boldsymbol{F}_2=-\boldsymbol{F}_1$。对固定点 O 的矢径分别为 $\boldsymbol{r}_1$ 和 $\boldsymbol{r}_2$，则两质点的元位移分别为 $\mathrm{d}\boldsymbol{r}_1$ 和 $\mathrm{d}\boldsymbol{r}_2$(图 13-8)，故得内力 $\boldsymbol{F}_1$ 和 $\boldsymbol{F}_2$ 的元功之和为

$$\begin{aligned}\sum\mathrm{d}'W&=\boldsymbol{F}_1\cdot\mathrm{d}\boldsymbol{r}_1+\boldsymbol{F}_2\cdot\mathrm{d}\boldsymbol{r}_2\\&=\boldsymbol{F}_1\cdot\mathrm{d}\boldsymbol{r}_1-\boldsymbol{F}_1\cdot\mathrm{d}\boldsymbol{r}_2\\&=\boldsymbol{F}_1\cdot\mathrm{d}(\boldsymbol{r}_1-\boldsymbol{r}_2)=\boldsymbol{F}_1\cdot\mathrm{d}\,\overrightarrow{A_2A_1}\end{aligned}$$

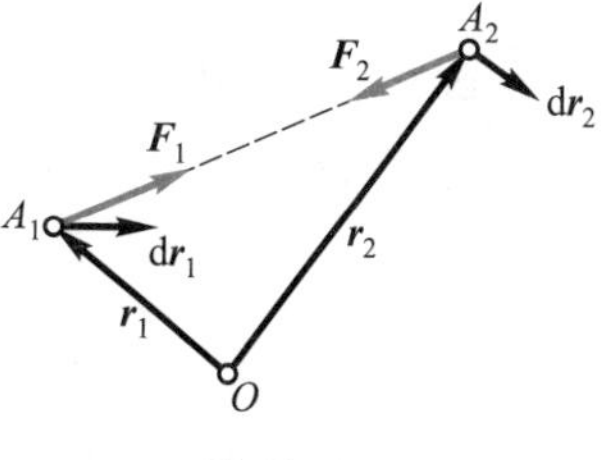

图 13-8

进一步分析得

$$\sum\mathrm{d}'W_i=-F_1\mathrm{d}A_2A_1 \tag{13-13}$$

这里 $\mathrm{d}A_2A_1$ 代表两质点间距离 A_2A_1 的变化量。在一般质点系中，两质点间距离是可变的，因而，可变质点系内力所做功的总和不一定等于零。

但是,因为刚体内任意两点间距离始终保持不变,所以刚体内力所做功的总和恒等于零。

(4) 约束力的功之和等于零的情形

作用于质点系的约束力一般要做功。但在许多理想情形下,约束力不做功或做功之和等于零。下面通过实例给以说明。

① 光滑的固定支承面(图 13-9a)、活动铰链支座(图 13-9b)的约束力总是和它作用点的元位移 d$\boldsymbol{r}$ 垂直。所以,这些约束力的功恒等于零。

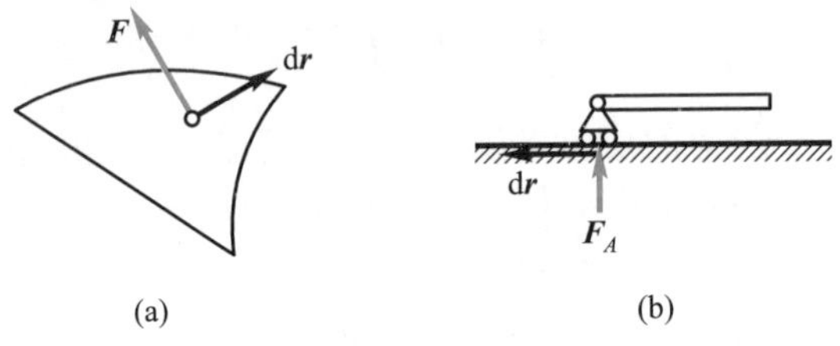

图 13-9

② 柔索

柔索(绳索、带、链条)不计自重,不可伸长,不能承受压力。当柔索拉紧时,约束力沿柔索的中心线与作用点的位移垂直,而当柔索松弛时,约束力等于零,所以柔索约束力不做功。

③ 光滑铰链

当由铰链相联的两个物体一起运动而不发生相对转动时,铰链间相互作用的压力与刚体的内力性质相同。当发生相对转动时,由于接触点的约束力总是和它作用点的元位移垂直,所以这些约束力也不做功。当同时发生上述两种运动时,光滑铰链内压力做功之和仍然恒等于零。

④ 圆轮沿支承面滚动

圆轮沿固定支承面滚动,如图 13-10 所示。圆轮连滚带滑运动时,若圆轮与支承面接触点 C 的元位移为 d$\boldsymbol{r}_C$、速度为$\boldsymbol{v}_C$,则动滑动摩擦力 $\boldsymbol{F}$ 所做元功

$$\mathrm{d}'W_F=-\boldsymbol{F}\cdot\mathrm{d}\boldsymbol{r}_C=-\boldsymbol{F}\cdot\boldsymbol{v}_C\mathrm{d}t$$

当圆轮纯滚动时,圆轮与地面之间没有相对滑动,这时接触处出现的是静滑动摩擦力 $\boldsymbol{F}$。因为此时接触点 C 的速度$\boldsymbol{v}_C=0$,所以这种情况下摩擦力所做元功

$$\mathrm{d}'W=\boldsymbol{F}\cdot\boldsymbol{v}_C\mathrm{d}t=0$$

思考题:半径为 $2r$ 的圆轮在水平面上做纯滚动,如图 13-11 所示,轮轴上绕有软绳,轮轴半径为 r,绳上作用常值水平拉力 $\boldsymbol{F}$。轮心 C 运动距离为 x 时,力 $\boldsymbol{F}$ 所做的功如何计算?

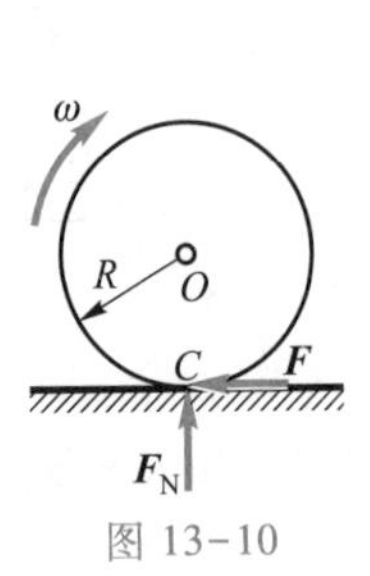

图 13-10

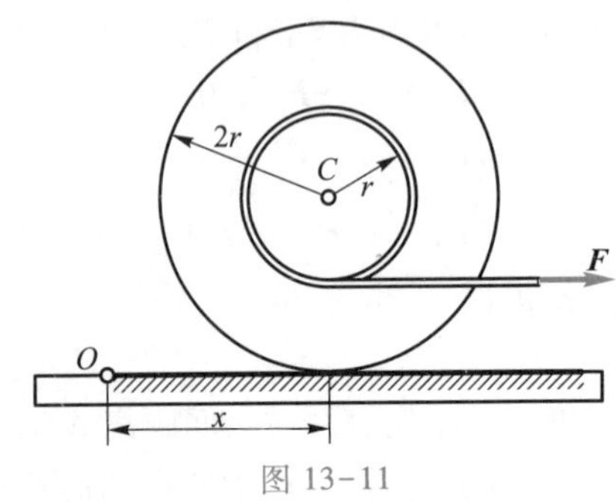

图 13-11

13-2　动　　能

质点的质量与其速度平方乘积的一半，即$\frac{1}{2}mv^2$称为质点的动能(kinetic energy)。它是机械运动的一种度量，恒为正值。

质点系的动能等于系统内所有质点动能的总和，用 T 表示，即有

$$T=\sum\left(\frac{1}{2}m_iv_i^2\right)=\frac{1}{2}\sum(m_iv_i^2) \tag{13-14}$$

在国际单位制中，动能的常用单位是 $\text{kg}\cdot\text{m}^2\cdot\text{s}^{-2}$

1. 平移刚体的动能

当刚体作平移时，其上各点的速度都和质心的速度$\boldsymbol{v}_C$相同。如果用 m 表示刚体的质量，则平移刚体的动能为

$$T=\frac{1}{2}\sum(m_iv_C^2)=\frac{v_C^2}{2}\sum m_i=\frac{1}{2}mv_C^2 \tag{13-15}$$

即平移刚体的动能，等于刚体的质量与速度平方乘积的一半。

2. 定轴转动刚体的动能

设刚体以角速度 ω 绕定轴 z 转动(图 13-12)，以 m_i表示刚体内任一点 A 的质量，以 r_i 表示点 A 到转轴的垂直距离，则刚体的动能为

$$T=\frac{1}{2}\sum(m_iv_i^{\ 2})=\frac{1}{2}\sum[m_i(r_i\omega)^2]=\frac{\omega^2}{2}\sum(m_ir_i^2)$$

其中，$\sum(m_ir_i^2)=J_z$，是刚体对转轴 z 的转动惯量。故上式可以写成

$$T=\frac{1}{2}J_z\omega^2 \tag{13-16}$$

可见，定轴转动刚体的动能，等于刚体对转轴的转动惯量与其角速度平方乘积的一半。

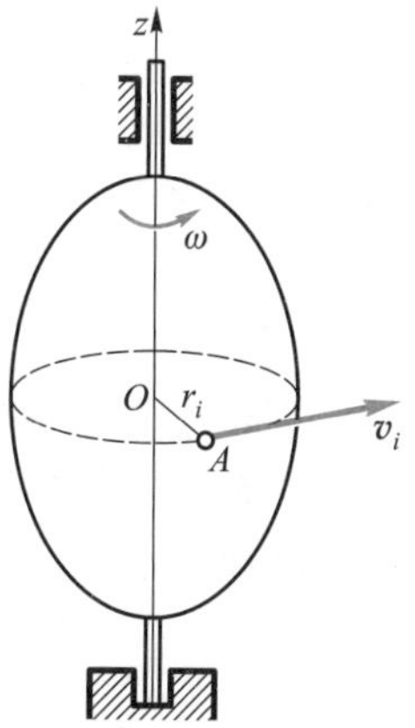

图 13-12

3. 平面运动刚体的动能

设平面运动刚体的角速度是 ω，速度瞬心在点 P，刚体对瞬轴的转动惯量是 J_P，因为此瞬时刚体上各点的速度分布与绕瞬心 P 作定轴转动时的情况相同，所以平面运动刚体的动能仍可用式(13-16)计算，即

$$T=\sum\left(\frac{1}{2}m_iv_i^2\right)=\sum\left[\frac{1}{2}m_i(r_{iP}\omega)^2\right]=\frac{1}{2}\omega^2\sum(m_ir_{iP}^2)=\frac{1}{2}J_P\omega^2 \tag{13-17}$$

由于，瞬轴的位置是不断变化的，刚体对瞬轴的转动惯量一般是变量，所以常把上式改写如下。

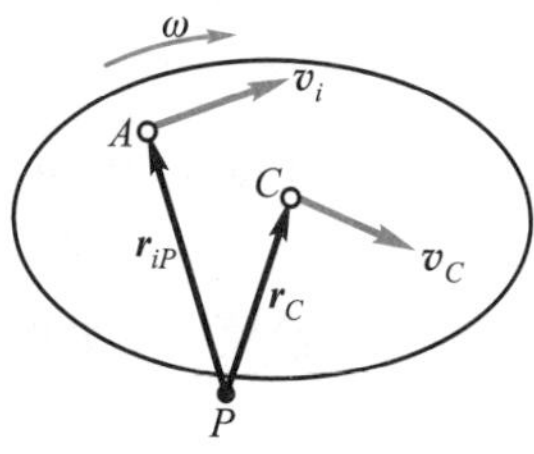

图 13-13

设刚体的质心 C 到速度瞬心 P 的距离是 r_C(图 13-13)，则质心 C 的速度大小 $v_C=r_C\omega$。根据转动惯量的平行轴定理(附录§A-1)，得刚体对于瞬轴的转动惯量

$$J_P=J_C+mr_C^2$$

式中,J_C 是刚体对于平行于瞬轴的质心轴的转动惯量,m 是刚体的质量。于是,式(13-17)可以改写成

$$T=\frac{1}{2}(J_C+mr_C^2)\omega^2=\frac{1}{2}mv_C^2+\frac{1}{2}J_C\omega^2 \tag{13-18}$$

即平面运动刚体的动能,等于它以质心速度作平移时的动能与相对于质心轴转动时的动能之和。

4. 柯尼希定理

以质点系的质心 C 为原点,取平移坐标系 $Cx'y'z'$(图 13-14),它以质心的速度$\boldsymbol{v}_C$运动。设质点系内任一质点 A 在此平移坐标系中的相对速度是$\boldsymbol{v}_{ir}$,则由速度合成定理知,该点的绝对速度$\boldsymbol{v}_i=\boldsymbol{v}_C+\boldsymbol{v}_{ir}$,故得质点系在绝对运动中的动能

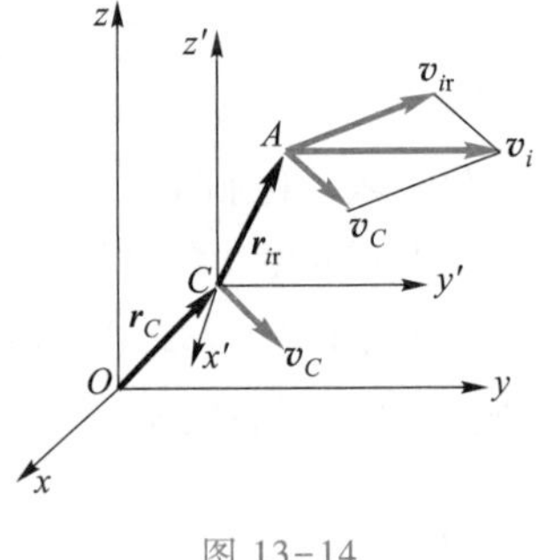

图 13-14

$$\begin{aligned}T&=\sum\left(\frac{m_i\boldsymbol{v}_i^2}{2}\right)=\sum\left(\frac{m_i\boldsymbol{v}_i\cdot\boldsymbol{v}_i}{2}\right)=\sum\left[\frac{m_i(\boldsymbol{v}_C+\boldsymbol{v}_{ir})\cdot(\boldsymbol{v}_C+\boldsymbol{v}_{ir})}{2}\right]\\&=\sum\left(\frac{m_i}{2}\boldsymbol{v}_C\cdot\boldsymbol{v}_C\right)+\sum(m_i\boldsymbol{v}_C\cdot\boldsymbol{v}_{ir})+\sum\left(\frac{m_i}{2}\boldsymbol{v}_{ir}\cdot\boldsymbol{v}_{ir}\right)\end{aligned}$$

上式右端第一项等于$\dfrac{mv_C^2}{2}$,它就是质点系随质心一起平移时的动能;第三项等于$\sum\dfrac{m_i\boldsymbol{v}_{ir}^2}{2}=T_r$,它就是质点系在相对运动中所具有的动能;第二项可改写成$\boldsymbol{v}_C\cdot\sum(m_i\boldsymbol{v}_{ir})$,而表达式$\sum(m_i\boldsymbol{v}_{ir})=\sum\left(m_i\dfrac{\mathrm{d}\boldsymbol{r}_{ir}}{\mathrm{d}t}\right)=\dfrac{\mathrm{d}}{\mathrm{d}t}\sum(m_i\boldsymbol{r}_{Cr})=\dfrac{\mathrm{d}}{\mathrm{d}t}m\boldsymbol{r}_{Cr}$,由于质心 C 相对于本身的矢径 $\boldsymbol{r}_{Cr}\equiv0$,所以第二项等于零。于是,上式可写成

$$T=\frac{mv_C^2}{2}+T_r \tag{13-19}$$

即质点系在绝对运动中的动能,等于它随质心一起平移时的动能,加上在以质心速度作平移的坐标系中相对运动的动能。这就是柯尼希定理。它常被用来计算质点系作一般运动时的动能。

13-3 动能定理

设质量为 m 的质点 A 在力 $\boldsymbol{F}$ 作用下沿曲线由 A_1 运动到 A_2,它的速度由$\boldsymbol{v}_1$ 变为$\boldsymbol{v}_2$(图 13-15)。

根据牛顿第二定律有

$$m\boldsymbol{a}=m\frac{\mathrm{d}\boldsymbol{v}}{\mathrm{d}t}=\boldsymbol{F}$$

两边点乘元位移 $\mathrm{d}\boldsymbol{r}=\boldsymbol{v}\mathrm{d}t$,得

$$m\boldsymbol{v}\cdot\mathrm{d}\boldsymbol{v}=\boldsymbol{F}\cdot\boldsymbol{v}\mathrm{d}t$$

上式右端就是作用力的元功,左端可改写成 $m\boldsymbol{v}\cdot\mathrm{d}\boldsymbol{v}=m\mathrm{d}(\boldsymbol{v}\cdot\boldsymbol{v})/2=\mathrm{d}(mv^2/2)$,从而可得

$$\mathrm{d}\left(\frac{1}{2}mv^2\right)=\mathrm{d}'W \tag{13-20}$$

即质点动能的微分等于作用于质点上的力的元功。这就是质点动能定理的微分形式。

将上式沿路程 A_1A_2 积分,得

$$\frac{1}{2}mv_2^2-\frac{1}{2}mv_1^2=W \tag{13-21}$$

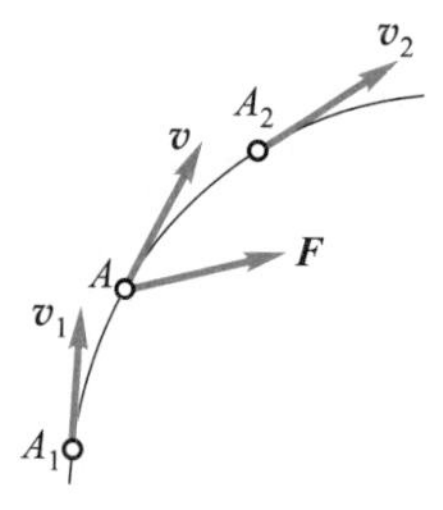

图 13-15

式中,W 表示力 $\boldsymbol{F}$ 在路程 A_1A_2 中的功。可见,质点动能在某一路程中的改变量,等于作用于质点上的力在该路程中所做的功。这就是质点动能定理的积分形式。

质点的动能定理很容易推广到质点系(包括刚体)。对于质点系中每个质点,都可写出类似式(13-20)的方程,将所有这些方程相加,得

$$\sum \mathrm{d}\left(\frac{m_iv_i^2}{2}\right)=\sum \mathrm{d}'W_i$$

因 $\sum \mathrm{d}\left(\frac{m_iv_i^2}{2}\right)=\mathrm{d}\sum\left(\frac{m_iv_i^2}{2}\right)=\mathrm{d}T$,故上式可写成

$$\mathrm{d}T=\sum \mathrm{d}'W_i \tag{13-22}$$

即质点系动能的微分等于作用于质点系各力的元功的代数和。这就是质点系动能定理的微分形式。

将上式积分,得

$$T_2-T_1=\sum W \tag{13-23}$$

式中,T_1、T_2 分别代表某一运动过程开始和终了时刻质点系的动能。式(13-23)表明质点系的动能在某一路程中的改变量,等于作用于质点系的各力在该路程中的功的代数和。这就是质点系动能定理的积分形式。

动能定理的优点是不做功的力和做功之和等于零的力都在方程式(13-23)中不出现,这给求解某些问题带来了极大方便。。

例题 13-1　运送重物用的卷扬机如图 13-16a 所示。已知鼓轮重 G_1,半径是 r,对转轴 O 的回转半径是 ρ。在鼓轮上作用着常值转矩 M_O,使重 G_2 的物体 A 沿倾角为 α 的直线轨道向上运动。已知物体 A 与斜面间的动摩擦因数是 f。假设系统从静止开始运动,绳的倾斜段与斜面平行,绳的质量和轴承 O 的摩擦都忽略不计。试求物体 A 沿斜面上升距离 s 时物体 A 的速度和加速度。

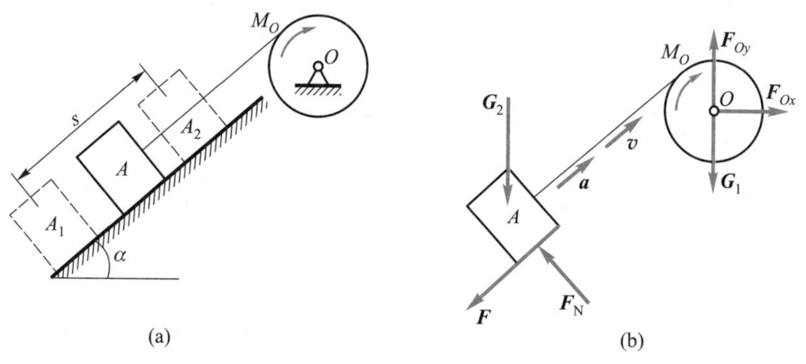

图 13-16

解：取鼓轮、绳索和物体 A 组成的系统为研究对象，受力及运动分析如图 13-16b 所示。

系统从静止开始运动时，初动能 $T_1=0$。当物体 A 沿斜面上升距离为 s 时，系统的动能 T_2 可计算如下。

用 v 表示此时物体 A 的速度大小，则鼓轮的角速度大小 $\omega=v/r$，从而有

$$T_2=\frac{1}{2}J_O\omega^2+\frac{1}{2}\frac{G_2}{g}v^2=\frac{1}{2}\left(\frac{G_1}{g}\rho^2\right)\left(\frac{v}{r}\right)^2+\frac{1}{2}\frac{G_2}{g}v^2$$

$$=\frac{v^2}{2g}\left(\frac{\rho^2}{r^2}G_1+G_2\right)$$

在物体 A 沿斜面上升 s 的过程中，作用在系统上的力的总功为

$$\sum W=M_O\varphi-G_2\sin\alpha\times s-F\times s=M_O\frac{s}{r}-G_2\sin\alpha\times s-G_2f\cos\alpha\times s$$

根据动能定理 $T_2-T_1=\sum W$，有

$$\frac{v^2}{2g}\left(\frac{\rho^2}{r^2}G_1+G_2\right)-0=\left(\frac{M_O}{r}-G_2\sin\alpha-fG_2\cos\alpha\right)s \tag{1}$$

由此求出物体 A 的速度为

$$v=\sqrt{\frac{2[M_O-G_2r(\sin\alpha+f\cos\alpha)]rgs}{G_1\rho^2+G_2r^2}}$$

根号内必须为正值，故当满足 $M_O\geqslant G_2r(\sin\alpha+f\cos\alpha)$ 时，卷扬机才能开始工作。

为了计算物体 A 的加速度 $\boldsymbol{a}$，可以把式(1)中的 s 看作变值，并求两端对时间 t 的导数，有

$$\frac{2v}{2g}\times\frac{\mathrm{d}v}{\mathrm{d}t}\left(\frac{\rho^2}{r^2}G_1+G_2\right)=\left(\frac{M_O}{r}-G_2\sin\alpha-fG_2\cos\alpha\right)\frac{\mathrm{d}s}{\mathrm{d}t}$$

考虑到在直线运动中 $\mathrm{d}v/\mathrm{d}t=a$，$\mathrm{d}s/\mathrm{d}t=v$，故求得物体 A 的加速度大小为

$$a=\frac{M_O-G_2r(\sin\alpha+f\cos\alpha)}{G_1\rho^2+G_2r^2}rg$$

方向沿斜面向上。

思考题：若将物体 A 改变成半径为 r_A、重量仍为 G_2 的均质滚子(图 13-17)，滚子沿斜面纯滚动，则滚子质心 A 沿斜面上升距离 s 时质心 A 的速度和加速度如何计算？

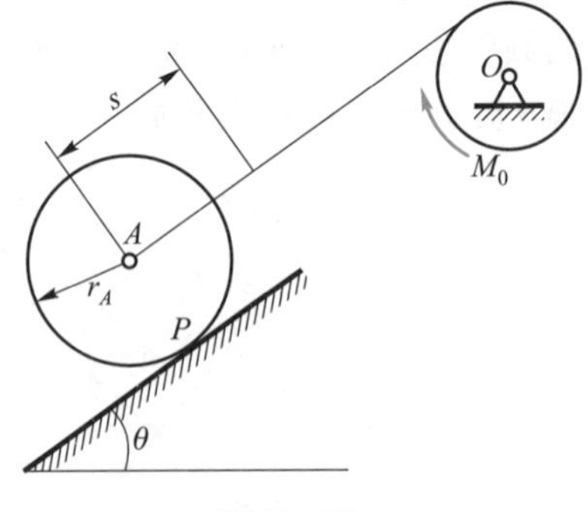

图 13-17

例题 13-2 铅直平面内两根相同的均质细直杆铰接如图 13-18a 所示，A、B 为铰链，D 为小滚轮，且 AD 水平。每根杆的质量为 m，长度为 l，当仰角 $\alpha_1=60°$时，系统由静止释放。试求当仰角减小到 $\alpha_2=30°$时，杆 AB 的角速度。不计摩擦和小滚轮的质量。

解：取整个系统为研究对象，其中杆 AB 作定轴转动，而杆 BD 作平面运动。考虑系统由静止开始运动到 $\alpha_2=30°$这个过程。

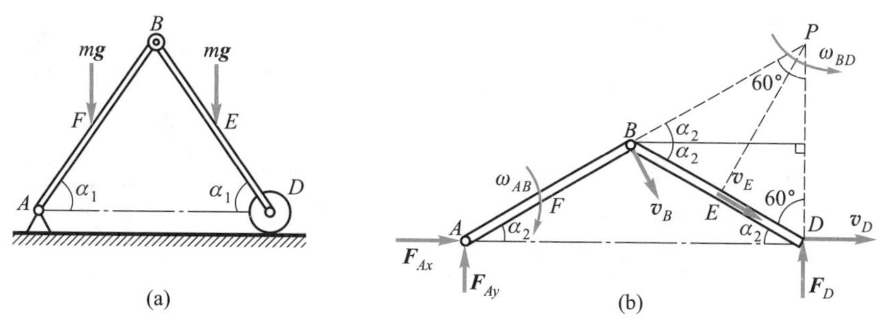

图 13-18

系统开始时处于静止，初动能 $T_1=0$。而末动能

$$T_2=\frac{1}{2}J_A\omega_{AB}^2+\frac{1}{2}mv_E^2+\frac{1}{2}J_E\omega_{BD}^2 \tag{1}$$

由图 13-18b 知，杆 BD 的速度瞬心在点 P，分析点 B 的速度有

$$AB\times\omega_{AB}=PB\times\omega_{BD}$$

由于 $PB=BD=AB$，代入上式，得

$$\omega_{AB}=\omega_{BD}$$

杆 BD 质心 E 的速度

$$\begin{aligned}v_E&=PE\times\omega_{BD}=PE\times\omega_{AB}=PB\times\sin(2\alpha_2)\times\omega_{AB}\\&=l\times\sin 60°\times\omega_{AB}=\frac{\sqrt{3}}{2}l\omega_{AB}\end{aligned}$$

而

$$J_A=\frac{1}{3}ml^2,\quad J_E=\frac{1}{12}ml^2$$

将以上结果代入式(1)，得

$$T_2=\frac{7}{12}ml^2\omega_{AB}^2$$

在运动过程中，只有杆的重力 mg 做功，所以作用在系统上的力在运动过程中的总功为

$$\begin{aligned}\sum W&=2mg\left(\frac{l}{2}\sin\alpha_1-\frac{l}{2}\sin\alpha_2\right)=mgl(\sin 60°-\sin 30°)\\&=\frac{1}{2}mgl(\sqrt{3}-1)\end{aligned} \tag{2}$$

由动能定理 $T_2-T_1=\sum W$ 得

$$\frac{7}{12}ml^2\omega_{AB}^2-0=\frac{1}{2}mgl(\sqrt{3}-1) \tag{3}$$

从而求得杆 AB 在 $\alpha_2=30°$时的角速度

$$\omega_{AB}=\sqrt{\frac{6(\sqrt{3}-1)g}{7l}}\text{（顺时针方向）}$$

思考题：(1) 如何求当仰角减小到 $\alpha_2=30°$时，杆 AB 的角加速度？

(2) 若在 FE 之间连接一根刚度系数为 k 的水平弹簧（图 13-19），当仰角 $\alpha_1=60°$时弹簧为原长。当仰角减小到 $\alpha_2=30°$时，杆 AB 的角速度又该如何求解？

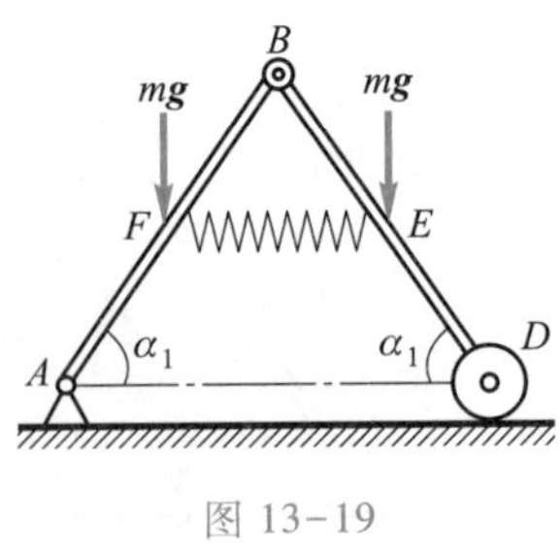

图 13-19

13-4　功率·功率方程

13-4-1　功率

在工程中不仅要计算力的功，而且还要知道力做功的快慢程度。力在单位时间内所做的功称为该力的功率（power），用 P 表示。如在 $\mathrm{d}t$ 时间间隔内力的元功是 $\mathrm{d}'W$，则该力的功率为

$$P=\frac{\mathrm{d}'W}{\mathrm{d}t} \tag{13-24}$$

又由元功定义式（13-2）和式（13-3），得

$$P=Fv\cos\theta=\boldsymbol{F}\cdot\boldsymbol{v} \tag{13-25}$$

即力的功率等于该力和其作用点处的速度以及两者间夹角余弦的乘积，也就等于力矢与作用点速度矢的标积。

在国际单位制中，功率的单位为焦耳/秒（J/s），称为瓦（W），即

$$1\ \mathrm{W}=1\ \mathrm{J/s}=1\ \mathrm{N\cdot m/s}$$

由式（13-9）可得作用于转动刚体的力系的功率为

$$P=M_z\omega \tag{13-26}$$

即作用于转动刚体的力系的功率，等于该力系对转轴的主矩（称为转矩）与刚体角速度的乘积。

13-4-2　功率方程

机器工作时，必须输入一定的功，以便在克服无用阻力（如无用摩擦、碰撞以及其他物理原因产生的阻力）引起的损耗后，付出有用阻力（如机床加工时的切削力）的功，而完成指定工作。如以 $\mathrm{d}'W_{入}$ 表示在微小时间间隔 $\mathrm{d}t$ 内输入的元功（如由电机提供），$\mathrm{d}'W_{有}$ 和 $\mathrm{d}'W_{无}$，分别表示对应的有用阻力和无用阻力所消耗的元功，则由质点系动能定理的微分形式式（13-22）有

$$\mathrm{d}T=\sum\mathrm{d}'W=\mathrm{d}'W_{入}-\mathrm{d}'W_{有}-\mathrm{d}'W_{无}$$

上式两边同除以 $\mathrm{d}t$，且用 $P_{入}=\dfrac{\mathrm{d}'W_{入}}{\mathrm{d}t}$、$P_{出}=\dfrac{\mathrm{d}'W_{有}}{\mathrm{d}t}$和 $P_{无}=\dfrac{\mathrm{d}'W_{无}}{\mathrm{d}t}$分别表示相应的输入、输出和无用功率，则得

$$\frac{\mathrm{d}T}{\mathrm{d}t}=\sum P=P_{入}-P_{出}-P_{无} \tag{13-27}$$

即机器的动能对时间的导数，等于它的输入功率减去输出功率和无用功率。这就是机器的**功率方程**(power equation)。它建立了质点系的动能变化率与功率的关系。

机器的运转过程一般分成三个阶段：

(1) 启动加速阶段。由于速度逐渐增大$\frac{\mathrm{d}T}{\mathrm{d}t}>0$，故要求 $P_{入}>P_{出}+P_{无}$。

(2) 稳定运转阶段，即正常工作阶段。这时机器一般作匀速运动，$\frac{\mathrm{d}T}{\mathrm{d}t}=0$，即

$$P_{入}=P_{出}+P_{无}$$

(3) 制动减速阶段。在制动或负载增加后，机器作减速运动，$\frac{\mathrm{d}T}{\mathrm{d}t}<0$，这时 $P_{入}<P_{出}+P_{无}$。

在工程中，一般把机器在稳定运转阶段中的输出功率与输入功率的比值，称为机器的**机械效率**，用 η 表示，即

$$\eta=\frac{P_{出}}{P_{入}}=\frac{P_{入}-P_{无}}{P_{入}}=1-\frac{P_{无}}{P_{入}} \tag{13-28}$$

13-5　势力场·势能·机械能守恒定律

13-5-1　势力场与势能

13-1 节中曾经遇到一类力，如重力、弹性力和牛顿引力，这类力的功只取决于作用点的始末位置，而与运动路径无关。具有这个共同特征的力统称为**有势力**(或**保守力**)。有势力是一种场力，它出现在特定的空间，这种空间称为**势力场**(或**保守力场**，potential field)。重力场、弹性力场和牛顿引力场是势力场最常见的例子。有势力的大小和方向决定于质点在势力场中的位置。

为了描述势力场对质点做功的能力，引入**势能**(potential energy)的概念。在势力场中，质点的势能只有相对值。通常预先任意地选定场中某个点 A_0 处的势能为零，称其为**势能零点**。质点在场中其他点 A 处的势能用 V 表示，定义为该质点由点 A 运动到势能零点 A_0 的过程中，有势力所做的功 $W_{A\to A_0}$，即有

$$V=W_{A\to A_0} \tag{13-29}$$

下面是几种常见势力场的势能。

(1) 重力场(图 13-3)　利用重力的功的表达式(13-6)，并取$A_0(x_0,y_0,z_0)$为势能零点，则质点在重力场点 A 处的势能为

$$V=W_{A\to A_2}=G(z-z_0)=Gh \tag{13-30}$$

(2) 弹性力场(图 13-4)　通常取弹簧无变形的位置作为势能零点 A_0。于是，利用弹性力的功的表达式(13-7)，即得质点在弹性力场中变形为 λ 的点 A 处的势能为

$$V=\frac{1}{2}k\lambda^2 \tag{13-31}$$

(3) 牛顿引力场(图 13-5) 通常取无穷远处($r=\infty$)作为势能零点 A_0,利用牛顿引力的功的表达式(13-8),即得质点在牛顿引力场中极径为 r 的点 A 处的势能为

$$V=-\frac{fm_1m_2}{r} \tag{13-32}$$

注意,改变势能零点的选择,将使势能的值改变一个常量。但是,不论势能零点选在何处,质点在场中任何两个位置的势能之差却是不变的。

在一般情形下,质点的势能可以表示成质点位置坐标 x、y、z 的单值连续函数,即

$$V=V(x,y,z) \tag{13-33}$$

称为势能函数。

势力场中,满足条件

$$V(x,y,z)=\text{常量} \tag{13-34}$$

的各点确定的每个曲面,称为等势面。如重力场的等势面是不同高度的水平面($z=$常值),牛顿引力场的等势面是以引力中心为球心的不同半径的同心球面($r=$常量)。由全部势能零点构成的等势面称为零势面。

以上所述可以很容易地推广到质点系,这时只需把质点系内所有各质点的势能加在一起,就得到质点系在势力场中的势能。这样,质点系的势能一般可以表示成质点系内所有各质点的坐标的单值连续函数,即

$$V=V(x_1,y_1,z_1;\cdots;x_n,y_n,z_n) \tag{13-35}$$

例如,可以证明质点系在重力场中的势能为

$$V=\sum[m_ig(z_i-z_{i0})]=mg(z_C-z_{C0}) \tag{13-36}$$

13-5-2 机械能守恒定律

质点或质点系在势力场中运动时,有势力的功可以通过势能来表示。设质点系在点 A_1 和 A_2 的势能分别是 V_1 和 V_2,如以点 A_0 代表势能的零点位置,则

$$V_1=W_{A_1\to A_0},\quad V_2=W_{A_2\to A_0}$$

又因有势力的功与路径无关,故有

$$W_{A_1\to A_0}=W_{A_1\to A_2}+W_{A_2\to A_0}$$

合并以上三式得

$$W_{A_1\to A_2}=V_1-V_2 \tag{13-37}$$

即在势力场中质点系由位置 A_1 运动到 A_2 的过程中,有势力的功等于质点系在位置 A_1 与 A_2 处的势能之差。

设质点系只在有势力作用下运动,把式(13-37)代入质点系动能定理的积分形式式(13-23),得

$$T_2-T_1=V_1-V_2$$

即

$$T_2+V_2=T_1+V_1=\text{常量} \tag{13-38}$$

上式表明,如质点系只在有势力作用下运动,则其动能与势能之和保持不变。动能与势能之和称为机械(总)能。所以,上式又可叙述为,当做功的力都是有势力时,质点系的机械(总)能保持不变。这一结论称为机械能守恒定律(theorem of conservation of mechanical energy)。该定理表明,在势力场中质点系的动能与势能可以互相转化,即动能的增大必导致势能的减小;反之如动能减小,则势能增大,但是机械(总)能保持不变。

仅在有势力作用下的质点系称为保守系。如果除有势力外,质点系还受到非有势力(如摩擦力、发动机的驱动力等)的作用,则机械能一般不再保持不变,将会减小或增大。这时在机械能与其他形态的能量(如热能、电能等)之间发生相互转化,但机械能与其他形态的能量的总和仍然保持不变。这就是普遍的能量守恒定律。它表明:能量不会消灭,也不会自生,只能从一种形态转化成另一种形态。

*13-5-3　势力场的某些性质

前面已指出,有势力的功可以用质点的始末两位置上势能差来表示。对应于元位移 $\mathrm{d}\boldsymbol{r}=\mathrm{d}x\boldsymbol{i}+\mathrm{d}y\boldsymbol{j}+\mathrm{d}z\boldsymbol{k}$,有势力 $\boldsymbol{F}=F_x\boldsymbol{i}+F_y\boldsymbol{j}+F_z\boldsymbol{k}$ 的元功为 $\mathrm{d}'W=F_x\mathrm{d}x+F_y\mathrm{d}y+F_z\mathrm{d}z$,$\mathrm{d}'W$ 可根据式(13-37)表示为势能差

$$\mathrm{d}'W=V(x,y,z)-V(x+\mathrm{d}x,y+\mathrm{d}y,z+\mathrm{d}z)$$

或

$$\mathrm{d}'W=-\mathrm{d}V \tag{13-39}$$

即有势力的元功等于势能函数的全微分并冠以负号。

因为多元函数 V 的全微分等于其各个偏微分之和,即

$$\mathrm{d}V(x,y,z)=\frac{\partial V}{\partial x}\mathrm{d}x+\frac{\partial V}{\partial y}\mathrm{d}y+\frac{\partial V}{\partial z}\mathrm{d}z$$

所以,由式(13-38),有

$$F_x\mathrm{d}x+F_y\mathrm{d}y+F_z\mathrm{d}z=-\frac{\partial V}{\partial x}\mathrm{d}x-\frac{\partial V}{\partial y}\mathrm{d}y-\frac{\partial V}{\partial z}\mathrm{d}z$$

比较等式两边,得

$$F_x=-\frac{\partial V}{\partial x},\quad F_y=-\frac{\partial V}{\partial y},\quad F_z=-\frac{\partial V}{\partial z} \tag{13-40}$$

即作用于质点的有势力在各固定直角坐标轴上的投影,等于势能函数对于相应坐标的偏导数冠以负号。可见,势能不仅本身有其物理意义,还可以通过它来表示有势力。

根据式(13-40),可以得出势力场存在的条件

$$\frac{\partial F_x}{\partial y}=\frac{\partial F_y}{\partial x},\quad \frac{\partial F_y}{\partial z}=\frac{\partial F_z}{\partial y},\quad \frac{\partial F_z}{\partial x}=\frac{\partial F_x}{\partial z} \tag{13-41}$$

检验这些条件是否满足,就可以判断所研究的力场是否为势力场。

如果质点沿任一等势面[$V(x,y,z)=$ 常量]运动,则由式(13-39)知,有势力不做功。这表明,有势力的方向恒垂直于等势面,并且由式(13-40)可以判断,有势力恒指向势能函数值减小的一边。

以上一些结论可以直接推广到质点系。这时,势能函数为

$$V=V(x_1,y_1,z_1;x_2,y_2,z_2;\cdots;x_n,y_n,z_n)$$

由式(13-40)知,作用于每个质点 $A_i(x_i,y_i,z_i)$ 上的有势力 $\boldsymbol{F}_i$ 在各坐标轴上的投影分别为

$$\left.\begin{aligned}F_{ix}&=-\frac{\partial V}{\partial x_i}\\F_{iy}&=-\frac{\partial V}{\partial y_i}\\F_{iz}&=-\frac{\partial V}{\partial z_i}\end{aligned}\right\}(i=1,2,\cdots,n) \tag{13-42}$$

从而得到势力场作用在整个质点系的有势力的元功之和

$$\begin{aligned}\mathrm{d}'W&=\sum(F_{ix}\mathrm{d}x_i+F_{iy}\mathrm{d}y_i+F_{iz}\mathrm{d}z_i)\\&=-\sum\left(\frac{\partial V}{\partial x_i}\mathrm{d}x_i+\frac{\partial V}{\partial y_i}\mathrm{d}y_i+\frac{\partial V}{\partial z_i}\mathrm{d}z_i\right)=-\mathrm{d}V\end{aligned} \tag{13-43}$$

这和单个质点的情况[式(13-39)]完全相似。

例题 13-3 如图 13-20 所示质量为 m_1 的物块 A 悬挂于不可伸长的绳子上，绳子跨过滑轮与铅直弹簧相连，弹簧刚度系数为 k。设滑轮的质量为 m_2，并可看成半径是 r 的均质圆盘。现在从平衡位置给物块 A 以向下的初速度 $\boldsymbol{v}_0$，试求物块 A 由此位置下降的最大距离 s。弹簧和绳子的质量不计。

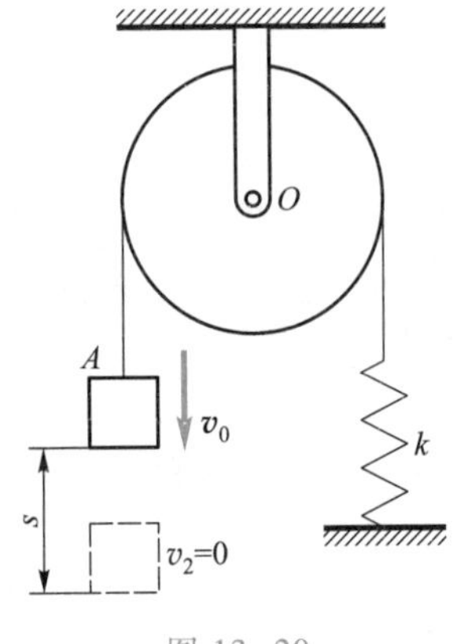

图 13-20

解： 取整个系统作为研究对象。系统运动过程中做功的力为有势力(重力和弹性力)，故可用机械能守恒定律求解。

取物块 A 的平衡位置作为初位置，弹簧的初变形 $\lambda_1=\lambda_s=m_1g/k$，物块 A 有初速度 $v_1=v_0$，故系统初动能为

$$T_1=\frac{1}{2}m_1v_0^2+\frac{1}{2}\left(\frac{1}{2}m_2r^2\right)\left(\frac{v_0}{r}\right)^2=\frac{1}{4}(2m_1+m_2)v_0^2$$

以物块 A 的最大下降点作为末位置，则弹簧的末变形 $\lambda_2=\lambda_s+s$，系统的末动能 $T_2=0$。

取平衡位置为势能零点，于是，系统的初势能 $V_1=0$，而末势能

$$V_2=\frac{k}{2}[(s+\lambda_s)^2-\lambda_s^2]-m_1gs$$

注意到在平衡位置有

$$m_1g=k\lambda_s$$

所以

$$V_2=\frac{k}{2}s^2$$

应用机械能守恒定律式(13-38)，有

$$\frac{1}{4}(2m_1+m_2)v_0^2=\frac{k}{2}s^2$$

从而求得物块 A 的最大下降距离

$$s=\sqrt{\frac{2m_1+m_2}{2k}}v_0$$

13-6　动力学综合问题分析

动力学普遍定理包括动量定理、动量矩定理、动能定理以及由这三个定理所推导出的其他一些定理,这些定理是求解工程动力学问题的理论依据。动力学普遍定理从不同方面建立了质点系运动特征量(如动量、动量矩、动能等)的变化与力系对质点系作用效果的量(主矢、主矩、力的功)之间的关系。

由于各定理都具有本身的特点,有关物理量都有鲜明的物理意义,故在应用这些定理解决动力学问题时,首先要根据问题的已知条件和待求量适当地选择定理,然后要能正确地计算各有关的物理量。另外,还应充分利用守恒条件(动量守恒、质心运动守恒、动量矩守恒)直接建立运动元素之间的关系,求得速度或运动规律。已知质点系的运动求未知力,通常可选用质心运动定理、动量矩定理和平面运动微分方程。对于做功的未知力,可选用动能定理求解。对于转动问题宜用动量矩定理分析求解。在较复杂的动力学问题中,如果同时需要求运动和力,或求多自由度系统的运动,可综合应用动力学普遍定理,同时要充分利用问题中的附加条件(如运动学关系、库仑摩擦定律等)增列补充方程。

下面举例说明动力学普遍定理在工程中的综合应用。

例题 13-4　均质圆轮 A 和 B 的半径均为 r,圆轮 A 和 B 以及物块 D 的重量均为 G,圆轮 B 上作用有力偶矩 M 为常值的力偶。圆轮 A 在斜面上向下作纯滚动,不计圆轮 B 处轴承的摩擦力(图 13-21a)。试求:(1) 物块 D 的加速度;(2) 两圆轮之间的绳索所受拉力;(3) 圆轮 B 处的轴承约束力。

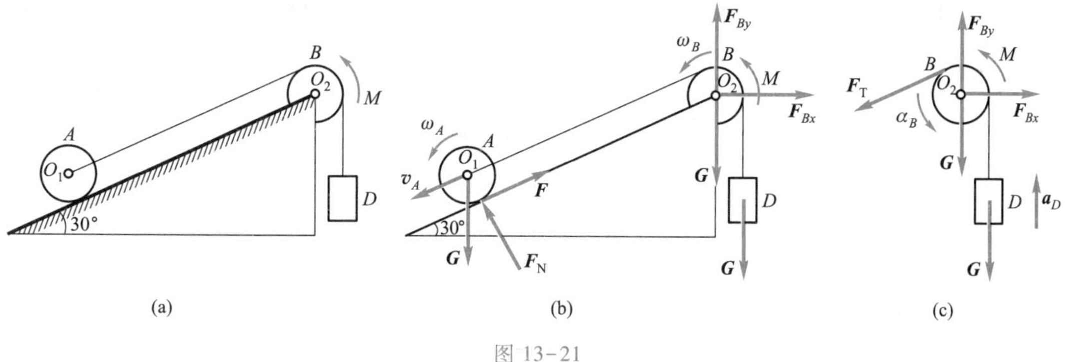

图 13-21

解:(1) 计算物块的加速度

取系统整体为研究对象,受力及运动分析如图 13-21b 所示,在系统从静止开始到物块 D 上升某一高度 s 的过程中,应用动能定理

$$T_2-T_1=\sum W \tag{1}$$

其中,

$$T_1=0$$

$$\begin{aligned}T_2&=\frac{1}{2}m_Dv_D^2+\frac{1}{2}J_{O_2}\omega_B^2+\frac{1}{2}m_Av_A^2+\frac{1}{2}J_{O_1}\omega_A^2\\&=\frac{1}{2}\frac{G}{g}v_D^2+\frac{1}{2}\left(\frac{1}{2}\frac{G}{g}r^2\right)\omega_B^2+\frac{1}{2}\frac{G}{g}v_A^2+\frac{1}{2}\left(\frac{1}{2}\frac{G}{g}r^2\right)\omega_A^2\end{aligned}$$

力的功为

$$\sum W=W_{GD}+W_{GA}+W_M=-Gs+G\sin 30^\circ s+M\varphi_B$$

代入动能定理表达式得

$$\begin{aligned}&\frac{1}{2}\frac{G}{g}v_D^2+\frac{1}{2}\left(\frac{1}{2}\frac{G}{g}r^2\right)\omega_B^2+\frac{1}{2}\frac{G}{g}v_A^2+\frac{1}{2}\left(\frac{1}{2}\frac{G}{g}r^2\right)\omega_A^2-0\\&=-Gs+G\sin 30^\circ s+M\varphi_B\end{aligned}\tag{2}$$

将所有运动量都表示成 s 的形式

$$\varphi_B=\frac{s}{r},\quad v_D=v_A=\dot{s},\quad \omega_A=\omega_B=\frac{v_D}{r}=\frac{\dot{s}}{r}$$

整理式(2)可得

$$\frac{3}{2}\frac{G}{g}v_D^2=\left(\frac{M}{r}-\frac{G}{2}\right)s$$

为求物块的加速度 a_D,将上式两边对时间求一阶导数,得到

$$3\frac{G}{g}v_Da_D=\left(\frac{M}{r}-\frac{G}{2}\right)v_D$$

解得

$$a_D=\frac{2M-rG}{6rG}g\tag{3}$$

方向铅直向上。

(2) 计算圆轮 A 和 B 之间绳索的拉力

以圆轮 B、绳索和物块 D 组成的局部系统为研究对象(图 13-21c),对转轴 O_2 应用动量矩定理,有

$$\frac{\mathrm{d}L_{O_2}}{\mathrm{d}t}=\sum M_{O_2}(\boldsymbol{F}_i^{(e)})\tag{4}$$

即

$$\frac{1}{2}\frac{G}{g}r^2\alpha_B+\frac{G}{g}a_Dr=M-(G-F_{\mathrm{T}})r\tag{5}$$

其中 α_B 为轮 B 的角加速度。根据运动学关系,有

$$a_D=r\alpha_B$$

带入上式得

$$\frac{3}{2}\frac{G}{g}a_D=\frac{M}{r}-G+F_{\mathrm{T}}$$

从而求得圆轮 A、B 之间绳索的拉力

$$F_{\mathrm{T}}=\frac{1}{2}\left(\frac{3}{2}G-\frac{M}{r}\right)$$

(3) 计算圆轮 B 轴承处的约束力

对圆轮 B、绳索和物块 D 组成的局部系统(图 13-21c),应用质心运动定理,有

$$ma_{Cx}=\sum F_{ix}^{(e)}$$

$$ma_{Cy}=\sum F_{iy}^{(e)}$$

即

$$0 = F_{Bx} - F_{\mathrm{T}}\cos 30°$$

$$\frac{G}{g}a_D = F_{By} - 2G - F_{\mathrm{T}}\sin 30°$$

解得圆轮 B 处的轴承约束力

$$F_{Bx} = F_{\mathrm{T}}\cos 30° = \frac{1}{2}\left(\frac{3}{2}G - \frac{M}{r}\right)\cos 30° = \frac{\sqrt{3}}{4}\left(\frac{3}{2}G - \frac{M}{r}\right)$$

$$F_{By} = \frac{1}{12}\left(\frac{53G}{2} + \frac{M}{r}\right)$$

思考题：如何求圆轮 B 和物体 D 之间绳索的拉力以及圆轮 A 与斜面间的摩擦力？

例题 13-5　如图 13-22a 所示，鼓轮 A 的质量是 m_1，半径是 r_1，对质心水平轴的回转半径是 ρ。在半径为 r 的同心滚轴上作用有与水平面成倾角 $\theta = 30°$、大小等于 mg 的常力 $\boldsymbol{F}_1$。鼓轮缘上绕有细绳，此绳水平地伸出，跨过质量是 m_2、半径是 r 的均质滑轮 B，在绳端系有质量是 m 的重物 D。轴承 O 是光滑的，绳子质量不计，且不可伸长，绳与轮 B 间无相对滑动，且轮 A 在固定水平面上滚动而不滑动。已知 $m_1 = 4m$，$m_2 = m$，$r_1 = 2r$，$\rho = \sqrt{\frac{3}{2}}r$。试求：(1) 重物 D 的加速度；(2) 轴承 O 处的约束力；(3) 固定面对滚轴的约束力。并

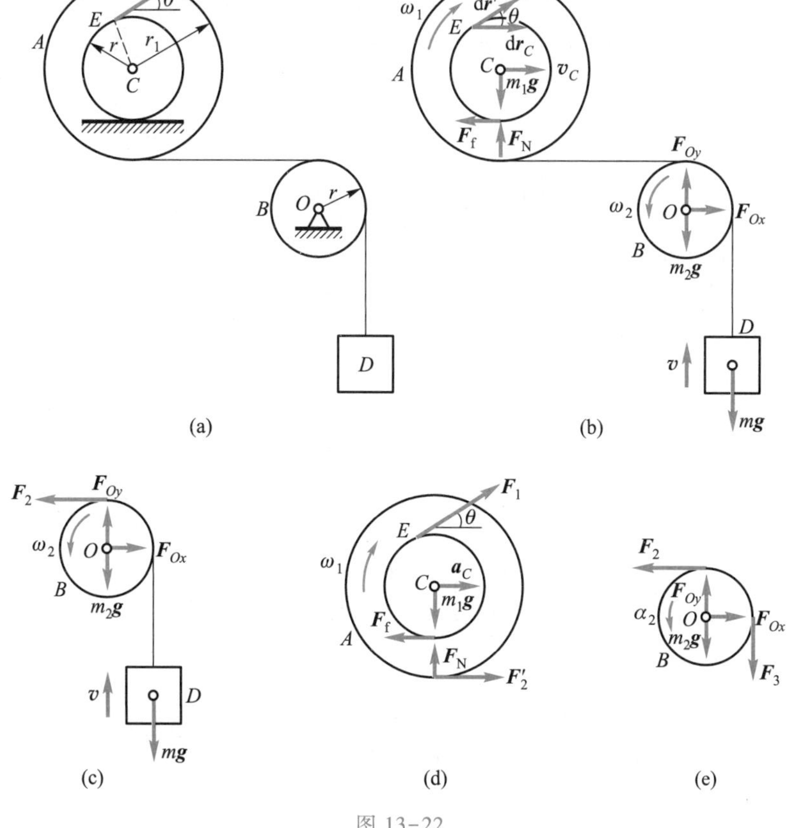

图 13-22

讨论保证轮 A 滚动而不滑动的条件。

解：作用于系统的力中只有力 $\boldsymbol{F}_1$ 和重力 $m\boldsymbol{g}$ 做功。因此，宜首先应用微分形式的动能定理求重物 D 的加速度，然后应用动量定理或质心运动定理求轴承 O 以及固定面的约束力。

（1）计算重物 D 的加速度

取整个系统为研究对象，受力如图 13-22b 所示。根据微分形式的动能定理，有

$$\mathrm{d}T=\sum \mathrm{d}'W \tag{1}$$

式中系统的动能为

$$T=\frac{1}{2}mv^2+\frac{1}{2}J_O\omega_2^2+\frac{1}{2}m_1v_C^2+\frac{1}{2}J_C\omega_1^2 \tag{2}$$

考虑到 $\omega_2=\dfrac{v}{r}$，$\omega_1=\dfrac{v}{r_1-r}$，$v_C=r\omega_1=\dfrac{vr}{r_1-r}$，$J_O=\dfrac{1}{2}m_2r^2$，$J_C=m_1\rho^2$，代入式（2）整理得

$$T=\frac{v^2}{4}\left[2m+m_2+2m_1\frac{r^2+\rho^2}{(r_1-r)^2}\right] \tag{3}$$

然后，计算力的元功。设 $\mathrm{d}t$ 时间内重物 D 有元位移 $\mathrm{d}\boldsymbol{r}$，此时点 E 有元位移 $\mathrm{d}\boldsymbol{r}_E$。因为位移与速度成正比，所以由刚体平面运动速度分析的基点法，有

$$\mathrm{d}\boldsymbol{r}_E=\mathrm{d}\boldsymbol{r}_C+\mathrm{d}\boldsymbol{r}'$$

$\mathrm{d}\boldsymbol{r}_C$ 为质心 C 的元位移，$\mathrm{d}\boldsymbol{r}'$为 E 绕 C 转动的元位移。显然 $\mathrm{d}r_C=\mathrm{d}r'=r\mathrm{d}\varphi_A$，$\mathrm{d}\varphi_A$ 为轮 A 的微转角，$\mathrm{d}\boldsymbol{r}'\perp CE$，指向与 ω_1 一致。所以，力 $\boldsymbol{F}_1$ 的元功为

$$\mathrm{d}'W(\boldsymbol{F}_1)=\boldsymbol{F}_1\cdot\mathrm{d}\boldsymbol{r}_E=F_1\mathrm{d}r'+F_1\cos\theta\mathrm{d}r_C$$

考虑到$\dfrac{\mathrm{d}r_C}{r}=\dfrac{\mathrm{d}r}{r_1-r}$，故有

$$\mathrm{d}'W(\boldsymbol{F}_1)=\frac{F_1r\mathrm{d}r}{r_1-r}(1+\cos\theta) \tag{4}$$

故系统上所有作用力的元功为

$$\sum \mathrm{d}'W=\frac{F_1r\mathrm{d}r}{r_1-r}(1+\cos\theta)-mg\mathrm{d}r \tag{5}$$

将式（3）、式（5）代入式（1），得

$$\mathrm{d}\left\{\frac{v^2}{4}\left[2m+m_2+2m_1\frac{r^2+\rho^2}{(r_1-r)^2}\right]\right\}=\frac{F_1r\mathrm{d}r}{r_1-r}(1+\cos\theta)-mg\mathrm{d}r \tag{6}$$

从而

$$\left[2m+m_2+2m_1\frac{r^2+\rho^2}{(r_1-r)^2}\right]\frac{v}{2}\frac{\mathrm{d}v}{\mathrm{d}t}=\left[\frac{F_1r}{r_1-r}(1+\cos\theta)-mg\right]\frac{\mathrm{d}r}{\mathrm{d}t}$$

整理得重物 D 的加速度

$$a=\frac{\mathrm{d}v}{\mathrm{d}t}=\frac{2[F_1r(r_1-r)(1+\cos\theta)-mg(r_1-r)^2]}{(2m+m_2)(r_1-r)^2+2m_1(r^2+\rho^2)}=\frac{\sqrt{3}}{23}g \tag{7}$$

（2）计算轴承 O 处的约束力

取重物 D 和轮 B 的组合体为研究对象，受力如图 13-22c所示。由对定轴 O 的动量

矩定理

$$\frac{\mathrm{d}L_O}{\mathrm{d}t}=\sum M_O(\boldsymbol{F}_i^{(e)})$$

有

$$\frac{\mathrm{d}}{\mathrm{d}t}(J_O\omega_2+mvr)=F_2r-mgr \tag{8}$$

求得水平细绳拉力

$$F_2=mg+\frac{1}{2}(2m+m_2)a=\left(1+\frac{3\sqrt{3}}{46}\right)mg \tag{9}$$

再根据动量定理

$$\frac{\mathrm{d}p_x}{\mathrm{d}t}=\sum F_{ix},\quad \frac{\mathrm{d}p_y}{\mathrm{d}t}=\sum F_{iy} \tag{10}$$

有

$$\left.\begin{aligned}0&=F_{Ox}-F_2\\ ma&=F_{Oy}-m_2g-mg\end{aligned}\right\} \tag{11}$$

解得轴承 O 处的约束力

$$\left.\begin{aligned}F_{Ox}&=F_2=\left(1+\frac{3\sqrt{3}}{46}\right)mg\\ F_{Oy}&=(m_2+m)g+ma=\left(2+\frac{\sqrt{3}}{23}\right)mg\end{aligned}\right\} \tag{12}$$

（3）计算固定面对滚轴的约束力

取轮 A 为研究对象，受力如图13-22d 所示。根据质心运动定理

$$m_1a_{Cx}=\sum F_{ix},\quad m_1a_{Cy}=\sum F_{iy} \tag{13}$$

有

$$\left.\begin{aligned}m_1a_{Cx}&=F_1\cos\theta-F_f+F_2'\\ m_1a_{Cy}&=F_N-m_1g+F_1\sin\theta\end{aligned}\right\} \tag{14}$$

而 $a_{Cx}=a_C=\dfrac{ar}{r_1-r}$，$a_{Cy}=0$，所以代入上式，求得固定面对滚轴的约束力与摩擦力分别为

$$F_N=m_1g-F_1\sin\theta=7mg \tag{15}$$

$$F_f=F_1\cos\theta+F_2'-m_1a_{Cx}=\left(1+\frac{9\sqrt{3}}{23}\right)mg \tag{16}$$

显然，F_N 必须取正值，以保证轮 A 不脱离支承面。此外，静摩擦力 $F_f\leqslant f_sF_N$，从而由上式可知，为使轮 A 滚动而不滑动，滚轴与固定面间的静摩擦因数应该满足

$$f_s\geqslant\frac{F_f}{F_N}=0.48 \tag{17}$$

讨论：(1) 本例也可取图 13-22c 中的两个物体为分离体，写出式(9)和式(11)三个方程，对图 13-22d 写出质心运动定理表达式(14)，以及相对于质心 C 的动量矩定理表达式，则有

$$J_C\alpha_1=F_1r+F_fr-F_2'r_1 \tag{18}$$

上述6个方程联立求解,可得全部结果。

若作用力 $\boldsymbol{F}_1$ 随时间变化,则功的计算比较困难,不便应用动能定理,这时可采用刚才讨论的方法求解。

(2) 纯滚动时的摩擦力为静摩擦力,其大小可能为零与极限值之间的任意值,其方向也可以不同,两者都需要由运动微分方程来确定。本题中摩擦力的方向可以任意假设为向左或向右。若所得力 $\boldsymbol{F}_f$ 的值为负值,说明实际方向与假设相反。由式(16)知,本题摩擦力 F_f 为正值,说明力 $\boldsymbol{F}_f$ 方向如图13-22b所示,即水平向左。

(3) 为了计算绳子铅垂段的拉力,取轮 B 为研究对象,受力如图13-22e所示。

由定轴转动微分方程,有

$$J_O\alpha_2=F_2r-F_3r \tag{19}$$

其中 $\alpha_2=\dfrac{a}{r}$,因而

$$F_3=F_2-J_O\frac{\alpha_2}{r}=\left(1+\frac{\sqrt{3}}{23}\right)mg$$

由式(19)可得

$$F_2-F_3=\frac{1}{2}mr\alpha_2 \tag{20}$$

上式表明,要使滑轮两边绳子的拉力大小相等,即式(20)右端为零,所应满足的条件是:

① $m=0$,即滑轮质量忽略不计;

② $r=0$,即滑轮半径小到可忽略不计;

③ $\alpha_2=0$,即认为绳与滑轮之间为光滑接触,绳不能带动定滑轮作变速转动。

(4) 力 $\boldsymbol{F}_1$ 的功也可按如下方法计算。

先将力 $\boldsymbol{F}_1$ 向质心 C 简化,得到作用于质心的力 $\boldsymbol{F}_1'$ 以及一附加力偶,其矩为 $M_C=F_1r$,转向为顺时针方向,当轮 A 运动时,这个等效力系的元功之和就等于力 $\boldsymbol{F}_1$ 的元功,即

$$\begin{aligned}\mathrm{d}'W(\boldsymbol{F}_1)&=F_1\mathrm{d}r_C\cos\theta+M_C\mathrm{d}\varphi_A=\frac{F_1r\mathrm{d}r}{r_1-r}+F_1\cos\theta\frac{r\mathrm{d}r}{r_1-r}\\&=\frac{F_1r\mathrm{d}r}{r_1-r}(1+\cos\theta)\end{aligned}$$

与前面所得的式(4)相同。

小　　结

1. 力的功

$$W=\int_{A_1A_2}F\cos\theta\mathrm{d}s=\int_{A_1A_2}(F_x\mathrm{d}x+F_y\mathrm{d}y+F_z\mathrm{d}z)$$

重力的功

$$W=G(z_1-z_2)=Gh$$

弹性力的功

$$W=\frac{k}{2}(\lambda_1^2-\lambda_2^2)$$

牛顿引力的功

$$W=fm_1m_2\left(\frac{1}{r^2}-\frac{1}{r_1}\right)$$

定轴转动刚体上力的功

$$W=\int_{\varphi_1}^{\varphi_2}M_z(\boldsymbol{F})\mathrm{d}\varphi$$

平面运动刚体上力系的元功之和

$$\mathrm{d}'W=\sum(\boldsymbol{F}_i\cdot\mathrm{d}r_C)+\sum M_C(\boldsymbol{F}_i)\mathrm{d}\varphi$$

2. 动能

质点的动能

$$T=\frac{1}{2}mv^2$$

质点系的动能

$$T=\frac{1}{2}\sum m_iv_i^2$$

平移刚体的动能

$$T=\frac{1}{2}mv_C^2$$

定轴转动刚体的动能

$$T=\frac{1}{2}J_z\omega^2$$

平面运动刚体的动能

$$T=\frac{1}{2}mv_C^2+\frac{1}{2}J_C\boldsymbol{\omega}^2$$

3. 质点系动能定理

微分形式

$$\mathrm{d}T=\sum\mathrm{d}'W_i$$

积分形式

$$T_2-T_1=\sum W$$

4. 功率

$$P=\boldsymbol{F}\cdot\boldsymbol{v}$$

作用在转动刚体上的力系的功率

$$P=M_z\omega$$

5. 功率方程

$$\frac{\mathrm{d}T}{\mathrm{d}t}=\sum P=P_{入}-P_{出}-P_{无}$$

6. 常见势力场的势能

重力场中的势能　$V=G(z-z_0)=Gh$

弹性力场中的势能　$V=\frac{1}{2}k\lambda^2$

牛顿引力场中的势能

$$V=-\frac{fm_1m_2}{r}$$

7. 机械能守恒定律

$$T_2+V_2=T_1+V_1=\text{常量}$$

习题

13-1 弹簧的刚度系数是 k，其一端固连在铅直平面的圆环顶点 O，另一端与可沿圆环滑动的小套环 A 相连（题 13-1 图）。设小套环重 G，弹簧的原长等于圆环的半径 r。试求下列各情形中重力和弹性力的功：

（1）套环由 A_1 到 A_3；

（2）套环由 A_2 到 A_3；

（3）套环由 A_3 到 A_4；

（4）套环由 A_2 到 A_4。

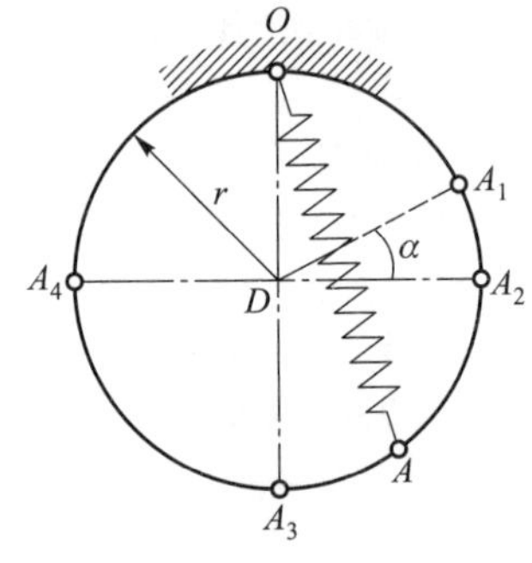

题 13-1 图

13-2 如题 13-2 图 a、b、c 所示，各均质物体分别绕定轴 O 转动，图 d 中的均质圆盘在水平面上滚动而不滑动。设各物体的质量都是 M，物体的角速度是 ω。杆的长度是 l，圆盘的半径是 r。试分别计算物体的动能。

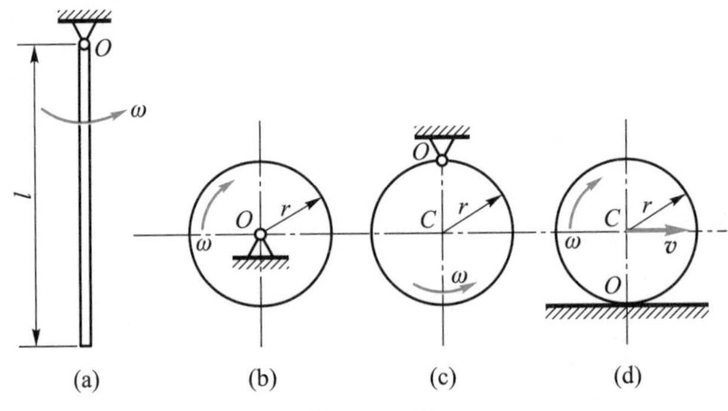

题 13-2 图

13-3 均质杆 AB 的质量是 m，长度是 l，放在铅直平面内，杆的一端 A 靠墙壁，另一端沿地面运动（题 13-3 图）。已知当杆与水平面的倾角 $\varphi=60°$时 B 端的速度为$\boldsymbol{v}_B$，试求杆在该瞬时的动能。

13-4 长为 l、质量为 m 的均质杆以球铰链 O 固定，并以匀角速度 ω 绕铅直线转动，如题 13-4 图所示。如杆与铅直线的夹角为 θ，试求杆的动能。

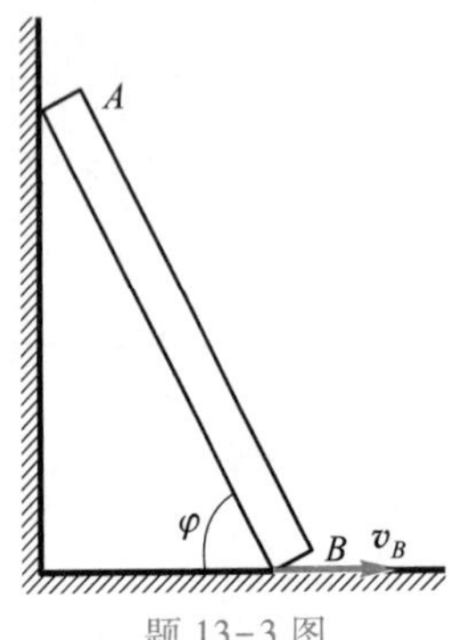

题 13-3 图

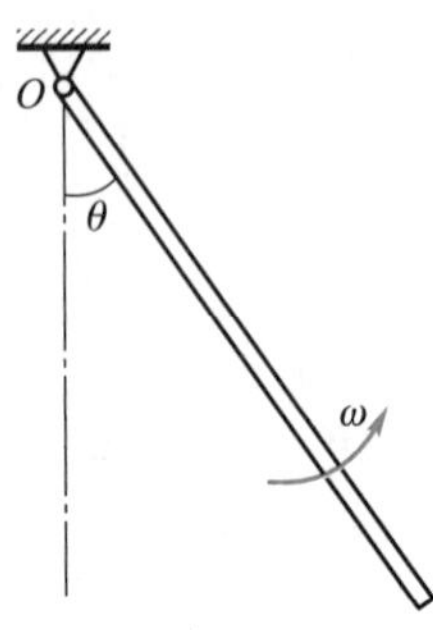

题 13-4 图

13-5　如题 13-5 图所示托架 ABC 缓慢地绕水平轴 B 转动，当角 $\alpha=15°$时，托架停止转动，质量 $m=6$ kg 的物块 D 开始沿斜面 CB 下滑，下滑距离 $s=250$ mm 时压到刚度系数 $k=1.6$ N/m的弹簧上。已测得弹簧最大变形 $\lambda=50$ mm。试求物块与斜面间的静摩擦因数和动摩擦因数。

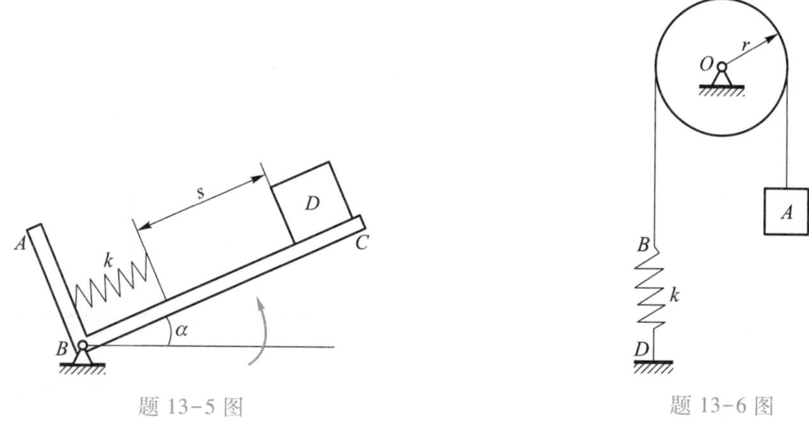

题 13-5 图　　题 13-6 图

13-6　如题 13-6 图所示滑轮的质量为 m_1，半径为 r，可绕光滑水平轴 O 转动，它对转轴的回转半径为 ρ。滑轮上套着不可伸长的柔绳，绳的一端挂着质量为 m_2 的重物 A，而另一端则用刚度为 k 的铅直弹簧 BD 系在固定点 D。假设绳与滑轮之间无相对滑动，绳和弹簧的质量忽略不计，试求物块 A 的运动微分方程。

13-7　如题 13-7 图所示曲柄滑杆机构，曲柄 OA 受力偶矩 M_0 为常值的力偶作用。初瞬时机构处于静止，且角 $\varphi=\varphi_0$。试求曲柄转过一整转时的角速度。假设曲柄长为 r，对轴 O 的转动惯量是 J_O；滑块 A 的重量是 G_1；滑道杆的重量是 G_2；滑块与滑槽间的摩擦力可认为是常力并等于 F。

13-8　已知轮子半径是 r，对转轴 O 的转动惯量是 J_O；连杆 AB 长为 l，质量是 m_1，并可看成均质细杆；滑块 A 质量是 m_2，可沿光滑直导轨滑动，滑块在最高位置($\theta=0°$)受到微小扰动后，从静止开始运动(题 13-8 图)。试求当滑块到达最低位置时轮子的角速度。各处的摩擦不计。

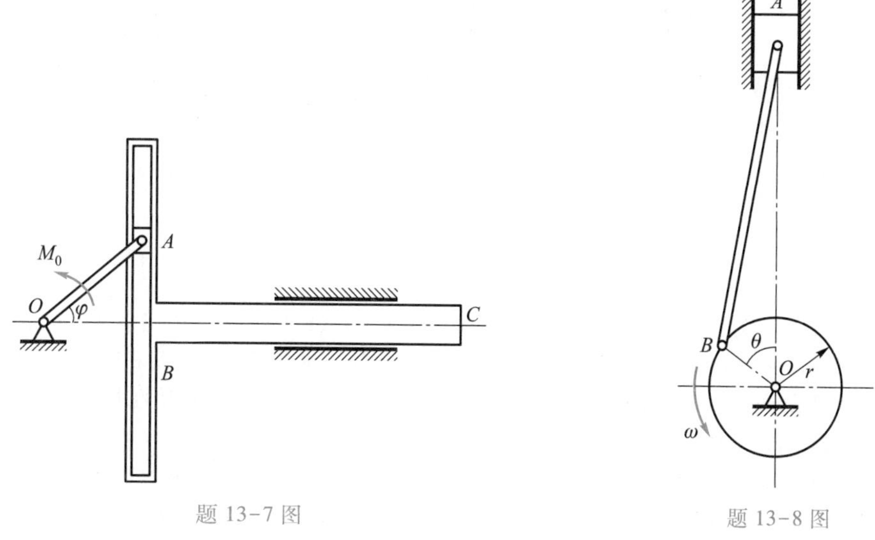

题 13-7 图　　题 13-8 图

13-9　如题 13-9 图所示椭圆规机构由曲柄 OA、规尺 BD 以及滑块 B、D 组成。已知曲柄长为 l，质量是 m_1；规尺长为 $2l$，质量是 $2m_1$，且两者都可以看成均质细杆；两滑块的质量都是 m_2。整个机构被放在水平面上，并在曲柄上作用一力偶矩 M_0 为常值的力偶。试求曲柄的角加速度，各处的摩擦不计。

13-10 如题 13-10 图所示机构，直杆 AB 质量为 m，楔块 C 的质量为 m_1，倾角为 θ。当杆 AB 铅垂下降时，推动楔块水平运动，不计各处摩擦。试求楔块 C 与杆 AB 的加速度。

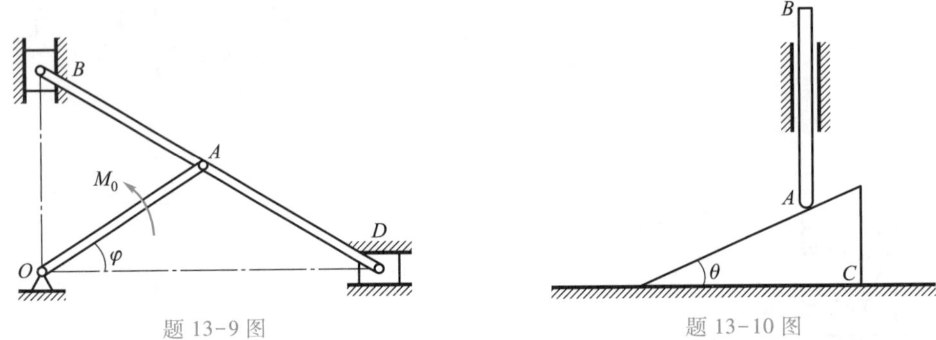

题 13-9 图　　题 13-10 图

13-11 在矿井提升设备中，鼓轮由两个固连在一起的滑轮组成，总质量是 m，对转轴 O 的回转半径是 ρ(题 13-11 图)。在半径是 r_1 的滑轮上用钢绳悬挂质量等于 m_1 的平衡锤 A，而在半径是 r_2 的滑轮上用钢绳牵引小车 B 沿斜面运动。小车的质量是 m_2，斜面与水平面的倾角是 α。已知在鼓轮上作用一力偶矩 M_0 为常值的力偶。试求小车上运动的加速度和两根钢绳的拉力。钢绳的质量和摩擦都不计。

13-12 如题 13-12 图所示均质轮 A 的半径是 r_1，质量是 m_1，可在倾角为 θ 的固定斜面上纯滚动。均质轮 B 的半径是 r_2，质量是 m_2。水平弹簧的刚度系数是 k。假设系统从弹簧未变形的位置静止释放，绳与轮 B 不打滑，绳的倾斜段与斜面平行，不计绳重和轴承摩擦。试求轮心 C 沿斜面向下运动的最大距离以及此瞬时轮心 C 的加速度。

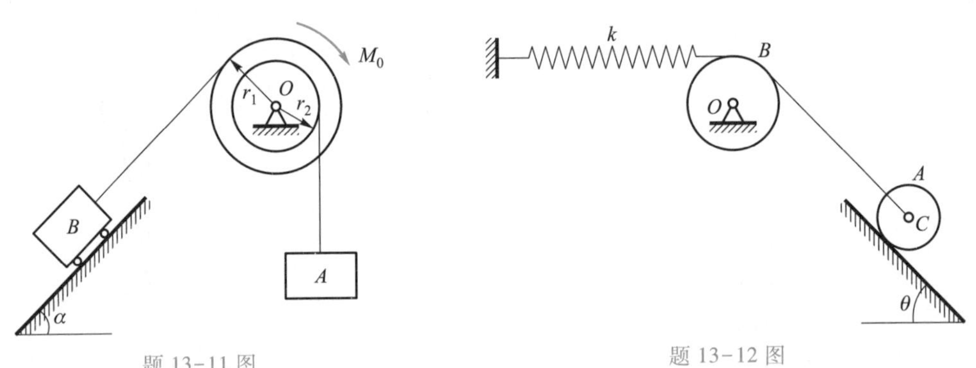

题 13-11 图　　题 13-12 图

13-13 物体 A 的质量为 m_1，挂在不可伸长的绳索上；绳索跨过定滑轮 B，另一端系在滚子 C 的轴上，滚子 C 沿固定水平面滚动而不滑动(题 13-13 图)。已知滑轮 B 和滚子 C 是相同的均质圆盘，半径都是 r，质量都是 m_2。假设系统在开始时处于静止，试求物块 A 在下降高度 h 时的速度和加速度。绳索的质量以及滚动摩阻和轴承摩擦都不计。

13-14 如题 13-14 图所示外啮合的行星齿轮机构放在水平面内，在曲柄 OA 上作用一力偶矩 M_0 为常值的力偶，带动齿轮 1 沿定齿轮 2 滚动而不滑动。已知齿轮 1 和齿轮 2 分别具的质量 m_1 和 m_2，并可视为半径是 r_1 和 r_2 的均质圆盘；曲柄具有质量 m，并可视为均质细杆。已知机构由静止开始运动，试求曲柄的角速度和转角 φ 之间的关系。摩擦不计。

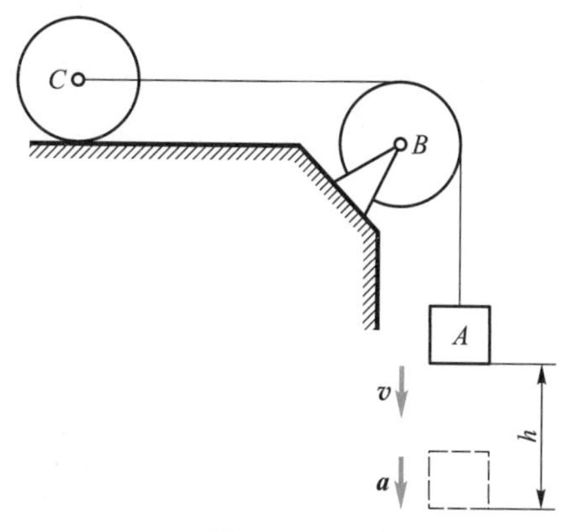

题 13-13 图

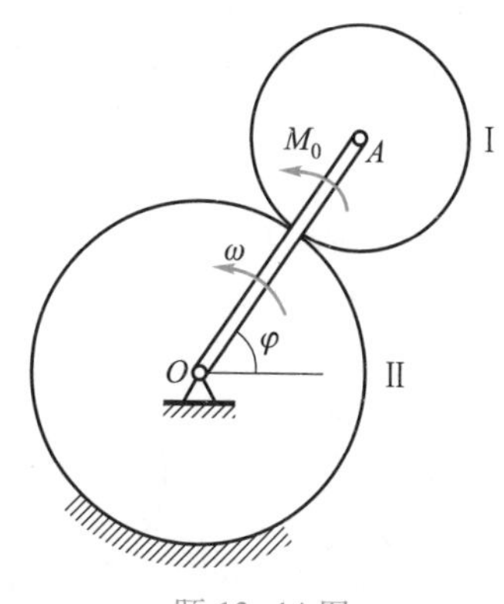

题 13-14 图

13-15　如题 13-15 图所示小球的质量 $m=0.2$ kg，在位置 A 时弹簧被压缩 $\lambda=75$ mm。小球从位置 A 无初速地释放后沿光滑轨道 $ABCDE$ 运动。已知 $r=150$ mm，试求弹簧刚度系数的容许最小值。

13-16　自点 A 以相同大小但倾角不同的初速度 v_0 抛出物体（视为质点），如题13-16图所示。不计空气阻力，当这一物体落到同一水平面上时，试问它的速度大小是否相等？为什么？

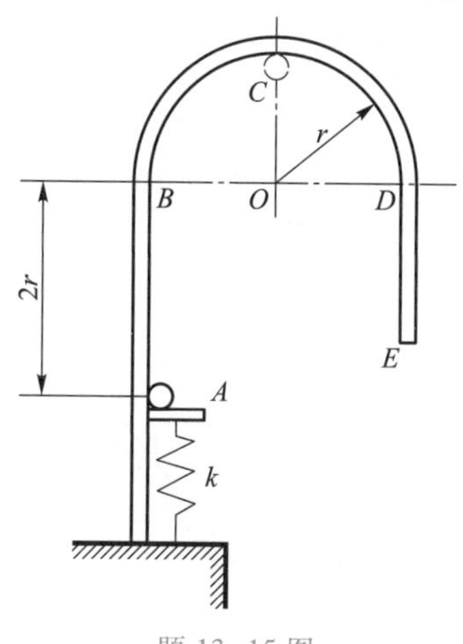

题 13-15 图

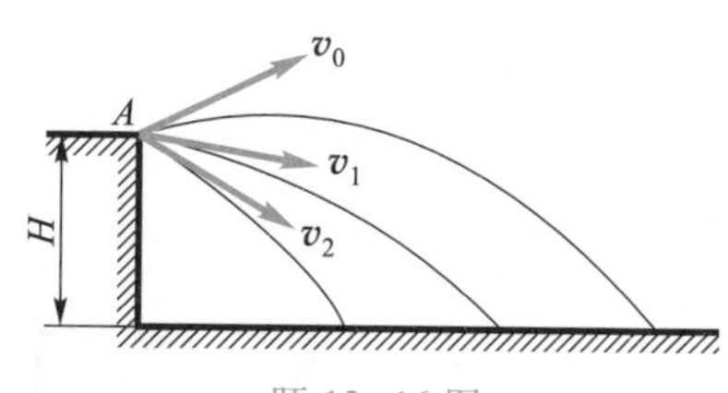

题 13-16 图

13-17　均质杆 AB 和 OD，质量均为 m，长度都为 l，垂直地固接成 T 字形，且点 D 为杆 AB 的中点，置于铅垂平面内，该 T 字形杆可绕光滑固定轴 O 转动，如题 13-17 图所示。开始时系统静止，杆 OD 铅垂，现在一力偶矩 $M=\dfrac{20}{\pi}mgl$ 的力偶作用下转动。试求杆 OD 转至右侧水平位置时：(1) 杆 OD 的角速度和角加速度；(2) 支座 O 处的约束力。

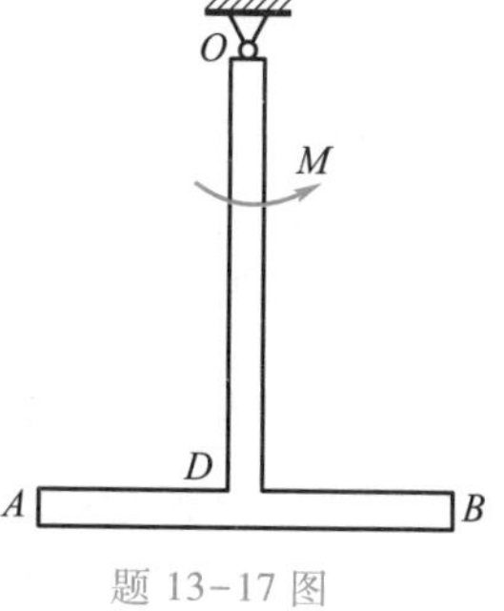

题 13-17 图

13-18　缠绕在半径为 R 的滚子 B 上的不可伸长的细绳，跨过半径为 r 的定滑轮 A，另端系一质量为 m_1 的重物 D。定滑轮 A 和滚子 B 可分别视为质量为 m_2 和 m_3 的均质圆盘，滚子 B 可沿倾角为 α 的固定斜面无滑动地滚动，滚子中心系一刚度系数为 k 的弹簧（题 13-18 图）。假设弹簧和绳子的倾斜段均与斜面平行，绳子与滑轮间无相对滑动，轴承 O 处的摩擦和绳子、弹簧的质量都不计，如果在弹簧无变形时将系统由静止释放，物块 D 开始下落。试求：

(1) 滚子中心 C 沿斜面上升距离 s 时，点 C 的加速度；

(2) 轴承 O 处的约束力；

(3) 此时滚子与斜面间的摩擦力大小。

13-19 如题13-19图所示机构,均质圆盘A和鼓轮B的质量分别为m_1和m_2,半径均为R。斜面倾角为α。圆盘沿斜面作纯滚动,不计滚动摩阻并略去软绳的质量。如在鼓轮上作用一力偶矩M为常值的力偶,试求:

(1) 鼓轮的角加速度;

(2) 轴承O处的水平约束力。

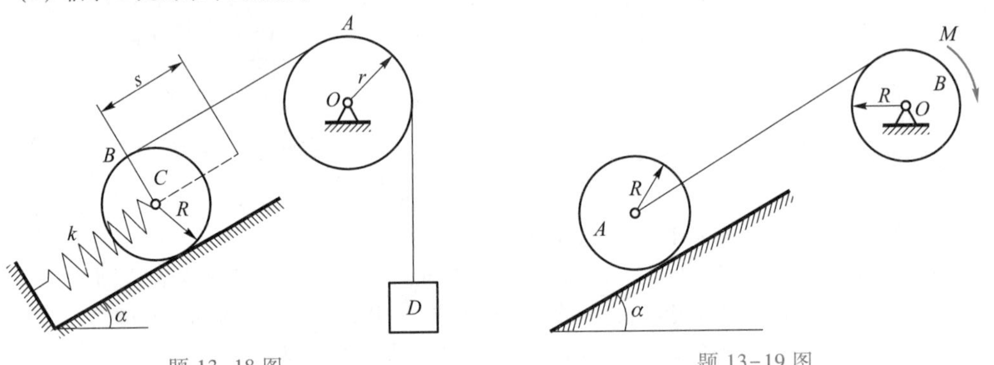

题13-18图　　题13-19图

13-20 长为l的细杆,一端固连一重为G_1的小球A,另一端用铰链与滑块B的中心相连。滑块重为G_2,放在光滑水平面上(题13-20图)。如不计细杆质量,试求细杆于水平位置由静止进入运动后,到达铅直位置时,滑块B在水平面上运动的距离以及获得的速度。

13-21 均质细杆长为l,质量为m,静止直立于光滑水平面上(题13-21图)。当杆受微小干扰而倒下时,试求杆刚刚到达地面时的角速度和地面约束力。

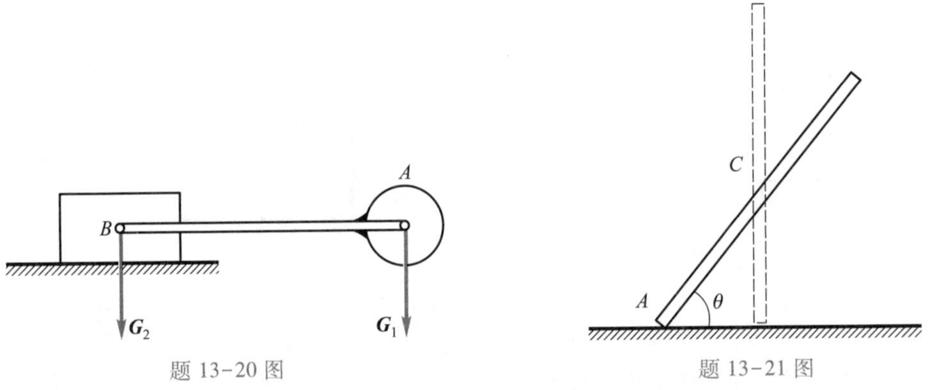

题13-20图　　题13-21图

13-22 重150 N的均质圆盘B与重60 N、长24 cm的均质直杆AB在B处用铰链连接,$\theta=30°$。系统由题13-22图所示位置无初速地释放。试求系统通过最低位置时点B'的速度及在初瞬时支座A处的约束力。

13-23 管子做成半径是r的铅直圆环,对圆环直径的转动惯量是J,以角速度绕定轴自由转动(题13-23图)。在管子内最高点A放一质量是m的小球。由于微小扰动使小球离开点A而沿管下落,试求当小球到达点B和C时,圆环的角速度以及小球的绝对速度。摩擦不计。

13-24 如题13-24图所示系统,物块A质量为$3\,m$,均质圆盘B与均质圆柱C质量均为m,半径均为R,弹簧刚度系数为k,初始时系统静止,弹簧为原长。系统由静止释放后,圆柱C做纯滚动。斜面倾角为30°,弹簧与绳的倾斜段与斜面平行。试求当物块A下降距离为s(未达最低位置)时圆柱质心C的速度、加速度以及两段绳中的拉力。

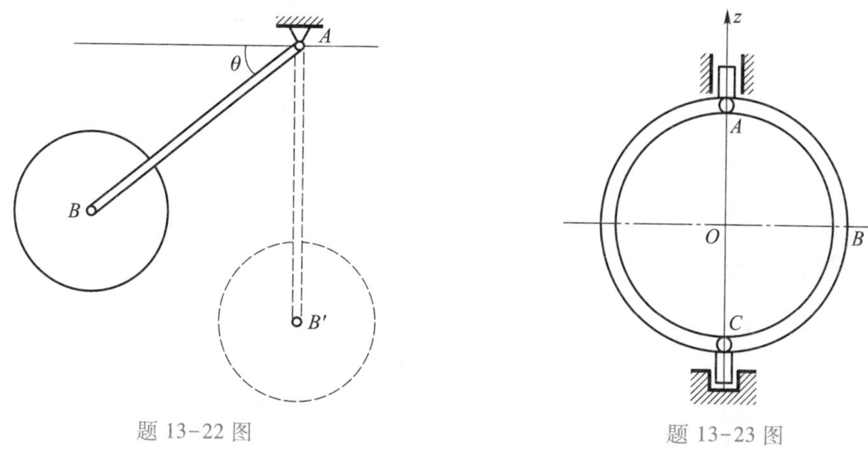

题 13-22 图　　题 13-23 图

13-25　如题 13-25 图所示，均质圆盘可绕轴 O 在铅垂面内转动，圆盘的质量为 m，半径为 R。在圆盘的质心 C 上连接一刚度系数为 k 的水平弹簧，弹簧的另一端固定在点 A，$CA=2R$ 为弹簧的原长，圆盘在 M 为常值的力偶作用下，由最低位置无初速地绕轴 O 向上转。试求圆盘到达最高位置时，轴 O 处的约束力。

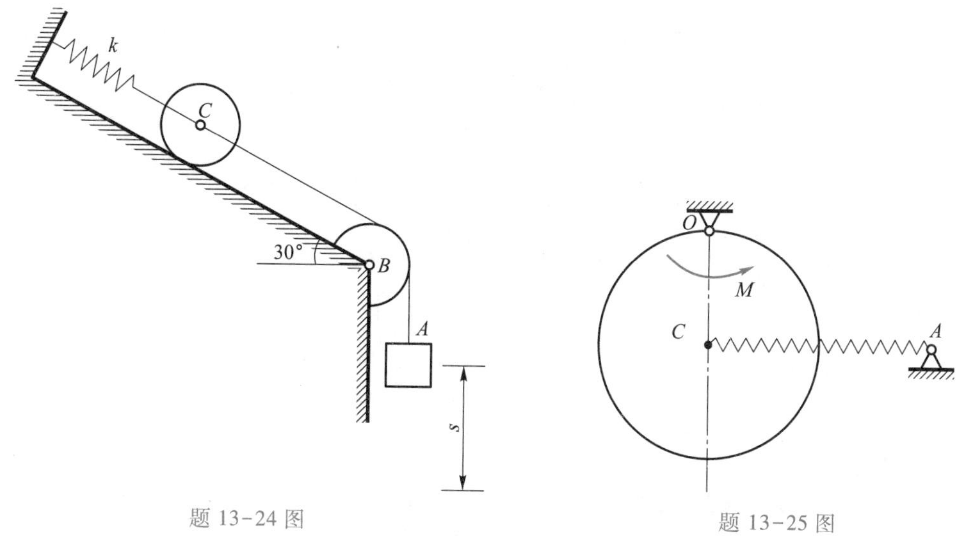

题 13-24 图　　题 13-25 图

13-26　如题 13-26 图所示，质量为 m 的重物 A 系在绳子 ADB 上，绳子跨过不计质量的定滑轮 D 绕在轮 B 上，绳子的 BD 段水平。重物下降带动鼓轮 C 沿水平轨道 EF 只滚不滑。设鼓轮 C 的半径为 r，轮 B 的半径为 $R=3r$，两轮固连在一起，总质量为 $M=16\,m$，对水平轴 O 的回转半径为 $\rho=2r$。试求：

（1）系统由静止开始运动，重物 A 下降距离 h 时的速度；

（2）重物 A 的加速度；

（3）绳子 ADB 的拉力；

（4）鼓轮 C 所受的轨道摩擦力；

（5）为保证鼓轮 C 只滚不滑，鼓轮与轨道间的静摩擦因数应满足的条件。

13-27　在题 13-27 图所示起重设备中，已知物块 A 重为 G，滑轮 O 的半径为 R，绞车 B 的半径为 r，绳索与水平线的夹角为 β。若不计轴承处的摩擦及滑轮、绞车、绳索的质量，试求：

（1）重物 A 匀速上升时，绳索拉力及力偶矩 M；

（2）重物 A 以匀加速度 a 上升时，绳索拉力及力偶矩 M；

(3) 若考虑绞车 B 重为 G，可视为均质圆盘，力偶矩 M＝常数，初始时重物静止，当重物上升距离为 h 时的速度和加速度，以及支座 O 处的约束力。

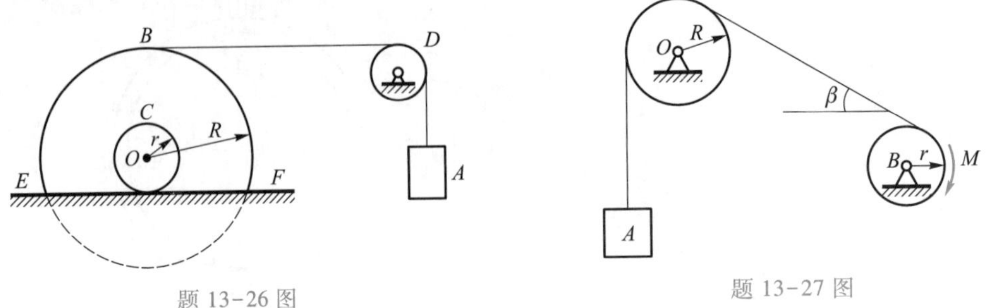

题 13-26 图　　　　题 13-27 图

13-28　如题 13-28 图所示物块 A、B 的质量均为 m，两均质圆轮 C、D 的质量为 $2m$，半径均为 R，无重悬臂梁 CK 长为 $3R$。试求：

(1) 物块 A 的加速度；

(2) HE 段绳的拉力；

(3) 固定端 K 的约束力。

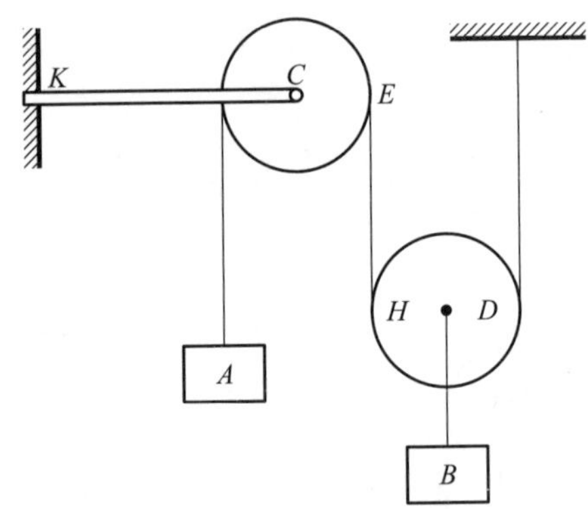

题 13-28 图

工程实际研究性题目

13-29　设计汽车的保险杠

汽车上通常安装一个与框架相连的弹簧式保险杠。请设计一个保险杠，使重量为17.5 kN的汽车以 8 km/h 的速度撞击墙体后停止时（题 13-29 图），保险杠弹簧的变形不超过 75 mm。写出设计方案，计算出弹簧的位移以及对应的刚度系数。画出汽车向垂直于它的一刚性墙体撞去时保险杠的荷载变形图，同时画出弹簧的位移图和汽车的加速度图。

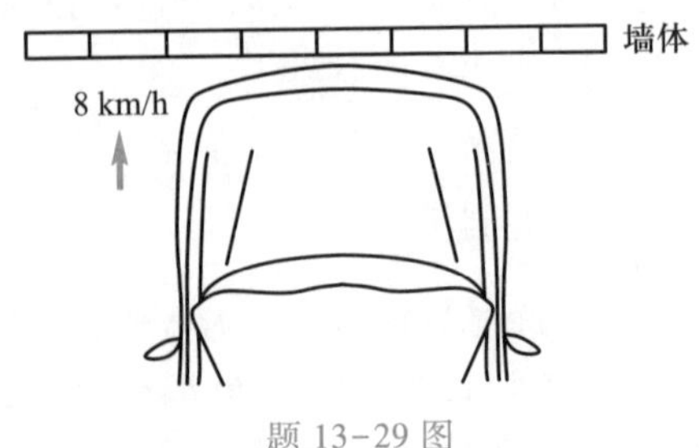

题 13-29 图

第 14 章　达朗贝尔原理与动静法

达朗贝尔原理(d'Alembert principle)是非自由质点系动力学的基本原理,被广泛应用于求解受约束的质点系动力学问题,同时也是工程上常用的动静法的理论基础。

14-1　达朗贝尔原理

设质量为 m 的非自由质点 D,在主动力 $\boldsymbol{F}$ 和约束力 $\boldsymbol{F}_{\mathrm{N}}$ 作用下,沿曲线 AB 运动(图 14-1)。该质点的动力学基本方程为

$$m\boldsymbol{a}=\boldsymbol{F}+\boldsymbol{F}_{\mathrm{N}}$$

或

$$\boldsymbol{F}+\boldsymbol{F}_{\mathrm{N}}+(-m\boldsymbol{a})=0$$

引入质点 D 的惯性力(inertia force)$\boldsymbol{F}_{\mathrm{I}}=-m\boldsymbol{a}$ 这一概念,于是上式可改写成

$$\boldsymbol{F}+\boldsymbol{F}_{\mathrm{N}}+\boldsymbol{F}_{\mathrm{I}}=0 \tag{14-1}$$

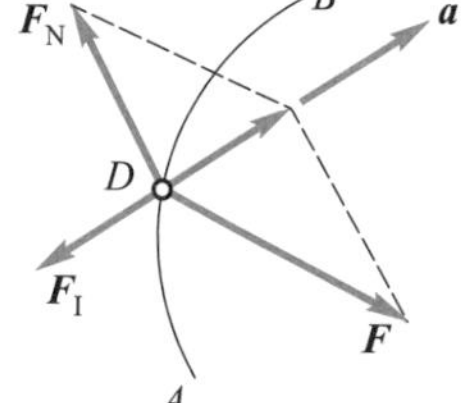

图 14-1

式(14-1)表明,在质点运动的每一瞬时,作用于质点的主动力、约束力和质点的惯性力在形式上构成平衡力系。这就是质点的达朗贝尔原理。

应该指出,惯性力 $\boldsymbol{F}_{\mathrm{I}}$ 并非是作用于质点 D 上的真实力,因此式(14-1)并不表示存在由 $\boldsymbol{F}$、$\boldsymbol{F}_{\mathrm{N}}$ 和 $\boldsymbol{F}_{\mathrm{I}}$ 组成的平衡力系,而只是说明它们三者间的矢量关系与共点力系平衡条件在形式上一致。

上述质点的达朗贝尔原理可以直接推广到质点系。设质点系由 n 个质点组成,质量分别为 m_1、m_2、…、m_n。在任意瞬时,质点系内第 i 个质点所受主动力的合力为 $\boldsymbol{F}_i$,约束力的合力为 $\boldsymbol{F}_{\mathrm{N}i}$,又该质点的加速度是 $\boldsymbol{a}_i$,因而它的惯性力$\boldsymbol{F}_{\mathrm{I}i}=-m_i\boldsymbol{a}_i$。将达朗贝尔原理应用于每个质点,得到 n 个矢量平衡方程,即

$$\boldsymbol{F}_i+\boldsymbol{F}_{\mathrm{N}i}+\boldsymbol{F}_{\mathrm{I}i}=0 \quad (i=1,2,\cdots,n) \tag{14-2}$$

这表明,在质点系运动的任一瞬时,作用于每一质点上的主动力、约束力和该质点的惯性力在形式上构成平衡力系。这就是质点系的达朗贝尔原理。

对于所讨论的质点系,有 n 个形如式(14-2)的平衡方程,即有 n 个形式上的平衡力系。若把其中任意几个或全部 n 个这样的平衡力系合在一起,仍然构成平衡力系,而且在一般情况下是空间任意力系。根据静力学中空间任意力系的平衡条件,有

$$\left.\begin{aligned}&\sum\boldsymbol{F}_i+\sum\boldsymbol{F}_{\mathrm{N}i}+\sum\boldsymbol{F}_{\mathrm{I}i}=0\\&\sum\boldsymbol{M}_O(\boldsymbol{F}_i)+\sum\boldsymbol{M}_O(\boldsymbol{F}_{\mathrm{N}i})+\sum\boldsymbol{M}_O(\boldsymbol{F}_{\mathrm{I}i})=0\end{aligned}\right\} \tag{14-3}$$

式(14-3)表明,在任意瞬时,作用于质点系的主动力、约束力和该质点系的惯性力所构成力系的主矢等于零,该力系对任一点 O 的主矩也等于零。

考虑到式(14-3)中的求和可以对质点系中任何一部分进行,而不限于对整个质点系,因此,该式并不表示仅有 6 个平衡方程,而是共有 $3n$ 个独立的平衡方程。同时注意,

在求和过程中所有内力都将自动消去。

达朗贝尔原理提供了一种按静力学列写平衡方程的形式求解质点系动力学问题的新途径和新方法,这种方法称为**动静法**(method of dynamic equilibrium)。这些方程也称为**动态平衡方程**。

思考题:牵连惯性力、科氏惯性力与本章所述的惯性力有何区别?

14-2 惯性力系的简化

应用动静法求解质点系动力学问题时,需在质点系实际所受的力系上虚加各质点的惯性力。这些惯性力也构成一个力系,称为惯性力系,在具体计算中应将其简化。

对于作任意运动的质点系,把实际所受的力系(包括主动力与约束力)和虚加惯性力系各自向任意点 O 简化后所得的主矢、主矩分别记作 $\boldsymbol{F}_{\mathrm{R}}$、$\boldsymbol{M}_O$(注意到内力的主矢和对任意点的主矩恒为零,$\boldsymbol{F}_R$、$\boldsymbol{M}_O$ 仅表示外力的主矢和主矩)和 $\boldsymbol{F}_{\mathrm{IR}}$、$\boldsymbol{M}_{\mathrm{I}O}$,于是,由力系的平衡条件式(14-3),可得

$$\boldsymbol{F}_{\mathrm{R}}+\boldsymbol{F}_{\mathrm{IR}}=0 \tag{14-4}$$

$$\boldsymbol{M}_O+\boldsymbol{M}_{\mathrm{I}O}=0 \tag{14-5}$$

由质心运动定理有 $\boldsymbol{F}_{\mathrm{R}}=m\boldsymbol{a}_C$,代入式(14-4)得

$$\boldsymbol{F}_{\mathrm{IR}}=-m\boldsymbol{a}_C \tag{14-6}$$

即质点系惯性力系的主矢恒等于质点系总质量与质心加速度的乘积,而取相反方向。

又由对任意固定点 O 的动量矩定理有 $\boldsymbol{M}_O=\dfrac{\mathrm{d}\boldsymbol{L}_O}{\mathrm{d}t}$,代入式(14-5)得

$$\boldsymbol{M}_{\mathrm{I}O}=-\frac{\mathrm{d}\boldsymbol{L}_O}{\mathrm{d}t} \tag{14-7}$$

将上式两端投影到任一固定轴 Oz 上,得

$$M_{\mathrm{I}z}=-\frac{\mathrm{d}L_z}{\mathrm{d}t} \tag{14-8}$$

式(14-7)和式(14-8)表明:质点系的惯性力系对于任一固定点(或固定轴)的主矩,等于质点系对于该点(或该轴)的动量矩对时间的导数,并冠以负号。

利用相对于质心的动量矩定理,可以得到质点系的惯性力系对质心 C 的主矩表达式,即

$$\boldsymbol{M}_{\mathrm{I}C}=-\frac{\mathrm{d}\boldsymbol{L}_C}{\mathrm{d}t} \tag{14-9}$$

以及它在通过质心 C 的某一平移轴 Cz' 上的投影表达式,即

$$M_{\mathrm{I}z'}=-\frac{\mathrm{d}L_{z'}}{\mathrm{d}t} \tag{14-10}$$

式(14-9)和式(14-10)表明:质点系的惯性力系对质心(或对通过质心的平移轴)的主矩,等于质点系对该点(或该轴)的相对动量矩对时间的导数,并冠以负号。

应用上述理论可以导出刚体在各种常见运动情况下惯性力系的主矢和主矩的表达式。

14-2-1　刚体作平移

当刚体作平移时，刚体对质心的动量矩恒等于零，其导数也等于零，故由式(14-9)知，平移刚体的惯性力系对质心的主矩恒等于零，因而平移刚体的惯性力系可以简化为作用在质心上的一个合力 $\boldsymbol{F}_{\mathrm{IR}}$，其大小和方向仍由式(14-6)给出，即

$$\boldsymbol{F}_{\mathrm{IR}}=-m\boldsymbol{a}_C$$

如果取别的点作为简化中心，则主矩一般不等于零。

14-2-2　刚体作定轴转动

1. 主矢

设刚体绕固定轴 Oz 转动(图 14-2)，在任意瞬时的角速度为 ω，角加速度为 α。这时刚体惯性力系的主矢仍由式(14-6)给出，即

$$\boldsymbol{F}_{\mathrm{IR}}=-m\boldsymbol{a}_C \tag{14-11}$$

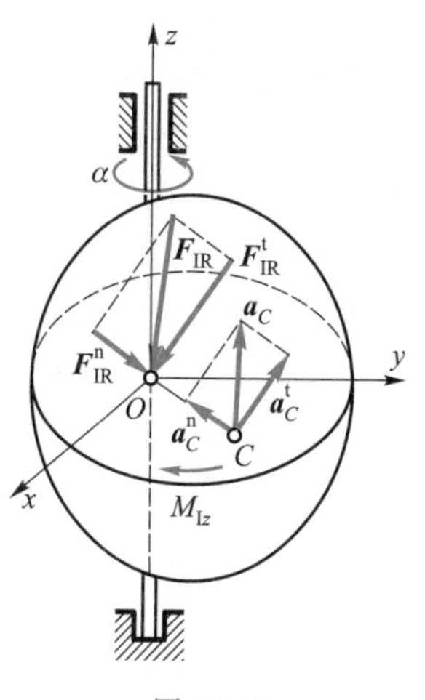

图 14-2

式中，惯性力系的主矢也可分解成切向分量 $\boldsymbol{F}^{\mathrm{t}}_{\mathrm{IR}}$ 和法向分量 $\boldsymbol{F}^{\mathrm{n}}_{\mathrm{IR}}$，即有

$$\boldsymbol{F}_{\mathrm{IR}}=\boldsymbol{F}^{\mathrm{t}}_{\mathrm{IR}}+\boldsymbol{F}^{\mathrm{n}}_{\mathrm{IR}} \tag{14-12}$$

设质心 C 的转动半径 $OC=r_C$，则 $\boldsymbol{F}^{\mathrm{t}}_{\mathrm{IR}}$ 和 $\boldsymbol{F}^{\mathrm{n}}_{\mathrm{IR}}$ 的大小可分别表示为

$$F^{\mathrm{t}}_{\mathrm{IR}}=ma^{\mathrm{t}}_C=mr_C\alpha,\quad F^{\mathrm{n}}_{\mathrm{IR}}=ma^{\mathrm{n}}_C=mr_C\omega^2$$

显然，当质心 C 在转轴上时，刚体的惯性力系的主矢必为零。

2. 对转轴的主矩

将刚体对转轴 Oz 的动量矩 $L_z=J_z\omega$ 代入式(14-8)可得刚体惯性力系对轴 Oz 的主矩，即

$$M_{\mathrm{I}z}=-\frac{\mathrm{d}L_z}{\mathrm{d}t}=-\frac{\mathrm{d}}{\mathrm{d}t}(J_z\omega)=-J_z\frac{\mathrm{d}\omega}{\mathrm{d}t}$$

即

$$M_{\mathrm{I}z}=-J_z\alpha \tag{14-13}$$

式中，J_z 是刚体对转轴 Oz 的转动惯量。注意：一般来说，刚体的惯性力还有对轴 Ox 和 Oy 的主矩。因此，刚体惯性力对点 O 的主矩 $M_{\mathrm{I}O}$，一般有三个分量，其方向不是沿着转轴 Oz，而且它的数值也不等于 $J_z\alpha$。在工程实际中常见的情形是刚体具有质量对称面 Oxy(图 14-2)，此时，整个刚体的惯性力对轴 Ox 和 Oy 的主矩都等于零。

可见，当具有质量对称面的刚体绕垂直于这个平面的固定轴转动时，惯性力系向对称面与转轴交点 O 简化的结果是作用在对称面内的一个力和一个力偶。该力作用在点 O，大小等于刚体的质量和质心加速度的乘积，方向与质心加速度相反；该力偶矩的大小等于刚体对转轴的转动惯量和角加速度大小的乘积，力偶的转向与角加速度相反，如式(14-11)和式(14-13)所示。

当刚体的转轴是质量对称轴时，质心一定在转轴上。这时质心加速度 $a_C=0$，整个刚

体的惯性力系必合成为一个力偶,其矩矢的方向必沿转轴,其数值由式(14-13)确定。

14-2-3 刚体作平面运动

若取质心 C 为基点,则刚体的平面运动可以分解为随质心 C 的平移和绕质心轴 Cz'(通过质心且垂直于运动平面的轴)的转动。刚体上各质点的加速度以及相应的惯性力也可分解为随质心的平移和绕质心轴的转动两部分。于是,此刚体的牵连平移惯性力系可合成为作用在质心 C 的一个力 $\boldsymbol{F}_{\mathrm{IR}}$,其大小与方向仍由式(14-6)决定;因质心 C 在相对运动的转轴上,故刚体的相对转动的惯性力系合成为一力偶,这个力偶对上述质心轴 Cz' 的矩就是相对转动惯性力系对该轴的主矩,由式(14-13)给出。

于是得结论:具有质量对称平面的刚体平行于此平面作平面运动时,惯性力系向质心简化的结果是一个作用在质心的力 $\boldsymbol{F}_{\mathrm{IR}}$ 和一个作用在对称平面内的矩为 M_{IC} 的力偶。该力的大小等于刚体的质量与质心加速度的乘积,方向与质心加速度方向相反;该力偶的矩等于刚体对过质心并垂直于质量对称面的轴的转动惯量与刚体角加速度的乘积,转向与角加速度相反(图14-3),即

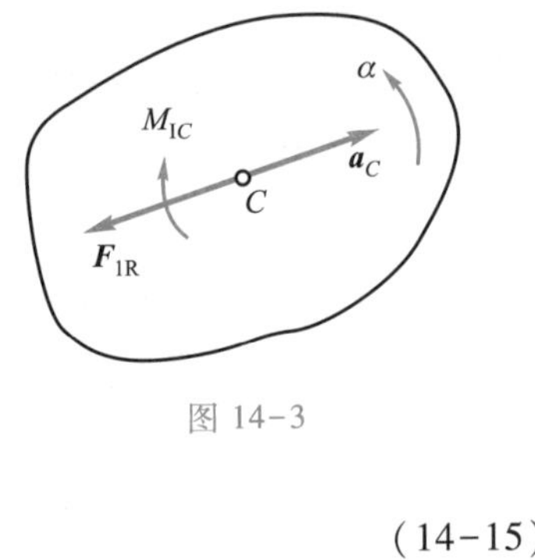

图 14-3

$$\boldsymbol{F}_{\mathrm{IR}} = -m\boldsymbol{a}_C \tag{14-14}$$

$$M_{\mathrm{IC}} = -J_{Cz'}\alpha \tag{14-15}$$

14-3 动静法的应用举例

应用动静法求解动力学问题时,可以像静力学一样,取整体或部分为研究对象。除分析研究对象的实际受力(主动力和约束力)外,关键在于给研究对象正确地虚加上相应的惯性力系。由 14-2 节可知,刚体的运动形式不同,惯性力系的简化结果亦不同。因此,应首先分析研究对象的运动形式,根据式(14-11)~式(14-15)虚加上相应的惯性力和惯性力偶;最后按刚体静力学的平衡条件写出研究对象的动态平衡方程求解。

例题 14-1 汽车连同货物的总质量是 m,其质心 C 离前、后轮的水平距离分别是 b 和 c,离地面的高度是 h(图 14-4)。当汽车以加速度 $\boldsymbol{a}$ 沿水平直线道路行驶时,试求地面分别给前、后轮的铅垂约束力。轮子的质量不计。

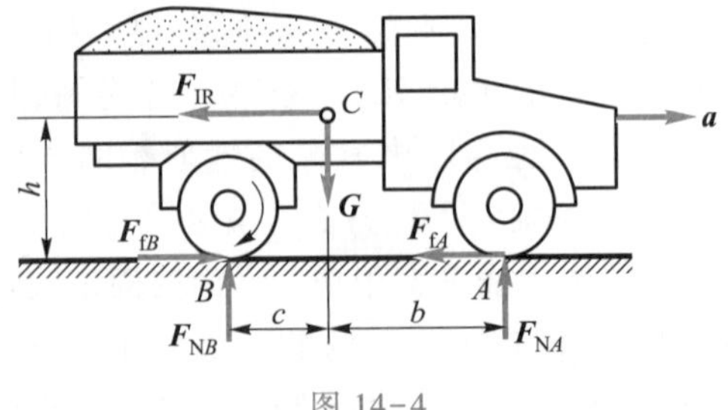

图 14-4

解: 取汽车连同货物为研究对象。汽车实际受到的外力有:重力 $\boldsymbol{G}$,地面分别对前、后轮的铅垂约束力 $\boldsymbol{F}_{\mathrm{N}A}$、$\boldsymbol{F}_{\mathrm{N}B}$。因后轮是主动轮,故摩擦力 $\boldsymbol{F}_{\mathrm{f}B}$ 水平向前;而前轮是被动轮,故摩擦力 $\boldsymbol{F}_{\mathrm{f}A}$ 水平向后。

因汽车作平移，其惯性力系合成为作用在质心 C 上的一个力 $\boldsymbol{F}_{IR}=-m\boldsymbol{a}$。

于是，可写出汽车的动态平衡方程

$$\sum M_B(\boldsymbol{F})=0,\quad F_{IR}h-Gc+F_{NA}(b+c)=0 \tag{1}$$

$$\sum M_A(\boldsymbol{F})=0,\quad F_{IR}h+Gb-F_{NB}(b+c)=0 \tag{2}$$

由式(1)和式(2)解得前、后轮的铅垂约束力

$$F_{NA}=\frac{m(gc-ah)}{b+c},\quad F_{NB}=\frac{m(gb+ah)}{b+c}$$

例题 14-2　重为 G、长为 l 的均质细直杆 AB，其 A 端铰接在铅垂轴 Az 上，并以匀角速度 ω 绕此轴转动。当 AB 与转轴间的夹角 θ＝常量（图 14-5a）时，试求 ω 与 θ 的关系，以及铰链 A 的约束力。

解： 取杆 AB 作研究对象。它实际所受的力有：重力 $\boldsymbol{G}$ 和铰链 A 的约束力 $\boldsymbol{F}_x$、$\boldsymbol{F}_z$。显然，当 θ 不变时，杆上各点只有向心加速度 $\boldsymbol{a}_n$，方向都为水平并指向转轴；这样，杆的惯性力系是同向平行分布力系（图 14-5b）。沿杆 AB 取任一微小段 $d\xi$ 分析，它的质量是 $\frac{G}{g}\frac{d\xi}{l}$，加速度 $a_n=\omega^2\xi\sin\theta$，因而相应的惯性力 $F_I=\left(\frac{G}{g}\frac{d\xi}{l}\right)(\omega^2\xi\sin\theta)$。全杆惯性力系的合力的大小可用积分求出，即

$$F_{IR}=\int_l F_I=\int_0^l\frac{G}{g}\frac{d\xi}{l}\omega^2\xi\sin\theta=\frac{G}{2g}l\omega^2\sin\theta \tag{1}$$

设惯性力系的合力 $\boldsymbol{F}_{IR}$ 的作用线与杆 AB 的交点是 D，并以 b 代表点 D 到轴 A 的距离，则

$$M_A(\boldsymbol{F}_{IR})=bF_{IR}\cos\theta$$

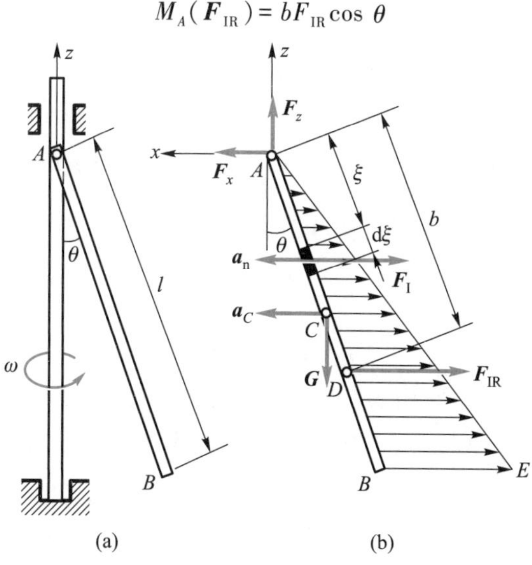

图 14-5

由对点 A 的合力矩定理，有

$$bF_{IR}\cos\theta=\int_l M_A(\boldsymbol{F}_I)=\int_0^l\left(\frac{G}{g}\frac{d\xi}{l}\right)(\omega^2\xi\sin\theta)(\xi\cos\theta)$$

$$=\frac{G}{3gl}\omega^2 l^3 \sin\theta\cos\theta \tag{2}$$

把式(1)代入式(2),即可求得

$$b=\frac{2}{3}l \tag{3}$$

其实,本例中惯性力 $\boldsymbol{F}_{IR}$ 的大小可由惯性力的公式(14-6)直接求得

$$F_{IR}=\frac{G}{g}a_C=\frac{G}{2g}l\omega^2\sin\theta$$

又因惯性力系是沿杆 AB 按三角形荷载分布的(图 14-5b),合力的作用线应通过这个三角形的重心,于是立即可得 $b=2l/3$。

写出杆的动态平衡方程,有

$$\sum M_A(\boldsymbol{F})=0,\quad F_{IR}\times\frac{2}{3}l\cos\theta-\frac{G}{2}l\sin\theta=0 \tag{4}$$

$$\sum F_x=0,\quad F_x-F_{IR}=0 \tag{5}$$

$$\sum F_z=0,\quad F_z-G=0 \tag{6}$$

把式(1)代入式(4),有

$$\frac{Gl}{2g}\omega^2\sin\theta\times\frac{2l}{3}\cos\theta-G\times\frac{l}{2}\sin\theta=0$$

即

$$\frac{Gl}{2}\sin\theta\left(\frac{2l}{3g}\omega^2\cos\theta-1\right)=0$$

从而求得

$$\sin\theta=0\quad\text{或}\quad\cos\theta=\frac{3g}{2l\omega^2} \tag{7}$$

显然,第二个解只在 $\frac{3g}{2l\omega^2}\leqslant 1$ 时成立。第一个解能否成立,还需进一步分析。

利用式(5)和式(6),可以求得铰链 A 处的约束力,有

$$F_x=\frac{G}{2g}l\omega^2\sin\theta$$

$$F_z=G$$

例题 14-3 起重装置由鼓轮 D(半径为 r,质量为 m_1)及均质梁 AB(长 $l=4r$,质量 $m_2=m_1$)组成,鼓轮安装在梁的中点,其上作用有矩为 M 的常值力偶,鼓轮对转轴的回转半径为 $\rho=\frac{1}{2}r$,被提升的重物 E 的质量 $m_3=\frac{1}{4}m_1$(图 14-6a)。试求重物 E 上升的加速度 $\boldsymbol{a}$ 及支座 A、B 的约束力 $\boldsymbol{F}_A$ 及 $\boldsymbol{F}_B$。

解: 先取鼓轮 D、重物 E 所组成的系统为研究对象,加惯性力后受力图如图 14-6b 所示。其中

$$F_1=m_3a,\quad M_1=J_O\alpha=m_1\rho^2\alpha$$

写出动态平衡方程有

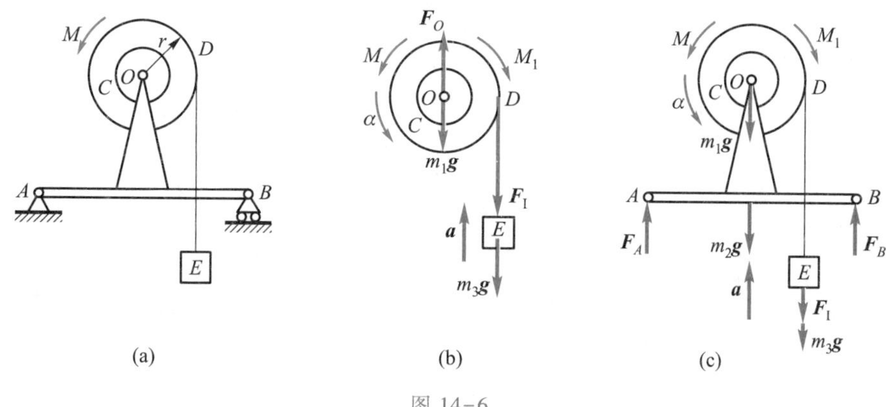

图 14-6

$$\sum M_O(\boldsymbol{F})=0,\quad M-M_I-(m_3g+F_I)r=0$$

求解上式，注意到 $a=\alpha r$，可得重物 E 上升的加速度

$$a=\frac{4M-m_1gr}{2m_1r}$$

再取整个系统为研究对象，加惯性力后受力图如图 14-6c 所示，则有

$$\sum M_B(\boldsymbol{F})=0,\quad F_Al-(m_1g+m_2g)\times\frac{l}{2}-(m_3g+F_I)\left(\frac{l}{2}-r\right)+M_1-M=0$$

解得

$$F_A=\frac{17}{16}m_1g+\frac{M}{4r}$$

又

$$\sum F_y=0,\quad F_A+F_B-m_1g-m_2g-m_3g-F_I=0$$

解得

$$F_B=\frac{17}{16}m_1g+\frac{M}{4r}$$

例题 14-4　用长为 l 的两根绳子 AO 和 BO 把长为 l、质量是 m 的均质细杆悬在点 O（图 14-7a）。当杆静止时，突然剪断绳子 BO，试求刚剪断瞬时另一绳子 AO 的拉力。

解：绳子 BO 剪断后，杆 AB 将开始在铅垂面内作平面运动。由于受到绳 OA 的约束，点 A 将在铅垂平面内作圆弧运动。在绳子 BO 刚剪断的瞬时，杆 AB 上的实际受力只有绳子 AO 的拉力 $\boldsymbol{F}$ 和杆的重力 $\boldsymbol{G}$。

在引入杆的惯性力之前，需对杆作加速度分析。取坐标系 Axy 如图14-7b 所示。利用刚体作平面运动的加速度合成定理，以质心 C 为基点，则点 A 的加速度可表示成

$$\boldsymbol{a}_A=\boldsymbol{a}_A^n+\boldsymbol{a}_A^t=\boldsymbol{a}_{Cx}+\boldsymbol{a}_{Cy}+\boldsymbol{a}_{AC}^t+\boldsymbol{a}_{AC}^n$$

在绳 BO 刚剪断的瞬时，杆的角速度 $\omega=0$，角加速度 $\alpha\neq0$。因此，$a_{AC}^n=AC\times\omega^2=0$，而 $a_{AC}^t=\dfrac{l}{2}\alpha$。又 $a_A^n=0$，加速度各分量的方向如图 14-7c 所示，把 $\boldsymbol{a}_A$ 投影到点 A 轨迹的法线 AO 上，得到

$$0=a_{Cx}\cos\theta-a_{Cy}\sin\theta+a_{AC}^t\sin\theta$$

即

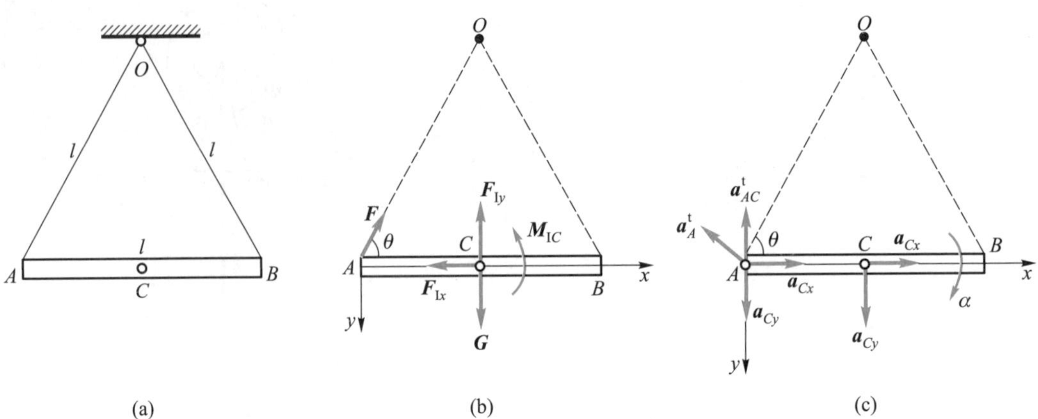

图 14-7

$$a_{Cx}\cos\theta - a_{Cy}\sin\theta + \frac{l}{2}\alpha\sin\theta = 0 \tag{1}$$

这个关系式就是该瞬时杆的运动要素所满足的条件。

杆的惯性力系合成为一个作用在质心的力 $\boldsymbol{F}_{\mathrm{IR}}$ 和一个力偶，两者都在运动平面内。$\boldsymbol{F}_{\mathrm{IR}}$ 的两个分量的大小分别是 $F_{\mathrm{I}x}=ma_{Cx}, F_{\mathrm{I}y}=ma_{Cy}$；力偶矩 $M_{\mathrm{I}C}$ 的大小是 $M_{\mathrm{I}C}=J_{Cz}\alpha$，转向与 α 相反（图 14-7b）。

由动静法写出杆的动态平衡方程，有

$$\sum F_x=0,\qquad -ma_{Cx}+F\cos\theta=0 \tag{2}$$

$$\sum F_y=0,\qquad -ma_{Cy}+mg-F\sin\theta=0 \tag{3}$$

$$\sum M_C(\boldsymbol{F})=0,\quad -J_{Cz}\alpha+F\frac{l}{2}\sin\theta=0 \tag{4}$$

且对于细杆，$J_{Cz}=\dfrac{1}{12}ml^2$。

联立求解方程式(1)～式(4)，可得绳子 AO 的拉力

$$F=\frac{mg\sin\theta}{4\sin^2\theta+\cos^2\theta}=\frac{2\sqrt{3}}{13}mg$$

该瞬时杆的角加速度 α 和质心 C 的加速度 $\boldsymbol{a}_C$ 也可以同时求出。

思考题：均质杆绕其端点在平面内转动，将杆的惯性力系向此端点简化或向杆质心简化，其结果有什么不同？

14-4 定轴转动刚体对轴承的动压力

质点或质点系的惯性力实际上作用在对它施力的那些外界物体上。当刚体作定轴转动时，惯性力一般要在轴承上引起附加动压力（或称附加动约束力）。这种现象在工程实际中必须引起注意。

14-4-1　定轴转动刚体对轴承的附加动压力

设刚体绕固定轴 Oz 转动，在任意瞬时的角速度是 ω，角加速度是 α，取固定坐标系 $Oxyz$ 如图 14-8 所示。刚体上任意点 D 的切向和法向加速度的大小分别为

$$a_t = r_z\alpha, \quad a_n = r_z\omega^2$$

式中，r_z 是该质点的转动半径。由图 14-8b 可知，点 D 的加速度在各坐标轴的投影分别为

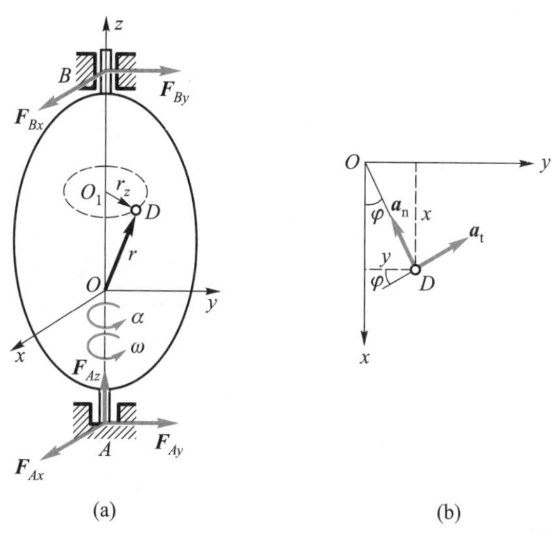

图 14-8

$$a_x = -a_n\cos\varphi - a_t\sin\varphi = -\omega^2 r_z\cos\varphi - \alpha r_z\sin\varphi = -\omega^2 x - \alpha y$$

$$a_y = -a_n\sin\varphi + a_t\cos\varphi = -\omega^2 r_z\sin\varphi + \alpha r_z\cos\varphi = -\omega^2 y + \alpha x$$

$$a_z = 0$$

以该点的质量乘以上各式并冠以负号，就得到该质点惯性力在各坐标轴上的投影。

整个刚体惯性力系的主矢 $\boldsymbol{F}_{IR}$ 在各坐标轴上的投影分别为

$$\left.\begin{aligned} F_{Ix} &= \sum(-ma_x) = \omega^2\sum(mx) + \alpha\sum(my) = Mx_C\omega^2 + My_C\alpha \\ F_{Iy} &= \sum(-ma_y) = \omega^2\sum(my) - \alpha\sum(mx) = My_C\omega^2 - Mx_C\alpha \\ F_{Iz} &= 0 \end{aligned}\right\} \tag{14-16}$$

式中，x_C 和 y_C 是质心 C 的坐标，M 是刚体的总质量。同样求得刚体惯性力系对点 O 的主矩 $\boldsymbol{M}_{IO}$ 在各坐标轴上的投影，即

$$\left.\begin{aligned} M_{Ix} &= \sum(ma_y z) = \sum[m(-\omega^2 y + \alpha x)z] = -J_{yz}\omega^2 + J_{zx}\alpha \\ M_{Iy} &= -\sum(ma_x z) = \sum[m(\omega^2 x + \alpha y)z] = J_{zx}\omega^2 + J_{yz}\alpha \\ M_{Iz} &= -\sum(ma_t r_z) = -\alpha\sum(mr_z^2) = -J_z\alpha \end{aligned}\right\} \tag{14-17}$$

式中，J_z 是刚体对转轴 Oz 的转动惯量；$J_{yz} = \sum(myz)$ 和 $J_{zx} = \sum(mzx)$ 是刚体对与轴 Oz 相关的两个**惯性积**(product of inertia)，它们是代数量，可正可负，也可能等于零。可见，要使 M_{Ix} 和 M_{Iy} 同时等于零，必须使 $J_{yz} = J_{zx} = 0$，即轴 Oz 是刚体在点 O 的**惯性主轴**(principal axis of inertia)之一。如果 Oxy 是刚体的质量对称平面,就属于这样的情况。

设 F_{Rx}、F_{Ry}、F_{Rz}分别为主动力系的主矢在轴 x、y、z 上的投影;M_{Fx}、M_{Fy}、M_{Fz}分别为主动力系对点 O 的主矩在各坐标轴上的投影。对于图14-8a,根据达朗贝尔原理,列出动态平衡方程,有

$$\left.\begin{array}{ll}\sum F_x=0, & F_{Ax}+F_{Bx}+F_{Rx}+F_{Ix}=0\\ \sum F_y=0, & F_{Ay}+F_{By}+F_{Ry}+F_{Iy}=0\\ \sum F_z=0, & F_{Az}+F_{Rz}=0\\ \sum M_x(\boldsymbol{F})=0, & M_x(\boldsymbol{F}_{Ay})+M_x(\boldsymbol{F}_{By})+M_{Fx}+M_{Ix}=0\\ \sum M_y(\boldsymbol{F})=0, & M_y(\boldsymbol{F}_{Ax})+M_y(\boldsymbol{F}_{Bx})+M_{Fy}+M_{Iy}=0\\ \sum M_z(\boldsymbol{F})=0, & M_{Fz}+M_{Iz}=0\end{array}\right\} \tag{14-18}$$

将式(14-16)和式(14-17)代入上式,由前五个式子即可求得定轴转动刚体轴承处的动约束力。显然,该动约束力由两部分组成:一部分为主动力系所引起的静约束力;另一部分是由转动刚体的惯性力系所引起的附加动约束力。与此对应,轴承所受的压力也可分为静压力和附加动压力。

例题 14-5 如图 14-9 所示,轮盘(连同轴)的质量 $m=20$ kg,转轴 AB 与轮盘的质量对称面垂直,但轮盘的质心 C 不在转轴上,偏心距 $e=0.1$ mm。当轮盘以匀转速 $n=12\ 000$ r/min 转动时,试求轴承 A、B 的动压力。

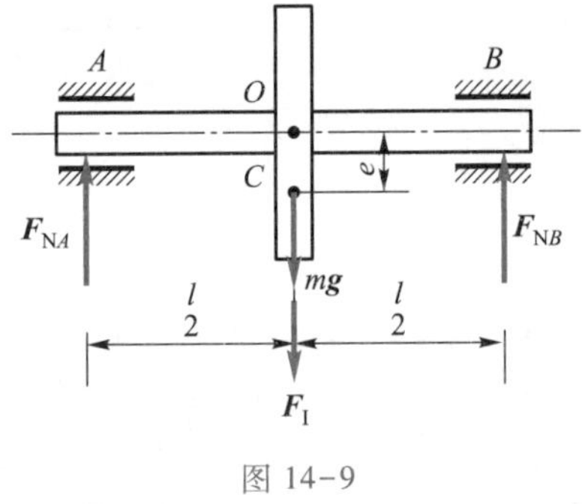

图 14-9

解: 由于转轴 AB 与轮盘的质量对称面垂直,所以转轴 AB 为惯性主轴,即对此轴的惯性积为零,又由于是匀速转动,角加速度 $\alpha=0$,所以惯性力矩均为零,取此刚体为研究对象,当重心 C 位于最下端时,轴承处约束力最大,受力图如图 14-9 所示,由于轮盘为匀速转动,质心 C 只有法向加速度,其大小为

$$a_n=e\omega^2=\frac{0.1}{1\ 000}\ \mathrm{m}\times\left(\frac{12\ 000\pi}{30}\ \mathrm{s}^{-1}\right)^2=158\ \mathrm{m/s^2}$$

因此惯性力大小为

$$F_I=F_I^n=ma_n=3\ 160\ \mathrm{N}$$

方向如图 14-9 所示。

由质点系的动静法,列动态平衡方程则有

$$\sum M_B(\boldsymbol{F})=0,\quad (mg+F_I)\frac{l}{2}-F_{NA}l=0$$

$$\sum M_A(\boldsymbol{F})=0,\quad F_{NB}l-(mg+F_I)\frac{l}{2}=0$$

解得轴承 A、B 处的约束力

$$F_{NA}=F_{NB}=\frac{1}{2}(mg+F_I)=\frac{1}{2}\times(20\times 9.81+3\ 160)\ \text{N}=1\ 680\ \text{N}$$

由上式根据作用与反作用公理知，此时轴承附加动压力为$\frac{1}{2}F_I=1\ 580$ N。由此可见，在高速转动下，0. 1 mm 的偏心距所引起的轴承附加动压力，可达静压力$\frac{1}{2}mg=98$ N 的 16 倍之多！而且转速越高，偏心距越大，轴承附加动压力越大，这势必使轴承磨损加快，甚至引起轴承的破坏。再者，注意到惯性力 $\boldsymbol{F}_I$的方向随刚体的旋转而发生周期性的变化，使轴承附加动压力的大小与方向也发生周期性的变化，因而势必引起机器的振动与噪声，同样会加速轴承的磨损与破坏。因此，必须尽量减小与消除偏心距。

对此题，设系统质心位于转轴上，由于安装误差，轮盘盘面与转轴成角 $\theta=1°$，轮盘为均质圆盘，半径为 200 mm，l 为 1 m，轮盘质量与转速不变。可求得此时静压力仍为 98 N，但附加动压力为 5 519 N（计算略，有兴趣的读者可以计算），是静压力的 56 倍之多，这对轴承受力是相当不利的，所以应尽量减少安装误差。

14-4-2　消除附加动压力的条件

从上节的例子可以看出，在转动刚体的轴承上可能因惯性力而产生巨大的附加动压力，以致使机器损坏或引起剧烈的振动。

为了消除轴承上的附加动压力，必须也只需转动刚体的惯性力系的主矢等于零，以及惯性力系对于与轴 Oz 相垂直的任何两轴 x、y 的主矩 M_{Ix}和 M_{Iy}都等于零。

动力学动画：转子静平衡 a

第一个条件 $\boldsymbol{F}_{IR}=-m\boldsymbol{a}_C=0$，相当于要求刚体的质心 C 在转轴 Oz 上，即 $x_C=y_C=0$。

第二个条件 $M_{Ix}=M_{Iy}=0$，相当于要求刚体对于与轴 Oz 相关的两个惯性积 $\sum(myz)=\sum(mzx)=0$。这样的轴 Oz 为刚体对于点 O 的惯性主轴。而轴 Oz 如果通过刚体质心 C，则为**中心惯性主轴**（central principal axis of inertia）。

由此可见，要使定轴转动刚体的轴承不受附加动压力的作用，必须也只须转动轴是刚体的一个中心惯性主轴。

动力学动画：转子静力衡 b

如果刚体的质心通过转轴，除受自身的重力外，不受其他主动力作用，则该刚体可以在任意位置静止不动，则称该刚体**静平衡**。如果刚体的转轴是中心惯性主轴，则定轴转动刚体的轴承不会引起附加动压力，则称该刚体为**动平衡**。静平衡的刚体不一定是动平衡刚体，但动平衡的刚体必定也是静平衡的。

动力学动画：转子动平衡 a

事实上，由于材料的不均匀或制造、安装误差等原因，都可能使定轴转动刚体的转轴偏离中心惯性主轴。为了避免出现轴承附加动压力，确保机器运行安全可靠，在有条件的地方，可在专门的静平衡与动平衡试验机上进行静、动平衡试验，根据试验数据，在刚体的适当位置附加一些质量或去掉一些质量，使其达到静、动平衡。静平衡试验机可以调整质心在转轴上或尽可能地在转轴上，动平衡试验机可以调整对转轴的惯性积，使其对转轴的惯性积为零或尽可能地为零。

动力学动画：转子动平衡 b

思考题：自旋卫星的生产过程有一道工序，对卫星相对自旋轴进行动平衡。试问，卫星运行时并无固定的轴承，为什么还要进行动平衡？

小 结

1. 质点的惯性力 F_I 的定义

$$\boldsymbol{F}_I=-m\boldsymbol{a}$$

2. 质点的达朗贝尔原理

在质点运动的每一瞬时，作用于质点的主动力 $\boldsymbol{F}$、约束力 $\boldsymbol{F}_N$ 和质点的惯性力 $\boldsymbol{F}_I$ 在形式上构成一平衡力系，即

$$\boldsymbol{F}+\boldsymbol{F}_N+\boldsymbol{F}_I=0$$

3. 质点系的达朗贝尔原理

在质点系运动的任一瞬时，作用于每一质点上的主动力、约束力和该质点的惯性力在形式上构成一平衡力系，即

$$\boldsymbol{F}_i+\boldsymbol{F}_{Ni}+\boldsymbol{F}_{Ii}=0$$

4. 刚体惯性力系的简化结果

（1）刚体平移，惯性力系向质心 C 简化，主矢与主矩分别为

$$\boldsymbol{F}_{IR}=-m\boldsymbol{a}_C,\quad M_{IO}=0$$

（2）刚体绕定轴转动（刚体有质量对称平面，且此平面与转轴 z 垂直），则惯性力系向此质量对称平面与转轴 z 的交点 O 简化，主矢与主矩分别为

$$\boldsymbol{F}_{IR}=-m\boldsymbol{a}_C,\quad M_{Iz}=-J_z\alpha$$

（3）刚体作平面运动（刚体有一质量对称平面，且刚体平行于此平面作平面运动），惯性力系向质心 C 简化，主矢与主矩分别为

$$\boldsymbol{F}_{IR}=-m\boldsymbol{a}_C,\quad M_{IC}=-J_{Cz}\alpha$$

式中，J_{Cz} 为对过质心且与质量对称平面垂直的轴的转动转量。

5. 刚体绕定轴转动，消除附加动压力的条件

必须也只需转轴是中心惯性主轴（转轴过质心且对此轴的惯性积为零）。质心在转轴上，刚体可以在任意位置静止不动，称为静平衡；转轴为中心惯性主轴，不出现附加动压力，称为动平衡。

习 题

14-1 如题 14-1 图所示由相互铰接的水平臂连成的传送带，将圆柱形零件从一高度传送到另一个高度。设零件与臂之间的静摩擦因数 $f_s=0.2$。

（1）降落加速度 a 为多大时，零件不致在水平臂上滑动？

（2）比值 h/d 等于多少时，零件在滑动之前先倾倒？

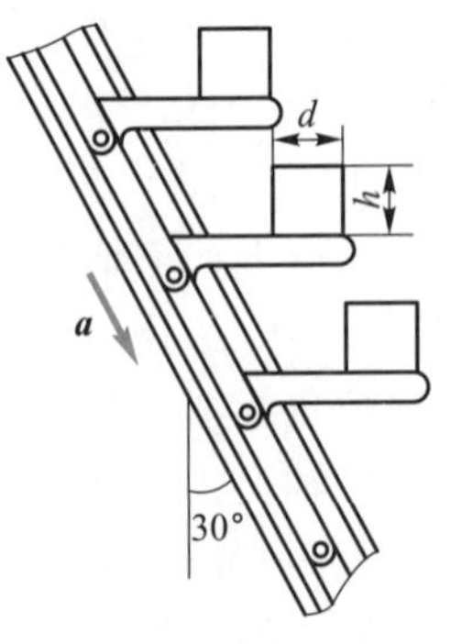

题 14-1 图

14-2 叉式装卸车的质量为 1 000 kg，用来举起质量 $m_1=1\ 200$ kg的木箱，车的质心 C 和木箱的质心 C_1 位置如题 14-2 图所示。

（1）木箱的向上加速度最大可为多少，而不引起翻车？

（2）试求此时每一个前轮 A 上的作用力。

（3）当车的运动速度为 3 m/s（向左）时，所有四个轮子都加闸制动。木箱和车架间的摩擦因数为 0.30，若要使木箱无滑动，且车不向前翻倒，试求车停止运动的最短距离。

14-3 如题 14-3 图所示某喷气式飞机着陆时的速度为200 km/h，由于制动力 $\boldsymbol{F}_d$ 的作用，飞机沿着跑道作匀减速运动，滑行 450 m 后速度降为50 km/h。已知飞机的质量为

125×10^3 kg,质心在 C。试求从开始制动到制动终结这段时间内,前轮 B 的正压力 $\boldsymbol{F}_B$。不考虑地面摩擦力。当低速滑行时空气阻力和作用在机翼上的升力均可忽略不计。

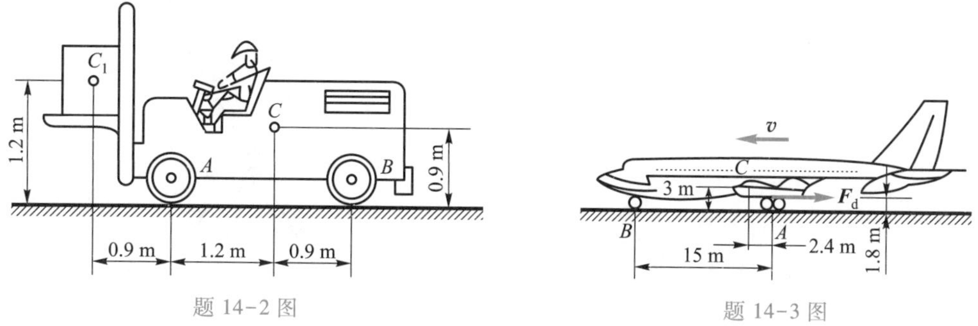

题 14-2 图　　题 14-3 图

14-4　炉门质量 $m=226$ kg,用滚轮 B 和 D 支持,可沿光滑的水平轨道自由移动。平衡锤 A 的质量 $m_1=45$ kg,用钢索连于门上的点 E,绳索的上段水平,如题14-4图所示。试求:

(1) 炉门的加速度;

(2) B 和 D 处的约束力。

14-5　转速表的简化模型如题 14-5 图所示。杆 CD 的两端各有质量为 m 的 C 球和 D 球,杆 CD 与转轴 AB 铰接于各自的中点,质量不计。当转轴 AB 转动时,杆 CD 的转角 φ 随之发生变化。设 $\omega=0$ 时,$\varphi=\varphi_0$,且盘簧中无力矩。盘簧产生的力矩 M 与转角 φ 的关系为$M=k(\varphi-\varphi_0)$,式中 k 为盘簧刚度系数。轴承 A、B 间距离为 $2b$。试求:

(1) 角速度 ω 与角 φ 的关系;

(2) 当系统处于图示平面时,轴承 A、B 的约束力。$AO=OB=b$。

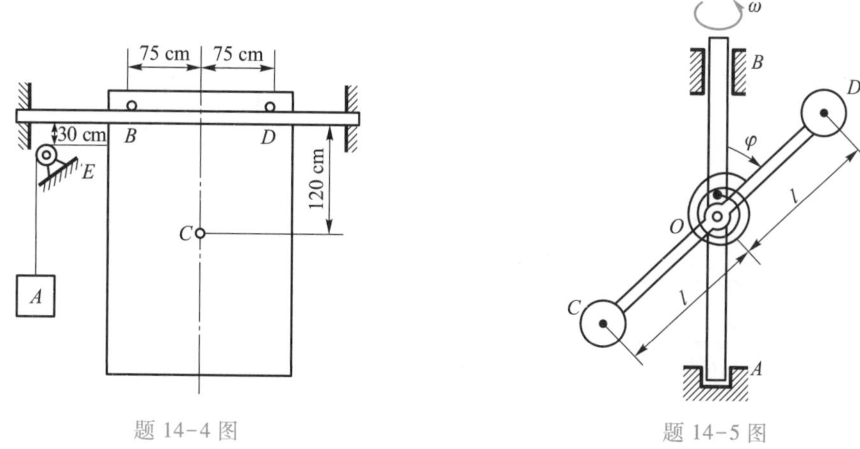

题 14-4 图　　题 14-5 图

14-6　如题 14-6 图所示水平均质细杆 AB 长 $l=1$ m,质量 $m=12$ kg,A 端用铰链支承,B 端用铅垂绳吊住。现在把绳子突然割断,试求刚割断时杆 AB 的角加速度和铰链 A 的动压力。

14-7　如题 14-7 图所示为铅垂面内的起重机,起重臂 O_1A 长为 $3l$,质量为 m,可视为均质直杆,在液压油缸 O_2B 的柱塞 BD 的推动下抬起。设柱塞从油缸中伸出的相对速度 v_r 是常量,不计油缸柱塞的质量,试求图示瞬时柱塞的推力和支座 O_1 处的约束力。

14-8　如题 14-8 图所示供检修用的空中塔架是由 AB、BC 两桁架组成。当 BC 与水平线的夹角为 θ 时,在点 B 的机构可使 AB 与 BC 的夹角为 2θ。已知人与工作室的质量为200 kg,桁架 BC 绕轴 C 的转动惯量为 400 kg·m^2。不计桁架 AB 的质量。若塔架由 $\theta=30°$从静止开始运动,且工作室 A 铅垂向上的加速度 $a=1.2$ m/s^2,BC 的角加速度 $\alpha=0.5$ rad/s^2。试求作用在桁架 BC 上的力矩 M 和作用在节点 B 的机构中的内力矩 M_B 分别为多少?

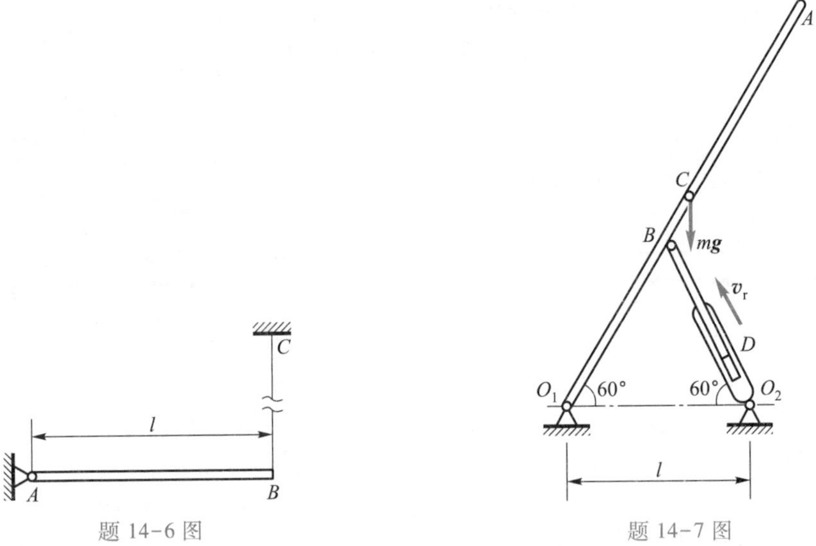

题 14-6 图 题 14-7 图

14-9 当题 14-9 图所示火箭飞行到离地球上空 400 km 高度时，地球的重力加速度为 8.69 m/s^2。这时火箭的质量为 300 kg，推力 $F_T=4$ kN，且飞行方向与铅垂线的夹角为 30°。如果火箭发动机喷管偏离角度为 1°，且已知火箭对过质心 C 且垂直于图平面的轴的回转半径为 1.5 m，试求这时火箭质心 C 的加速度沿轴 x、y 方向的分量和角加速度。

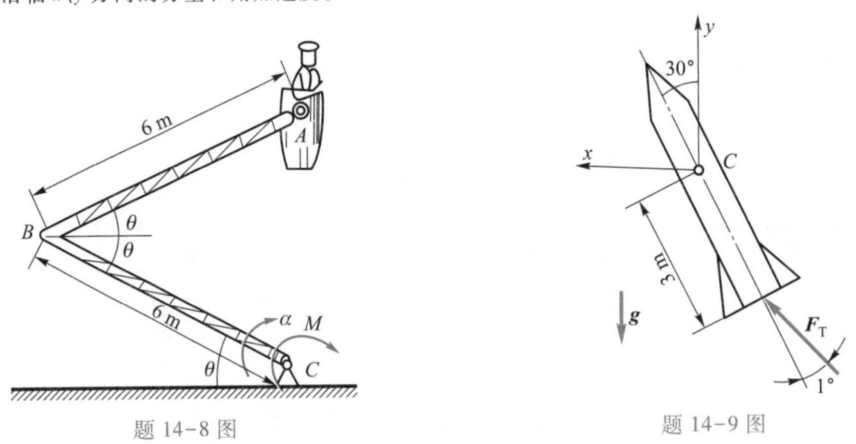

题 14-8 图 题 14-9 图

14-10 某传动轴上安装有两个齿轮，质量分别是 m_1 和 m_2，偏心距分别是 e_1 和 e_2。在题 14-10 图示瞬时，C_1D_1 平行于轴 z，D_2C_2 平行于轴 x，传动轴的转速是 n(r/min)。试求这时轴承 A 和 B 的附加动压力。

14-11 当发射卫星实现星箭分离时，打开卫星整流罩的一种方案如题 14-11 图所示。先由释放机构将整流罩缓慢送到图示位置，然后令火箭加速，加速度为 $\boldsymbol{a}$，由于微小的扰动使整流罩向外转。当其质心 C 转到位置 C' 时，O 处铰链自动脱开，使整流罩离开火箭。设整流罩质量为 m，对过点 O 且垂直于图面的轴的回转半径为 ρ，质心到轴的距离 $OC=r$。试问整流罩脱落时，角速度为多大？

14-12 质量可不计的刚性轴上固连着两个质量均等于 m 的小球 A 和 B。在该瞬时，角速度是 ω，角加速度是 α。试求题 14-12 图示各种情况中惯性力系向点 O 的简化结果，并指出哪个是静平衡的，哪个是动平衡的？

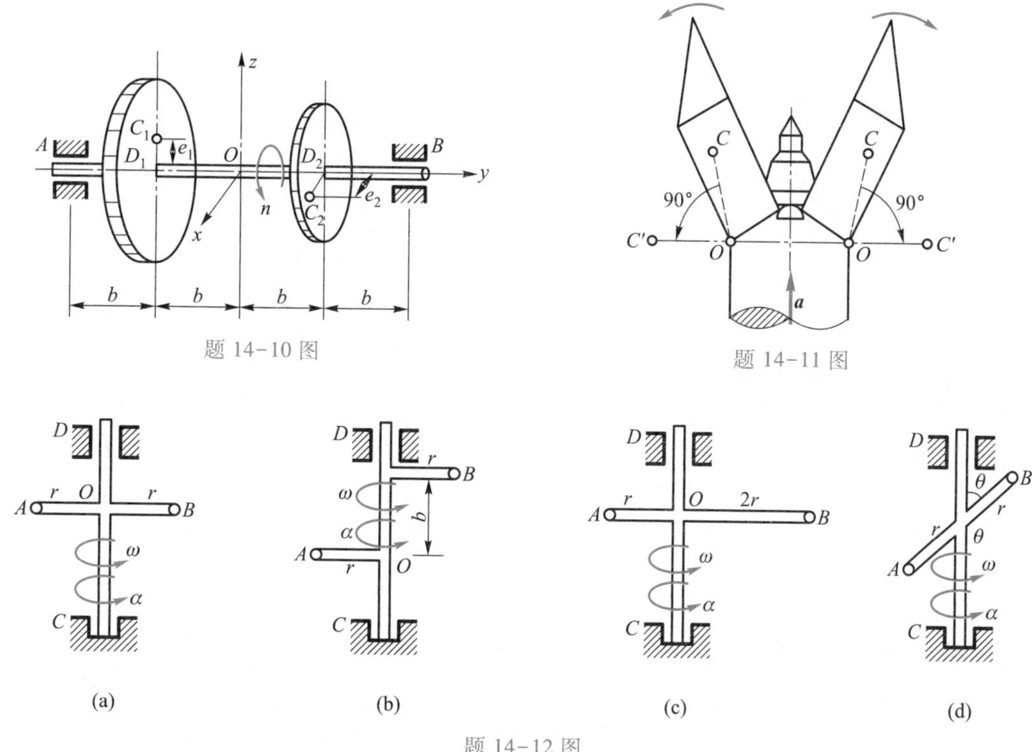

题 14-10 图

题 14-11 图

题 14-12 图

14-13　均质平板质量是 m，放在半径是 r、质量均等于 0.5 m 的两个相同的均质圆柱形滚子上。平板上作用着水平力 $\boldsymbol{F}_1$。滚子在水平面上作无滑动的滚动。设平板与滚子间无相对滑动，求题 14-13 图示平板的加速度。

14-14　如题 14-14 图所示均质滚子质量 $m=20$ kg，被水平绳拉着在水平面上作纯滚动。绳子跨过滑轮 B 而在另一端系有质量 $m_1=10$ kg 的重物 A。试求滚子中心 C 的加速度。滑轮和绳的质量都忽略不计。

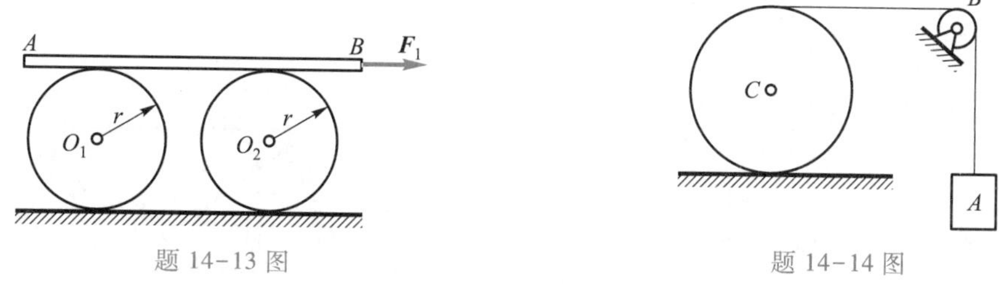

题 14-13 图

题 14-14 图

14-15　如题 14-15 图所示均质圆盘和均质薄圆环的质量都是 m，外径相同，用细杆 AB 铰接于中心。设系统沿倾角是 θ 的斜面作无滑动的滚动。若细杆和圆环上辐条的质量都可以不计，试求杆 AB 的加速度、杆的内力以及斜面对圆盘和圆环的动压力。

14-16　如题 14-16 图所示飞机发动机上双叶螺旋桨的质量可近似地认为沿叶片径向均匀分布，两叶片的长度均为 $l=1$ m，总质量 $m=15$ kg。已知螺旋桨的质心 C 在转轴上，但由于安装误差，产生一微小偏角 $\alpha=0.015$ rad，如图所示，如螺旋桨以匀转速 $n=3\,000$ r/min 转动，两轴承间的距离 $b=250$ mm，不计其余物体的质量，试求轴承 A 和 B 的附加动压力。

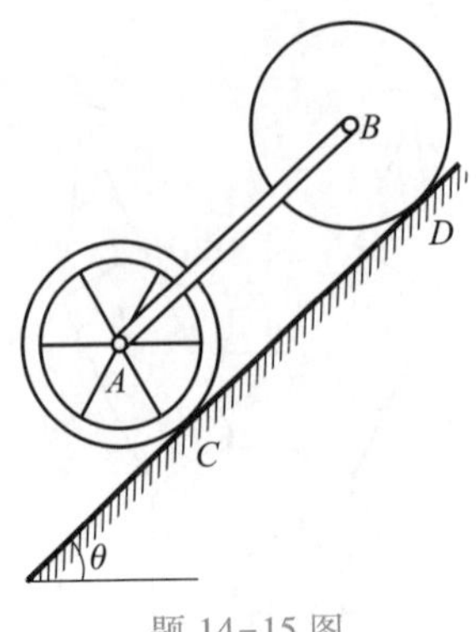

题 14-15 图

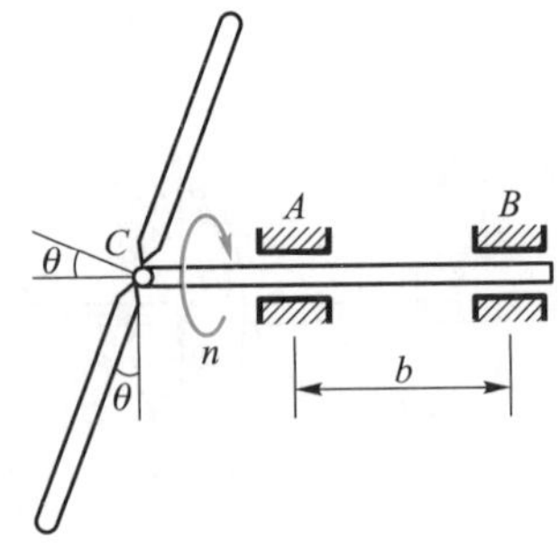

题 14-16 图

14-17 如题 14-17 图所示质量 $m=45.4\ \mathrm{kg}$ 的均质细杆 AB，下端 A 搁在光滑水平面上，上端 B 用质量可以忽略不计的软绳 BD 系在固定点 D。杆长 $l=3.05\ \mathrm{m}$，绳长 $h=1.22\ \mathrm{m}$。当绳子铅直时，杆与水平面的倾角 $\varphi=30°$。点 A 以匀速 $v_A=2.44\ \mathrm{m/s}$ 开始向左运动。试求在此瞬时：

(1) 杆的角加速度；

(2) 需加在 A 端的水平力 $\boldsymbol{F}_1$；

(3) 绳中拉力 $\boldsymbol{F}$。

14-18 如题 14-18 图所示均质长方形板 $ABDE$ 的质量是 m，边长分别为 b 和 $2b$，用两根等长的细绳 AO_1 和 BO_2 吊在水平固定板上。已知该板对过其质心 C 并垂直于板面的轴的转动惯量 $J_C=\dfrac{5}{12}mb^2$。如果系统在静止状态时突然剪断绳 BO_2，试求此瞬时长方形板质心 C 的加速度以及绳 AO_1 的拉力。

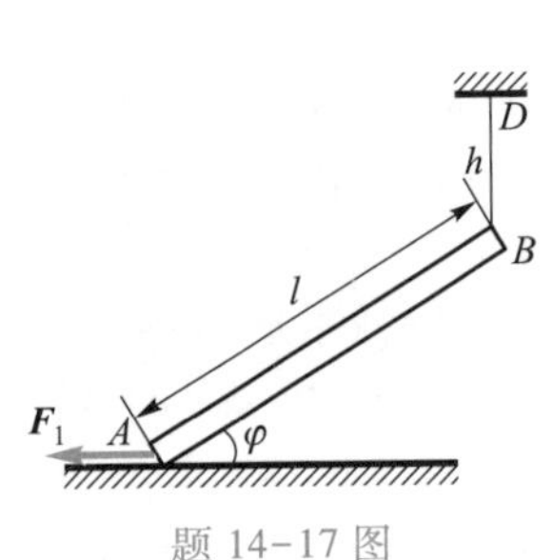

题 14-17 图

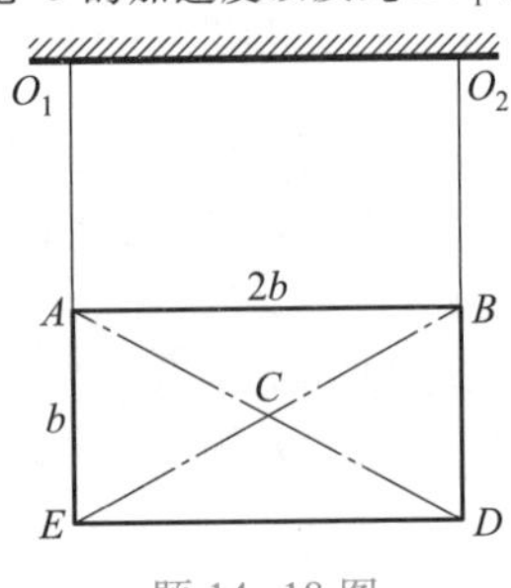

题 14-18 图

工程实际研究性题目

14-19 自行车的安全行驶

如题 14-19 图所示为自行车的示意图。当自行车在急刹车时，一般情况下，使用前闸易翻车，用后闸较安全，为什么？测量并记录你的自行车的数据以及它的质量和质心的位置。假设你自己是个骑手，质心在你的肚脐上。做一个实验，确定轮子和路面的摩擦因数。利用这些数据在下列三种情况下分别计算可能发生的情况：(1) 只用后闸；(2) 只用前闸；(3) 同时用前闸和后闸。并分析座位的高度对这些结果有什么影响？提出改善自行车设计的建议，并且写出一个相应的安全分析报告。

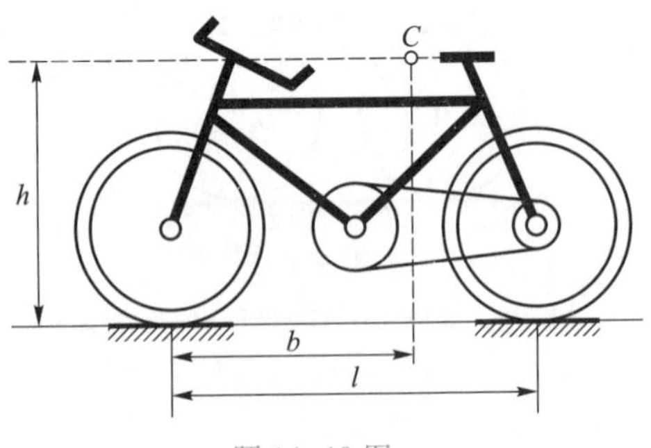

题 14-19 图

第 15 章　虚位移原理

15-1　概　　述

本章叙述的虚位移原理是质点系静力学的普遍原理，它将给出任意质点系平衡的充要条件。这和刚体静力学的平衡条件不同，在那里给出的刚体平衡的充要条件，对于任意质点系的平衡来说只是必要的，但并不总是充分的（参阅刚化原理）。

非自由质点系的平衡，可以理解为主动力通过约束的平衡。约束的作用在于：一方面阻挡了受约束的物体沿某些方向的位移，这时该物体受到约束力的作用；另一方面，约束也容许物体有可能沿另一些方向获得位移。当质点系平衡时，主动力与约束力之间，以及主动力与约束所容许位移之间，都存在着一定的关系。这两种关系都可以作为质点系平衡的判据。

刚体静力学利用了前一种情况，通过主动力和约束力之间的关系表示了刚体的平衡条件。而虚位移原理则将利用后一种情况，它通过主动力在约束所容许的位移上的表现（通过功的形式）来给出质点系的平衡条件。因此，在虚位移原理中，首先要研究加在质点系上的各种约束，以及约束所容许的位移的普遍性质。

15-2　约束和约束方程

在刚体静力学里，约束是通过直观的几何形象表示的。在分析力学里对约束作出了更普遍的概括，力求用统一的数学形式来表达质点系所受的约束。对非自由质点系的位置、速度之间预先加入的限制条件，称为**约束**（constraint）。因此，在一般情况下，约束对质点系运动的限制可以通过质点系中各质点的坐标和速度以及时间的数学方程来表示。这种方程称为**约束方程**。如图 15-1 所示的球面摆，点 M 被限制在以固定点 O 为球心、l 为半径的球面上运动。如取固定参考系 $Oxyz$，则点 M 的坐标 (x,y,z) 满足方程

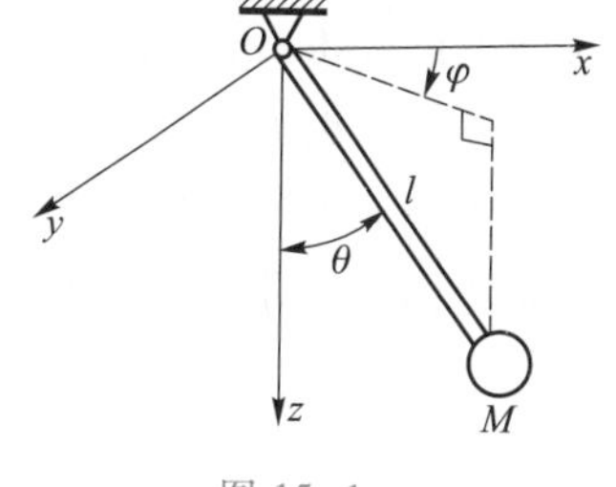

图 15-1

动力学动画：
旋转摆

$$x^2+y^2+z^2=l^2 \tag{15-1}$$

这就是加于球面摆的约束方程。当然，此方程中的直角坐标可以通过球坐标 (r,θ,φ) 来表示。

又如，图 15-2 所示曲柄连杆机构，其中曲柄端点 A 被限制在以定点 O 为圆心，r 为半径的圆周上运动；滑块 B 被限制在水平直槽 Ox 中运动；A、B 两点间的距离被连杆的长度 l 限制。所以此质点系的约束方程可表示成

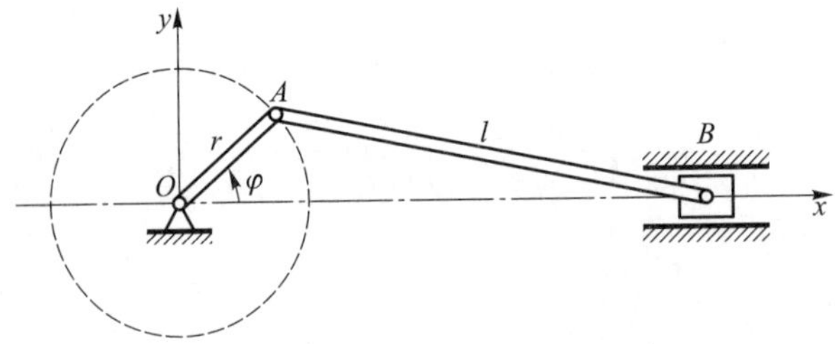

图 15-2

$$\left.\begin{aligned}&x_A^2+y_A^2=r^2\\&(x_B-x_A)^2+(y_B-y_A)^2=l^2\\&y_B=0\end{aligned}\right\}\tag{15-2}$$

式中,x_A、y_A 和 x_B、y_B 分别为 A、B 两点的直角坐标。上述方程表明这四个坐标并非都独立,可以消去其中的某三个,从而只剩下一个独立坐标,这一坐标完全确定了此质点系的位置。以后改称系统的位置为位形。

按照约束对质点系运动限制的不同情况,可将约束分类如下。

1. 完整约束和非完整约束

上面的两个例子中约束只是与质点系的几何位形有关。在更一般的情况下,它还与时间、速度有关。其约束方程的一般形式为

$$f_j(x_1,y_1,z_1;\cdots;x_n,y_n,z_n;\dot{x}_1,\dot{y}_1,\dot{z}_1;\cdots;\dot{x}_n,\dot{y}_n,\dot{z}_n;t)=0\quad(j=1,2,\cdots,s)\tag{15-3}$$

式中,n 为系统中质点的个数,s 为约束方程的数目。

这种显含坐标对时间的导数的约束方程是微分方程,如果此方程不可积分成有限形式,因而不能引入积分常数,则相应的约束称为非完整约束(nonholonomic constraint)(或非全定约束)①。只要质点系中存在一个非完整约束,这个系统便称为非完整系统。由于数学上的困难,本书将不讨论这种系统。

如果约束方程式(15-3)可以积分成有限形式,则这样的约束称为完整约束。方程中不显含坐标对时间导数的约束称为几何约束(geometric constraint)。当然,几何约束也属于完整约束。几何约束的一般形式为

$$f_j(x_1,y_1,z_1;\cdots;x_n,y_n,z_n;t)=0\quad(j=1,2,\cdots,s)\tag{15-4}$$

2. 定常约束和非定常约束

如果约束方程中不显含时间 t,这种约束称为定常约束或稳定约束(steady constraint)。定常约束方程的一般形式为

$$f_j(x_1,y_1,z_1;\cdots;x_n,y_n,z_n;\dot{x}_1,\dot{y}_1,\dot{z}_1;\cdots;\dot{x}_n,\dot{y}_n,\dot{z}_n)=0\quad(j=1,2,\cdots,s)\tag{15-5}$$

---

① 这类约束在自然界不多见。但在控制工程中,可以人为地作出很多这样的约束。如控制一个质点的速度方向,使它满足方程 $a\dot{y}-t\dot{x}=0$。这就是一个不能积分成有限形式的微分方程。其物理意义是质点的速度斜率 $\mathrm{d}y/\mathrm{d}x$ 与时间 t 成正比。

如果约束方程中显含时间 t,这种结束称为非定常约束或不稳定约束。非定常约束方程一般形式如式(15-3)或式(15-4)所示。如可将图 15-1 的摆线长度人为地控制而按预定的时间规律 $l(t)$ 变化,此时摆的约束方程成为

$$x^2+y^2+z^2=l^2(t) \tag{15-6}$$

这就是非定常约束。

动力学动画:非定常约束变长摆

3. 双面约束和单面约束

由不等式表示的约束称为单面约束(unilateral constraint)(或可离约束)。若球摆的摆线为软绳,则摆锤 M 不仅能在球面上运动,而且还可能在球内空间运动。这时就出现单面约束方程,即

$$x^2+y^2+z^2\leqslant l^2 \tag{15-7}$$

动力学动画:单面约束摆

由等式表示的约束称为双面约束(bilateral constraint)(或不可离约束)。这种约束如果阻挡了某个方向的位移,则必定也能阻挡相反方向的位移。显然图 15-2 所示机构中的约束就是双面约束。再次指出,在本章中将只讨论双面、定常的几何约束。这类约束方程的一般形式为

动力学动画:双面约束单摆

$$f_j(x_1,y_1,z_1;\cdots;x_n,y_n,z_n)=0$$
$$(j=1,2,\cdots,s) \tag{15-8}$$

15-3　虚位移·自由度

1. 虚位移

质点或质点系在给定瞬时不破坏约束而为约束所许可的任何微小位移,称为质点或质点系的虚位移(virtual displacement)。

与实际发生的微小位移(简称实位移)不同,虚位移是纯粹几何概念,是假想的位移,只是用来反映约束在给定瞬时的性质。它与质点系是否实际发生运动无关,不涉及运动时间、主动力和运动初始条件。虚位移仅与约束条件有关,在不破坏约束情况下,具有任意性。而实位移是在一定时间内真正实现的位移,具有确定的方向,它除了与约束条件有关外,还与时间、主动力以及运动的初始条件有关。例如,一个被约束在固定曲面上的质点,它的实际位移只是一个,而虚位移在它的约束面上则可有任意多个。

为了有所区别,实位移用微分符号 d 表示,如 $\mathrm{d}\boldsymbol{r}$(投影为 $\mathrm{d}x$、$\mathrm{d}y$、$\mathrm{d}z$)、$\mathrm{d}s$ 和 $\mathrm{d}\varphi$ 等;而虚位移用等时变分符号 δ 表示,如 $\delta\boldsymbol{r}$(投影为 δx、δy、δz)、δs 和 $\delta\varphi$ 等。等时变分的运算规则与微分法类似,但时间"冻结",故恒有 $\delta t=0$。

在定常约束的情况下,约束性质不随时间而变,因此,实位移只是所有虚位移中的一个。但对非定常约束,实位移不会与某个虚位移相重合。下面通过例子予以具体说明。

设有质点 M 被约束在斜面上运动,同时此斜面本身以匀速度 $\boldsymbol{v}$ 作水平直线运动(图 15-3)。这里,斜面构成了非定常约束。在给定瞬时 t,斜面处于图示的确定位置。凡在此固定斜面上的任何微小位移都是质点 M 的虚位移。这样,虚位移的个数是无限的(图中只画出向下的 $\delta\boldsymbol{r}$ 和向上的 $\delta\boldsymbol{r}'$)。M 的实位移 $\mathrm{d}\boldsymbol{r}$ 是在对应的时间间隔 $\mathrm{d}t$ 内发生的。在 $\mathrm{d}t$ 中,斜面将移到图示的虚线位置,因此,由实线斜面到虚线斜面间的任何微小位移都是 M 的可能实位移 $\mathrm{d}\boldsymbol{r}$。它也有无数种,图中只画出一种。但是,这里面没有一个虚位移能

和可能实位移 d$\boldsymbol{r}$ 重合。

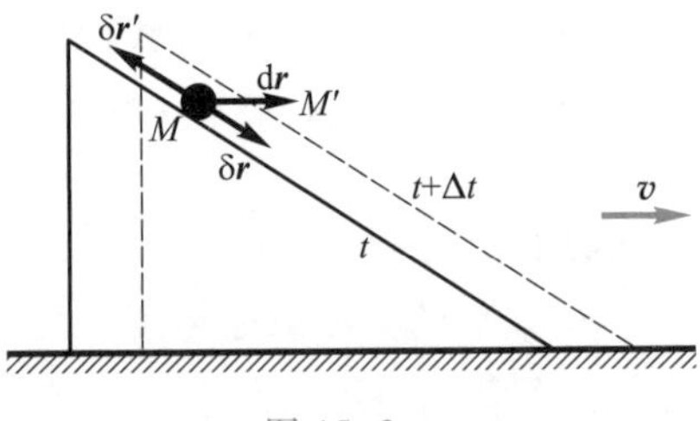

图 15-3

在应用下节虚位移原理时，求出系统各虚位移间的关系是关键，常用方法有：

(1) 几何法　在定常约束的情况下，实位移是虚位移中的一个，因此，可用求实位移的方法来求虚位移间的关系，特别是实位移正比于速度，所以常可通过各点速度间的关系来确定对应点的虚位移关系。这种方法称为几何法。

如平移刚体上各点的虚位移相等；定轴转动刚体上各点虚位移的大小与其到转轴的距离成正比；平面运动刚体则一般可用速度投影定理和速度瞬心法求两点虚位移间的关系等。

以图 15-4 所示的曲柄连杆机构为例，由于连杆 AB 作平面运动，其速度瞬心为点 C，所以，虚位移 $\delta\boldsymbol{r}_A$ 与 $\delta\boldsymbol{r}_B$ 大小间的关系为

$$\frac{\delta r_A}{\delta r_B}=\frac{CA}{CB}$$

方向如图 15-4 所示。

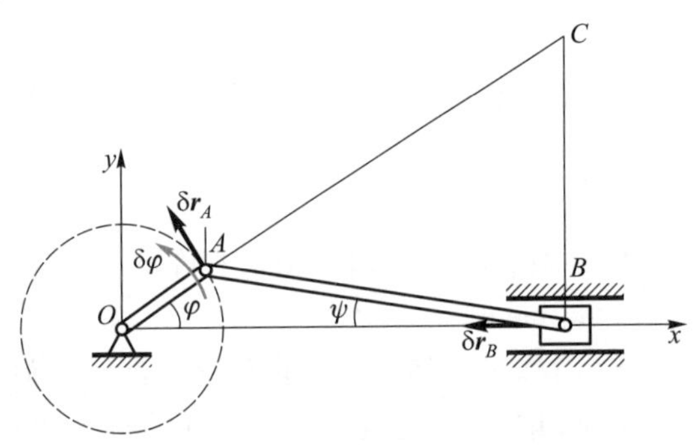

图 15-4

(2) 解析法　对于较复杂的系统，各点虚位移间的关系比较复杂，这时可建立一固定直角坐标系，将系统置于一般位置，写出各点的直角坐标（表示为某些独立参变量的函数），然后进行等时变分运算，求出各点虚位移的投影。这种确定虚位移间关系的方法称为解析法。

在图 15-4 中，设曲柄长 $OA=r$，则点 A 的坐标为

$$x_A=r\cos\varphi,\quad y_A=r\sin\varphi$$

求等时变分，有

$$\delta x_A=-r\sin\varphi\delta\varphi,\quad \delta y_A=r\cos\varphi\delta\varphi$$

上式给出了点 A 虚位移的投影 δx_A、δy_A 与虚位移 $\delta\varphi$ 的关系。

2. 自由度

一个质点如果被限制在固定曲面上运动，则该质点的三个直角坐标应该满足曲面约束方程，故只有两个坐标是独立的，我们说该质点有两个自由度。如果一质点沿曲线运动，因为该曲线可认为是两个曲面的交线，所以质点的三个直角坐标应该满足这两个曲面约束方程，故只有一个坐标是独立的，我们说该质点有一个自由度。

一般情况，一个由 n 个质点组成的质点系在空间的位形，用直角坐标来确定需要 $3n$ 个坐标，即 x_i、y_i、z_i（$i=1,2,\cdots,n$）。如果系统受 s 个完整约束，其约束方程为

$$f_j(x_1,y_1,z_1;\cdots;x_n,y_n,z_n;t)=0 \tag{15-9}$$

$$(j=1,2,\cdots,s)$$

则系统的 $3n$ 个坐标并不完全独立，只有 $k=3n-s$ 个坐标是独立的，故确定该质点系的位形只需 $3n-s$ 个坐标，我们说该质点系有 $3n-s$ 个自由度。因此，确定受完整约束的质点系位形的独立坐标数目称为系统的自由度。

15-4　虚功·理想约束

力在虚位移上所做的功称为虚功（virtual work），记为 δW。因为虚位移是微小量，所以虚功的计算与元功的计算类似。如力 $\boldsymbol{F}$ 在虚位移 $\delta\boldsymbol{r}$ 上所做的虚功为 $\delta W=\boldsymbol{F}\cdot\delta\boldsymbol{r}$。

一般来说，主动力和约束力都可能做虚功，但在理想的情形下，质点系所受的约束力在任意虚位移上所做功之和恒等于零。这样的约束称为理想约束（ideal constraint）。故理想约束条件可表示成

$$\sum(\boldsymbol{F}_{Ni}\cdot\delta\boldsymbol{r}_i)=0 \tag{15-10}$$

式中，$\boldsymbol{F}_{Ni}$是作用在第 i 个质点上的约束力。

动能定理里曾列举了约束力在质点系实位移上元功之和恒等于零的各种情形。由于在定常约束情况下，实位移可以从虚位移转化而来，彼此具有相同的几何性质，所以，那里所讲的各种情况也都属于理想约束。这些约束包括固定的或运动着的光滑支承面、铰链、始终拉紧而不可伸长的软绳、刚性连接，以及作纯滚动刚体所在的支承面等。理想约束是大量实际情况的理论模型。在本章以后的讨论中，如果对约束未加特殊说明，则都指理想约束。

思考题：为什么说刚杆连接是理想约束？

15-5　虚位移原理

在建立了虚位移、虚功和理想约束的概念后，现在来给出虚位移原理。

具有双面、定常、理想约束的静止质点系，其平衡的必要和充分条件是：所有主动力在任何虚位移上的虚功之和等于零。写成表达式为

$$\sum\delta W(\boldsymbol{F}_i)=\sum(\boldsymbol{F}_i\cdot\delta\boldsymbol{r}_i)=0 \tag{15-11}$$

这个原理可以证明如下。

必要性证明：已知系统保持静止，证明条件式（15-11）必然成立。由刚体静力学知，此时作用在系统内任一质点 A_i 上的主动力 $\boldsymbol{F}_i$ 和约束力 $\boldsymbol{F}_{Ni}$之矢量和必等于零，即满足条件

$$\boldsymbol{F}_i+\boldsymbol{F}_{Ni}=0$$

对每个质点选取虚位移 $\delta\boldsymbol{r}_i$，则对应的虚功之和都等于零，即

$$(\boldsymbol{F}_i+\boldsymbol{F}_{Ni})\cdot\delta\boldsymbol{r}_i=0\quad(i=1,2,\cdots,n)$$

对全体 i 求和，得

$$\sum[(\boldsymbol{F}_i+\boldsymbol{F}_{Ni})\cdot\delta\boldsymbol{r}_i]=\sum(\boldsymbol{F}_i\cdot\delta\boldsymbol{r}_i)+\sum(\boldsymbol{F}_{Ni}\cdot\delta\boldsymbol{r}_i)=0$$

由于理想约束的假设，$\sum(\boldsymbol{F}_{Ni}\cdot\delta\boldsymbol{r}_i)=0$，所以式(15-11)成立。

充分性证明：假定条件式(15-11)已成立，证明系统必能保持平衡。采用反证法。设在条件式(15-11)下质点系并不平衡，则必然有些质点(至少一个)上作用有非零的合力$\boldsymbol{F}_{Rj}=\boldsymbol{F}_j+\boldsymbol{F}_{Nj}$，由于运动是从静止开始的，故它的实位移 $\mathrm{d}\boldsymbol{r}_j$ 必与 $\boldsymbol{F}_{Rj}$同向，所以 $\boldsymbol{F}_{Rj}$将做正功，即

$$(\boldsymbol{F}_j+\boldsymbol{F}_{Nj})\cdot\mathrm{d}\boldsymbol{r}_j>0$$

对于静止的质点，则给出零虚功。对全系统求虚功和，并考虑到理想约束条件，将得到

$$\sum(\boldsymbol{F}_i\cdot\mathrm{d}\boldsymbol{r}_i)>0$$

但是，在定常约束条件下，可取与实位移 $\mathrm{d}\boldsymbol{r}_i$ 相重合的虚位移 $\delta\boldsymbol{r}_i$，于是有

$$\sum(\boldsymbol{F}_i\cdot\delta\boldsymbol{r}_i)>0$$

它和原设条件式(15-11)相矛盾，可见，质点系中没有任何质点能在此条件下进入运动，故充分性得证。

至此，我们已完成了虚位移原理的证明。可以看出，证明中只用到刚体静力学的公理，因此，虚位移原理和刚体静力学公理是完全相当的。但是，虚位移原理消去了理想约束力，这对它的应用创造了极为有利的条件，同时虚位移原理还扩展了我们对平衡问题的认识。它不是孤立地研究平衡这种特定状态，而是从改变这一状态(给出虚位移)，去找出平衡的具体条件。这种观点在认识一切其他事物的本质时也是十分重要的。

在实际应用时，常将式(15-11)写成解析式，得相应的平衡条件为

$$\sum\delta W(\boldsymbol{F}_i)=\sum(F_{ix}\delta x_i+F_{iy}\delta y_i+F_{iz}\delta z_i)=0 \tag{15-12}$$

式中，F_{ix}、F_{iy}、F_{iz}分别是主动力 $\boldsymbol{F}_i$ 在轴 x、y、z 上的投影，δx_i、δy_i、δz_i 分别是虚位移 $\delta\boldsymbol{r}_i$ 在相应的坐标轴上的投影。式(15-11)和式(15-12)都称为**静力学普遍方程**或**虚功方程**。它可用来解决各种静力学问题。

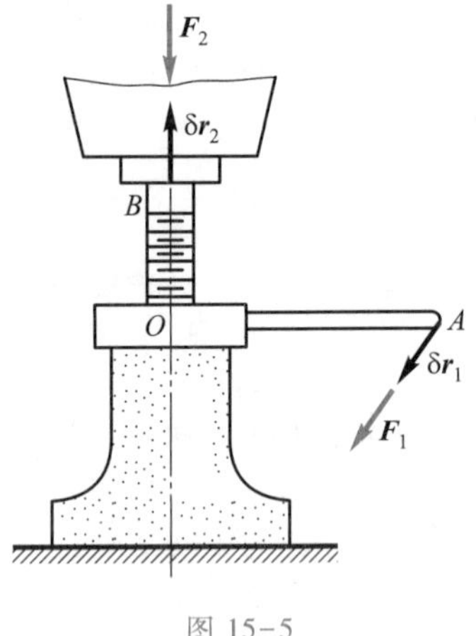

图 15-5

例题 15-1 在图 15-5 所示的螺旋千斤顶中，已知手柄 OA 长 $l=0.6$ m，螺距 $h=12$ mm。今在手柄上垂直地施加水平力 $F_1=160$ N 时，试求千斤顶能举起荷载 $\boldsymbol{F}_2$ 的大小(不计摩擦)。

解：以整个系统为研究对象，系统上作用有主动力 $\boldsymbol{F}_1$ 和 $\boldsymbol{F}_2$。用 $\delta\boldsymbol{r}_1$ 和 $\delta\boldsymbol{r}_2$ 分别代表这两个力作用点的虚位移。于是由虚位移原理得到此系统的平衡条件，即虚功方程为

$$\sum\delta W_i=\delta W(\boldsymbol{F}_1)+\delta W(\boldsymbol{F}_2)=F_1\delta r_1-F_2\delta r_2=0$$

剩下的问题是由结构的约束条件找出虚位移 $\delta\boldsymbol{r}_1$ 和 $\delta\boldsymbol{r}_2$ 间的关系。为此只需分析系统的实位移。当点 A 转动一周时，螺旋上升一个螺距 h，因此得虚位移和实位移的比例关系(即约束方程)，则有

$$\frac{\mathrm{d}r_1}{\mathrm{d}r_2}=\frac{\delta r_1}{\delta r_2}=\frac{2\pi l}{h}=\frac{2\pi\times0.6}{0.012}=100\pi$$

代入虚功方程得

$$F_2 = F_1 \frac{\delta r_1}{\delta r_2} = 160\ \text{N} \times 100\pi = 50\ 200\ \text{N} = 50.2\ \text{kN}$$

例题 15-2　曲柄连杆机构静止在图 15-6 所示位置，已知角度 φ 和 ψ。不计机构自身重量，试求平衡时主动力 $\boldsymbol{F}_1$ 和 $\boldsymbol{F}_2$ 的大小应满足的关系。

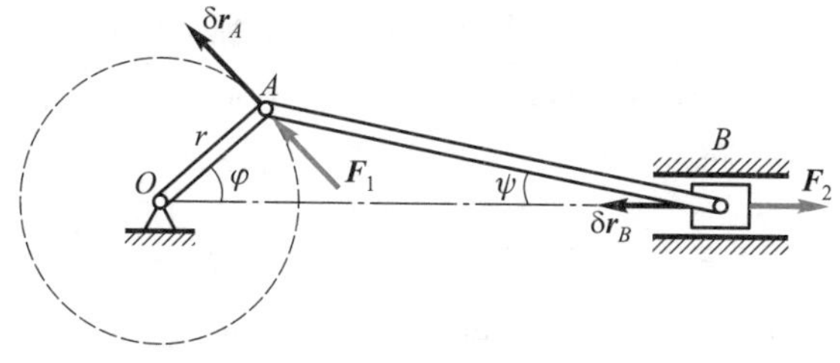

图 15-6

解：以整个系统为研究对象，用 $\delta\boldsymbol{r}_A$ 和 $\delta\boldsymbol{r}_B$ 分别代表主动力 $\boldsymbol{F}_1$ 和 $\boldsymbol{F}_2$ 作用点的虚位移，如图 15-6 所示。因 AB 是刚杆，两端虚位移在 AB 上的投影应相等，即

$$\delta r_A \sin(\varphi+\psi) = \delta r_B \cos\psi$$

可见，A、B 两点的虚位移大小之比

$$\frac{\delta r_A}{\delta r_B} = \frac{\cos\psi}{\sin(\varphi+\psi)}$$

这就是虚位移约束方程。

根据虚位移原理写出系统的虚功方程，有

$$\sum \delta W_i = F_1 \delta r_A - F_2 \delta r_B = 0$$

从而解得

$$\frac{F_2}{F_1} = \frac{\delta r_A}{\delta r_B} = \frac{\cos\psi}{\sin(\varphi+\psi)}$$

例题 15-3　图 15-7 中两根均质刚杆长度均为 $2l$，重量均为 G，在 B 端用铰链连接，A 端用铰链固定，而自由端 C 有水平力 $\boldsymbol{F}$ 作用，试求系统在铅直面内的平衡位置。

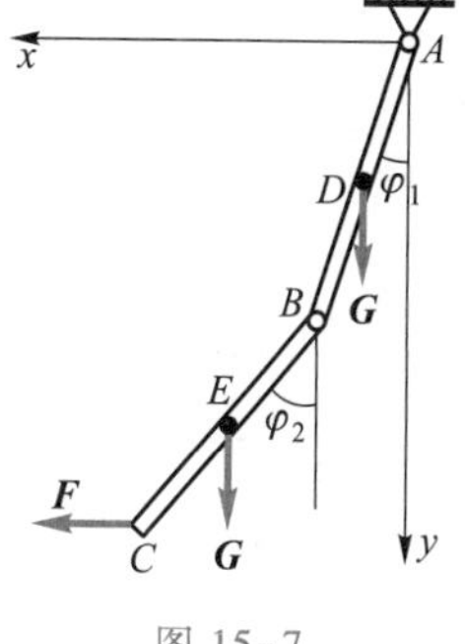

图 15-7

解：以整个系统为研究对象。本例的系统具有两个自由度，它的位置可以用角 φ_1 和 φ_2（以顺时针方向为正）来确定。各主动力作用点的有关坐标为

$$y_D = l\cos\varphi_1$$

$$y_E = 2l\cos\varphi_1 + l\cos\varphi_2$$

$$x_C = 2l\sin\varphi_1 + 2l\sin\varphi_2$$

这就是约束方程。当角 φ_1 和 φ_2 获得虚位移 $\delta\varphi_1$ 和 $\delta\varphi_2$ 时，各主动力作用点的有关虚位移为

$$\delta y_D = -l\sin\varphi_1 \delta\varphi_1$$

$$\delta y_E = -l(2\sin\varphi_1 \delta\varphi_1 + \sin\varphi_2 \delta\varphi_2)$$

$$\delta x_C = 2l(\cos\varphi_1 \delta\varphi_1 + \cos\varphi_2 \delta\varphi_2)$$

根据虚位移原理写出系统的虚功方程，有

$$\sum \delta W_i = F\delta x_C + G\delta y_D + G\delta y_E = 2Fl(\cos\varphi_1\delta\varphi_1 + \cos\varphi_2\delta\varphi_2) - Gl\sin\varphi_1\delta\varphi_1 - Gl(2\sin\varphi_1\delta\varphi_1 + \sin\varphi_2\delta\varphi_2) = 0$$

即

$$(2F\cos\varphi_1 - 3G\sin\varphi_1)l\delta\varphi_1 + (2F\cos\varphi_2 - G\sin\varphi_2)l\delta\varphi_2 = 0$$

因为 $\delta\varphi_1$ 和 $\delta\varphi_2$ 是彼此独立的,所以上式可分解成两个独立方程

$$2F\cos\varphi_1 - 3G\sin\varphi_1 = 0 \quad 和 \quad 2F\cos\varphi_2 - 3G\sin\varphi_2 = 0$$

从而求得平衡时的角度 φ_1 和 φ_2,有

$$\varphi_1 = \arctan\frac{2F}{3G} \quad 和 \quad \varphi_2 = \arctan\frac{2F}{G}$$

虚位移原理的优点之一是消去了未知的理想约束力,但如果需要,也可以求出这些力。为此只需解除该约束而代之以相应的约束力,并把它视为主动力。解除约束后系统的自由度增加了,可以找出新的独立虚位移,这些新的独立虚位移能给出新的平衡方程,恰好足以求出该约束力。这种方法非常简明,可以避免求解联立方程,这是虚位移原理的又一优点。举例说明如下。

例题 15-4 图 15-8a 所示的组合梁由 AE、EF 和 FD 三段铰接而成,A 是固定铰链支座,B、C、D 都是活动铰链支座。已知作用力 $\boldsymbol{F}_1$、$\boldsymbol{F}_2$ 和 $\boldsymbol{F}_3$,试求支座 A 的约束力。

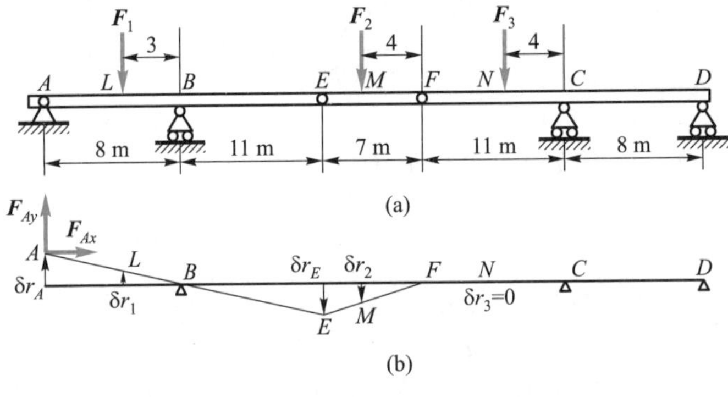

图 15-8

解: 以整个系统为研究对象。为求支座 A 的约束力,应解除这个支座,代以约束力 $\boldsymbol{F}_{Ax}$ 和 $\boldsymbol{F}_{Ay}$,并将这些约束力视为主动力。于是得到二自由度的新系统(图 15-8b)。新系统的点 A 可有水平和铅直方向的虚位移,彼此独立。

先给组合梁水平虚位移 δx,对应的虚功方程写成

$$\sum \delta W_{ix} = F_{Ax}\delta x = 0$$

因为 $\delta x \neq 0$,所以 $F_{Ax} = 0$,即支座 A 约束力的水平分量为零。

再给梁的点 A 以铅直向上的虚位移 δr_A,使得点 E 有向下的铅直虚位移 δr_E,对应地各主动力的作用点 L、M、N 分别获得虚位移 δr_1、δr_2、δr_3,且有虚位移间关系

$$\delta r_A = \frac{8}{11}\delta r_E, 向上; \quad \delta r_1 = \frac{3}{8}\delta r_A = \frac{3}{11}\delta r_E, 向上$$

$$\delta r_2 = \frac{4}{7}\delta r_E, 向下; \quad \delta r_3 = 0$$

注意,图 15-8b 上为清楚起见,用实位移代替了虚位移(取虚位移时,梁不应离开其原来的水平位置)。

此时,根据虚位移原理写出系统的虚功方程为

$$\sum \delta W_i = F_{Ay}\delta r_A - F_1\delta r_1 + F_2\delta r_2 + F_3\delta r_3 = \left(\frac{8}{11}F_{Ay} - \frac{3}{11}F_1 + \frac{4}{7}F_2\right)\delta r_E = 0$$

因为 δr_E 是独立的,所以可由上式求得支座 A 的约束力,即

$$F_{Ay} = \frac{3}{8}F_1 - \frac{11}{14}F_2$$

这个力的正负值和 F_1、F_2 的比值有关。

类似地可以求出其余各支座和铰链中的约束力。

思考题:能否用虚位移原理求出静不定梁的约束力?

15-6　广义坐标与广义力·广义坐标形式的虚位移原理

所谓广义坐标,就是用以确定质点系位形的一组独立参变数。如图 15-2 所示的曲柄连杆机构,若选曲柄 OA 对轴 x 的转角 φ 为广义坐标,则各质点的直角坐标可表示为 φ 的函数,即

$$x_A = r\cos\varphi$$

$$y_A = r\sin\varphi$$

$$x_B = r\cos\varphi + \sqrt{l^2 - r^2\sin^2\varphi}$$

$$y_B = 0$$

又如图 15-1 中的球面摆,如选球坐标中的角 θ 和 φ 为广义坐标,则质点 M 的直角坐标可表示为 θ 和 φ 的函数

$$x = l\sin\theta\cos\varphi$$

$$y = l\sin\theta\sin\varphi$$

$$z = l\cos\theta$$

广义坐标的选择通常根据所研究系统的特征而灵活确定,可以选取任意合适的变量作为广义坐标,一般采用的除了直角坐标外,还有弧长 s、角度 φ 等。

思考题:图 15-2 中的曲柄连杆机构能否选取 x_A 或 y_A 作为系统的广义坐标?

一般情形下,由 n 个质点 A_1、A_2、…、A_n 组成的系统,受到 s 个约束(即有 s 个独立的约束方程)时,总可以选取 $k=3n-s$ 个广义坐标 q_1、q_2、…、q_k 来确定它的位形。于是,质点系内任一质点 A_i 的矢径可表示成广义坐标的函数,即

$$\boldsymbol{r}_i = \boldsymbol{r}_i(q_1, q_2, \cdots, q_k; t) \tag{15-13}$$

取等时变分,可得虚位移间的广义坐标变换式

$$\delta\boldsymbol{r}_i = \frac{\partial \boldsymbol{r}_i}{\partial q_1}\delta q_1 + \frac{\partial \boldsymbol{r}_i}{\partial q_2}\delta q_2 + \cdots + \frac{\partial \boldsymbol{r}_i}{\partial q_k}\delta q_k = \sum\left(\frac{\partial \boldsymbol{r}_i}{\partial q_j}\delta q_j\right) \tag{15-14}$$

对于完整系统,独立的广义坐标变分数目等于系统的独立虚位移的个数,因而也等于

系统的自由度①。

利用广义坐标,可以由虚位移原理逐个写出全部独立的平衡方程。利用变换式(15-14),可将主动力的虚功之和写成

$$\sum\delta W(\boldsymbol{F}_i)=\sum(\boldsymbol{F}_i\cdot\delta\boldsymbol{r}_i)=\sum\sum\left(\boldsymbol{F}_i\cdot\frac{\partial\boldsymbol{r}_i}{\partial q_j}\delta q_j\right)=\sum\left(\sum\boldsymbol{F}_i\cdot\frac{\partial\boldsymbol{r}_i}{\partial q_j}\right)\delta q_j$$

令

$$Q_j=\sum\left(\boldsymbol{F}_i\cdot\frac{\partial\boldsymbol{r}_i}{\partial q_j}\right)\qquad(j=1,2,\cdots,k)\tag{15-15}$$

称为对应于广义坐标 q_j 的**广义力**。

如采用直角坐标,将质点 A_i 的坐标 x_i、y_i、z_i 用广义坐标表示为

$$\left.\begin{aligned}x_i&=x_i(q_1,q_2,\cdots,q_k;t)\\y_i&=y_i(q_1,q_2,\cdots,q_k;t)\\z_i&=z_i(q_1,q_2,\cdots,q_k;t)\end{aligned}\right\}\tag{15-16}$$

因

$$\boldsymbol{r}_i=x_i\boldsymbol{i}+y_i\boldsymbol{j}+z_i\boldsymbol{k}$$

故

$$\frac{\partial\boldsymbol{r}_i}{\partial q_j}=\frac{\partial x_i}{\partial q_j}\boldsymbol{i}+\frac{\partial y_i}{\partial q_j}\boldsymbol{j}+\frac{\partial z_i}{\partial q_j}\boldsymbol{k}$$

又主动力 $\boldsymbol{F}_i=F_{ix}\boldsymbol{i}+F_{iy}\boldsymbol{j}+F_{iz}\boldsymbol{k}$,因而广义力 Q_j 的表达式(15-15)可写成解析式

$$Q_j=\sum_{i=1}^{n}\left(F_{ix}\frac{\partial x_i}{\partial q_j}+F_{iy}\frac{\partial y_i}{\partial q_j}+F_{iz}\frac{\partial z_i}{\partial q_j}\right)\quad(j=1,2,\cdots,k)\tag{15-17}$$

由上述广义力的定义可知,广义力的数目等于广义坐标的数目。广义力的物理意义可以由元功的概念来确定,即当 δq_j 的量纲是长度的量纲时,Q_j 的量纲就是力的量纲;当 δq_j 的量纲是角度的量纲时,Q_j 的量纲就是力矩的量纲。于是,系统上主动力的虚功之和可写成简明形式

$$\sum\delta W(\boldsymbol{F}_i)=\sum(Q_j\delta q_j)\tag{15-18}$$

对于完整系统,各个广义坐标的变分 δq_j 都是独立的,故由虚位移原理式(15-11),可得

$$Q_j=0\quad(j=1,2,\cdots,k)\tag{15-19}$$

即受双面、定常、理想、完整约束的质点系,其平衡的必要和充分条件是,系统的所有广义力都等于零。

特别指出,求广义力时并不一定要从定义即式(15-15)或式(15-17)出发,在解决具体问题时,从元功出发直接求广义力往往更为方便。注意到各广义坐标 q_1、q_2、$\cdots$、q_k 是彼此独立的,因此为求某个广义力 Q_l 可以取一组特殊的虚位移,仅令 $\delta q_l\neq0$,而其余的 $\delta q_j=0(j\neq l)$,从而式(15-18)写为

$$\left[\sum\delta W\right]_l=Q_l\delta q_l$$

① 对于非完整系统,广义坐标数目多于独立的虚位移的数目,因为广义坐标的变分还需满足非完整约束的变分方程。

式中，$[\sum\delta W]_l$ 表示仅虚位移 δq_l 非零时系统上主动力的虚功之和。于是求得对应于广义坐标 q_l 的广义力为

$$Q_l=\frac{[\sum\delta W]_l}{\delta q_l}\quad(l=1,2,\cdots,k)\tag{15-20}$$

在主动力均为有势力的情形下，广义力 Q_j 有更简明的表达形式。这时，系统有势能函数

$$V=V(x_1,y_1,z_1;\cdots;x_n,y_n,z_n)=V(q_1,q_2,\cdots,q_k)$$

主动力在各坐标轴上的投影分别可表示为

$$F_{ix}=-\frac{\partial V}{\partial x_i},\quad F_{iy}=-\frac{\partial V}{\partial y_i},\quad F_{iz}=-\frac{\partial V}{\partial z_i}$$

于是广义力表达式(15-17)可写为

$$Q_j=-\sum_{i=1}^{n}\left(\frac{\partial V}{\partial x_i}\frac{\partial x_i}{\partial q_j}+\frac{\partial V}{\partial y_i}\frac{\partial y_i}{\partial q_j}+\frac{\partial V}{\partial z_i}\frac{\partial z_i}{\partial q_j}\right)\quad(j=1,2,\cdots,k)$$

或简写为

$$Q_j=-\frac{\partial V}{\partial q_j}\quad(j=1,2,\cdots,k)\tag{15-21}$$

即当主动力有势时，对应于每个广义坐标的广义力等于势能函数对该广义坐标的偏导数冠以负号。

故当主动力有势时，质点系的平衡条件式(15-19)可写成

$$\delta V=0\quad 或\quad \frac{\partial V}{\partial q_j}=0\quad(j=1,2,\cdots,k)\tag{15-22}$$

即在平衡位置上保守系统的势能取极值。

例题 15-5　试用广义坐标形式的虚位移原理求解例题 15-3。

解： 取 φ_1 和 φ_2 为广义坐标。各主动力在直角坐标轴上的投影分别为

$$F_{Dx}=0,\quad F_{Ex}=0,\quad F_{Cx}=F$$
$$F_{Dy}=G,\quad F_{Ey}=G,\quad F_{Cy}=0$$

各主动力的作用点坐标为

$$x_D=l\sin\varphi_1,\qquad y_D=l\cos\varphi_1$$
$$x_E=2l\sin\varphi_1+l\sin\varphi_2,\quad y_E=2l\cos\varphi_1+l\cos\varphi_2$$
$$x_C=2l(\sin\varphi_1+\sin\varphi_2),\quad y_C=2l(\cos\varphi_1+\cos\varphi_2)$$

由广义力的一般表达式(15-17)可得对应于广义坐标 φ_1 和 φ_2 的广义力为

$$Q_1=F_{Dx}\frac{\partial x_D}{\partial\varphi_1}+F_{Dy}\frac{\partial y_D}{\partial\varphi_1}+F_{Ex}\frac{\partial x_E}{\partial\varphi_1}+F_{Ey}\frac{\partial y_E}{\partial\varphi_1}+F_{Cx}\frac{\partial x_C}{\partial\varphi_1}+$$
$$F_{Cy}\frac{\partial y_C}{\partial\varphi_1}=-Gl\sin\varphi_1-2Gl\sin\varphi_1+2Fl\cos\varphi_1$$

$$Q_2=F_{Dx}\frac{\partial x_D}{\partial\varphi_2}+\cdots+F_{Cy}\frac{\partial y_C}{\partial\varphi_2}=-Gl\sin\varphi_2+2Fl\cos\varphi_2$$

故由平衡条件 $Q_1=0$ 和 $Q_2=0$ 得平衡时的夹角

$$\varphi_1=\arctan\frac{2F}{3G},\quad \varphi_2=\arctan\frac{2F}{G}$$

思考题：如何用式(15-20)求本例的广义力 Q_1 和 Q_2？

例题 15-6 试求图 15-9 所示平面铰链缓冲机构的平衡位置。已知机构上部的荷载是 $\boldsymbol{F}$，各杆的长度和弹簧的原长都是 l。弹簧的刚度系数是 k。不计机构的自重和摩擦。

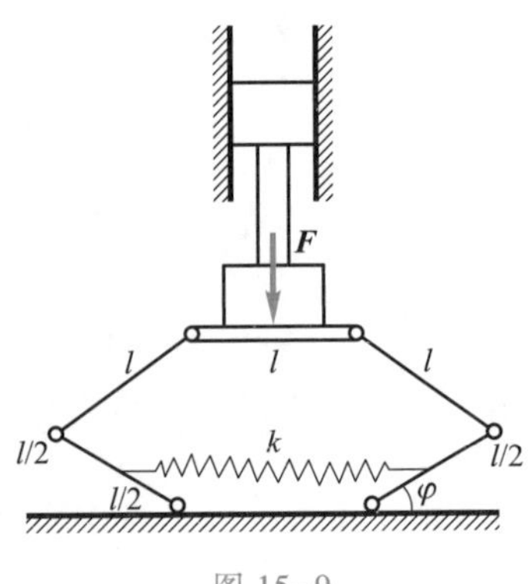

图 15-9

解：以整个系统为研究对象。以底线作为重力场的势能零点，以弹簧原长位置作为弹簧力场的势能零点。取 φ 为广义坐标，则系统的势能函数写为

$$V=2Fl\sin\varphi+\frac{kl^2}{2}\cos^2\varphi$$

根据式(15-21)，系统平衡位置的势能应取极值，即有

$$\frac{\mathrm{d}V}{\mathrm{d}\varphi}=2lF\cos\varphi-kl^2\cos\varphi\sin\varphi=kl^2\left(\frac{2F}{kl}-\sin\varphi\right)\cos\varphi=0$$

由此方程求得平衡位置的三个解

$$\varphi=\arcsin\left(\frac{2F}{kl}\right),\quad \varphi=\frac{\pi}{2}\left(\text{或}-\frac{\pi}{2}\right)$$

但从实际构造来看，可能的平衡位置只有两个，即

$$\varphi=\arcsin\left(\frac{2F}{kl}\right)\quad\left(\text{当}\frac{2F}{kl}\leqslant 1\right)\quad\text{或 }\varphi=\frac{\pi}{2}$$

小 结

虚位移原理是质点系静力学的普通原理，它可以给出任意质点系平衡的充要条件。

1. 约束和约束方程

对非自由质点系的位形、速度之间预先加入的限制条件，称为约束。约束对质点系运动的限制可以通过质点系中各质点的坐标和速度以及时间的数学方程来表示，这种方程称为约束方程。约束分类如下：

(1) 完整约束和非完整约束。

(2) 定常约束和非定常约束。

(3) 双面约束和单面约束。

2. 虚位移 · 自由度

(1) 虚位移 质点或质点系在给定瞬时不破坏约束而为约束所容许的任何微小位移，称为质点或质点系的虚位移。

(2) 自由度 确定受完整约束的质点系位形的独立坐标数目称为系统的自由度。

3. 虚功 · 理想约束

(1) 虚功 力在虚位移上所做的功称为虚功，记为 δW。因为虚位移是假想位移，所以虚功也是假想的概念，表示为 $\delta W=\boldsymbol{F}\cdot\delta\boldsymbol{r}$。

(2) 理想约束 如果质点系所受的约束力在任意虚位移上所做虚功之和恒等于零，则这样的约束称为理想约束。理想约束条件可表示为 $\sum(\boldsymbol{F}_{\mathrm{N}i}\cdot\delta\boldsymbol{r}_i)=0$

4. 虚位移原理

具有双面、定常、理想约束的静止质点系，其平衡的必要和充分条件是：所有主动力在任何虚位移上的虚功之和等于零。

表达式为

$$\sum \delta W(\boldsymbol{F}_i)=\sum(\boldsymbol{F}_i\cdot\delta\boldsymbol{r}_i)=0$$

解析表达式为

$$\sum \delta W(\boldsymbol{F}_i)=\sum(F_{ix}\delta x_i+F_{iy}\delta y_i+F_{iz}\delta z_i)=0$$

上式称为静力学普遍方程或虚功方程。

5. 广义坐标 · 广义坐标形式的虚位移原理

(1) 广义坐标　用以确定质点系位形的一组独立参变量称为广义坐标。

(2) 广义虚位移　广义坐标的等时变分称为广义虚位移，记为 δq_j。

(3) 广义力　$Q_j=\sum\left(\boldsymbol{F}_i\cdot\dfrac{\partial\boldsymbol{r}_i}{\partial q_j}\right)$ 称为对应于广义坐标 q_j 的广义力。

广义力 Q_j 的解析式

$$Q_j=\sum\left(F_{ix}\frac{\partial x_i}{\partial q_j}+F_{iy}\frac{\partial y_i}{\partial q_j}+F_{iz}\frac{\partial z_i}{\partial q_j}\right)$$

(4) 广义坐标形式的虚位移原理　受双面、定常、理想、完整约束的质点系，其平衡的必要和充分条件是，系统的所有广义力都等于零

$$Q_j=0\quad(j=1,2,\cdots,k)$$

(5) 求广义力的方法

应用广义力定义求

$$Q_j=\sum\left(F_{ix}\frac{\partial x_i}{\partial q_j}+F_{iy}\frac{\partial y_i}{\partial q_j}+F_{iz}\frac{\partial z_i}{\partial q_j}\right)$$

应用虚功求

$$\delta q_t\neq 0,\quad \delta q_j=0(j\neq t)$$

$$Q_t=\frac{\left[\sum\delta W\right]_t}{\delta q_t}\quad(t=1,2,\cdots,k)$$

(6) 主动力均为有势力的情形下的广义力

$$Q_j=-\sum\left(\frac{\partial V}{\partial x_i}\frac{\partial x_i}{\partial q_j}+\frac{\partial V}{\partial y_i}\frac{\partial y_i}{\partial q_j}+\frac{\partial V}{\partial z_i}\frac{\partial z_i}{\partial q_j}\right)$$

或简写为

$$Q_j=-\frac{\partial V}{\partial q_j}\quad(j=1,2,\cdots,k)$$

即当主动力有势时，对应于每个广义坐标的广义力等于势能函数对该广义坐标的偏导数冠以负号。

当主动力有势时，质点系的平衡条件可写成

$$\frac{\partial V}{\partial q_j}=0\quad(j=1,2,\cdots,k)$$

即在势力场中具有理想约束的质点系平衡条件为：质点系势能对于每个广义坐标之偏导数分别为零。

质点系的平衡条件也可写成

$$\delta V=0$$

即在势力场中具有理想约束的质点系平衡条件为：质点系势能在平衡位置处一阶等时变分为零，即平衡位置上保守系统的势能取极值。

习题

15-1 试由虚位移原理导出刚体受平面任意力系作用时的平衡方程。

15-2 试求如题 15-2 图所示机构平衡时力 $\boldsymbol{F}$ 的大小。已知 $F_C=200\ \mathrm{N}$, $F_D=200\ \mathrm{N}$,构件自重不计。

15-3 在如题 15-3 图所示台秤中,$AB:AC=1:3$。试求比例 $A'C':A'D'$,使称出的重量与物体安放在秤台上的位置无关。又求秤锤与被称物体的重量比 $G_1:G$。其余构件的自重不计。

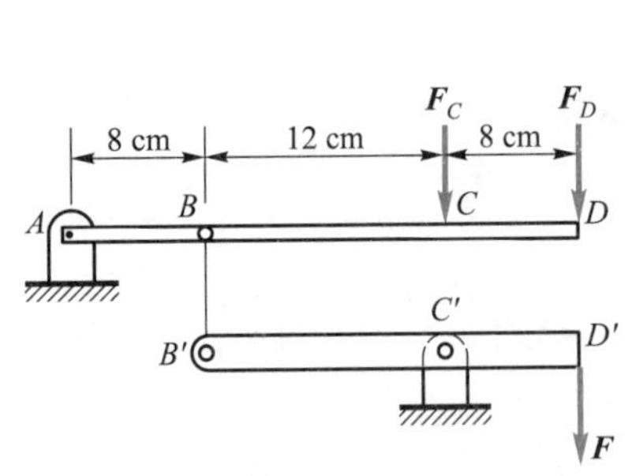

题 15-2 图

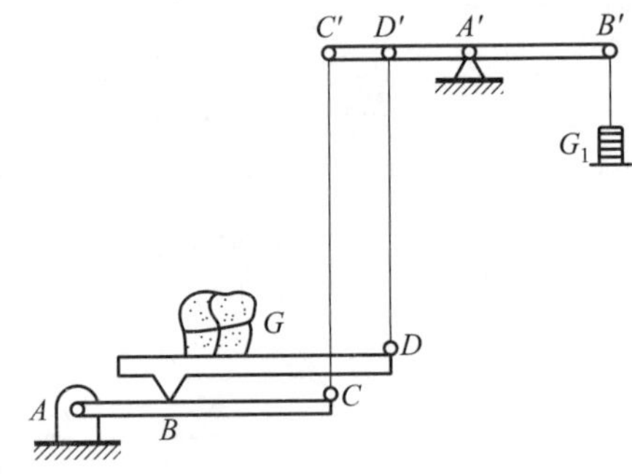

题 15-3 图

15-4 如题 15-4 图所示压榨机的空气压力筒可相对水平面移动。已知压力筒加在压头 C 上的铅直推力大小是 F_1,杆 AC 和 BC 长度相等。如果不计杆重,试求压榨力 F_2 与角 φ 间的关系。

15-5 试求习题 15-4 中铰链 A 的约束力 $\boldsymbol{F}_{Ax}$ 和 $\boldsymbol{F}_{Ay}$。

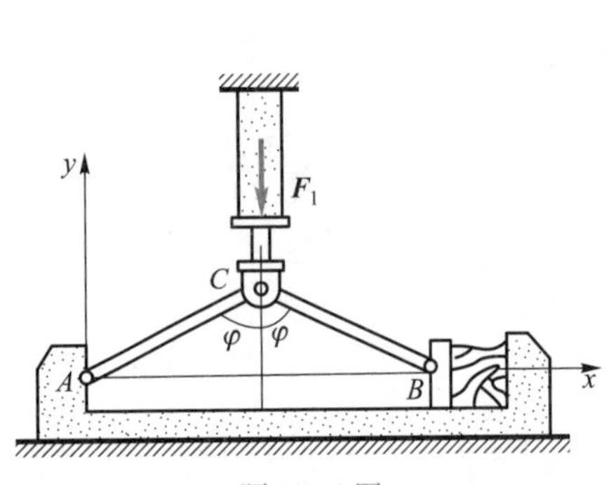

题 15-4 图

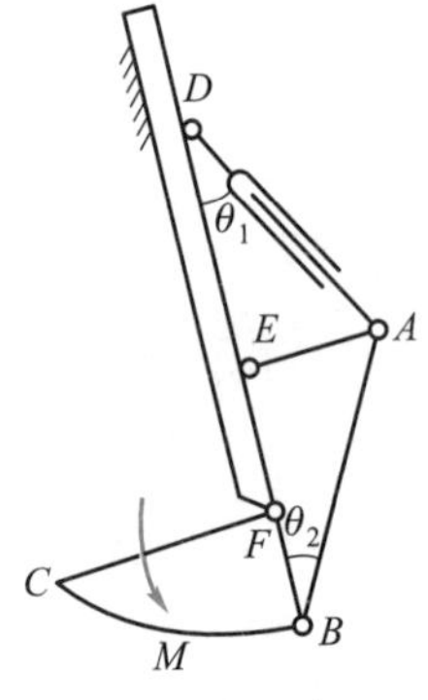

题 15-6 图

15-6 挖土机挖掘部分示意如题 15-6 图所示。支臂 DEF 不动,A、B、D、E、F 为铰链,液压油缸 AD 伸缩时可通过连杆 AB 使挖斗 BFC 绕过点 F 的轴转动,$EA=FB=r$。当 $\theta_1=\theta_2=30°$ 时杆 $AE\perp DF$,此时油缸推力为 $\boldsymbol{F}$。不计构件重量,试求此时挖斗可克服的最大阻力矩 M。

15-7 如题 15-7 图所示机构中的长度 $AB=\dfrac{1}{2}BC=r$,当杆 AB 水平时,杆 BC 对水平面的倾角是 φ。如果不计自重,试求在图示位置平衡时,转矩 M_A 和水平力 $\boldsymbol{F}$ 的关系。

15-8 曲柄连杆机构受矩为 M 的力偶和一个力 $\boldsymbol{F}$ 的作用,在如题 15-8 图所示位置 $\angle AOB=\varphi$ 时处于平衡。已知曲柄 OA 和连杆 AB 的长度都是 b,不计自重,试求力 $\boldsymbol{F}$ 的大小和力偶矩 M 之间的关系。

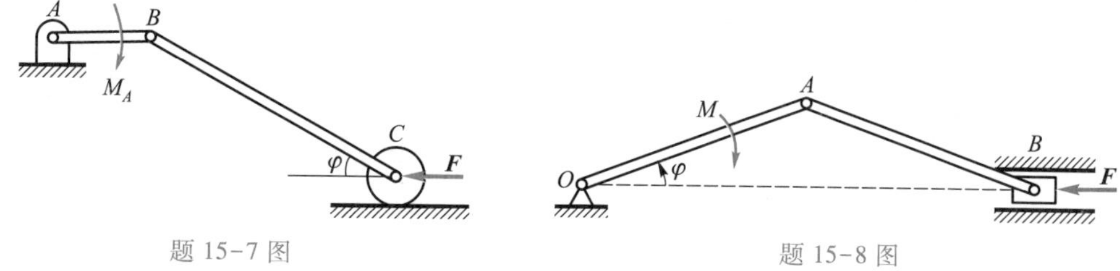

题 15-7 图　　题 15-8 图

15-9　在如题 15-9 图所示压榨机构的曲柄 OA 上作用一力偶，其矩 $M=50\ \text{N}\cdot\text{m}$，已知 $OA=r=0.1\ \text{m}$，$BD=DC=DE=a=0.3\ \text{m}$，平衡时 $\angle OAB=90°$，$\alpha=15°$，不计自重。试求压榨力 $\boldsymbol{F}$ 的大小。

15-10　试求如题 15-10 图所示压榨机的压榨力 $\boldsymbol{F}$。已知手轮上所加的转矩是 M_0。螺杆的左段是右螺纹，右段是左螺纹。螺距都是 h。设转矩单位是 N · m，螺距单位是 cm，机构自重不计。

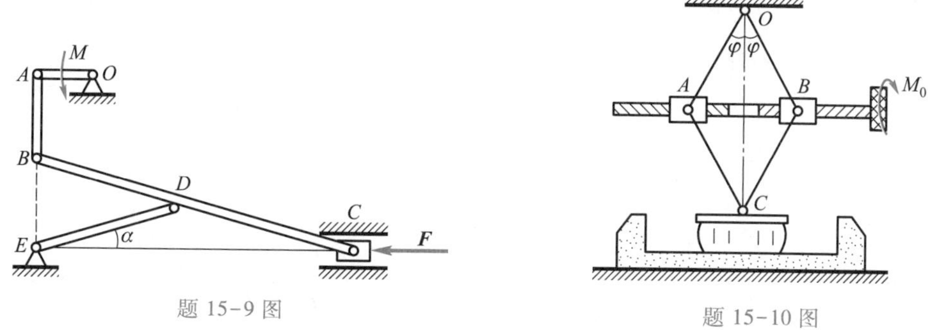

题 15-9 图　　题 15-10 图

15-11　如题 15-11 图所示两等长杆 AB 和 BC 在点 B 用铰链连接。在杆的点 D、E 两点连一水平弹簧。弹簧的刚度系数为 k，当距离 $AC=a$ 时，弹簧内拉力为零。如在点 C 作用一水平力 $\boldsymbol{F}$，杆系处于平衡。试求距离 AC 之值 x。设 $AB=l$，$BD=b$，杆重不计。

15-12　如题 15-12 图所示一折梯放在粗糙的水平地面上。设梯子与地面间的静滑动摩擦因数是 f，试求平衡时与水平面所成角度的最小值。设梯子 AC 和 BC 两部分是等长的均质杆。

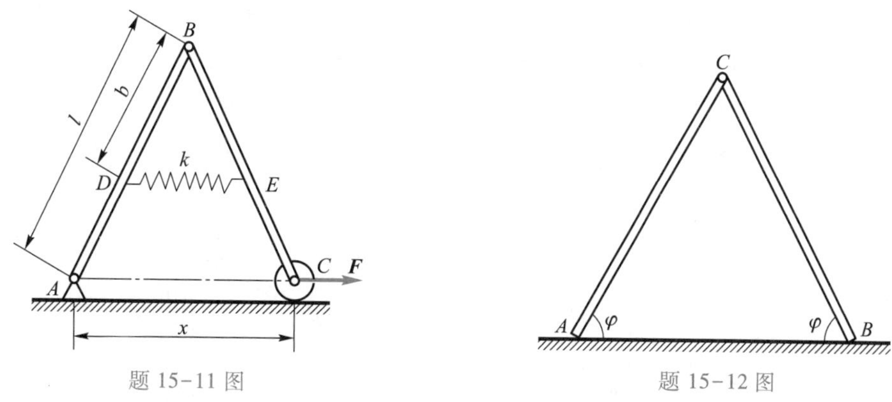

题 15-11 图　　题 15-12 图

15-13　如题 15-13 图所示三根杆长均为 l。O、A、B 为铰链连接，C 为滑块，在杆 OA 上作用一力偶，其矩为 M_0。A、B 点各作用有铅直向下的力 $\boldsymbol{F}_1$、$\boldsymbol{F}_2$。若不计滑块和各杆自重，试求对应于广义坐标 φ_1、φ_2 的广义力。

15-14　试求组合梁在 A、B、G 处的约束力。已知 $F_1=800\ \text{N}$，$F_2=600\ \text{N}$，梁重不计，约束情况和尺寸如题 15-14 图所示。

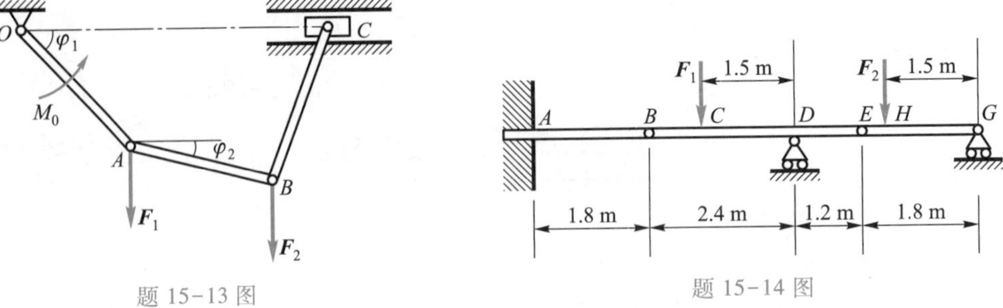

题 15-13 图　　题 15-14 图

15-15　三铰拱受水平力 $\boldsymbol{F}$ 的作用，试求支座 A、B 两处的约束力。尺寸如题15-15图所示，拱的自重不计。

15-16　试求如题 15-16 图所示平面桁架 BD 杆的内力。已知 $AB=BC=AC=a$，$AD=DC=\frac{\sqrt{2}}{2}a$，在铰链 D 作用有铅直力 $\boldsymbol{F}$，各构件自重不计。

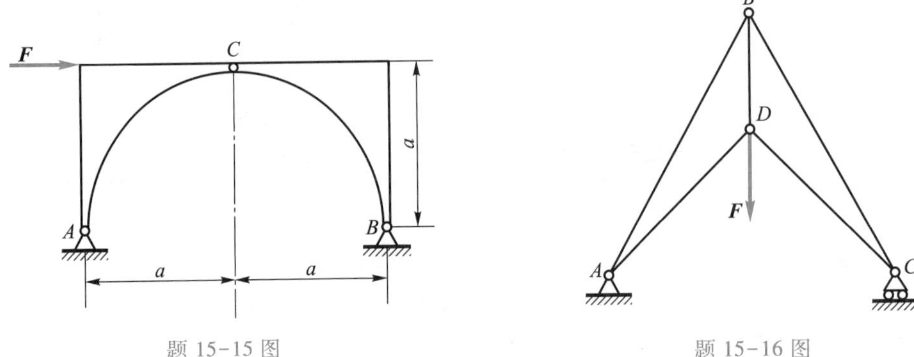

题 15-15 图　　题 15-16 图

15-17　如题 15-17 图所示三角形凸轮的斜面与水平面成倾角 α，铅直导轨中的推杆 AB 的下端 A 靠在凸轮的斜面上。如果不计杆重和摩擦，试求平衡时铅直力 $\boldsymbol{F}_1$ 和水平力 $\boldsymbol{F}_2$ 的大小之间的关系。

15-18　在题 15-18 图所示机构中，当曲柄 OC 绕过点 O 的水平轴摆动时，滑块 A 可沿曲柄 OC 滑动，并带动一沿铅直导槽 K 运动的杆子 AB。已知 $OC=r$，$OK=l$，OC 与水平线成角度 φ，试求平衡时力 $\boldsymbol{F}_2$ 与力 $\boldsymbol{F}_1$ 的大小之间的关系。不计各构件自重。

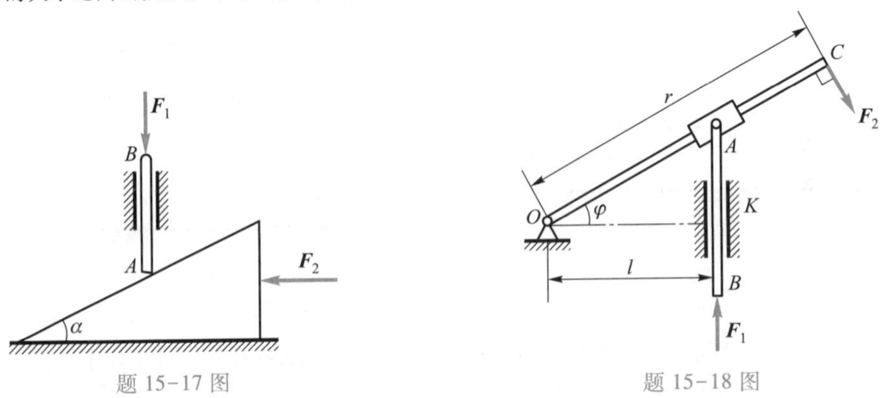

题 15-17 图　　题 15-18 图

15-19　如题 15-19 图所示，当飞机起飞后，它的前轮将会向上收起。已知臂 AO 和轮的共同质量为 45 kg，其质心在 G。通过加在曲柄 BC 上的力偶和连杆 CD 可把轮向上收起。当 B、D 两点正好位于同一铅直线上时，$\theta=30°$，且 $BC/\!/AD$，试求此时力偶矩 M 的值。不计其余构件的重量。

15-20　如题 15-20 图所示，利用坦克的液压缸 AB 可架设军用轻便桥。已知桥的全长为 l，它由 OC

和 CD 两部分所组成，每部分的质量均为 m，质心在 G。在点 C 有一机构，当 OC 部分与铅直线的夹角为 θ 时，它的内力会使 OC 与 CD 两部分间的夹角为 2θ。试求对任意角度 θ 该系统处于平衡时液压活塞所受的力 $\boldsymbol{F}$。

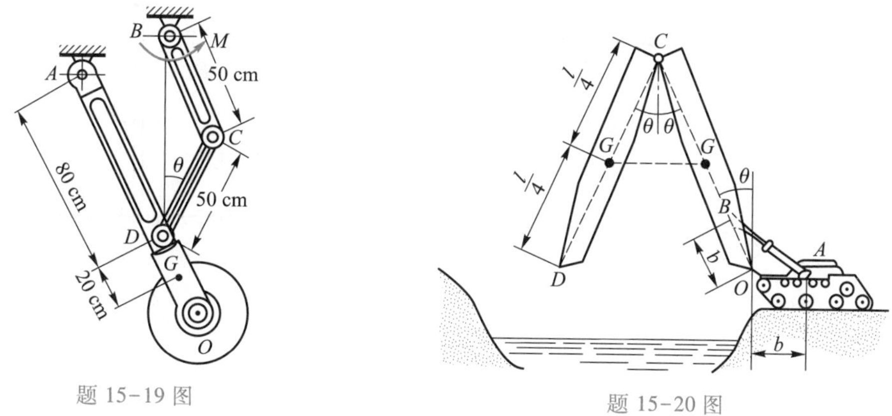

题 15-19 图　　题 15-20 图

15-21　如题 15-21 图所示为一组合结构，已知作用力 $F_1 = 4$ kN，$F_2 = 5$ kN，如果不计各构件自重，试求杆 1 的内力。

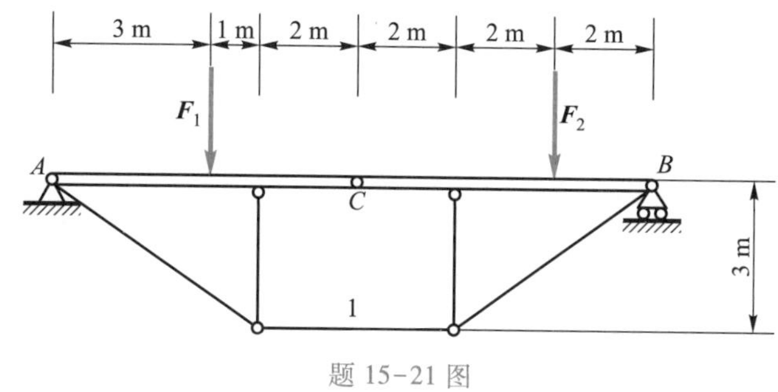

题 15-21 图

15-22　静定刚架由 AE、EBF、FCG 和 GD 四部分组成，荷载 $\boldsymbol{F}_1$、$\boldsymbol{F}_2$ 和尺寸如题 15-22 图所示。如果不计钢架重量，试求支座 A 和 B 的约束力。

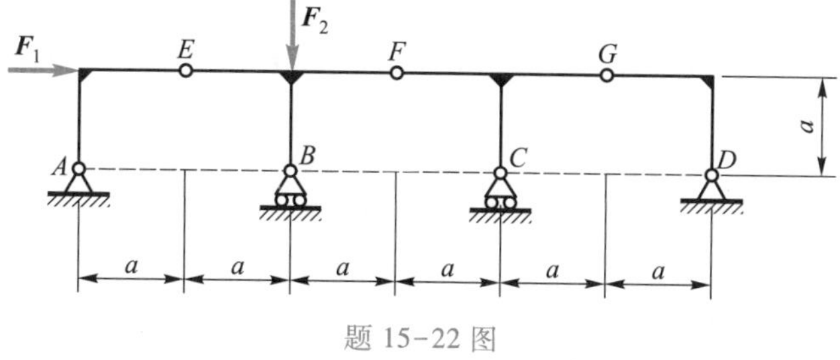

题 15-22 图

15-23　如题 15-23 图所示可以绕过点 O 的水平轴转动的轮子上刚性地伸出一横杆，力 $F = 1\ 000$ N，绕在轮缘上的绳子通过铅直弹簧而系在固定点 C。试求平衡时的角 φ，并确定平衡位置的稳定性。已知当 $\varphi = 0$ 时弹簧无变形，弹簧的刚度系数 $k = 200$ N/cm，$OA = 41.6$ cm，$OB = 12$ cm。

15-24　如题 15-24 图所示的倒摆系统中，球连同杆共重 $G = 3$ kN，重心在 C。长度 $AC = h = 450$ cm，$AD = l = 200$ cm。两水平弹簧的刚度系数都是 k，且当杆竖直时弹簧无变形。试求使系统的铅直倒立位置成为稳定平衡位置所需的弹簧刚度系数。假定弹簧能受压，且杆只能在弹簧所在的铅直平面内摆动。

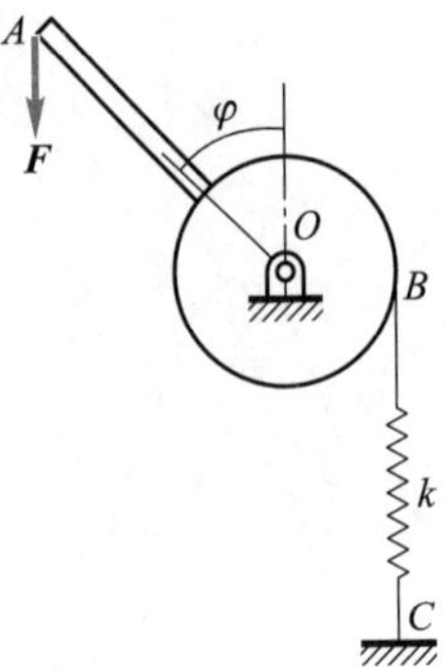

题 15-23 图

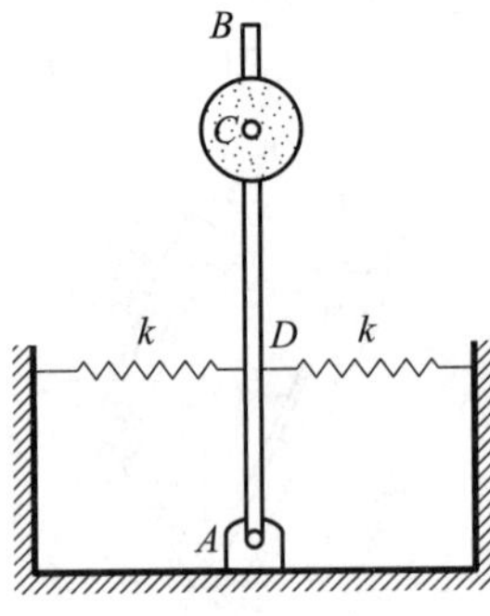

题 15-24 图

动力学专题

第16章 碰　　撞

16-1 碰撞现象及其基本特征

碰撞(collision)是一种常见的力学现象。当物体受到急剧的冲击时就发生碰撞。球的弹射和回跳,以及敲钉、打桩、锤锻、冲压等都是碰撞的实例。

与一般的动力学问题相比较,碰撞问题具有以下基本特征:

(1) 碰撞过程的持续时间极短,通常用 10^{-3} s 或 10^{-4} s 来度量。以两个直径为 25 mm 的黄铜球间的碰撞为例,当两球以 72 mm/s 的相对法向速度发生碰撞时,由实验测知,碰撞进行的时间只有 2×10^{-4} s。

(2) 碰撞时物体间产生巨大的碰撞力且变化急剧。在碰撞持续的极短时间内,相碰物体的位置几乎没有改变,但速度却有显著变化,因此物体的加速度和相互间的作用力(称为碰撞力)都极其巨大。碰撞力作用时间很短,是一种瞬时力,其大小远非平常力如重力、空气阻力等所能比拟。由于碰撞力随时间而变化,瞬时值很难测定,因此,通常是用碰撞力在碰撞时间内的冲量来度量碰撞的强弱。这种冲量称为碰撞冲量(impulse of collision)。

(3) 相碰物体必然发生变形,而变形可以引起运动状态(能量)的转化。因此,在绝大多数情况下,碰撞过程中都伴随有机械能的损失,它转化为热能或其他形式的能。如巨大的陨石与地面相碰时,可以发生强烈的声和光。碰撞时物体变形的大小和机械能损失的程度取决于许多因素,特别是与物体的材料性质(弹性、塑性)有关。

根据碰撞现象的上述基本特征,研究碰撞问题时,可作以下两点基本假设:

(1) 由于碰撞力很大,远非平常力所能比拟,故平常力在碰撞过程中的冲量可以忽略不计。

(2) 碰撞时间非常短促,而速度是有限量,两者的乘积非常小,因此在碰撞过程中,碰撞物体的位移可以忽略不计。

16-2 碰撞时的动力学普遍定理

碰撞问题可以应用前面几章所讲的动力学普遍定理来研究,但应采用积分形式,并且平常力在碰撞过程中的冲量均忽略不计。

16-2-1 冲量定理

对于质点系内第 i 个质点 A_i,假设其质量为 m_i,碰撞开始和结束时的速度分别为$\boldsymbol{v}_i$和$\boldsymbol{u}_i$,碰撞冲量为 $\boldsymbol{I}_i$,则由动量定理,有

$$m_i\boldsymbol{u}_i-m_i\boldsymbol{v}_i=\boldsymbol{I}_i \tag{16-1}$$

把对质点系内各质点列写出的式(16-1)相加,注意到质点系内部各质点之间相互碰撞的内碰撞冲量总是大小相等,方向相反,成对地存在,在总和中相互抵消,因此只剩下外碰撞冲量,于是得

$$\sum m_i \boldsymbol{u}_i - \sum m_i \boldsymbol{v}_i = \sum \boldsymbol{I}_i \qquad (16-2)$$

式(16-2)表示了碰撞时质点系的冲量定理。即质点系在碰撞过程中的动量变化,等于该质点系所受的外碰撞冲量的矢量和。

质点系的动量可以用质点系的总质量 m_R 与质心速度的乘积来计算,所以式(16-2)可改写为

$$m_R \boldsymbol{u}_C - m_R \boldsymbol{v}_C = \sum \boldsymbol{I}_i \qquad (16-3)$$

式中,$\boldsymbol{v}_C$ 和 $\boldsymbol{u}_C$ 分别是碰撞开始和结束时质点系质心 C 的速度。上式称为**碰撞时的质心运动定理**。

16-2-2 冲量矩定理

根据研究碰撞问题的基本假设,在碰撞过程中,质点系内各质点的位移均可忽略不计,因此,可用同一矢径 $\boldsymbol{r}_i$ 表示质点 A_i 在碰撞开始和结束时的位置(图 16-1)。以 $\boldsymbol{r}_i$ 与式(16-1)作矢量积,得

$$\boldsymbol{r}_i \times m_i \boldsymbol{u}_i - \boldsymbol{r}_i \times m \boldsymbol{v}_i = \boldsymbol{r}_i \times \boldsymbol{I}_i$$

或者写成

$$\boldsymbol{M}_O(m_i \boldsymbol{u}_i) - \boldsymbol{M}_O(m_i \boldsymbol{v}_i) = \boldsymbol{M}_O(\boldsymbol{I}_i)$$

这里 $\boldsymbol{M}_O(m_i \boldsymbol{v}_i)$ 和 $\boldsymbol{M}_O(m_i \boldsymbol{u}_i)$ 分别代表质点 A_i 在碰撞开始和结束时对点 O 的动量矩;$\boldsymbol{M}_O(\boldsymbol{I}_i)$ 代表碰撞冲量 $\boldsymbol{I}_i$ 对点 O 的矩。把对质点系内各质点列写出的如上方程相加,注意到内碰撞冲量总是成对地作用于质点系,每一对内碰撞冲量对任一点的矩的矢量和恒等于零,因而全部内碰撞冲量之矩的总和也恒等于零。所以只剩下外碰撞冲量的矩,于是得

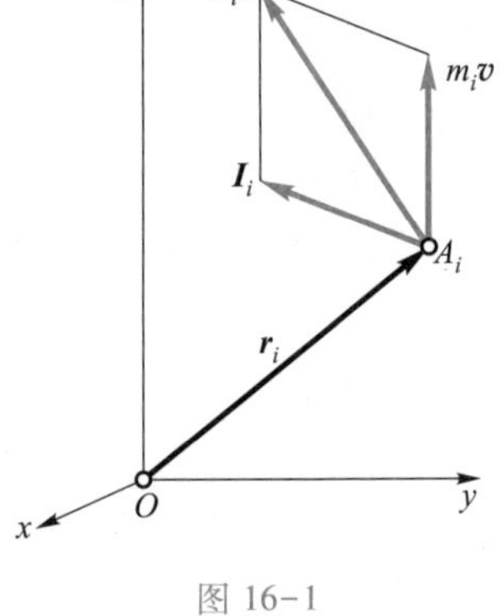

图 16-1

$$\sum \boldsymbol{M}_O(m_i \boldsymbol{u}_i) - \sum \boldsymbol{M}_O(m_i \boldsymbol{v}_i) = \sum \boldsymbol{M}_O(\boldsymbol{I}_i) \qquad (16-4)$$

把上式投影到任一轴如 x 轴上,则得

$$\sum M_x(m_i \boldsymbol{u}_i) - \sum M_x(m_i \boldsymbol{v}_i) = \sum M_x(\boldsymbol{I}_i) \qquad (16-5)$$

式(16-4)和式(16-5)分别表示了碰撞时质点系对点(或对轴)的**冲量矩定理**,即在碰撞过程中,质点系对任一点(或任一轴)的动量矩的变化,等于该质点系所受外碰撞冲量对同一点(或同一轴)之矩的矢量和(或代数和)。

由于碰撞过程中伴随有机械能损失,因此研究碰撞问题一般不用动能定理。

16-2-3 刚体平面运动碰撞方程

设刚体具有质量对称面,且平行于此平面作平面运动。当受到外碰撞冲量 $\boldsymbol{I}_i$ 作用时,该刚体的质心速度和角速度都要发生改变。设碰撞开始和结束瞬时刚体的质心速度和角速度分别为$\boldsymbol{v}_C$、ω_1 和 $\boldsymbol{u}_C$、ω_2,取固定坐标面 Oxy 与刚体的质量对称面重合,根据碰撞时的冲量定理和相对于质心轴的冲量矩定理,有

$$
\left.\begin{aligned}
m_R u_{Cx} - m_R v_{Cx} &= \sum I_{ix} \\
m_R u_{Cy} - m_R v_{Cy} &= \sum I_{iy} \\
J_C\omega_2 - J_C\omega_1 &= \sum M_C(\boldsymbol{I}_i)
\end{aligned}\right\} \tag{16-6}
$$

式中，m_R 为刚体的质量，J_C 为刚体对通过质心 C 且与其对称平面垂直的轴的转动惯量。式(16-6)可用来分析平面运动刚体的碰撞问题。

16-3　碰撞恢复因数

碰撞过程可以分为两个阶段。由两物体开始接触到两者沿接触面公法线方向相对凑近的速度降到零时为止，这是**变形阶段**。此后，物体由于弹性而部分或完全恢复原来的形状，两物体重新在公法线方向获得分离速度，直到脱离接触为止，这是**恢复阶段**。恢复的程度主要取决于相撞物体的材料性质，但也和碰撞的条件(包括物体的质量、形状和尺寸、法向相对速度的大小以及相撞物体的相对方位等)有关。

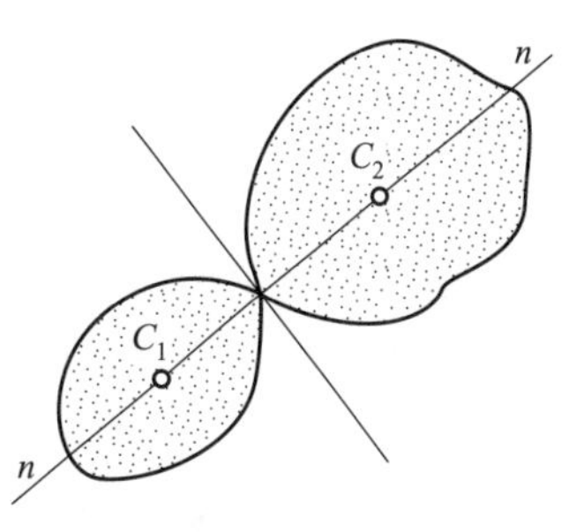

图 16-2

碰撞可这样分类：当两物体碰撞时，通过其接触点作一公法线 $n-n$(图 16-2)，按两碰撞物体的质心 C_1 和 C_2 是否都位于公法线 $n-n$ 上，可将碰撞分为**对心碰撞**(central collision)和**偏心碰撞**(eccentric collision)，若两质心位于此公法线上时称为对心碰撞，否则称为偏心碰撞。按两碰撞物体接触点的相对速度是否沿该点处的公法线，可将碰撞分为**正碰撞**(direct central collision)和**斜碰撞**(oblique central collision)。接触点的相对速度沿公法线的碰撞，称为正碰撞，否则称为斜碰撞。不失一般性，下面以两个光滑球对心斜碰撞的情形为例，介绍恢复因数的概念。

设质量分别为 m_1 和 m_2 的两个光滑球作平移，在某瞬时发生对心斜碰撞。假设碰撞开始时，两球的速度分别为 $\boldsymbol{v}_1$ 和 $\boldsymbol{v}_2$(图 16-3a)，碰撞结束时，两球仍作平移，其速度分别为 $\boldsymbol{u}_1$ 和 $\boldsymbol{u}_2$(图 16-3b)。

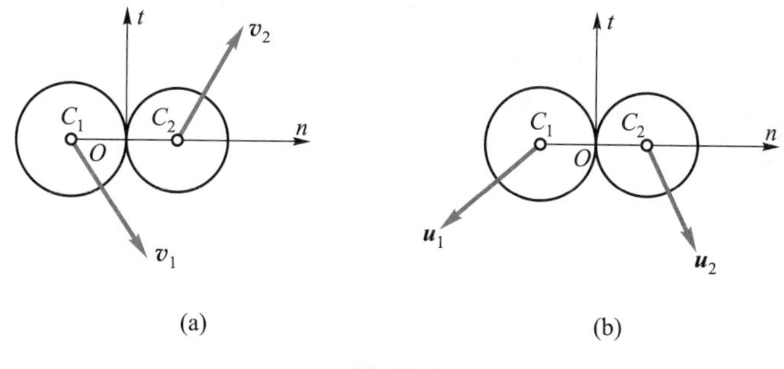

图 16-3

先以两球为研究对象。考察整个碰撞过程，因外碰撞冲量等于零，故由冲量定理，有

$$
m_1\boldsymbol{u}_1 + m_2\boldsymbol{u}_2 = m_1\boldsymbol{v}_1 + m_2\boldsymbol{v}_2
$$

上式沿公法线 n 投影，得

$$
m_1 u_{1n} + m_2 u_{2n} = m_1 v_{1n} + m_2 v_{2n} \tag{16-7}
$$

考察碰撞的第一个阶段(变形阶段)。以两球为研究对象,用 $\boldsymbol{u}$ 表示第一阶段结束时两球的公共速度。因外碰撞冲量等于零,故由冲量定理,有

$$(m_1+m_2)\boldsymbol{u}-(m_1\boldsymbol{v}_1+m_2\boldsymbol{v}_2)=0$$

上式沿公法线 n 投影,得

$$(m_1+m_2)u_n-(m_1v_{1n}+m_2v_{2n})=0$$

从而求出

$$u_n=\frac{m_1v_{1n}+m_2v_{2n}}{m_1+m_2} \tag{16-8}$$

又分别取两球为研究对象,因为接触面光滑,所以碰撞冲量沿公法线 n 的方向。设质量为 m_1 的球作用于质量为 m_2 的球上的碰撞冲量为 $\boldsymbol{I}_{\mathrm{I}}$,则由冲量定理,有

$$m_1\boldsymbol{u}-m_1\boldsymbol{v}_1=-\boldsymbol{I}_{\mathrm{I}},\quad m_2\boldsymbol{u}-m_2\boldsymbol{v}_2=\boldsymbol{I}_{\mathrm{I}}$$

沿公法线 n 投影,得

$$m_1u_n-m_1v_{1n}=-I_{\mathrm{I}},\quad m_2u_n-m_2v_{2n}=I_{\mathrm{I}}$$

现在考察碰撞的第二个阶段(恢复阶段)。假设这个阶段相应的碰撞冲量为 $\boldsymbol{I}_{\mathrm{II}}$,则对两球分别利用冲量定理,有

$$m_1\boldsymbol{u}_1-m_1\boldsymbol{u}=-\boldsymbol{I}_{\mathrm{II}},\quad m_2\boldsymbol{u}_2-m_2\boldsymbol{u}=\boldsymbol{I}_{\mathrm{II}}$$

上式沿公法线 n 投影,注意到碰撞冲量 $\boldsymbol{I}_{\mathrm{II}}$ 仍沿公法线 n,则有

$$m_1u_{1n}-m_1u_n=-I_{\mathrm{II}},\quad m_2u_{2n}-m_2u_n=I_{\mathrm{II}}$$

恢复阶段与变形阶段的碰撞冲量 $\boldsymbol{I}_{\mathrm{I}}$ 和 $\boldsymbol{I}_{\mathrm{II}}$ 大小的比值,可以用来度量碰撞后变形恢复的程度,称为**恢复因数**(coefficient of restitution),用 e 表示,即

$$e=\frac{I_{\mathrm{II}}}{I_{\mathrm{I}}}=\frac{u_{1n}-u_n}{u_n-v_{1n}}=\frac{u_{2n}-u_n}{u_n-v_{2n}}$$

利用式(16-7)和式(16-8)消去 u_n,得

$$e=\frac{I_{\mathrm{II}}}{I_{\mathrm{I}}}=\frac{u_{2n}-u_{1n}}{v_{1n}-v_{2n}}=\left|\frac{\text{碰撞结束时的法向相对速度}}{\text{碰撞开始时的法向相对速度}}\right| \tag{16-9}$$

可以证明,对于一般碰撞,恢复因数

$$e=\left|\frac{\text{碰撞结束时接触点的法向相对速度}}{\text{碰撞开始时接触点的法向相对速度}}\right| \tag{16-10}$$

大量的实验表明,恢复因数主要与碰撞物体的材料性质有关,可由实验测定。几种材料的恢复因数见表 16-1。

表 16-1

相碰物体材料	铁对铅	铅对铅	木对胶木	木对木	钢对钢	铁对铁	玻璃对玻璃
恢复因数	0.14	0.20	0.26	0.50	0.56	0.66	0.94

恢复因数一般都小于 1 而大于零,这时的碰撞称为**弹性碰撞**(elastic collision)。物体在弹性碰撞结束时,变形不能完全恢复,动能有损失。理想情况 $e=1$ 时,碰撞结束后,物体能完全恢复原来的形状,这种碰撞称为**完全弹性碰撞**(perfectly elastic collision)。在另一

极端情况 $e=0$ 时,说明碰撞没有恢复阶段,即物体的变形不能恢复,碰撞结束于变形阶段,这种碰撞称为**非弹性碰撞**或**塑性碰撞**(plastic collision)。

思考题:能否利用小球自由下落的弹起高度测定不同材料的物体间的恢复因数?

16-4 碰撞问题分析举例

应用碰撞时的动力学普遍定理求解碰撞问题,应明确分清三个阶段,即碰撞前阶段、碰撞阶段和碰撞后阶段。碰撞前、碰撞后两个阶段应按照动力学常规问题处理;而对碰撞阶段,则应根据碰撞的特点进行分析和计算。

例题 16-1 两个小球的质量分别为 m_1 和 m_2,沿着两球中心连线的方向运动如图 16-4所示,速度分别是$\boldsymbol{v}_1$和$\boldsymbol{v}_2$。假设 $v_1>v_2$,因而后球在某瞬时赶上前球而发生碰撞。恢复因数为 e,试求碰撞后两球的速度和碰撞过程中动能的损失。

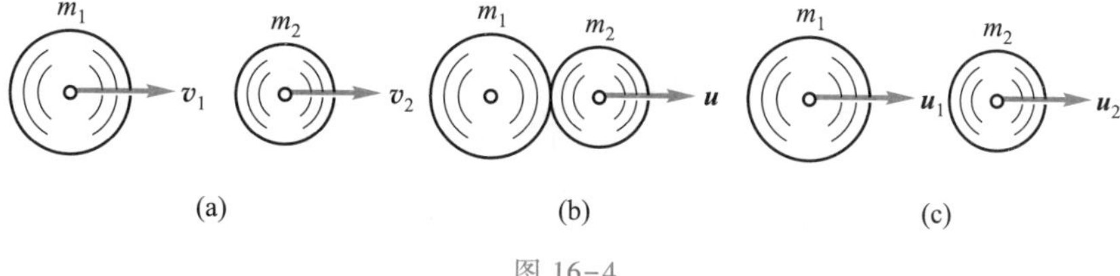

图 16-4

解:此题中两个小球所发生的碰撞为对心正碰撞。取两个小球组成的系统为研究对象,设碰撞结束时,两球的速度分别为 $\boldsymbol{u}_1$ 和 $\boldsymbol{u}_2$。整个碰撞过程中,系统的外碰撞冲量等于零,故由冲量定理,有

$$m_1u_1+m_2u_2=m_1v_1+m_2v_2 \tag{1}$$

根据恢复因数定义式(16-9),此时有

$$e=\frac{u_2-u_1}{v_1-v_2} \tag{2}$$

联立式(1)、式(2),解得

$$u_1=v_1-(1+e)\frac{m_2}{m_1+m_2}(v_1-v_2) \tag{3}$$

$$u_2=v_2-(1+e)\frac{m_1}{m_1+m_2}(v_2-v_1) \tag{4}$$

设碰撞前、后系统的动能分别为 T_1 和 T_2,则碰撞过程中系统的动能损失为

$$\begin{aligned}\Delta T&=T_1-T_2\\&=\left(\frac{1}{2}m_1v_1^2+\frac{1}{2}m_2v_2^2\right)-\left(\frac{1}{2}m_1u_1^2+\frac{1}{2}m_2u_2^2\right)\\&=\frac{1}{2}m_1(v_1-u_1)(v_1+u_1)+\frac{1}{2}m_2(v_2-u_2)(v_2+u_2)\end{aligned}$$

将式(3)、式(4)代入上式,经过化简得两个物体在对心正碰撞过程中的动能损失

$$\Delta T=\frac{1}{2}\frac{m_1m_2}{m_1+m_2}(1-e^2)(v_1-v_2)^2 \tag{5}$$

由上式可见,在其他条件相同的情况下,恢复因数 e 越小,碰撞的动能损失越大。对于塑

性碰撞，$e=0$，碰撞损失的动能最大；而对于完全弹性碰撞，$e=1$，系统的动能没有损失。

当一个运动的物体与一个静止的物体发生正碰撞时，假设 $v_2=0$，则 $T_1=\frac{1}{2}m_1v_1^2$，于是由式(5)有

$$\Delta T=(1-e^2)\frac{m_2}{m_1+m_2}T_1=\frac{1-e^2}{1+m_1/m_2}T_1 \tag{6}$$

可见，此时当恢复因数一定时，系统的动能损失取决于两碰撞物体质量的比值。

工程实际中，有时希望系统的动能损失越多越好(如锻压)，有时则希望系统的动能损失越小越好(如打桩)。锻压金属时，锻锤与锻件及砧座碰撞时损失的动能用来使锻件变形。动能损失 ΔT 越大，锻件变形就越大，锻压效率就越高，故应使 $m_2\gg m_1$。工程中采用比锻锤重得多的砧座道理就在于此。

例如，假设锻锤的质量为 $m_1=m$，锻件和砧座的质量 $m_2=15m$，恢复因数 $e=0.6$，则锤锻的效率为

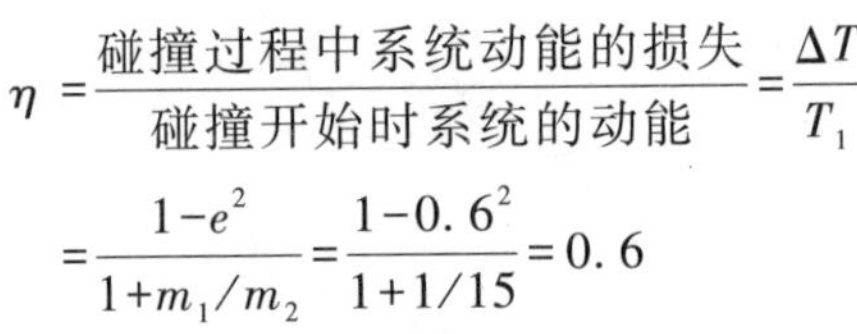

$$\eta=\frac{\text{碰撞过程中系统动能的损失}}{\text{碰撞开始时系统的动能}}=\frac{\Delta T}{T_1}$$

$$=\frac{1-e^2}{1+m_1/m_2}=\frac{1-0.6^2}{1+1/15}=0.6$$

动力学动画：锻压机

e 值越小，η 就越大。当锻件炽热时，$e\approx0$，此时

$$\eta=\frac{m_2}{m_1+m_2}=\frac{15}{1+15}=0.94$$

可见，效率明显提高，要“趁热打铁”，以便有效地利用此时材料的可塑性就是这个道理。

打桩时，锤与桩碰撞后，应使桩获得较大的动能，以便克服阻力而迅速下沉。动能损失越小，打桩的效率就越高，故应使 $m_1\gg m_2$。因此在工程中应用比桩柱重得多的锤打桩。例如，假设打桩机锤头的质量为 m_1，桩柱的质量 $m_2=m_1/10$，恢复因数 $e=0$，则打桩的效率为

动力学动画：打桩机

$$\eta=\frac{\text{碰撞结束时系统剩余的动能}}{\text{碰撞开始时系统的动能}}=\frac{T_1-\Delta T}{T_1}=1-\frac{\Delta T}{T_1}$$

$$=1-\frac{1}{1+m_1/m_2}=\frac{m_1}{m_1+m_2}=\frac{1}{1+1/10}=0.91$$

例题 16-2 均质杆 OA 的质量 $m_1=3\text{ kg}$，长度 $l=0.8\text{ m}$，其 O 端固定在圆柱铰链上，如图 16-5a 所示。杆由水平位置静止释放，转到铅垂位置时与质量 $m_2=2\text{ kg}$ 的小物块 B 发生碰撞，使物块 B 沿着粗糙水平面滑动。已知动滑动摩擦因数 $f_d=0.2$，碰撞是非弹性的，试求小物块 B 滑行的距离 s。

解： 本例可分为碰前、碰撞和碰后三个阶段，现在分别进行分析和计算如下。

(1) 碰前阶段　此阶段是杆由静止的水平位置转到铅垂位置的过程，只有杆的重力 $m_1\boldsymbol{g}$ 做功。由动能定理可得

$$\frac{1}{2}\left(\frac{1}{3}m_1l^2\right)\omega_1^2-0=m_1g\times\frac{l}{2} \tag{1}$$

从而求得碰撞开始瞬时杆的角速度

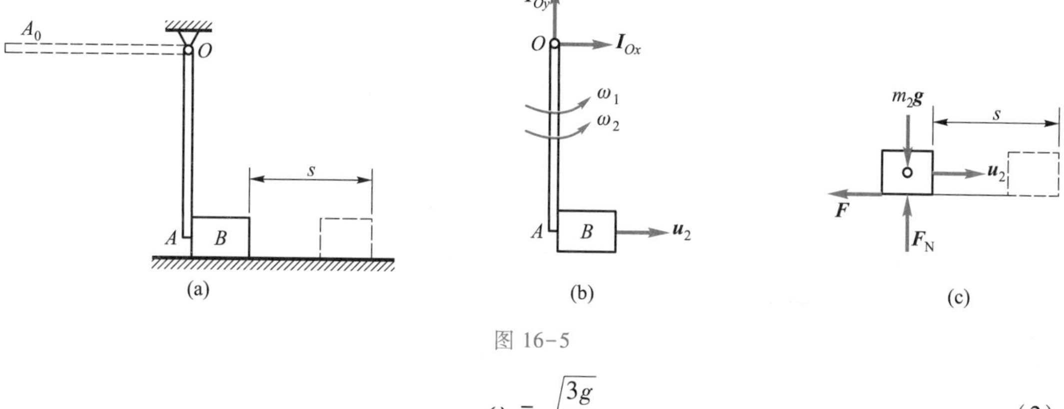

图 16-5

$$\omega_1=\sqrt{\frac{3g}{l}} \tag{2}$$

(2) 碰撞阶段　选整个系统为研究对象,受力分析和运动分析如图 16-5b 所示,碰撞开始瞬时小物块 B 的速度 $v_2=0$。设碰撞结束瞬时杆的角速度为 ω_2,物块 B 的速度为 $\boldsymbol{u}_2$。由于杆与物块之间相互作用的碰撞冲量是内碰撞冲量,在碰撞阶段又不计平常力的冲量,故系统在碰撞过程中对 O 点动量矩守恒,即

$$\frac{1}{3}m_1l^2\omega_1=\frac{1}{3}m_1l^2\omega_2+m_2u_2l \tag{3}$$

由于是非弹性碰撞,恢复因数 $e=0$,故碰撞结束瞬时杆端 A 的速度 $\boldsymbol{u}_1$ 与物块 B 的速度 $\boldsymbol{u}_2$ 相同,因而有

$$u_2=u_1=l\omega_2 \tag{4}$$

联立求解式(3)和式(4),并考虑到式(2),可得物块 B 在碰撞结束瞬时的速度大小,即

$$u_2=\frac{m_1}{m_1+3m_2}\sqrt{3gl} \tag{5}$$

(3) 碰后阶段　取小物块 B 为研究对象,受力分析和运动分析如图 16-5c所示。只有动滑动摩擦力 $\boldsymbol{F}_d$ 做负功,其中

$$F_d=f_dF_N=f_dmg \tag{6}$$

由积分形式的动能定理可得

$$0-\frac{1}{2}m_2u_2^2=-F_ds \tag{7}$$

将式(5)和式(6)代入式(7),最后求得小物块 B 的滑行距离

$$s=\frac{3m_1^2l}{2f_d(m_1+3m_2)}=\frac{3\times3^2\times0.8}{2\times0.2\times(3+3\times2)}\ \text{m}=6\ \text{m}$$

由本例可知,研究碰撞阶段时,不考虑平常力(如杆和物块的重力、物块的摩擦力)的影响。但在研究碰前和碰后阶段时,不能忽略这些平常力。这是求解碰撞问题的一个特点,应引起读者注意。

例题 16-3　作铅垂平移的均质细杆 AB 长为 l,质量为 m,与铅垂线成 β 角,如图 16-6a所示。当杆下端 A 碰到光滑水平面时,杆具有铅垂向下的速度$\boldsymbol{v}_0$。若接触点 A 的碰撞是完全弹性的,试求碰撞结束时杆的角速度。

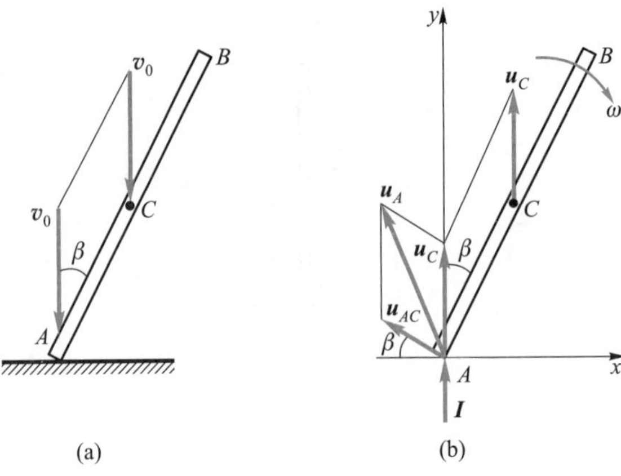

图 16-6

解： 取杆 AB 为研究对象。外碰撞冲量只有作用在点 A 的 $\boldsymbol{I}$。碰撞前，杆作直线平移，速度为$\boldsymbol{v}_0$；碰撞后，杆作平面运动。设碰撞结束时，杆 AB 质心 C 的速度为 $\boldsymbol{u}_C$，角速度为 ω，杆端 A 的速度为 $\boldsymbol{u}_A$，因为 $\boldsymbol{I}$ 在铅垂线上，所以 $\boldsymbol{u}_C$ 也铅直。

根据碰撞时的冲量定理和相对于质心轴的冲量矩定理式(16-6)，有

$$mu_C-[m(-v_0)]=I \tag{1}$$

$$J_C\omega-0=I\times\frac{l}{2}\sin\beta \tag{2}$$

由恢复因数定义式(16-9)，注意到对于完全弹性碰撞 $e=1$，则有

$$e=\frac{0-u_{Ay}}{-v_A-0}=1$$

即

$$u_{Ay}=v_A=v_0 \tag{3}$$

以点 C 为基点分析点 A 的速度(图 16-6b)，有

$$\boldsymbol{u}_A=\boldsymbol{u}_C+\boldsymbol{u}_{AC}$$

式中，$u_{AC}=\dfrac{l}{2}\omega$，将上式沿轴 y 投影得

$$u_{Ay}=u_C+u_{AC}\sin\beta=u_C+\frac{l}{2}\omega\sin\beta \tag{4}$$

联立求解式(1)～式(4)，注意到 $J_C=\dfrac{1}{12}ml^2$，可得

$$\omega=\frac{12v_0\sin\beta}{(1+3\sin^2\beta)l}\quad(\text{顺时针方向})$$

此即所求碰撞结束时杆 AB 的角速度。

本题在建立(1)、(2)两方程时，忽略了非碰撞力(重力)的冲量，并且利用恢复因数公式和运动学关系建立了补充方程(3)和(4)，这是分析求解碰撞问题的特点。

思考题： *若碰撞是塑性碰撞，则问题将如何求解？*

例题 16-4 均质薄球壳的质量为 m，半径为 r，以质心速度$\boldsymbol{v}_C$斜向撞在水平面上(图 16-7a)，$\boldsymbol{v}_C$与铅垂线成偏角 θ，同时球壳具有绕水平质心轴(垂直于图示平面)的角速度

ω_0。假设球与水平面间无相对滑动，恢复因数为 e，试求碰撞冲量、碰撞结束时球壳的角速度和回弹角 β。

解：球壳作平面运动，作用于它的外碰撞冲量有瞬时法向约束力的冲量 $\boldsymbol{I}_N$ 和瞬时摩擦力的冲量 $\boldsymbol{I}_f$（图 16-7a）。设碰撞结束时质心 C 的速度为 $\boldsymbol{u}_C$，与铅垂线的夹角为 β，绕质心轴的角速度为 ω（规定以逆时针方向为正）。

根据平面运动刚体碰撞的动力学方程式(16-6)，有

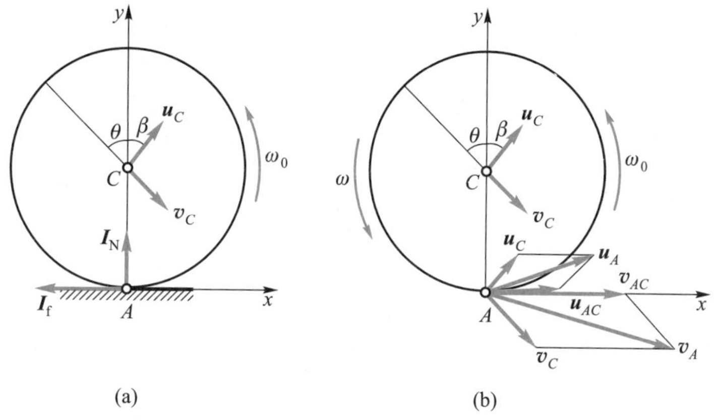

图 16-7

$$mu_{Cx}-mv_C\sin\theta=-I_f \tag{1}$$

$$mu_{Cy}-(-mv_C\cos\theta)=I_N \tag{2}$$

$$J_C\omega-J_C\omega_0=-I_f r \tag{3}$$

式中，球壳对质心轴的转动惯量 $J_C=\dfrac{2}{3}mr^2$。这三个动力学方程中，包含 5 个未知量 u_{Cx}、u_{Cy}、ω、I_N 和 I_f，为了求出这些未知量，还需找出 2 个补充条件。

设碰撞始末接触点 A 的速度分别为 $\boldsymbol{v}_A$ 和 $\boldsymbol{u}_A$，以点 C 为基点分析碰撞始末 A 点的速度（图 16-7b），有

$$\boldsymbol{v}_A=\boldsymbol{v}_C+\boldsymbol{v}_{AC},\quad \boldsymbol{u}_A=\boldsymbol{u}_C+\boldsymbol{u}_{AC}$$

将以上两式分别沿轴 x 和 y 投影，可得

$$v_{Ax}=v_C\sin\theta+r\omega_0,\quad v_{Ay}=-v_C\cos\theta$$

$$u_{Ax}=u_{Cx}+r\omega,\quad u_{Ay}=u_{Cy}$$

由题设知，接触点 A 无相对滑动，有 $u_{Ax}=0$，所以

$$u_{Cx}+r\omega=0 \tag{4}$$

又由恢复因数定义式(16-9)，有

$$e=\frac{u_{Ay}-0}{0-v_{Ay}}=\frac{u_{Cy}}{v_C\cos\theta}$$

即

$$u_{Cy}=ev_C\cos\theta \tag{5}$$

式(4)和式(5)即为要找的补充关系式。

联立求解式(1)~式(5)，可得

$$I_{\mathrm{f}}=\frac{2}{5}m(r\omega_0+v_C\sin\theta)$$

$$I_{\mathrm{N}}=(1+e)mv_C\cos\theta$$

$$\omega=\frac{1}{5}\times\left(2\omega_0-\frac{3v_C}{r}\sin\theta\right)$$

所以,可求得球壳回弹角 β,有

$$\tan\beta=\frac{u_{Cx}}{u_{Cy}}=\frac{-r\omega}{ev_C\cos\theta}=\frac{1}{5e}\times\left(3\tan\theta-\frac{2r\omega_0}{v_C\cos\theta}\right)$$

思考题: 一均质圆盘置于光滑的水平面上,质心不动;给圆盘一绕质心转动的角速度 ω_0,则圆盘可维持绕质心作等角速度转动。现突然固定其边缘上一点,则圆盘突变为绕定轴转动。试问转动的角速度是多少?如果再放开此点,圆盘此时作怎样的运动?

例题 16-5 均质圆轮的半径为 r,质量为 m_1,放在光滑固定水平面上。均质杆 AB 长为 l,质量为 m,用光滑铰链铰接在轮上的点 A。已知 $OA=\frac{1}{4}r$, $l=3r$, $m_1=2m$,开始时系统静止在图 16-8a 所示位置。若在杆端 B 作用一水平碰撞冲量 $\boldsymbol{I}$,试求碰撞结束瞬时轮心 O 的速度。

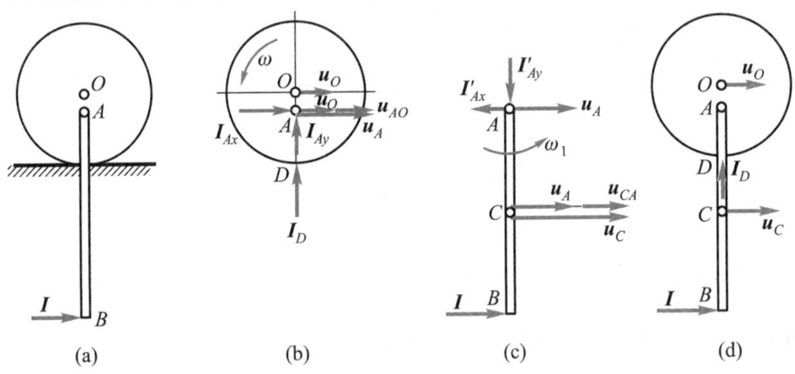

图 16-8

解: 本题只需研究碰撞阶段。首先,取轮为研究对象,受力分析和运动分析如图 16-8b 所示。假设碰撞结束瞬时,轮心 O 具有水平向右的速度 $\boldsymbol{u}_O$,轮具有逆时针方向的角速度 ω,点 A 的碰撞冲量为 $\boldsymbol{I}_{Ax}$ 和 $\boldsymbol{I}_{Ay}$,固定水平面对轮的碰撞冲量为 $\boldsymbol{I}_D$。

根据碰撞的冲量定理和对轮心 O 的冲量矩定理分别有

$$m_1u_O-0=I_{Ax} \tag{1}$$

和

$$\frac{1}{2}m_1r^2\omega-0=\frac{1}{4}I_{Ax}r \tag{2}$$

然后,取杆 AB 为研究对象,受力分析和运动分析如图 16-8c 所示。假设碰撞结束瞬时,杆的质心 C 具有水平向右的速度 $\boldsymbol{u}_C$,杆具有逆时针方向的角速度 ω_1。

根据碰撞的冲量定理和对质心 C 的冲量矩定理分别有

$$mu_C-0=I-I'_{Ax} \tag{3}$$

和

$$\frac{1}{12}ml^2\omega_1-0=\frac{1}{2}(I+I'_{Ax})l \tag{4}$$

上述 4 个方程的未知量大于 4 个，还需根据运动学关系建立补充方程。轮和杆都作平面运动。对于轮，以轮心 O 为基点，则轮上点 A 在碰撞结束瞬时的速度 $\boldsymbol{u}_A$ 可表示为

$$\boldsymbol{u}_A=\boldsymbol{u}_O+\boldsymbol{u}_{AO} \tag{5}$$

如图 16-8b 所示，其中 $u_{AO}=OA\omega=r\omega/4$。将式(5)沿水平方向投影，有

$$u_A=u_O+r\omega/4 \tag{6}$$

对于杆，以点 A 为基点，则其质心 C 在碰撞结束瞬时的速度 $\boldsymbol{u}_C$ 可表示为

$$\boldsymbol{u}_C=\boldsymbol{u}_A+\boldsymbol{u}_{CA} \tag{7}$$

如图 16-8c 所示，其中 $u_{CA}=AC\times\omega_1=l\omega_1/2$。将式(7)沿水平方向投影，有

$$u_C=u_A+l\omega_1/2 \tag{8}$$

联立求解式(1)～式(4)、式(6)和式(8)，并注意到 $\boldsymbol{I}'_{Ax}=-\boldsymbol{I}_{Ax}$，$\boldsymbol{I}'_{Ay}=-\boldsymbol{I}_{Ay}$，由这 6 个方程可求解 6 个未知量 v_O、I_{Ax}、ω、u_C、ω_1 和 u_A。其中碰撞结束瞬时轮心 O 的速度

$$u_O=-\frac{16I}{73m}$$

上式负号表明 $\boldsymbol{u}_O$ 的真实方向是水平向左。

思考题：如图 16-9 所示，将一个小皮球放在一个大皮球上面，使之自由落下。当它们落到地面反弹时，小球跳得比原来高许多倍，试解释其道理。

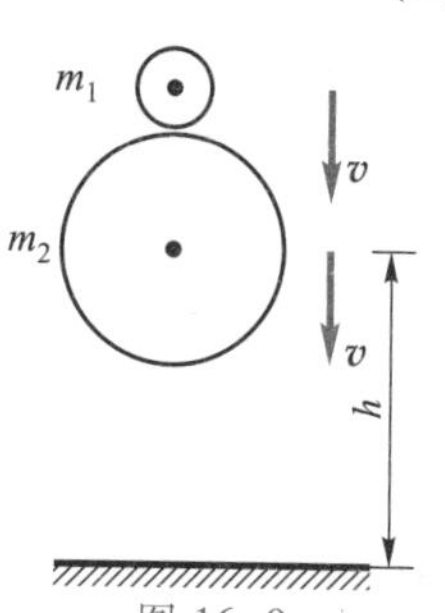

图 16-9

16-5　碰撞对定轴转动刚体的作用·撞击中心

当定轴转动刚体受到碰撞作用时，其角速度将发生急剧变化，因而在轴承处会产生极其巨大的压力，以致引起严重破坏。在工程实际中，有许多必须经受碰撞的转动件，如离合器、冲击摆等，为了防止碰撞对轴承的危害，应该设法减弱或消除轴承处的碰撞冲量。

16-5-1　刚体角速度的变化

设定轴转动刚体受到外碰撞冲量 $\boldsymbol{I}$ 的作用，如图 16-10 所示。将冲量矩定理式(16-4)投影到通过点 O 且垂直于图面的转轴 Oz 上，有

$$\sum M_z(m_i\boldsymbol{u}_i)-\sum M_z(m_i\boldsymbol{v}_i)=\sum M_z(\boldsymbol{I}_i)$$

式中，$\sum M_z(m_i\boldsymbol{v}_i)$ 和 $\sum M_z(m_i\boldsymbol{u}_i)$ 分别是刚体在碰撞开始和结束瞬时对轴 Oz 的动量矩。设 ω_1 和 ω_2 分别是这两个瞬时刚体的角速度，J_O 是刚体对于轴 Oz 的转动惯量，则上式成为

$$J_O\omega_2-J_O\omega_1=\sum M_O(\boldsymbol{I}_i)$$

故角速度的变化为

$$\omega_2-\omega_1=\frac{\sum M_O(\boldsymbol{I}_i)}{J_O} \tag{16-11}$$

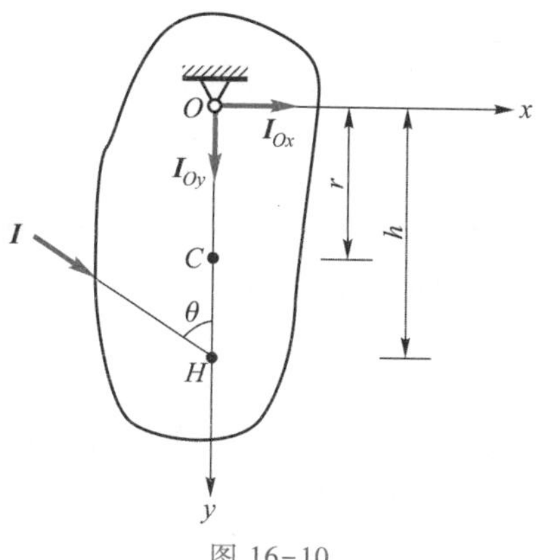

图 16-10

16-5-2 轴承处的反作用碰撞冲量·撞击中心

设刚体具有对称平面，且绕垂直于对称面的轴 Oz 转动(图 16-10)。当受到作用在对称面内的外碰撞冲量 $\boldsymbol{I}$ 的作用时，轴承上一般将出现反作用碰撞冲量 $\boldsymbol{I}_O$。取轴 Oy 通过刚体的质心 C，应用碰撞时的质心运动定理式(16-3)，有

$$m_R u_{Cx}-m_R v_{Cx}=I_x+I_{Ox},\quad m_R u_{Cy}-m_R v_{Cy}=I_y+I_{Oy}$$

式中，m_R 为刚体的质量，v_{Cx}、v_{Cy} 和 u_{Cx}、u_{Cy} 分别为碰撞开始和结束瞬时质心 C 的速度在轴 x、y 上的投影。

假设在图 16-10 所示位置发生碰撞，则有 $v_{Cy}=u_{Cy}=0$，所以由上式可得轴承处的反作用碰撞冲量

$$\left.\begin{aligned}I_{Ox}&=m_R(u_{Cx}-v_{Cx})-I_x\\I_{Oy}&=-I_y\end{aligned}\right\}\tag{16-12}$$

分析上式知，为使 $I_{Oy}=0$，则必须有 $I_y=0$，即要求作用于刚体的碰撞冲量 $\boldsymbol{I}$ 必须垂直于转轴 O 与质心 C 的连线。而为使 $I_{Ox}=0$，则必须有 $m_R(u_{Cx}-v_{Cx})-I_x=0$。在图 16-10 所示情况下，即为 $m_R r(\omega_2-\omega_1)-I_x=0$，将式(16-11)代入可得

$$m_R r\frac{I_x h}{J_O}=I_x$$

即

$$h=\frac{J_O}{m_R r}\tag{16-13}$$

式中，$h=OH$，点 H 是作用于刚体的碰撞冲量 $\boldsymbol{I}$ 的作用线与线 OC 的交点。满足式(16-13)的点 H 称为刚体对于轴 O 的**撞击中心**(center of percussion)。

于是有结论：当外碰撞冲量作用于撞击中心，且垂直于轴承与质心的连线时，轴承 O 处不会受到反作用碰撞冲量。这一结论在实际中很重要，如在设计材料冲击试验机的摆锤时，若将撞击试件的刃口设在摆的撞击中心上，则可避免轴承受到反作用碰撞冲量作用。

思考题：如果刚体绕过质心的轴转动，撞击中心是否存在？

小 结

1. 碰撞现象

碰撞是一种常见的力学现象。当物体在极短的时间间隔内速度发生急剧的改变时就发生碰撞。

2. 碰撞现象的特点

碰撞过程的持续时间极短，物体间产生巨大的碰撞力。

3. 研究碰撞的基本假设

(1) 由于碰撞力很大，故平常力在碰撞过程中忽略不计。

(2) 碰撞时间非常短促，因此在碰撞过程中碰撞物体的位移忽略不计。

4. 碰撞时的动力学定理

冲量定理

$$\sum m_i\boldsymbol{u}_i-\sum m_i\boldsymbol{v}_i=\sum\boldsymbol{I}_i$$

冲量矩定理

$$\sum \boldsymbol{M}_O(m_i\boldsymbol{u}_i)-\sum \boldsymbol{M}_O(m_i\boldsymbol{v}_i)=\sum \boldsymbol{M}_O(\boldsymbol{I}_i)$$

刚体平面运动碰撞方程

$$mu_{Cx}-mv_{Cx}=\sum I_{ix}$$

$$mu_{Cy}-mv_{Cy}=\sum I_{iy}$$

$$J_C\omega_2-J_C\omega_1=\sum M_C(\boldsymbol{I}_i)$$

5. 恢复因数

$$e=\frac{I_{\mathrm{II}}}{I_{\mathrm{I}}}=\frac{u_{2\mathrm{n}}-u_{1\mathrm{n}}}{v_{1\mathrm{n}}-v_{2\mathrm{n}}}=\left|\frac{\text{碰撞结束时接触点的法向相对速度}}{\text{碰撞开始时接触点的法向相对速度}}\right|$$

$0<e<1$ 时称为弹性碰撞，$e=1$ 时称为完全弹性碰撞，$e=0$ 时称为非弹性碰撞或塑性碰撞。

6. 轴承处的反作用碰撞冲量 · 撞击中心

当定轴转动刚体受到碰撞作用时，在轴承处会产生反作用碰撞冲量。

当外碰撞冲量作用于撞击中心，且垂直于轴承与质心的连线时，轴承 O 处不会受到反作用碰撞冲量。

撞击中心到轴心的距离

$$h=\frac{J_O}{m_{\mathrm{R}}r}$$

式中，r 是质心到轴心的距离。

习　　题

16-1　如题 16-1 图所示圆柱 A 的质量是 0.5 kg，无初速地由高度 $h=2$ m 落下，撞击在由弹簧支承的圆柱 B 上。圆柱 B 的质量是 2.5 kg，弹簧的刚度系数 $k=3$ kN/m，且碰撞的恢复因数 $e=0$，试求弹簧中增加的最大变形量以及碰撞时的动能损失。

16-2　如题 16-2 图所示打桩机的锤头 A 的质量 $m_A=1\,000$ kg，由高度 $h=1$ m 处自由落下，打在质量 $m_B=150$ kg 的桩上。设当时泥土的平均阻力 $F_{\mathrm{d}}=98$ kN。设 $e=0$，试求打击一次使桩沉入的深度 s_B。

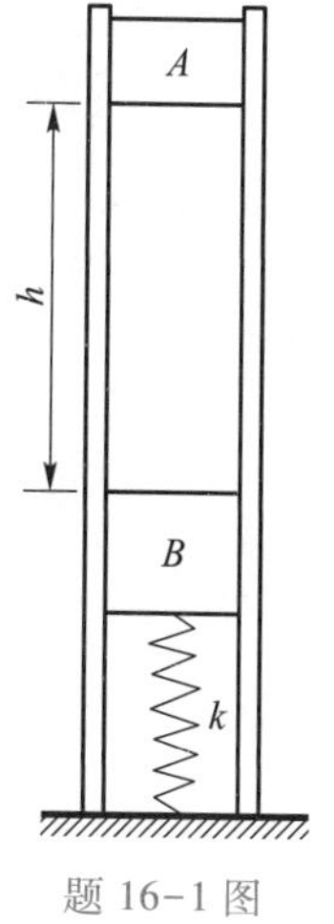

题 16-1 图

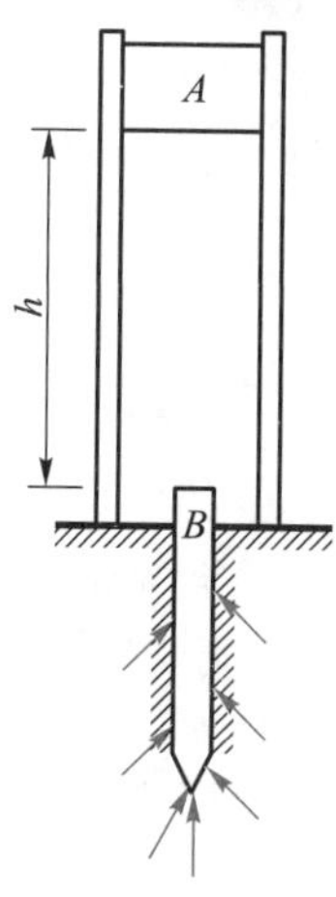

题 16-2 图

16-3　如题 16-3 图所示小球 A 和 B 的质量分别是 $m_A=4.5\ \text{kg}$ 和 $m_B=1.5\ \text{kg}$，悬线分别长 $l_A=0.9\ \text{m}$ 和 $l_B=1.2\ \text{m}$。试求 A 自偏角 θ_A 处无初速地落下，撞击静止的球 B，使球 B 上升到偏角 $\theta_B=90°$。已知恢复因数 $e=0.8$，试求 θ_A 以及悬线 l_B 中的最大拉力 $F_{\max}$ 和碰撞时动能的损失 ΔT。

16-4　航天器的质量为 1 000 kg，它在外层空间以速度 $v_s=2\ 000\ \text{m/s}$ 飞行，其方向如题 16-4 图所示。质量为 10 kg 的陨石以 $v_m=5\ 000\ \text{m/s}$ 的速度按图示方向与航天器碰撞并嵌入航天器中。试求航天器在碰撞后的速度$\boldsymbol{v}_s'$ 及$\boldsymbol{v}_s'$ 与$\boldsymbol{v}_s$间的夹角 β。

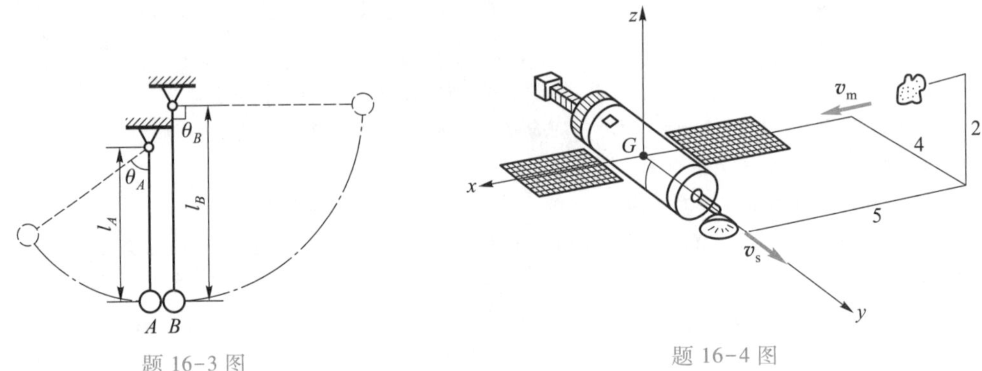

题 16-3 图　　题 16-4 图

16-5　如题 16-5 图所示足球重 4.45 N，以 $v_1=6.1\ \text{m/s}$，方向与水平线成 40°角的速度向球员飞来，形成头球。球员以头击球后，球的速度大小为 $v_1'=9.14\ \text{m/s}$，并与水平线成 20°角。若球与头碰撞时间为 0.15 s。试求足球作用在运动员头上的平均碰撞力的大小与方向。

16-6　如题 16-6 图所示航天飞机从荷载舱发射质量为 800 kg 的人造地球卫星。发射机构启动后与待发射的卫星相接触 4 s 时间，使之在 z 方向相对航天飞机获得速度0.3 m/s。航天飞机的质量为 90 kg。试求航天飞机在发射卫星后在 z 方向的速度及在上述时间内发射的平均力。

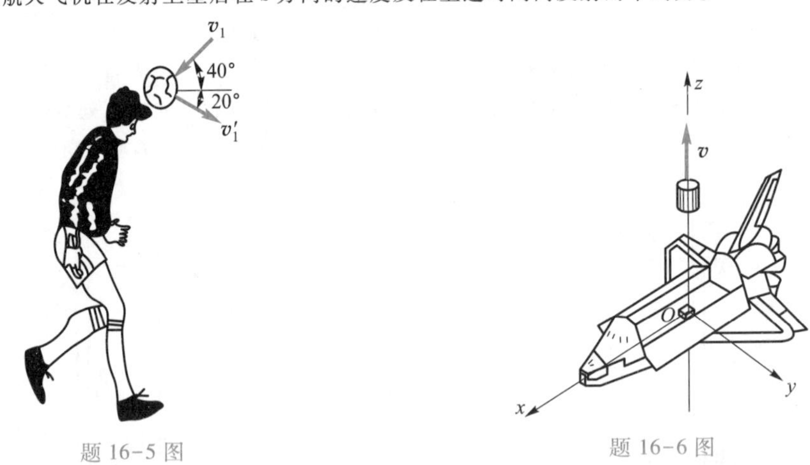

题 16-5 图　　题 16-6 图

16-7　如题 16-7 图所示均质细杆 AB 由铅垂静止位置绕下端的轴 A 倒下。杆上的一点 K 击中固定钉子 D，碰撞后杆弹回到水平位置。

（1）试求碰撞时的恢复因数 e；

（2）试证明这个结果与钉子到轴承 A 的距离无关。

16-8　如题 16-8 图所示，用台球棍打击台球，使台球不借助摩擦而能作纯滚动。假设棍对球只施加水平力，试求满足上述运动的球棍位置高度 h。

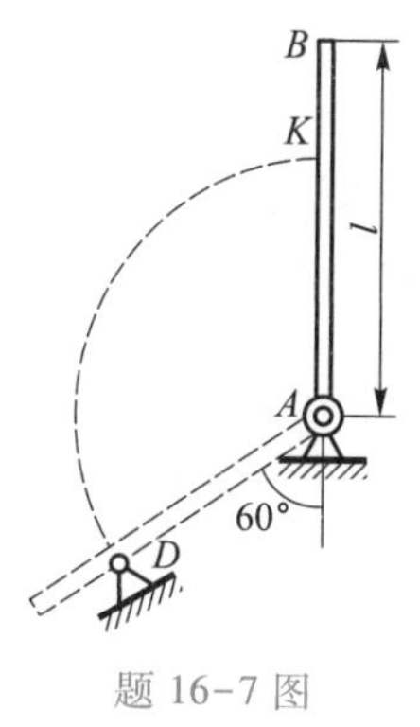

题 16-7 图

题 16-8 图

16-9　均质木箱由题 16-9 图所示倾斜位置倒下。假定地板足够粗糙，能阻止滑动，又在棱 B 的碰撞是完全塑性的，试求使棱 A 不致跳起的最大比值 b/a。

16-10　如题 16-10 图所示均质细杆 AB 的质量是 m，长度为 l，由水平位置无初速释放，下落高度 h 后杆上的 D 点碰在桌子边缘上，点 D 到质心 C 的距离是 $a=\frac{1}{4}l$。

（1）假设是完全塑性碰撞，$e=0$，试求碰撞结束时质心 C 的速度 $\boldsymbol{u}_C$、杆的角速度 ω 以及作用在杆上的碰撞冲量 $\boldsymbol{I}_D$。

（2）假设是完全弹性碰撞，$e=1$，则解答如何？

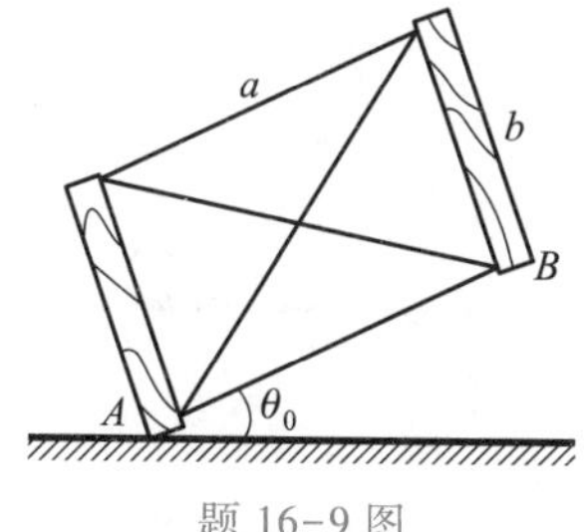

题 16-9 图

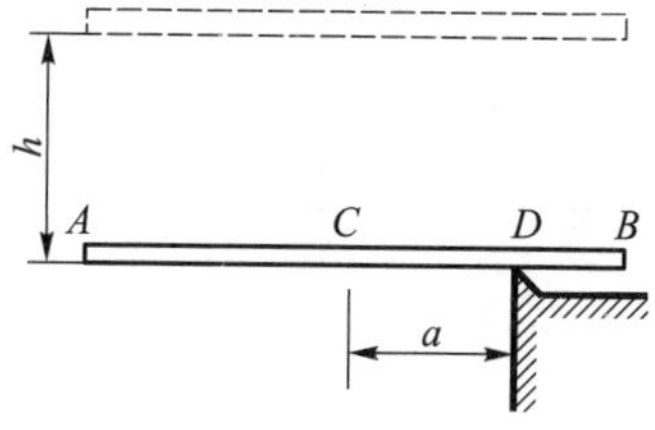

题 16-10 图

16-11　月球登陆器的质量为 17.5×10^3 kg，质心在 G，绕垂直于图示平面的 G 轴的回转半径为 1.8 m，它与月球接触时的速度为 8 km/h，如题 16-11 图所示。底部的四个支柱正好位于正方形的四个角点，正方形对角线的长度为 9 m。如着陆时由于倾斜，有一个支柱先接触月球表面，并设碰撞后不回跳，试求碰撞后绕接触点转动的角速度。

16-12　如题 16-12 图所示均质圆柱体质量为 m，半径为 r，沿水平面作无滑动的滚动。质心原以等速 $\boldsymbol{v}_C$ 运动，突然与一高为 $h(h<r)$ 的凸台碰撞。设碰撞是塑性的，试求：

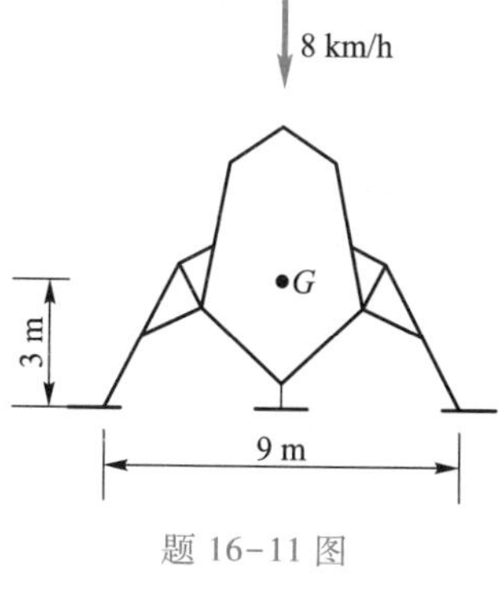

题 16-11 图

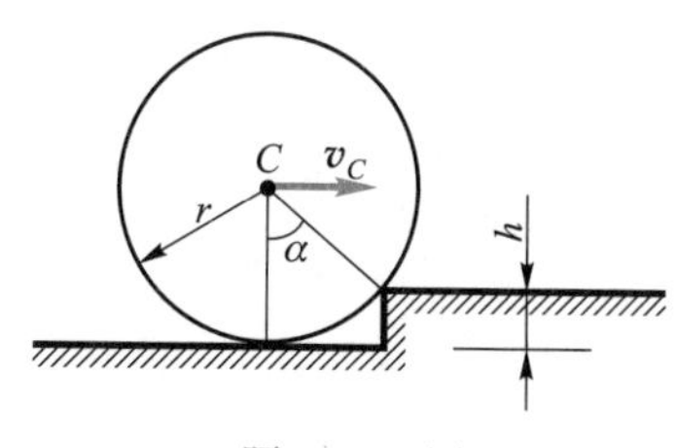

题 16-12 图

（1）圆柱体碰撞后质心的速度$\boldsymbol{v}'_C$、角速度和碰撞冲量。

（2）使圆柱体滚过凸台质心的最小速度。

16-13　两均质杆 OA 和 O_1B，上端铰支固定，下端与杆 AB 铰链连接，静止时 OA 与 O_1B 均铅垂，而 AB 水平，如题 16-13 图所示。各铰链均光滑，三杆质量皆为 m，且 $OA=O_1B=AB=l$。如在铰链 A 处作用一水平向右的碰撞力，该力的冲量为 $\boldsymbol{I}$，试求碰撞后杆 OA 的最大偏角。

16-14　两根相同的均质直杆在 B 处铰接并铅垂静止地悬挂在铰链 C 处，如题 16-14 图所示。设每杆长 $l=1.2$ m，质量 $m=4$ kg。现在下端 A 处作用一个水平冲量 $I=14$ N·s，试求碰撞后杆 BC 的角速度。

工程实际研究性题目

16-15　设计钢球挑选器

钢球的质量与它的反弹值有关。通过实验发现，钢球从高度 $h=1.2$ m 处，由静止开始释放，反弹值为 $0.75\ \text{m}\leqslant h_0\leqslant 0.975\ \text{m}$ 的钢球是合格的（题 16-15 图）。利用这个特性，试求钢球允许的恢复因数范围，并且设计一个装置可以把好的和坏的钢球分开。画出设计图纸，说明钢球是如何挑选和收集的。

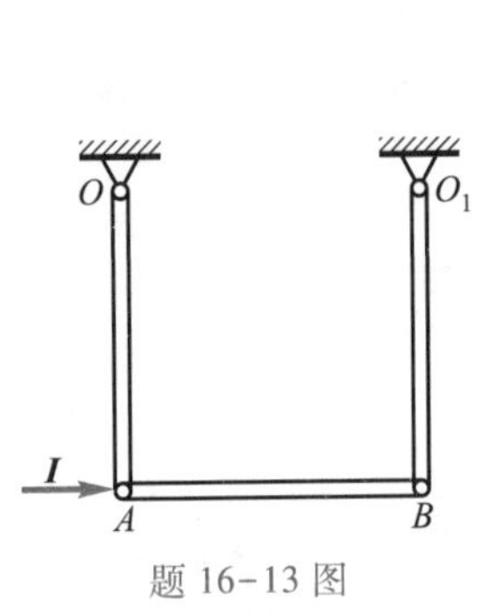

题 16-13 图

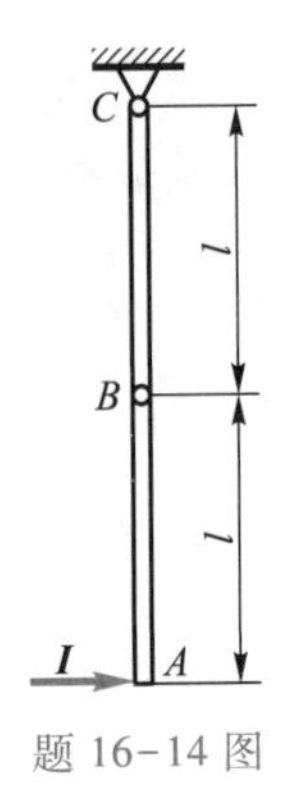

题 16-14 图

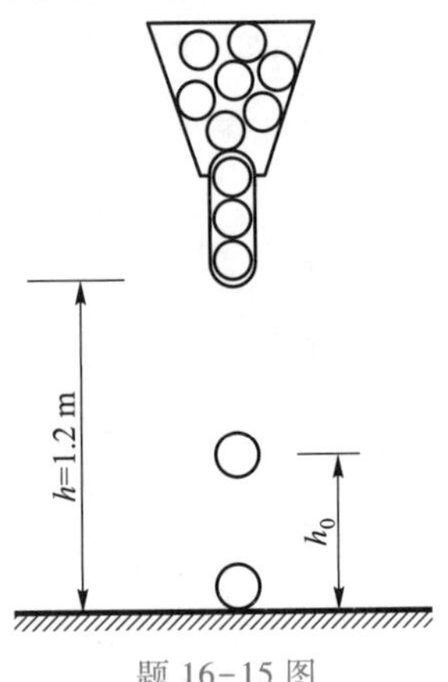

题 16-15 图

第 17 章　机械振动基础

振动(vibration)是指物体在平衡位置附近所作的周期性往复运动。振动包括机械振动与非机械振动。振动在自然界、工程技术领域和日常生活中是广泛存在的。例如,心脏的跳动、耳膜和声带的振动,钟表的摆动,飞行器和船舶在航行中的振动等。掌握振动的基本规律,可以克服振动的消极因素,利用其积极因素,为合理解决工程实际中遇到的各种振动问题提供理论依据。

系统受初始扰动后不再受外界激励时所作的振动称为自由振动(free vibration)。系统在随时间变化的激励作用下产生的振动称为强迫振动。本章研究单自由度和二自由度系统的振动。

17-1　单自由度系统的自由振动

在振动分析中,很多问题可以简化为由若干“无质量”的弹簧和“无弹性”的质量块所组成的力学模型,称为质量-弹簧系统。

17-1-1　自由振动微分方程

考虑图 17-1a 所示的质量-弹簧系统。在光滑水平面上,质量为 m 的物块 M 由不计质量的弹簧连接于固定点 A。弹簧刚度系数为 k,在未变形时其长度为 l_0。取物块平衡时的位置为坐标原点 O,x 轴沿弹簧变形方向向右为正。

设在任一时刻 t,物块的位移为 x,取物块为研究对象,如图 17-1b 所示,作用于物块的水平力只有弹簧力 $F=kx$。于是,由牛顿第二定律,有

动力学动画:
质量-弹簧系统

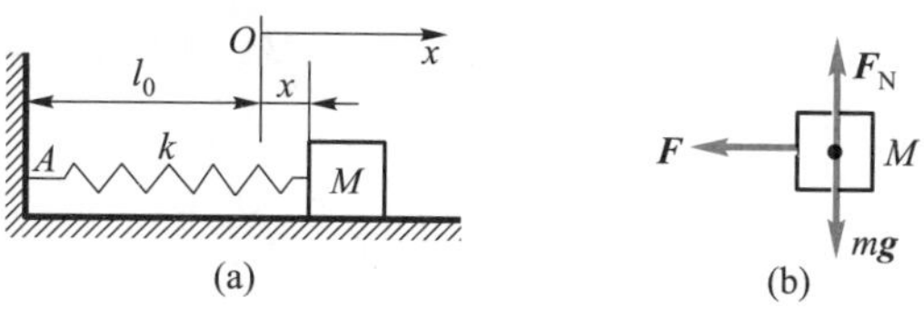

图 17-1

$$m\ddot{x}=-kx \quad 或 \quad \ddot{x}+\frac{k}{m}x=0$$

式中,$\ddot{x}$ 表示物块的加速度。引入参量 $\omega_0^2=\dfrac{k}{m}$,则上式可写为

$$\ddot{x}+\omega_0^2x=0 \tag{17-1}$$

这就是在线性恢复力作用下,质点受初始扰动后的无阻尼自由振动微分方程,它是二阶常系数线性齐次微分方程。

微分方程式(17-1)的通解可以表示为

$$x=C_1\cos\omega_0t+C_2\sin\omega_0t \tag{17-2}$$

将式(17-2)对时间求导数,得

$$v=\dot{x}=-C_1\omega_0\sin\ \omega_0t+C_2\omega_0\cos\ \omega_0t \tag{17-3}$$

设在初瞬时 $t=0$,质点的初位移和初速度分别为

$$x=x_0,\qquad v=\dot{x}_0 \tag{17-4}$$

将运动初始条件式(17-4)代入式(17-2)和式(17-3),可确定积分常数,有

$$C_1=x_0\quad 和\quad C_2=\frac{\dot{x}_0}{\omega_0}$$

可得无阻尼自由振动规律即系统对初始条件的响应为

$$x=x_0\cos\ \omega_0t+\frac{\dot{x}_0}{\omega_0}\sin\ \omega_0t \tag{17-5}$$

由上式可知,无阻尼自由振动包括两部分:一部分是与 $\cos\ \omega_0t$ 成正比的振动,取决于初位移;另一部分是与 $\sin\ \omega_0t$ 成正比的振动,取决于初速度。

令

$$\frac{\dot{x}_0}{\omega_0}=A\cos\ \varphi \tag{17-6a}$$

$$x_0=A\sin\ \varphi \tag{17-6b}$$

则式(17-5)可改写为

$$x=A\ \sin\ (\omega_0t+\varphi) \tag{17-7}$$

式中

$$A=\sqrt{x_0^2+\left(\frac{\dot{x}_0}{\omega_0}\right)^2} \tag{17-8}$$

$$\tan\ \varphi=\frac{\omega_0x_0}{\dot{x}_0} \tag{17-9}$$

由此可见,质点无阻尼自由振动是简谐振动,其运动规律如图 17-2 所示。

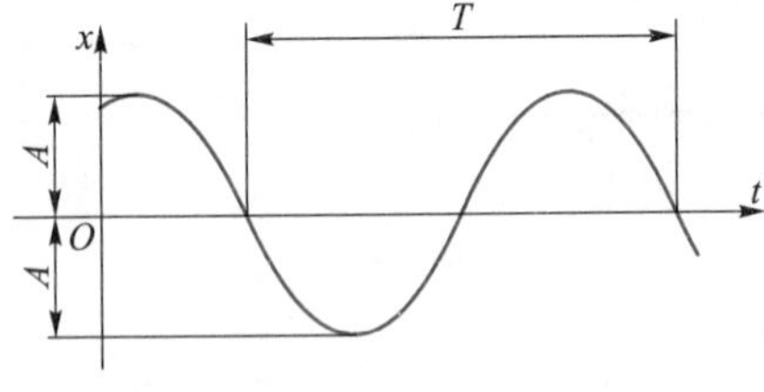

图 17-2

17-1-2 自由振动的基本参数

(1) 振幅和相角

质点相对于振动中心(平衡位置)的最大偏离

$$x_{\max}=A=\sqrt{x_0^2+\left(\frac{\dot{x}_0}{\omega_0}\right)^2}$$

称为振幅(amplitude)。$(\omega_0 t+\varphi)$称为相角(phase),而 φ 称为初相角(initial phase)。可见,振幅和初相角都和运动的初始扰动$(x_0,\dot{x}_0)$有关。

(2) 周期和频率

每重复一次运动状态所需的时间间隔,称为周期(period),并用 T 表示。即每隔一个周期 T,相角应改变 $\omega_0 T=2\pi$。因此,周期可以表示成

$$T=\frac{2\pi}{\omega_0}=2\pi\sqrt{\frac{m}{k}} \tag{17-10}$$

周期常用单位为秒,记为 s。

周期仅和系统本身的固有参数(质量 m 与刚度系数 k)有关,而与运动的初始条件无关。

单位时间内振动的次数,称为频率(frequency),记作 f,有

$$f=\frac{1}{T}=\frac{\omega_0}{2\pi} \tag{17-11}$$

每 2π s 内振动的次数称为圆频率(circular frequency),表示为

$$\omega_0=2\pi f=\sqrt{\frac{k}{m}} \tag{17-12}$$

ω_0 只与系统的固有的性质有关,而与运动的初始条件无关。因此,ω_0 称为系统的固有频率(natural frequency)或自然频率。

把质量-弹簧系统改成铅垂悬挂(图 17-3)。用 λ_s 代表当物块 M 在重力 $\boldsymbol{G}$ 和弹簧力 $\boldsymbol{F}_0$ 作用下在平衡位置静止时弹簧所具有的变形,即静变形(static deformation)。显然,此时由平衡条件 $G-F_0=0$ 有

$$mg=k\lambda_s$$

以平衡位置 O 作为原点,令轴 Ox 铅垂向下,则当物块在任意位置 x 时,弹簧力 $\boldsymbol{F}_0$ 在轴 x 上的投影为 $F_x=-k(\lambda_s+x)$,由牛顿第二定律得物块的运动微分方程

$$m\ddot{x}=mg-k(\lambda_s+x)$$

考虑到关系式 $mg=k\lambda_s$,上式写为

$$m\ddot{x}=-kx \quad 或 \quad \ddot{x}+\omega_0^2 x=0$$

其中 $\omega_0^2=k/m$,可见,物块 M 仍在平衡位置附近作无阻尼自由振动。与图 17-1 相比,图 17-3 的物块质点上只增加了一个常力,此力只引起位置的改变,而不影响振动的规律。

利用弹簧自由悬挂时的静伸长 λ_s,求出系统的固有频率,有

$$\omega_0=\sqrt{\frac{k}{m}}=\sqrt{\frac{g}{mg/k}}$$

即

$$\omega_0=\sqrt{\frac{g}{\lambda_s}} \tag{17-13}$$

思考题:在图 17-4 中,当把弹簧原长在中点 O 固定后,系统的固有频率与原来的固有频率的比值为多少?

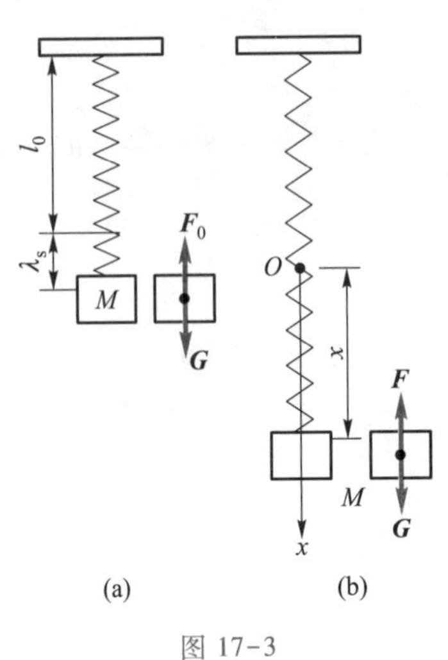

图 17-3

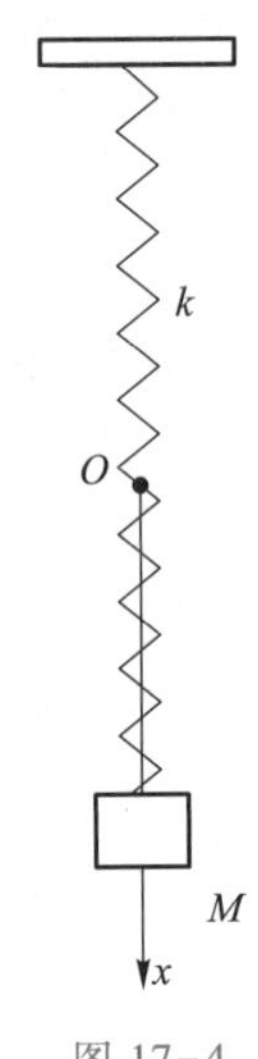

图 17-4

17-1-3 串联与并联弹簧的刚度系数

在实际振动系统中,弹性元件常常是由多个弹簧组合而成的组合弹簧。为了便于分析,可用一个弹簧来代替整个组合弹簧,使得它们在相同的变形量下,产生同样大小的恢复力。这个代替的弹簧称为原来弹簧组的**等效弹簧**(或**当量弹簧**)。

下面讨论串联与并联弹簧组的等效弹簧刚度系数如何计算。

由定义知,弹簧的**刚度系数**(简称**刚度**)就等于使弹簧发生单位变形所需的力,即若弹簧在力 $\boldsymbol{F}$ 作用下的变形量为 x,则该弹簧的刚度系数为

$$k=\frac{F}{x}$$

(1) 串联弹簧的等效弹簧刚度

如图 17-5a 所示两个串联弹簧,刚度系数分别为 k_1 和 k_2,物块 A 在力 $\boldsymbol{F}$ 作用下沿光滑水平面平移,物块 A 的移动距离 x_A 即为两个串联弹簧的总伸长。若设两个弹簧的伸长量分别为 x_1 和 x_2,则有

$$x_A=x_1+x_2$$

其中

$$x_1=\frac{F}{k_1},\qquad x_2=\frac{F}{k_2}$$

可知,两个串联弹簧的等效弹簧的刚度系数

$$k=\frac{F}{x_A}=\frac{F}{x_1+x_2}$$

将 x_1 和 x_2 的表达式代入上式,整理可得

$$k=\frac{k_1k_2}{k_1+k_2}$$

上式可改写为

$$\frac{1}{k}=\frac{1}{k_1}+\frac{1}{k_2}$$

可见,当两个弹簧串联时,其等效弹簧的刚度系数的倒数等于两个弹簧刚度系数倒数之和。串联弹簧的作用使系统中的弹簧刚度系数降低。

如果有 n 个弹簧串联,各弹簧刚度系数分别为 k_1、k_2、…、k_n,则等效弹簧的刚度系数 k 为

$$\frac{1}{k}=\frac{1}{k_1}+\frac{1}{k_2}+\cdots+\frac{1}{k_n}=\sum_{i=1}^{n}\frac{1}{k_i}$$

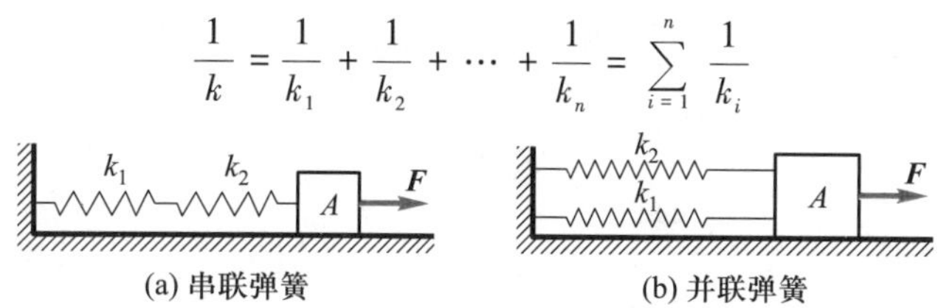

图 17-5

(2) 并联弹簧的等效弹簧刚度系数

如图 17-5b 所示两个并联弹簧,刚度系数分别为 k_1 和 k_2,物块 A 在力 $\boldsymbol{F}$ 作用下沿光滑水平面平移。此时两个弹簧的伸长量相同,就等于物块 A 的移动距离 x_A。两个弹簧所受的弹簧力分别为 k_1x_A 和 k_2x_A,由静力平衡条件有

$$F=k_1x_A+k_2x_A$$

于是,可得两个并联弹簧的等效弹簧的刚度系数

$$k=\frac{F}{x_A}=k_1+k_2$$

可见,当两个弹簧并联时,其等效弹簧的刚度系数等于两个弹簧刚度系数之和。并联弹簧的作用使系统中的弹簧刚度系数增大。

如果有 n 个弹簧并联,各弹簧刚度系数分别为 k_1、k_2、…、k_n,则等效弹簧的刚度系数为

$$k=k_1+k_2+\cdots+k_n=\sum_{i=1}^{n}k_i$$

弹性元件的并联与串联,不能仅按表面形式来划分,应该从力和位移分析来判断。并联方式中各弹性元件是"共位移"的,即各弹性元件端部的位移相等。而串联方式中各弹性元件是"共力"的,即各弹性元件所受到的作用力相等。图 17-6a 与 b 中的弹性元件为串联,而 c 与 d 中的弹性元件则属于并联。

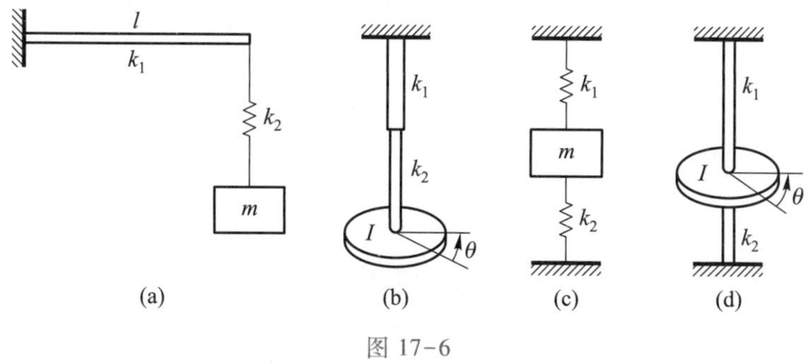

图 17-6

17-2 单自由度系统的阻尼振动

本节将讨论质点在有阻尼时的自由振动，但只限于与速度一次方成正比的介质阻力，这种阻力称为线性阻力或黏滞阻力(viscous resistance)。

现将图17-3的系统浸入介质中，在运动中物块 M 将受到介质阻力的作用(图17-7)。在微振动情况下，速度不大，可以认为阻力 $\boldsymbol{F}_{\mathrm{d}}$ 的大小与速度$\boldsymbol{v}$ 的一次方成正比，方向与速度方向恒相反，即有

$$F_{\mathrm{d}}=-cv$$

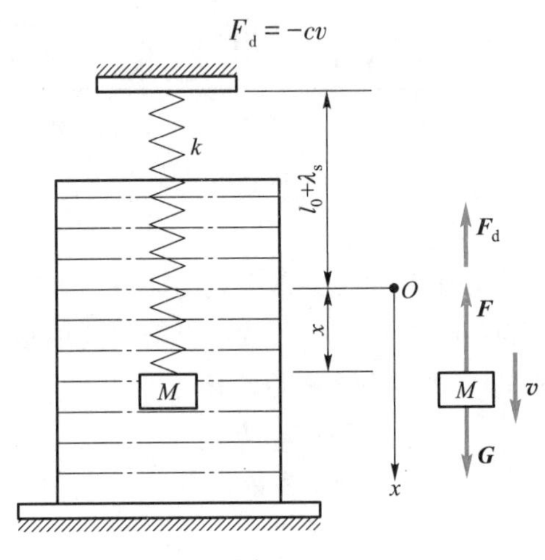

图17-7

c 称为黏滞阻力系数(以 $\mathrm{kg}\cdot\mathrm{s}^{-1}$ 为单位)，表示质点在单位速度时，所受的阻力值，其大小与介质和物体的形状等因素有关，可由实验测定。式中负号表示阻力与速度的方向恒相反。

取物块的平衡位置作为坐标原点 O，轴 Ox 沿直线向下。当物块在位置 O 时，弹簧拉力 $F_0=k\lambda_{\mathrm{s}}$，与表观重力 $\boldsymbol{G}$(已扣除浮力)相互平衡，即有

$$G=k\lambda_{\mathrm{s}}$$

物块运动到任意位置 x 时，$F_x=-k(\lambda_{\mathrm{s}}+x)$，$F_{\mathrm{d}x}=-c\dot{x}$。物块的运动微分方程写成

$$m\ddot{x}=G-k(\lambda_{\mathrm{s}}+x)-c\dot{x}$$

考虑到 $G=k\lambda_{\mathrm{s}}$，上式化为

$$m\ddot{x}+c\dot{x}+kx=0$$

代入参量

$$\omega_0^2=\frac{k}{m},\ 2\delta=\frac{c}{m}$$

则上式写为

$$\ddot{x}+2\delta\dot{x}+\omega_0^2x=0 \tag{17-14}$$

这就是在线性恢复力和线性阻力作用下，物块有阻尼自由振动的运动微分方程的标准形式。式中 δ 称为阻尼系数(damping coefficient)。

式(17-14)是二阶常系数线性齐次微分方程，这个方程具有形式如 e^{zt} 的解，将 e^{zt} 代入

式(17-14),得到特征方程,即

$$z^2+2\delta z+\omega_0^2=0 \tag{17-15}$$

有三种不同的情形:(1) $\delta<\omega_0$ 称为小阻尼;(2) $\delta=\omega_0$ 称为临界阻尼(critical damping);(3) $\delta>\omega_0$ 称为大阻尼。我们将只讨论小阻尼情形。

当 $\delta<\omega_0$ 时,特征方程具有一对共轭复根

$$z_{1,2}=-\delta\pm\mathrm{i}\sqrt{\omega_0^2-\delta^2}$$

引入参量 $\omega_d=\sqrt{\omega_0^2-\delta^2}$,则式(17-14)的通解可以写为

$$x=B_1\mathrm{e}^{z_1t}+B_2\mathrm{e}^{z_2t}=B_1\mathrm{e}^{(-\delta+\mathrm{i}\omega_d)t}+B_2\mathrm{e}^{(-\delta-\mathrm{i}\omega_d)t}=\mathrm{e}^{-\delta t}(B_1\mathrm{e}^{\mathrm{i}\omega_dt}+B_2\mathrm{e}^{-\mathrm{i}\omega_dt})$$

式中,B_1 和 B_2 是积分常数,由运动的初始条件来决定。

根据欧拉公式

$$\mathrm{e}^{\pm\mathrm{i}\theta}=\cos\theta\pm\mathrm{i}\sin\theta$$

令 $B_1+B_2=C_1, i(B_1-B_2)=C_2$,则上述通解可改写为

$$x=\mathrm{e}^{-\delta t}(C_1\cos\omega_dt+C_2\sin\omega_dt) \tag{17-16}$$

式中,新的积分常数 C_1 和 C_2 仍可以由运动的初始条件来决定。

把式(17-16)对时间 t 求导数,得

$$\dot{x}=-\delta\mathrm{e}^{-\delta t}(C_1\cos\omega_dt+C_2\sin\omega_dt)+\omega_d\mathrm{e}^{-\delta t}(-C_1\sin\omega_dt+C_2\cos\omega_dt) \tag{17-17}$$

运动的初始条件:当 $t=0$ 时,$x=x_0, \dot{x}=\dot{x}_0$;将它们代入式(17-16)和式(17-17),得到

$$x_0=C_1,\quad \dot{x}_0=-\delta C_1+\omega_dC_2$$

从而解得

$$C_1=x_0,\quad C_2=\frac{\dot{x}_0+\delta x_0}{\omega_d}$$

于是,物块的运动方程写为

$$x=\mathrm{e}^{-\delta t}\left(x_0\cos\omega_dt+\frac{\dot{x}_0+\delta x_0}{\omega_d}\sin\omega_dt\right) \tag{17-18}$$

或者通过三角函数的变换,把上式写为

$$x=A\mathrm{e}^{-\delta t}\sin(\omega_dt+\varphi) \tag{17-19}$$

式中

$$A=\sqrt{x_0^2+\left(\frac{\dot{x}_0+\delta x_0}{\omega_d}\right)^2}$$

$$\tan\varphi=\frac{\omega_dx_0}{\dot{x}_0+\delta x_0} \tag{17-20}$$

由式(17-18)或式(17-19)可以看到,由于小阻尼的影响,物块不再进行振幅不变的简谐运动。因子 $\sin(\omega_dt+\varphi)$ 表明物块仍周期性地通过平衡位置 O 而交替地向点 O 的两侧偏离;因子 $A\mathrm{e}^{-\delta t}$ 表示这些偏离的可能最大值,随时间而不断减小,最后趋近于零(图 17-8)。这样的运动称为衰减振动(attenuation vibration),但习惯上仍把 $T_d=2\pi/\omega_d$ 称为它的周期,而 $A\mathrm{e}^{-\delta t}$ 称为它的振幅。与无阻尼自由振动相比较,衰减振动也称为有阻尼自由振动(damped free vibration)。

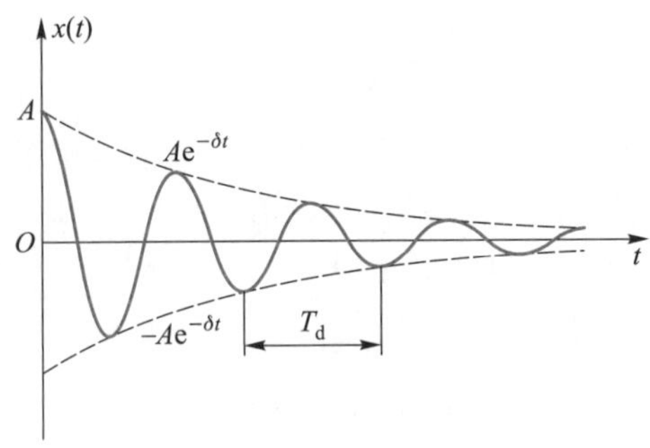

图 17-8

1. 阻尼对周期 T_d 的影响

前已指出

$$T_d=\frac{2\pi}{\omega_d}=\frac{2\pi}{\sqrt{\omega_0^2-\delta^2}} \tag{17-21}$$

上式可改写为

$$T_d=\frac{2\pi}{\omega_0}\left[1-\left(\frac{\delta}{\omega_0}\right)^2\right]^{-1/2}=T\left[1-\left(\frac{\delta}{\omega_0}\right)^2\right]^{-1/2}$$

式中,T 是无阻尼自由振动周期。因为衰减振动中 $\delta<\omega_0$,可见,由于小阻尼的存在,使振动的周期 T_d 相对于无阻尼自由振动周期 T 有所增长。当 $\delta\to\omega_0$ 时,周期 T_d 将无限地增长($T_d\to\infty$),从而运动将失去往复性。而当 δ 很小,即 $\delta\ll\omega_0$ 时,T_d 可近似地表示为

$$T_d\approx T\left[1+\frac{1}{2}\left(\frac{\delta}{\omega_0}\right)^2\right] \tag{17-22}$$

可见,当阻尼系数 δ 比 ω_0 小得多时,阻尼对周期的影响并不显著,在初步计算中甚至可以直接用 T 代替 T_d。

2. 阻尼对振幅 $Ae^{-\delta t}$ 的影响

由于阻尼的存在,振幅 $Ae^{-\delta t}$ 随时在减小。为了说明振幅衰减的快慢,可作如下分析。在任意瞬时 t_1,振幅是 $A_1=Ae^{-\delta t_1}$。时间逐次增加半周期 $\frac{1}{2}T_d$,则瞬时振幅将分别是

$$A_2=Ae^{-\delta(t_1+T_d/2)}=Ae^{-\delta t_1}e^{-\delta T_d/2}=A_1e^{-\delta T_d/2}$$

$$A_3=Ae^{-\delta(t_1+2T_d/2)}=A_2e^{-\delta T_d/2}$$

…………

因此,有比值

$$\frac{A_2}{A_1}=\frac{A_3}{A_2}=\cdots=e^{-\delta T_d/2}=\text{常数} \tag{17-23}$$

即每隔半个周期的振幅按等比级数递减。公比 $r=e^{-\delta T_d/2}$ 称为**减缩率**(decrement),而

$$\Delta=\ln e^{-\delta T_d/2}=-\frac{\delta T_d}{2} \tag{17-24}$$

称为**对数减缩率**(logarithmic decrement)。减缩率(或对数减缩率)表示每经过半个周期后振幅的衰减程度。由于振幅是按等比级数递减的,即使阻尼很小,振幅的衰减也是迅速的。

通过以上讨论可见,小阻尼($\delta<\omega_0$)对周期的影响很小,可以忽略不计,而对振幅的影响却是非常显著的。当 $\delta \geqslant \omega_0$ 时,运动将失去往复性。

17-3　单自由度系统的强迫振动

17-3-1　有阻尼强迫振动

假定振动物块 M 受到激振力 $\boldsymbol{F}_{\mathrm{H}}$ 的作用(图 17-9),$F_{\mathrm{H}}=H \sin \omega t$,其中 H 称为力幅,表示激振力的最大值;ω 称为激振力变化的频率。H 和 ω 仅取决于激振力的来源而与物块的运动无关。

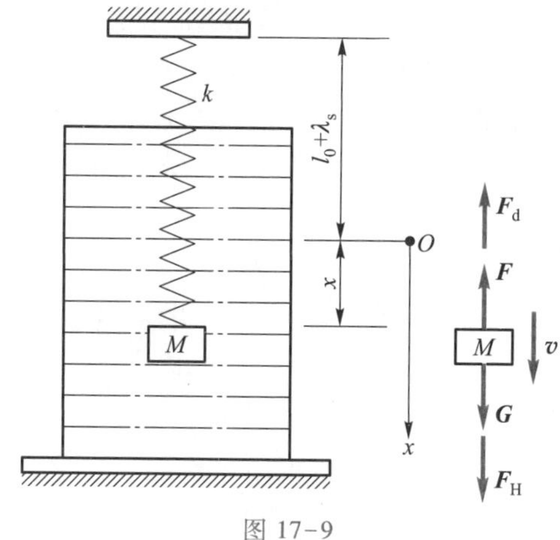

图 17-9

取物块 M 的平衡位置作为原点 O,轴 Ox 铅垂向下。在任意瞬时 t,物块 M 的运动微分方程为

$$m\ddot{x}=G-k(\lambda_s+x)-c\dot{x}+H \sin \omega t$$

考虑到平衡关系 $G=k\lambda_s$ 令 $\omega_0^2=\dfrac{k}{m}$,$2\delta=\dfrac{c}{m}$,并引入新的参数 $h=\dfrac{H}{m}$,则上式化为

$$\ddot{x}+2\delta\dot{x}+\omega_0^2 x=h \sin \omega t \tag{17-25}$$

这就是**质点强迫振动的微分方程的标准形式**,是非齐次的二阶常系数线性微分方程,它的通解由与方程相对应的齐次方程(17-14)的通解 x_1(瞬态部分)和式(17-25)的特解 x_2(稳态部分)两部分组成,即

$$x=x_1+x_2$$

特解 x_2 可以写为

$$x_2=B \sin(\omega t-\varepsilon) \tag{17-26}$$

其中 B 和 ε 是待定常数。把特解 x_2 及其导数

$$\dot{x}_2=B\omega \cos(\omega t-\varepsilon), \quad \ddot{x}_2=-B\omega^2 \sin(\omega t-\varepsilon)$$

代入方程(17-25),得

$$-B\omega^2 \sin(\omega t-\varepsilon)+2\delta\omega B \cos(\omega t-\varepsilon)+\omega_0^2 B \sin(\omega t-\varepsilon)=h \sin \omega t$$

它对任何 t 值都成立。在上式中依次令 $\omega t-\varepsilon=0$ 和 $\omega t-\varepsilon=\dfrac{\pi}{2}$,得两个等式

$$2\delta\omega B=h\ \sin\ \varepsilon$$

$$(\omega_0^2-\omega^2)B=h\ \cos\ \varepsilon$$

从而可以解得

$$B=\frac{h}{\sqrt{(\omega_0^2-\omega^2)^2+4\delta^2\omega^2}} \tag{17-27}$$

$$\tan\ \varepsilon=\frac{2\delta\omega}{\omega_0^2-\omega^2} \tag{17-28}$$

考虑到 x_1 可由式(17-19)得到,故得在小阻尼 $\delta<\omega_0$ 情况下的物块强迫振动的运动规律

$$x=A\mathrm{e}^{-\delta t}\ \sin(\omega_{\mathrm{d}}t+\varphi)+B\ \sin(\omega t-\varepsilon) \tag{17-29}$$

式中,积分常数 A 和 φ 由运动的初始条件来确定。

可见,在小阻尼情况下,质点的运动由两部分组成:第一部分 x_1 是初始扰动后的衰减振动,经过一段时间后它就消失了;第二部分 x_2 是等振幅的简谐运动,这就是强迫振动,它是由激振力引起的,只要激振力继续存在,它就以激振力频率进行下去,不会衰减。这是强迫振动的一个基本特征。其运动图如图 17-10 所示。

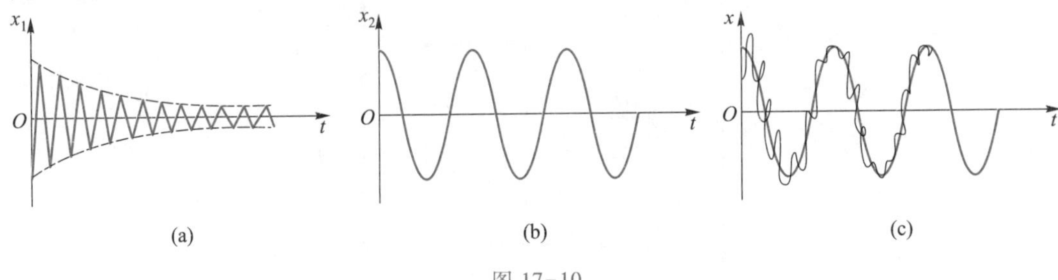

图 17-10

在临界阻尼和大阻尼的情况下,x_1 消失得更快,剩下仍是不衰减的强迫振动 x_2。

式(17-27)和式(17-28)表明,强迫振动的振幅 B 和相位差 ε 只决定于系统本身的特性和激振力的性质,与运动的初始条件无关。

下面着重讨论强迫振动振幅 B 对振动系统的参量 ω_0、δ 以及激振力频率 ω 的依赖关系。令

$$B_0=\frac{h}{\omega_0^2}=\frac{H/m}{k/m}=\frac{H}{k} \tag{17-30}$$

显然,B_0 表示在常力幅 H 作用下弹簧的静偏离,而 B 则表示在周期性激振力作用下强迫振动中的最大动偏离。B/B_0 称为**放大因数**(amplification coefficient)

$$\beta=\frac{B}{B_0}=\frac{1}{\sqrt{\left(1-\frac{\omega^2}{\omega_0^2}\right)^2+\left(2\frac{\delta}{\omega_0}\frac{\omega}{\omega_0}\right)^2}}$$

引入量纲为一的参数 $z=\omega/\omega_0$,$\gamma=\delta/\omega_0$,则有

$$\beta=\frac{1}{\sqrt{(1-z^2)^2+(2\gamma z)^2}} \tag{17-31}$$

图 17-11 表示了在不同 γ 值时 β 随 z 的变化曲线(幅-频曲线),由图可以看出下列情况。

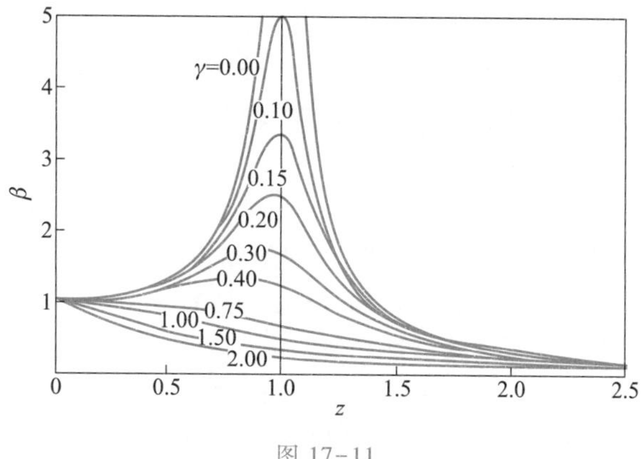

图 17-11

（1）当 z 值接近于零时，即激振力频率很低时，β 的值接近于 1，强迫振动的振幅 B 接近于静偏离 B_0（低频强迫振动）。

（2）当 $z \gg 1$，即激振力频率 ω 远大于固有频率 ω_0 时，$\beta \to 0$，表示强迫振动的振幅几乎等于零（高频强迫振动）。

（3）当 $z=1$，即 $\omega=\omega_0$ 时，由式（17-31）和式（17-27）可得

$$\beta=\frac{\omega_0}{2\delta}, \qquad B=\frac{h}{2\delta\omega_0} \tag{17-32}$$

可见，这时强迫振动的振幅 B 和阻尼系数成反比。特别是如 $\delta \to 0$，则 $B \to \infty$（共振）。

（4）放大因数具有极大值。取函数 $f(z)=(1-z^2)^2+(2\gamma z)^2$，求导数

$$\frac{\mathrm{d}f(z)}{\mathrm{d}z}=-4z(1-z^2)+8\gamma^2 z=-4z(1-2\gamma^2-z^2)$$

$$\frac{\mathrm{d}^2 f(z)}{\mathrm{d}z^2}=-4(1-2\gamma^2-3z^2)$$

由极值条件 $\frac{\mathrm{d}f(z)}{\mathrm{d}z}=0$，有 $z=0$，$z=\sqrt{1-2\gamma^2}$。当 $1-2\gamma^2>0$ 时，$z=0$ 给出 β 的极小值，而 $z=\sqrt{1-2\gamma^2}$ 给出 β 的极大值，这时强迫振动的振幅也达到最大值，即所谓峰值，对应的激振力频率称为峰值频率，用 ω_m 表示，即

$$\omega_m=\omega_0\sqrt{1-2\gamma^2}=\sqrt{\omega_0^2-2\delta^2} \tag{17-33}$$

在式（17-27）中，令 $\omega=\omega_m$，可得强迫振动的振幅峰值为

$$B_m=\frac{h}{2\delta\sqrt{\omega_0^2-\delta^2}} \tag{17-34}$$

如果阻尼很小，$\delta \ll \omega_0$，则由式（17-33）和式（17-34）可得

$$\omega_m=\omega_0\sqrt{1-2\gamma^2}=\omega_0\sqrt{1-2\left(\frac{\delta}{\omega_0}\right)^2}\approx\omega_0$$

$$B_m=\frac{h}{2\delta\sqrt{\omega_0^2-\delta^2}}=\frac{h}{2\delta\omega_0\sqrt{1-\left(\frac{\delta}{\omega_0}\right)^2}}\approx\frac{h}{2\delta\omega_0} \tag{17-35}$$

与式(17-32)比较可以看出,在小阻尼下发生共振($\omega=\omega_0$)时,振幅 B 已接近于峰值 B_m。

特别注意,如果阻尼趋向于零:$\delta \to 0$,则由式(17-32)给出的共振的振幅和由式(17-34)给出的强迫振动的振幅峰值 B_m 都趋向无穷大。共振频率$\omega=\omega_0$ 有时也称临界频率,并用 ω_{cr}代表。

(5) 阻尼对强迫振动振幅有不同的影响。由式(17-31)和式(17-34)知,当增大阻尼能使放大因数 β 和振幅的峰值变小。可见,阻尼对强迫振动振幅及其峰值起抑制作用。

由图 17-11 可以看出,当阻尼很小(即 $\delta \ll \omega_0$)且 $\omega \to \omega_m \approx \omega_0$ 时,阻尼对强迫振动振幅的影响特别明显。当 ω 在所谓共振区(resonance region)(工程上一般取 $0.75\omega_0 \leqslant \omega \leqslant 1.25\omega_0$)内时,有必要考虑阻尼对强迫振动振幅的影响,为此应由式(17-27)计算振幅;但在 ω 远离共振区时,阻尼对强迫振动振幅的影响很小,可以忽略,因而可按下面所讲的无阻尼强迫振动计算振幅。

再次指出,阻尼虽然对强迫振动有抑制作用,但强迫振动仍是等幅的简谐振动,并不随时间而衰减。

17-3-2 无阻尼强迫振动

在式(17-25)中,令 $\delta=0$,得

$$\ddot{x}+\omega_0^2 x=h \sin \omega t \tag{17-25$'$}$$

非齐次方程(17-25)′的通解也包括两部分,即

$$x=x_1+x_2$$

其中,x_1 是齐次方程 $\ddot{x}+\omega_0^2 x=0$ 给出的自由振动解

$$x_1=A \sin(\omega_0 t+\varphi)$$

而 x_2 是非齐次方程的特解,表示强迫振动,当 $\omega \neq \omega_0$ 时

$$x_2=B \sin \omega t \tag{17-36}$$

把式(17-36)代入方程(17-25)′就可以确定系数

$$B=\frac{h}{\omega_0^2-\omega^2} \tag{17-37}$$

因此,无阻尼强迫振动的规律写为

$$x_2=\frac{h}{\omega_0^2-\omega^2}\sin \omega t$$

这个形式在 $\omega_0>\omega$ 时适用,这时发生无阻尼低频(low frequency)强迫振动,它的相位和激振力相同。

当 $\omega_0<\omega$ 时,上式改写为

$$x_2=\frac{h}{\omega^2-\omega_0^2}\sin(\omega t-\pi)$$

这时发生无阻尼高频(high frequency)强迫振动,它的相位和激振力相差 π。

无阻尼强迫振动的振幅 B 与频率 ω 间的关系由幅-频曲线给出(图17-12),这里的振幅和频率都经过了量纲一化($\beta=B/B_0, z=\omega/\omega_0$)。

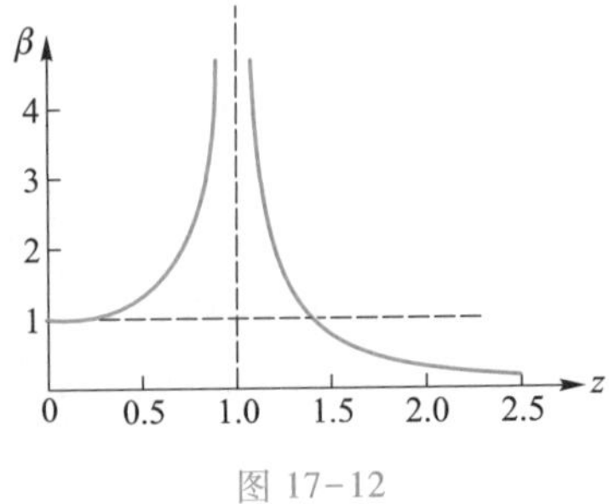

图 17-12

质点的全部运动由两个不衰减的简谐振动 x_1 和 x_2 叠加而成,即

$$x=A\sin(\omega_0 t+\varphi)+B\sin\omega t \tag{17-38}$$

注意,在 ω 和 ω_0 不可通约的情况下,两个简谐运动的合成结果是非周期性的。

在共振情况($\omega=\omega_0$),方程(17-25)′的特解 x_2 是

$$x_2=Bt\cos(\omega_0 t+\varepsilon)$$

把上式代入方程,应得恒等式

$$-B[2\omega_0\sin(\omega_0 t+\varepsilon)+\omega_0^2 t\cos(\omega_0 t+\varepsilon)]+B\omega_0^2 t\cos(\omega_0 t+\varepsilon)\equiv h\sin\omega_0 t$$

它在任何瞬时 t 都成立,比较上式两边,求得

$$\varepsilon=0$$

$$B=-\frac{h}{2\omega_0} \tag{17-39}$$

可见,当共振时,质点的无阻尼强迫振动规律写为

$$x_2=-\frac{ht}{2\omega_0}\cos\omega_0 t=-\frac{ht}{2\omega_0}\sin\left(\omega_0 t+\frac{\pi}{2}\right) \tag{17-40}$$

与自由振动的规律相比,习惯上把这里的系数 $\frac{ht}{2\omega_0}$ 称为无阻尼共振的振幅。注意,这种情况下,仍叠加有等幅的自由振动。

由式(17-40)可见,无阻尼共振的振幅是与时间 t 成正比增大的,如图 17-13 所示。这种情况称为共振的暂态(或瞬态),以区别有阻尼时自由振动衰减后的稳态等幅强迫振动。

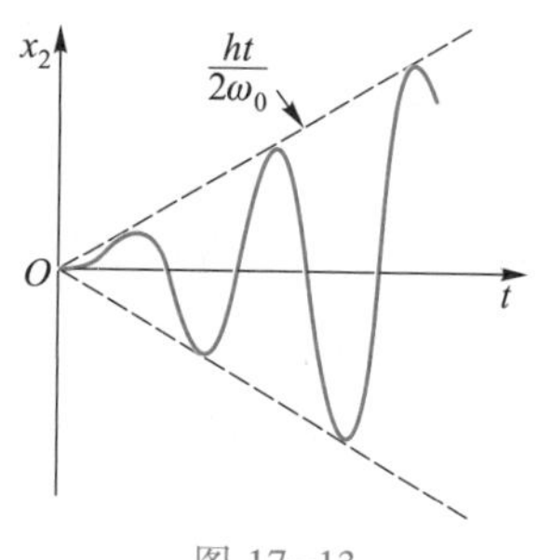

图 17-13

17-4　二自由度系统的自由振动

17-4-1　运动微分方程

凡是要用两个独立坐标描述其运动的振动系统都是二自由度振动系统。在实际工程问题中,虽然二自由度系统的具体形式不尽相同,但从振动的观点看,其运动方程都可以归结为一个一般的形式,以相同的方法来处理。

如图 17-14a 所示的双质量-弹簧系统,m_1 和 m_2 的位置需要两个独立坐标 x_1 和 x_2 才能确定。取其静平衡位置为两坐标的原点,在任一瞬时,m_1 和 m_2 的水平方向受力如图 17-14b 所示。由动力学基本方程可得

$$\begin{cases} m_1\ddot{x}_1=-k_1x_1+k_2(x_2-x_1) \\ m_2\ddot{x}_2=-k_2(x_2-x_1)-k_3x_2 \end{cases}$$

上式改写为

$$\begin{cases} m_1\ddot{x}_1+(k_1+k_2)x_1-k_2x_2=0 \\ m_2\ddot{x}_2-k_2x_1+(k_2+k_3)x_2=0 \end{cases} \tag{17-41}$$

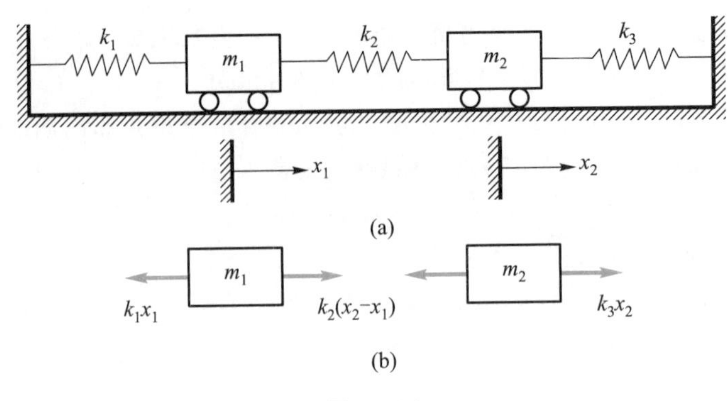

图 17-14

令

$$a=(k_1+k_2)/m_1, \quad b=k_2/m_1, \quad c=k_2/m_2, \quad d=(k_2+k_3)/m_2$$

则式(17-41)可表示为

$$\begin{cases}\ddot{x}_1+ax_1-bx_2=0\\ \ddot{x}_2-cx_1+dx_2=0\end{cases} \tag{17-42}$$

方程(17-42)就是**二自由度自由振动系统的运动微分方程**。

17-4-2 固有频率和主振型

为了确定二自由度自由振动系统的运动规律,先假定二质量按相同频率 ω 和相同的相位角 φ 作简谐振动,令

$$\begin{cases}x_1=A_1\sin(\omega t+\varphi)\\ x_2=A_2\sin(\omega t+\varphi)\end{cases} \tag{17-43}$$

将上式代入式(17-42),得

$$\begin{cases}[(a-\omega^2)A_1-bA_2]\sin(\omega t+\varphi)=0\\ [-cA_1+(d-\omega^2)A_2]\sin(\omega t+\varphi)=0\end{cases}$$

于是得

$$\begin{cases}(a-\omega^2)A_1-bA_2=0\\ -cA_1+(d-\omega^2)A_2=0\end{cases} \tag{17-44}$$

要使 A_1 和 A_2 具有非零解,则式(17-44)的系数行列式必须等于零,即

$$\begin{vmatrix}a-\omega^2 & -b\\ -c & d-\omega^2\end{vmatrix}=(a-\omega^2)(d-\omega^2)-bc=0$$

或

$$(\omega^2)^2-(a+d)\omega^2+(ad-bc)=0 \tag{17-45}$$

上式称为系统的**频率方程**或**特征方程**,这是一个关于 ω^2 的一元二次方程,其特征根为系统的两个固有频率 ω_1 和 ω_2,于是有

$$\omega_{1,2}^2=\frac{a+d}{2}\mp\sqrt{\left(\frac{a+d}{2}\right)^2-(ad-bc)}$$

即

$$\omega_{1,2}^2=\frac{a+d}{2}\mp\sqrt{\left(\frac{a-d}{2}\right)^2+bc}\tag{17-46}$$

因为 a、b、c 与 d 都是正数，由式(17-46)可见，ω_1^2 与 ω_2^2 都是实根；又因 $ad>bc$，因而 ω_1^2 与 ω_2^2 都是正数。这样，方程(17-45)有两个正实根，故系统有两个频率 ω_1 与 ω_2。这两个频率唯一地决定于系统的参数 a、b、c 与 d，称为系统的固有频率。规定 $\omega_1\leqslant\omega_2$，频率较低的 ω_1 称为第一阶固有频率，而较高的 ω_2 称为第二阶固有频率。

现在来求系统的主振型。由方程(17-44)不能完全确定振幅 A_1 与 A_2，但可以确定振幅比，即

$$\begin{cases}r_1=\dfrac{A_{21}}{A_{11}}=\dfrac{a-\omega_1^2}{b}=\dfrac{c}{d-\omega_1^2}\\ r_2=\dfrac{A_{22}}{A_{12}}=\dfrac{a-\omega_2^2}{b}=\dfrac{c}{d-\omega_2^2}\end{cases}\tag{17-47}$$

式中，A_{11}、A_{21} 为对应于 ω_1 的质量 m_1、m_2 的振幅；A_{12}、A_{22} 为对应于 ω_2 的质量 m_1、m_2 的振幅。振幅向量

$$\boldsymbol{A}_1=\begin{bmatrix}A_{11}\\A_{21}\end{bmatrix}=\boldsymbol{A}_{11}=\begin{bmatrix}1\\r_1\end{bmatrix},\boldsymbol{A}_2=\begin{bmatrix}A_{12}\\A_{22}\end{bmatrix}=\boldsymbol{A}_{12}=\begin{bmatrix}1\\r_2\end{bmatrix}$$

反映了二自由度系统作主振动时的形态，称为振型向量(模态向量)或特征向量。$\boldsymbol{A}_1$ 称为第一阶主振型向量，$\boldsymbol{A}_2$ 称为第二阶主振型向量。

由式(17-46)可得出

$$a-\omega_1^2=\frac{a-d}{2}+\sqrt{\left(\frac{a-d}{2}\right)^2+bc}>0$$

$$a-\omega_2^2=\frac{a-d}{2}-\sqrt{\left(\frac{a-d}{2}\right)^2+bc}<0$$

由上式知，振幅比 $r_1>0$，这说明当系统以频率 ω_1 振动时，两振幅同号，即 m_1 和 m_2 总是按同一方向运动；振幅比 $r_2<0$，说明当系统以频率 ω_2 振动时，两振幅异号，即 m_1 和 m_2 总是按相反方向运动。

17-4-3　系统对初始条件的响应

当系统以某一阶固有频率按相应主振型作振动时，称为系统的主振动(principal vibration)。对应于 ω_1、r_1 的主振动称为第一阶主振动；对应于 ω_2、r_2 的主振动称为第二阶主振动。

第一阶主振动为

$$\begin{cases}x_{11}=A_{11}\sin(\omega_1t+\varphi_1)\\ x_{21}=r_1A_{11}\sin(\omega_1t+\varphi_1)\end{cases}\tag{17-48}$$

第二阶主振动为

$$\begin{cases}x_{12}=A_{12}\sin(\omega_2t+\varphi_2)\\ x_{22}=r_2A_{12}\sin(\omega_2t+\varphi_2)\end{cases}\tag{17-49}$$

由此可见，主振动都是简谐振动。

从微分方程理论知，式(17-48)和式(17-49)仅是微分方程组(17-44)的两组特解，其通解应由这两组特解叠加而成，即

$$\begin{cases} x_1 = A_{11}\sin(\omega_1 t+\varphi_1)+A_{12}\sin(\omega_2 t+\varphi_2) \\ x_2 = r_1 A_{11}\sin(\omega_1 t+\varphi_1)+r_2 A_{12}\sin(\omega_2 t+\varphi_2) \end{cases} \tag{17-50}$$

上式中未知量 A_{11}、A_{12}、φ_1、φ_2 要由运动的初始条件来确定。

设初始条件为 $t=0$ 时，$x_1=x_{10}$，$x_2=x_{20}$，$\dot{x}_1=\dot{x}_{10}$，$\dot{x}_2=\dot{x}_{20}$，则有

$$\begin{cases} A_{11}=\dfrac{1}{r_1-r_2}\sqrt{(x_{20}-r_2 x_{10})^2+\left(\dfrac{r_2\dot{x}_{10}-\dot{x}_{20}}{\omega_1}\right)^2} \\ A_{12}=\dfrac{1}{r_1-r_2}\sqrt{(r_1 x_{20}-x_{20})^2+\left(\dfrac{r_1\dot{x}_{10}-\dot{x}_{20}}{\omega_2}\right)^2} \\ \varphi_1=\arctan\dfrac{\omega_1(r_2 x_{10}-x_{20})}{r_2\dot{x}_{10}-\dot{x}_{20}} \\ \varphi_2=\arctan\dfrac{\omega_2(r_1 x_{10}-x_{20})}{r_1\dot{x}_{10}-\dot{x}_{20}} \end{cases} \tag{17-51}$$

将式(17-51)代入式(17-50)，就可得到系统对初始条件的响应。

17-4-4 振动特性讨论

1. 运动规律

二自由度无阻尼自由振动是由两个主振动合成的。两个主振动均为简谐振动，其合成不一定呈周期性。机械振动中，各阶主振动所占比例由初始条件决定。但由于低阶振型易被激发，故通常情况下总是低阶主振动占优势。

2. 频率和振型

二自由度系统有两个不同数值的固有频率，称为主频率。其数值取决于频率方程或特征方程，只决定于系统本身的物理性质而与初始条件无关。

当系统按任一个固有频率作自由振动时，即为主振动，主振动是一种简谐振动。系统作主振动时，任何瞬时各点位移之间具有一定的相对比值，即整个系统具有确定的振动形态，称为主振型。主振型也只取决于系统本身的物理性质而与初始条件无关，但它和固有频率密切相关，系统有几个固有频率就有几个主振型。

例题 17-1 考虑图 17-14 所示的系统，设 $m_1=m$，$m_2=2m$，$k_1=k_2=k$，$k_3=2k$，试求系统的主振型。

解：由方程(17-45)，系统的频率方程为

$$2m^2\omega^4-7mk\omega^2+5k^2=0 \tag{1}$$

其根为

$$\begin{cases} \omega_1^2=\left[\dfrac{7}{4}-\sqrt{\left(\dfrac{7}{4}\right)^2-\dfrac{5}{2}}\right]\dfrac{k}{m}=\dfrac{k}{m} \\ \omega_2^2=\left[\dfrac{7}{4}+\sqrt{\left(\dfrac{7}{4}\right)^2-\dfrac{5}{2}}\right]\dfrac{k}{m}=\dfrac{5}{2}\ \dfrac{k}{m} \end{cases} \tag{2}$$

系统的固有频率为

$$\omega_1=\sqrt{\frac{k}{m}},\qquad \omega_2=1.5811\sqrt{\frac{k}{m}} \tag{3}$$

将 ω_1^2 和 ω_2^2 代入方程(17-47),得振幅比

$$\begin{cases} r_1=\dfrac{A_{21}}{A_{11}}=-\dfrac{2k-(k/m)m}{-k}=1 \\ r_2=\dfrac{A_{22}}{A_{12}}=-\dfrac{2k-(5k/2m)m}{-k}=-0.5 \end{cases} \tag{4}$$

则主振型为

$$\begin{bmatrix} A_{11} \\ A_{21} \end{bmatrix}=\begin{bmatrix} 1 \\ 1 \end{bmatrix},\qquad \begin{bmatrix} A_{12} \\ A_{22} \end{bmatrix}=\begin{bmatrix} 1 \\ -0.5 \end{bmatrix} \tag{5}$$

以横坐标表示系统各点的静平衡位置,纵坐标表示主振型中各元素,画出主振型图如图 17-15 所示。注意到第二阶振型有一个位移为零的点,此点称为节点。

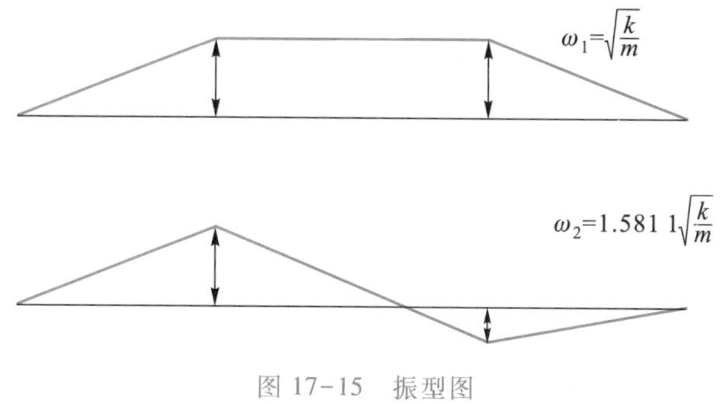

图 17-15　振型图

17-5　二自由度系统的强迫振动

本节讨论简谐激励下的二自由度系统的强迫振动响应。考虑如图17-16所示的具有黏性阻尼的二自由度系统,系统由质量为 m_1、m_2 的质量块,以及刚度系数为 k_1、k_2、k_3 的弹簧和阻尼系数为 c_1、c_2、c_3 的阻尼器组成。系统的运动可以完全由质量 m_1、m_2 在任意 t 时刻的位置坐标 x_1 和 x_2 来描述,系统的运动方程为

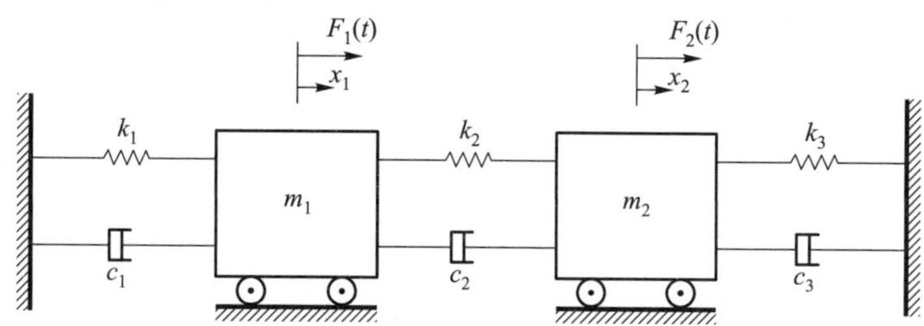

图 17-16　二自由度系统模型

$$\begin{cases} m_1\ddot{x}_1+(c_1+c_2)\dot{x}_1-c_2\dot{x}_2+(k_1+k_2)x_1-k_2x_2=F_1(t) \\ m_2\ddot{x}_2-c_2\dot{x}_1+(c_2+c_3)\dot{x}_2-k_2x_1+(k_2+k_3)x_2=F_2(t) \end{cases} \tag{17-52}$$

引入

$$\begin{bmatrix} m_1 & 0 \\ 0 & m_2 \end{bmatrix} = \boldsymbol{m}, \quad \begin{bmatrix} c_1+c_2 & -c_2 \\ -c_2 & c_2+c_3 \end{bmatrix} = \boldsymbol{c}, \quad \begin{bmatrix} k_1+k_2 & -k_2 \\ -k_2 & k_2+k_3 \end{bmatrix} = \boldsymbol{k} \tag{17-53}$$

上式中常数矩阵 $\boldsymbol{m}$、$\boldsymbol{c}$ 和 $\boldsymbol{k}$ 分别称为质量矩阵、阻尼矩阵和刚度矩阵。

$$\begin{bmatrix} x_1 \\ x_2 \end{bmatrix} = \boldsymbol{x}, \quad \begin{bmatrix} F_1(t) \\ F_2(t) \end{bmatrix} = \boldsymbol{F}(t) \tag{17-54}$$

上式中 $\boldsymbol{x}$ 和 $\boldsymbol{F}(t)$ 分别称为二维位移向量和力向量。

方程(17-52)可以写成

$$\boldsymbol{m}\ddot{\boldsymbol{x}}+\boldsymbol{c}\dot{\boldsymbol{x}}+\boldsymbol{k}\boldsymbol{x}=\boldsymbol{F}(t) \tag{17-55}$$

设简谐激振力为

$$F_1(t)=F_1\mathrm{e}^{\mathrm{i}\omega t}, \quad F_2(t)=F_2\mathrm{e}^{\mathrm{i}\omega t} \tag{17-56}$$

相应地系统的稳态解可表示为

$$x_1(t)=X_1\mathrm{e}^{\mathrm{i}\omega t}, \quad x_2(t)=X_2\mathrm{e}^{\mathrm{i}\omega t} \tag{17-57}$$

其中 X_1、X_2 一般为与激振力频率 ω 和系统参数有关的复数。将式(17-56)、式(17-57)代入式(17-55),记 $k_1+k_2=k_{11}$,$k_2+k_3=k_{22}$,$-k_2=k_{12}=k_{21}$,得两个代数方程

$$\begin{cases} (-\omega^2 m_{11}+\mathrm{i}\omega c_{11}+k_{11})X_1+(-\omega^2 m_{12}+\mathrm{i}\omega c_{12}+k_{12})X_2=F_1 \\ (-\omega^2 m_{12}+\mathrm{i}\omega c_{12}+k_{12})X_1+(-\omega^2 m_{22}+\mathrm{i}\omega c_{22}+k_{22})X_2=F_2 \end{cases} \tag{17-58}$$

引入表达式

$$Z_{ij}(\omega)=-\omega^2 m_{ij}+\mathrm{i}\omega c_{ij}+k_{ij} \quad (i,j=1,2) \tag{17-59}$$

这里函数 $Z_{ij}(\omega)$ 称为机械阻抗,式(17-59)可以改写为矩阵形式

$$\boldsymbol{Z}(\omega)\boldsymbol{X}=\boldsymbol{F} \tag{17-60}$$

其中 $\boldsymbol{Z}(\omega)$ 称为阻抗阵,$\boldsymbol{X}$ 为位移幅值列向量,$\boldsymbol{F}$ 为激振力幅值列向量。解式(17-60)得

$$\boldsymbol{X}=\boldsymbol{Z}(\omega)^{-1}\boldsymbol{F} \tag{17-61}$$

其中 $\boldsymbol{Z}(\omega)^{-1}$ 有如下形式

$$\begin{aligned} \boldsymbol{Z}(\omega)^{-1} &= \frac{1}{\det \boldsymbol{Z}(\omega)}\begin{bmatrix} Z_{22}(\omega) & -Z_{12}(\omega) \\ -Z_{12}(\omega) & Z_{11}(\omega) \end{bmatrix} \\ &= \frac{1}{Z_{11}(\omega)Z_{22}(\omega)-Z_{12}^2(\omega)}\begin{bmatrix} Z_{22}(\omega) & -Z_{12}(\omega) \\ -Z_{12}(\omega) & Z_{11}(\omega) \end{bmatrix} \end{aligned} \tag{17-62}$$

由此得

$$\begin{cases} X_1(\omega)=\dfrac{Z_{22}(\omega)F_1-Z_{12}(\omega)F_2}{Z_{11}(\omega)Z_{22}(\omega)-Z_{12}^2(\omega)} \\ X_2(\omega)=\dfrac{-Z_{12}(\omega)F_1+Z_{11}(\omega)F_2}{Z_{11}(\omega)Z_{22}(\omega)-Z_{12}^2(\omega)} \end{cases} \tag{17-63}$$

当系统无阻尼且 $F_2=0$ 时,方程(17-59)变为

$$Z_{11}(\omega)=k_{11}-\omega^2 m_1, \quad Z_{22}(\omega)=k_{22}-\omega^2 m_2, \quad Z_{12}(\omega)=k_{12} \tag{17-64}$$

将方程(17-64)代入式(17-63)中,可得

$$\left.\begin{aligned}X_1(\omega)&=\frac{(k_{22}-\omega^2m_2)F_1}{(k_{11}-\omega^2m_1)(k_{22}-\omega^2m_2)-k_{12}^2}\\X_2(\omega)&=\frac{-k_{12}F_1}{(k_{11}-\omega^2m_1)(k_{22}-\omega^2m_2)-k_{12}^2}\end{aligned}\right\}\tag{17-65}$$

对于一组给定的系统参数,由式(17-65)可给出 $X_1(\omega)$ 和 $X_2(\omega)$ 随 ω 的变化曲线,即系统相应幅值随激振频率的变化曲线——频率响应曲线(frequence response curve)。

例题 17-2 考虑例题 17-1 的系统,试绘制系统的频率响应曲线。

解:用例题 17-1 的参数,方程(17-65)变为

$$\left.\begin{aligned}X_1(\omega)&=\frac{(3k-2m\omega^2)F_1}{2m^2\omega^4-7mk\omega^2+5k^2}\\X_2(\omega)&=\frac{kF_1}{2m^2\omega^4-7mk\omega^2+5k^2}\end{aligned}\right\}\tag{1}$$

式中 $X_1(\omega)$ 和 $X_2(\omega)$ 表达式的分母为特征行列式

$$2m^2\omega^4-7mk\omega^2+5k^2=2m^2(\omega^2-\omega_1^2)(\omega^2-\omega_2^2)\tag{2}$$

其中

$$\omega_1^2=\frac{k}{m},\quad \omega_2^2=\frac{5}{2}\ \frac{k}{m}\tag{3}$$

为系统固有频率的平方,这样式(1)可以写为如下形式:

$$\left.\begin{aligned}X_1(\omega)&=\frac{2F_1}{5k}\ \frac{\dfrac{3}{2}-(\omega/\omega_1)^2}{[1-(\omega/\omega_1)^2][1-(\omega/p_2)^2]}\\X_2(\omega)&=\frac{F_1}{5k[1-(\omega/\omega_1)^2][1-(\omega/\omega_2)^2]}\end{aligned}\right\}\tag{4}$$

系统的频率响应曲线,即 $X_1(\omega)$ 和 $X_2(\omega)$ 随 ω/ω_1 的变化曲线如图 17-17 所示。

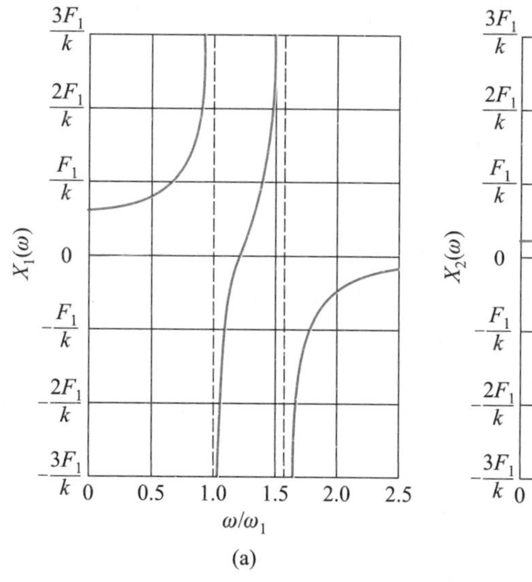

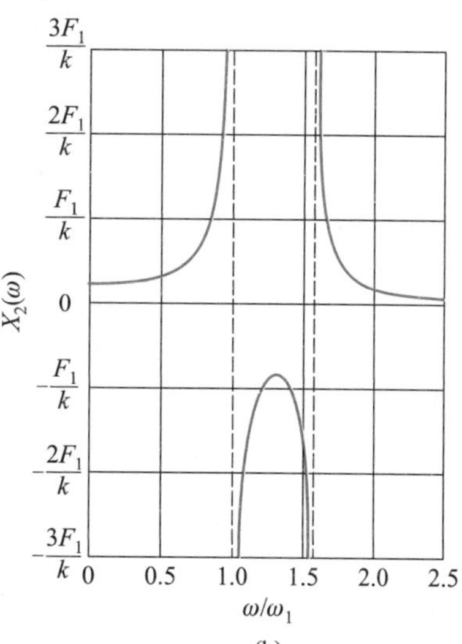

图 17-17 频率响应曲线

小　　结

1. 单自由度系统的自由振动微分方程的标准形式

$$\ddot{x}+\omega_0^2x=0$$

运动方程为简谐振动

$$x=A\sin(\omega_0t+\varphi)$$

ω_0 为系统的固有频率,它只与振动系统本身的质量和刚度有关。

对于质量-弹簧系统有

$$\omega_0=2\pi f=\sqrt{\frac{k}{m}}$$

振幅

$$A=\sqrt{x_0^2+\left(\frac{\dot{x}_0}{\omega_0}\right)^2}$$

初相角

$$\tan\varphi=\frac{\omega_0x_0}{\dot{x}_0}$$

2. 单自由度系统有阻尼自由振动微分方程的标准形式

$$\ddot{x}+2\delta\dot{x}+\omega_0^2x=0$$

当 $\delta<\omega_0$ 时,振动为衰减振动

$$x=Ae^{-\delta t}\sin(\omega_dt+\varphi)$$

$$\omega_d=\sqrt{\omega_0^2-\delta^2}$$

阻尼对振幅的影响较大,它使振幅随时间按负指数曲线衰减。当 $\delta\geqslant\omega_0$ 时,运动不具有振动特征。

3. 单自由度系统强迫振动微分方程的标准形式

$$\ddot{x}+2\delta\dot{x}+\omega_0^2x=h\sin\omega t$$

其解分为瞬态部分和稳态部分,在瞬态部分很快消失后,稳定的强迫振动部分是简谐振动

$$x_2=B\sin(\omega t-\varepsilon)$$

振幅

$$B=\frac{h}{\sqrt{(\omega_0^2-\omega^2)^2+4\delta^2\omega^2}}$$

相位差

$$\tan\varepsilon=\frac{2\delta\omega}{\omega_0^2-\omega^2}$$

强迫振动激振力频率等于系统固有频率,或激振力频率接近系统固有频率时,系统发生共振。阻尼对强迫振动的振幅只在共振频率附近影响较大,它使强迫振动的振幅减小。

4. 二自由度系统的自由振动微分方程的标准形式

$$\begin{cases}m_1\ddot{x}_1+(k_1+k_2)x_1-k_2x_2=0\\m_2\ddot{x}_2-k_2x_1+(k_2+k_3)x_2=0\end{cases}$$

二自由度无阻尼自由振动是由两个主振动合成的。二自由度系统有两个不同数值的固有频率,称为主频率,只决定于系统本身的物理性质而与初始条件无关。

当系统按任一个固有频率作自由振动时,即为主振动。系统作主振动时,任何瞬时各点位移之间具

有一定的相对比值，即整个系统具有确定的振动形态，称为主振型。主振型也只决定于系统本身的物理性质而与初始条件无关，但它和固有频率密切相关。

5. 二自由度系统的强迫振动微分方程

$$m_1\ddot{x}_1+(c_1+c_2)\dot{x}_1-c_2\dot{x}_2+(k_1+k_2)x_1-k_2x_2=F_1(t)$$

$$m_2\ddot{x}_2-c_2\dot{x}_1+(c_2+c_3)\dot{x}_2-k_2x_1+(k_2+k_3)x_2=F_2(t)$$

二自由度强迫振动的频率等于激振力的频率，其振幅与激振力和振动系统的固有频率有关。

习　题

17-1　在题 17-1 图所示质量-弹簧系统中，质量为 m 的物块 M 可以沿光滑水平导杆运动。已知：$m=10$ g，$k_1=k_2=2$ N/m。求系统的固有频率。设振幅是2 cm，求 M 的最大加速度。

17-2　题 17-2 图所示弹簧上端固定，下端悬挂两个质量相等的重物 M_1、M_2，当系统处于静平衡时，弹簧被拉长 $\lambda_s=4$ cm。现在突然把 M_2 除去，求以后 M_1 的振动规律。

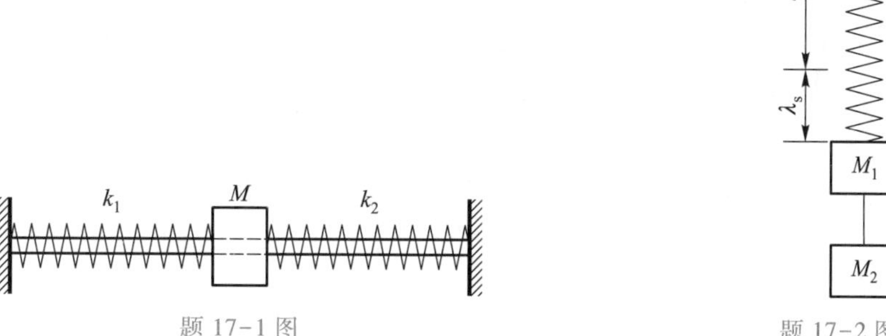

题 17-1 图　　题 17-2 图

17-3　在弹簧上悬挂质量 $m=6$ kg 的物块。当无阻力时，物块的振动周期是$T=0.4\pi$ s；而在有正比于速度一次方的阻力时，振动周期 $T_1=0.5\pi$ s。现在把物块从静平衡位置下拉 4 cm，然后无初速度释放，求以后物体的振动规律。

17-4　求题 17-4 图所示系统的固有频率。

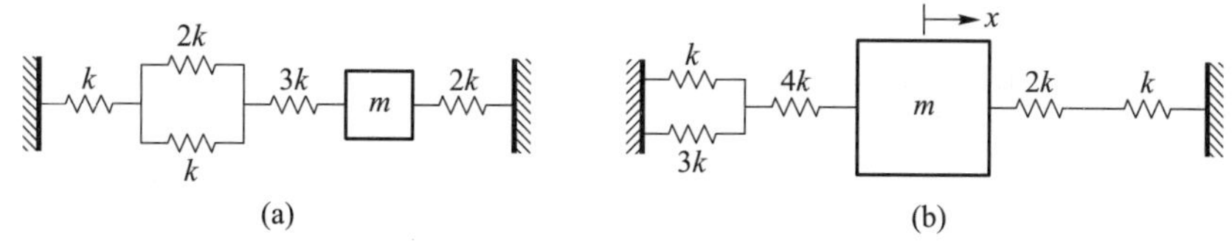

题 17-4 图

17-5　求题 17-5 图所示物体 m 的周期，三个弹簧都在铅垂位置，且 $k_2=2k_1$，$k_3=3k_1$。

17-6　一弹簧-质量系统沿光滑斜面作自由振动，如题 17-6 图所示。试列出振动微分方程，并求出其固有圆频率。

17-7　求题 17-7 图所示系统微幅扭振的周期。两个摩擦轮可分别绕水平轴 O_1 与 O_2 转动，互相啮合，不能相对滑动。在图示位置（半径 O_1A 与 O_2B 在同一水平线上），弹簧不受力，弹簧刚度系数为 k_1 与 k_2。摩擦轮可视为等厚均质圆盘，质量为 m_1 与 m_2。

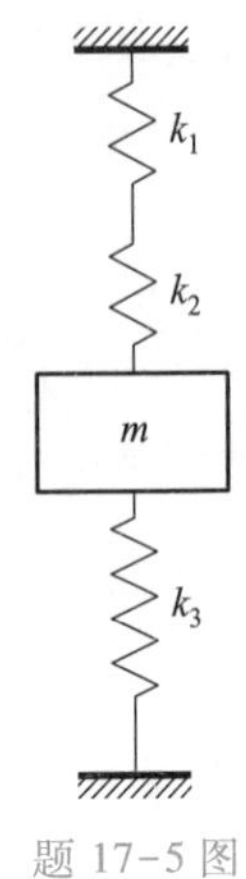

题 17-5 图

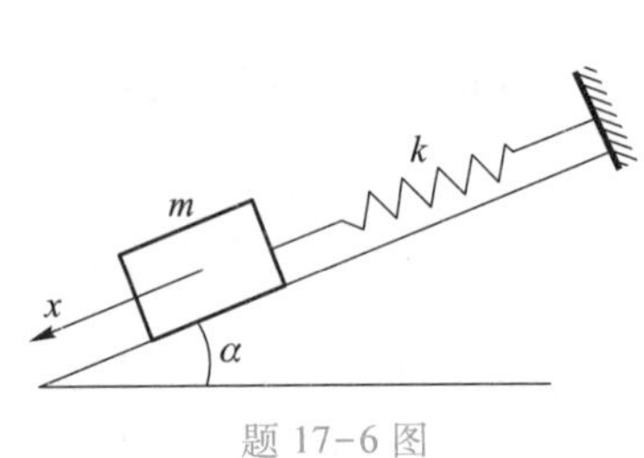

题 17-6 图

17-8 轮子可绕水平轴转动，对转轴的转动惯量为 J_O，轮缘绕有软绳，下端挂有重量为 G 的物体，绳与轮缘之间无滑动。在题 17-8 图所示位置，系统通过水平弹簧 k 维持平衡。半径 R 与 a 都是已知的。求微幅振动的周期。

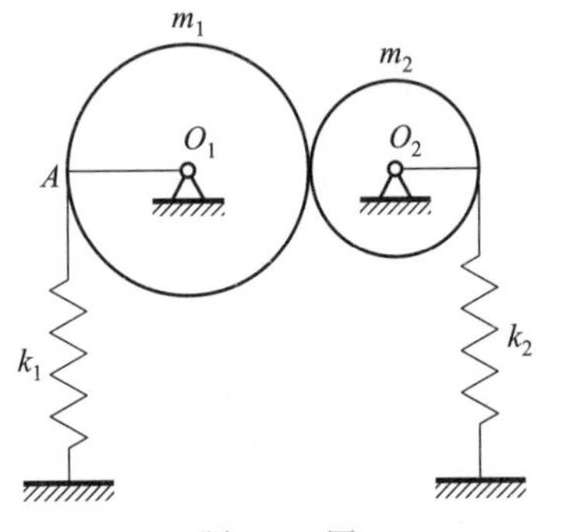

题 17-7 图

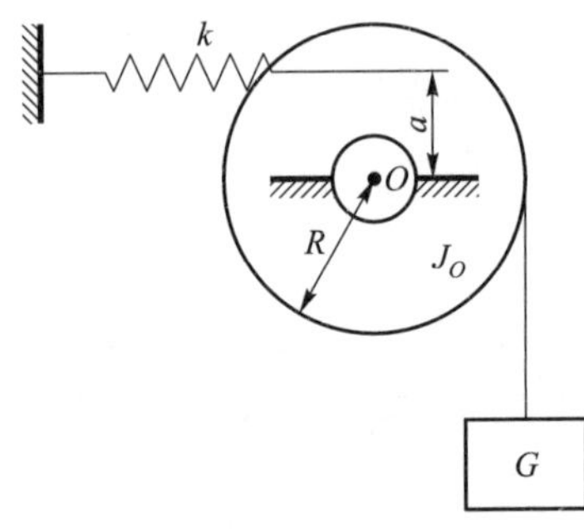

题 17-8 图

17-9 一个无阻尼弹簧-质量系统受简谐激振力作用，当激振频率 $\omega_1=6$ rad/s 时，系统发生共振；给质量块增加 1 kg 的质量后重新试验，测得共振频率 $\omega_2=5.86$ rad/s，试求系统原来的质量及弹簧刚度系数。

17-10 题 17-10 图所示砝码 M 悬挂在弹簧 CB 上，弹簧的上端沿铅垂方向作简谐运动，$\xi=2\sin 7t$（单位为 cm；时间以 s 计）。砝码质量 $m=0.4$ kg，弹簧刚度系数 $c=39.2$ N/m。求 M 对固定坐标系的强迫振动。

17-11 在题 17-11 图所示的弹簧-质量系统中，在两个弹簧的连接处作用一激励 $F_0\sin\omega t$。试求质量块 m 的振幅。

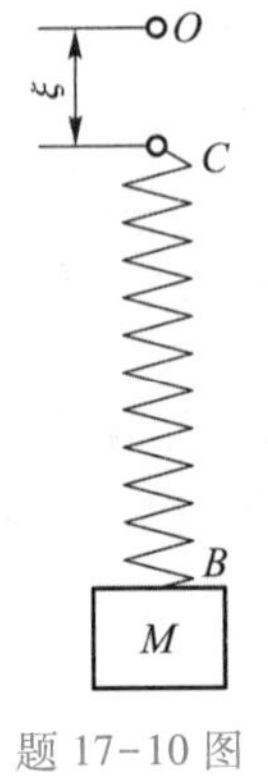

题 17-10 图

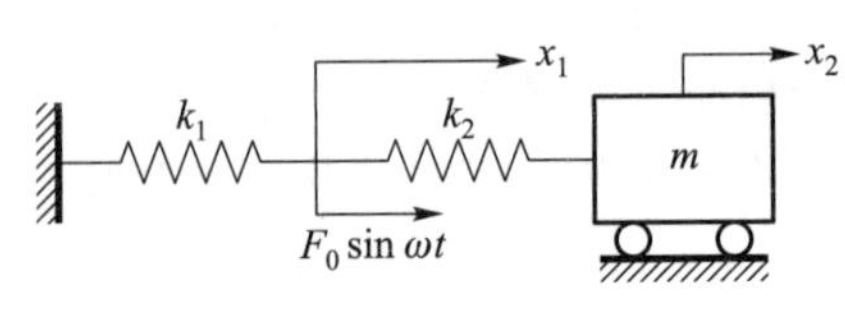

题 17-11 图

17-12　重量为 P 的物体，挂在弹簧的下端，产生静伸长 δ_s。在上下运动时所遇到的阻力与速度 v 成正比。要保证物体不发生振动，求阻尼系数 c 的最低值。

17-13　挂在弹簧下端的物体质量为 0.49 kg，弹簧刚度系数为 0.20 kg/cm，求在铅垂激振力 $F=0.23\sin 8\pi t$（F 以 N 计，t 以 s 计）作用下强迫振动的规律。

17-14　如题 17-14 图所示，拉紧的软绳附着两个质量 m_1 与 m_2，当质量沿着垂直于绳的方向进行运动时，绳的张力 $\boldsymbol{F}_T$ 保持不变，试写出微幅振动的微分方程。

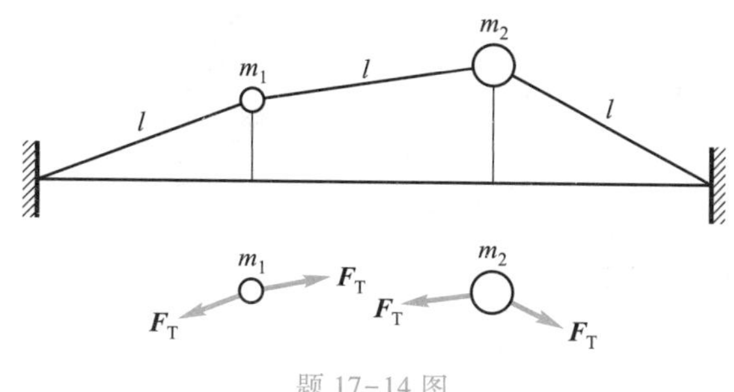

题 17-14 图

17-15　设题 17-14 中 $m_1=m_2=m$，试求微幅振动的固有频率及主振型。

17-16　质量可以不计的刚杆，可绕杆端的水平轴 O 转动；另端附有质点，并用弹簧吊挂另一质点；中点连接弹簧使杆成水平，如题17-16图所示。设弹簧的刚度系数均为 k，质点的质量均为 m，试求振动系统的固有频率。

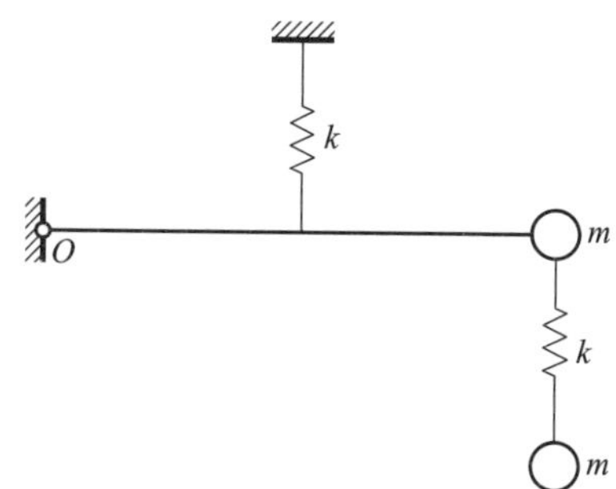

题 17-16 图

17-17　如题 17-17 图所示系统，已知 m、k，试求系统的固有频率和主振型。

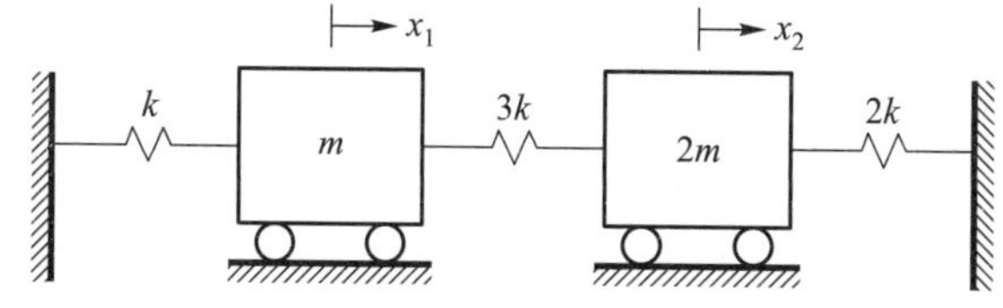

题 17-17 图

17-18　如题 17-18 图所示系统，已知 $m=1$ kg，$k=1$ N/m，$c=1$ N·s/m，$F(t)=2\sin 2t$（单位为 N）。试求系统的稳态响应。

工程实际研究性题目

17-19　现代弓箭运动中的弓与古代的弓不同，弓背上有一些附加物，如题17-19图所示。试分析这些附加物的作用，并根据理论分析及计算结果对其参数进行优化设计。

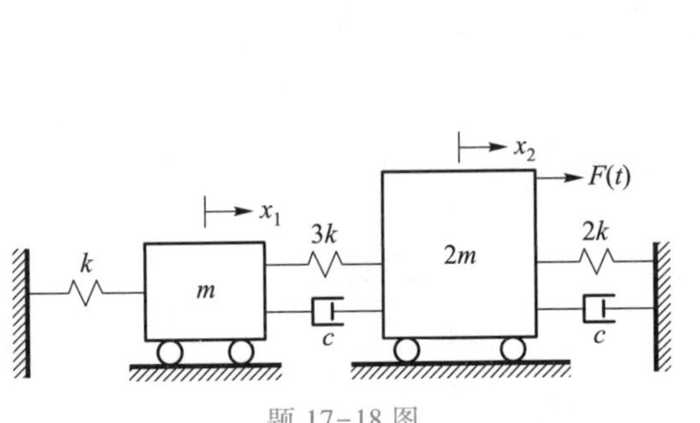

题 17-18 图

(a) 弓

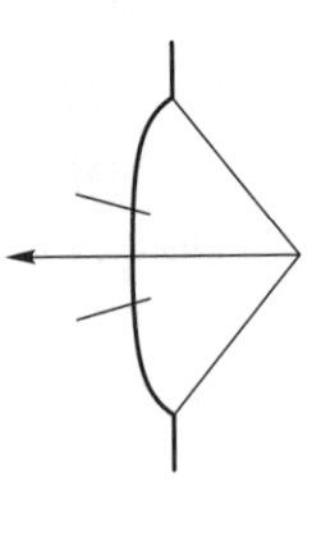
(b) 简化模型

题 17-19 图

第 18 章 刚体动力学

前面已介绍过有关刚体的定轴转动和平面运动的运动学及动力学内容，本章将主要讲述刚体的定点运动和一般运动的运动学及动力学内容。

18-1 刚体的定点运动学

18-1-1 刚体的定点运动方程

如果刚体运动时，其上有一点始终保持静止，则称这种运动为刚体的定点运动（motion of rigid body about a fixed point）。如行星锥齿轮（图 18-1a）、玩具陀螺（图 18-1b）的运动就是刚体的定点运动的实例。

动力学动画：
伞齿轮

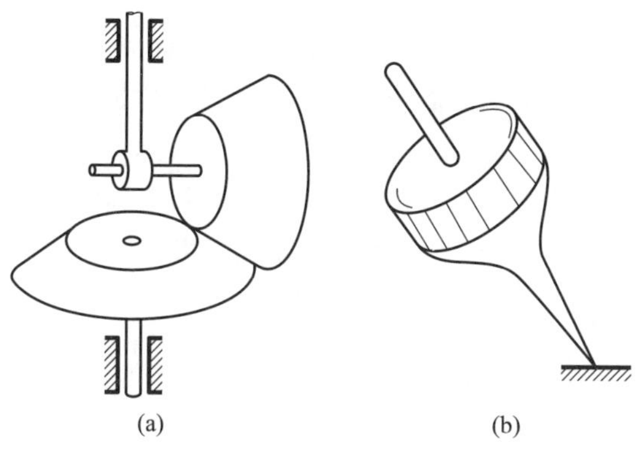

图 18-1

动力学动画：
陀螺

研究刚体的定点运动所遇到的首要问题是如何确定刚体的位置，下面首先来说明作定点运动的刚体的位置需要几个独立参数才能唯一地确定。如图 18-2 所示，设某一刚体绕定点 O 运动，取固定参考系 $Ox_0y_0z_0$，则刚体的位置可由刚体内通过点 O 的任一直线 OL 的位置以及刚体绕 OL 的转角来确定。而直线 OL 的位置可由它的三个方向角 α_1、α_2 和 α_3 来描述。但是，这三个方向角不是彼此独立的，因为它们之间始终满足如下的约束关系：

$$\cos^2\alpha_1+\cos^2\alpha_2+\cos^2\alpha_3=1$$

所以唯一地确定 OL 位置的独立参数应该只有两个。如果再给出刚体绕 OL 转动的转角 α_4，则这个刚体的位置就完全确定了。可见，确定作定点运动的刚体的位置需要三个独立的参数。这三个独立的参数可以有很多种选择。下面介绍欧拉提出的一种比较普遍适用的方法。

设某一刚体相对定参考系 $Ox_0y_0z_0$ 绕点 O 运动（图 18-3），为描述刚体的位置，现在刚体上固连一坐标系 $Ox_3y_3z_3$，称此坐标系为刚体的连体坐标系（set of body axes）。这样就可以用刚体的连体坐标系 $Ox_3y_3z_3$ 相对于定系 $Ox_0y_0z_0$ 的位置来代表刚体的位置。

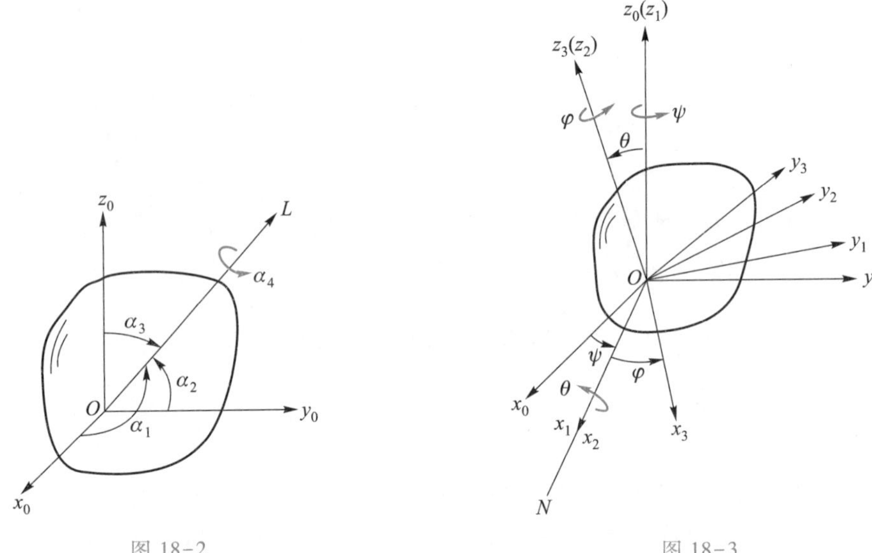

图 18-2　　　　图 18-3

称动坐标平面 Ox_3y_3 与定坐标平面 Ox_0y_0 的交线 ON 为节线(line of precession),并表示出其正向。在此基础上,定义 ψ、θ、φ 如下:

ψ——节线 ON 相对坐标轴 Ox_0 的夹角,称为进动角(angle of precession),并将该角的正值规定为:由轴 Oz_0 的正端看,自轴 Ox_0 开始按逆时针方向量取到节线 ON 所得到的角度为正。

θ——坐标轴 Oz_3 相对坐标轴 Oz_0 的夹角,称为章动角(angle of nutation),并将该角的正值规定为:由节线 ON 的正端看,自轴 Oz_0 开始按逆时针方向量取到轴 Oz_3 所得到的角度为正。

φ——坐标轴 Ox_3 相对节线 ON 的夹角,称为自转角(angle of rotation),并将该角的正值规定为:由轴 Oz_3 的正端看,自节线 ON 开始按逆时针方向量取到轴 Ox_3 所得到的角度为正。

上述三个角合称为动系 $Ox_3y_3z_3$ 相对定系 $Ox_0y_0z_0$ 的欧拉角(Eulerian angle)。显然这组角规定了动系相对定系的位置,因此,可以用欧拉角来描述作定点运动的刚体的位置。

由欧拉角的定义,可以看出从坐标系 $Ox_0y_0z_0$ 到坐标系 $Ox_3y_3z_3$ 的位置变化可以通过以下三次连续转动来实现:坐标系 $Ox_0y_0z_0$ 首先绕轴 Oz_0 转动角 ψ,到达坐标系 $Ox_1y_1z_1$ 的位置(轴 Ox_1 与节线 ON 重合);在此基础上,坐标系 $Ox_1y_1z_1$ 绕轴 Ox_1 转动角 θ,到达坐标系 $Ox_2y_2z_2$ 的位置;最后坐标系 $Ox_2y_2z_2$ 绕轴 Oz_2 转动角 φ,到达坐标系 $Ox_3y_3z_3$ 的位置。上述三次连续转动可以表达为

$$Ox_0y_0z_0 \xrightarrow{Oz_0,\psi} Ox_1y_1z_1 \xrightarrow{Ox_1,\theta} Ox_2y_2z_2 \xrightarrow{Oz_2,\varphi} Ox_3y_3z_3$$

通过该式可以更加形象地说明刚体(即坐标系 $Ox_3y_3z_3$)相对固定参考坐标系 $Ox_0y_0z_0$ 的三个欧拉角的几何含义。

当刚体绕定点 O 运动时,其欧拉角 ψ、θ、φ 一般都随时间 t 而变化,并可表示为时间 t 的单值连续函数,即

$$\left.\begin{array}{l}\psi=\psi(t)\\ \theta=\theta(t)\\ \varphi=\varphi(t)\end{array}\right\}\tag{18-1}$$

显然如果已知这三个函数，就可以确定出任意一时刻刚体的空间位置。因此，方程(18-1)完全描述了刚体的定点运动规律，故称为刚体的定点运动方程(motion equations of rigid body about a fixed point)。

18-1-2　达朗贝尔-欧拉定理

下面给出作定点运动的刚体的位移定理——达朗贝尔-欧拉定理(d'Alembert-Euler theorem)：作定点运动的刚体由某一位置到另一位置的任何位移，可以由此刚体绕过该定点的某轴的一次转动来实现。

证明如下：如图 18-4a 所示，当刚体绕点 O 运动时，其上所有各点分别在以 O 为球心的各球面上运动。可以取其中的任一球面作为固定参考面。设刚体在此球面上的截面是图形 S，则当刚体运动时，图形 S 始终保持在这个固定的球面上。因此，刚体的位置可由图形 S 在固定参考球面上的位置来代表。而实际上，只要用图形 S 上的任意一段圆弧来代表就足够了。现在就以图形 S 上的一段大圆弧来确定刚体的位置。设此段大圆弧开始在位置$\widehat{AB}$(图 18-4b)，以后又运动到新位置$\widehat{A_1B_1}$。

作出大圆弧$\widehat{AA_1}$和$\widehat{BB_1}$，并过两者的中点 M、N 分别作出与$\widehat{AA_1}$和$\widehat{BB_1}$相垂直的两段大圆弧，设其交点是 C^*。再作出大圆弧$\widehat{AC^*}$、$\widehat{BC^*}$、$\widehat{A_1C^*}$和$\widehat{B_1C^*}$，得到球面三角形 ABC^* 和 $A_1B_1C^*$。由于$\widehat{MC^*}$和$\widehat{NC^*}$各自垂直并等分$\widehat{AA_1}$和$\widehat{BB_1}$，故$\widehat{AC^*}=\widehat{A_1C^*}$，$\widehat{BC^*}=\widehat{B_1C^*}$。此外，$\widehat{AB}=\widehat{A_1B_1}$。于是球面三角形 ABC^* 和 $A_1B_1C^*$ 全等。这样，与前一个球面三角形相固连的刚体就可以通过绕轴 OC^* 的一次转动而由原位置 ABC^* 到达新位置 $A_1B_1C^*$。定理得证。

动力学动画：位移定理

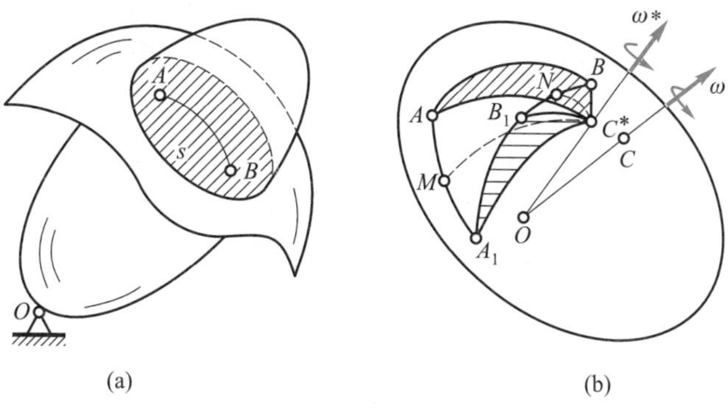

图 18-4

需要指出，达朗贝尔-欧拉定理对刚体的有限位移和无限小位移都是成立的，因为在对该定理的证明中，并未对位移的大小加以任何限制。

下面考察刚体绕两根相交轴的微小转动的合成问题。可以证明：刚体分别绕两根相交轴微小转动后的最终位置与两次转动的次序无关。从而对于刚体绕相交轴的微小转动的合成来说，可以将微小转角视为矢量，并按矢量运算的法则相加（合成）。证明如下：

如图 18-5 所示，设某刚体绕轴 Oz 转过微小角 $\Delta\varphi$（注意，$\Delta\varphi$ 为代数量，即规定从轴 Oz 的正端向负端看，如果刚体逆时针方向转动，则 $\Delta\varphi$ 为正，反之为负），引入矢量 $\Delta\boldsymbol{\varphi}=\Delta\varphi\boldsymbol{k}$（$\boldsymbol{k}$ 为沿轴 Oz 正向的单位矢量）表示这个微小角位移，可以证明这样的矢量符合矢量相加的规律。

在刚体上任取一点 A，其矢径为 $\boldsymbol{r}$，在对应 $\Delta\varphi$ 的转动下，点 A 的无限小位移为 $\Delta\boldsymbol{r}=\overrightarrow{AA'}$。由图 18-5 可见，在近似到一阶微量的情况下，有

$$\Delta\boldsymbol{r}=\Delta\boldsymbol{\varphi}\times\boldsymbol{r}$$

如图 18-6 所示，假定刚体先后绕两根相交轴 Oz_1 和 Oz_2 作一阶微小转动 $\Delta\varphi_1$ 和 $\Delta\varphi_2$。在转动前刚体上矢径为 $\boldsymbol{r}$ 的一点 A，经过第一次微小转动后，到达位置 A'，其矢径变为

$$\boldsymbol{r}'=\boldsymbol{r}+\Delta\boldsymbol{r}_1=\boldsymbol{r}+\Delta\boldsymbol{\varphi}_1\times\boldsymbol{r} \tag{18-2}$$

经过第二次微小转动后，点 A'到达位置 A''，其矢径变为

$$\begin{aligned}\boldsymbol{r}''&=\boldsymbol{r}'+\Delta\boldsymbol{r}_2=\boldsymbol{r}'+\Delta\boldsymbol{\varphi}_2\times\boldsymbol{r}'\\&=\boldsymbol{r}+\Delta\boldsymbol{\varphi}_1\times\boldsymbol{r}+\Delta\boldsymbol{\varphi}_2\times(\boldsymbol{r}+\Delta\boldsymbol{\varphi}_1\times\boldsymbol{r})\\&=\boldsymbol{r}+(\Delta\boldsymbol{\varphi}_1+\Delta\boldsymbol{\varphi}_2)\times\boldsymbol{r}+\Delta\boldsymbol{\varphi}_2\times(\Delta\boldsymbol{\varphi}_1\times\boldsymbol{r})\end{aligned} \tag{18-3}$$

将上式近似到一阶微量（舍掉二阶微量），有

$$\boldsymbol{r}''=\boldsymbol{r}+(\Delta\boldsymbol{\varphi}_1+\Delta\boldsymbol{\varphi}_2)\times\boldsymbol{r} \tag{18-4}$$

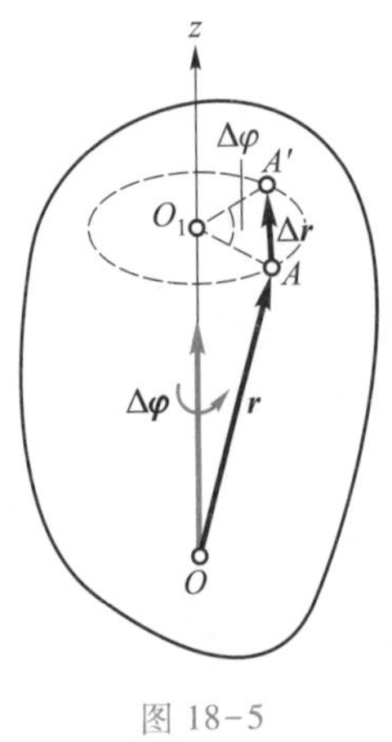

图 18-5

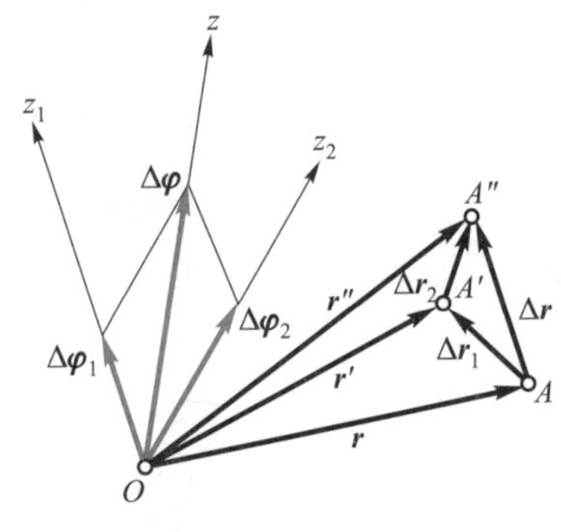

图 18-6

根据达朗贝尔-欧拉定理，刚体经上述两次转动后所发生的总位移也可以通过绕定点 O 的某轴 Oz 作一次转动来实现。设此转动的微小角位移为 $\Delta\varphi$，则有

$$\boldsymbol{r}''=\boldsymbol{r}+\Delta\boldsymbol{r}=\boldsymbol{r}+\Delta\boldsymbol{\varphi}\times\boldsymbol{r} \tag{18-5}$$

比较式(18-4)和式(18-5)后，得到

$$\Delta\boldsymbol{\varphi}\times\boldsymbol{r}=(\Delta\boldsymbol{\varphi}_1+\Delta\boldsymbol{\varphi}_2)\times\boldsymbol{r} \tag{18-6}$$

考虑到 $\boldsymbol{r}$ 是刚体上任一点的矢径（即 $\boldsymbol{r}$ 为任意矢量）后，由上式可以推得

$$\Delta\boldsymbol{\varphi}=\Delta\boldsymbol{\varphi}_1+\Delta\boldsymbol{\varphi}_2 \tag{18-7}$$

显然，颠倒上述两次微小转动的次序（即颠倒 $\Delta\boldsymbol{\varphi}_1$ 和 $\Delta\boldsymbol{\varphi}_2$ 的次序），重复上述推导，仍得到式(18-7)，表明两次微小转动 $\Delta\boldsymbol{\varphi}_1$ 和 $\Delta\boldsymbol{\varphi}_2$ 的先后次序不影响最后结果。这就证明了微小转角符合矢量相加的规律。于是，可以得到下述微小转动位移合成定理：刚体绕两个

相交轴的微小转动，可由一个微小转动来代替，合成转动的角位移矢量等于两个分转动的角位移的矢量和。

思考题：刚体绕相交轴有限转动后的最终位置是否与其转动的次序有关？

18-1-3 定点运动刚体的角速度和角加速度

如图 18-7 所示，某一刚体相对参考系 $Ox_0y_0z_0$ 绕点 O 运动，设在瞬时 t，刚体处于位置 1；在瞬时 $t+\Delta t$，刚体处于位置 2。根据达朗贝尔-欧拉定理，刚体由位置 1 到位置 2 的变化，可以由该刚体绕某一轴线 ON 旋转某一角度 $\Delta\varphi$ 来实现。沿轴线 ON 作一单位矢量 $\boldsymbol{n}$，并把转角 $\Delta\varphi$ 的正向规定为与单位矢量 $\boldsymbol{n}$ 构成右手旋向的转向。称

$$\boldsymbol{\omega}^* = \frac{\Delta\varphi\boldsymbol{n}}{\Delta t} \tag{18-8}$$

为刚体在 Δt 这段时间内的平均角速度（average angular velocity）。而将极限

$$\boldsymbol{\omega} = \lim_{\Delta t\to 0}\boldsymbol{\omega}^* = \lim_{\Delta t\to 0}\frac{\Delta\varphi\boldsymbol{n}}{\Delta t} \tag{18-9}$$

称为刚体在瞬时 t 的角速度（angular velocity）。刚体在瞬时 t 的角速度 $\boldsymbol{\omega}$ 描述了该瞬时刚体转动的快慢和方向。式（18-9）可以改写为

$$\boldsymbol{\omega} = \lim_{\Delta t\to 0}\frac{\Delta\varphi}{\Delta t}\times\lim_{\Delta t\to 0}\boldsymbol{n} \tag{18-10}$$

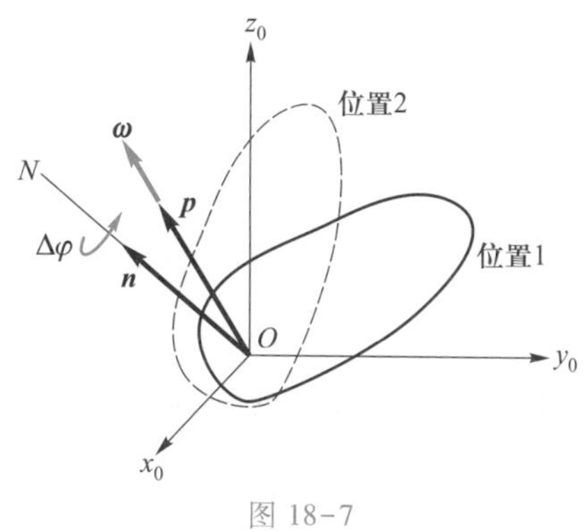

图 18-7

在 $\Delta t\to 0$ 时，刚体的位置 2 无限趋近于位置 1，这时单位矢量 $\boldsymbol{n}$ 将趋于一极限位置，这一极限位置的单位矢量称为刚体在瞬时 t 的瞬轴单位矢量，并用符号 $\boldsymbol{p}$ 来表示，记作为

$$\boldsymbol{p} = \lim_{\Delta t\to 0}\boldsymbol{n} \tag{18-11}$$

称瞬轴单位矢量 $\boldsymbol{p}$ 所在的直线为刚体的瞬轴（instantaneous axis of rotation）。再引入符号

$$\omega = \lim_{\Delta t\to 0}\frac{\Delta\varphi}{\Delta t} \tag{18-12}$$

于是式（18-10）可以写成

$$\boldsymbol{\omega} = \omega\boldsymbol{p} \tag{18-13}$$

由上式可以看出，刚体的角速度矢量始终是沿着瞬轴的。因此，定点运动的刚体在任一瞬时的运动可以看成是绕某一瞬轴的瞬时转动。

利用微小转动位移合成定理，可以推出定点运动刚体的角速度合成定理。

如前所述式（18-7）中，两个微小转动的先后次序不影响最后合成的结果。因此，这些分转动可以在同一时间间隔内进行，这时刚体进行着复合运动。下面来求合成运动的角速度。

为此，将式（18-7）两端除以完成这些微小转动所需的共同时间 Δt，并取 Δt 趋近于零时的极限，则得

$$\lim_{\Delta t\to 0}\frac{\Delta\boldsymbol{\varphi}}{\Delta t} = \lim_{\Delta t\to 0}\frac{\Delta\boldsymbol{\varphi}_1}{\Delta t} + \lim_{\Delta t\to 0}\frac{\Delta\boldsymbol{\varphi}_2}{\Delta t} \tag{18-14}$$

等式左边就是刚体合成运动的角速度 $\boldsymbol{\omega}$，等式右边两项是刚体分别绕轴 Oz_1 和 Oz_2 转动的角速度 $\boldsymbol{\omega}_1$ 和 $\boldsymbol{\omega}_2$。因此，式(18-14)可以写成

$$\boldsymbol{\omega}=\boldsymbol{\omega}_1+\boldsymbol{\omega}_2 \tag{18-15}$$

上式说明：定点运动刚体同时绕相交的两根轴转动时，合成运动的角速度等于两个分转动角速度的矢量和(图 18-8)。这个结论表明角速度符合矢量运算规律。

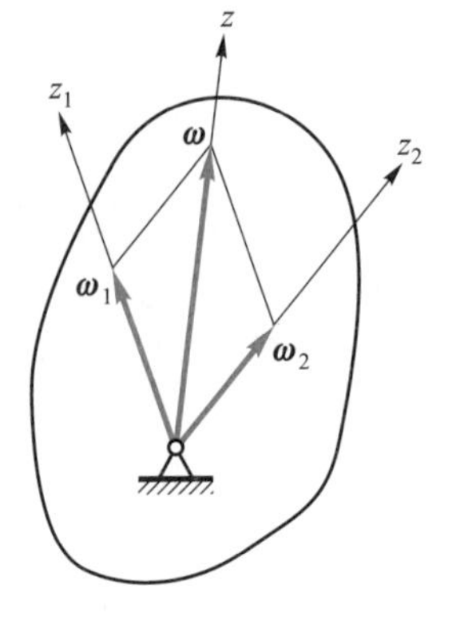

上述结论显然可以推广到同时绕两根相交轴转动的情况。如图 18-3 所示，如以 $\boldsymbol{k}_0$、$\boldsymbol{i}_1$、$\boldsymbol{k}_2$ 分别表示轴 Oz_0、Ox_1、Oz_2 的单位矢量；$\dot{\psi}\boldsymbol{k}_0$、$\dot{\theta}\boldsymbol{i}_1$、$\dot{\varphi}\boldsymbol{k}_2$ 分别表示刚体绕相应轴转动的角速度矢量，则刚体的瞬时角速度矢量 $\boldsymbol{\omega}$ 就等于这三个角速度矢量的矢量和，即

$$\boldsymbol{\omega}=\dot{\psi}\boldsymbol{k}_0+\dot{\theta}\boldsymbol{i}_1+\dot{\varphi}\boldsymbol{k}_2 \tag{18-16}$$

图 18-8

将上式分别沿轴 Ox_3、Oy_3、Oz_3 投影，得到

$$\left.\begin{aligned}\omega_x&=\dot{\psi}\sin\theta\sin\varphi+\dot{\theta}\cos\varphi\\ \omega_y&=\dot{\psi}\sin\theta\cos\varphi-\dot{\theta}\sin\varphi\\ \omega_z&=\dot{\psi}\cos\theta+\dot{\varphi}\end{aligned}\right\} \tag{18-17}$$

式(18-17)就是刚体的瞬时角速度矢量 $\boldsymbol{\omega}$ 在刚体的连体坐标系 $Ox_3y_3z_3$ 中各轴投影的表达式。该式称为刚体定点运动的欧拉运动学方程(Euler's kinematic equation)。

定点运动刚体的瞬时角速度 $\boldsymbol{\omega}$ 一般是随时间而变的矢量，称

$$\boldsymbol{\alpha}=\frac{\mathrm{d}\boldsymbol{\omega}}{\mathrm{d}t}$$

为定点运动刚体的瞬时角加速度(angular acceleration)。瞬时角加速度描述了瞬时角速度随时间的变化率。由瞬时角加速度的定义知，瞬时角加速度等于瞬时角速度矢端点的速度。

思考题：试判断式 $\alpha_x=\dfrac{\mathrm{d}\omega_x}{\mathrm{d}t}$ 是否成立？式中 ω_x 和 α_x 分别表示刚体的绝对角速度和绝对角加速度在某一动轴 x(该轴不与刚体相固连)上的投影。

18-1-4 定点运动刚体上各点的速度和加速度

如图 18-9 所示，设某一刚体绕定点 O 运动。由于刚体在任一瞬时的运动可以看成是绕某一瞬轴 OB 的瞬时转动，这时刚体内各点的一阶微小位移分布情况和轴 OB 是固定轴时的情况相同，因此，刚体内各点的速度分布也是这样的。设点 A 是定点运动刚体上的任意一点，该点的矢径为 $\boldsymbol{r}$，根据定轴转动刚体上任意一点速度的矢积表达式，可以将点 A 的速度表示为

$$\boldsymbol{v}=\boldsymbol{\omega}\times\boldsymbol{r} \tag{18-18}$$

这就是定点运动刚体上任意一点的速度的矢量表达式。

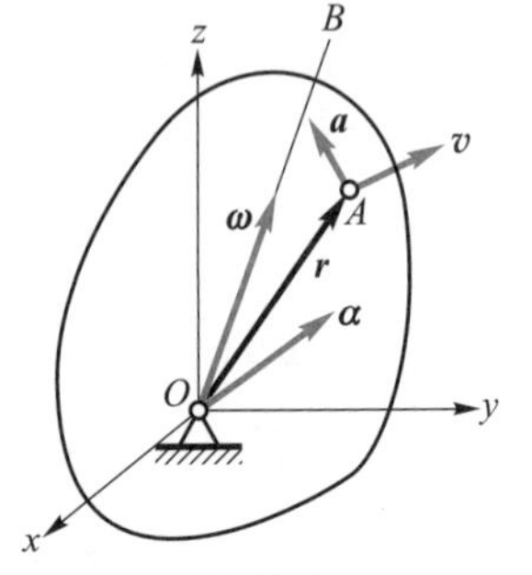

图 18-9

用 ω_x、ω_y、ω_z 表示刚体角速度 $\boldsymbol{\omega}$ 在定系 $Oxyz$ 各轴上的投

影，x、y、z 表示点 A 的直角坐标，$\boldsymbol{i}$、$\boldsymbol{j}$、$\boldsymbol{k}$ 表示三个坐标轴的单位矢量，则式(18-18)可写为

$$\begin{aligned}\boldsymbol{v}&=(\omega_x\boldsymbol{i}+\omega_x\boldsymbol{j}+\omega_x\boldsymbol{k})\times(x\boldsymbol{i}+y\boldsymbol{j}+z\boldsymbol{k})\\&=(\omega_y z-\omega_z y)\boldsymbol{i}+(\omega_z x-\omega_x z)\boldsymbol{j}+(\omega_x y-\omega_y x)\boldsymbol{k}\end{aligned}$$

故点 A 的速度在定系各轴上的投影分别为

$$\left.\begin{aligned}v_x&=\omega_y z-\omega_z y\\v_y&=\omega_z x-\omega_x z\\v_z&=\omega_x y-\omega_y x\end{aligned}\right\}\tag{18-19}$$

将式(18-18)对时间 t 求导数，得到点 A 的加速度

$$\boldsymbol{a}=\frac{\mathrm{d}\boldsymbol{v}}{\mathrm{d}t}=\frac{\mathrm{d}\boldsymbol{\omega}}{\mathrm{d}t}\times\boldsymbol{r}+\boldsymbol{\omega}\times\frac{\mathrm{d}\boldsymbol{r}}{\mathrm{d}t}$$

即

$$\boldsymbol{a}=\boldsymbol{\alpha}\times\boldsymbol{r}+\boldsymbol{\omega}\times\boldsymbol{v}=\boldsymbol{\alpha}\times\boldsymbol{r}+\boldsymbol{\omega}\times(\boldsymbol{\omega}\times\boldsymbol{r})\tag{18-20}$$

上式就是定点运动刚体上任意一点加速度的矢量表达式。

用 α_x、α_y、α_z 表示刚体角加速度 $\boldsymbol{\alpha}$ 在定系 $Oxyz$ 各轴上的投影，则式(18-20)可写为

$$\begin{aligned}\boldsymbol{\alpha}&=(\alpha_x\boldsymbol{i}+\alpha_x\boldsymbol{j}+\alpha_x\boldsymbol{k})\times(x\boldsymbol{i}+y\boldsymbol{j}+z\boldsymbol{k})+(\omega_x\boldsymbol{i}+\omega_x\boldsymbol{j}+\omega_x\boldsymbol{k})\times\\&\quad[(\omega_y z-\omega_z y)\boldsymbol{i}+(\omega_z x-\omega_x z)\boldsymbol{j}+(\omega_x y-\omega_y x)\boldsymbol{k}]\\&=[\alpha_y z-\alpha_z y+\omega_y(\omega_x y-\omega_y x)-\omega_z(\omega_z x-\omega_x z)]\boldsymbol{i}+\\&\quad[\alpha_z x-\alpha_x z+\omega_z(\omega_y z-\omega_z y)-\omega_x(\omega_x y-\omega_y x)]\boldsymbol{j}+\\&\quad[\alpha_x y-\alpha_y x+\omega_x(\omega_z x-\omega_x z)-\omega_y(\omega_y z-\omega_z y)]\boldsymbol{k}\end{aligned}$$

由上式得到点 A 的加速度在定系各轴上的投影分别为

$$\left.\begin{aligned}a_x&=\alpha_y z-\alpha_z y+\omega_y(\omega_x y-\omega_y x)-\omega_z(\omega_z x-\omega_x z)\\a_y&=\alpha_z x-\alpha_x z+\omega_z(\omega_y z-\omega_z y)-\omega_x(\omega_x y-\omega_y x)\\a_z&=\alpha_x y-\alpha_y x+\omega_x(\omega_z x-\omega_x z)-\omega_y(\omega_y z-\omega_z y)\end{aligned}\right\}\tag{18-21}$$

例题 18-1　如图 18-10 所示，一底面半径为 R、半顶角为 β 的圆锥体在水平地面上作纯滚动。已知圆锥体中轴线 OO'绕铅垂轴 Oz 以匀角速度 Ω 转动，试求圆锥体底面圆周上任一点 B 的速度和加速度。

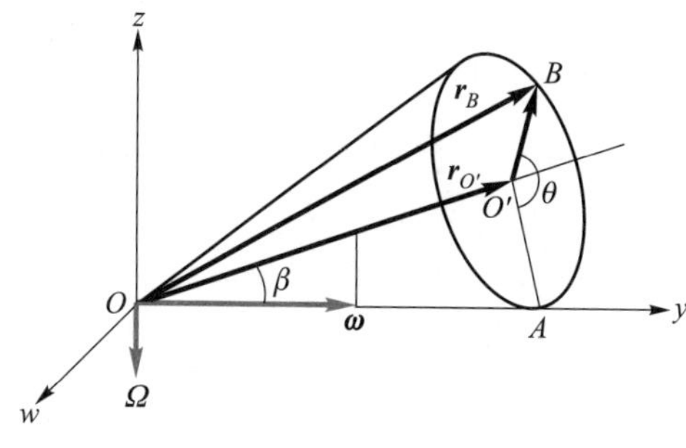

图 18-10

解：显然圆锥体的运动可视为绕点 O 的定点运动。考虑到圆锥体在水平地面上作纯滚动，因此，圆锥体上与地面相接触的母线 OA 上的各点的速度均为零。由此可以判断母线 OA

即为图示瞬时圆锥体的瞬轴，所以圆锥体的角速度 $\boldsymbol{\omega}$ 必然沿母线 OA。点 O' 的速度可根据定点运动刚体上点的速度表达式给出，即

$$\boldsymbol{v}_{O'}=\boldsymbol{\omega}\times\boldsymbol{r}_{O'} \tag{1}$$

故

$$v_{O'}=\omega r_{O'}\sin\beta \tag{2}$$

考虑到圆锥体中轴线 OO' 绕铅垂轴 Oz 以角速度 Ω 转动，故有

$$\boldsymbol{v}_{O'}=\boldsymbol{\Omega}\times\boldsymbol{r}_{O'} \tag{3}$$

所以

$$v_{O'}=\Omega\, r_{O'}\sin\left(\frac{\pi}{2}+\beta\right) \tag{4}$$

比较式(2)和式(3)后，得到

$$\omega r_{O'}\sin\beta=\Omega\, r_{O'}\sin\left(\frac{\pi}{2}+\beta\right) \tag{5}$$

故

$$\omega=\Omega\cot\beta \tag{6}$$

由于圆锥体绕点 O 运动，因此点 B 的速度为

$$\boldsymbol{v}_B=\boldsymbol{\omega}\times\boldsymbol{r}_B \tag{7}$$

用 $\boldsymbol{i}$、$\boldsymbol{j}$、$\boldsymbol{k}$ 表示三个坐标轴的单位矢量，则圆锥体的角速度 $\boldsymbol{\omega}$(图 18-10)可表示为

$$\boldsymbol{\omega}=\omega\boldsymbol{j}=\boldsymbol{j}\Omega\cot\beta \tag{8}$$

点 B 的矢径可表示为

$$\begin{aligned}\boldsymbol{r}_B&=\overrightarrow{OO'}+\overrightarrow{O'B}=(\boldsymbol{j}R\cos\beta\cot\beta+\boldsymbol{k}R\cos\beta)+[-\boldsymbol{i}R\cos(\theta-\pi/2)-\\&\quad\boldsymbol{j}R\sin(\theta-\pi/2)\sin\beta+\boldsymbol{k}R\sin(\theta-\pi/2)\cos\beta]\\&=-\boldsymbol{i}R\sin\theta+\boldsymbol{j}R(\cos\beta\cot\beta+\cos\theta\sin\beta)+\boldsymbol{k}R\cos\beta(1-\cos\theta)\end{aligned} \tag{9}$$

将式(8)和式(9)代入式(7)后，得到点 B 的速度为

$$\boldsymbol{v}_B=R\Omega\cot\beta[\boldsymbol{i}\cos\beta(1-\cos\theta)+\boldsymbol{k}\sin\theta] \tag{10}$$

点 B 的加速度可根据定点运动刚体上点的加速度的表达式给出，即

$$\boldsymbol{a}_B=\boldsymbol{\alpha}\times\boldsymbol{r}_B+\boldsymbol{\omega}\times\boldsymbol{v}_B \tag{11}$$

现在来求圆锥体的角加速度 $\boldsymbol{\alpha}$。由角加速度的定义 $\boldsymbol{\alpha}=\dfrac{\mathrm{d}\boldsymbol{\omega}}{\mathrm{d}t}$ 知，$\boldsymbol{\alpha}$ 等于角速度矢量 $\boldsymbol{\omega}$ 端点的速度。在本题中 $\omega=\Omega\cot\beta=$ 常量，且矢量 $\boldsymbol{\omega}$ 在水平面内绕定轴 z 以匀角速度 Ω 转动。因此，$\boldsymbol{\omega}$ 的端点速度即圆锥体的角加速度 $\boldsymbol{\alpha}$ 可表示为

$$\boldsymbol{\alpha}=\boldsymbol{\Omega}\times\boldsymbol{\omega}=-\Omega\boldsymbol{k}\times\boldsymbol{j}\Omega\cot\beta=\boldsymbol{i}\Omega^2\cot\beta \tag{12}$$

将式(8)、式(9)、式(10)及式(12)代入式(11)后，得到点 B 的加速度

$$\begin{aligned}\boldsymbol{a}_B=R\Omega^2\cot\beta[&\boldsymbol{i}\cot\beta\sin\theta+\boldsymbol{j}\cos\beta(\cos\theta-1)+\\&\boldsymbol{k}\cos\theta(\sin\beta+\cot\beta\cos\beta)]\end{aligned}$$

18-2　刚体定点运动的欧拉动力学方程

18-2-1　定点运动刚体的动量矩

为了建立刚体定点运动的欧拉动力学方程，需首先考察作定点运动的刚体对其定点的动量矩。

如图 18-11 所示，设某刚体相对固定参考系 $Ox_0y_0z_0$ 绕定点 O 运动，其运动的角速度为 $\boldsymbol{\omega}$。在刚体上任取一质点 A，其质量为 m、矢径为 $\boldsymbol{r}$、速度为$\boldsymbol{v}$，则刚体对点 O 的动量矩可表示为

$$\boldsymbol{L}_O=\sum(\boldsymbol{r}\times m\,\boldsymbol{v})=\sum[\boldsymbol{r}\times m(\boldsymbol{\omega}\times\boldsymbol{r})] \tag{18-22}$$

现以点 O 为坐标原点建立同刚体相固连的坐标系 $Oxyz$（图 18-11）。设质点 A 在坐标系 $Oxyz$ 中的坐标为(x,y,z)，角速度矢量 $\boldsymbol{\omega}$ 在轴 Ox、Oy 和 Oz 上的投影分别为 ω_x、ω_y 和 ω_z，则质点 A 的矢径 $\boldsymbol{r}$ 和刚体的角速度 $\boldsymbol{\omega}$ 可以分别表示为

$$\boldsymbol{r}=x\boldsymbol{i}+y\boldsymbol{j}+z\boldsymbol{k} \tag{18-23}$$

$$\boldsymbol{\omega}=\omega_x\boldsymbol{i}+\omega_y\boldsymbol{j}+\omega_z\boldsymbol{k} \tag{18-24}$$

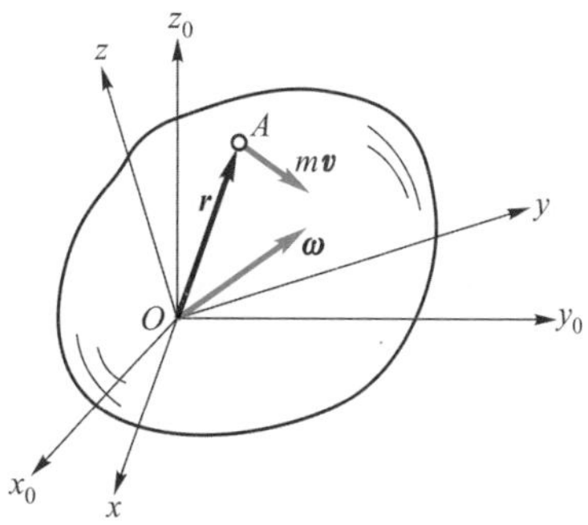

图 18-11

式中，$\boldsymbol{i}$、$\boldsymbol{j}$、$\boldsymbol{k}$ 为坐标系 $Oxyz$ 相应的坐标轴的单位矢量。将以上二式代入式(18-22)，整理后得到

$$\boldsymbol{L}_O=(J_x\omega_x-J_{xy}\omega_y-J_{zx}\omega_z)\boldsymbol{i}+(J_y\omega_y-J_{xy}\omega_x-J_{yz}\omega_z)\boldsymbol{j}+(J_z\omega_z-J_{yz}\omega_y-J_{zx}\omega_x)\boldsymbol{k} \tag{18-25}$$

式中，$J_x=\sum m(y^2+z^2)$、$J_y=\sum m(z^2+x^2)$、$J_z=\sum m(x^2+y^2)$、$J_{xy}=\sum mxy$、$J_{yz}=\sum myz$ 和 $J_{zx}=\sum mzx$分别为刚体对轴 Ox、Oy 和 Oz 的转动惯量，以及刚体对轴 Ox 和 Oy、对轴 Oy 和 Oz、对轴 Oz 和 Ox 的惯性积。式(18-25)就是定点运动的刚体对其定点的动量矩的表达式。

如果坐标系 $Oxyz$ 的三个坐标轴都是刚体在点 O 处的惯性主轴，则三个惯性积 $J_{xy}=J_{yz}=J_{zx}=0$，这样式(18-25)可以简化为

$$\boldsymbol{L}_O=J_x\omega_x\boldsymbol{i}+J_y\omega_y\boldsymbol{j}+J_z\omega_z\boldsymbol{k} \tag{18-26}$$

18-2-2　定点运动刚体的欧拉动力学方程

对定点运动的刚体应用动量矩定理，有

$$\frac{\mathrm{d}\boldsymbol{L}_O}{\mathrm{d}t}=\sum\boldsymbol{M}_O(\boldsymbol{F}) \tag{18-27}$$

将式(18-26)（应用该式时，要注意同刚体相固连的坐标系 $Oxyz$ 的三个坐标轴都是刚体在点 O 处的惯性主轴）代入式(18-27)后，得到

$$J_x\left(\frac{\mathrm{d}\omega_x}{\mathrm{d}t}\boldsymbol{i}+\omega_x\frac{\mathrm{d}\boldsymbol{i}}{\mathrm{d}t}\right)+J_y\left(\frac{\mathrm{d}\omega_y}{\mathrm{d}t}\boldsymbol{j}+\omega_y\frac{\mathrm{d}\boldsymbol{j}}{\mathrm{d}t}\right)+J_z\left(\frac{\mathrm{d}\omega_z}{\mathrm{d}t}\boldsymbol{k}+\omega_x\frac{\mathrm{d}\boldsymbol{k}}{\mathrm{d}t}\right)=\sum\boldsymbol{M}_O(\boldsymbol{F}) \tag{18-28}$$

现在来考察$\frac{\mathrm{d}\boldsymbol{i}}{\mathrm{d}t}$,设点 M 为单位矢量 $\boldsymbol{i}$ 的端点,这样点 M 的速度可表示为

$$\boldsymbol{v}_M=\frac{\mathrm{d}\boldsymbol{i}}{\mathrm{d}t} \tag{18-29}$$

点 M 的速度又可根据定点运动刚体上点的速度的表达式给出,即有

$$\boldsymbol{v}_M=\boldsymbol{\omega}\times\boldsymbol{i} \tag{18-30}$$

比较以上二式后,得到

$$\frac{\mathrm{d}\boldsymbol{i}}{\mathrm{d}t}=\boldsymbol{\omega}\times\boldsymbol{i} \tag{18-31}$$

再将式(18-24)代入上式后,得到

$$\frac{\mathrm{d}\boldsymbol{i}}{\mathrm{d}t}=\omega_z\boldsymbol{j}-\omega_y\boldsymbol{k} \tag{18-32}$$

同理还可推出

$$\frac{\mathrm{d}\boldsymbol{j}}{\mathrm{d}t}=-\omega_z\boldsymbol{i}+\omega_x\boldsymbol{k} \tag{18-33}$$

$$\frac{\mathrm{d}\boldsymbol{k}}{\mathrm{d}t}=\omega_y\boldsymbol{i}-\omega_x\boldsymbol{j} \tag{18-34}$$

根据力对点之矩和力对轴之矩的关系,有

$$\sum\boldsymbol{M}_O(\boldsymbol{F})=\left[\sum M_x(\boldsymbol{F})\right]\boldsymbol{i}+\left[\sum M_y(\boldsymbol{F})\right]\boldsymbol{j}+\left[\sum M_z(\boldsymbol{F})\right]\boldsymbol{k} \tag{18-35}$$

将式(18-32)~式(18-35)代入式(18-28),整理后得到

$$\begin{aligned}\left[J_x\frac{\mathrm{d}\omega_x}{\mathrm{d}t}+(J_z-J_y)\omega_y\omega_z\right]\boldsymbol{i}+\left[J_y\frac{\mathrm{d}\omega_y}{\mathrm{d}t}+(J_x-J_z)\omega_z\omega_x\right]\boldsymbol{j}+\left[J_z\frac{\mathrm{d}\omega_z}{\mathrm{d}t}+(J_y-J_x)\omega_x\omega_y\right]\boldsymbol{k}\\=\left[\sum M_x(\boldsymbol{F})\right]\boldsymbol{i}+\left[\sum M_y(\boldsymbol{F})\right]\boldsymbol{j}+\left[\sum M_z(\boldsymbol{F})\right]\boldsymbol{k}\end{aligned}$$

即

$$\left.\begin{aligned}J_x\frac{\mathrm{d}\omega_x}{\mathrm{d}t}+(J_z-J_y)\omega_y\omega_z=\sum M_x(\boldsymbol{F})\\J_y\frac{\mathrm{d}\omega_y}{\mathrm{d}t}+(J_x-J_z)\omega_z\omega_x=\sum M_y(\boldsymbol{F})\\J_z\frac{\mathrm{d}\omega_z}{\mathrm{d}t}+(J_y-J_x)\omega_x\omega_y=\sum M_z(\boldsymbol{F})\end{aligned}\right\} \tag{18-36}$$

这就是刚体定点运动的微分方程,这组方程首先由欧拉导出,因此也称为刚体定点运动的欧拉动力学方程(Euler's dynamics equation of motion of rigid body about a fixed point)。该方程只建立了作用力矩与角速度、角加速度之间的关系,为获得与刚体姿态(方位)的关系,还需补充运动学方程。如果刚体的姿态是用欧拉角描述的,则可补充刚体定点运动的欧拉运动学方程(18-17),即补充如下方程:

$$\left.\begin{aligned}\omega_x&=\dot{\psi}\sin\theta\sin\varphi+\dot{\theta}\cos\varphi\\ \omega_y&=\dot{\psi}\sin\theta\cos\varphi-\dot{\theta}\sin\varphi\\ \omega_z&=\dot{\psi}\cos\theta+\dot{\varphi}\end{aligned}\right\}\tag{18-37}$$

联立方程(18-36)和式(18-37),即可求解刚体定点运动的动力学两类问题——已知运动求力和已知力求运动。对于后一类问题来说,由于方程(18-36)和式(18-37)均为非线性微分方程,所以一般只能通过数值积分的方法加以解决。

思考题:在刚体定点运动的欧拉动力学方程中 J_x、J_y、J_z 的含义是什么?

18-3　陀螺近似理论

18-3-1　莱查定理

将质点系对固定点的动量矩定理应用于作定点运动的刚体,有

$$\frac{\mathrm{d}\boldsymbol{L}_O}{\mathrm{d}t}=\boldsymbol{M}_O\tag{18-38}$$

式中,$\boldsymbol{L}_O$ 表示刚体对定点 O 的动量矩,$\boldsymbol{M}_O$ 表示作用在刚体上的外力对点 O 的主矩。由点 O 出发所作出的矢量 $\boldsymbol{L}_O$ 一般为变矢量(图 18-12),该矢量的端点 A 的速度可表示为

$$\boldsymbol{u}=\frac{\mathrm{d}\boldsymbol{L}_O}{\mathrm{d}t}\tag{18-39}$$

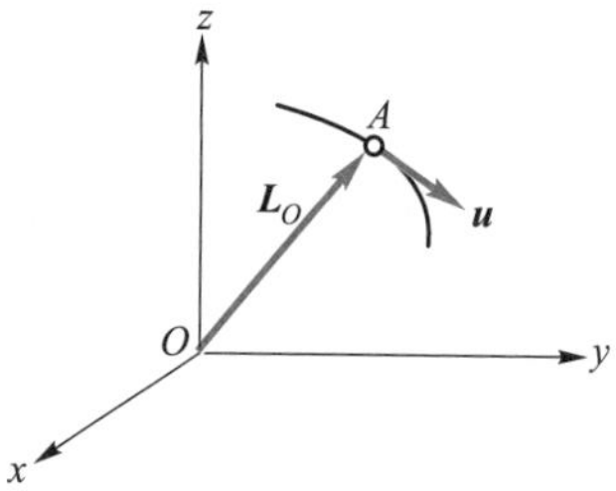

图 18-12

将式(18-38)代入式(18-39)后,得到

$$\boldsymbol{u}=\boldsymbol{M}_O\tag{18-40}$$

上式说明:刚体对固定点的动量矩的矢端点的速度等于作用在刚体上的外力对此定点的主矩。这就是所谓的**莱查定理**(Resal theorem)。

18-3-2　陀螺力矩和陀螺效应

具有旋转对称轴且绕此轴上一固定点运动的刚体称为**陀螺**(gyroscope)。

如图 18-13 所示,设一陀螺以角速度 $\boldsymbol{\omega}$ 绕对称轴 Oz 转动,同时轴 Oz 又以角速度 $\boldsymbol{\Omega}$ 绕固定轴 Oz_0 转动。前一种运动称为陀螺的自转,后一种运动称为陀螺的进动。相应地将 $\boldsymbol{\omega}$ 称为陀螺的自转角速度,$\boldsymbol{\Omega}$ 称为陀螺的进动角速度。显然陀螺的绝对角速度可表示为

$$\boldsymbol{\omega}_{\mathrm{a}}=\boldsymbol{\Omega}+\boldsymbol{\omega}\tag{18-41}$$

在陀螺近似理论中,假设陀螺的自转角速度远大于进动角速度,在这种情况下陀螺对定点 O 的动量矩可近似地表示为

$$\boldsymbol{L}_O=J_z\boldsymbol{\omega}\tag{18-42}$$

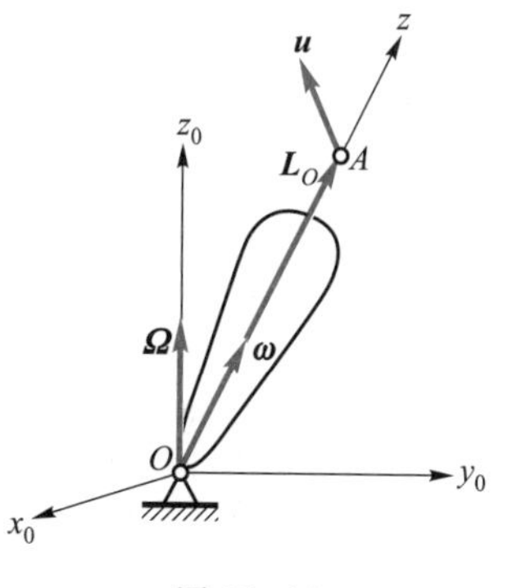

图 18-13

根据莱查定理可知,陀螺所受的外力对定点 O 的主矩为

$$\boldsymbol{M}_O=\boldsymbol{u}=\boldsymbol{\Omega}\times\boldsymbol{L}_O=\boldsymbol{\Omega}\times J_z\boldsymbol{\omega} \tag{18-43}$$

根据作用与反作用定律，陀螺对迫使它改变运动状态的物体施加一反作用力矩。显然该反作用力矩可表示为

$$\boldsymbol{M}'_O=-\boldsymbol{M}_O=J_z\boldsymbol{\omega}\times\boldsymbol{\Omega} \tag{18-44}$$

力矩 $\boldsymbol{M}'_O$是陀螺表现出来的一种惯性阻抗力矩，称为陀螺力矩(gyro torque)。只要高速旋转物体的自转轴被迫改变方向，就会产生陀螺力矩。工程上把这种产生陀螺力矩的效应称为陀螺效应(gyro effect)。如飞机的运动方向发生改变时，因陀螺效应，飞机上的涡轮发动机转子就会作用于轴承上产生附加动压力，称这种附加动压力为陀螺压力(gyro pressure)。过大的陀螺压力会导致轴承的破坏。

例题 18-2 如图 18-14a 所示，飞机发动机的涡轮转子对其转轴的转动惯量 $J_z=22\ \text{kg}\cdot\text{m}^2$，转速 $n=10\ 000$ r/min，轴承 A、B 间的距离 $l=60$ cm，若飞机以角速度 $\Omega=0.25$ rad/s在水平面内左盘旋，试求轴承 A、B 上的陀螺压力。

解：转子的自转角速度大小为

$$\omega=\frac{\pi n}{30}=\frac{\pi\times 10\ 000}{30}\ \text{rad/s}\approx 1\ 047\ \text{rad/s}$$

根据式(18-44)，陀螺力矩的大小为

$$M'_O=J_z\omega\Omega\sin\frac{\pi}{2}=22\times 1\ 047\times 0.25\ \text{N}\cdot\text{m}\approx 5\ 759\ \text{N}\cdot\text{m}$$

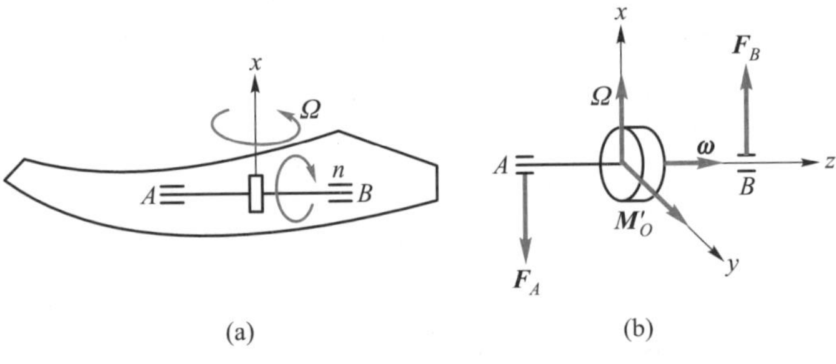

图 18-14

由此可进一步求出作用于轴承 A、B 上的陀螺压力大小为

$$F_A=F_B=\frac{M'_O}{l}=\frac{5\ 759}{0.60}\ \text{N}=9\ 598\ \text{N}$$

方向如图 18-14b 所示。

18-4 刚体的一般运动学

动力学动画：飞机一般运动

18-4-1 刚体的一般运动方程

刚体运动时，若其运动学条件不受任何限制，则称这种运动为刚体的一般运动(general motion of rigid body)。如飞机和潜水艇的运动就属于刚体的一般运动。

如图 18-15 所示，设某一刚体相对固定参考系 $O_0x_0y_0z_0$ 作一般运动，为了确定该刚体相对固定参考系的位置，可在刚体上任选一点 O 作为基点，以基点 O 为原点分别建立固

连于刚体的坐标系 $Oxyz$ 和平移坐标系 $Ox'y'z'$（相对于固定参考系 $O_0x_0y_0z_0$ 作平移），这样刚体的位置可由坐标系 $Oxyz$ 的位置来描述。为此，给出基点 O 在固定参考系 $O_0x_0y_0z_0$ 中的直角坐标 x_O、y_O 和 z_O，以及坐标系 $Oxyz$ 相对平移坐标系 $Ox'y'z'$的三个欧拉角 ψ、θ、φ。这样，作一般运动的刚体的位置可由六个独立的参数 x_O、y_O、z_O、ψ、θ、φ 来确定，当刚体作一般运动时，这六个参数一般可以表示为时间 t 的单值连续函数，即

$$\left.\begin{aligned} x_O &= x_O(t) \\ y_O &= y_O(t) \\ z_O &= z_O(t) \\ \psi &= \psi(t) \\ \theta &= \theta(t) \\ \varphi &= \varphi(t) \end{aligned}\right\} \tag{18-45}$$

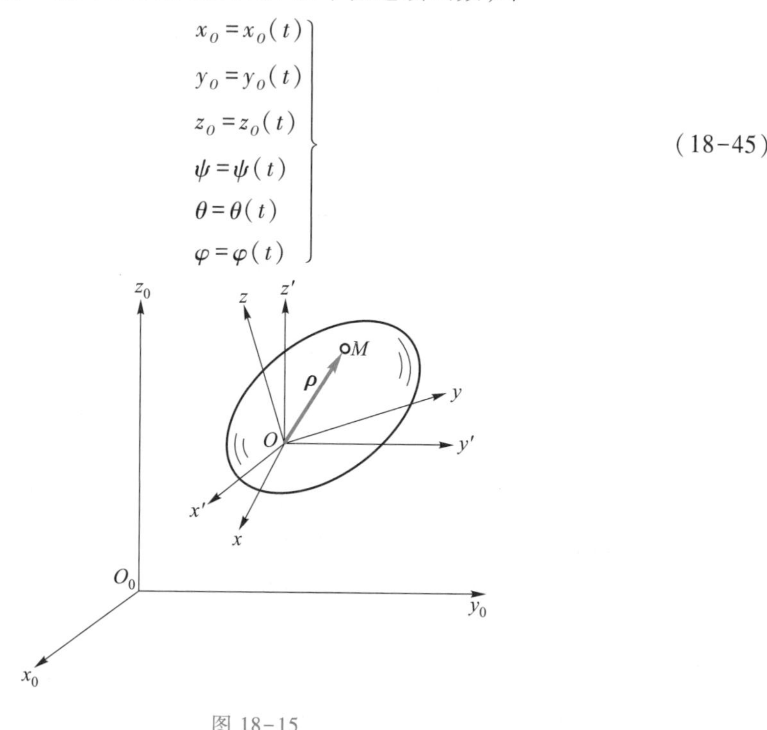

图 18-15

如果已知这六个函数，就可以确定出任意时刻刚体的空间位置。因此，方程（18-45）完全描述了刚体的一般运动规律，它就是**刚体的一般运动方程**（general motion equations of rigid body）。

将理论力学中关于刚体平面运动分解的结论推广到刚体的一般运动，则有：刚体相对于固定参考系 $O_0x_0y_0z_0$ 的一般运动（绝对运动）可以分解为随动系 $Ox'y'z'$的平移（牵连运动）和相对于动系 $Ox'y'z'$的绕点 O 的运动（相对运动）。其中相对运动的运动学问题可按前面介绍的刚体定点运动的运动学理论来处理，这里不再赘述。

18-4-2　一般运动刚体上任意一点的速度和加速度

设点 M 是刚体上的任意一点（图 18-15），根据点的速度合成定理，有

$$\boldsymbol{v}_M = \boldsymbol{v}_e + \boldsymbol{v}_r \tag{18-46}$$

式中，$\boldsymbol{v}_M$、$\boldsymbol{v}_e$和$\boldsymbol{v}_r$分别表示点 M 的绝对速度、牵连速度和相对速度。考虑到牵连运动为平移（即动系 $Ox'y'z'$相对定系 $O_0x_0y_0z_0$ 作平移），故点 M 的牵连速度等于基点 O 相对于定系的速度，即有

$$\boldsymbol{v}_e = \boldsymbol{v}_O \tag{18-47}$$

考虑到刚体相对动系 $Ox'y'z'$的运动是绕“定”点 O 的运动，故点 M 的相对速度

$$\boldsymbol{v}_{\mathrm{r}}=\boldsymbol{\omega}\times\boldsymbol{\rho} \tag{18-48}$$

式中,$\boldsymbol{\rho}$ 为点 M 相对点 O 的矢径,$\boldsymbol{\omega}$ 为刚体相对于动系的角速度。考虑到动系相对定系作平移,因此 $\boldsymbol{\omega}$ 也是刚体相对于定系的角速度。将式(18-47)和式(18-48)代入式(18-46),得到点 M 的速度(指绝对速度)为

$$\boldsymbol{v}_M=\boldsymbol{v}_O+\boldsymbol{\omega}\times\boldsymbol{\rho} \tag{18-49}$$

上式表明:作一般运动的刚体上任意一点的速度等于基点的速度与该点随刚体绕基点的转动速度的矢量和。由于基点在刚体上的选取是任意的,因此,上式也是一般运动刚体上任意两点的速度之间的关系式。

将矢量式(18-49)沿连线 OM 投影,得

$$[\boldsymbol{v}_M]_{OM}=[\boldsymbol{v}_O]_{OM}+[\boldsymbol{\omega}\times\boldsymbol{\rho}]_{OM} \tag{18-50}$$

式中,$[\boldsymbol{v}_M]_{OM}$、$[\boldsymbol{v}_O]_{OM}$、$[\boldsymbol{\omega}\times\boldsymbol{\rho}]_{OM}$分别表示矢量$\boldsymbol{v}_M$、$\boldsymbol{v}_O$和 $\boldsymbol{\omega}\times\boldsymbol{\rho}$ 在连线 OM 上的投影,考虑到矢量 $\boldsymbol{\omega}\times\boldsymbol{\rho}$ 垂直于连线 OM,故有

$$[\boldsymbol{\omega}\times\boldsymbol{\rho}]_{OM}=0 \tag{18-51}$$

这样式(18-50)可进一步写成

$$[\boldsymbol{v}_M]_{OM}=[\boldsymbol{v}_O]_{OM} \tag{18-52}$$

上式表明:作一般运动的刚体上任意两点的速度在其连线上的投影相等。此结论即为**速度投影定理**,这也是速度投影定理的一般形式。在刚体平面运动一章中也曾介绍过速度投影定理,不过那时该定理是以刚体作平面运动为前提进行推证的。

下面再来讨论点 M 的加速度。根据牵连运动为平移(动系 $Ox'y'z'$相对定系 $O_0x_0y_0z_0$ 作平移)时点的加速度合成定理,有

$$\boldsymbol{a}_M=\boldsymbol{a}_{\mathrm{e}}+\boldsymbol{a}_{\mathrm{r}} \tag{18-53}$$

式中,$\boldsymbol{a}_M$、$\boldsymbol{a}_{\mathrm{e}}$ 和 $\boldsymbol{a}_{\mathrm{r}}$ 分别表示点 M 的绝对加速度、牵连加速度和相对加速度。由于牵连运动为平移,故点 M 的牵连加速度等于基点 O 相对于定系的加速度,即有

$$\boldsymbol{a}_{\mathrm{e}}=\boldsymbol{a}_O \tag{18-54}$$

考虑到刚体相对动系 $Ox'y'z'$的运动是绕“定”点 O 的运动,故点 M 的相对加速度为

$$\boldsymbol{a}_{\mathrm{r}}=\boldsymbol{\alpha}\times\boldsymbol{\rho}+\boldsymbol{\omega}\times(\boldsymbol{\omega}\times\boldsymbol{\rho}) \tag{18-55}$$

式中,$\boldsymbol{\alpha}$ 为刚体相对于动系的角加速度。考虑到动系相对定系作平移,因此 $\boldsymbol{\alpha}$ 也是刚体相对于定系的角加速度。将式(18-54)和式(18-55)代入式(18-53),得到点 M 的加速度(指绝对加速度)为

$$\boldsymbol{a}_M=\boldsymbol{a}_O+\boldsymbol{\alpha}\times\boldsymbol{\rho}+\boldsymbol{\omega}\times(\boldsymbol{\omega}\times\boldsymbol{\rho}) \tag{18-56}$$

式(18-56)就是一般运动刚体上任意一点的加速度的表达式。由于基点在刚体上的选取是任意的,因此,该式也是一般运动刚体上任意两点的加速度之间的关系式。

18-5 刚体一般运动的动力学

我们知道刚体的一般运动可分解为随基点的平移和绕基点的定点运动。如果将基点选为刚体的质心,则刚体的一般运动可分解为随质心的平移和绕质心的“定”点运动。其

中刚体随质心的平移可由质心运动定理来描述，而刚体绕质心的“定”点运动可由相对质心的动量矩定理来描述。因此，可以联合应用质心运动定理

$$m_{\mathrm{R}}\boldsymbol{a}_C=\boldsymbol{F}_{\mathrm{R}} \tag{18-57}$$

和相对质心的动量矩定理

$$\frac{\mathrm{d}\boldsymbol{L}_C^{\mathrm{r}}}{\mathrm{d}t}=\boldsymbol{M}_C \tag{18-58}$$

来推导刚体的一般运动微分方程。

为了进行具体分析，通常把上述两个矢量方程投影到合适的坐标系上。由刚体的质心 C 画出的动坐标系 $Cx'y'z'$ 可以与刚体相固连，也可以不固连，以 $\boldsymbol{\omega}$ 表示动坐标系 $Cx'y'z'$ 绕质心 C 转动的角速度。角速度 $\boldsymbol{\omega}$，质心 C 的速度 $\boldsymbol{v}_C$，刚体相对于质心平移坐标系的运动中对质心的动量矩 $\boldsymbol{L}_C^{\mathrm{r}}$，以及作用在刚体上的外力主矢 $\boldsymbol{F}_{\mathrm{R}}$ 和对质心 C 的主矩 $\boldsymbol{M}_C$ 可用各自沿动轴 x'、y'、z' 上的投影分别表示为

$$\boldsymbol{\omega}=\omega_{x'}\boldsymbol{i}'+\omega_{y'}\boldsymbol{j}'+\omega_{z'}\boldsymbol{k}' \tag{18-59}$$

$$\boldsymbol{v}_C=v_{Cx'}\boldsymbol{i}'+v_{Cy'}\boldsymbol{j}'+v_{Cz'}\boldsymbol{k}' \tag{18-60}$$

$$\boldsymbol{L}_C^{\mathrm{r}}=L_{Cx'}^{\mathrm{r}}\boldsymbol{i}'+L_{Cy'}^{\mathrm{r}}\boldsymbol{j}'+L_{Cz'}^{\mathrm{r}}\boldsymbol{k}' \tag{18-61}$$

$$\boldsymbol{F}_{\mathrm{R}}=F_{\mathrm{R}x'}\boldsymbol{i}'+F_{\mathrm{R}y'}\boldsymbol{j}'+F_{\mathrm{R}z'}\boldsymbol{k}' \tag{18-62}$$

$$\boldsymbol{M}_C=M_{Cx'}\boldsymbol{i}'+M_{Cy'}\boldsymbol{j}'+M_{Cz'}\boldsymbol{k}' \tag{18-63}$$

质心 C 的加速度 $\boldsymbol{a}_C$ 和 $\dfrac{\mathrm{d}\boldsymbol{L}_C^{\mathrm{r}}}{\mathrm{d}t}$ 在动坐标系 $Cx'y'z'$ 中可分别表示为

$$\boldsymbol{a}_C=\frac{\mathrm{d}\boldsymbol{v}_C}{\mathrm{d}t}=\frac{\mathrm{d}v_{Cx'}}{\mathrm{d}t}\boldsymbol{i}'+\frac{\mathrm{d}v_{Cy'}}{\mathrm{d}t}\boldsymbol{j}'+\frac{\mathrm{d}v_{Cz'}}{\mathrm{d}t}\boldsymbol{k}'+v_{Cx'}\frac{\mathrm{d}\boldsymbol{i}'}{\mathrm{d}t}+v_{Cy'}\frac{\mathrm{d}\boldsymbol{j}'}{\mathrm{d}t}+v_{Cz'}\frac{\mathrm{d}\boldsymbol{k}'}{\mathrm{d}t} \tag{18-64}$$

$$\frac{\mathrm{d}\boldsymbol{L}_C^{\mathrm{r}}}{\mathrm{d}t}=\frac{\mathrm{d}L_{Cx'}^{\mathrm{r}}}{\mathrm{d}t}\boldsymbol{i}'+\frac{\mathrm{d}L_{Cy'}^{\mathrm{r}}}{\mathrm{d}t}\boldsymbol{j}'+\frac{\mathrm{d}L_{Cz'}^{\mathrm{r}}}{\mathrm{d}t}\boldsymbol{k}'+L_{Cx'}^{\mathrm{r}}\frac{\mathrm{d}\boldsymbol{i}'}{\mathrm{d}t}+L_{Cy'}^{\mathrm{r}}\frac{\mathrm{d}\boldsymbol{j}'}{\mathrm{d}t}+L_{Cz'}^{\mathrm{r}}\frac{\mathrm{d}\boldsymbol{k}'}{\mathrm{d}t} \tag{18-65}$$

考虑到式(18-32)~式(18-34)，将上述表达式代入式(18-57)和式(18-58)后，可以得到

$$\left.\begin{aligned}
&m_{\mathrm{R}}\left(\frac{\mathrm{d}v_{Cx'}}{\mathrm{d}t}+\omega_{y'}v_{Cz'}-\omega_{z'}v_{Cy'}\right)=F_{\mathrm{R}x'}\\
&m_{\mathrm{R}}\left(\frac{\mathrm{d}v_{Cy'}}{\mathrm{d}t}+\omega_{z'}v_{Cx'}-\omega_{x'}v_{Cz'}\right)=F_{\mathrm{R}y'}\\
&m_{\mathrm{R}}\left(\frac{\mathrm{d}v_{Cz'}}{\mathrm{d}t}+\omega_{x'}v_{Cy'}-\omega_{y'}v_{Cx'}\right)=F_{\mathrm{R}z'}\\
&\frac{\mathrm{d}L_{Cx'}^{\mathrm{r}}}{\mathrm{d}t}+\omega_{y'}L_{Cz'}^{\mathrm{r}}-\omega_{z'}L_{Cy'}^{\mathrm{r}}=M_{x'}\\
&\frac{\mathrm{d}L_{Cy'}^{\mathrm{r}}}{\mathrm{d}t}+\omega_{z'}L_{Cx'}^{\mathrm{r}}-\omega_{x'}L_{Cz'}^{\mathrm{r}}=M_{y'}\\
&\frac{\mathrm{d}L_{Cz'}^{\mathrm{r}}}{\mathrm{d}t}+\omega_{x'}L_{Cy'}^{\mathrm{r}}-\omega_{y'}L_{Cx'}^{\mathrm{r}}=M_{z'}
\end{aligned}\right\} \tag{18-66}$$

方程(18-66)即为**刚体的一般运动微分方程**(differential equations of general motion of rigid body)。在飞行力学中,应用这组方程可以研究飞行器在空中的运动规律。

思考题:在刚体的一般运动微分方程中,动坐标系 $Cx'y'z'$ 是否可以与所研究的刚体相固连?

小　　结

1. 刚体的定点运动

(1) 刚体定点运动的特点:在运动中,刚体上有一点始终保持静止。

(2) 刚体的定点运动方程

$$\begin{cases}\psi=\psi(t)\\ \theta=\theta(t)\\ \varphi=\varphi(t)\end{cases}$$

式中,ψ 为进动角,θ 为章动角,φ 为自转角。

(3) 达朗贝尔-欧拉定理:作定点运动的刚体由某一位置到另一位置的任何位移,可以由此刚体绕过该定点的某轴的一次转动来实现。

(4) 刚体定点运动的角速度矢量

刚体的瞬时角速度矢量 $\boldsymbol{\omega}$ 在刚体的连体坐标系各轴上的投影为

$$\begin{cases}\omega_x=\dot{\psi}\sin\theta\sin\varphi+\dot{\theta}\cos\varphi\\ \omega_y=\dot{\psi}\sin\theta\cos\varphi-\dot{\theta}\sin\varphi\\ \omega_z=\dot{\psi}\cos\theta+\dot{\varphi}\end{cases}$$

该式也称为刚体定点运动的欧拉运动学方程。

(5) 刚体定点运动的角加速度矢量为

$$\boldsymbol{\alpha}=\frac{\mathrm{d}\boldsymbol{\omega}}{\mathrm{d}t}$$

(6) 定点运动刚体上任意一点的速度为

$$\boldsymbol{v}=\boldsymbol{\omega}\times\boldsymbol{r}$$

式中,$\boldsymbol{\omega}$ 为刚体的角速度矢量,$\boldsymbol{r}$ 为刚体上任意点的矢径。

(7) 定点运动刚体上任意一点的加速度为

$$\boldsymbol{a}=\boldsymbol{\alpha}\times\boldsymbol{r}+\boldsymbol{\omega}\times\boldsymbol{v}=\boldsymbol{\alpha}\times\boldsymbol{r}+\boldsymbol{\omega}\times(\boldsymbol{\omega}\times\boldsymbol{r})$$

式中,$\boldsymbol{\alpha}$ 为刚体的角加速度矢量。

(8) 刚体定点运动的欧拉动力学方程

$$\begin{cases}J_x\dfrac{\mathrm{d}\omega_x}{\mathrm{d}t}+(J_z-J_y)\omega_y\omega_z=\sum M_x(\boldsymbol{F})\\ J_y\dfrac{\mathrm{d}\omega_y}{\mathrm{d}t}+(J_x-J_z)\omega_z\omega_x=\sum M_y(\boldsymbol{F})\\ J_z\dfrac{\mathrm{d}\omega_z}{\mathrm{d}t}+(J_y-J_x)\omega_x\omega_y=\sum M_z(\boldsymbol{F})\end{cases}$$

式中,J_x、J_y、J_z 分别为刚体对定点 O 处的三个惯性主轴 Ox、Oy 和 Oz 的转动惯量,ω_x、ω_y、ω_z 分别为刚体的角速度矢量沿轴 Ox、Oy 和 Oz 的投影,$\sum M_x(\boldsymbol{F})$、$\sum M_y(\boldsymbol{F})$、$\sum M_z(\boldsymbol{F})$ 分别为作用在刚体上的力对轴 Ox、Oy 和 Oz 的主矩。

2. 刚体的一般运动

(1) 刚体一般运动可以分解为随基点的平移和绕基点的定点运动。

(2) 刚体的一般运动方程

$$\begin{cases} x_O = x_O(t) \\ y_O = y_O(t) \\ z_O = z_O(t) \\ \psi = \psi(t) \\ \theta = \theta(t) \\ \varphi = \varphi(t) \end{cases}$$

式中，x_O、y_O、z_O 为基点 O 的三个直角坐标，ψ、θ、φ 为刚体绕基点 O 转动的欧拉角。

(3) 一般运动刚体上任意一点的速度为

$$\boldsymbol{v}_M = \boldsymbol{v}_O + \boldsymbol{\omega} \times \boldsymbol{\rho}$$

式中，$\boldsymbol{v}_O$ 为基点 O 的速度，$\boldsymbol{\omega}$ 为刚体的角速度，$\boldsymbol{\rho}$ 为刚体上任意一点 M 相对基点 O 的矢径。

(4) 一般运动刚体上任意一点的加速度为

$$\boldsymbol{a}_M = \boldsymbol{a}_O + \boldsymbol{\alpha} \times \boldsymbol{\rho} + \boldsymbol{\omega} \times (\boldsymbol{\omega} \times \boldsymbol{\rho})$$

式中，$\boldsymbol{a}_O$ 为基点 O 的加速度，$\boldsymbol{\alpha}$ 为刚体的角加速度。

(5) 刚体的一般运动微分方程为

$$\begin{cases} m_{\mathrm{R}}\left(\dfrac{\mathrm{d}v_{Cx'}}{\mathrm{d}t} + \omega_{y'} v_{Cz'} - \omega_{z'} v_{Cy'}\right) = F_{\mathrm{R}x'} \\ m_{\mathrm{R}}\left(\dfrac{\mathrm{d}v_{Cy'}}{\mathrm{d}t} + \omega_{z'} v_{Cx'} - \omega_{x'} v_{Cz'}\right) = F_{\mathrm{R}y'} \\ m_{\mathrm{R}}\left(\dfrac{\mathrm{d}v_{Cz'}}{\mathrm{d}t} + \omega_{x'} v_{Cy'} - \omega_{y'} v_{Cx'}\right) = F_{\mathrm{R}z'} \\ \dfrac{\mathrm{d}L^{\mathrm{r}}_{Cx'}}{\mathrm{d}t} + \omega_{y'} L^{\mathrm{r}}_{Cz'} - \omega_{z'} L^{\mathrm{r}}_{Cy'} = M_{x'} \\ \dfrac{\mathrm{d}L^{\mathrm{r}}_{Cy'}}{\mathrm{d}t} + \omega_{z'} L^{\mathrm{r}}_{Cx'} - \omega_{x'} L^{\mathrm{r}}_{Cz'} = M_{y'} \\ \dfrac{\mathrm{d}L^{\mathrm{r}}_{Cz'}}{\mathrm{d}t} + \omega_{x'} L^{\mathrm{r}}_{Cy'} - \omega_{y'} L^{\mathrm{r}}_{Cx'} = M_{z'} \end{cases}$$

式中，m_{R} 为刚体的质量，$v_{Cx'}$、$v_{Cy'}$、$v_{Cz'}$ 分别为刚体质心 C 的速度 $\boldsymbol{v}_C$ 在动轴 Cx'、Cy'、Cz' 上的投影，$\omega_{x'}$、$\omega_{y'}$、$\omega_{z'}$ 分别为动坐标系 $Cx'y'z'$ 的角速度 $\boldsymbol{\omega}$ 在轴 Cx'、Cy'、Cz' 上的投影，$L^{\mathrm{r}}_{Cx'}$、$L^{\mathrm{r}}_{Cy'}$、$L^{\mathrm{r}}_{Cz'}$ 分别为刚体相对于质心平移坐标系的运动中对质心的动量矩 $\boldsymbol{L}^{\mathrm{r}}_C$ 在轴 Cx'、Cy'、Cz' 上的投影，$F_{\mathrm{R}x'}$、$F_{\mathrm{R}y'}$、$F_{\mathrm{R}z'}$ 分别为作用在刚体上的外力的主矢 $\boldsymbol{F}_{\mathrm{R}}$ 在轴 Cx'、Cy'、Cz' 上的投影，$M_{x'}$、$M_{y'}$、$M_{z'}$ 分别为作用在刚体上的外力对质心 C 的主矩 $\boldsymbol{M}_C$ 在轴 Cx'、Cy'、Cz' 上的投影。

习　题

18-1　如题 18-1 图所示陀螺以匀角速度 ω_1 绕自转轴 z 转动，而轴 z 又以每分钟转数 n 绕轴 ζ 转动，轴 z 匀速地画出一圆锥，两轴之间成不变夹角 θ，试求陀螺的角速度和角加速度的大小。

18-2　如题 18-2 图所示圆盘以匀角速度 ω_1 绕水平轴 CD 转动；同时轴 CD 又以匀角速度 ω_2 绕通

过圆盘中心 O 的铅垂轴 AB 转动；如 $\omega_1=5\ \mathrm{rad/s}$，$\omega_2=3\ \mathrm{rad/s}$，试求圆盘的瞬时角速度 $\boldsymbol{\omega}$ 和瞬时角加速度 $\boldsymbol{\alpha}$ 的大小和方向。

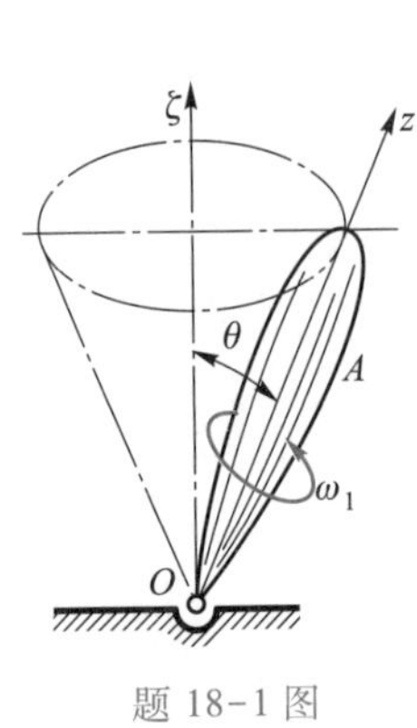

题 18-1 图

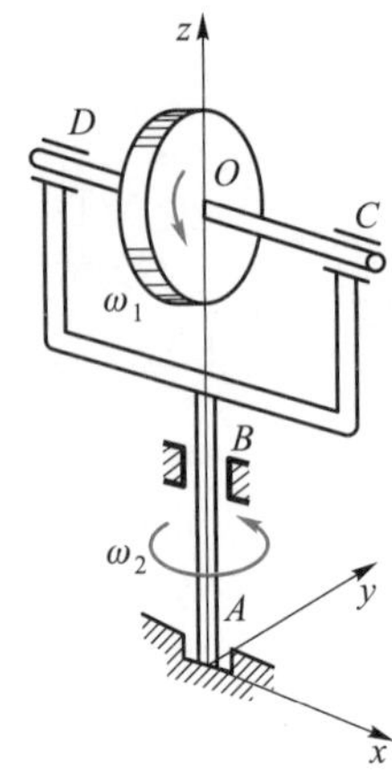

题 18-2 图

18-3 具有固定顶点 O 的圆锥在平面上滚动而不滑动。如题 18-3 图所示圆锥高 $CO=18\ \mathrm{cm}$，顶角 $\angle AOB=90^\circ$。圆锥底面的中心 C 作匀速圆周运动，每秒绕行一周。试求圆锥底面直径 AB 两端点 A 和 B 的速度和加速度。

18-4 如题 18-4 图所示圆锥滚子在水平圆锥环形支座上滚动而不滑动。滚子底面半径 $r=10\sqrt{2}\ \mathrm{cm}$，顶角 $2\theta=90^\circ$，滚子中心 A 以匀速度 $v_A=20\ \mathrm{cm/s}$ 运动，试求圆锥滚子上点 C 和 B 的速度和加速度。

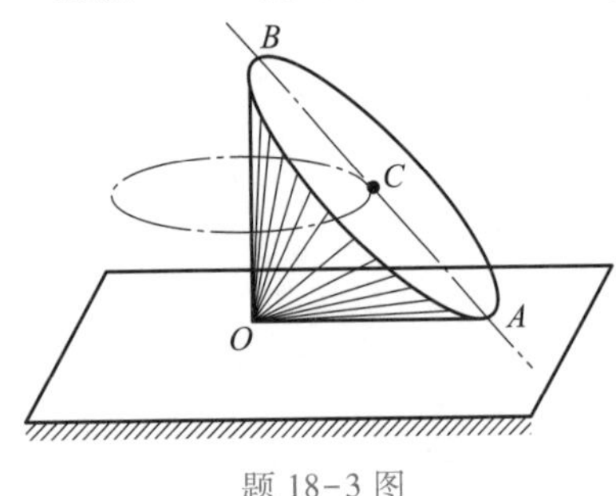

题 18-3 图

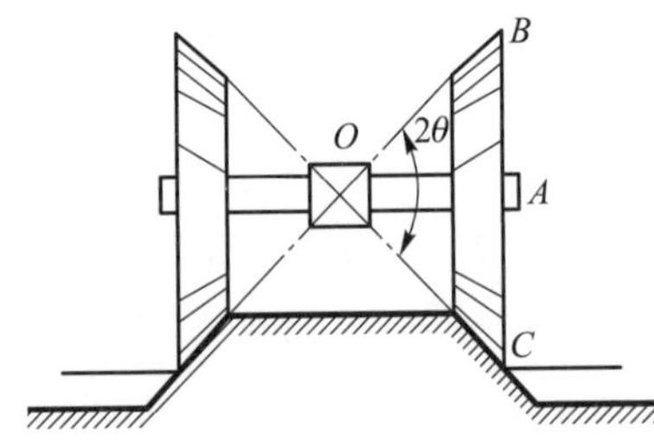

题 18-4 图

18-5 如题 18-5 图所示正方形框架每分钟绕固定轴 AB 转 2 周，圆盘又相对于框架每分钟绕对角线上的轴 BC 转 2 周。试求圆盘的绝对角速度和绝对角加速度。

18-6 如题 18-6 图所示锥齿轮的轴通过平面支座齿轮的中心，锥齿轮每分钟在支座齿轮上滚动 5 次。如果支座齿轮的半径是锥齿轮半径的 2 倍，即 $R=2r$，试求锥齿轮绕其自身轴转动的角速度 ω_1 和绕瞬轴的角速度 ω_2。

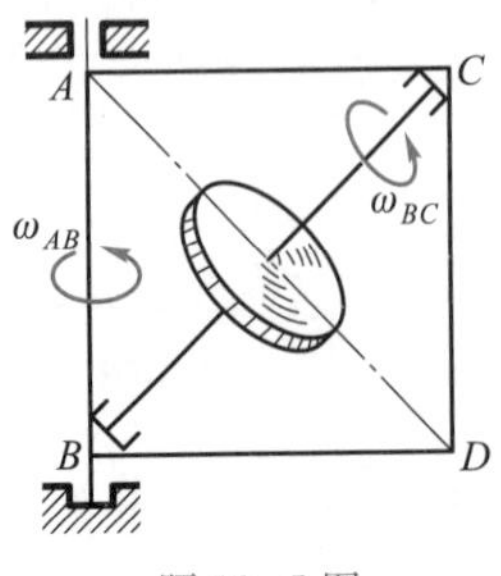

题 18-5 图

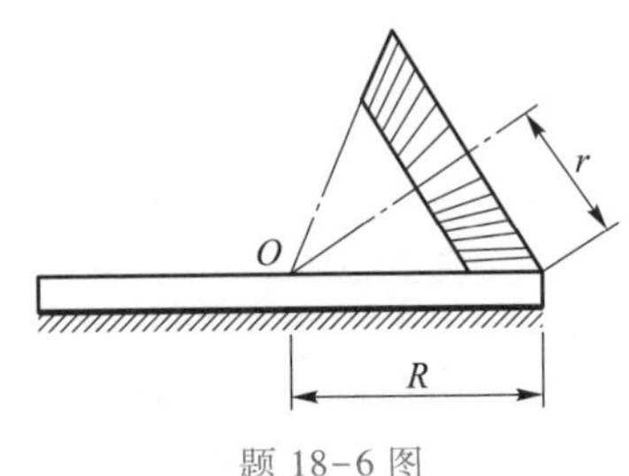

题 18-6 图

18-7　如题 18-7 图所示，汽轮机的转子可看成是均质圆盘，质量 $m=22.7$ kg，半径 $r=0.305$ m，绕自转轴的转速 $n=10\,000$ r/min。两轴承 A、B 间的距离 $l=0.61$ m，汽轮机绕轴 x 的角速度 $\omega=2$ rad/s。试求转子的陀螺力矩以及它在轴承 A、B 上引起的动压力。

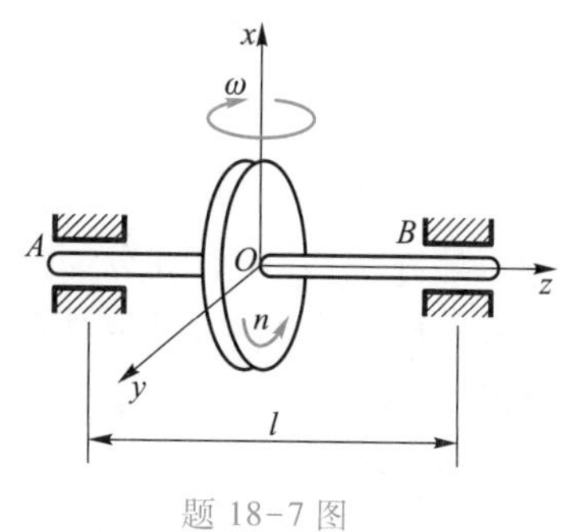

题 18-7 图

18-8　如题 18-8 图所示框架陀螺仪由外框架 A、内框架 B 及转子组成。外框架轴铅垂，在框架 D 点悬挂一质量 $m=0.1$ kg 的重物。陀螺转子的动量矩为 $L=0.2$ N · m · s，$CD=5$ cm，试求当内框架与外框架夹角 $\theta=45°$ 时框架的角速度 $\dot{\psi}$。忽略框架轴承的摩擦。

18-9　如题 18-9 图所示长方形框架重 180 N，绕水平轴 AB 以角速度 $\omega=2\pi$ rad/s 转动。在框架轴承 C 和 D 上安装重 120 N 的飞轮 M 的转轴，飞轮的转速 $n=1\,800$ r/min。当框架在铅垂平面内时，试求轴承 C 和 D 上的陀螺力，以及轴承 A 和 B 上的全压力。飞轮对自转轴 CD 的回转半径为 10 cm，$CD=30$ cm，$l=30$ cm。

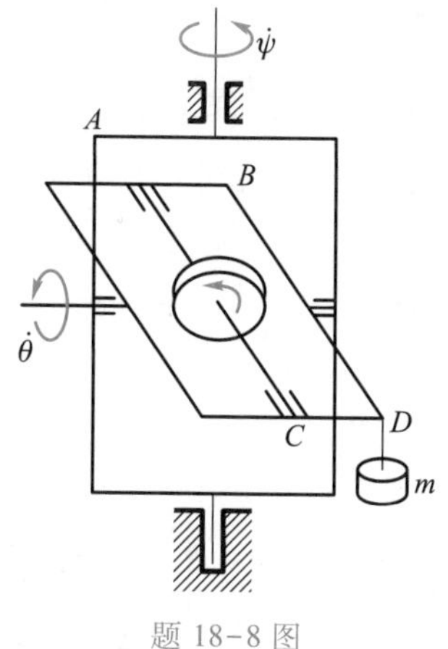

题 18-8 图

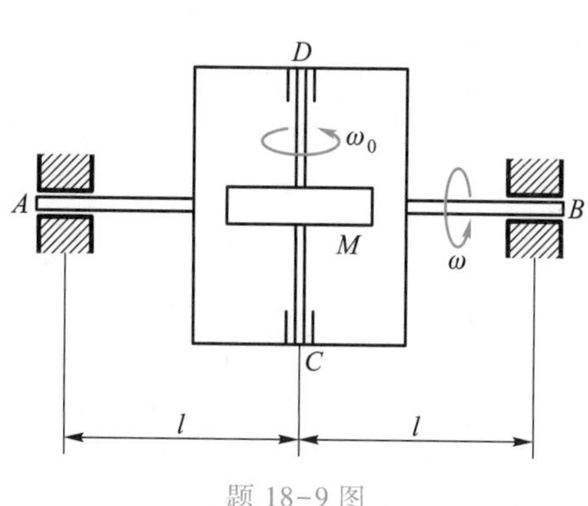

题 18-9 图

18-10　如题 18-10 图所示均质圆盘质量为 m_B，半径为 R，绕水平轴 OB 自转的角速度为 ω。不计轴的质量，欲使 AB 轴在水平面内以角速度 ω_0 绕铅直轴 z 转动（$\omega \gg \omega_0$），试求质量为 m_A 的重物 A 应放置在轴上的位置，即求 x。

18-11　如题 18-11 图所示，质量为 m、长为 l 的均质细杆以柱铰 O 与铅垂轴相连，已知铅垂轴以匀角速度 Ω 转动，试列写出细杆的运动微分方程。

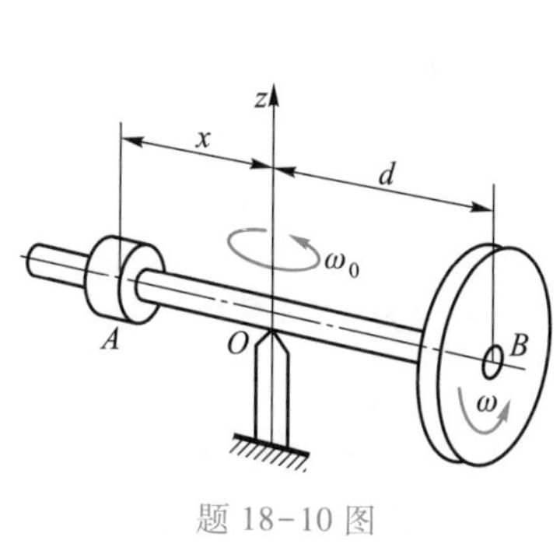

题 18-10 图

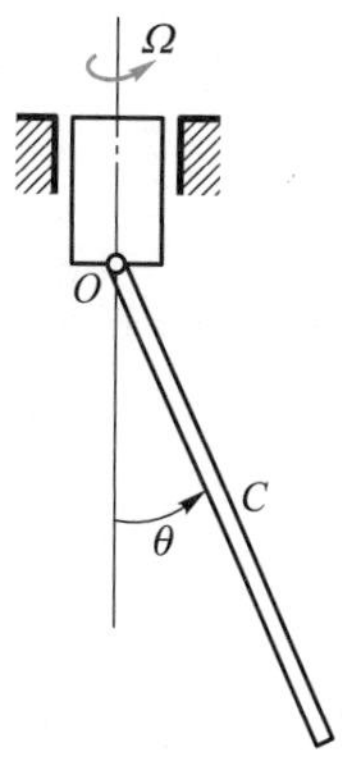

题 18-11 图

第 19 章　动力学普遍方程·拉格朗日方程

研究动力学问题的方法大体上可分为两类：一是以牛顿（Newton）定律为基础的矢量力学方法，二是以变分原理为基础的分析力学方法。本章将介绍后一种方法。概括来讲，分析力学方法是以功和能这样的标量为基本概念，通过引入广义坐标描述系统的位形，运用数学分析的手段来建立系统的运动微分方程。

本章不介绍分析力学的全部内容，而只叙述它的基础部分。重点讲述动力学普遍方程、第一类和第二类拉格朗日方程及其应用。

19-1　动力学普遍方程

设一受有理想约束的非自由系统，设该系统由 n 个质点组成，其中第 i 个质点 M_i 的质量为 m_i，它所受到的主动力和约束力分别为 $\boldsymbol{F}_i$ 和 $\boldsymbol{F}_{\mathrm{R}i}$，该质点相对某一惯性参考系 $Oxyz$ 的加速度为 $\boldsymbol{a}_i$（图 19-1）。根据牛顿第二定律可知

$$m_i\boldsymbol{a}_i=\boldsymbol{F}_i+\boldsymbol{F}_{\mathrm{R}i}\quad(i=1,2,\cdots,n)\tag{19-1}$$

即

$$\boldsymbol{F}_{\mathrm{R}i}=-(\boldsymbol{F}_i-m_i\boldsymbol{a}_i)\quad(i=1,2,\cdots,n)\tag{19-2}$$

由于系统受理想约束，故有

$$\sum_{i=1}^{n}\boldsymbol{F}_{\mathrm{R}i}\cdot\delta\boldsymbol{r}_i=0\tag{19-3}$$

将式（19-2）代入式（19-3），得到

$$\sum_{i=1}^{n}(\boldsymbol{F}_i-m_i\boldsymbol{a}_i)\cdot\delta\boldsymbol{r}_i=0\tag{19-4}$$

方程（19-4）称为**动力学普遍方程**（general equation of dynamics）。它可表述为：在任一时刻作用在受理想约束的系统上的所有的主动力与惯性力在系统的任意一组虚位移上的元功之和等于零。这个结论也称为**拉格朗日形式的达朗贝尔原理**。

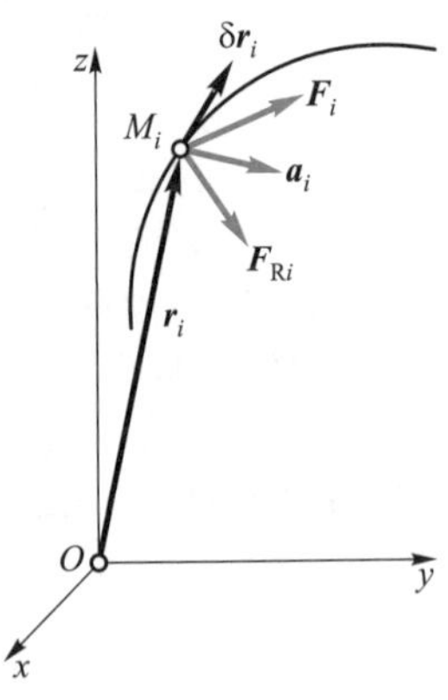

图 19-1

如果用 (x_i,y_i,z_i) 表示质点系中第 i 个质点 M_i 的坐标，F_{ix}、F_{iy} 和 F_{iz} 分别表示力 $\boldsymbol{F}_i$ 在轴 x、y 和 z 上的投影，那么动力学普遍方程（19-4）还可写成如下的形式：

$$\sum_{i=1}^{n}\left[(F_{ix}-m_i\ddot{x}_i)\delta x_i+(F_{iy}-m_i\ddot{y}_i)\delta y_i+(F_{iz}-m_i\ddot{z}_i)\delta z_i\right]=0\tag{19-5}$$

关于动力学普遍方程，有必要作以下两点说明：

（1）此方程只限于约束是理想的情形，至于约束的其他性质并未加以限制。

（2）此方程是分析力学的基本原理，分析力学中的其他形式的动力学方程（如拉格朗

日方程和哈密顿方程)都可以由此方程推出。

思考题：如果约束不是理想的，则动力学方程(19-4)应做怎样的修正？

例题 19-1　瓦特离心调速器以匀角速度 ω 绕铅直轴 z 转动(图 19-2)，飞球 A、B 的质量均为 m，套筒 C 的质量为 m_C，可沿轴 z 上下移动；各杆长为 l，质量可略去不计。试求稳态运动时杆的张角 α(套筒和各铰链处的摩擦均不计)。

解：取调速器系统为研究对象。设在研究瞬时，调整器所在平面重合于固定坐标平面 Oxz。因在稳态运动下张角 α 为常量，故套筒 C 保持静止，而球 A、B 在水平面内作匀速圆周运动，其加速度大小为

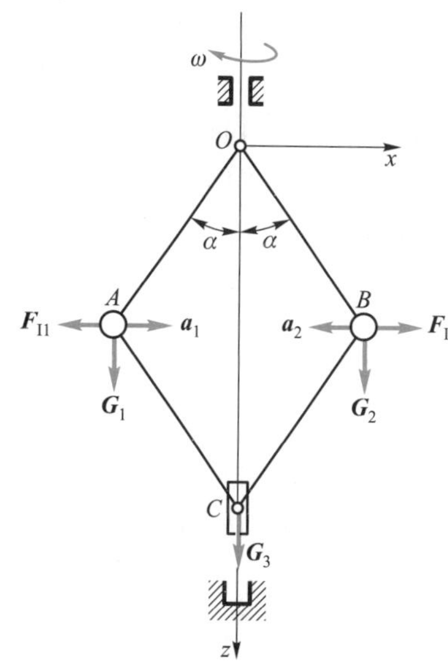

图 19-2

动力学动画：离心调速

$$a_1=a_2=l\omega^2\sin\alpha$$

球 A、B 的惯性力大小为

$$F_{I1}=F_{I2}=ml\omega^2\sin\alpha$$

根据动力学普遍方程(19-5)，有

$$G_{1z}\delta z_1+F_{I1x}\delta x_1+G_{2z}\delta z_2+F_{I2x}\delta x_2+G_{3z}\delta z_3=0 \tag{1}$$

由图 19-2 可知，各力沿坐标轴投影分别为

$$G_{1z}=G_1=mg$$
$$G_{2z}=G_2=mg$$
$$G_{3z}=G_3=m_Cg$$
$$F_{I1x}=-F_{I1}=-ml\omega^2\sin\alpha$$
$$F_{I2x}=F_{I2}=ml\omega^2\sin\alpha$$
$$x_1=-l\sin\alpha$$
$$z_1=l\cos\alpha$$
$$x_2=l\sin\alpha$$
$$z_2=l\cos\alpha$$
$$z_3=2l\cos\alpha$$

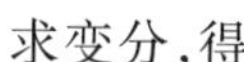
求变分，得

$$\delta x_1=-l\cos\alpha\delta\alpha$$
$$\delta z_1=-l\sin\alpha\delta\alpha$$
$$\delta x_2=l\cos\alpha\delta\alpha$$
$$\delta z_2=-l\sin\alpha\delta\alpha$$
$$\delta z_3=-2l\sin\alpha\delta\alpha$$

将各力投影式和各坐标变分式代入方程(1)，整理后得到

$$2l(ml\omega^2\cos\alpha-mg-m_Cg)\sin\alpha\delta\alpha=0 \tag{2}$$

考虑到 $\delta\alpha$ 的任意性，由方程(2)可得到

$$2l(ml\omega^2\cos\alpha-mg-m_Cg)\sin\alpha=0 \tag{3}$$

从而解出

$$\alpha=0 \text{ 或 } \alpha=\arccos\frac{(m+m_C)g}{ml\omega^2}$$

第一个解是不稳定的，因为只要稍加扰动，调速器就会张开，最后平衡在第二个解给出的

位置上。第二个解建立了稳态运动时调速器的张角 α 与转速 ω 之间的关系，它是设计时选择调速器参数的依据。

19-2 第一类拉格朗日方程

法国数学力学大师拉格朗日将不定乘子法应用于非完整系统的动力学研究时，采用了笛卡儿坐标描述系统的位形，得到了如下所述的第一类拉格朗日方程。下面首先介绍这种方程的推证过程。

设一受有理想约束的非自由系统，该系统由 n 个质点组成，各质点在惯性参考系 $Oxyz$ 中的直角坐标为 x_i、y_i、$z_i(i=1,2,\cdots,n)$，系统受到 m 个非完整约束

$$\sum_{i=1}^{n}(a_{ri}\dot{x}_i+b_{ri}\dot{y}_i+c_{ri}\dot{z}_i)+e_r=0\quad(r=1,2,\cdots,m)\tag{19-6}$$

和 l 个完整约束

$$f_s(x_1,y_1,z_1;\cdots;x_n,y_n,z_n;t)=0\quad(s=1,2,\cdots,l)\tag{19-7}$$

注意式(19-6)中的 a_{ri}、b_{ri}、c_{ri}和 e_r 一般都是关于各质点坐标 x_1、y_1、z_1，$\cdots$，x_n、y_n、z_n 和时间 t 的函数。将式(19-7)对时间求导数，得

$$\sum_{i=1}^{n}\left(\frac{\partial f_s}{\partial x_i}\dot{x}_i+\frac{\partial f_s}{\partial y_i}\dot{y}_i+\frac{\partial f_s}{\partial z_i}\dot{z}_i\right)+\frac{\partial f_s}{\partial t}=0\quad(s=1,2,\cdots,l)\tag{19-8}$$

由方程式(19-6)和式(19-7)可知虚位移$(\delta x_i,\delta y_i,\delta z_i)$所应满足的限制条件为

$$\sum_{i=1}^{n}(a_{ri}\delta x_i+b_{ri}\delta y_i+c_{ri}\delta z_i)=0\quad(r=1,2,\cdots,m)\tag{19-9}$$

和

$$\sum_{i=1}^{n}\left(\frac{\partial f_s}{\partial x_i}\delta x_i+\frac{\partial f_s}{\partial y_i}\delta y_i+\frac{\partial f_s}{\partial z_i}\delta z_i\right)=0\quad(s=1,2,\cdots,l)\tag{19-10}$$

将式(19-9)乘以不定乘子 $\lambda_r(r=1,2,\cdots,m)$，然后相加，得到

$$\sum_{r=1}^{m}\left[\lambda_r\sum_{i=1}^{n}(a_{ri}\delta x_i+b_{ri}\delta y_i+c_{ri}\delta z_i)\right]=0\tag{19-11}$$

即

$$\sum_{i=1}^{n}\left(\sum_{r=1}^{m}\lambda_r a_{ri}\right)\delta x_i+\sum_{i=1}^{n}\left(\sum_{r=1}^{m}\lambda_r b_{ri}\right)\delta y_i+\sum_{i=1}^{n}\left(\sum_{r=1}^{m}\lambda_r c_{ri}\right)\delta z_i=0\tag{19-12}$$

同理将式(19-10)乘以不定乘子 $\mu_s(s=1,2,\cdots,l)$，然后相加，得到

$$\sum_{i=1}^{n}\left(\sum_{s=1}^{l}\mu_s\frac{\partial f_s}{\partial x_i}\right)\delta x_i+\sum_{i=1}^{n}\left(\sum_{s=1}^{l}\mu_s\frac{\partial f_s}{\partial y_i}\right)\delta y_i+\sum_{i=1}^{n}\left(\sum_{s=1}^{l}\mu_s\frac{\partial f_s}{\partial z_i}\right)\delta z_i=0\tag{19-13}$$

将方程式(19-12)、式(19-13)和动力学普遍方程式(19-5)相加，得到：

$$\sum_{i=1}^{n}\left(\sum_{r=1}^{m}\lambda_r a_{ri}+\sum_{s=1}^{l}\mu_s\frac{\partial f_s}{\partial x_i}+F_{ix}-m_i\ddot{x}_i\right)\delta x_i+\sum_{i=1}^{n}\left(\sum_{r=1}^{m}\lambda_r b_{ri}+\sum_{s=1}^{l}\mu_s\frac{\partial f_s}{\partial y_i}+F_{iy}-m_i\ddot{y}_i\right)\delta y_i+\sum_{i=1}^{n}\left(\sum_{r=1}^{m}\lambda_r c_{ri}+\sum_{s=1}^{l}\mu_s\frac{\partial f_s}{\partial z_i}+F_{iz}-m_i\ddot{z}_i\right)\delta z_i=0\tag{19-14}$$

为了方便后续推导，特引入以下符号：

$$\xi_i = x_i \quad (i=1,2,\cdots,n) \tag{19-15}$$

$$\xi_{n+i} = y_i \quad (i=1,2,\cdots,n) \tag{19-16}$$

$$\xi_{2n+i} = z_i \quad (i=1,2,\cdots,n) \tag{19-17}$$

$$h_{ri} = a_{ri} \quad (r=1,2,\cdots,m) \quad (i=1,2,\cdots,n) \tag{19-18}$$

$$h_{r(n+i)} = b_{ri} \quad (r=1,2,\cdots,m) \quad (i=1,2,\cdots,n) \tag{19-19}$$

$$h_{r(2n+i)} = c_{ri} \quad (r=1,2,\cdots,m) \quad (i=1,2,\cdots,n) \tag{19-20}$$

$$P_i = F_{ix} \quad (i=1,2,\cdots,n) \tag{19-21}$$

$$P_{n+i} = F_{iy} \quad (i=1,2,\cdots,n) \tag{19-22}$$

$$P_{2n+i} = F_{iz} \quad (i=1,2,\cdots,n) \tag{19-23}$$

引入上述符号后,式(19-9)、式(19-10)和式(19-14)可以分别改写成如下的形式:

$$\sum_{i=1}^{3n} h_{ri}\delta\xi_i = 0 \quad (r = 1,2,\cdots,m) \tag{19-24}$$

$$\sum_{i=1}^{3n} \frac{\partial f_s}{\partial \xi_i}\delta\xi_i = 0 \quad (s = 1,2,\cdots,l) \tag{19-25}$$

$$\sum_{i=1}^{3n}\left(\sum_{r=1}^{m}\lambda_r h_{ri} + \sum_{s=1}^{l}\mu_s\frac{\partial f_s}{\partial \xi_i} + P_i - m_i\ddot{\xi}_i\right)\delta\xi_i = 0 \tag{19-26}$$

由于存在约束关系式(19-24)和式(19-25),使得式(19-26)中的 $3n$ 个变量的变分 $\delta\xi_i(i=1,2,\cdots,3n)$ 中只有 $3n-m-l$ 个是彼此独立的。另外,该式中还含有$m+l$ 个不定乘子 $\lambda_r(r=1,2,\cdots,m)$ 和 $\mu_s(s=1,2,\cdots,l)$。可以约定这样来选取各个不定乘子,使得上式中前 $m+l$ 个非独立变量变分 $\delta\xi_1$、$\delta\xi_2$、…、$\delta\xi_{m+l}$前的系数为零,即

$$\sum_{r=1}^{m}\lambda_r h_{ri} + \sum_{s=1}^{l}\mu_s\frac{\partial f_s}{\partial \xi_i} + P_i - m_i\ddot{\xi}_i = 0 \quad (i = 1,2,\cdots,m + l) \tag{19-27}$$

这样一来,式(19-26)就变为

$$\sum_{i=m+l+1}^{3n}\left(\sum_{r=1}^{m}\lambda_r h_{ri} + \sum_{s=1}^{l}\mu_s\frac{\partial f_s}{\partial \xi_i} + P_i - m_i\ddot{\xi}_i\right)\delta\xi_i = 0 \tag{19-28}$$

而余下的这 $3n-m-l$ 个变量的变分 $\delta\xi_{m+l+1}$、$\delta\xi_{m+l+2}$、…、$\delta\xi_{3n}$是互相独立的,这样由式(19-28)即可得到

$$\sum_{r=1}^{m}\lambda_r h_{ri} + \sum_{s=1}^{l}\mu_s\frac{\partial f_s}{\partial \xi_i} + P_i - m_i\ddot{\xi}_i = 0 \quad (i = m + l + 1,\cdots,3n) \tag{19-29}$$

将方程式(19-27)和式(19-29)合写在一起,得到

$$\sum_{r=1}^{m}\lambda_r h_{ri} + \sum_{s=1}^{l}\mu_s\frac{\partial f_s}{\partial \xi_i} + P_i - m_i\ddot{\xi}_i = 0 \quad (i = 1,2,\cdots,3n) \tag{19-30}$$

把式(19-15)~式(19-23)代入方程式(19-30)后,得到

$$\left.\begin{aligned} m_i\ddot{x}_i &= F_{ix} + \sum_{r=1}^{m}\lambda_r a_{ri} + \sum_{s=1}^{l}\mu_s\frac{\partial f_s}{\partial x_i} \\ m_i\ddot{y}_i &= F_{iy} + \sum_{r=1}^{m}\lambda_r b_{ri} + \sum_{s=1}^{l}\mu_s\frac{\partial f_s}{\partial y_i} \\ m_i\ddot{z}_i &= F_{iz} + \sum_{r=1}^{m}\lambda_r c_{ri} + \sum_{s=1}^{l}\mu_s\frac{\partial f_s}{\partial z_i} \end{aligned}\right\} \quad (i = 1,2,\cdots,n) \tag{19-31}$$

方程式(19-31)就是第一类拉格朗日方程(Lagrange equation of the first kind)。该方程既适合于受理想约束的完整系统,又适合于受理想约束的非完整系统。将方程式(19-31)同约束方程式(19-6)和式(19-7)联立起来,形成一个含有 $3n$ 个未知函数 $x_i(t)$、$y_i(t)$、$z_i(t)$ $(i=1,2,\cdots,n)$ 和 $m+l$ 个乘子 λ_r、μ_s $(r=1,2,\cdots,m;s=1,2,\cdots,l)$ 的方程组。结合系统运动的初始条件,求解这组方程即可得到这 $3n+m+l$ 个未知量随时间的变化规律。

将第一类拉格朗日方程同质点的直角坐标形式的运动微分方程相比较,可以看出:第一类拉格朗日方程右端带有乘子的两项实际上分别是由非完整约束和完整约束作用在第 i 个质点上的约束力在相应坐标轴上的投影。

需要指出,对于含多个质点的系统来说,由于其第一类拉格朗日方程的维数很高,因此应用该方程进行动力学问题分析和计算往往并不方便。

下面举例说明第一类拉格朗日方程的应用。

例题 19-2 两个质量均为 m 的质点 M_1 和 M_2,由一长度为 l 的刚性杆相连,杆的质量可忽略不计,若此系统只能在铅垂面内运动,且杆中点的速度必须沿杆向(图 19-3)。试建立该系统运动的数学模型。

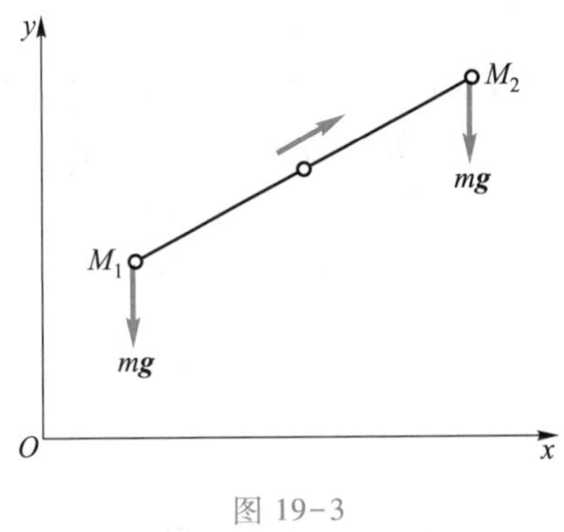

图 19-3

解:选坐标平面 Oxy 为系统运动的平面,且轴 y 铅垂向上。设质点 M_1 和 M_2 的坐标分别为 (x_1,y_1) 和 (x_2,y_2)。考虑到质点 M_1 和 M_2 被一长度为 l 的刚性杆相连,故系统满足如下的完整约束:

$$(x_2-x_1)^2+(y_2-y_1)^2-l^2=0 \tag{1}$$

又考虑到杆 M_1M_2 的中点的速度沿杆向,所以系统还满足如下的非完整约束:

$$(x_2-x_1)(\dot{y}_2+\dot{y}_1)-(\dot{x}_2+\dot{x}_1)(y_2-y_1)=0 \tag{2}$$

由此可见所研究的系统为一具有两自由度的非完整系统。约束方程式(1)和式(2)可分别写为如下的变分形式:

$$(x_2-x_1)\delta x_1+(y_2-y_1)\delta y_1+(x_1-x_2)\delta x_2+(y_1-y_2)\delta y_2=0 \tag{3}$$

$$(y_1-y_2)\delta x_1+(x_2-x_1)\delta y_1+(y_1-y_2)\delta x_2+(x_2-x_1)\delta y_2=0 \tag{4}$$

根据第一类拉格朗日方程,有

$$m\ddot{x}_1=\lambda_1(y_1-y_2)+\mu_1(x_2-x_1) \tag{5}$$

$$m\ddot{y}_1=-mg+\lambda_1(x_2-x_1)+\mu_1(y_2-y_1) \tag{6}$$

$$m\ddot{x}_2=\lambda_1(y_1-y_2)+\mu_1(x_1-x_2) \tag{7}$$

$$m\ddot{y}_2=-mg+\lambda_1(x_2-x_1)+\mu_1(y_1-y_2) \tag{8}$$

将方程式(1)、式(2)和方程式(5)~式(8)联立形成如下的一个方程组：

$$\begin{cases}(x_2-x_1)^2+(y_2-y_1)^2-l^2=0\\(x_2-x_1)(\dot{y}_2+\dot{y}_1)-(\dot{x}_2+\dot{x}_1)(y_2-y_1)=0\\m\ddot{x}_1=\lambda_1(y_1-y_2)+\mu_1(x_2-x_1)\\m\ddot{y}_1=-mg+\lambda_1(x_2-x_1)+\mu_1(y_2-y_1)\\m\ddot{x}_2=\lambda_1(y_1-y_2)+\mu_1(x_1-x_2)\\m\ddot{y}_2=-mg+\lambda_1(x_2-x_1)+\mu_1(y_1-y_2)\end{cases}$$

该方程组即为描述系统运动的数学模型，它是一个微分、代数混合方程组。结合系统运动的初始条件，利用适当的数值方法求解该方程组，即可得到系统的运动规律。

19-3　第二类拉格朗日方程

系统的位形除了可以用笛卡儿坐标描述外，还可以用广义坐标来描述。所以人们很自然地想到如能给出以广义坐标所表示的系统动力学方程，那么对分析系统的运动规律和研究系统的动力学特性都将是非常有利的。18 世纪拉格朗日首次通过数学分析的方法建立了以广义坐标表示的受理想约束的完整系统的动力学方程——第二类拉格朗日方程。该方程可以通过多种不同的途径得到。本书将应用动力学普遍方程推导第二类拉格朗日方程。

设某一受理想约束的系统由 n 个质点组成，q_1、q_2、…、q_k 为描述该系统位形的独立广义坐标。系统中任一质点 M_i 相对惯性参考系 $Oxyz$ 的矢径 $\boldsymbol{r}_i$ 可表示为

$$\boldsymbol{r}_i=\boldsymbol{r}_i(q_1,q_2,\cdots,q_k;t)\quad(i=1,2,\cdots,n) \tag{19-32}$$

此函数中显含时间 t 是为了考虑约束为非定常的情况，如只有定常约束，则函数中不显含时间 t。

在推导第二类拉格朗日方程时将用到如下两个重要关系式——拉格朗日变换式：

$$\frac{\partial\dot{\boldsymbol{r}}_i}{\partial\dot{q}_j}=\frac{\partial\boldsymbol{r}_i}{\partial q_j}\quad(i=1,2,\cdots,n)\quad(j=1,2,\cdots,k) \tag{19-33}$$

$$\frac{\partial\dot{\boldsymbol{r}}_i}{\partial q_j}=\frac{\mathrm{d}}{\mathrm{d}t}\left(\frac{\partial\boldsymbol{r}_i}{\partial q_j}\right)\quad(i=1,2,\cdots,n)\quad(j=1,2,\cdots,k) \tag{19-34}$$

先证明式(19-33)。

将式(19-32)对时间求导数，得

$$\dot{\boldsymbol{r}}_i=\sum_{l=1}^{k}\frac{\partial\boldsymbol{r}_i}{\partial q_l}\dot{q}_l+\frac{\partial\boldsymbol{r}_i}{\partial t}\quad(i=1,2,\cdots,n) \tag{19-35}$$

再将上式对 $\dot{q}_j$ 求偏导数，便可得到式(19-33)。

下面再来证明式(19-34)。

将式(19-35)对 q_j 求偏导数，得

$$\frac{\partial\dot{\boldsymbol{r}}_i}{\partial q_j}=\sum_{l=1}^{k}\frac{\partial^2\boldsymbol{r}_i}{\partial q_l\,\partial q_j}\dot{q}_l+\frac{\partial^2\boldsymbol{r}_i}{\partial t\,\partial q_j}\quad(i=1,2,\cdots,n;j=1,2,\cdots,k) \tag{19-36}$$

考虑到$\dfrac{\partial \boldsymbol{r}_i}{\partial q_j}$是 q_1、q_2、…、q_k 和 t 的函数，因此$\dfrac{\mathrm{d}}{\mathrm{d}t}\left(\dfrac{\partial \boldsymbol{r}_i}{\partial q_j}\right)$可以写成

$$\frac{\mathrm{d}}{\mathrm{d}t}\left(\frac{\partial \boldsymbol{r}_i}{\partial q_j}\right) = \sum_{l=1}^{k} \frac{\partial^2 \boldsymbol{r}_i}{\partial q_j\, \partial q_l}\dot{q}_l + \frac{\partial^2 \boldsymbol{r}_i}{\partial q_j\, \partial t} \quad (i = 1,2,\cdots,n; j = 1,2,\cdots,k) \tag{19-37}$$

设函数(19-32)具有连续的二阶偏导数，这样就有

$$\frac{\partial^2 \boldsymbol{r}_i}{\partial q_l\, \partial q_j} = \frac{\partial^2 \boldsymbol{r}_i}{\partial q_j\, \partial q_l} \quad (i=1,2,\cdots,n; j=1,2,\cdots,k; l=1,2,\cdots,k) \tag{19-38}$$

$$\frac{\partial^2 \boldsymbol{r}_i}{\partial t\, \partial q_j} = \frac{\partial^2 \boldsymbol{r}_i}{\partial q_j\, \partial t} \quad (i=1,2,\cdots,n; j=1,2,\cdots,k) \tag{19-39}$$

考虑到以上两式后，将式(19-36)和式(19-37)进行比较，便可得到式(19-34)。

下面接着来推导第二类拉格朗日方程。将式(19-32)取变分，得

$$\delta \boldsymbol{r}_i = \sum_{j=1}^{k} \frac{\partial \boldsymbol{r}_i}{\partial q_j}\delta q_j \quad (i = 1,2,\cdots,n) \tag{19-40}$$

根据动力学普遍方程，有

$$\sum_{i=1}^{n} \boldsymbol{F}_i \cdot \delta \boldsymbol{r}_i - \sum_{i=1}^{n} m_i \ddot{\boldsymbol{r}}_i \cdot \delta \boldsymbol{r}_i = 0 \tag{19-41}$$

上式左端的第一项 $\sum\limits_{i=1}^{n} \boldsymbol{F}_i \cdot \delta \boldsymbol{r}_i$ 表示作用于系统上的所有主动力在系统虚位移中的元功之和。考虑到式(19-40)后，有

$$\sum_{i=1}^{n} \boldsymbol{F}_i \cdot \delta \boldsymbol{r}_i = \sum_{i=1}^{n} \left(\boldsymbol{F}_i \cdot \sum_{j=1}^{k} \frac{\partial \boldsymbol{r}_i}{\partial q_j}\delta q_j\right) = \sum_{j=1}^{k} \left(\sum_{i=1}^{n} \boldsymbol{F}_i \cdot \frac{\partial \boldsymbol{r}_i}{\partial q_j}\right) \delta q_j \tag{19-42}$$

考虑到

$$Q_j = \sum_{i=1}^{n} \boldsymbol{F}_i \cdot \frac{\partial \boldsymbol{r}_i}{\partial q_j} \quad (j = 1,2,\cdots,k) \tag{19-43}$$

为对应于广义坐标 q_j 的广义力（广义力的概念见 15-6 节）。这样式(19-42)可以写成

$$\sum_{i=1}^{n} \boldsymbol{F}_i \cdot \delta \boldsymbol{r}_i = \sum_{j=1}^{k} Q_j \delta q_j \tag{19-44}$$

式(19-41)左端的第二项 $-\sum\limits_{i=1}^{n} m_i \ddot{\boldsymbol{r}}_i \cdot \delta \boldsymbol{r}_i$ 表示系统的惯性力系在系统虚位移中的元功之和。考虑到式(19-40)后，有

$$-\sum_{i=1}^{n} m_i \ddot{\boldsymbol{r}}_i \cdot \delta \boldsymbol{r}_i = -\sum_{i=1}^{n} \left(m_i \ddot{\boldsymbol{r}}_i \cdot \sum_{j=1}^{k} \frac{\partial \boldsymbol{r}_i}{\partial q_j}\delta q_j\right) = \sum_{j=1}^{k} \left(-\sum_{i=1}^{n} m_i \ddot{\boldsymbol{r}}_i \cdot \frac{\partial \boldsymbol{r}_i}{\partial q_j}\right) \delta q_j \tag{19-45}$$

定义

$$Q'_j = -\sum_{i=1}^{n} m_i \ddot{\boldsymbol{r}}_i \cdot \frac{\partial \boldsymbol{r}_i}{\partial q_j} \quad (j = 1,2,\cdots,k) \tag{19-46}$$

为对应于广义坐标 q_j 的广义惯性力。这样式(19-45)可以写成

$$-\sum_{i=1}^{n} m_i \ddot{\boldsymbol{r}}_i \cdot \delta \boldsymbol{r}_i = \sum_{j=1}^{k} Q'_j \delta q_j \tag{19-47}$$

将式(19-44)和式(19-47)代入方程式(19-41)后，得到

$$\sum_{j=1}^{k}(Q_j + Q'_j)\delta q_j = 0 \tag{19-48}$$

根据求导运算规则,式(19-46)可以写成

$$Q'_j = -\sum_{i=1}^{n} m_i \frac{\mathrm{d}}{\mathrm{d}t}\left(\dot{\boldsymbol{r}}_i \cdot \frac{\partial \boldsymbol{r}_i}{\partial q_j}\right) + \sum_{i=1}^{n} m_i \dot{\boldsymbol{r}}_i \cdot \frac{\mathrm{d}}{\mathrm{d}t}\left(\frac{\partial \boldsymbol{r}_i}{\partial q_j}\right) \quad (j=1,2,\cdots,k) \tag{19-49}$$

考虑到拉格朗日变换式(19-33)和式(19-34)后,上式又可以写成

$$\begin{aligned} Q'_j &= -\sum_{i=1}^{n} m_i \frac{\mathrm{d}}{\mathrm{d}t}\left(\dot{\boldsymbol{r}}_i \cdot \frac{\partial \dot{\boldsymbol{r}}_i}{\partial \dot{q}_j}\right) + \sum_{i=1}^{n} m_i \dot{\boldsymbol{r}}_i \cdot \frac{\partial \dot{\boldsymbol{r}}_i}{\partial q_j} \\ &= -\sum_{i=1}^{n} \frac{\mathrm{d}}{\mathrm{d}t}\left[\frac{\partial}{\partial \dot{q}_j}\left(\frac{1}{2} m_i \dot{\boldsymbol{r}}_i \cdot \dot{\boldsymbol{r}}_i\right)\right] + \sum_{i=1}^{n} \frac{\partial}{\partial q_j}\left(\frac{1}{2} m_i \dot{\boldsymbol{r}}_i \cdot \dot{\boldsymbol{r}}_i\right) \\ &= -\frac{\mathrm{d}}{\mathrm{d}t}\left[\frac{\partial}{\partial \dot{q}_j}\left(\sum_{i=1}^{n} \frac{1}{2} m_i \dot{\boldsymbol{r}}_i \cdot \dot{\boldsymbol{r}}_i\right)\right] + \frac{\partial}{\partial q_j}\left(\sum_{i=1}^{n} \frac{1}{2} m_i \dot{\boldsymbol{r}}_i \cdot \dot{\boldsymbol{r}}_i\right) \\ &= -\frac{\mathrm{d}}{\mathrm{d}t}\left(\frac{\partial T}{\partial \dot{q}_j}\right) + \frac{\partial T}{\partial q_j} \quad (j=1,2,\cdots,k) \end{aligned} \tag{19-50}$$

这里

$$T = \sum_{i=1}^{n} \frac{1}{2} m_i \dot{\boldsymbol{r}}_i \cdot \dot{\boldsymbol{r}}_i \tag{19-51}$$

为系统的动能。将式(19-50)代入方程式(19-48)后,得到

$$\sum_{j=1}^{k}\left[Q_j - \frac{\mathrm{d}}{\mathrm{d}t}\left(\frac{\partial T}{\partial \dot{q}_j}\right) + \frac{\partial T}{\partial q_j}\right]\delta q_j = 0 \tag{19-52}$$

方程式(19-52)称为广义坐标形式的动力学普遍方程(general equation of dynamics in terms of generalized coordinates)。需要说明的是,在推导该方程的过程中只限定了所研究的系统是受理想约束的系统,并没有限定系统是完整系统还是非完整系统,因此,广义坐标形式的动力学普遍方程的应用条件是受理想约束的系统。

如果所研究的系统还是一受理想约束的完整系统,则方程式(19-52)中的 k 个广义坐标的变分 $\delta q_j (j=1,2,\cdots,k)$ 是互相独立的,这时由方程式(19-52)可以得到

$$\frac{\mathrm{d}}{\mathrm{d}t}\left(\frac{\partial T}{\partial \dot{q}_j}\right) - \frac{\partial T}{\partial q_j} = Q_j \quad (j=1,2,\cdots,k) \tag{19-53}$$

这就是著名的第二类拉格朗日方程(Lagrange equation of the second kind),它适用于受理想约束的完整系统。对于含有非理想约束的完整系统来说,如果解除其中的所有非理想约束,并把相应的非理想约束力看成是主动力,这时仍然可应用第二类拉格朗日方程来建立系统的动力学方程。

第二类拉格朗日方程有以下特点(或优点):

(1) 方程是以独立的广义坐标描述系统位形的;

(2) 方程中不含有未知的理想约束力,因此便于求解;

(3) 方程的个数等于系统的自由度数,使得所建立的系统动力学方程能够在维数上得到最大限度的缩减。

由于具有上述优点,因此,第二类拉格朗日方程的建立在力学史上具有里程碑的意义。

应用第二类拉格朗日方程所建立的系统运动微分方程一般是一组关于 k 个广义坐标 $q_j(j=1,2,\cdots,k)$ 的二阶常微分方程，在给定运动初始条件 $q_j(0)$、$\dot{q}_j(0)(j=1,2,\cdots,k)$ 的情况下，可利用适当的数值积分法（如 Rung-Kutta 算法和 Gear 算法等）求出这组方程的数值解，这些数值解就代表了系统的运动规律。

经常遇到主动力为有势力的情况，这时势能为广义坐标和时间的函数 $V(q_1,\cdots,q_k;t)$，由 15-6 节知，广义力可表达为

$$Q_j=-\frac{\partial V}{\partial q_j}\quad (j=1,2,\cdots,k) \tag{19-54}$$

将上式代入方程式（19-53）后，得到

$$\frac{\mathrm{d}}{\mathrm{d}t}\left(\frac{\partial T}{\partial \dot{q}_j}\right)-\frac{\partial T}{\partial q_j}=-\frac{\partial V}{\partial q_j}\quad (j=1,2,\cdots,k) \tag{19-55}$$

考虑到系统的势能 V 与广义速度 $\dot{q}_j(j=1,2,\cdots,k)$ 无关，故有

$$\frac{\partial V}{\partial \dot{q}_j}\equiv 0\quad (j=1,2,\cdots,k) \tag{19-56}$$

从而方程式（19-55）可以改写为

$$\frac{\mathrm{d}}{\mathrm{d}t}\left[\frac{\partial (T-V)}{\partial \dot{q}_j}\right]-\frac{\partial (T-V)}{\partial q_j}=0\quad (j=1,2,\cdots,k) \tag{19-57}$$

定义

$$L=T-V \tag{19-58}$$

为系统的**拉格朗日函数**（Lagrange function）。引入该函数后，方程式（19-57）可以写成

$$\frac{\mathrm{d}}{\mathrm{d}t}\left(\frac{\partial L}{\partial \dot{q}_j}\right)-\frac{\partial L}{\partial q_j}=0\quad (j=1,2,\cdots,k) \tag{19-59}$$

上式即为势力场中的第二类拉格朗日方程，也称为保守系统的拉格朗日方程。

应用第二类拉格朗日方程建立受理想约束的完整系统的运动微分方程时，推荐按如下的一个程式化步骤进行推导。

（1）选定研究对象，确定出系统的自由度 k，并恰当地选择 k 个独立的广义坐标。

（2）将系统的动能表示成关于广义坐标、广义速度和时间的函数。

（3）求广义力。广义力可按如下的方法来求：将作用在系统上的所有主动力的虚功之和写为如下形式：

$$\sum \delta W=\sum_{j=1}^{k} Q_j\delta q_j \tag{19-60}$$

其中 Q_j 即为对应于广义坐标 q_j 的广义力。或者也可以按下式求广义力：

$$Q_j=\frac{\left[\sum \delta W\right]_j}{\delta q_j}\quad (j=1,2,\cdots,k) \tag{19-61}$$

式中，$\left[\sum \delta W\right]_j$ 表示在 $\delta q_j\neq 0$、而 $\delta q_l=0(l=1,2,\cdots,k$ 且 $l\neq j)$ 的情况下，作用在系统上的所有主动力的虚功之和。如果主动力均为有势力，则只需写出系统的势能或拉格朗日函数。

（4）将 Q_j、T（或 L）的表达式代入第二类拉格朗日方程，再经相应的数学运算后，即可得到系统的运动微分方程式。

思考题：第二类拉格朗日方程有何优点？

下面举例说明第二类拉格朗日方程的应用。

例题 19-3　图 19-4 表示质量为 m_1 和 m_2 的两个质点，用不可伸长、不计质量的细索相连，在 m_2 质点上作用有水平方向的已知力 $\boldsymbol{F}$，试建立系统的运动微分方程。（假定系统在铅垂平面内运动，且细索始终保持张紧状态。）

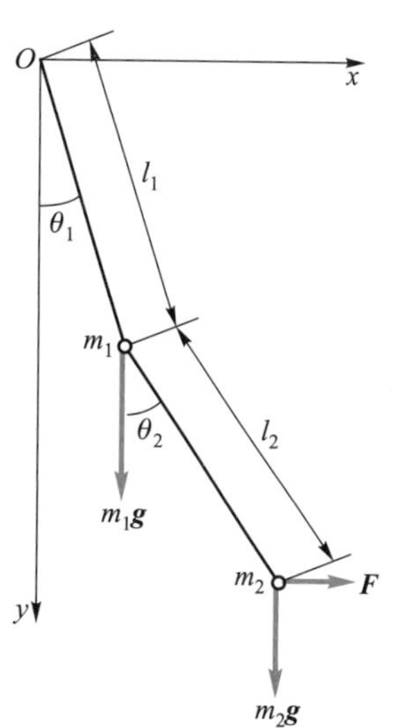

图 19-4

解：这是一个二自由度的受理想约束的完整系统，因此可应用第二类拉格朗日方程来建立该系统的运动微分方程。为此，选取 θ_1 和 θ_2 作为描述系统位形的广义坐标（图19-4），根据第二类拉格朗日方程，有

$$\left.\begin{aligned}\frac{\mathrm{d}}{\mathrm{d}t}\left(\frac{\partial T}{\partial \dot{\theta}_1}\right)-\frac{\partial T}{\partial \theta_1}=Q_1\\ \frac{\mathrm{d}}{\mathrm{d}t}\left(\frac{\partial T}{\partial \dot{\theta}_2}\right)-\frac{\partial T}{\partial \theta_2}=Q_2\end{aligned}\right\}\tag{1}$$

系统的动能

$$\begin{aligned}T&=\frac{1}{2}m_1v_1^2+\frac{1}{2}m_2v_2^2\\ &=\frac{1}{2}m_1(l_1\dot{\theta}_1)^2+\frac{1}{2}m_2(\dot{x}_2^2+\dot{y}_2^2)\end{aligned}\tag{2}$$

其中 m_2 质点的直角坐标为

$$x_2=l_1\sin\theta_1+l_2\sin\theta_2\tag{3}$$

$$y_2=l_1\cos\theta_1+l_2\cos\theta_2\tag{4}$$

将以上两式代入式(2)，整理后得到

$$T=\frac{1}{2}(m_1+m_2)l_1^2\dot{\theta}_1^2+m_2l_1l_2\dot{\theta}_1\dot{\theta}_2\cos(\theta_1-\theta_2)+\frac{1}{2}m_2l_2^2\dot{\theta}_2^2\tag{5}$$

作用在系统上的所有主动力的虚功之和为

$$\begin{aligned}\sum\delta W&=m_1g\delta y_1+m_2g\delta y_2+F\delta x_2=m_1g\delta(l_1\cos\theta_1)+\\ &\quad m_2g\delta(l_1\cos\theta_1+l_2\cos\theta_2)+F\delta(l_1\sin\theta_1+l_2\sin\theta_2)\\ &=l_1(F\cos\theta_1-m_1g\sin\theta_1-m_2g\sin\theta_1)\delta\theta_1+\\ &\quad l_2(F\cos\theta_2-m_2g\sin\theta_2)\delta\theta_2\end{aligned}\tag{6}$$

由此可以得到对应于广义坐标 θ_1 和 θ_2 的广义力分别为

$$Q_1=l_1(F\cos\theta_1-m_1g\sin\theta_1-m_2g\sin\theta_1)\tag{7}$$

$$Q_2=l_2(F\cos\theta_2-m_2g\sin\theta_2)\tag{8}$$

将式(5)、式(7)和式(8)代入方程组(1)，整理后得到

$$\left.\begin{aligned}&(m_1+m_2)l_1\ddot{\theta}_1+m_2l_2\ddot{\theta}_2\cos(\theta_1-\theta_2)+m_2l_2\dot{\theta}_2^2\sin(\theta_1-\theta_2)+\\ &\quad(m_1+m_2)g\sin\theta_1=F\cos\theta_1\\ &m_2l_1\ddot{\theta}_1\cos(\theta_1-\theta_2)+m_2l_2\ddot{\theta}_2-m_2l_1\dot{\theta}_1^2\sin(\theta_1-\theta_2)+\\ &\quad m_2g\sin\theta_2=F\cos\theta_2\end{aligned}\right\}\tag{9}$$

方程式(9)即为系统的运动微分方程式,它们是一组二阶非线性常微分方程。在给定初始条件的情况下,可利用适当的数值积分法,求出这组方程的数值解。

例题 19-4 如图 19-5 所示的系统由滑块 A 和均质细杆 AB 构成。滑块 A 的质量为 m_1,可沿光滑水平面自由滑动。细杆 AB 通过光滑圆柱铰链铰接于滑块 A 上,细杆 AB 的质量为 m_2,长为 $2l$。试列出此系统的运动微分方程。

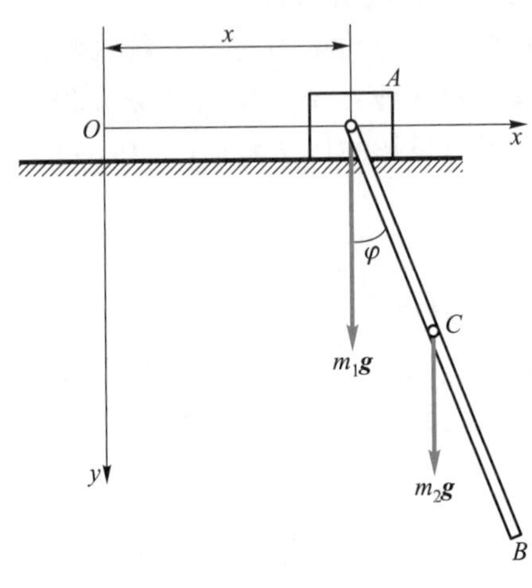

图 19-5

解:这是一个二自由度的受理想约束的完整系统,且作用在该系统上的主动力均为重力(即有势力),因此可应用保守系统的拉格朗日方程来建立该系统的运动微分方程。

选取滑块的坐标 x 和杆的转角 φ 作为描述系统位形的广义坐标,根据保守系统的拉格朗日方程(19-59),有

$$\left.\begin{aligned}\frac{\mathrm{d}}{\mathrm{d}t}\left(\frac{\partial L}{\partial \dot{x}}\right)-\frac{\partial L}{\partial x}=0\\ \frac{\mathrm{d}}{\mathrm{d}t}\left(\frac{\partial L}{\partial \dot{\varphi}}\right)-\frac{\partial L}{\partial \varphi}=0\end{aligned}\right\}\tag{1}$$

系统的动能为

$$\begin{aligned}T&=T_A+T_{AB}\\&=\frac{1}{2}m_1v_A^2+\frac{1}{2}m_2v_C^2+\frac{1}{2}I_C\omega^2\\&=\frac{1}{2}m_1\dot{x}^2+\\&\frac{1}{2}m_2(\dot{x}_C^2+\dot{y}_C^2)+\frac{1}{2}\times\frac{1}{12}m_2(2l)^2\dot{\varphi}^2\end{aligned}\tag{2}$$

其中杆 AB 的质心坐标为

$$x_C=x+l\sin\varphi\tag{3}$$

$$y_C=l\cos\varphi\tag{4}$$

将式(3)、式(4)代入式(2),整理后得到

$$T=\frac{1}{2}(m_1+m_2)\dot{x}^2+\frac{2}{3}m_2l^2\ \dot{\varphi}^2+m_2l\,\dot{x}\,\dot{\varphi}\ \cos\varphi \tag{5}$$

假定轴 x 所在的水平面为零重力势能面,则系统的势能可表达为

$$V=-m_2gl\ \cos\varphi \tag{6}$$

于是系统的拉格朗日函数为

$$L=T-V=\frac{1}{2}(m_1+m_2)\dot{x}^2+\frac{2}{3}m_2l^2\ \dot{\varphi}^2+m_2l\,\dot{x}\,\dot{\varphi}\ \cos\varphi+m_2gl\ \cos\varphi \tag{7}$$

将式(7)代入方程式(1),整理后得到

$$\left.\begin{aligned}&(m_1+m_2)\ddot{x}+m_2l\ddot{\varphi}\ \cos\varphi-m_2l\ \dot{\varphi}^2\ \sin\varphi=0\\&4l\ddot{\varphi}+3\ddot{x}\ \cos\varphi+3g\ \sin\varphi=0\end{aligned}\right\} \tag{8}$$

方程式(8)即为系统的运动微分方程。

思考题:第二类拉格朗日方程中的动能是否可以是相对于非惯性参考系的动能?

19-4　第二类拉格朗日方程的首次积分

第二类拉格朗日方程是一组二阶常微分方程。一般情况下,方程是非线性的,求其解析解是很困难的。但对某些类型的系统,可以利用系统的特性给出某些首次积分,使部分二阶常微分方程降阶,这对整个微分方程组的定性分析和数值求解都是很有利的。以下讨论势力场中的第二类拉格朗日方程的首次积分。

19-4-1　质点系动能的构成

为给出首次积分,需首先考察质点系的动能。

将式(19-35)代入质点系的动能表达式(19-51)中得到

$$\begin{aligned}T&=\sum_{i=1}^{n}\frac{1}{2}m_i\left(\sum_{j=1}^{k}\frac{\partial\boldsymbol{r}_i}{\partial q_j}\dot{q}_j+\frac{\partial\boldsymbol{r}_i}{\partial t}\right)\cdot\left(\sum_{l=1}^{k}\frac{\partial\boldsymbol{r}_i}{\partial q_l}\dot{q}_l+\frac{\partial\boldsymbol{r}_i}{\partial t}\right)\\&=\sum_{i=1}^{n}\frac{1}{2}m_i\sum_{j=1}^{k}\sum_{l=1}^{k}\frac{\partial\boldsymbol{r}_i}{\partial q_j}\cdot\frac{\partial\boldsymbol{r}_i}{\partial q_l}\dot{q}_j\dot{q}_l+\sum_{i=1}^{n}m_i\sum_{j=1}^{k}\frac{\partial\boldsymbol{r}_i}{\partial q_j}\cdot\frac{\partial\boldsymbol{r}_i}{\partial t}\dot{q}_j+\sum_{i=1}^{n}\frac{1}{2}m_i\frac{\partial\boldsymbol{r}_i}{\partial t}\cdot\frac{\partial\boldsymbol{r}_i}{\partial t}\end{aligned} \tag{19-62}$$

由上式可以看出,质点系的动能由三部分构成:广义速度的二次齐次函数,记为 T_2;广义速度的一次齐次函数,记为 T_1;广义速度的零次齐次函数,记为 T_0。即

$$T=T_2+T_1+T_0 \tag{19-63}$$

当质点系所受的都是定常约束时,$\dfrac{\partial\boldsymbol{r}_i}{\partial t}=0$,此时,有

$$T_1=T_0=0 \tag{19-64}$$

$$T=T_2=\sum_{i=1}^{n}\frac{1}{2}m_i\sum_{j=1}^{k}\sum_{l=1}^{k}\frac{\partial\boldsymbol{r}_i}{\partial q_j}\cdot\frac{\partial\boldsymbol{r}_i}{\partial q_l}\dot{q}_j\dot{q}_l \tag{19-65}$$

19-4-2　循环积分

一般而言,拉格朗日函数 L 会显含所有广义速度 $\dot{q}_1$、$\dot{q}_2$、…、$\dot{q}_k$,但可能会不显含某些

广义坐标，在这种情况下，可得到循环积分，L 中显缺的广义坐标称为循环坐标（cyclic coordinate）。下面导出循环积分。

由于广义坐标的编号是人为的，不妨设质点系的前 r 个广义坐标是循环坐标，则有

$$L=L(q_{r+1},\cdots,q_k;\dot{q}_1,\cdots,\dot{q}_k;t) \tag{19-66}$$

$$\frac{\partial L}{\partial q_j}=0 \quad (j=1,\cdots,r) \tag{19-67}$$

根据势力场中的第二类拉格朗日方程（19-59），有

$$\frac{\mathrm{d}}{\mathrm{d}t}\left(\frac{\partial L}{\partial \dot{q}_j}\right)=0 \quad (j=1,\cdots,r) \tag{19-68}$$

由此可得

$$\frac{\partial L}{\partial \dot{q}_j}=p_j=\text{常量} \quad (j=1,\cdots,r) \tag{19-69}$$

又考虑到$\frac{\partial L}{\partial \dot{q}_j}=\frac{\partial T}{\partial \dot{q}_j}-\frac{\partial V}{\partial \dot{q}_j}=\frac{\partial T}{\partial \dot{q}_j}$，故有

$$\frac{\partial T}{\partial \dot{q}_j}=p_j=\text{常量} \quad (j=1,\cdots,r) \tag{19-70}$$

它们就称为循环积分（cyclic integral）。$p_j=\frac{\partial T}{\partial \dot{q}_j}$称为对应于广义坐标 q_j 的广义动量（generalized momentum）。循环积分的力学意义就是对应于循环坐标的广义动量守恒。

19-4-3 能量积分

如果拉格朗日函数中不显含时间 t，则有

$$\frac{\mathrm{d}L}{\mathrm{d}t}=\sum_{j=1}^{k}\left(\frac{\partial L}{\partial q_j}\dot{q}_j+\frac{\partial L}{\partial \dot{q}_j}\ddot{q}_j\right) \tag{19-71}$$

根据势力场中的第二类拉格朗日方程（19-59），有

$$\frac{\partial L}{\partial q_j}=\frac{\mathrm{d}}{\mathrm{d}t}\left(\frac{\partial L}{\partial \dot{q}_j}\right) \tag{19-72}$$

将上式代入式（19-71）后，得到

$$\frac{\mathrm{d}L}{\mathrm{d}t}=\sum_{j=1}^{k}\left[\frac{\mathrm{d}}{\mathrm{d}t}\left(\frac{\partial L}{\partial \dot{q}_j}\right)\dot{q}_j+\frac{\partial L}{\partial \dot{q}_j}\ddot{q}_j\right]=\sum_{j=1}^{k}\left[\frac{\mathrm{d}}{\mathrm{d}t}\left(\frac{\partial L}{\partial \dot{q}_j}\dot{q}_j\right)\right]=\frac{\mathrm{d}}{\mathrm{d}t}\left(\sum_{j=1}^{k}\frac{\partial L}{\partial \dot{q}_j}\dot{q}_j\right) \tag{19-73}$$

即

$$\frac{\mathrm{d}}{\mathrm{d}t}\left(\sum_{j=1}^{k}\frac{\partial L}{\partial \dot{q}_j}\dot{q}_j-L\right)=0 \tag{19-74}$$

故

$$\sum_{j=1}^{k}\frac{\partial L}{\partial \dot{q}_j}\dot{q}_j-L=\text{常量} \tag{19-75}$$

由 $L=T-V=T_2+T_1+T_0-V$，以及齐次函数的欧拉定理，有

$$\sum_{j=1}^{k}\frac{\partial L}{\partial \dot{q}_j}\dot{q}_j - L = 2\times T_2 + 1\times T_1 + 0\times T_0 - 0\times V -$$

$$(T_2+T_1+T_0-V)=T_2-T_0+V \tag{19-76}$$

将上式代入式(19-75)后,得到首次积分

$$T_2-T_0+V=\text{常量} \tag{19-77}$$

该积分表示了质点系部分能量之间的关系,称为**广义能量积分**(integral of generalized energy)。如果质点系所受的约束都是定常约束,则有 $T=T_2$ 和 $T_0=0$,此时广义能量积分(19-77)就退化为 $T+V=$常量。这就是通常意义下的机械能守恒定律。

例题 19-5　质量为 m、半径为 r 的均质薄壁圆环沿水平直线轨道作纯滚动(图 19-6)。一质量为 m_1、长为 $l=\sqrt{2}r$ 的均质细杆 AB 可在圆环内滑动。忽略圆环与杆间摩擦。(1) 试写出系统的运动微分方程;(2) 给出系统的首次积分。

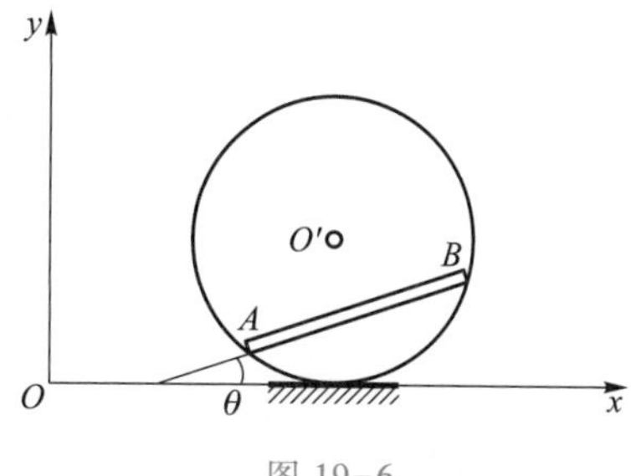

图 19-6

解: 这是一个二自由度的保守系统,分别取圆环中心的横坐标 x 和 AB 杆相对水平线的倾角 θ 作为系统的广义坐标。根据保守系统的拉格朗日方程,有

$$\left.\begin{aligned}&\frac{\mathrm{d}}{\mathrm{d}t}\left(\frac{\partial L}{\partial \dot{x}}\right)-\frac{\partial L}{\partial x}=0\\&\frac{\mathrm{d}}{\mathrm{d}t}\left(\frac{\partial L}{\partial \dot{\theta}}\right)-\frac{\partial L}{\partial \theta}=0\end{aligned}\right\} \tag{1}$$

系统的动能

$$T=\frac{1}{2}m\dot{x}^2+\frac{1}{2}mr^2\left(\frac{\dot{x}}{r}\right)^2+\frac{1}{2}m_1\left[\left(\dot{x}+\frac{\sqrt{2}}{2}r\dot{\theta}\cos\theta\right)^2+\left(\frac{\sqrt{2}}{2}r\dot{\theta}\sin\theta\right)^2\right]+$$

$$\frac{1}{2}\times\frac{1}{12}m_1(\sqrt{2}r)^2\dot{\theta}^2=\left(m+\frac{1}{2}m_1\right)\dot{x}^2+\frac{\sqrt{2}}{2}m_1r\dot{x}\dot{\theta}\cos\theta+\frac{1}{3}m_1r^2\dot{\theta}^2 \tag{2}$$

规定圆环中心所在的水平面为零重力势能面,则系统的重力势能可表达为

$$V=-\frac{\sqrt{2}}{2}m_1gr\cos\theta \tag{3}$$

拉格朗日函数

$$L=T-V=\left(m+\frac{1}{2}m_1\right)\dot{x}^2+\frac{\sqrt{2}}{2}m_1r\dot{x}\dot{\theta}\cos\theta+\frac{1}{3}m_1r^2\dot{\theta}^2+\frac{\sqrt{2}}{2}m_1gr\cos\theta \tag{4}$$

将上式代入方程组(1)后,得到系统的运动微分方程

$$\left.\begin{aligned}&(2m+m_1)\ddot{x}+\frac{\sqrt{2}}{2}m_1r(\ddot{\theta}\cos\theta-\dot{\theta}^2\sin\theta)=0\\&4r\ddot{\theta}+3\sqrt{2}(\ddot{x}\cos\theta+g\sin\theta)=0\end{aligned}\right\} \tag{5}$$

由式(4)可以看出,L 中不显含坐标 x 和时间 t,所以系统有一个循环积分和一个能量积分,$\frac{\partial T}{\partial \dot{x}}$=常量:$(2m+m_1)\dot{x}+\frac{\sqrt{2}}{2}m_1 r\dot{\theta}\cos\theta$=常量;$T+V$=常量:$\left(m+\frac{1}{2}m_1\right)\dot{x}^2+\frac{\sqrt{2}}{2}m_1 r\dot{x}\dot{\theta}\cos\theta+\frac{1}{3}m_1 r^2\dot{\theta}^2-\frac{\sqrt{2}}{2}m_1 gr\cos\theta$=常量。

小　　结

1. 动力学普遍方程

$$\sum_{i=1}^{n}(\boldsymbol{F}_i-m_i\boldsymbol{a}_i)\cdot\delta\boldsymbol{r}_i=0$$

或解析表达式

$$\sum_{i=1}^{n}[(F_{ix}-m_i\ddot{x}_i)\delta x_i+(F_{iy}-m_i\ddot{y}_i)\delta y_i+(F_{iz}-m_i\ddot{z}_i)\delta z_i]=0$$

式中,m_i 为质点系中第 i 个质点的质量,$\boldsymbol{F}_i$、$\boldsymbol{a}_i$ 分别为第 i 个质点所受到的主动力和该质点相对惯性参考系 $Oxyz$ 的加速度,(x_i,y_i,z_i) 表示第 i 个质点在惯性参考系中的坐标,F_{ix}、F_{iy} 和 F_{iz} 分别表示力 $\boldsymbol{F}_i$ 在轴 x、y 和 z 上的投影。

动力学普遍方程可表述为:在任一时刻作用在受理想约束的系统上的所有的主动力与惯性力在系统的任意一组虚位移上的元功之和等于零。

2. 第一类拉格朗日方程

$$\begin{cases}m_i\ddot{x}_i=F_{ix}+\sum_{r=1}^{m}\lambda_r a_{ri}+\sum_{s=1}^{l}\mu_s\frac{\partial f_s}{\partial x_i}\\ m_i\ddot{y}_i=F_{iy}+\sum_{r=1}^{m}\lambda_r b_{ri}+\sum_{s=1}^{l}\mu_s\frac{\partial f_s}{\partial y_i}\\ m_i\ddot{z}_i=F_{iz}+\sum_{r=1}^{m}\lambda_r c_{ri}+\sum_{s=1}^{l}\mu_s\frac{\partial f_s}{\partial z_i}\end{cases}\quad(i=1,2,\cdots,n)$$

式中,m_i 为质点系中第 i 个质点的质量,(x_i,y_i,z_i) 表示第 i 个质点在惯性参考系 $Oxyz$ 中的坐标,F_{ix}、F_{iy} 和 F_{iz} 分别表示作用在第 i 个质点上主动力 $\boldsymbol{F}_i$ 在轴 x、y 和 z 上的投影,$\lambda_r(r=1,2,\cdots,m)$ 和 $\mu_s(s=1,2,\cdots,l)$ 分别是针对系统所受的非完整约束

$$\sum_{i=1}^{n}(a_{ri}\dot{x}_i+b_{ri}\dot{y}_i+c_{ri}\dot{z}_i)+e_r=0\quad(r=1,2,\cdots,m)$$

和完整约束

$$f_s(x_1,y_1,z_1;\cdots;x_n,y_n,z_n;t)=0\quad(s=1,2,\cdots,l)$$

所引入的不定乘子。

第一类拉格朗日方程既适合于受理想约束的完整系统,又适合于受理想约束的非完整系统。

3. 第二类拉格朗日方程

$$\frac{\mathrm{d}}{\mathrm{d}t}\left(\frac{\partial T}{\partial\dot{q}_j}\right)-\frac{\partial T}{\partial q_j}=Q_j\quad(j=1,2,\cdots,k)$$

式中,T 表示系统的动能,q_i 为广义坐标,Q_i 为对应于广义坐标 q_j 的广义力。第二类拉格朗日方程适用于受理想约束的完整系统。

4. 第二类拉格朗日方程的首次积分

(1) 循环积分

假定拉格朗日函数中有 r 个循环坐标 q_1、q_2、…、q_r，系统中的主动力都是保守力，则存在如下形式的循环积分：

$$\frac{\partial L}{\partial \dot{q}_j}=\text{常量}\quad (j=1,\cdots,r)$$

或写成

$$\frac{\partial T}{\partial \dot{q}_j}=\text{常量}\quad (j=1,\cdots,r)$$

（2）能量积分

如果拉格朗日函数中不显含时间 t，且系统中的主动力都是保守力，则存在如下形式的能量积分：

$$T_2-T_0+V=\text{常量}$$

式中，T_2 和 T_1 分别表示系统的动能表达式中关于广义速度的二次齐次函数项之和与一次齐次函数项之和，V 表示系统的势能。

习　　题

19-1　如题 19-1 图所示质量等于 m_1 的均质圆柱放在水平面上，圆柱上缠有不可伸长的柔绳，绳由上方水平伸开，跨过固定小滑轮后在自由端挂有质量等于 m_2 的重物 A。设圆柱带着绳滚而不滑，不计绳和小滑轮的质量，试求圆柱质心 O 的加速度 a_1。

19-2　在题 19-2 图所示行星轮机构中，以 O_1 为轴的轮 Ⅰ 不动，轮 Ⅱ 和 Ⅲ 的轴 O_2 和 O_3 都安装在曲柄 O_1O_3 上。设各轮都是均质圆盘，半径都是 r，质量都是 m，整个机构在同一水平面内。如作用在曲柄 O_1O_3 上的转矩为 M，不计曲柄的质量，试求曲柄的角加速度。

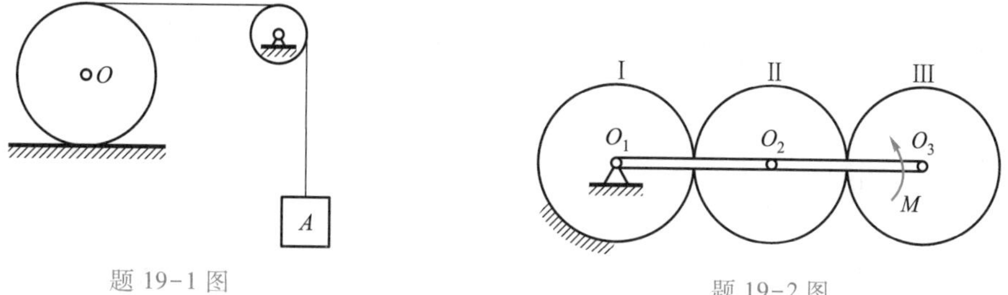

题 19-1 图　　题 19-2 图

19-3　质量为 m 的质点在重力作用下沿旋轮线导轨运动，如题 19-3 图所示。已知旋轮线的方程为 $s=4b\sin\varphi$，式中 s 是以 O 为原点的弧坐标，φ 是旋轮线的切线与水平轴的夹角。试求质点的运动规律。

19-4　如题 19-4 图所示，棱柱 A 重 G_1，均质圆柱 B 重 G_2，有公切点，并一起沿斜面向下运动，斜面与水平成倾角 α。如果圆柱只滚不滑，而棱柱的底面及侧面光滑，试求棱柱的加速度。

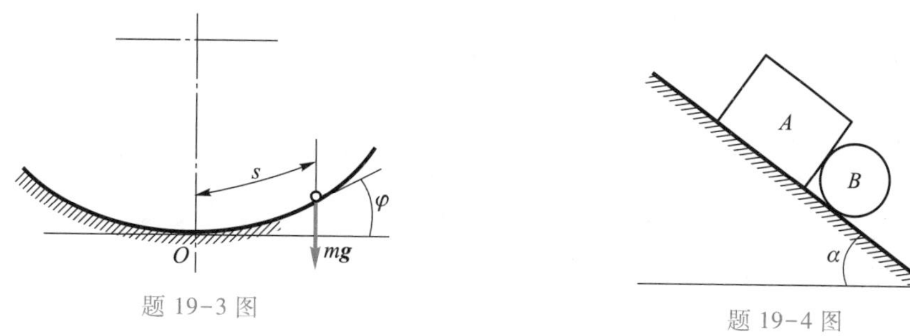

题 19-3 图　　题 19-4 图

19-5　如题 19-5 图所示机构位于水平面内。齿轮Ⅲ固定不动，在轴 O 上装有齿轮Ⅰ和曲柄Ⅳ，在曲柄上有齿轮Ⅱ的转轴。齿轮Ⅰ、动齿轮Ⅱ和曲柄Ⅳ的质量分别为 m_1、m_2 和 m_4，齿轮半径为 r_1、r_2，曲柄长为 l。在曲柄上施加不变转矩 M，如果齿轮质量沿边缘分布，曲柄为均质细杆，试求齿轮及曲柄的角加速度。

19-6　如题 19-6 图所示，质量为 m_1 和 m_2 的两质点，以长为 l 的无重杆相连接，置于半径为 R 的光滑固定球壳内。试列写出系统的动力学方程。

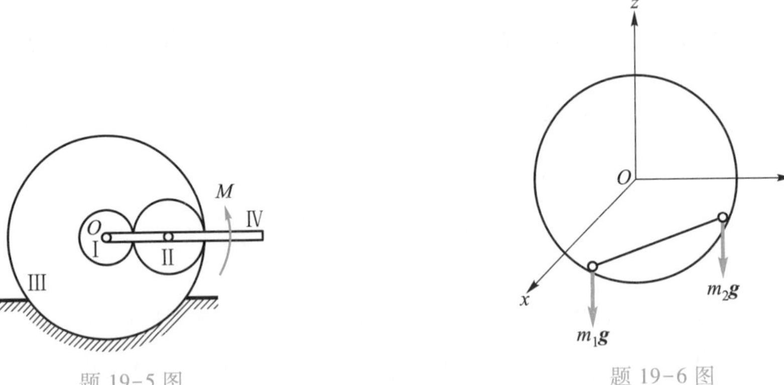

题 19-5 图　　题 19-6 图

19-7　长为 $2l$、质量为 m 的均质杆 AB 的两端沿框架的水平及铅垂边滑动，如题 19-7 图所示，框架以匀角速度 ω 绕铅垂边转动。忽略摩擦，试建立杆的相对运动微分方程。

19-8　质量均为 m 的重物 D 和 E 连接在不可伸长的绳的两端，如题 19-8 图所示。绳从重物 E 绕过定滑轮 A，然后经过动滑轮 B，又绕过定滑轮 C 与重物 D 相连。斜面与水平成倾角 φ。在动滑轮上装有质量为 m_1 的重物 K。重物 E 与水平面的动摩擦因数为 f，斜面光滑，忽略绳及滑轮重量。试求重物下落的条件并求其加速度。设开始时系统静止。

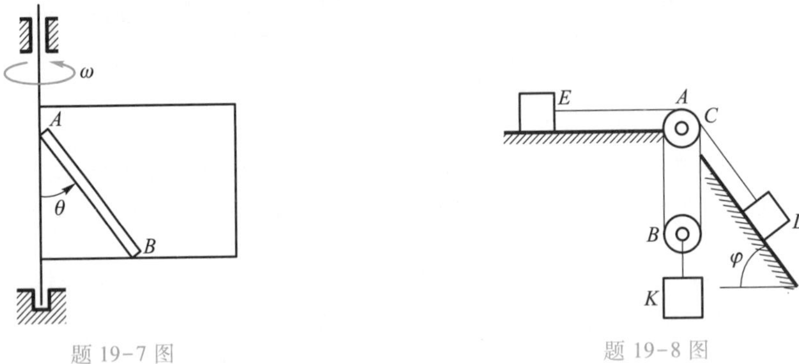

题 19-7 图　　题 19-8 图

19-9　重 G_1 的楔块 A 可沿水平面滑动，重 G_2 的楔块 B 沿楔块 A 的斜边滑动，在楔块 B 上作用一水平力 $\boldsymbol{F}$，如题 19-9 图所示。忽略摩擦，角 φ 已知，试求楔块 A 的加速度及楔块 B 的相对加速度。

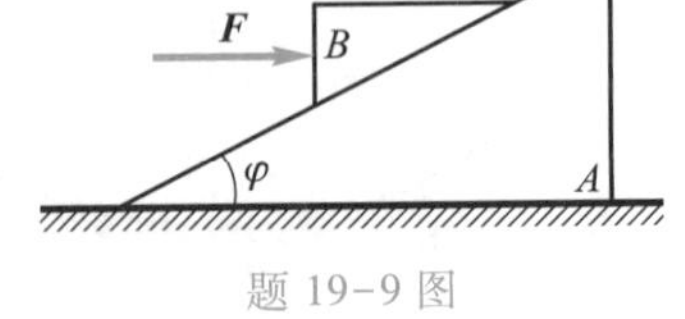

题 19-9 图

19-10　如题 19-10 图所示滑块 A 的质量为 m_1，可沿光滑固定水平面滑动，左边与刚度系数为 k 的水平弹簧连接。滑块的中央与单摆铰接，摆杆长为 l，摆锤的质量为 m_2。如果不计摆杆和弹簧的质量，试写出该系统的运动微分方程。

19-11　如题 19-11 图所示刚度系数为 k 的水平弹簧，左端固定，右端与均质圆轮的中心 A 相连。圆轮的质量为 m_1，半径为 r，可在固定水平面上无滑动地滚动。均质直杆 AB 的质量为 m_2，长度为 l，其

A 端与轮心用光滑铰链连接。试写出系统的运动微分方程。

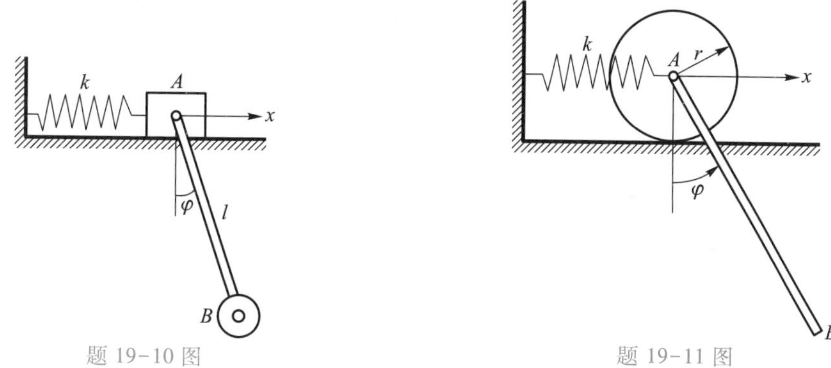

题 19-10 图　　　题 19-11 图

19-12　如题 19-12 图所示绕在圆柱体 A 上的细绳，跨过质量为 m 的均质定滑轮，与质量为 m_B 的物块 B 相连。圆柱体 A 的质量为 m_A，半径为 r，对其中心轴的回转半径为 ρ。假设绳与滑轮之间无相对滑动，不计绳重和轴承摩擦，开始时系统静止。试问回转半径 ρ 满足什么条件才能使物体 B 向上运动？

19-13　如题 19-13 图所示质量是 m_1、半径是 r 的均质圆柱体，在质量是 m_2、半径是 R 的半圆形槽中无滑动地滚动，半圆形槽以刚度系数为 k 的弹簧支承并被约束在铅垂的导轨上无摩擦地上下平移。试建立系统的运动微分方程。

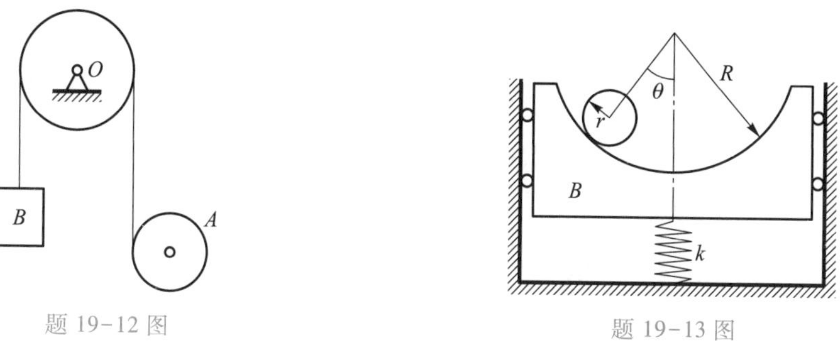

题 19-12 图　　　题 19-13 图

19-14　如题 19-14 图所示质量是 m_1 的滑块 A 可以沿光滑水平直线轨道运动，滑块借刚度系数是 k 的水平弹簧系在动点 O 上。滑块上通过铰链悬挂一根长度是 l、质量是 m 的均质细杆 AB。已知点 O 沿水平轨道按规律 $\xi = D\sin\omega t$ 运动，其中 D 和 ω 都是常量。试写出系统的微振动微分方程。

19-15　如题 19-15 图所示半径为 r、质量为 m_1 的均质圆盘 1 沿半径为 R 的圆柱形表面滚动而不滑动。圆盘与杆 3 铰接。在杆上施加力偶矩为 M 的力偶，并在杆上固连螺旋弹簧 5 的一端，弹簧的刚度系数为 k，弹簧的另一端固定不动。在圆盘 1 的中心 A 上铰接长为 l 的杆 4，在杆的自由端固连一质量为 m_2 的重物 2。初瞬时两杆铅垂，弹簧未变形。若忽略杆的质量，试建立系统的运动微分方程。假定 $R = l = 2r$，试求初瞬时两杆的绝对角加速度。

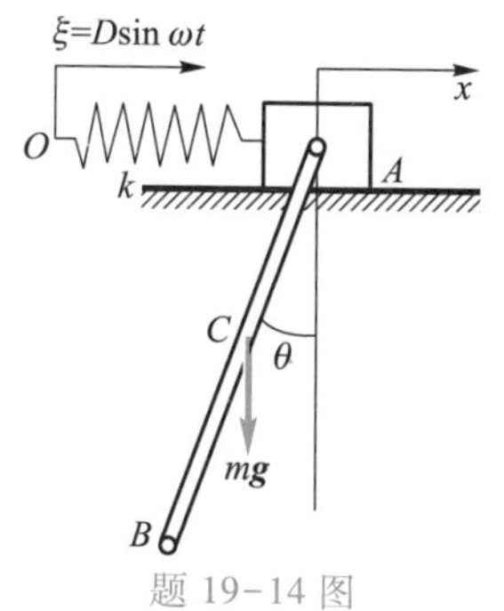

题 19-14 图

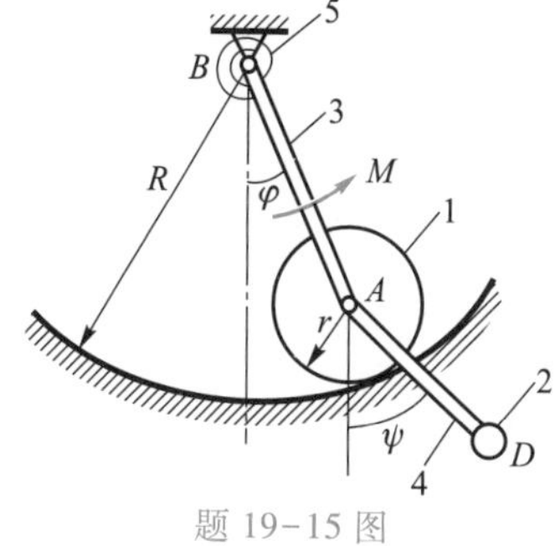

题 19-15 图

19-16 质量为 m_1 的滑块 M_1 可沿光滑水平面滑动，质量为 m_2 的小球 M_2 用长为 l 的杆 AB 与滑块连接，杆可绕轴 A 转动，如题 19-16 图所示。若忽略杆的重量，试求系统的首次积分。

19-17 如题 19-17 图所示质量为 m_2 的滑块 B 沿与水平成倾角 α 的光滑斜面下滑，质量为 m_1 的均质细杆 OD 借助铰链 O 和螺旋弹簧与滑块 B 相连，杆长为 l，弹簧的刚度系数为 k。试求系统的首次积分。

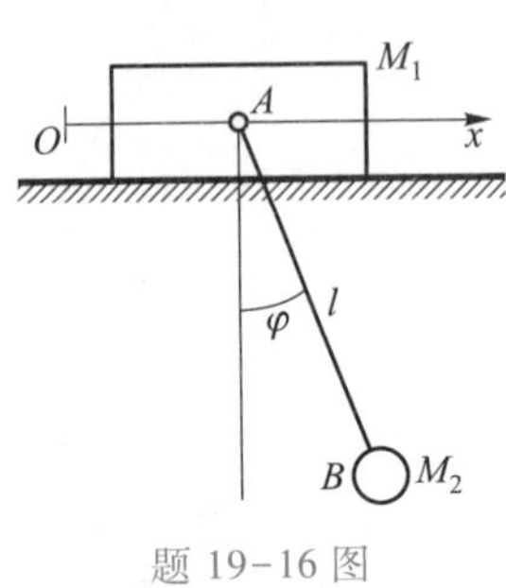

题 19-16 图

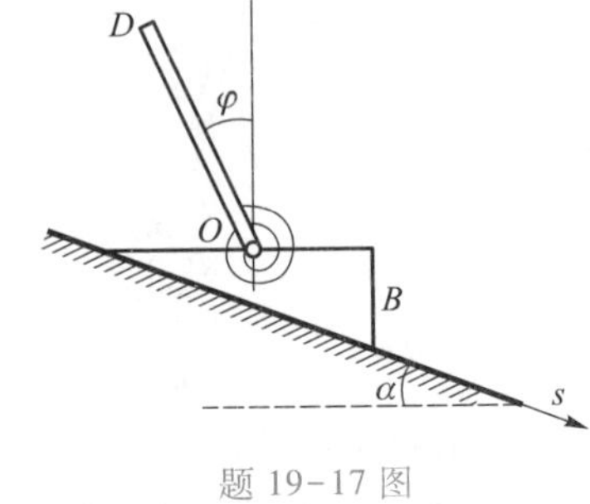

题 19-17 图

19-18 半径为 r、质量为 m 的圆柱，沿半径为 R、质量为 m_0 的空心圆柱的内表面滚动而不滑动，如题 19-18 图所示。空心圆柱可绕自身的水平轴 O 转动。圆柱对各自轴线的转动惯量为$\dfrac{mr^2}{2}$和 m_0R^2。试求系统的首次积分。

19-19 三棱柱 ABC 的质量是 m，可沿光滑水平面滑动。物块 M_1 和 M_2 的质量各为三棱柱质量的一半，斜面的倾角为 α，如题 19-19 图所示，滑轮 B 的质量不计，试求三棱柱的加速度和物块 M_1 相对于三棱柱的加速度。

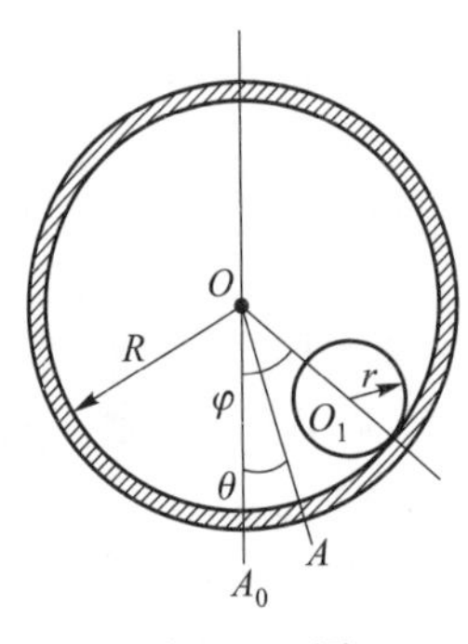

题 19-18 图

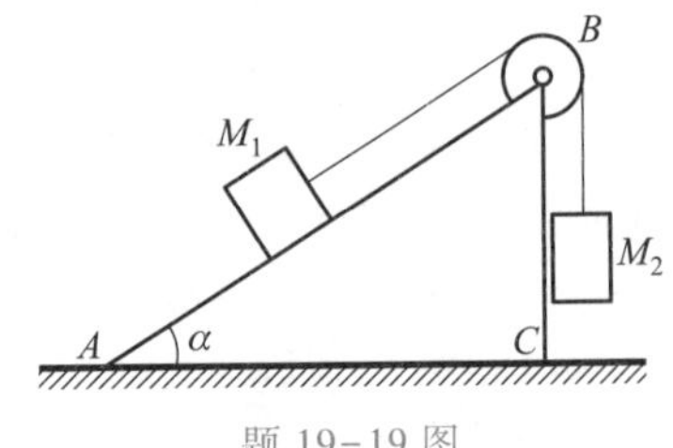

题 19-19 图

第 20 章　哈密顿原理和正则方程

本章所叙述的哈密顿原理是分析力学的一个基本原理，它不仅在连续介质力学、结构力学等领域，而且在物理学的其他领域都有着广泛应用。这一原理的实质就是要在所有可能运动中指出真实的运动，为此，首先介绍增广位形空间、真实路径与可能路径的概念。

20-1　增广位形空间·真实路径与可能路径

设一质点系，具有 k 个自由度，取$(q_1,q_2,\cdots,q_k)$为广义坐标。为了形象而简洁地描述该质点系的运动，设想$(q_1,q_2,\cdots,q_k)$和时间 t 构成$k+1$维空间，则质点系在任一瞬时的位置可用 $k+1$ 维空间中的一个点 M 来表示，质点系的运动可用 $k+1$ 维空间中的一条曲线来表示。这个空间称为增广位形空间(augmented configuration space)。设质点系在起始和末了的位置分别用$k+1$ 维空间中的点 $A(q_{j0},t_0)$和 $B(q_{j1},t_1)$表示。质点系的真实运动用图 20-1 中的蓝线 AMB 表示，该曲线称为真实路径，简称正路。

在相同的起始与末了时间和位置的条件下，质点系为约束所允许的、在真实运动附近的任一可能运动用图 20-1 中的曲线 $AM'B$ 表示，该曲线称为可能路径，或旁路。

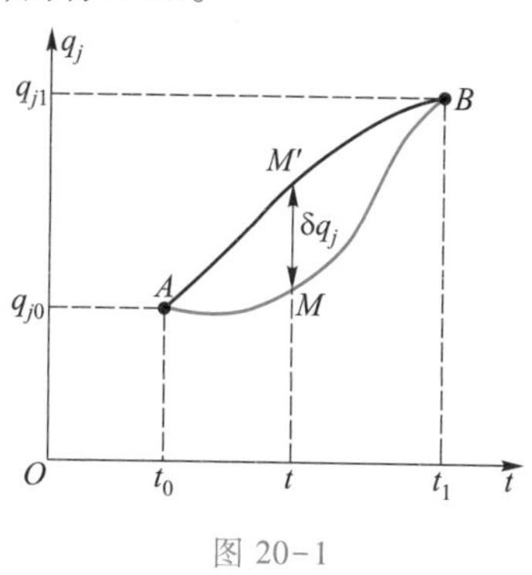

图 20-1

我们知道，在 t_0 到 t_1 的时间间隔内，质点系从点 A 运动到点 B，在不破坏约束的条件下代表可能运动的曲线有无数条，而在一定的初始条件及确定的主动力作用下，真实运动曲线只能有一条。哈密顿原理提供了一个准则，根据这一准则可以从所有可能运动中找出真实的运动，即从所有旁路中找出正路。

20-2　哈密顿原理

哈密顿原理可以在第二类拉格朗日方程的基础上推导而得。

设一完整保守系统，具有 k 个自由度，若取$(q_1,q_2,\cdots,q_k)$为广义坐标，则该系统的第二类拉格朗日方程为

$$\frac{\mathrm{d}}{\mathrm{d}t}\left(\frac{\partial L}{\partial \dot{q}_j}\right)-\frac{\partial L}{\partial q_j}=0 \quad (j=1,2,\cdots,k)$$

给上述方程的左端乘以 δq_j，然后求和，得

$$\sum_{j=1}^{k}\left[\frac{\mathrm{d}}{\mathrm{d}t}\left(\frac{\partial L}{\partial \dot{q}_j}\right)\delta q_j-\frac{\partial L}{\partial q_j}\delta q_j\right]=0 \tag{20-1}$$

上式左端第一项

$$\frac{\mathrm{d}}{\mathrm{d}t}\left(\frac{\partial L}{\partial \dot{q}_j}\right)\delta q_j=\frac{\mathrm{d}}{\mathrm{d}t}\left(\frac{\partial L}{\partial \dot{q}_j}\delta q_j\right)-\frac{\partial L}{\partial \dot{q}_j}\delta \dot{q}_j$$

代入式(20-1)整理得

$$\frac{\mathrm{d}}{\mathrm{d}t}\sum_{j=1}^{k}\left(\frac{\partial L}{\partial \dot{q}_j}\delta q_j\right)=\sum_{j=1}^{k}\left(\frac{\partial L}{\partial \dot{q}_j}\delta \dot{q}_j+\frac{\partial L}{\partial q_j}\delta q_j\right) \tag{20-2}$$

注意到拉格朗日函数 $L=L(q_1,q_2,\cdots,q_k;\dot{q}_1,\dot{q}_2,\cdots,\dot{q}_k;t)$,上式右端就是 L 的等时变分,即

$$\delta L=\sum_{j=1}^{k}\left(\frac{\partial L}{\partial \dot{q}_j}\delta \dot{q}_j+\frac{\partial L}{\partial q_j}\delta q_j\right)$$

所以方程式(20-2)可写为

$$\mathrm{d}\sum_{j=1}^{k}\left(\frac{\partial L}{\partial \dot{q}_j}\delta q_j\right)=\delta L\mathrm{d}t$$

积分上式,得

$$\left[\sum_{j=1}^{k}\left(\frac{\partial L}{\partial \dot{q}_j}\delta q_j\right)\right]\Bigg|_{t_0}^{t_1}=\int_{t_0}^{t_1}\delta L\mathrm{d}t \tag{20-3}$$

因为真实运动和可能运动具有相同的起始与末了时间和位置,即正路与旁路都通过增广位形空间的 A、B 两点,所以有

$$[\delta q_j]_{t_0}=[\delta q_j]_{t_1}=0 \quad (j=1,2,\cdots,k)$$

代入式(20-3),得

$$\int_{t_0}^{t_1}\delta L\mathrm{d}t=0 \tag{20-4}$$

对于完整系统,变分运算与积分运算可以交换,于是得

$$\delta\int_{t_0}^{t_1}L\mathrm{d}t=0 \tag{20-5}$$

通常将积分 $\int_{t_0}^{t_1}L\mathrm{d}t=S$ 称为哈密顿作用量,因此,式(20-5)还可写为

$$\delta S=0 \tag{20-6}$$

式(20-5)或式(20-6)就是完整保守系统的哈密顿原理数学表达式。此原理可陈述为:在完整的保守系统中,具有相同的起始与末了时间和位置的所有可能运动与真实运动相比较,对于真实运动而言,哈密顿作用量的变分等于零。哈密顿原理揭示了质点系真实的运动与相同条件下的所有可能运动的不同,据此可以找到真实运动的规律。

值得指出的是:虽然哈密顿原理和拉格朗日方程对于所考察的完整系统是等价的,但前者不仅形式简单,而且与坐标的选取无关,可适用于具有无穷多个自由度的分布系统,因此,应用范围更加广泛。

对于非完整系统,由于此时变分运算与积分运算不能交换,所以,仅哈密顿原理表达式(20-4)适用,而式(20-5)和式(20-6)则不再适用。

哈密顿原理也可以推广到非保守系统,其数学表达式为

$$\int_{t_0}^{t_1}(\delta T+\delta W)\mathrm{d}t=0 \tag{20-7}$$

其中 δT 是因虚位移而引起的系统动能 T 的变分,δW 是主动力在此虚位移上的虚功之和。式(20-7)通常称为广义哈密顿原理,它对任何系统都适用。可以陈述为:当虚位移取自

系统真正的位形，并且起始与末了位形被规定时，系统动能的变分与主动力虚功之和在任意区间内的时间积分等于零。

例题 20-1　在如图 20-2 所示系统中，轮 A 沿水平面纯滚动，轮心 A 用刚度系数为 k 的水平弹簧连于固定墙上。不可伸长的绳子跨过定滑轮 B，一端系于轮心 A，另一端系一质量为 m_1 的物块 C。A、B 二轮均可视为半径为 r、质量为 m_2 的均质圆盘，假设绳与轮 B 间不打滑，绳子和弹簧的质量以及轴承处摩擦忽略不计，试求系统的振动周期。

解：此系统为一完整的保守系统，具有一个自由度，以物块 C 的平衡位置作为坐标原点（图 20-2），取 x 为广义坐标。

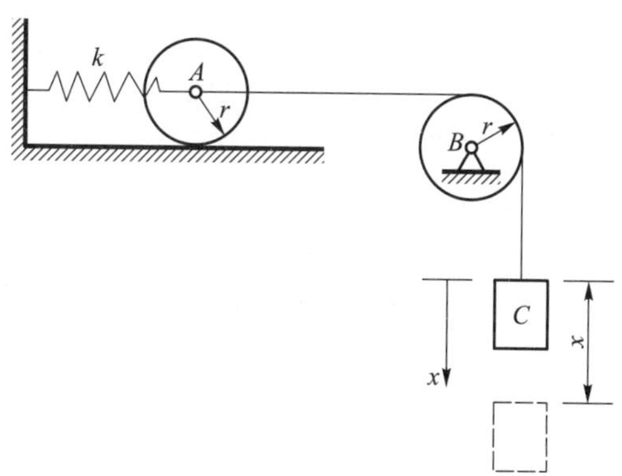

图 20-2

系统的动能为

$$T=\frac{1}{2}m_1v_C^2+\frac{1}{2}J_B\omega_B^2+\frac{1}{2}m_2v_A^2+\frac{1}{2}J_A\omega_A^2$$
$$=\frac{1}{2}m_1\dot{x}^2+\frac{1}{2}\left(\frac{1}{2}m_2r^2\right)\left(\frac{\dot{x}}{r}\right)^2+\frac{1}{2}m_2\dot{x}^2+\frac{1}{2}\left(\frac{1}{2}m_2r^2\right)\left(\frac{\dot{x}}{r}\right)^2$$
$$=\frac{1}{2}(m_1+2m_2)\dot{x}^2$$

以平衡位置为重力势能零点，而以弹簧原长处为弹力势能零点，则系统的势能为

$$V=\frac{k}{2}(\lambda_s+x)^2-m_1gx$$

式中，λ_s 为弹簧的静变形。因为在平衡位置有 $m_1g=k\lambda_s$，所以

$$V=\frac{k}{2}(x^2+\lambda_s^2)$$

系统的拉格朗日函数

$$L=T-V=\frac{1}{2}(m_1+2m_2)\dot{x}^2-\frac{k}{2}(x^2+\lambda_s^2)$$

由哈密顿原理式（20-5），有

$$\int_{t_0}^{t_1}\delta L\mathrm{d}t=\int_{t_0}^{t_1}[(m_1+2m_2)\dot{x}\delta\dot{x}-kx\delta x]\mathrm{d}t=0 \tag{1}$$

因为 $\dot{x}\delta\dot{x}\mathrm{d}t=\dot{x}\mathrm{d}(\delta x)=\mathrm{d}(\dot{x}\delta x)-\delta x\ddot{x}\mathrm{d}t$，所以代入上式整理后得

$$\int_{t_0}^{t_1}(m_1+2m_2)\mathrm{d}(\dot{x}\delta x)-\int_{t_0}^{t_1}[(m_1+2m_2)\ddot{x}+kx]\delta x\mathrm{d}t=0 \tag{2}$$

由于在起始和末了瞬时，$t=t_0$、$t=t_1$ 时有 $\delta x=0$，因此上式中第一项积分

$$\int_{t_0}^{t_1}(m_1+2m_2)\mathrm{d}(\dot{x}\delta x)=(m_1+2m_2)\dot{x}\delta x\Big|_{t_0}^{t_1}=0$$

又据 δx 在 t_0 到 t_1 时间间隔内的任意性，为使式(2)成立，必须 δx 前的系数等于零，即有

$$(m_1+2m_2)\ddot{x}+kx=0 \tag{3}$$

上式即为该系统的运动微分方程。故系统的固有频率为

$$f=\sqrt{\frac{k}{m_1+2m_2}}$$

振动周期为

$$T=\frac{2\pi}{f}=2\pi\sqrt{\frac{m_1+2m_2}{k}}$$

例题 20-2　刚度系数为 k 的弹簧，一端固定在点 O，另一端系一质量为 m 的小球 A(图 20-3)，弹簧的原长为 r_0，其质量忽略不计。设小球在铅垂平面内运动，试用哈密顿原理建立小球的运动微分方程。

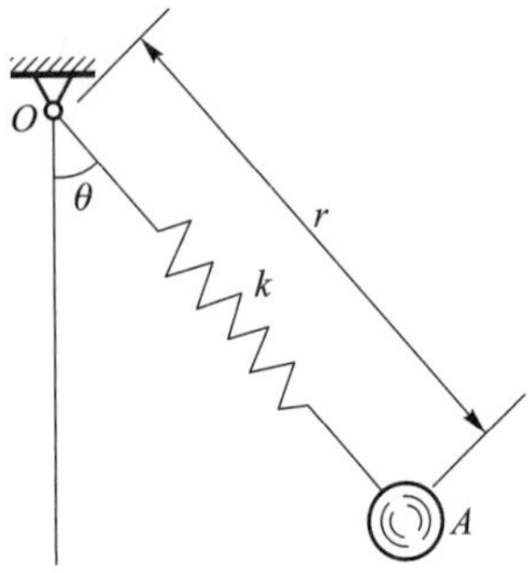

解：此系统为完整的保守系统，具有两个自由度，取图示极坐标 r、θ 为广义坐标。

系统的动能为

$$T=\frac{1}{2}mv_A^2=\frac{1}{2}m(\dot{r}^2+r^2\dot{\theta}^2)$$

以过点 O 的水平面为重力势能的零势面，而以弹簧原长处为弹力势能的零点，则系统的势能

图 20-3

$$V=\frac{k}{2}(r-r_0)^2-mgr\cos\theta$$

系统的拉格朗日函数

$$L=T-V=\frac{1}{2}m(\dot{r}^2+r^2\dot{\theta}^2)+mgr\cos\theta-\frac{k}{2}(r-r_0)^2$$

由哈密顿原理式(20-5)，有

$$\int_{t_0}^{t_1}\delta L\mathrm{d}t=\int_{t_0}^{t_1}[m(\dot{r}\delta\dot{r}+r\dot{\theta}^2\delta r+r^2\dot{\theta}\delta\dot{\theta})+(mg\delta r\cos\theta-mgr\sin\theta\delta\theta)-k(r-r_0)\delta r]\mathrm{d}t \tag{1}$$

因为

$$m\dot{r}\delta\dot{r}\mathrm{d}t=m\dot{r}\mathrm{d}(\delta r)=\mathrm{d}(m\dot{r}\delta r)-m\delta r\ddot{r}\mathrm{d}t$$

$$\begin{aligned}mr^2\dot{\theta}\delta\dot{\theta}\mathrm{d}t&=mr^2\dot{\theta}\mathrm{d}(\delta\theta)=\mathrm{d}(mr^2\dot{\theta}\delta\theta)-\delta\theta\frac{\mathrm{d}(mr^2\dot{\theta})}{\mathrm{d}t}\mathrm{d}t\\&=\mathrm{d}(mr^2\dot{\theta}\delta\theta)-\delta\theta(mr^2\ddot{\theta}+2mr\dot{r}\dot{\theta})\mathrm{d}t\end{aligned}$$

代入式(1)，整理可得

$$\int_{t_0}^{t_1}\{[m\ddot{r}-mr\dot{\theta}^2-mg\cos\theta+k(r-r_0)]\delta r+[mr^2\ddot{\theta}+2mr\dot{r}\dot{\theta}+mgr\sin\theta]\delta\theta\}\mathrm{d}t-$$

$$\int_{t_0}^{t_1}[\mathrm{d}(m\dot{r}\delta r)+\mathrm{d}(mr^2\dot{\theta}\delta\theta)]=0 \tag{2}$$

由于在起始和末了瞬时，即 $t=t_0$、$t=t_1$ 时，有 $\delta r=\delta\theta=0$，因此上式中第二项积分

$$\int_{t_0}^{t_1}[\mathrm{d}(m\dot{r}\delta r)+\mathrm{d}(mr^2\dot{\theta}\delta\theta)]=[m\dot{r}\delta r+mr^2\dot{\theta}\delta\theta]\Big|_{t_0}^{t_1}=0$$

又据 δr 和 $\delta\theta$ 的任意性和独立性，故为使式(2)成立，必须 δr 和 $\delta\theta$ 前的系数分别等于零，即有

$$\left.\begin{aligned}&m\ddot{r}-mr\dot{\theta}^2-mg\cos\theta+k(r-r_0)=0\\&mr^2\ddot{\theta}+2mr\dot{r}\dot{\theta}+mgr\sin\theta=0\end{aligned}\right\} \tag{3}$$

式(3)即为所求系统的运动微分方程。

20-3　哈密顿正则方程

由第 19 章可知，拉格朗日方程是用广义坐标表示的质点系动力学的普遍方程，它提供了与系统自由度 k 相等数目的二阶常微分方程。本节所介绍的哈密顿正则方程是拉格朗日方程的一种等价形式，它以 $2k$ 个一阶常微分方程描述了系统的运动。

20-3-1　正则变量与哈密顿函数

对自由度为 k 的完整系统，拉格朗日方程是以广义坐标和广义速度这 $2k$ 个独立参变量 q_j 和 $\dot{q}_j(j=1,2,\cdots,k)$ 来给出系统运动微分方程的。为了将运动微分方程由二阶变换为一阶，哈密顿采用了广义坐标 q_j 和广义动量 p_j（定义见式(19-70)）$(j=1,2,\cdots,k)$ 为独立变量来描述系统的运动，称这 k 个广义坐标 q_j 和 k 个广义动量 p_j 为哈密顿变量或正则变量(canonical variable)。一般来说，以 q_j 和 p_j 作为状态变量，比用 q_j 和 $\dot{q}_j$ 作为状态变量要广泛与方便得多。

设系统的拉格朗日函数为 L，引入一个以广义坐标 q_j、广义动量 p_j 和时间 t 为变量的新函数

$$H=H(q,p,t)=\sum_{j=1}^{k}(p_j\dot{q}_j)-L \tag{20-8}$$

称为系统的哈密顿函数(hamilton function)。用它可以导出描述系统运动的一组形式上对称的一阶方程，即下面的哈密顿正则方程。

20-3-2　哈密顿正则方程

因为在一般情形下，系统的拉格朗日函数 L 为广义坐标 q_j、广义速度 $\dot{q}_j$ 和时间 t 的函数，即

$$L=L(q,\dot{q},t)=L(q_1,q_2,\cdots,q_k;\dot{q}_1,\dot{q}_2,\cdots,\dot{q}_k;t)$$

所以，对哈密顿函数定义式(20-8)取等时变分，得

$$\delta H=\sum_{j=1}^{k}(p_j\delta\dot{q}_j)+\sum_{j=1}^{k}(\dot{q}_j\delta p_j)-\left[\sum_{j=1}^{k}\left(\frac{\partial L}{\partial q_j}\delta q_j\right)+\sum_{j=1}^{k}\left(\frac{\partial L}{\partial\dot{q}_j}\delta\dot{q}_j\right)\right] \tag{20-9}$$

根据广义动量的定义 $p_j=\dfrac{\partial L}{\partial \dot{q}_j}$,可以将式(20-9)右端的第一和第四两项消去,从而上式简化为

$$\delta H=\sum_{j=1}^{k}(\dot{q}_j\delta p_j)-\sum_{j=1}^{k}\left(\frac{\partial L}{\partial q_j}\delta q_j\right) \tag{20-10}$$

又利用广义动量的定义,可将保守系统的拉格朗日方程式(19-59)改写为

$$\dot{p}_j=\frac{\partial L}{\partial q_j}\quad(j=1,2,\cdots,k) \tag{20-11}$$

代入式(20-10),得

$$\delta H=\sum_{j=1}^{k}(\dot{q}_j\delta p_j)-\sum_{j=1}^{k}(\dot{p}_j\delta q_j) \tag{20-12}$$

另一方面,哈密顿函数

$$H=H(q,p,t)=H(q_1,q_2,\cdots,q_k;p_1,p_2,\cdots,p_k;t)$$

该函数的等时变分又可写为

$$\delta H=\sum_{j=1}^{k}\left(\frac{\partial H}{\partial q_j}\delta q_j\right)+\sum_{j=1}^{k}\left(\frac{\partial H}{\partial p_j}\delta p_j\right) \tag{20-13}$$

比较式(20-12)与式(20-13),由于变分 δq_j 和 δp_j 是彼此独立的,所以它们在该两式中的对应系数应该相等,由此得到

$$\dot{q}_j=\frac{\partial H}{\partial p_j},\quad \dot{p}_j=-\frac{\partial H}{\partial q_j}\quad(j=1,2,\cdots,k) \tag{20-14}$$

这一组 $2k$ 个一阶微分方程称为完整保守系统的哈密顿正则方程。

将式(20-14)与拉格朗日方程相比较可以看出,哈密顿函数 $H(q,p,t)$ 与拉格朗日函数 $L(q,\dot{q},t)$ 一样,都可作为系统的描述函数,通过这些函数都可以建立完整保守系统的运动微分方程。从这个意义上讲,哈密顿正则方程与拉格朗日方程是等价的,仅是所用变量不同而已。另外,哈密顿正则方程较拉格朗日方程的阶数要低一阶,且方程的形式对称、整齐,但方程数目却多一倍。

思考题:如何利用哈密顿原理推导出上述哈密顿正则方程式(20-14)?

为普遍起见,假设在系统上除了有势力外,还作用有非有势力,这时,拉格朗日方程可以写为

$$\frac{\mathrm{d}}{\mathrm{d}t}\left(\frac{\partial L}{\partial \dot{q}_j}\right)-\frac{\partial L}{\partial q_j}=Q_j'\quad(j=1,2,\cdots,k) \tag{20-15}$$

式中,Q_j'为非有势力的广义力。

利用广义动量的定义,可将上式改写为

$$\dot{p}_j=\frac{\partial L}{\partial q_j}+Q_j'\quad(j=1,2,\cdots,k) \tag{20-16}$$

由此可得

$$\dot{p}_j-Q_j'=\frac{\partial L}{\partial q_j}\quad(j=1,2,\cdots,k) \tag{20-17}$$

代入式(20-10),得

$$\delta H = \sum_{j=1}^{k}(\dot{q}_j\delta p_j) - \sum_{j=1}^{k}[(\dot{p}_j - Q'_j)\delta q_j] \tag{20-18}$$

于是与获得式(20-14)的过程类似,比较式(20-18)和式(20-13)对应项的系数,同理可得

$$\dot{q}_j=\frac{\partial H}{\partial p_j},\quad \dot{p}_j=-\frac{\partial H}{\partial q_j}+Q'_j\quad (j=1,2,\cdots,k) \tag{20-19}$$

这就是完整的非保守系统的哈密顿正则方程。

20-3-3　哈密顿函数的形式

利用式(19-76),式(20-8)可以改写为

$$H=T_2-T_0+V \tag{20-20}$$

特别是对于保守系统,由 19-4 节知,此时,$T_1=T_0=0$,$T=T_2$,所以

$$H=T+V \tag{20-21}$$

即保守系统的哈密顿函数 H 就等于系统的总机械能。

例题 20-3　如图 20-4 所示,质量弹簧系统由质量为 m 的物块 A 和刚度系数为 k 的水平弹簧构成。试用哈密顿正则方程求出系统的运动微分方程。

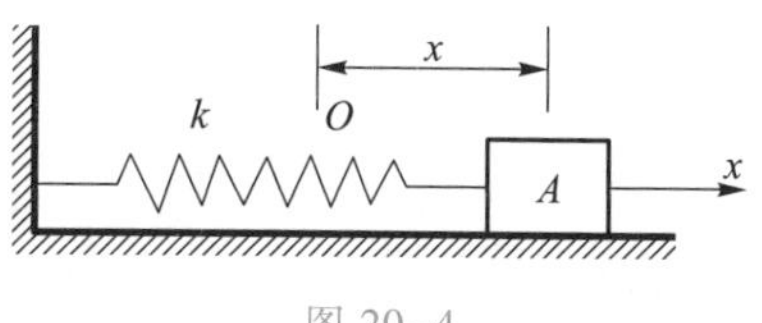

图 20-4

解:该系统为单自由度的完整保守系统。以弹簧原长处为坐标原点,建立如图所示坐标系,取位移 x 为广义坐标,则系统的动能

$$T=\frac{1}{2}m\dot{x}^2$$

若以弹簧原长处为势能零点,则系统的势能

$$V=\frac{1}{2}kx^2$$

因此,系统的拉格朗日函数

$$L=T-V=\frac{1}{2}m\dot{x}^2-\frac{1}{2}kx^2$$

求得广义动量 p 为

$$p=\frac{\partial L}{\partial \dot{x}}=m\dot{x}$$

利用式(20-8)求得系统的哈密顿函数为

$$H=p\dot{x}-L=p\left(\frac{p}{m}\right)-\left[\frac{1}{2}m\left(\frac{p}{m}\right)^2-\frac{1}{2}kx^2\right]=\frac{1}{2m}p^2+\frac{1}{2}kx^2$$

可以看出,由于该系统是保守系统,故哈密顿函数 H 就等于系统的总机械能。

根据式(20-14),可以求得系统的哈密顿正则方程为

$$\dot{x}=\frac{\partial H}{\partial p}=\frac{p}{m},\qquad \dot{p}=-\frac{\partial H}{\partial x}=-kx$$

由以上两式消去 p,即得系统的运动微分方程

$$m\ddot{x}+kx=0$$

例题 20-4　一半径为 r 的光滑圆环形细管,可绕其过直径的铅直轴 z 转动,该圆环对转轴 z 的转动惯量为 J_z。质量为 m 的小球 A 可在圆环内滑动(图 20-5)。试写出系统的哈密顿正则方程。

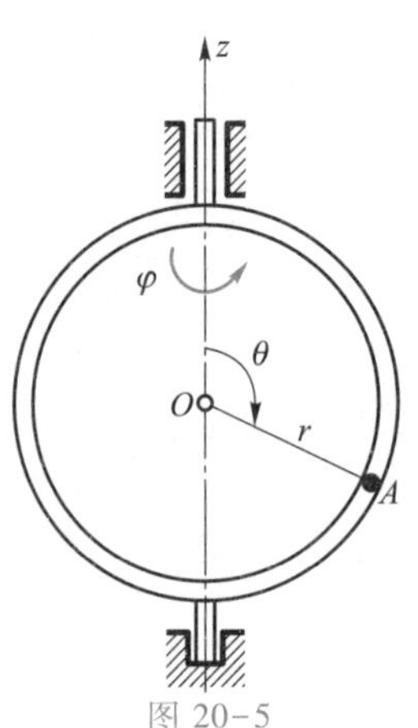

图 20-5

解:此系统为二自由度系统,取圆环的转角 φ 和半径 OA 的转角 θ 为广义坐标(图 20-5)。因为小球 A 的相对速度 $v_r=r\dot{\theta}$,方向沿圆环在点 A 的切线;又小球 A 的牵连速度 $v_e=r\sin\theta\dot{\varphi}$,垂直于圆环平面,故系统的动能

$$T=\frac{1}{2}J_z\dot{\varphi}^2+\frac{1}{2}m[(r\dot{\varphi}\sin\theta)^2+r^2\dot{\theta}^2] \tag{1}$$

取过点 O 的水平面为零势面,则系统的势能

$$V=-mgr\cos(\pi-\theta)=mgr\cos\theta \tag{2}$$

所以系统的拉格朗日函数

$$L=T-V=\frac{1}{2}J_z\dot{\varphi}^2+\frac{1}{2}mr^2(\dot{\varphi}^2\sin^2\theta+\dot{\theta}^2)-mgr\cos\theta \tag{3}$$

求得广义动量

$$p_\varphi=\frac{\partial L}{\partial\dot{\varphi}}=(J_z+mr^2\sin^2\theta)\dot{\varphi} \tag{4}$$

$$p_\theta=\frac{\partial L}{\partial\dot{\theta}}=mr^2\dot{\theta} \tag{5}$$

由式(20-8)求得系统的哈密顿函数为

$$H=p_\varphi\dot{\varphi}+p_\theta\dot{\theta}-L=\frac{1}{2}(J_z+mr^2\sin^2\theta)\dot{\varphi}^2+\frac{1}{2}mr^2\dot{\theta}^2+mgr\cos\theta \tag{6}$$

利用式(4)和式(5)中的 p_φ、p_θ 代换上式中的 $\dot{\varphi}$ 与 $\dot{\theta}$,可得

$$H=\frac{p_\varphi^2}{2(J_z+mr^2\sin^2\theta)}+\frac{p_\theta^2}{2mr^2}+mgr\cos\theta \tag{7}$$

根据式(20-14),求得系统的哈密顿正则方程

$$\dot{\varphi}=\frac{\partial H}{\partial p_\varphi}=\frac{p_\varphi}{J_z+mr^2\sin^2\theta}$$

$$\dot{p}_\varphi=-\frac{\partial H}{\partial\varphi}=0$$

$$\dot{\theta}=\frac{\partial H}{\partial p_\theta}=\frac{p_\theta}{mr^2}$$

$$\dot{p}_\theta=-\frac{\partial H}{\partial\theta}=\frac{mp_\varphi^2r^2\sin\theta\cos\theta}{(J_z+mr^2\sin^2\theta)^2}+mgr\sin\theta$$

由以上四式消去 p_φ 和 p_θ,即得系统的运动微分方程。

小　　结

哈密顿原理是分析力学的一个基本原理，它不仅在连续介质力学、结构力学等领域，而且在物理学等其他领域都有着广泛应用。

1. 增广位形空间

若一质点系，具有 k 个自由度，取$(q_1,q_2,\cdots,q_k)$为广义坐标。设想$(q_1,q_2,\cdots,q_k)$和时间 t 构成 $k+1$ 维空间，则质点系在任一瞬时的位置可用 $k+1$ 维空间中的一个点 M 来表示，质点系的运动可用 $k+1$ 维空间中的一条曲线来表示。这个空间称为增广位形空间。

2. 哈密顿原理

（1）完整保守系统的哈密顿原理

在完整的保守系统中，具有相同的起始与末了时间和位置的所有可能运动与真实运动相比较，对于真实运动而言，哈密顿作用量的变分等于零。

数学表达式

$$\delta\int_{t_0}^{t_1} L\mathrm{d}t = 0 \quad 或 \quad \delta S = 0$$

其中 $\int_{t_0}^{t_1} L\mathrm{d}t = S$ 称为哈密顿作用量。

（2）广义哈密顿原理

当虚位移取自系统真正的位形，并且起始与末了位形被规定时，系统动能的变分与主动力虚功之和在任意区间内的时间积分等于零。

数学表达式

$$\int_{t_0}^{t_1} (\delta T + \delta W)\mathrm{d}t = 0$$

3. 哈密顿正则方程

（1）正则变量

对自由度为 k 的完整系统，可以用广义坐标 q_j 和广义动量 p_j 为变量来描述系统的运动，称此 k 个广义坐标 q_j 和 k 个广义动量 p_j 为哈密顿变量或正则变量。

（2）哈密顿函数

$$H = H(q,p,t) = \sum_{j=1}^{k}(p_j\dot{q}_j) - L$$

（3）哈密顿正则方程

完整保守系统的哈密顿正则方程

$$\dot{q}_j=\frac{\partial H}{\partial p_j},\quad \dot{p}_j=-\frac{\partial H}{\partial q_j}\quad (j=1,2,\cdots,k)$$

完整的非保守系统的哈密顿正则方程

$$\dot{q}_j=\frac{\partial H}{\partial p_j},\quad \dot{p}_j=-\frac{\partial H}{\partial q_j}+Q_j'\quad (j=1,2,\cdots,k)$$

习　　题

20-1　如题 20-1 图所示复摆的质量为 m，对过点 O 的转轴的转动惯量为 J_O，质心 C 到转轴的距离为 b。试用哈密顿原理求该复摆微振动时的周期 T。

20-2　一质量为 m 的质点，在力 $\boldsymbol{F}$ 的作用下运动。假设力 $\boldsymbol{F}$ 在 x、y 方向的投影分别为 $F_x=-k_1x$、$F_y=-k_2y$，其中 k_1 和 k_2 为已知常数，试用哈密顿原理求该质点的运动微分方程。

20-3 质量为 m 的重物 C 挂在长度为 l 的刚杆 AB 的 B 端，杆的另一端与刚度系数为 k 的水平弹簧相连(题 20-3 图)。设弹簧未伸长时，杆处于水平位置，杆 AB 和其他构件的重量以及摩擦忽略不计，试用哈密顿原理求该系统的运动微分方程。

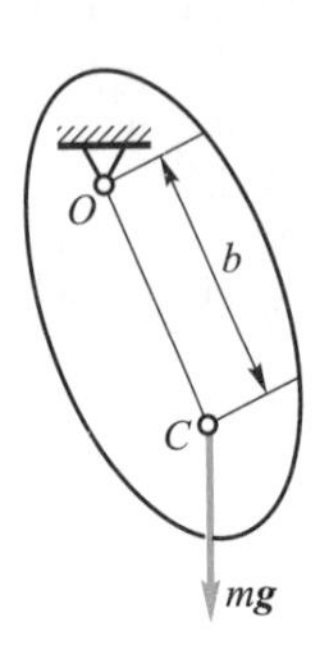

题 20-1 图

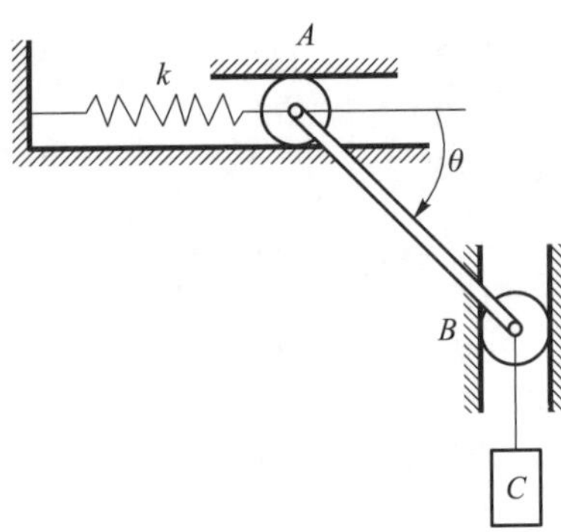

题 20-3 图

20-4 如题 20-4 图所示均质圆盘质量为 m，半径为 r，在铅直面内沿倾角为 α 的斜面作纯滚动。一根水平弹簧与圆盘中心 A 相连，弹簧的刚度系数为 k，原长为 l。试用哈密顿原理写出系统的运动微分方程。

20-5 如题 20-5 图所示质量为 m 的小环 M，套在半径为 r 的光滑大圆圈上，并可沿大圆圈滑动。若大圆圈在水平面内以匀角速度 ω 绕圈上过点 O 的轴转动，不计大圆圈质量，试用哈密顿原理写出小环 M 沿大圆圈切线方向的运动微分方程。

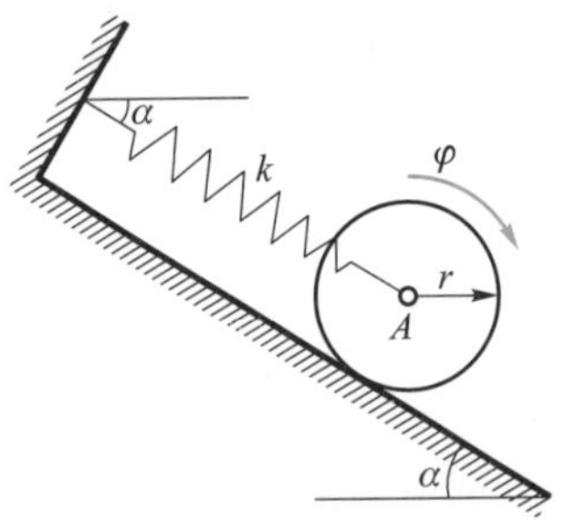

题 20-4 图

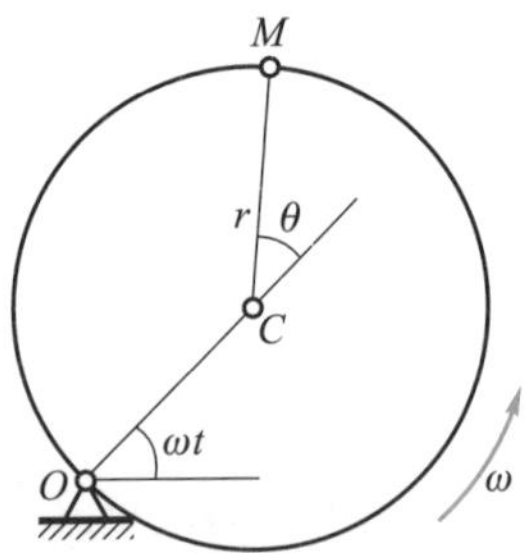

题 20-5 图

20-6 如题 20-6 图所示质量为 m 的小环 M 套在光滑杆上，该杆以匀角速度 ω 绕铅直轴转动，杆与铅直轴之间的固定夹角为 α。试由哈密顿正则方程求出小球 M 相对于杆的运动微分方程。

20-7 试用哈密顿正则方程求解 20-5 题。

20-8 均质细杆 AB，长度为 $2l$，质量为 m，两端分别沿光滑的铅直墙壁和光滑的水平面滑动(题 20-8 图)。假设杆始终在铅直面内运动，初始时杆静止，与水平面的夹角为 θ_0，试用哈密顿正则方程求杆在不脱离墙壁时在任意位置角 θ 时的角速度。

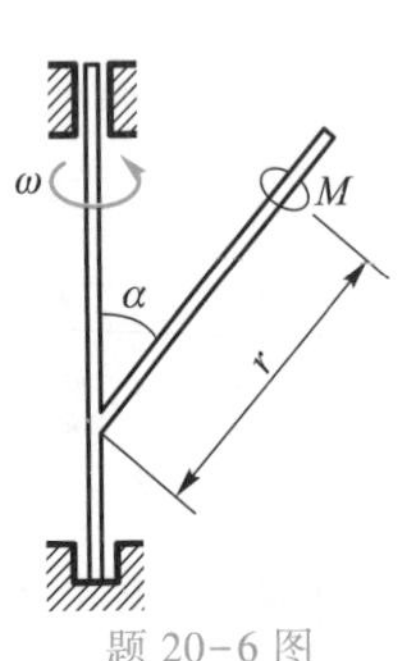

题 20-6 图

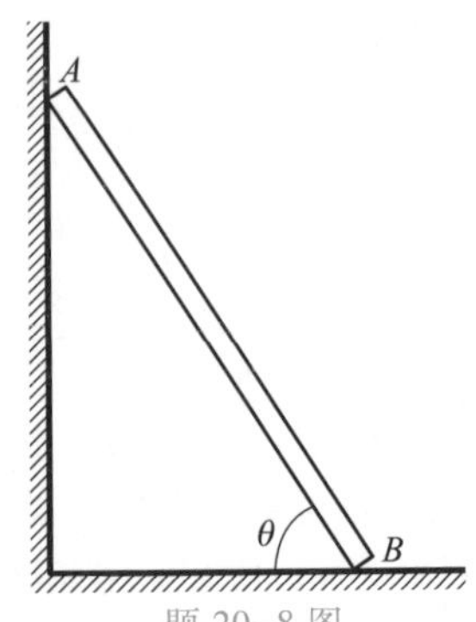

题 20-8 图

20-9　方程为 $x^2=4y$ 的抛物线形弯管，以匀角速度 ω 绕对称轴 y 转动(题20-9图)。质量为 m 的小球 A 可在管内滑动。不计弯管的质量和摩擦，试用哈密顿正则方程求小球 A 的运动微分方程。

20-10　如题 20-10 图所示半径为 r 的均质圆柱 A，自半径为 R 的固定圆柱 O 的顶端由静止开始在重力作用下无滑动地滚下。试用哈密顿正则方程求圆柱中心 A 的加速度(表示成角 θ 的函数)。

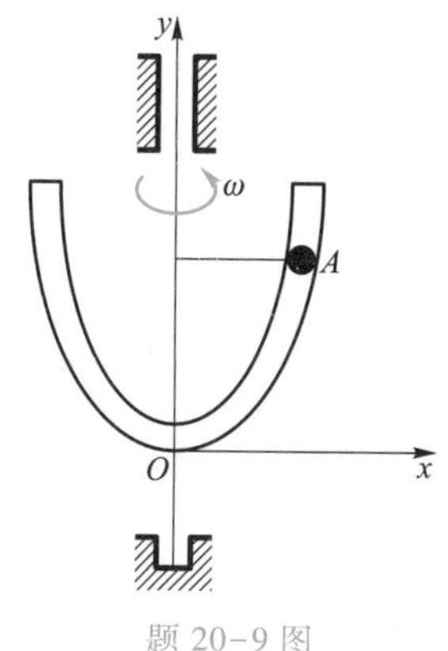

题 20-9 图

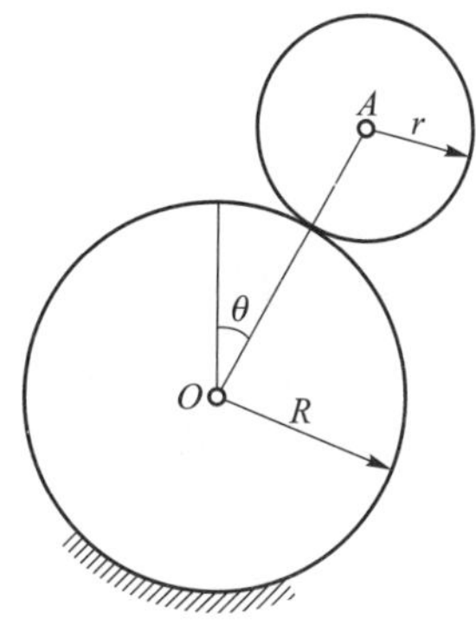

题 20-10 图

20-11　如题 20-11 图所示刚度系数为 k 的弹簧，一端固定在点 O，另一端系一质量为 m 的小球 A。弹簧的原长为 r_0，其质量忽略不计。设小球在铅垂面内运动，试用哈密顿正则方程建立小球的运动微分方程。

20-12　如题 20-12 图所示圆环形细管，半径为 r，质量为 m，可绕其边缘上的轴 O 在铅垂面内摆动。管内放一质量也为 m 的小球 A，小球可在管内滑动，转角 θ 和 φ 如图所示。如不计摩擦，试由哈密顿正则方程求系统的运动微分方程。

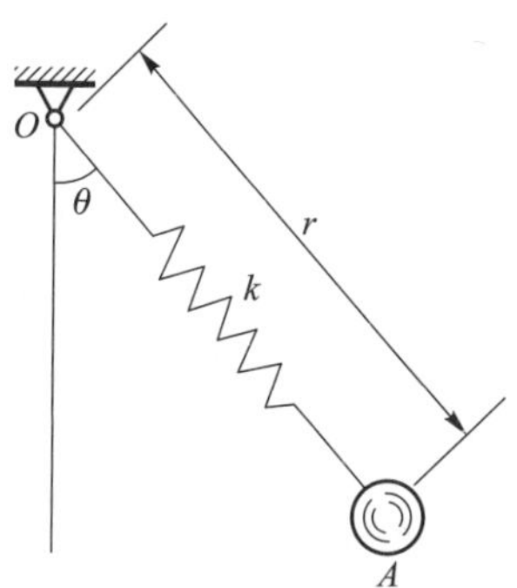

题 20-11 图

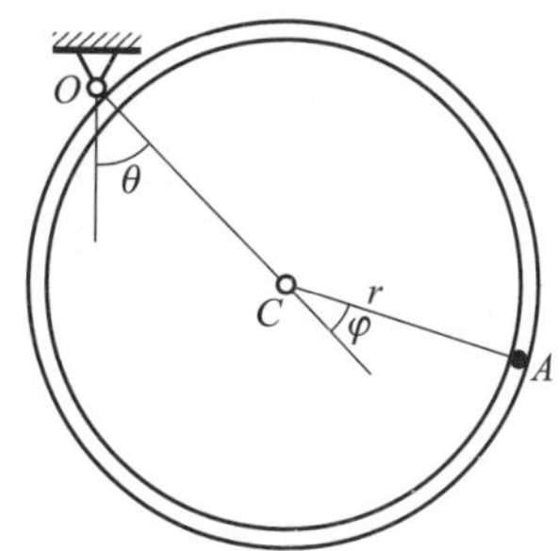

题 20-12 图

附录A　转动惯量

A-1　转动惯量的概念与计算

1. 转动惯量的概念

刚体的转动惯量是刚体转动时惯性的度量。刚体对任意轴 z 的转动惯量定义为刚体内所有各质点的质量与其到轴 z 的垂直距离平方的乘积之和,即

$$J_z = \sum m_i r_i^2 \tag{A-1}$$

式中,m_i 表示刚体上第 i 个质点的质量,r_i 表示第 i 个质点到轴 z 的垂直距离。转动惯量恒为正值, 它的大小决定于刚体的质量、质量的分布和转轴的位置。同一刚体对于不同轴的转动惯量一般并不相同。在国际单位制中,转动惯量的单位是 $\mathrm{kg \cdot m^2}$。

工程上常把刚体的转动惯量 J_z 表示为整个刚体的质量 M 与某一特征长度 ρ_z 的平方的乘积, 即

$$J_z = M\rho_z^2$$

或

$$\rho_z = \sqrt{\frac{J_z}{M}} \tag{A-2}$$

这个特征长度 ρ_z 称为刚体对轴 z 的回转半径(或惯性半径)。

对于几何形状简单的均质刚体的转动惯量, 一般可由式(A-1)积分得到, 也可查阅有关工程手册。表 A-1 列出了几种常见的均质物体的转动惯量及回转半径, 以供参阅。对复合形状物体的转动惯量, 可由复合形状物体中各简单形状物体对指定轴的转动惯量求和得到。对形状复杂的非均质刚体, 其转动惯量也可用实验方法测定。

表 A-1　简单均质形状物体的转动惯量表

均质物体	简　图	转动惯量	回转半径
细直杆		$J_x \approx 0$ $J_y = J_z = \frac{1}{12}Ml^2$	$\rho_x \approx 0$ $\rho_y = \rho_z = \frac{\sqrt{3}}{6}l$

续表

均质物体	简　图	转 动 惯 量	回 转 半 径
矩形薄板		$J_x=\frac{1}{12}Mb^2$ $J_y=\frac{1}{12}Ma^2$ $J_z=\frac{1}{12}M(a^2+b^2)$	$\rho_x=\frac{\sqrt{3}}{6}b$ $\rho_y=\frac{\sqrt{3}}{6}a$ $\rho_z=\frac{1}{6}\sqrt{3(a^2+b^2)}$
薄圆盘		$J_x=J_y=\frac{1}{4}Mr^2$ $J_z=\frac{1}{2}Mr^2$	$\rho_x=\rho_y=\frac{1}{2}r$ $\rho_z=\frac{\sqrt{2}}{2}r$
圆柱		$J_x=J_y=\frac{1}{12}M(3r^2+l^2)$ $J_z=\frac{1}{2}Mr^2$	$\rho_x=\rho_y=\frac{1}{6}\sqrt{3(r^2+l^2)}$ $\rho_z=\frac{\sqrt{2}}{2}r$
空心圆柱		$J_x=J_y$ $=\frac{1}{12}M[3(r_1^2+r_2^2)+l^2]$ $J_z=\frac{1}{2}M(r_1^2+r_2^2)$ $[M=\sigma\pi(r_1^2-r_2^2)l]$	$\rho_x=\rho_y$ $=\frac{1}{6}\sqrt{9(r_1^2+r_2^2)+3l^2}$ $\rho_z=\frac{1}{2}\sqrt{2(r_1^2-r_2^2)}$
实心球		$J_x=J_y=J_z=\frac{2}{5}Mr^2$ $\left(M=\frac{4}{3}\sigma\pi r^3\right)$	$\rho_x=\rho_y=\rho_z=\frac{1}{5}\sqrt{10}r$

注：C——质心，M——质量，σ——密度。

2. 转动惯量的平行轴定理

前面曾指出，转动惯量与轴的位置有关。但是工程手册中所给出的大都只有刚体对质心轴的转动惯量。下述的转动惯量的平行轴定理将给出刚体对质心轴的转动惯量和刚体对另一与质心轴相平行轴的转动惯量之间的关系。

设刚体的质量是 M，对质心轴 z 的转动惯量是 J_{z_C}，现在要求出该刚体对另一与轴 z 相平行且距离是 d 的轴 z' 的转动惯量 $J_{z'}$（图 A-1）。取固连在刚体上的两组平行的坐标系 $Oxyz$ 和 $O'x'y'z'$，使 $OO'=d$，且轴 y 与 y' 相重合。

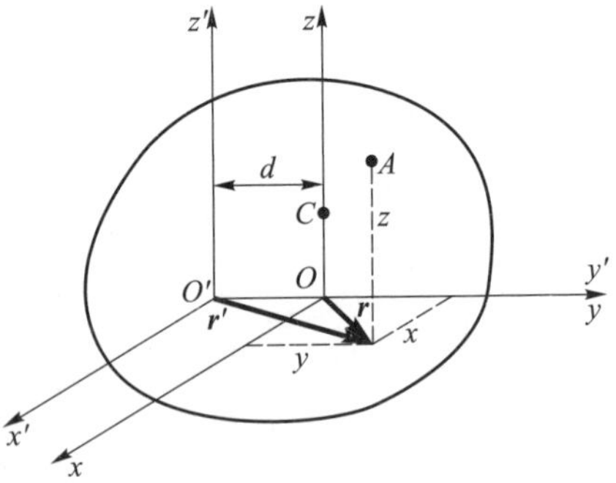

图 A-1

设刚体内任一质点 A 的质量是 m，其坐标如图 A-1 所示，根据式(A-1)，刚体对轴 z 的转动惯量为

$$J_{z_C}=\sum mr^2=\sum m(x^2+y^2)$$

而

$$\begin{aligned}J_{z'}&=\sum mr'^2=\sum m(x'^2+y'^2)\\&=\sum m[x^2+(y+d)^2]=\sum m(x^2+y^2)+2d\sum my+d^2\sum m\end{aligned}$$

上式右端的第一项就是 J_{z_C}，第三项等于 Md^2。由质心坐标公式 $My_C=\sum my$ 可知，当轴 z 通过质心时，$y_C=0$，于是上式右端第二项等于零。因此，上式最后成为

$$J_{z'}=J_{z_C}+Md^2 \tag{A-3}$$

可见，刚体对任一轴 z' 的转动惯量，等于它对与该轴相平行的质心轴的转动惯量，加上刚体的质量与两轴间距离平方的乘积。这就是转动惯量的平行轴定理。

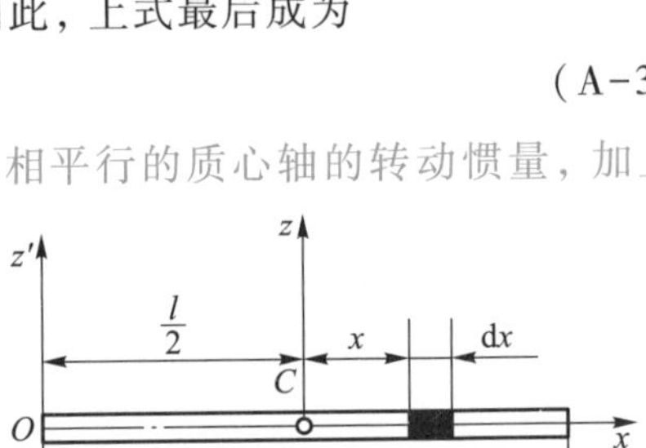

图 A-2

思考题：对于给定的刚体，在一切彼此平行的各轴之中，刚体对哪一根轴的转动惯量最小？

例题 A-1 已知均质细长直杆的质量为 M，长度是 l（图 A-2）。试求它对通过质心 C 且与杆垂直的轴 z 及与 z 相平行的轴 z' 的转动惯量。

解：在距轴 z 为 x 处取一微小段 $\mathrm{d}x$，其质量是

$$\mathrm{d}m=\frac{M}{l}\mathrm{d}x$$

它对轴 z 的转动惯量是

$$\mathrm{d}J_z=x^2\frac{M}{l}\mathrm{d}x$$

则整个细长杆对轴 z 的转动惯量为

$$J_z=\int_l \mathrm{d}J_z=\int_{-\frac{l}{2}}^{\frac{l}{2}}x^2\frac{M}{l}\mathrm{d}x=\frac{M}{l}\left(\frac{x^3}{3}\right)\Bigg|_{-\frac{l}{2}}^{\frac{l}{2}}=\frac{Ml^2}{12}$$

再利用转动惯量的平行轴定理，则有

$$J_{z'}=J_{zC}+Md^2=\frac{1}{12}Ml^2+M\left(\frac{l}{2}\right)^2=\frac{1}{3}Ml^2$$

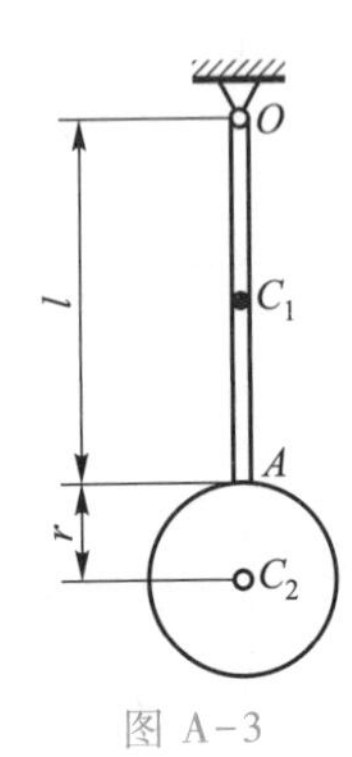

图 A-3

例题 A-2 冲击摆可近似地看成由细杆 OA 和圆盘组成（图 A-3）。已知杆长为 l，质量是 M_1；圆盘半径是 r，质量是 M_2。试求摆对通过杆端

O 并与盘面垂直的轴 z 的转动惯量 J_z。

解：复合形状物体的转动惯量由各部分组成。整个摆对轴 z 的转动惯量 J_z，由杆对该轴的转动惯量 J_1 和圆盘对该轴的转动惯量 J_2 相加而得，即有

$$\begin{aligned}J_z &= J_1+J_2\\ &=\left[\frac{1}{12}M_1l^2+M_1\left(\frac{l}{2}\right)^2\right]+\left[\frac{1}{2}M_2r^2+M_2(r+l)^2\right]\\ &=\frac{1}{3}M_1l^2+\frac{1}{2}M_2(3r^2+4rl+2l^2)\end{aligned}$$

例题 A-3 试求半径是 r、高度是 l、质量是 M 的均质正圆柱对平行于底面的质心轴 Cx 的转动惯量(图 A-4)。

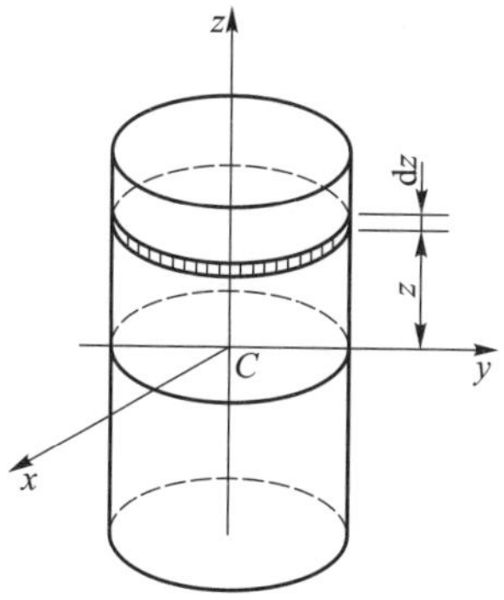

解：取圆柱上由两个平行于底面的截面所截出的薄圆盘作为单元体。此薄圆盘对于轴 x 的转动惯量

$$\mathrm{d}J_x=\frac{r^2\mathrm{d}M}{4}+\mathrm{d}Mz^2$$

其中薄圆盘的质量 $\mathrm{d}M=\frac{M}{l}\mathrm{d}z$。

图 A-4

整个圆柱体对于轴 x 的转动惯量

$$\begin{aligned}J_x &= \int_V \mathrm{d}J_x\\ &=\int_{-\frac{l}{2}}^{\frac{l}{2}}\left(\frac{r^2}{4}+z^2\right)\frac{M}{l}\mathrm{d}z=\frac{1}{4}Mr^2+\frac{1}{12}Ml^2\end{aligned}$$

同理，可以求得

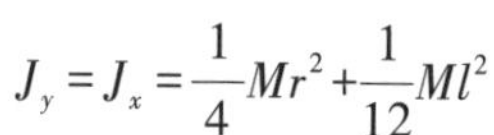

$$J_y=J_x=\frac{1}{4}Mr^2+\frac{1}{12}Ml^2$$

A-2 刚体对任意轴的转动惯量·惯性积和惯性主轴

本节将导出刚体对任意轴的转动惯量表达式，从而引入惯性积和惯性主轴的概念。

设 $Oxyz$ 是固连在刚体上的坐标系，需求此刚体对通过原点 O 的任意轴 OL 的转动惯量 J。轴线 OL 与坐标轴 x、y、z 的交角用 α、β、γ 表示(图 A-5)。

刚体对轴 OL 的转动惯量定义为

$$J=\sum mr_L^2$$

式中，r_L 是质点 $A(m;x,y,z)$ 到轴 OL 的垂直距离。有

$$r_L^2=OA^2-OB^2$$

其中 OB 是矢径 $\boldsymbol{r}=\overrightarrow{OA}$ 在轴 OL 上的投影。由矢量投影定理知

$$\pm OB=x\cos\alpha+y\cos\beta+z\cos\gamma$$

因 $(OA)^2=x^2+y^2+z^2$，故

$$r_L^2=(x^2+y^2+z^2)-(x\cos\alpha+y\cos\beta+z\cos\gamma)^2$$

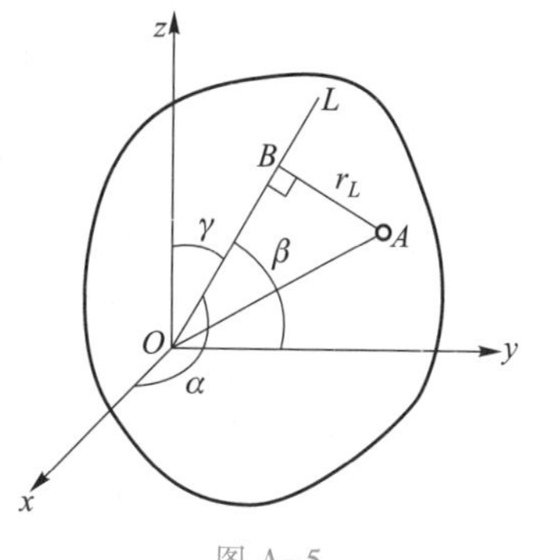

图 A-5

考虑到 $\cos^2\alpha+\cos^2\beta+\cos^2\gamma=1$，有

$$\begin{aligned} r_L^2 &= (x^2+y^2+z^2)(\cos^2\alpha+\cos^2\beta+\cos^2\gamma)- \\ &\quad (x\cos\alpha+y\cos\beta+z\cos\gamma)^2 \\ &= (y^2+z^2)\cos^2\alpha+(z^2+x^2)\cos^2\beta+ \\ &\quad (x^2+y^2)\cos^2\gamma-2yz\cos\beta\cos\gamma- \\ &\quad 2zx\cos\gamma\cos\alpha-2xy\cos\alpha\cos\beta \end{aligned}$$

于是，刚体对轴 OL 的转动惯量

$$\begin{aligned} J=\sum mr_L^2 &= \sum m(y^2+z^2)\cos^2\alpha+\sum m(z^2+x^2)\cos^2\beta+ \\ &\quad \sum m(x^2+y^2)\cos^2\gamma-2\sum myz\cos\beta\cos\gamma- \\ &\quad 2\sum mzx\cos\gamma\cos\alpha-2\sum mxy\cos\alpha\cos\beta \end{aligned} \tag{a}$$

式中，$\sum m(y^2+z^2)$、$\sum m(z^2+x^2)$ 和 $\sum m(x^2+y^2)$ 分别是刚体对坐标轴 x、y、z 的转动惯量，即

$$\left.\begin{aligned} J_x &= \sum m(y^2+z^2) \\ J_y &= \sum m(z^2+x^2) \\ J_z &= \sum m(x^2+y^2) \end{aligned}\right\} \tag{A-4}$$

而 $\sum myz$、$\sum mzx$、$\sum mxy$ 中包含了坐标的乘积，因此分别称为刚体对轴 y 和 z、对轴 z 和 x，以及对轴 x 和 y 的惯性积，并用 J_{yz}、J_{zx}、J_{xy} 表示，即

$$\left.\begin{aligned} J_{yz} &= \sum myz \\ J_{zx} &= \sum mzx \\ J_{xy} &= \sum mxy \end{aligned}\right\} \tag{A-5}$$

惯性积也用转动惯量的同样单位计算，它的大小也决定于刚体的质量、质量分布以及坐标轴的位置这三个因素。但是，惯性积可正、可负，也可以等于零（转动惯量永远为正）。

把式（A-4）和式（A-5）代入式（a），最后得刚体对于轴 OL 的转动惯量

$$\begin{aligned} J &= J_x\cos^2\alpha+J_y\cos^2\beta+J_z\cos^2\gamma-2J_{yz}\cos\beta\cos\gamma- \\ &\quad 2J_{zx}\cos\gamma\cos\alpha-2J_{xy}\cos\alpha\cos\beta \end{aligned} \tag{A-6}$$

如已知六个量 J_x、J_y、J_z、J_{yz}、J_{zx}、J_{xy}，则由上式可求出刚体对通过点 O 的任意轴的转动惯量。再应用转动惯量的平行轴定理，即可求出刚体对任何轴的转动惯量。

适当地选择坐标系 $Oxyz$ 的方位，总可使刚体的两个惯性积同时等于零，如 $J_{yz}=J_{zx}=0$。这时，与这两个惯性积同时相关的轴 Oz 称为刚体在点 O 处的一个惯性主轴。刚体对惯性主轴的转动惯量称为主转动惯量。如果惯性主轴还通过刚体的质心，则称为中心惯性主轴。刚体对中心惯性主轴的转动惯量称为中心主转动惯量。如已知轴 Oz 是一根主轴，则绕轴 Oz 转动，总可使另一个惯性积 J_{xy} 也等于零。于是，轴 Ox、Oy 也成为点 O 处的惯性主轴。可见，对刚体的任一点 O 都可以有三个互相垂直的惯性主轴。这个

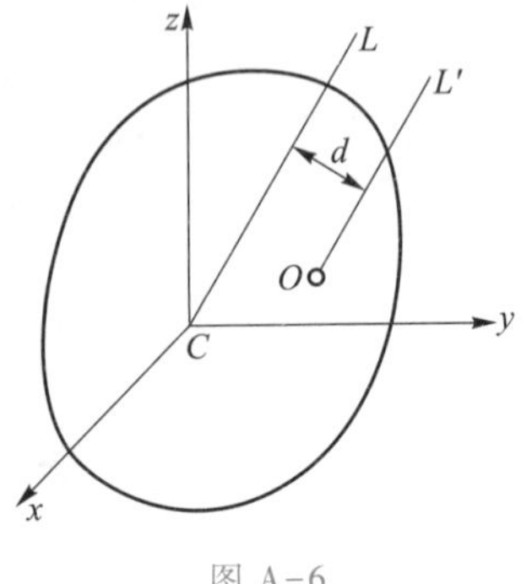

图 A-6

性质将在 A-4 节中作更详细的说明。

现在取刚体在质心 C 的三个中心惯性主轴为坐标轴 x、y、z(图 A-6)，此时$J_{xy}=J_{yz}=J_{zx}=0$。又记 $A=J_{Cx}$，$B=J_{Cy}$，$C=J_{Cz}$，则刚体对任一质心轴 CL 的转动惯量写成最简单的形式为

$$J_{CL}=A\cos^2\alpha+B\cos^2\beta+C\cos^2\gamma \tag{A-7}$$

式中，α、β、γ 是轴 CL 的三个方向角。应用转动惯量的平行轴定理，即可求得刚体对任何与轴 CL 相平行的轴 OL'的转动惯量 J，即

$$J=J_{CL}+Md^2=A\cos^2\alpha+B\cos^2\beta+C\cos^2\gamma+Md^2 \tag{A-8}$$

式中，d 是两轴间的距离，M 是刚体的质量。可见，只要知道刚体的三个中心主转动惯量，就可求出刚体对任何轴的转动惯量。

A-3 质量对称分布刚体的惯性主轴方向的判定

刚体惯性主轴的确定，在一般情况下是比较麻烦的;但是，对于质量对称分布的刚体，可应用下述两个定理。

定理 1 如刚体具有质量对称轴，则该轴就是刚体的一个中心惯性主轴，并且是此轴上任一点的一个惯性主轴。

证明：在质量对称轴上任一点 O，取固连于刚体的坐标系 $Oxyz$，且使轴 Oz 重合于质量对称轴(图 A-7)。于是，刚体内每对对称于轴 Oz 的质点$A(m;\ x,\ y,\ z)$和质点 $A'(m;\ -x,\ -y,\ z)$，两者在 $J_{yz}=\sum myz$和 $J_{zx}=\sum mzx$ 中的贡献都相互抵消，从而有

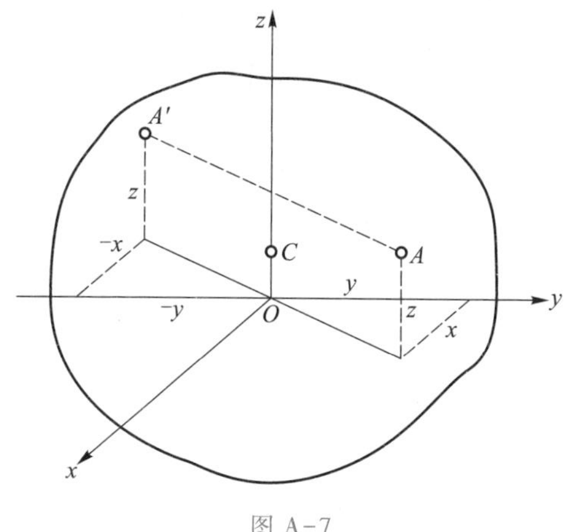

图 A-7

$$J_{yz}=0,\qquad J_{zx}=0$$

即轴 Oz 是刚体在点 O 的一个惯性主轴。

由于点 O 是质量对称轴上的任一点，故此轴必同时为其上任一点的一个惯性主轴。又因质心 C 也在对称轴上，故此轴又为刚体的一个中心惯性主轴。

定理 2 如刚体具有质量对称平面，则垂直于此对称平面的任一直线就是刚体在该直线与对称面的交点处的一个惯性主轴。中心惯性主轴之一也垂直于此对称平面。

证明：作坐标系 $Oxyz$，使 Oxy 重合于刚体的质量对称平面(图 A-8)。于是，刚体内每对对称于 Oxy 的质点 $A(m;\ x,\ y,\ z)$和质点 $A'(m;\ x,\ y,\ -z)$两者在 $J_{yz}=\sum myz$ 和 $J_{zx}=\sum$

mzx 中的贡献都相互抵消，从而有

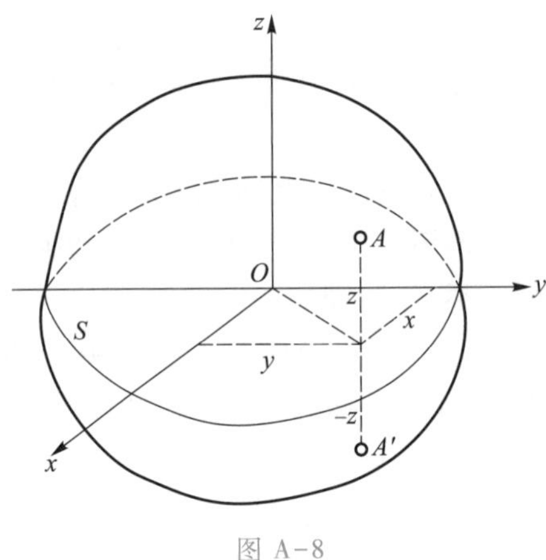

图 A-8

$$J_{yz}=0,\qquad J_{zx}=0$$

即轴 Oz 是在点 O 的一个惯性主轴。

由于质心 C 必在质量对称平面内，故此刚体的中心惯性主轴之一必与此对称平面垂直。

A-4 惯性椭球

由式(A-6)可知，刚体对于轴 OL 的转动惯量与该轴的方位有关。为了形象地说明刚体对轴 OL 的转动惯量随该轴的方向改变而变化的情况，可采用如下的作图法(布安索法)。

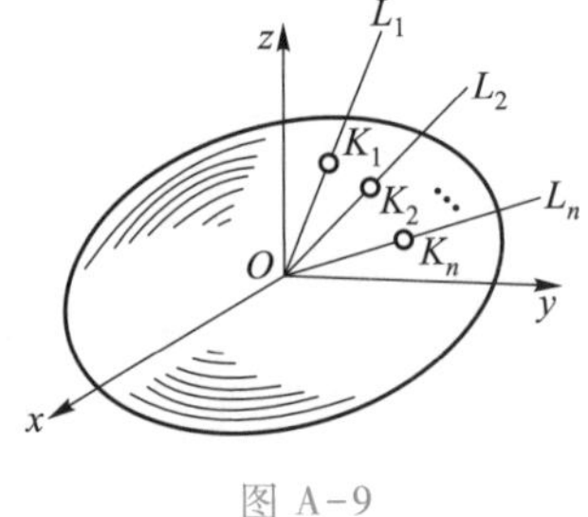

图 A-9

通过点 O 作出一束射线 OL_1、OL_2、…、OL_n(图 A-9)，分别求出刚体对于这些轴的转动惯量 J_1、J_2、…、J_n，在每一轴上分别取长度 OK，并令它按某一比例代表对应转动惯量平方根的倒数，即令

$$OK_1=\frac{1}{\sqrt{J_1}},\ OK_2=\frac{1}{\sqrt{J_2}},\ \cdots,\ OK_n=\frac{1}{\sqrt{J_n}}$$

则得流动点 K 的坐标

$$x=OK\cos\alpha=\frac{\cos\alpha}{\sqrt{J}}$$

$$y=OK\cos\beta=\frac{\cos\beta}{\sqrt{J}}$$

$$z=OK\cos\gamma=\frac{\cos\gamma}{\sqrt{J}}$$

由此得关系式

$$\cos\alpha=x\sqrt{J},\qquad \cos\beta=y\sqrt{J},\qquad \cos\gamma=z\sqrt{J}$$

把它们代入式(A-6),消去公因子 J,即得点 K 的坐标所需满足的方程

$$J_x x^2+J_y y^2+J_z z^2-2J_{yz}yz-2J_{zx}zx-2J_{xy}xy=1 \tag{A-9}$$

方程式(A-9)确定一个二次曲面。由于方程中无一次项,此曲面是以坐标原点 O 为对称中心的有心曲面;又因为转动惯量 J 是恒大于零的有限值,故点 K 不可能到无穷远处,也不可能与原点重合。可见,此曲面必定是椭球面。所得的椭球称为刚体对于点 O 的惯性椭球。在刚体上的每个点,都可以作出一个相对应的惯性椭球,但这些椭球的大小、形状和对称轴的方向都各不相同。

容易知道,如已按比例尺作出刚体对于点 O 的惯性椭球,则此椭球面上任何一点 K 的矢径 $\overrightarrow{OK}$ 的长度平方的倒数,就按所取的比例尺决定了刚体对于与 OK 相重合的轴的转动惯量

$$J=\frac{1}{OK^2} \tag{A-10}$$

椭球具有三个互相垂直的对称轴:长轴、中轴和短轴。由式(A-10)知,对于通过点 O 的所有各轴来说,刚体对惯性椭球的长轴的转动惯量最小,而对短轴的转动惯量则最大。

由解析几何知,如果椭球的某一对称轴重合于坐标轴,如轴 z,则在此椭球的方程式(A-9)中,将不出现坐标 z 与另外两个坐标 x、y 相乘的项,也就是说,这两项的系数都等于零,即

$$J_{yz}=\sum myz=0,\qquad J_{zx}=\sum mzx=0$$

在 A-2 节中曾经指出,具有这种性质的轴 z 就是刚体在点 O 的一个惯性主轴。显然,当坐标轴 x、y、z 分别与惯性椭球的三个对称轴重合时,则刚体对于这个坐标系的三个惯性积都等于零:$J_{xy}=J_{yz}=J_{zx}=0$。由此可见,对应于刚体的每一点都至少有三个互相垂直的惯性主轴。

有时刚体对于某点 O 的两个主转动惯量彼此相等,如 $J_x=J_y$。此时的惯性椭球是旋转型椭球,它的等长的对称轴称为赤道轴,这些轴所在的平面称为椭球的赤道平面。显然,赤道平面内的任何轴都是椭球的对称轴。刚体对所有赤道轴的转动惯量都彼此相等,并统称为赤道转动惯量。与赤道平面垂直的椭球对称轴称为极轴,刚体对于该轴的主转动惯量称为极转动惯量。

在特殊情况下,刚体对某点 O 的三个主转动惯量彼此都相等,即 $J_x=J_y=J_z$。这时该点处的惯性椭球就变成惯性圆球。而由式(A-10)知,这个刚体对通过点 O 的所有各轴的转动惯量都相等。

附录 B 部分习题参考答案

第 1 章

（略）

第 2 章

2-1 合力 $F_R = 166$ N，合力 $\boldsymbol{F}_R$ 与 x 轴之间的夹角 $\alpha = 55°44'$（第一象限）

2-2 $290.36\ \text{N} < F_1 < 667.5\ \text{N}$

2-3 $F = G\cos\theta$，$F_d = F_1 - G\sin\theta$

2-4 $F_A = 22.4$ kN，$F_B = 10$ kN

2-5 $F_{BD} = F_A = 5$ kN

2-6 $\varphi = \arccos\left[\dfrac{k(l_2 - l_1)}{2G}\right]$

2-7 $F_{AB} = F_{AC} = 1.14$ kN，$F_E = 1.13$ kN

2-8 (a) 240 N · m； (b) −120 N · m； (c) −11.3 N · m
(d) 50.7 N · m； (e) 189.3 N · m

2-9 $M_x(\boldsymbol{F}_1) = -3$ N · m，$M_y(\boldsymbol{F}_1) = 2.4$ N · m，$M_z(\boldsymbol{F}_1) = -4$ N · m
$M_x(\boldsymbol{F}_2) = -1.06$ N · m，$M_y(\boldsymbol{F}_2) = 0$，$M_z(\boldsymbol{F}_2) = 1.41$ N · m

2-10 143 kN

2-11 $\varphi = 0$，$F_D = 100$ N，$F_E = 173.2$ N，$F_N = 86.6$ N

2-12 $F_B = F_C = \dfrac{a}{b}F$

2-13 (a) $F_A = F_B = \dfrac{M}{2a}$； (b) $F_A = F_B = \dfrac{M}{a}$

2-14 $F_{1x} = 80$ N，$F_{1y} = 0$，$F_{1z} = -60$ N
$F_{2x} = -28.3$ N，$F_{2y} = 35.3$ N，$F_{3z} = -21.2$ N

2-15 $F_r = F_n\cos\alpha$，$F_a = F_n\sin\alpha\sin\varphi$，$F_t = F_n\sin\alpha\cos\varphi$

2-16 $F = -866$ N，$F_1 = F_2 = 354$ N

2-17 $F_A = F_B = 5.72$ kN（压），$F_C = 1.94$ kN（拉）

2-18 $F_1 = F_2 = -2.5$ kN，$F_3 = -3.54$ kN
$F_4 = F_5 = 2.5$ kN，$F_6 = -5$ kN

2-19 $F_3 = 500$ N，$\theta = 143°$

第 3 章

3-1 矩为 $10\sqrt{3}$ N · m 的力偶

3-2 $F'_R = 7\sqrt{2}$ kN，$\angle(\boldsymbol{F}_R, i) = 45°$，$\angle(\boldsymbol{F}_R, j) = 45°$； $d = \sqrt{2}$ m

3-3 $F_A = 120$ N，$F_B = 144.9$ N，$F_C = 37.5$ N

3-4 $F = 233$ kN，$F_{Ax} = 202$ kN，$F_{Ay} = 413$ kN

3-5 $F_B=6.38\ \text{N}$， $F_{Ax}=3.19\ \text{N}$， $F_{Ay}=2.48\ \text{N}$

3-6 $F_{Ax}=10\ \text{kN}$， $F_{Ay}=19.2\ \text{kN}$， $F_B=18.1\ \text{kN}$

3-7 $F_{Ax}=8.7\ \text{kN}$， $F_{Ay}=25\ \text{kN}$， $F_B=17.3\ \text{kN}$

3-8 $F=23.8\ \text{kN}$， $F_{Ax}=21.3\ \text{kN}$， $F_{Ay}=0.7\ \text{kN}$

3-9 $x=34\ \text{cm}$

3-10 $F_A=2qa$， $M_A=qa^2$

3-11 $F_O=385\ \text{kN}$（向下）， $M_O=1\ 626\ \text{kN}\cdot\text{m}$（顺时针方向）

3-12 $361\ \text{kN}\leqslant G_3\leqslant 375\ \text{kN}$

3-13 (a) $F_A=397.7\ \text{N}$， $F_B=82.3\ \text{N}$

(b) $F_A=396.5\ \text{N}$， $F_B=83.5\ \text{N}$

3-14 $F_A=33.3\ \text{kN}$， $F_B=53.4\ \text{kN}$， $F_C=43.3\ \text{kN}$

3-15 $F=667\ \text{N}$， $F_{Kx}=-667\ \text{N}$， $F_{Kz}=-100\ \text{N}$，

$F_{Mx}=133\ \text{N}$， $F_{Mz}=500\ \text{N}$

3-16 $F_x=83.3\ \text{N}$， $F_y=0$； $M=2\ 250\ \text{N}\cdot\text{cm}$， $F_{Ax}=-66.7\ \text{N}$

$F_{Ay}=0$， $F_{Az}=50\ \text{N}$

3-17 $G=1\ 080\ \text{N}$， $F_{Bx}=82.5\ \text{N}$， $F_{By}=1\ 280\ \text{N}$

$F_{Ax}=93.6\ \text{N}$， $F_{Ay}=233\ \text{N}$， $F_{Az}=176\ \text{N}$

3-18 $F_t=9.40\ \text{kN}$， $F_{Ax}=7.26\ \text{kN}$， $F_{Az}=16.93\ \text{kN}$

$F_{Bx}=7.22\ \text{kN}$， $F_{By}=-1.10\ \text{kN}$， $F_{Bz}=0.79\ \text{kN}$

3-19 $F_1=F$， $F_2=-\sqrt{2}F$， $F_3=-F$， $F_4=\sqrt{2}F$， $F_5=\sqrt{2}F$，

$F_6=-F$

3-20 (a) $y_C=6.08\ \text{mm}$； (b) $x_C=11\ \text{mm}$； (c) $x_C=5.1\ \text{mm}$，

$y_C=10.1\ \text{mm}$

3-21 $x_C=-\dfrac{r^3}{2(R^2-r^2)}$， $y_C=0$

第 4 章

4-1 $\dfrac{G_1}{G_2}=\dfrac{a}{b}$

4-2 $F_E=3.64\ F$

4-3 $F=F_1h/c$

4-4 $M=135\ \text{N}\cdot\text{m}$

4-5 $F_{Ax}=487.5\ \text{N}$， $F_{Ay}=518.5\ \text{N}$， $F_{BD}=-1\ 379\ \text{N}$（压）

4-6 $F_{Ax}=2\ 075\ \text{N}$， $F_{Ay}=-1\ 000\ \text{N}$， $F_{Ex}=-2\ 075\ \text{N}$， $F_{Ey}=2\ 000\ \text{N}$

4-7 $F_{Ax}=12\ \text{kN}$， $F_{Ay}=1.5\text{kN}$， $F_B=10.5\ \text{kN}$， $F_{BC}=15\ \text{kN}$（压）

4-8 $F_A=-15\ \text{kN}$， $F_B=40\ \text{kN}$， $F_C=5\ \text{kN}$， $F_D=15\ \text{kN}$

4-9 $F_A=42.5\ \text{kN}$， $M_A=165\text{kN}\cdot\text{m}$， $F_B=7.5\ \text{kN}$

4-10 $F_{Bx}=122.5\ \text{N}$， $F_{By}=147\ \text{N}$， $F_C=122.5\ \text{N}$

4-11 $F_{Bx}=-F$， $F_{By}=0$， $F_{Cx}=F$， $F_{Cy}=F$

$F_{Ax}=-F$， $F_{Ay}=F$， $F_{Dx}=2F$， $F_{Dy}=F$

4-12 $F=47.12\ \text{N}$

4-13 $F_{AC}=6.28\ \text{kN}$

$F_{AD}=8.58\ \text{kN}$

4-14 (a) $F_1=F_3=F_5=1.93\ F$(拉)

$F_2=F_4=F_6=-1.93\ F$(压)

$F_7=F_8=F_9=F_{10}=0$

(b) $F_1=F_2=F_3=F_4=-F$, $F_5=F_6=0$

4-15 (a) $F_1=-\dfrac{F}{3}$, $F_2=0$, $F_3=-\dfrac{2}{3}F$

(b) $F_1=F$, $F_2=-1.41F$, $F_3=0$

第 5 章

5-1 $F_{\min}=G\sqrt{\dfrac{f_s^2}{1+f_s^2}}$, $\theta=\arctan f_s$

5-2 $f_s=0.223$

5-3 $\tan\theta\geqslant\dfrac{G_1+2G_2}{2f_s(G_1+G_2)}$

5-4 $b\leqslant 12.5$ cm

5-5 $\theta_{\max}=28.1°$

5-6 $F=40.6$ N

5-7 $F_{\max}=406$ N

5-8 $f_s>0.15$

5-9 $f_s=0.176$

5-10 $F_{\max}=597$ N

5-11 (1) $F_{NB}=200$ N, $F_B=20$ N, $F_{B\max}=20$ N

(2) $F_{NB}=170$ N, $F_B=-10$ N, $F_{B\max}=17$ N

5-12 $F=57$ N

5-13 $F=5$ N(向右)

第 6 章

6-1 (略)

6-2 $x=r\cos\omega t+\sqrt{l^2-(r\sin\omega t+h)^2}$

6-3 (1) $t=0$ 时,$v=20$ cm/s,$a=-10$ cm/s^2, 点沿 x 正向作减速运动

(2) $t=3$ s 时,$v=-10$ cm/s,$a=-10$ cm/s^2, 点沿 x 负向作加速运动

6-4 (1) $\dfrac{x^2}{9}+\dfrac{(y-3)^2}{25}=1$; (2) $x+y=5(2\leqslant x\leqslant\infty)$

(3) $y^2=\dfrac{9}{4}(2-x)(-2\leqslant x\leqslant 2)$; (4) $\dfrac{x^2}{2a^2}+\dfrac{y^2}{2b^2}=1$;

(5) $\dfrac{x^2}{4}+\dfrac{y^2}{9}=1$

6-5 $x=l\sin\dfrac{kt^2}{2}$, $y=l\cos\dfrac{kt^2}{2}$

6-6 椭圆$\dfrac{x^2}{(2n-1)^2l^2}+\dfrac{y^2}{l^2}=1$, 其中 n 是铰链的编号($n=1, 2, 3, 4$)

6-7 $v=\sqrt{2}lk$, $a=\sqrt{2}lk^2$

6-8　$a_t = 1.2\ \mathrm{m/s^2}$，　$a_n = 2.88\ \mathrm{m/s^2}$

6-9　（1）$x = OB = e\cos\omega t + \sqrt{R^2 - e^2\sin^2\omega t}$

$$v = -e\omega\left(\sin\omega t + \frac{e\sin 2\omega t}{2\sqrt{R^2 - e^2\sin^2\omega t}}\right)$$

$$a = -e\omega^2 \times \left[\cos\omega t + \frac{e\cos 2\omega t}{\sqrt{R^2 - e^2\sin^2\omega t}} + \frac{e^3\sin^2 2\omega t}{4(R^2 - e^2\sin^2\omega t)^{\frac{3}{2}}}\right]$$

（2）$x = OB = R + e\cos\omega t$

$v = -e\omega\sin\omega t$，　$a = -e\omega^2\cos\omega t$

6-10　（1）自然法：$s = 2R\omega t$，　$v = 2R\omega$，　$a_t = 0$，　$a_n = 4R\omega^2$

（2）直角坐标法：$x = R + R\cos 2\omega t$，　$y = R\sin 2\omega t$

$v_x = -2R\omega\sin 2\omega t$，　$v_y = 2R\omega\cos 2\omega t$

$a_x = -4R\omega^2\cos 2\omega t$，　$a_y = -4R\omega^2\sin 2\omega t$

6-11　$v = ak$，　$v_r = -ak\sin kt$

6-12　$x = r\cos\omega t + l\sin\dfrac{\omega t}{2}$，　$y = r\sin\omega t - l\cos\dfrac{\omega t}{2}$

$v = \omega\sqrt{r^2 + \dfrac{l^2}{4} - rl\sin\dfrac{\omega t}{2}}$，　$a = \omega^2\sqrt{r^2 + \dfrac{l^2}{16} - \dfrac{rl}{2}\sin\dfrac{\omega t}{2}}$

6-13　$\rho = 5\ \mathrm{m}$，　$a_t = 8.66\ \mathrm{m/s^2}$

第 7 章

7-1　$v = l\omega_0$，　$a = l\sqrt{\alpha_0^2 + \omega_0^4}$

7-2　$\omega = 2\ \mathrm{rad/s}$（顺时针方向），　$d = 50\ \mathrm{cm}$

7-3　（1）$\alpha_{\mathrm{II}} = \dfrac{5\,000\pi}{d^2}\ \mathrm{rad/s^2}$；　（2）$a = 592.2\ \mathrm{m/s^2}$

7-4　$h_1 = 2\ \mathrm{mm}$

7-5　$\alpha = \dfrac{av^2}{2\pi r^3}$

7-6　$\omega_2 = 0$，　$\alpha_2 = -\dfrac{lb\omega^2}{r_2}$

7-7　$\varphi = \dfrac{r_2\alpha_2}{2l}t^2$

7-8　$\omega = \dfrac{v}{2R\sin\varphi}$，　$v_C = \dfrac{v}{\sin\varphi}$，其中 $\sin\varphi = \dfrac{1}{2}\sqrt{2 - 2\sqrt{2}\dfrac{vt}{R} - \left(\dfrac{vt}{R}\right)^2}$

7-9　$\varphi = \dfrac{\sqrt{3}}{3}\ln\left(\dfrac{1}{1 - \sqrt{3}\omega_0 t}\right)$；$\omega = \omega_0 e^{\sqrt{3}\varphi}$

7-10　$t = 24\ \mathrm{s}$

7-11　$v = 168\ \mathrm{cm/s}$

7-12　$\varphi = 4\ \mathrm{rad}$

7-13　$y = 2\pi\left(\dfrac{z_1}{z_2}\right)rt^2$，　$v = 4\pi\left(\dfrac{z_1}{z_2}\right)rt$，　$a = 4\pi r\left(\dfrac{z_1}{z_2}\right)$

第 8 章

8-1　（略）

8-2 $\theta=22°37'$

8-3 $v_{\mathrm{r}}=10.06\ \mathrm{m/s}$， $\angle(\boldsymbol{v}_{\mathrm{r}},\boldsymbol{R})=41°48'$

8-4 $v_{\mathrm{a}}=3.059\ \mathrm{m/s}$

8-5 （1）$\omega_2=3.15\ \mathrm{rad/s}$，逆时针方向；（2）$\omega_2=1.68\ \mathrm{rad/s}$，逆时针方向

8-6 $\varphi=0°$， $v=\dfrac{\sqrt{3}}{3}r\omega$，水平向左

$\varphi=30°$， $v=0$；$\varphi=60°$， $v=\dfrac{\sqrt{3}}{3}r\omega$，水平向右

8-7 $v_{CD}=l\omega\sin\varphi/\cos^2\varphi$，铅垂向上

8-8 $v_{BC}=\dfrac{n\pi r\cos\varphi}{15\sin\beta}$，铅垂向上

8-9 $v_{AB}=80\ \mathrm{cm/s}$，方向向上；$v_{A\mathrm{r}}=40\ \mathrm{cm/s}$，沿 OC 方向

8-10 $v_{CD}=10\ \mathrm{cm/s}$，向上

8-11 $\omega=2.67\ \mathrm{rad/s}$，逆时针方向

8-12 $v_A=\dfrac{lbu}{x^2+b^2}$

8-13 $\varphi=0°,v=0$；$\varphi=30°,v=100\ \mathrm{cm/s}$，向右

$\varphi=90°,v=200\ \mathrm{cm/s}$，向右

8-14 $v=\dfrac{u}{\sin\varphi}$，沿圆周切线方向

8-15 $v_M=17.3\ \mathrm{cm/s}$，向右

8-16 $v_M=0.529\ \mathrm{cm/s}$

8-17 $v_C=1.26\ \mathrm{m/s}$； $a_C=27.4\ \mathrm{m/s^2}$

8-18 $a=23.58\ \mathrm{cm/s^2}$

8-19 $v=0.173\ \mathrm{m/s}$， $a=0.05\ \mathrm{m/s^2}$

8-20 $a=\dfrac{v_{\mathrm{r}}^2}{r}\sqrt{4+\sin^2\varphi}$

8-21 $\omega=1\ \mathrm{rad/s}$

8-22 $a_M=35.56\ \mathrm{cm/s^2}$

8-23 $a_{\mathrm{a}}=\sqrt{(b+v_{\mathrm{r}}t)^2\omega^2+4v_{\mathrm{r}}^2}\,\omega\sin\beta$

8-24 $v_{\mathrm{P}x}=-5.49\ \mathrm{m/s}$， $v_{\mathrm{P}y}=137.2\ \mathrm{m/s}$， $v_{\mathrm{P}z}=1.22\ \mathrm{m/s}$

$a_{\mathrm{P}x}=-247\ \mathrm{m/s^2}$， $a_{\mathrm{P}y}=-4.94\ \mathrm{m/s^2}$， $a_{\mathrm{P}z}=-24\,678\ \mathrm{m/s^2}$

8-25 （略）

第 9 章

9-1 （略）

9-2 （略）

9-3 $x_C=r\cos\omega_O t$， $y_C=r\sin\omega_O t$； $\varphi=\omega_O t$

9-4 $x_A=0$， $y_A=\dfrac{1}{3}gt^2$， $\varphi=\dfrac{g}{3r}t^2$

9-5 $\omega_{BO_1}=1.51\ \mathrm{rad/s}$，逆时针方向；$\omega_{AB}=1.33\ \mathrm{rad/s}$，顺时针方向

9-6 $v_C=21.2\ \mathrm{cm/s}$，方向由 C 指向 B；$\omega_{AB}=1.77\ \mathrm{rad/s}$，逆时针方向

9-7 $\omega_1=\sqrt{3}\,\omega_O$，顺时针方向

9-8　$\omega_{AB}=2\ \mathrm{rad/s}$，顺时针方向，$v_B=282.8\ \mathrm{cm/s}$，方向向上

9-9　$\omega_{O_1B}=\frac{\sqrt{2}}{2}\omega_O$，顺时针方向

9-10　$v_B=34.6\ \mathrm{cm/s}$；$\omega_{BC}=1.5\ \mathrm{rad/s}$，顺时针方向

9-11　（略）

9-12　$\omega_{OD}=10\sqrt{3}\ \mathrm{rad/s}$，　$\omega_{DE}=6\ \mathrm{rad/s}$

9-13　$v_F=0.462\ \mathrm{m/s}$，　$\omega_{EF}=1.333\ \mathrm{rad/s}$

9-14　当 $\varphi=0°$，$180°$时，$v_{DE}=4\ \mathrm{m/s}$

当 $\varphi=90°$，$270°$时，$v_{DE}=0$

9-15　$v_C=1.5r\omega$，方向向下

9-16　$\omega_B=\frac{2\sqrt{3}}{3}\pi\ \mathrm{rad/s}$，逆时针方向

$\omega_{AB}=\frac{1}{3}\pi\ \mathrm{rad/s}$，顺时针方向

9-17　$a_C=2r\omega^2$

9-18　$v_B=2\ \mathrm{m/s}$，　$v_C=2.828\ \mathrm{m/s}$

$a_B=8\ \mathrm{m/s^2}$，　$a_C=11.31\ \mathrm{m/s^2}$

9-19　$v_M=0.098\ \mathrm{m/s}$，　$a_M=0.013\ \mathrm{m/s^2}$

9-20　$a_\mathrm{t}=r(\sqrt{3}\omega_O^2-2\alpha_O)$，　$a_\mathrm{n}=2r\omega_O^2$

9-21　$v_C=\frac{3}{2}r\omega_O$，　$a_C=\frac{\sqrt{3}}{12}r\omega^2$

9-22　$\omega_{O_1C}=7.5\ \mathrm{rad/s}$，　$a_B=208\ \mathrm{cm/s^2}$

9-23　$\omega_2=2\omega_1$，逆时针方向；　$\alpha_2=r\omega_1^2\sqrt{l^2-r^2}$，顺时针方向

9-24　$v_{DB}=1.155\ l\omega_O$，　$a_{DB}=2.222\ l\omega_O^2$

9-25　（1）$v_C=0.4\ \mathrm{m/s}$，　$v_\mathrm{r}=0.2\ \mathrm{m/s}$

（2）$a_C=0.159\ \mathrm{m/s^2}$，　$a_\mathrm{r}=0.139\ \mathrm{m/s^2}$

9-26　$\omega=\frac{3}{4}\frac{v}{b}$，　$\alpha=\frac{3\sqrt{3}}{8}\frac{v^2}{b^2}$；　$v_E=\frac{v}{2}$，　$a_E=\frac{7\sqrt{3}}{24}\frac{v^2}{b}$

9-27　（略）

9-28　（略）

第 10 章

10-1　$v=0.922\ \mathrm{m/s}$，　$F=11.32\ \mathrm{N}$

10-2　$F_B=(588-126\sin 8\pi t)\ \mathrm{N}$；　$F_{\max}=714\ \mathrm{N}$，　$F_{\min}=462\ \mathrm{N}$

10-3　$n=18\ \mathrm{r/min}$

10-4　$h=7.84\ \mathrm{cm}$

10-5　$a=\frac{kl\varphi}{m}$

10-6　$v=\sqrt{gl(1+\cos\alpha-\sqrt{3})}$，　$F=mg(3\cos\alpha+2-2\sqrt{3})$

10-7　$v_1=\frac{v_0}{\sqrt{1+\frac{kv_0^2}{g}}}$

10-8 $x=b\cos kt+\dfrac{v_0}{k}\cos\alpha\sin kt$, $y=\dfrac{v_0}{k}\sin\alpha\sin kt$

10-9 $h=3.584\ \mathrm{m}$, $F_{\max}=3\ 614\ \mathrm{N}$

10-10 $\theta=61°41'7''$, $s=23.26\ \mathrm{m}$

10-11 $F=G\left(3\sin\theta+3\dfrac{a}{g}\cos\theta-2\dfrac{a}{g}\right)$

10-12 $a_r=g(\sin\alpha-f_s\cos\alpha)-a(\cos\alpha+f_s\sin\alpha)$,

$F=G\left(\cos\alpha+\dfrac{a}{g}\sin\alpha\right)$

10-13 $v_r=\omega\sqrt{r^2-r_0^2}$

10-14 (略)

10-15 $v_r=\sqrt{2rg(1-\cos\theta)+(r\omega\sin\theta)^2}$

$F_n=m[2r\omega^2\sin^2\theta+g(2-3\cos\theta)]$，沿相对轨迹主法线方向

$F_b=2m\omega v_r\cos\theta$，沿相对轨迹的副法线方向

10-16 $h=1.85\ \mathrm{cm}$

第 11 章

11-1 (a) $\dfrac{1}{2}l\omega_M(\rightarrow)$

(b) 0

(c) $mr\omega(\rightarrow)$

(d) $mr\omega(\rightarrow)$

11-2 (1) $\dfrac{(G_A-G_B)v}{g}(\downarrow)$

(2) $\dfrac{l}{2}(m_1+m_2)\omega_1$，方向垂直框架平面，顺着 ω_1 前进方向

(3) (略)

(4) (略)

11-3 (a) $r\omega\left(\dfrac{1}{2}m_1+m_2+m_3\right)(\leftarrow)$

(b) $(m_1+m_2)v(\leftarrow)$

(c) 0

(d) $p_x=m_2v(\leftarrow)$, $p_y=m_1v(\downarrow)$

11-4 (a) $\dfrac{1}{4}ml\omega(\downarrow)$

(b) $\dfrac{\sqrt{3}}{3}mv$

11-5 $f=0.17$

11-6 $F_x=30\ \mathrm{N}$

11-7 $\Delta v=0.246\ \mathrm{m/s}$

11-8 $F=200\ \mathrm{N}$

11-9 $F=1\ 068\ \mathrm{N}$

11-10 向左移动$\dfrac{1}{4}(a-b)$

11-11　椭圆 $4x^2+y^2=l^2$

11-12　$a=\dfrac{m_2b-f(m_1+m_2)g}{m_1+m_2}$

11-13　$\ddot{x}+\dfrac{k}{m+m_1}x=\dfrac{m_1l\omega^2}{m+m_1}\sin\varphi$

11-14　$x=0.138\ \text{m}$

11-15　$F_N=G_1+G_2-\dfrac{1}{2g}(2G_1-G_2)a$

11-16　向右移动 3.77 m

11-17　$F_{Ox}=m_3\dfrac{R}{r}a\cos\theta+m_3g\cos\theta\sin\theta$

$F_{Oy}=(m_1+m_2+m_3)g-m_3g\cos^2\theta+m_3\dfrac{R}{r}a\sin\theta-m_2a$

11-18　$F_{\max}=F+\dfrac{r\omega^2}{2g}(G_1+2G_2)$

11-19　$F_{Ox}=\dfrac{-Gl}{g}(\omega^2\cos\varphi+\varepsilon\sin\varphi)$

$F_{Oy}=G+\dfrac{Gl}{g}(\omega^2\sin\varphi-\alpha\cos\varphi)$

11-20　（略）

11-21　（略）

第 12 章

12-1　(a) $L_O=\dfrac{1}{3}ml^2\omega$（逆时针）

(b) $L_O=\dfrac{1}{2}mr^2\omega$（顺时针）

(c) $L_O=\dfrac{3}{2}mr^2\omega$（逆时针）

(d) $L_O=\dfrac{3}{2}mr^2\omega$（顺时针）

12-2　$F=270\ \text{N}$

12-3　$a=0.80\ \text{m/s}^2$，　$F_T=28.6\ \text{kN}$，　$F_{NO}=46.3\ \text{kN}$

12-4　$J=\dfrac{mgr^2\tau^2}{2h}-J_0-mr^2$

12-5　在这两种情况下轮心 C 的加速度相等，$a_C=\dfrac{2M_0}{3r}$，滑动摩擦力分别是 $F_a=\dfrac{2M_0}{3r}$，$F_b=\dfrac{M_0}{3r}$

12-6　$t_1=\dfrac{v_0}{3fg}$，　$v_{C1}=\dfrac{2}{3}v_0$（向右）

12-7　$a_C=\dfrac{Fr(r\cos\alpha-r_0)}{m(\rho^2+r^2)}$，

滚动而不滑动的条件：$f\geqslant\dfrac{F(\rho^2\cos\alpha+rr_0)}{(mg-F\sin\alpha)(\rho^2+r^2)}$

12-8　$F_{NA}=\dfrac{2}{5}mg$

12-9 $F_{NO}=\frac{\sqrt{17}}{3}mg$

12-10 $F_{NA}=\frac{1}{3}mg(7\cos\varphi-4\cos\varphi_0)$， $F_A=\frac{1}{3}mg\sin\varphi$， $f\geqslant 0.577$

12-11 $v_C=\frac{2}{3}\sqrt{3gh}$， $a_C=\frac{2}{3}g$， $F=\frac{1}{3}mg$

12-12 $a_C=\frac{2(m_1+m_2)}{3m_1+2m_2}g$， $F=\frac{m_1m_2}{3m_1+2m_2}g$

12-13 $a_B=\frac{m_1}{m_1+3m_2}g$， $a_C=\frac{m_1+2m_2}{m_1+3m_2}g$， $F=\frac{m_1m_2}{m_1+3m_2}g$

12-14 $\alpha_{AB}=-\frac{6F}{7ml}$， $\alpha_{BC}=\frac{30F}{7ml}$

12-15 $a=\frac{F-f(m_1+m_2)g}{m_1+\frac{1}{3}m_2}$

第 13 章

13-1 （1）$W_P=\frac{3}{2}rG$， $W_c=-\frac{1}{2}kr^2$

（2）$W_P=Gr$， $W_c=-\frac{1}{2}k[(\sqrt{2r}-r)^2-r^2]=kr^2(1-\sqrt{2})=-0.4kr^2$

（3）$W_P=Gr$， $W_c=kr^2(\sqrt{2}-1)=0.4kr^2$

（4）$W_P=0$， $W_c=0$

13-2 （a）$T=\frac{1}{6}ml^2\omega^2$；（b）$T=\frac{1}{4}mr^2\omega^2$，

（c）$T=\frac{3}{4}mr^2\omega^2$；（d）$T=\frac{3}{4}mr^2\omega^2$

13-3 $T=\frac{2}{9}mv_B^2$

13-4 $T=\frac{1}{6}ml^2\omega^2\sin^2\theta$

13-5 $f=0.268$ $f'=0.151$

13-6 $(m_1\frac{\rho^2}{r^2}+m_2)\ddot{x}+kx=0$

13-7 $\omega=2\sqrt{\frac{(\pi M_0-2Fr)g}{J_0g+G_1r^2+G_2r^2\sin^2\varphi_0}}$

13-8 $\omega=2\sqrt{\frac{3rg(m_1+m_2)}{m_1r^2+3J_O}}$

13-9 $\varepsilon=\frac{M_0}{(3m_1+4m_2)l^2}$

13-10 $a_C=\frac{mg\tan\theta}{m\tan^2\theta+m_1}$， $a_{AB}=\frac{mg\tan^2\theta}{m\tan^2\theta+m_1}$

13-11 $a=\frac{M_0+(m_1r_1-m_2r_2\sin\alpha)g}{m\rho^2+m_1r_1^2+m_2r_2^2}r_2$， $T_A=m_1\left(g-\frac{r_1}{r_2}a\right)$

$T_B=m_2(g\sin\alpha+a)$

13-12 $S_{\max}=\dfrac{2m_1g\sin\theta}{k}$, $a_C=\dfrac{2m_1g\sin\theta}{3m_1+m_2}$(沿斜面向上)

13-13 $v=\sqrt{\dfrac{2m_1gh}{m_1+2m_2}}$, $a=\dfrac{m_1}{m_1+2m_2}g$

13-14 $\omega=\dfrac{2}{r_1+r_2}\sqrt{\dfrac{3M_0\varphi}{2m+9m_1}}$

13-15 $k=366\ \text{N/m}$

13-16 相等

13-17 (1) $\omega=2\sqrt{\dfrac{3g}{l}}$, $\varepsilon=\dfrac{6g}{17\pi l}(40-3\pi)$, $N_{Ox}=-18mg$

(2) $F_{Oy}=2mg+\dfrac{9mg}{17\pi}(40-3\pi)$

13-18 (1) $a_C=\dfrac{2(2m_1g-m_3g\sin\alpha-cs)}{8m_1+4m_2+3m_3}$

(2) $F_{Ox}=\dfrac{1}{2}\left(\dfrac{3}{2}m_3a_C+ks+m_3g\sin\alpha\right)\cos\alpha$

$F_{Oy}=(m_1+m_2)g+\dfrac{1}{2}\left(\dfrac{3}{2}m_3a_C+ks+m_3g\sin\alpha\right)\sin\alpha-2m_1a_C$

(3) $F=\dfrac{1}{2}\left(\dfrac{1}{2}m_3a_C+ks+m_3g\sin\alpha\right)$

13-19 $\varepsilon=\dfrac{2(M+m_1gR\sin\alpha)}{(3m_1+m_2)R^2}$, $F_{Ox}=\dfrac{m_1}{3m_1+m_2}\left(3M\cos\alpha+\dfrac{m_2gR}{2}\sin 2\alpha\right)$

13-20 $\Delta x_B=\dfrac{Pl}{P+Q}$, $v_B=\dfrac{P}{Q}\sqrt{\dfrac{2Qlg}{P+Q}}$

13-21 $\omega=\sqrt{\dfrac{3g}{l}}$, $F_A=\dfrac{1}{4}mg$

13-22 $v_{B'}=1.58\ \text{m/s}$, $F_{Ax}=82.47\ \text{N}$, $F_{Ay}=67.15\ \text{N}$

13-23 $\omega_B=\dfrac{I}{I+mr^2}\omega$, $v_B=\sqrt{2gr+r^2\omega^2\dfrac{I(2I+mr^2)}{I+mr^2}}$,

$\omega_c=\omega$, $v_c=2\sqrt{gr}$

13-24 $v_C=\sqrt{\dfrac{7}{5}gs-\dfrac{ks^2}{5m}}$, $a_C=\dfrac{7}{10}g-\dfrac{ks}{5m}$,

$F_{T1}=3ma_C+3mg$, $F_{T2}=3mg+\dfrac{7}{2}ma_C$

13-25 $F_{Ox}=-\dfrac{2M}{3R}-0.1953kR$, $F_{Oy}=3.667mg+1.043kr-4.189\dfrac{M}{R}$

13-26 (1) $v=\sqrt{\dfrac{1}{3}gh}$, (2) $a=\dfrac{1}{6}g$, (3) $F_1=\dfrac{5}{6}mg$

(4) $F_2=\dfrac{1}{6}mg$, (5) $f_s\geqslant\dfrac{1}{96}$

13-27 （1）绳索拉力大小为 P，力偶矩 $M=rG$

（2）$F_T=G+\frac{G}{g}a$， $M=rG\left(1+\frac{a}{g}\right)$

（3）$v=\sqrt{\frac{4hg(M-rG)}{3rP}}$，$a=\frac{2g(M-rG)}{3rP}$，

$$\begin{cases}F_{Ox}=-\left(\frac{G}{3}+\frac{2M}{3r}\right)\cos\beta\\ F_{Oy}=\left(\frac{G}{3}+\frac{2M}{3r}\right)(1+\sin\beta)\end{cases}$$

13-28 （1）$a_A=\frac{1}{6}g$，（2）$F_{EH}=\frac{4}{3}mg$

（3）$F_{Kx}=0$，$F_{Ky}=4.5mg$，$M_K=13.5mgR$

第 14 章

14-1 （1）$a\leqslant 2.91\ \text{m/s}^2$； （2）$\frac{h}{d}\geqslant 5$ 时先倾倒

14-2 （1）$1.09\ \text{m/s}^2$； （2）11.45 kN； （3）8.95 m

14-3 $F_B=228\ \text{kN}$

14-4 （1）$a=1.63\ \text{m/s}^2$； （2）$F_B=1\ 328\ \text{N}$，$F_D=887\ \text{N}$

14-5 （1）$\omega=\sqrt{\frac{k(\varphi-\varphi_0)}{ml^2\sin 2\varphi}}$；

（2）$F_{Bx}=0$， $F_{By}=-\frac{ml^2\omega^2\sin 2\varphi}{2b}$；

$F_{Ax}=0$， $F_{Ay}=\frac{ml^2\omega^2\sin 2\varphi}{2b}$， $F_A=2mg$

14-6 $\alpha=14.7\ \text{rad/s}^2$， $F_A=29.4\ \text{N}$

14-7 $F=m\left(\frac{\sqrt{3}}{2}g+\frac{4v_r^2}{3l}\right)$；

$F_{O_1x}=m\left(\frac{\sqrt{3}}{4}g-\frac{5v_r^2}{6l}\right)$， $F_{O_1y}=m\left(\frac{1}{4}g-\frac{3\sqrt{3}v_r^2}{2l}\right)$

14-8 $M=200\ \text{kN}\cdot\text{m}$， $M_B=11.43\ \text{kN}\cdot\text{m}$

14-9 $a_x=6.87\ \text{m/s}^2$， $a_y=2.74\ \text{m/s}^2$， $\alpha=0.31\ \text{rad/s}^2$

14-10 $F_{Ax}=F_{Bx}=0$， $F_{Ay}=F_{By}=-19\ 700\ \text{N}$， $F_{Az}=1\ 960\ \text{N}$

14-11 $\omega=\frac{\sqrt{2ra}}{\rho}$

14-12 （a）$F_{IR}=0$， $M_{IO}=2mr^2\alpha$（是动均衡的）

（b）$F_{IR}=0$， $M_{IO}=mr\sqrt{h^2\omega^4+(4r^2+h^2)\alpha^2}$（只是静均衡的）

（c）$F_{IR}=mr\sqrt{\alpha^2+\omega^4}$， $M_{IO}=5mr^2\alpha$（不平衡）

（d）$F_{IR}=0$， $M_{IO}=2mr^2\sin\theta\sqrt{\varepsilon^2+\omega^4\cos^2\theta}$（只是静均衡的）

14-13 $a=\frac{8F_1}{11m}$

14-14 $a_C=2.8\ \text{m/s}^2$

14-15 $a=\frac{4}{7}g\sin\theta$，$F_{AB}=\frac{1}{7}mg\sin\theta$（压），$F_C=mg\cos\theta$

$F_C=\frac{4}{7}mg\sin\theta$，$F_D=mg\cos\theta$，$F_D=\frac{2}{7}mg\sin\theta$

14-16 $F_A=F_B=29.6\ \text{kN}$

14-17 （1）$\alpha=1.85\ \text{rad/s}^2$（逆时针方向）；（2）$F_1=64\ \text{N}$（向左）

（3）$F=321\ \text{N}$（向上）

14-18 $a_C=\frac{12}{17}g$，$F=\frac{5}{17}mg$

第 15 章

15-1 （略）

15-2 $F=1\ 800\ \text{N}$

15-3 $A'C' : A'D'=3:1$，$G_1 : G=A'D' : A'B'$

15-4 $F_2=\frac{F_1}{2}\tan\varphi$

15-5 $F_{Ax}=F_2=\frac{F_1}{2}\tan\varphi$，$F_{Ay}=\frac{F_1}{2}$

15-6 $M=\frac{1}{2}Fr$

15-7 $M_A=Fr\tan\varphi$

15-8 $M=2Fb\sin\varphi$

15-9 $F=1\ 866\ \text{N}$

15-10 $F=\frac{100\pi M_0\cot\varphi}{h}\text{N}$

15-11 $x=a+\frac{F}{k}\left(\frac{l}{b}\right)^2$

15-12 $\varphi_{\min}=\arctan\frac{1}{2f}$

15-13 $Q_1=(F_1+F_2)l\cos\varphi_1-M_0$，$Q_2=F_2l\cos\varphi_2$

15-14 $F_A=250\ \text{N}$，$M_A=450\ \text{N}\cdot\text{m}$，$F_D=1\ 050\ \text{N}$，$F_C=100\ \text{N}$

15-15 $F_A=\sqrt{2}F/2$，$F_B=\sqrt{2}F/2$

15-16 $F_{BD}=(3+\sqrt{3})F/2$

15-17 $F_1=F_2\tan\alpha$

15-18 $F_2=F_1l/(r\cos^2\varphi)$

15-19 $M=137.8\ \text{N}\cdot\text{m}$

15-20 $F=\frac{\sqrt{2}mgl}{b}\sqrt{1+\sin^2\theta}\tan\theta$

15-21 $F=3.67\ \text{kN}$

15-22 $F_{Ax}=F_1/2$（向左），$F_{Ay}=F_1/2$（向下），$F_B=F_1+F_2$（向上）

15-23 $\varphi=0$，不稳定；$\varphi=82°$，稳定

15-24 $k>16.9\ \text{N/cm}$

第 16 章

16-1 $\Delta h=348\ \text{cm}$， $\Delta T=8.17\ \text{J}$

16-2 $s_B=0.098\ \text{m}$

16-3 $\theta_A=74°26'$， $F_{\max}=44.1\ \text{N}$， $\Delta T=2.61\ \text{J}$

16-4 $\boldsymbol{v}_s'=36.9\boldsymbol{i}+1\,950.7\boldsymbol{j}-14.8\boldsymbol{k}\ \text{m/s}$

16-5 $F=40.22\ \text{N}$，与水平线夹角为 3.34°

16-6 $v'=-0.002\,7\ \text{m/s}$， $F=60\ \text{N}$

16-7 (1) $e=\dfrac{\sqrt{3}}{3}$

(2) 弹回的能量决定于 e，而与碰撞点位置无关

16-8 $h=\dfrac{7d}{10}$

16-9 $\left(\dfrac{b}{a}\right)_{\max}=\dfrac{\sqrt{2}}{2}$

16-10 (1) $\omega=\dfrac{12}{7l}\sqrt{2gh}$(↑)， $u_C=\dfrac{3}{7}\sqrt{2gh}$(向下)， $I_D=\dfrac{4m}{7}\sqrt{2gh}$

(2) $\omega'=\dfrac{24}{7l}\sqrt{2gh}$(↑)， $u_C'=\dfrac{1}{7}\sqrt{2gh}$(向上)， $I_D'=\dfrac{8m}{7}\sqrt{2gh}$

16-11 $\omega=0.31\ \text{rad/s}$(↓)

16-12 (1) $v_C'=\left(1-\dfrac{2h}{3r}\right)v_C$， $\omega=\left(1-\dfrac{2h}{3r}\right)\dfrac{v_C}{r}$(↓)

$I_t=\dfrac{1}{3}\dfrac{mv_Ch}{r}$， $I_n=mv_C\sin\alpha$

(2) $v_{C,\min}=\dfrac{6r}{3r-2h}\sqrt{\dfrac{gh}{3}}$

16-13 $\sin\dfrac{\varphi}{2}=\dfrac{\sqrt{3}I}{2m\sqrt{10gl}}$

16-14 $\omega_{BC}=2.5\ \text{rad/s}$(↓)

第 17 章

17-1 $k=20\ \text{rad/s}$， $a_{\max}=8\ \text{m/s}^2$

17-2 $x=2\cos 22.1t\ \text{cm}$

17-3 $x=5\text{e}^{-3t}\sin\left(4t+\arctan\dfrac{4}{3}\right)\ \text{cm}$

17-4 (a) $\omega_0=\sqrt{\dfrac{13k}{5m}}$； (b) $\omega_0=\sqrt{\dfrac{8k}{3m}}$

17-5 $T=2\pi\sqrt{\dfrac{3m}{11k_1}}$

17-6 运动方程：$m\ddot{x}+kx=mg\sin\alpha$，固有圆频率 $\omega=\sqrt{\dfrac{k}{m}}$

17-7 $2\pi\sqrt{\dfrac{m_1+m_2}{2(k_1+k_2)}}$

17-8 $2\pi\sqrt{\dfrac{J_0+PR^2/g}{ka^2}}$

17-9 $m=20.69\ \text{kg}, k=744.84\ \text{N/m}$

17-10 $x=4\sin 7t\text{cm}$

17-11 $A=\dfrac{F_0}{k_1(1-\lambda^2)}$

17-12 $c=\dfrac{2P}{g\delta_s}$

17-13 $x=-2\sin 8\pi t$

17-14 $\begin{cases} m_1\ddot{y}_1+\dfrac{2T}{l}y_1-\dfrac{T}{l}y_2=0 \\ m_2\ddot{y}_2+\dfrac{2T}{l}y_2-\dfrac{T}{l}y_1=0 \end{cases}$

17-15 $\omega_1=\sqrt{\dfrac{T}{ml}}$， $\omega_2=\sqrt{\dfrac{3T}{ml}}$， $\begin{bmatrix}1\\1\end{bmatrix}_1, \begin{bmatrix}1\\-1\end{bmatrix}$

17-16 $\omega_1=0.344\sqrt{\dfrac{k}{m}}$， $\omega_1=1.46\sqrt{\dfrac{k}{m}}$

17-17 （1） $\omega_1=\sqrt{\dfrac{k}{m}}$， $\omega_2=2.35\sqrt{\dfrac{k}{m}}$， （2） $\begin{bmatrix}1\\1\end{bmatrix}, \begin{bmatrix}1\\-0.5\end{bmatrix}$

17-18 $x_1(t)=0.188\cos 2t-0.431\sin 2t$， $x_2(t)=-0.11\cos 2t-0.094\sin 2t$

第 18 章

18-1 $\omega=\sqrt{\left(\dfrac{\pi n}{30}\right)^2+\omega_1^2+\dfrac{\pi n}{15}\omega_1\cos\theta}$

$\alpha=\dfrac{\pi n}{30}\omega_1\sin\theta$

18-2 $\omega=\sqrt{34}\ \text{rad/s}$，与轴 x、z 分别成夹角 $30°58'$、$59°2'$；$\alpha=15\ \text{rad/s}^2$，沿轴 y 方向

18-3 $v_A=0$；$v_B=36\sqrt{2}\pi\ \text{cm/s}$，垂直于平面 OAB；$a_A=72\sqrt{2}\pi^2\text{cm/s}^2$，平行于 OB；$a_B=144\pi^2\text{cm/s}^2$，在平面 OBC 内，与 BO 成 $45°$

18-4 $v_C=0$；$v_B=40\ \text{cm/s}$，垂直于平面 OBC；$a_C=40\ \text{cm/s}^2$，垂直于 OC；$a_B=40\sqrt{5}\ \text{cm/s}^2$，在平面 OBC 内，与 BO 成夹角 $\arctan 0.5=26°34'$

18-5 $\omega=0.39\ \text{rad/s}$， $\alpha=0.031\ \text{rad/s}^2$

18-6 $\omega_1=1.047\ \text{rad/s}$， $\omega_2=0.907\ \text{rad/s}$

18-7 $M_R=2\,200\ \text{N}\cdot\text{m}$， $F_A=F_B=3.61\ \text{kN}$

18-8 $\dot{\psi}=0.213\ \text{rad/s}$

18-9 $F_C=F_D=483\ \text{N}$； $F_A=91.5\ \text{N}$（向上）， $F_B=391.5\ \text{N}$（向下）

18-10 $x=\dfrac{m_B(dg-R^2\omega\omega_0)}{2m_A g}$

18-11 $2l\ddot{\theta}-l\Omega^2\sin 2\theta+3g\sin\theta=0$

第 19 章

19-1 $a_1=\dfrac{4m_2}{3m_1+8m_2}g$

19-2 $\alpha=\dfrac{M}{22mr^2}$

19-3 $s=A\sin\left[\dfrac{1}{2}\sqrt{\dfrac{g}{b}}t+\varphi_0\right]$，式中 A 和 φ_0 是积分常数

19-4 $a=\dfrac{2(G_1+G_2)}{2G_1+3G_2}g\sin\theta$

19-5 $\alpha_1=\dfrac{r_1+r_2}{r_1}\dfrac{M}{B}$, $\alpha_2=\dfrac{r_1+r_2}{r_2}\dfrac{M}{2B}$, $\alpha_4=\dfrac{M}{2B}$

其中 $B=(2m_1+m_2)(r_1+r_2)^2+m_4l^2/6$

19-6
$$\begin{cases}m_1\ddot{x}_1=2\mu_1x_1+2\mu_3(x_1-x_2)\\ m_1\ddot{y}_1=2\mu_1y_1+2\mu_3(y_1-y_2)\\ m_1\ddot{z}_1=-m_1g+2\mu_1z_1+2\mu_3(z_1-z_2)\\ m_2\ddot{x}_2=2\mu_2x_2+2\mu_3(x_2-x_1)\\ m_2\ddot{y}_2=2\mu_2y_2+2\mu_3(y_2-y_1)\\ m_2\ddot{z}_2=-m_2g+2\mu_2z_2+2\mu_3(z_2-z_1)\\ x_1^2+y_1^2+z_1^2-R^2=0\\ x_2^2+y_2^2+z_2^2-R^2=0\\ (x_1-x_2)^2+(y_1-y_2)^2+(z_1-z_2)^2-l^2=0\end{cases}$$

19-7 $4l\ddot{\theta}-4\omega^2l\sin\theta\cos\theta-g\sin\theta=0$

19-8 $m_1>m(f+\sin\varphi)$, $a=\dfrac{m_1-m(f+\sin\varphi)}{m_1+2m}g$

19-9 $a_A=\dfrac{F\sin\varphi+G_2\cos\varphi}{G_1+G_2\sin^2\varphi}g\sin\varphi$,

$a_{Br}=\dfrac{(G_1+G_2)G_2\sin\varphi-FG_1\cos\varphi}{G_2(G_1+G_2)\sin^2\varphi}g$

19-10
$$\begin{cases}(m_1+m_2)\ddot{x}+m_2l(\ddot{\varphi}\cos\varphi-\dot{\varphi}^2\sin\varphi)+kx=0\\ \ddot{x}\cos\varphi+l\ddot{\varphi}+g\sin\varphi=0\end{cases}$$

19-11
$$\begin{cases}3\ddot{x}\cos\varphi+2l\ddot{\varphi}+3g\sin\varphi=0\\ (3m_1+2m_2)\ddot{x}+m_2l(\ddot{\varphi}\cos\varphi-\dot{\varphi}^2\sin\varphi)+2kx=0\end{cases}$$

19-12 $\rho^2>\dfrac{m_B}{m_A-m_B}r^2$

19-13
$$\begin{cases}(m_1+m_2)\ddot{y}-m_1(R-r)(\ddot{\theta}\sin\theta+\dot{\theta}^2\cos\theta)+ky=0\\ 3(R-r)\ddot{\theta}-2\ddot{y}\sin\theta+2g\sin\theta=0\end{cases}$$

19-14 $(m_1+m)\ddot{x}-\dfrac{ml}{2}\ddot{\theta}+kx=kD\sin\omega t$, $3\ddot{x}-2l\ddot{\theta}-3g\theta=0$

19-15 $3(m_1+2m_2)\dfrac{(R-r)^2}{2}\ddot{\varphi}+m_2(R-r)l[\ddot{\psi}\cos(\psi-\varphi)-\dot{\psi}^2\sin(\psi-\varphi)]+(m_1+m_2)\times g(R-r)\sin\varphi+k\varphi$

$=M$

$l\ddot{\psi}+(R-r)\ddot{\varphi}\cos(\psi-\varphi)+(R-r)\dot{\varphi}^2\sin(\psi-\varphi)+g\sin\psi=0$

$$\alpha_{30}=\frac{2M}{3m_1r^2},\quad \alpha_{40}=-\frac{M}{3m_1r^2}$$

19-16 $\begin{cases}(m_1+m_2)\dot{x}^2+m_2l^2\dot{\varphi}^2+2m_2l\dot{x}\dot{\varphi}\cos\varphi-2m_2gl\cos\varphi=常数\\(m_1+m_2)\dot{x}+m_2l\dot{\varphi}\cos\varphi=常数\end{cases}$

19-17 $3(m_1+m_2)\dot{s}^2+m_1l^2\dot{\varphi}^2-3m_1l\dot{\varphi}\dot{s}\cos(\varphi+\alpha)+3k\varphi^2-6(m_1+m_2)\times gs\sin\alpha+3m_1gl\cos\varphi=常数$

19-18 $m_0R^2\dot{\theta}-\frac{1}{2}mR[(R-r)\dot{\varphi}-R\dot{\theta}]=常数$

$\frac{1}{2}m_0R^2\dot{\theta}^2+\frac{1}{4}m[(R-r)\dot{\varphi}-R\dot{\theta}]^2+\frac{m}{2}(R-r)\dot{\varphi}^2-mg(R-r)\cos\varphi=常数$

19-19 $a=\frac{g(1-\sin\alpha)\cos\alpha}{8-\cos^2\alpha},\quad a_{1r}=\frac{4g(1-\sin\alpha)}{8-\cos^2\alpha}.$

第 20 章

20-1 $T=2\pi\sqrt{J_0/mgb}$

20-2 $m\ddot{x}+k_1x=0,\quad m\ddot{y}+k_2y=0$

20-3 $\ddot{\theta}\cos^2\theta-\frac{1}{2}\dot{\theta}^2\sin 2\theta+\frac{k}{m}(1-\cos\theta)\sin\theta-\frac{g}{l}\cos\theta=0$

20-4 $\frac{3}{2}mr\ddot{\varphi}+kr\varphi=mg\sin\alpha$

20-5 $\ddot{\theta}+\omega^2\sin\theta=0$

20-6 $m\ddot{r}-m\omega^2r\sin^2\alpha+mg\cos\alpha=0$

20-7 （略）

20-8 $\omega^2=3g(\sin\theta_0-\sin\theta)/2l$

20-9 $(4+x^2)\ddot{x}+x\dot{x}^2+2(g-2\omega^2)x=0$

20-10 $a_A=\frac{2}{3}g\sqrt{5-8\cos\theta+3\cos^2\theta}$

20-11 $\begin{cases}m\ddot{r}-mr\dot{\theta}^2-mg\cos\theta+k(r-r_0)=0\\mr^2\ddot{\theta}+2mr\dot{r}\dot{\theta}+mgr\sin\theta=0\end{cases}$

20-12 $\begin{cases}mr^2[2\ddot{\theta}(2+\cos\varphi)+\ddot{\varphi}(1+\cos\varphi)-\dot{\varphi}(2\dot{\theta}+\dot{\varphi})\sin\varphi]+\\mgr[2\sin\theta+\sin(\theta+\varphi)]=0\\mr^2[\ddot{\varphi}+\ddot{\theta}(1+\cos\varphi)+\dot{\theta}^2\sin\varphi]+mgr\sin(\theta+\varphi)=0\end{cases}$

参考文献

[1] 西北工业大学，北京航空学院，南京航空学院．理论力学：上册，下册[M]．北京：人民教育出版社，1981.

[2] 西北工业大学理论力学教研室．理论力学：上册，下册[M]．西安：西北工业大学出版社，1993.

[3] 西北工业大学理论力学教研室．理论力学[M]．西安：西北工业大学出版社，2001.

[4] 西北工业大学理论力学教研室．理论力学[M]．北京：科学出版社，2005.

[5] 哈尔滨工业大学理论力学教研室．理论力学[M].8 版．北京：高等教育出版社，2016.

[6] 西北工业大学，北京航空学院，南京航空学院．理论力学解题指导[M]．北京：国防工业出版社，1982.

[7] 西北工业大学理论力学教研室．理论力学解题指南：上册，下册[M]．西安：陕西科学技术出版社，1993.

[8] 支希哲．理论力学常见题型解析及模拟题[M]．西安：西北工业大学出版社，1999.

[9] 谢传锋,王琪.理论力学[M].2 版.北京：高等教育出版社,2015.

[10] 范钦珊．工程力学教程(Ⅲ)[M]．北京：高等教育出版社,1998.

[11] 和兴锁，高行山,张劲夫．理论力学典型题解析及自测试题[M]．西安：西北工业大学出版社，2000.

[12] 牛学仁.理论力学[M]．北京：机械工业出版社，2000.

[13] 陈立群,薛纭．理论力学[M].2 版.北京：清华大学出版社，2014.

[14] 高云峰．力学小问题及全国大学生力学竞赛试题[M]．北京：清华大学出版社，2003.

[15] 刘延柱,朱本华,杨海兴.理论力学[M].3 版.北京：高等教育出版社，2008.

[16] R C Hibbeler. Engineering Mechanics: Statics. Dynamics [M]. 14th ed. N J: Pearson Prentice Hall,2016.

[17] J L Meriam,L G Kraige,J N Bolton.Engineering mechanics:Statics.Dynamics[M].9th ed. N J:Wiley,2017.

Contents

Kinematics

Dynamics

郑重声明

高等教育出版社依法对本书享有专有出版权。任何未经许可的复制、销售行为均违反《中华人民共和国著作权法》，其行为人将承担相应的民事责任和行政责任；构成犯罪的，将被依法追究刑事责任。为了维护市场秩序，保护读者的合法权益，避免读者误用盗版书造成不良后果，我社将配合行政执法部门和司法机关对违法犯罪的单位和个人进行严厉打击。社会各界人士如发现上述侵权行为，希望及时举报，本社将奖励举报有功人员。

反盗版举报电话　(010) 58581999　58582371　58582488

反盗版举报传真　(010) 82086060

反盗版举报邮箱　dd@ hep.com.cn

通信地址　北京市西城区德外大街 4 号

　　　　　高等教育出版社法律事务与版权管理部

邮政编码　100120

防伪查询说明

用户购书后刮开封底防伪涂层，利用手机微信等软件扫描二维码，会跳转至防伪查询网页，获得所购图书详细信息。也可将防伪二维码下的 20 位密码按从左到右、从上到下的顺序发送短信至 106695881280，免费查询所购图书真伪。

反盗版短信举报

编辑短信“JB，图书名称，出版社，购买地点”发送至 10669588128

防伪客服电话

(010) 58582300

主编简介

支希哲，男，1957 年 7 月生，西北工业大学二级教授。国防科技工业有突出贡献中青年专家；首批“陕西省教学名师”，国家级精品课程和陕西省精品课程“理论力学”课程负责人。

历任西北工业大学理论力学教研室副主任、主任，工程力学系副主任，一般力学研究所副所长，高等教育研究所所长兼教务处副处长，党委政策研究室主任兼党政办副主任和高等教育研究所所长，政策与战略研究室主任兼发展规划处副处长和高等教育研究所所长，《西北工业大学学报》（社会科学版）主编，西北高教管理研究会常务理事、副秘书长等。

现为教育部高等学校工科基础课程教学指导委员会委员、力学基础课程教学指导分委员会副主任，教育部本科教学评估专家，陕西省督学，陕西省高校专业设置与教学指导委员会咨询专家，陕西省力学学会副理事长，陕西省高等教育学会常务理事、副秘书长，《工程力学》编委等。

主持或参加完成国家级、省部级科研项目和横向科研课题 20 余项；主持或参加完成教育部和陕西省教育教学改革研究项目 24 项，发表科研和教育教学研究论文 130 余篇。主编“十五”“十一五”和“十二五”国家重点规划教材各一部；担任 11 部教材、教学参考书的主编、副主编或参编；主编或参编出版多媒体 CAI 课件 6 套，作为项目总负责人完成全国高等学校教学研究中心和高等教育出版社联合立项项目“全国高校力学教学资源库——理论力学库建设”等。

曾获国家级教学成果一等奖、陕西省教学成果特等奖和一等奖、全国宝钢教育基金首届优秀教师奖、全国优秀力学教师、陕西省科学技术奖、教育厅科技进步奖、中国航空基础科学基金科技奖、省自然科学优秀学术论文奖、陕西省哲学社会科学优秀成果奖、陕西高校优秀共产党员、全国高等教育类期刊优秀主编、全国理工农医社科学报优秀主编、校首批优秀青年教师、有突出成绩的硕士学位获得者、本科教学最满意教师、先进工作者、教书育人先进个人、“十大新闻人物”等 70 多项表彰奖励。